Wiljo Fleischhauer
Gerd Falkenhain

# Angewandte Umwelttechnik

## Ein einführender Überblick für Techniker in Ausbildung und Praxis

Gewidmet Monika und Jan Falkenhain

Die Deutsche Bibliothek – CIP-Einheitsaufnahme

**Falkenhain, Gerd:**
Angewandte Umwelttechnik: ein einführender Überblick für Techniker in Ausbildung und Praxis / Gerd Falkenhain; Wiljo Fleischhauer. – 1. Aufl. – Berlin: Cornelsen Girardet, 1996
ISBN 3-464-48509-9
NE: Fleischhauer, Wilhelm-Josef

Verlagsredaktion: Ralf Boden
Technische Umsetzung: Type Art, Grevenbroich
Zeichen- und Scanarbeiten: Holger Stoldt, Düsseldorf

1. Auflage Druck 4 3 2 1 Jahr 99 98 97 96



Druck: Lengericher Handelsdruckerei, Lengerich/Westfalen

ISBN 3-464-48509-9

Bestellnummer 485099

gedruckt auf säurefreiem Papier, umweltschonend hergestellt
aus chlorfrei gebleichten Faserstoffen

# Vorwort

In den letzten Jahren zeigen sich immer deutlicher die technischen und ökonomischen Grenzen der praktizierten Umwelttechnik.
Diese – im vorliegenden Buch als *sekundär* oder *additiv* bezeichnete Technik – bewegt sich auf hohem technischen Niveau, was beispielsweise die hohen Entstaubungs- oder Entschwefelungsgrade bei Kohlekraftwerken beweisen. Die additive Technik ändert an dem eigentlichen Verfahren – z.B. der Konzeption des Kraftwerks – nichts, sondern verringert durch nachgeschaltete Rückhalteschritte die schädlichen Emissionen in die Umwelt und trägt damit einen wichtigen und unverzichtbaren Beitrag zum Schutz der Umwelt bei.
Hier werden diese notwendigen Techniken und Prinzipien im Überblick beschrieben, ohne den Anspruch zu erheben, alle Details zu nennen. Wichtig scheint uns zu sein, die Auswirkungen auf andere Umweltbereiche anzusprechen: So berührt die Luftreinhaltung natürlich den Abfall- und Abwasserbereich, und deshalb wird z. B. die Rauchgasreinigung von Kraftwerken im Kapitel Luft und Klima, aber auch in den Kapiteln Wasser und Abfall besprochen.
Damit ergeben sich für das Buch und seinen Inhalt zwei Ziele:

- Die Bedeutung der Umwelttechnik für verschiedene Lebensbereiche, Berufsfelder und Sparten soll hervorgehoben werden, wodurch sich gerade für die Ingenieurausbildung die Notwendigkeit ergibt, mit dieser komplexen Materie und deren technischen, meßtechnischen, juristischen und ökonomischen Dimensionen vertraut zu machen.
- Es genügt heute weniger denn je, an die Prozesse additive Stufen anzuhängen, sondern die Verfahren selbst müsen verbessert werden. Auf diese *primäre Umwelttechnik* – auch *integrierte Umwelttechnik* genannt – wird exemplarisch eingegangen.
  Nach unserer Meinung gehört dazu auch der Verzicht auf ökologisch problematische Prozesse und Produkte wie z. B. die Alkalielektrolyse und PVC-Produkte, die im Entsorgungsbereich Probleme verursachen.
  Erst die primäre Umwelttechnik erlaubt es, sich den großen ökologischen Herausforderungen zu stellen, die Klimakatastrophe und den Abbau des Ozonschutzgürtels abzuwenden, den drastischen Verbrauch an Luft, Wasser, Boden und Rohstoffen einzuschränken und damit ein ökologisches Wirtschaften zu praktizieren.

Diese, in der Presse des öfteren als „Ökooptimismus" bezeichneten Gedanken, wollen wir in dem vorliegenden Buch im Zusammenhang entwickeln, weil wir überzeugt sind, daß nur mit effizienter, ökologisch ausgerichteter Technik die Umweltprobleme hier in den Industriestaaten und auch in den Entwicklungsländern heute und in der Zukunft zu lösen sind.
Wir danken Monika und Jan Falkenhain für die Erfassung der Manuskripte, für das Korrekturlesen und für viele Anregungen.
Dem Verlag, vor allem Herrn Ralf Boden, sei für die gute Zusammenarbeit, für das kritische Interesse und für das große Engagement während der Entstehung des Buches herzlich gedankt.

Bochum und Düsseldorf im Juni 1996

*Gerd Falkenhain* *Wiljo Fleischhauer*

# Inhaltsverzeichnis

# 1 Einführung

Im Juni 1992 verpflichteten sich 153 Staaten und die Europäische Gemeinschaft auf der größten Umweltkonferenz in Rio, die natürlichen Grundlagen unseres Planeten durch eine dauerhafte und umweltgerechte Entwicklung zu erhalten.

## 1.1 Notwendigkeit von Umweltschutzmaßnahmen

Seit Mitte des 20. Jahrhunderts – verstärkt aber in den beiden letzten Jahrzehnten – spielen Umweltkatastrophen eine immer größere Rolle; sie nehmen an Umfang, Häufigkeit und Gefahrenpotential zu, sie betreffen eine steigende Anzahl von Menschen bis hin zur gesamten Menschheit und zu nachfolgenden Generationen. Dabei sei auf die ökologischen Katastrophen als Folge von kriegerischen Auseinandersetzungen (z. B. die Zerstörung von Staudämmen und die Überflutung von Städten und Dörfern oder die Verwendung von Entlaubungsmitteln im Vietnam-Krieg) und auf Katastrophen mit natürlicher Ursache wie z. B. den Ausbruch des Pinatubo auf den Philippinen nur ergänzend hingewiesen.

Die hier beschriebenen Umwelttechniken sollen helfen, den weltweiten, teilweise unbewußt wachsenden ökologischen Krisen zu begegnen. Solche Umweltkatastrophen deuten sich an:

- in der Klimaveränderung aufgrund steigender Konzentrationen von Treibhausgasen wie Kohlendioxid, Stickoxiden und Methan in der Erdatmosphäre und
- in der Verringerung der Ozonkonzentration in der Stratosphäre durch die stabilen Fluorchlorkohlenwasserstoffe, die als Kältemittel in Kühlaggregaten und als Treibmittel in der Kunststoffproduktion verwendet werden.

Diese sich anbahnenden internationalen Umweltkatastrophen seien anhand der Abb. 1.1 bis 1.3 näher erläutert. Aber auch Umweltgefährdungen, die von mehr nationaler Bedeutung sind, werden exemplarisch benannt. Auch sie dienen als Beleg für die Notwendigkeit von Umweltschutzmaßnahmen.

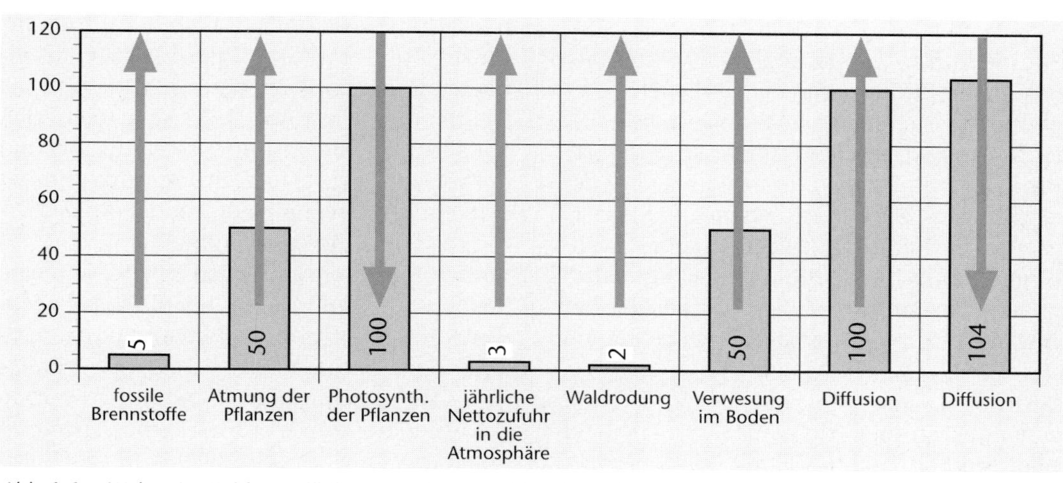


*Abb. 1.1a: Weltweite Kohlenstoffbilanz in Milliarden t/a (Lit. 1.1)*

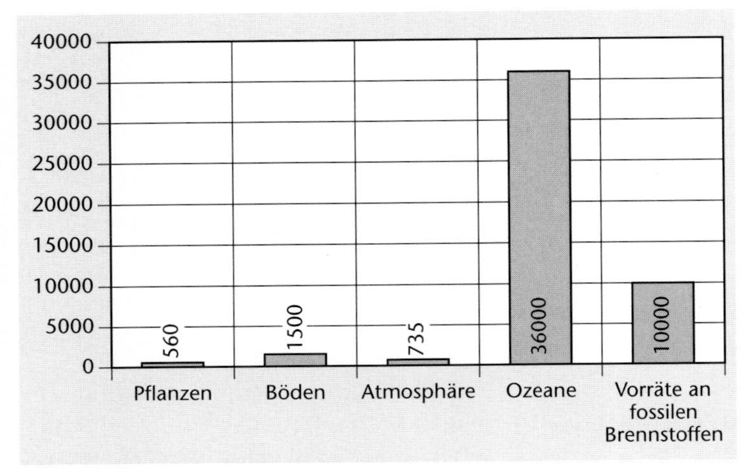


*Abb. 1.1b: Kohlenstoff-Speicher in Milliarden t (Lit. 1.1)*

## 1.1.1 Die drohende Klimakatastrophe

Die weltweite Kohlenstoffbilanz (Abb. 1.1) mit einer jährlichen Freisetzung von 5 Mrd. t Kohlenstoff durch das Verfeuern fossiler Brennstoffe und 2 Mrd. t Kohlenstoff/a durch Waldrodung scheint auf den ersten Blick unproblematisch zu sein, weil zwar der Atmosphäre 3 Mrd. t Kohlenstoff/a mehr zugeführt werden als ihr entnommen werden, aber dieser jährlichen Zufuhr riesige Kohlenstoff-Speicher (Pflanzenwelt, Boden, Vorräte an fossilen Brennstoffen und vor allem die Ozeane) gegenüberstehen.

Für die letzten 100 Jahre liegen Wetterdaten vor, die die Bestimmung der jährlichen Abweichung vom Temperatur-Mittelwert dieser 100 Jahre ermöglichen. Die Ergebnisse zeigen, daß die jährlichen Temperaturen zuletzt über dem langjährigen Mittelwert liegen. Die Kurve (2) in Abb. 2a mit ihren jeweiligen, über 5 Jahre ermittelten und dabei die jährlichen, natürlichen Temperaturschwankungen ausgleichenden Werten zeigt ebenfalls einen steigenden Verlauf.

Begründet wird dies mit der drastischen Zunahme an den Treibhausgasen Kohlendioxid, Methan, Lachgas, Fluorchlorkohlenwasserstoffen etc. in der Atmosphäre. Abb. 1.2 b und c verdeutlichen die Zunahme bei $CO_2$ von 290 ppm (parts per million ≙ tausendstel Promille) auf 350 ppm (1 ppm ≙ $10^{-4}$ Vol%) und bei $CH_4$ von 0,9 auf 1,7 ppm innerhalb von 150 Jahren. Die Daten vor 1958 stammen aus Untersuchungen von Luft, die in Eis eingeschlossen war. Die Eisprobe wird über Bohrungen gewonnen, ihr Alter wird über Isotope bestimmt. Obwohl Kohlenstoffdioxid und Methan in den genannten Konzentrationen ungiftig sind, bewirkt eine Erhöhung der Konzentrationen dieser Gase in der Atmosphäre eine Störung des ökologischen Systems, da $CO_2$ und $CH_4$ wichtige Regulatoren bezüglich des Wärmehaushaltes der Erde darstellen. Die in der Atmosphäre enthaltenen Gase $CO_2$, $CH_4$, $N_2O$, FCKW, $H_2O$ verhindern aufgrund ihres Absorptionsvermögens im Infrarot-Bereich eine Wärmeabstrahlung des Bodens, während sie im sichtbaren Bereich keine Absorption aufweisen und weiter Sonnenlicht ungehindert passieren lassen. Dieser Effekt ist von Glas- oder Gewächshäusern her bekannt, weshalb die aufgeführten drei- und mehratomigen Gase auch Treibhausgase genannt werden.

Deutlich wird aus Abb. 1.2d ersichtlich, daß vor allem die Kohlenstofffreisetzung aufgrund der Verfeuerung der fossilen Brennstoffe immer stärker die Freisetzung aufgrund der geänderten Landnutzung überwiegt.

Vorsichtige Prognosen sagen z. B. bei $CO_2$ eine Steigerung auf 600 ppm innerhalb der nächsten 50 bis 100 Jahre und einen Anstieg der mittleren Temperatur um bis zu 3 bis 4,5 K voraus. Als Folgen solcher Klimaänderungen werden das Abschmelzen der großen Eismassen an den Polen und im Hochgebirge, der durchschnittliche Meeresspiegelanstieg um 1 bis 2,5 m welt-

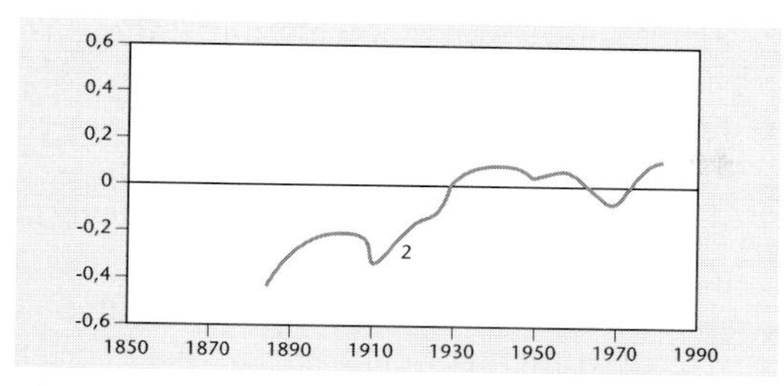


*Abb. 1.2a: Temperaturabweichung vom Mittelwert zwischen 1950 und 1980*

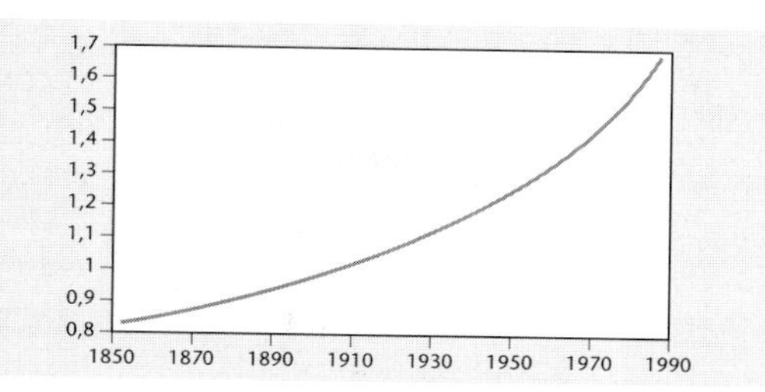


*Abb. 1.2c: Methankonzentration in ppm*

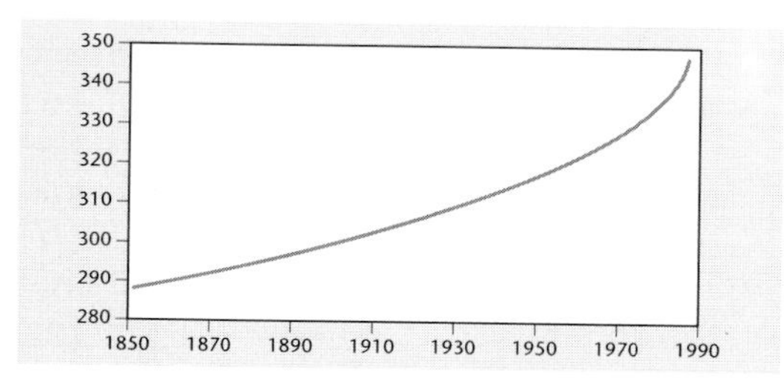


*Abb. 1.2b: Kohlendioxidkonzentration im ppm*

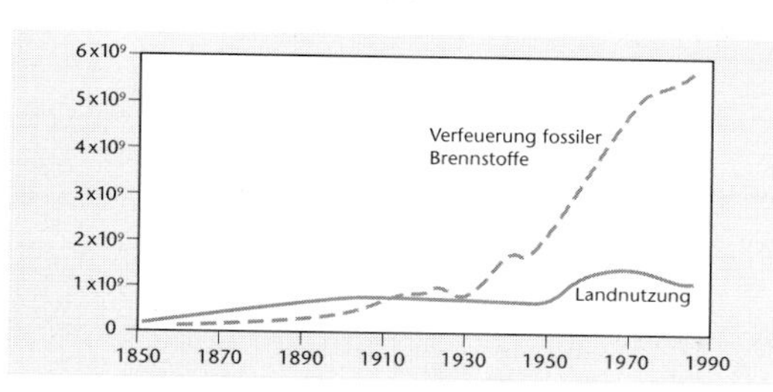


*Abb. 1.2d: jährliche Kohlenstofffreisetzung in Tonnen*

*Abb. 1.2: Temperaturveränderungen, Veränderungen des Kohlestoffdioxid- und des Methan-Gehalts in der Atmosphäre und jährliche Kohlenstofffreisetzung durch die Verfeuerung fossiler Brennstoffe und durch die geänderte Landnutzung (Lit 1.1).*

weit innerhalb des nächsten Jahrhunderts mit der Gefahr der Überflutung flacher Küstenregionen (Niederlande, Norddeutschland, Bangladesh), die deutliche Zunahme schwerer Naturkatastrophen und die Verschiebung der Klimazonen befürchtet.

Abbildung 1.3 verdeutlicht die Zunahme von schweren Naturkatastrophen seit 1960.

Die Änderung der Klimazonen bedeutet weltweit den Verlust von landwirtschaftlichen Nutzflächen, als Folge große Ernteausfälle, weitere Hungerkatastrophen und so die extreme Verschärfung des Nord-Süd-Konflikts.

Maßnahmen gegen die weitere exponentielle Zunahme der Treibhausgase sind insbesondere:

- Fossile Brennstoffe sind mit höheren Wirkungsgraden als bisher zu nutzen (siehe auch Kap. 2)
- Da zur Zeit noch ca. 75% der Emissionen an Treibhausgasen aus den Industriestaaten stammen, die Entwicklungsländer dabei

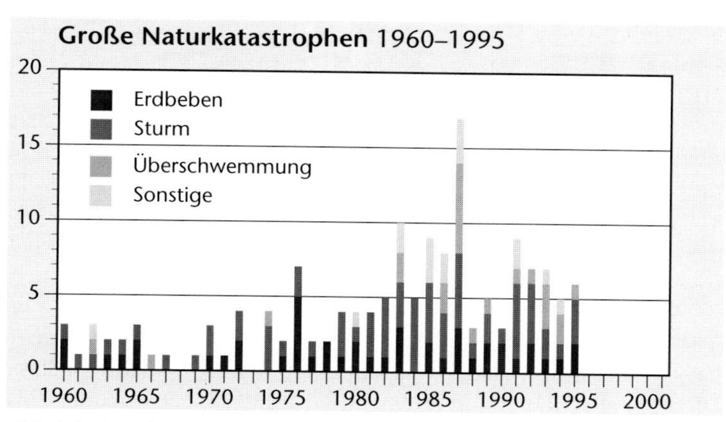


*Abb 1.3: Anzahl von Naturkatastrophen seit 1960 (nach Münchener Rück; Lit. 1.2)*

aber sehr große Zuwachsraten aufweisen, muß auch hier die vorhandene oder zu entwickelnde Technik der effizienten Energienutzung zur Verfügung gestellt werden.

- Die regenerativen Energiequellen (wie Sonnen- und Windenergie) sind, den jeweiligen Regionen angepaßt, zu nutzen; dabei ist das Hauptaugenmerk auf die technische Realisierung unter der Beachtung ökonomischer Grundsätze zu legen.
- Der Raubbau am Waldbestand (weltweit ca.15000 $km^2/a$) muß beendet werden. In früheren bewaldeten Gebieten müssen Wiederaufforstungsprogramme umgesetzt werden, auch um die dünne Humusschicht zu schützen und der Abtragung durch Regen und Wind vorzubeugen (siehe auch Kap. 4).

Welche riesigen Anstrengungen nötig werden, um über die effiziente Nutzung der fossilen Energiequellen weltweit den Ausstoß an Treibhausgasen zu beschränken, zeigt das folgende Rechenbeispiel:

Betrachtet man die derzeitige Freisetzung von Kohlenstoff von 5–6 Mrd. t/a weltweit (Abb. 1.2), entfallen davon ca. 75% auf die Industriestaaten; bei 1,3 Mrd. Menschen dort bedeutet dies ca. 3,5 t C/Person und Jahr. In den Entwicklungsstaaten werden 1,5 Mrd.t C/a (= 25% von 6 Mrd. t C/a) freigesetzt, dies ergibt einen Prokopfwert von 0,4 t C/a (bei 4 Mrd. dort lebenden Menschen).

In 30 Jahren wird sich die jährlich freigesetzte Kohlenstoffmasse aus fossilen Energiequellen erheblich erhöhen, wenn (bei sonst gleichen Randbedingungen) lediglich die wachsende Anzahl der auf der Welt wohnenden Menschen betrachtet wird:

In den Industriestaaten mit dann 1,5 Mrd. Menschen würden bei 3,5 t C/a Person 5,25 Mrd. t C/a, in den Entwicklungsländern mit dann 7 Mrd. Menschen bei 0,4 t C/a Person 2,8 Mrd. t C/a abgegeben, was einer weltweiten Gesamtemission von 8 Mrd. t C/a entspräche. Da die Menschen in den Entwicklungsländern einen höheren Lebensstandard als bisher beanspruchen, Lebensstandard und Energieverbrauch aber miteinander verknüpft sind, sollten mit Blick auf eine möglichst sinkende Emission von Kohlenstoff in ca. 30 Jahren die folgenden Verhältnisse angestrebt werden:

- Die Freisetzung von Kohlenstoff sollte in den Industriestaaten durch den Einsatz intelligenter Technik um 30% abgesenkt werden (Stichwort: Energiesparen; Kap. 2). Bei 1,5 Mrd. Menschen und 2,5 t C/Person a ergäbe dies eine Emission 3,8 Mrd. t C/a.
- Das Freisetzen von Kohlenstoff in den Entwicklungsländern sollte konstant bei 0,4 t C/Person und Jahr gehalten werden; dies würde bei 7 Mrd. Menschen zu einer Emission von 2,8 Mrd. t C/a führen.

Weltweit ergäbe dies eine Kohlenstoffemission von 6,6 Mrd. t/a , so daß bei diesem Szenario die derzeitige Kohlenstoffemission in etwa konstant bliebe.

Allerdings ist dieses Ziel nur zu erreichen, wenn die moderne Technik der Energieumwandlung und -nutzung auch in den Entwicklungsländern angewendet wird und wenn sich der dort notwendige und im Sinne der Steigerung der Lebensqualität auch wünschenswerte steigende Energieverbrauch verstärkt auf regenerative Energiequellen stützt (alternativ wäre der Einsatz der Kernenergie; dies sollte aber wegen der immer noch ungeklärten Entsorgung von abgebrannten Brennelementen aus Sicherheitsgründen nicht in Frage kommen).

### 1.1.2 Verringerung der Ozonschutzschicht

Durch die Emissionen von chemisch stabilen Fluorchlorkohlenwasserstoffen, die als Treibgase in Spraydosen, zum Aufschäumen von Kunststoffen und als Kältemittel verwendet werden (maximale Produktion von FCKW = 800 000 t/a weltweit im Jahre 1987), hat sich die Ozonkonzentration in der Atmosphäre (ca. 15 bis 50 km Höhe) vor allem auf der Südhalbkugel drastisch (teilweise bis zu 60%) verringert. Die Ozonkonzentration in der Stratosphäre liegt bei 0,2 ppm. Ozon hat sich im

Laufe von Jahrmillionen erdgeschichtlicher Entwicklung durch das Einwirken kurzwelliger UV-Strahlen auf Sauerstoff-Moleküle gebildet (Gleichgewichtsreaktion, bei der sich genausoviele Ozonmoleküle bilden wie gleichzeitig zerfallen). Die diffuse Ozonschicht in der Stratosphäre filtert ca. 99% derjenigen Wellenlängen des Lichts heraus, die kleiner als 320 nm sind.

Diese ultraviolette Strahlung gilt für alle Lebensformen auf der Erde als schädlich. So konnte sich das Leben auf der Erdoberfläche erst entwickeln, nachdem sich die Ozonschicht in der Atmoshäre gebildet hatte.

Umgekehrt muß nun eine Verringerung des Ozongehaltes in der Stratosphäre eine Zunahme der UV-Strahlung zur Folge haben, die die Erdoberfläche erreicht. Als Faustregel kann man sich merken: 10% weniger Ozon in der Stratosphäre bedeutet eine 20% höhere UV-Strahlenbelastung. Die Hautkrebsrate würde steil ansteigen,Auswirkungen erhöhter UV-Strahlung auf die Vegetation werden befürchtet.

Die Enquete-Kommission des Bundestages stellt in ihrem Bericht „Vorsorge zum Schutz der Erdatmosphäre" 1992 bezüglich der UV-Strahlung unter 300 nm folgende lebensfeindliche Wirkung auf die Vegetation fest:

- langsameres Wachstum der Landpflanzen bis hin zur Gefahr des Aussterbens einzelner Pflanzenarten,
- Verringerung der Artenvielfalt,
- Schädigung des Meeresplaktons als Grundlage der marinen Nahrungskette. (Seit 1987 hat sich der Bestand von Phytoplankton in antarktischen Gewässern um ca. 10% verringert.)

Die US-amerikanische Umweltschutzbehörde EPA hat für ihre Bevölkerung folgende steigende Hautkrebsrate hochgerechnet:

Statt 500 000 Hautkrebserkankungen, die in den nächsten 50 Jahren statistisch zu erwarten wären, und die für den Tod von 9300 US-Bürgern in diesem Zeitraum verantwortlich gemacht würden, werden mit steigender UV-Belastung die Erkrankung von 12 Millionen Bürgern an Hautkrebs und der dadurch bedingte Tod von 200.000 US-Bürgern befürchtet.

Gesichert gilt inzwischen die Theorie über den Ozonabbau in der Stratosphäre:

FCKW-Moleküle, am Boden emittiert, werden durch Licht der Wellenlänge 190 bis 210 nm, wie es nur in der Stratosphäre vorkommt, photolytisch gespalten. Die dabei freigesetzten Chloratome reagieren mit Ozon und bauen so das uns schützende Ozon ab:

$$Cl + O_3 \Rightarrow ClO + O_2$$

$$ClO + O \Rightarrow Cl + O_2$$

Jedes Chloratom kann so viele tausend Ozonmoleküle abbauen. Irgendwann reagiert es dann aber mit Stickoxiden oder Methan, welche ebenfalls in die Stratosphäre gelangen, zu stabilen, katalytisch unwirksamen Verbindungen wie Chlorwasserstoff, Salpetersäure, Chlornitrat, die in die Troposphäre zurückwandern und ausregnen. Diese Regeneration der Ozonschicht wird aber sehr viele Jahre selbst nach der völligen Substitution von FCKW dauern, weil diese am Erdboden emittierten Stoffe einen etliche Jahre dauernden Zeitraum benötigen, bevor sie die Stratosphäre überhaupt erreichen.

Inzwischen kann man auch erklären, warum sich vor allem über den Polen in den jeweiligen Wintermonaten das „Ozonloch" bildet, das von Jahr zu Jahr immer größere Ausmaße annimmt:

Die wirksamen „Gegenspieler" des Chloratoms – vor allem die Stickoxide und Methan – sind in kristalliner Form eingefroren und damit nicht wirksam („Eiswolken"). Mit steigender Temperatur tauen die Aerosolteilchen auf und desaktivieren die Chloratome. Das „Ozonloch" regeneriert sich teilweise mit Beginn des Frühlings und der steigenden Temperatur, weil die Chloratome dann wieder auf Stickoxide und Methan treffen können.

Nach den ersten Hinweisen auf die negativen Auswirkungen auf die Ozonschutzschicht in der Stratosphäre verbot Präsident Carter 1978,

FCKW in Spraydosen einzusetzen. Erst als sich der Ozonabbau auch auf der Nordhalbkugel zeigte, einigten sich die Industriestaaten 1987 im Montrealer Protokoll auf eine stufenweise Abkehr vom FCKW-Verbrauch. Da inzwischen bekannt ist, daß die FCKW-Substitution zu lange Zeit dauert, verpflichteten sich die EG-Staaten 1990 im sogenannten Londoner Zusatzprotokoll, den Gebrauch von FCKW bis 1997 völlig einzustellen und auf Ersatzstoffe zurückzugreifen.

### 1.1.3 Umweltkrisen mit überwiegend nationaler Bedeutung

Neben diesen internationalen Umweltkatastrophen, die beispielhaft mit der Klimaveränderung und dem Abbau der Ozonschicht benannt sind, seien folgende Umweltgefährdungen erwähnt, die zwar in den letzten Jahrzehnten intensiv diskutiert wurden, die aber eine mehr nationale Bedeutung haben:

- *Smogkatastrophen in London (Dezember 1952) und im Ruhrgebiet (Dezember 1962)*
  Bei Inversionswetterlagen erreichten die Schadstoffkonzentrationen von Staub und Schwefeldioxid bedenklich hohe Werte. So wurden 1952 in London Maximalwerte von 1,35 ppm $SO_2$ (entsprechend 3,75 mg $SO_2/m^3$) und von 4,4 mg Staub /$m^3$ gemessen (s. a. Kap. 2). Registriert wurden Krankheitsbeschwerden wie Kurzatmigkeit und Herzbeschwerden bis hin zu einem starken Anstieg von Todesfällen, die in London die statistischen Durchschnittszahlen um 4000 Menschen deutlich übertrafen.
- *Minamata- und Itai-Itai-Krankheiten in Japan in den 60er und 70er Jahren*
  Chemische Industriebetriebe leiteten quecksilberhaltiges Abwasser über viele Jahre hinweg vor allem in der Minamata-Bucht ins Meer. Quecksilber reicherte sich dort in der Nahrungskette bis hin zu Speisefischen an, die gerade von den Menschen in den Fischerdörfern sehr häufig verzehrt wurden. Das in organischer Form vorliegende Quecksilber bewirkte irreparable Schädigungen des Nervensystems bis hin zu schweren geistigen Störungen bei Neugeborenen (Minamata-Krankheit). Durch die Verhüttung von Zink gelangte Cadmium ins Flußwasser und über die Bewässerung von Reisfeldern in die menschliche Nahrung. Folgen waren Cadmiumanreicherungen in Leber und Niere, Auflösung und Entmineralisierung der Knochensubstanz (Itai-Itai-Krankheit).
- *Gesundheitsschädigung durch Vinylchlorid*
  Das leicht entzündliche, reaktionsfreudige und vor allem zur Herstellung des Kunststoffs Polyvinylchlorid (PVC) verwendete Vinylchlorid (VC) (Chem. Formel $H_2C{=}CHCl$) führt bei langer Expositionszeit zu Leberkrebs, Haut- und Knochenveränderungen und Durchblutungsstörungen. Wegen des cancerogenen Potentials von VC schreibt die Berufsgenossenschaft in PVC-Betrieben den TRK-Wert von 8 mg/$m^3$ (TRK = Technische Richtkonzentration) vor (anstatt eines MAK-Wertes, wie bei Schadstoffen ohne ein cancerogenes Potential zum Schutz der Arbeiter). VC-Konzentrationen von 50 ppm (=140 mg/$m^3$) in der Atemluft führten im Tierversuch zu Lebertumoren; die Belastung der Arbeitnehmer bei der Reinigung von Autoklaven lag Anfang der 70er Jahre noch bei 1000 ppm.
- *Asbest*
  Als natürlich vorkommendes Mineral auf Silikatbasis besitzt Asbest hervorragende Materialeigenschaften (nicht brennbar, gut verarbeitbar), leider aber auf Grund der Fasergeometrie (Faserdurchmesser 1 $\mu$m, Faserlänge > 3 $\mu$m), der Konzentration in der Atemluft und der Belastungsdauer ein großes krebsauslösendes Potential. Der TRK-Richtwert am Arbeitsplatz liegt bei 250000 Fasern/$m^3$ Atemluft. Das Bundesgesundheitsamt empfiehlt als 24-Stunden-Grenzwert 1000 Fasern/$m^3$ für bewohnte Gebäude.

Diese Liste läßt sich beliebig fortführen; weitere Beispiele, die mit Stichworten wie „Wald-

sterben", „Altlasten", „Trinkwasserverknappung" oder „Müllentsorgungsnotstand" belegt sind, werden zum Einstieg in die jeweiligen Kapitel behandelt.

## 1.2 Ansatzpunkte der Technik

Würden die auf der Umweltkonferenz in Rio eingegangenen Verpflichtungen umgesetzt und befolgt, bedeutete dies:

- Die Ressourcen an den sauberen Gütern Luft, Wasser und Boden sind zu erhalten,
- die Ressourcen an nichterneuerbaren Rohstoffen wie den fossilen Energieträgern und Metallen sind zu schonen,
- deshalb sind verstärkt Kreislaufkonzepte zu entwickeln,
- Produkte und Produktionsverfahren müssen von einem kritischen, verantwortungsvollen Risikomanagement begleitet werden, so daß rechtzeitig bei einer ökologischen Gefährdung auf Alternativen zurückgegrfffen werden kann.

Diese notwendigen Ziele faßt die *Richtlinie 3780 „Technikbewertung – Begriffe und Grundlagen"* als Ergebnis allen technischen Handelns so zusammen, daß „die menschlichen Lebensmöglichkeiten durch Entwicklung und sinnvolle Anwendung technischer Mittel zu sichern und zu verbessern" seien.

Dieses Ziel eines umweltgerechten Einsatzes der Technik ist allerdings sehr abstrakt. Deshalb sollen für die einzelnen ökologischen Sachgebiete konkret die jeweilige Problematik, der Istzustand und mögliche, sich abzeichnende Entwicklungsrichtungen des Technikeinsatzes dargestellt werden.

In den einzelnen Kapiteln wird der Istzustand der Umwelttechnik eingehend dargestellt, die sich zu einem großen Teil durch Begriffe wie *additive* oder *sekundäre Umwelttechnik* oder *„end-of-pipe"-Technik* charakterisieren läßt.

Damit ist gemeint, daß der eigentliche verfahrenstechnische Prozeß z.B. der Energieumwandlung von Primärenergie Kohle in die Sekundärenergie Strom unverändert bleibt und daß diesem Prozeß dann neukonzipierte Reinigungsstufen vor der Emission von Schadstoffen in die Umgebung nachgeschaltet werden, um auf diese Weise das ökologische Problem zu lösen, mindestens aber zu mindern. Leider verschiebt eine solche Umwelttechnik das Problem häufig nur in einen anderen Bereich: Beispielsweise wird mit einer Rauchgasentschwefelungsanlage über die Absorption von Schwefeldioxid in einer Kalksuspension $SO_2$ teilweise aus den Rauchgasen von Kohlekraftwerken entfernt und damit die Belastung der Atmosphäre reduziert. Die so produzierten Gipsmengen können nicht vollständig in der Baustoffindustrie verwertet werden; es entsteht somit ein Abfall- und Deponieproblem.

Die additive oder sekundäre Umwelttechnik ist somit aus ökologischer Sicht nicht unumstritten, deshalb wird intensiv über *primäre* oder *integrierte Umwelttechnik* versucht, ökologisch positive Effekte zu erreichen, ohne das Umweltproblem zu verlagern und zu verschieben. Allerdings sind häufig sekundäre Maßnahmen heute noch effektiver als primäre Maßnahmen, deshalb kann nur vereinzelt völlig auf die additive Technik verzichtet werden. Beispielsweise wird bei der Verbrennung von schwefelhaltigen Brennstoffen wie Kohle und Öl Schwefeldioxid freigesetzt, das im normalen Großkraftwerk nur mit Hilfe additiver Technik an der Emission gehindert werden kann (Kap. 2). Anders sieht es bei Wirbelschichtfeuerungen (Kap. 2.2.1) aus, die in kleinen Kraftwerken – etwa in Heizkraftwerken – angewendet werden. Hier kann primäre Technik eine nachgeschaltete Rauchgasentschwefelung überflüssig machen. Moderne Großkraftwerke nutzen die eingesetzte Primärenergie Kohle und Öl mit erheblich höheren Wirkungsgraden als früher aus, so daß die Brennstoffzufuhr reduziert werden kann, wenn die Sekundärenergie Strom in der gleichen Höhe wie vorher abgegeben werden

soll. Damit entsteht weniger Schwefeldioxid als bei alten Kraftwerken, die additiv nachzuschaltende Rauchgasentschwefelungsanlage wird entlastet.

Die Wirkungsgraderhöhung stellt natürlich eine primäre Maßnahme dar.

Bewußt werden die möglichen Lösungsansätze so geordnet, daß sich eine Rangfolge der technischen Maßnahmen ergibt, so wie sie aus ökologischen Gründen wünschenswert erscheint, aber auch so wie sie z. B. für den Bereich der Abfallwirtschaft vom Gesetz über die Vermeidung und Entsorgung von Abfällen (Abfallgesetz) vom 27.8.86 vorgeschrieben ist.

Das Abfallgesetz nennt folgende verbindliche Prioritätenliste:

1. Abfälle sind zu vermeiden (Vermeidungsgebot)
2. Abfälle sind zu verwerten (Verwertungsgebot)
3. Abfälle sind ordnungsgemäß zu entsorgen (Entsorgungsgebot)

Diesen Zielen fühlten sich Ingenieure auch früher schon verpflichtet, was durch zwei Beispiele belegt wird:

- Die Verwertung der bei der Koksherstellung anfallenden Nebenprodukte wie Benzol, Teer, Ammoniak, Kokereigas in der Großchemie. Auf dieser Basis ist – ausgehend von Kohle und Stahl – die Verbundwirtschaft im Ruhrgebiet entstanden.
- So ist der Energieeinsatz zur Herstellung von Ammoniak innerhalb weniger Jahrzehnte von 58 GJ/t $NH_3$ auf 33 GJ/t $NH_3$ durch eine andere Rohstoffbasis (Erdgas statt Koksofengas) und eine verbesserte Energiewirtschaft deutlich abgesenkt worden.

Abb. 1.4 zeigt, wie sich der spezifische Energieverbrauch u. a. auch durch energiesparende Maßnahmen in der deutschen Wirtschaft kontinuierlich verringert hat (Lit. 1.3).

Deutlich ist am Primärenergieeinsatz der technische Rückstand der DDR-Volkswirtschaft zu erkennen: Um Güter im Wert von 1000,– DM zu erzeugen, setzte die DDR 1989/90 416 kg SKE (Steinkohleeinheiten) ein, während sich in der BR Deutschland der Primärenergiebedarf auf 217 kg SKE (Endenergiebedarf Abb. 1.4) belief.

Energie kann also mit hohem Wirkungsgrad eingesetzt werden; der neue Präsident des Umweltbundesamts, Troge, verlangt; „Vor allem aber sollten die Energiesparpotentiale der Industrie besser ausgenutzt werden" (Interview mit den VDI Nachrichten 25.8.95, Nr. 34, S. 20).

Vor dem Hintergrund der $CO_2$-Problematik ist eine deutlich verbesserte Energieeffizienz wünschenswert; in der Regel ist dieses Ziel aber nur mit höheren Investitionen erreichbar. Auf diesen häufig angesprochenen Konflikt zwischen Ökologie und Ökonomie sei hingewiesen.

Ein weiteres Motiv für die Technik, einen Beitrag zum Umweltschutz zu leisten, ergibt sich aus juristischen Gründen: der Gesetzgeber hat Gesetze und Verordnungen erlassen, die jeden Betreiber von Anlagen verpflichten, zur Einhaltung von Grenzwerten in Umweltschutzeinrichtungen zu investieren.

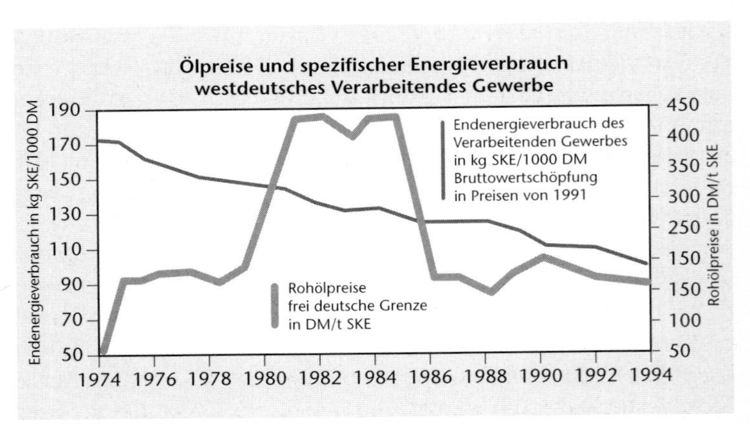


*Abb. 1.4: Spezifischer Endenergieverbrauch des verarbeitenden Gewerbes (alte Bundesländer) und die Ölpreisentwicklung seit 1974*

Dabei beruht das deutsche Umweltrecht auf folgenden Prinzipien:

- Vorsorgeprinzip
- Gleichheitsprinzip
- Verursacherprinzip
- Gemeinlastprinzip.

*Das Vorsorgeprinzip* verpflichtet jeden, auch über die unmittelbare Abwehr von Gefahren hinaus, alles zu tun, damit schädliche Einflüsse auf die Umwelt vermieden werden. Dabei muß sich der Anlagenbetreiber am Begriff „Stand der Technik" orientieren, um die Emissionen von Anlagen zu beschränken. Der Gesetzgeber bzw. die Genehmigungsbehörden wie Landes- und Bezirksregierungen fassen den Begriff „Stand der Technik" dynamisch auf, da sich die Umwelttechnik weiterentwickelt. So können auch für bestehende und genehmigte Anlagen auf Basis geänderter Rechtsvorschriften und innerhalb von Übergangsfristen neue, reduzierte Grenzwerte vorgeschrieben und durchgesetzt werden.

*Das Gleichheitsprinzip* verlangt die Gleichbehandlung aller Anlagenbetreiber und auch der Anwohner.

*Mit dem Verursacherprinzip* wird sichergestellt, daß derjenige für die Beseitigung von Schäden haftet, der sie verursacht hat. In der Regel übernimmt der Anlagenbetreiber so die Kosten, die zur Reduzierung von Emissionen und zur Einhaltung von gesetzlich vorgeschriebenen Grenzwerten bei ihm anfallen. Natürlich ist denkbar, daß Emissionen Schäden verursachen, auch wenn die Grenzwerte eingehalten werden. Dies liegt beispielsweise an der langen Latenzzeit von Schadstoffen, die sich eventuell erst nach Jahrzehnten negativ auswirken können. In diesem Fall ist ein Verursacher aber konkret nur äußerst schwer haftbar zu machen, da sich die emittierten Schadstoffe in der Luft, im Boden und im Wasser mit anderen Stoffen mischen, die sich ebenfalls negativ auswirken und die sich in ihrer Wirkung verstärken können (Synergismus).

*Im Gemeinlastprinzip* verpflichtet sich der Staat, alle Kosten zu übernehmen, die zur Beseitigung von Umweltschäden anfallen und die nicht mehr dem jeweiligen Verursacher konkret angelastet werden können. Dazu gehören auch Kosten zur Beseitigung von Umweltschäden, die anfallen, obwohl vorgeschriebene Emissionsgrenzwerte eingehalten werden, und die erst nach langer Latenzzeit sichtbar werden.

Zur Erfassung von Emissions- und Immissionsdaten, zur Kontrolle von Anlagenbetreibern bezüglich der von der Genehmigungsbehörde gemachten Auflagen für den Betrieb der jeweiligen Anlage, zum Schutz von Menschen, Tieren und Pflanzen vor Schadstoffen werden Meßgeräte eingesetzt, die die Qualitäten der Luft, des Wassers, des Bodens überwachen und deren Meßprinzipien im Überblick in den einzelnen Kapiteln beschrieben werden.

Mit den steigenden Anforderungen der Meßprinzipien bzw. der Qualität der Meßgeräte lassen sich heute teilweise auch extrem niedrige Schadstoffkonzentrationen wie z.B. bei Dioxinen nachweisen, die früher außerhalb der Nachweisgrenze lagen und damit nicht problematisiert werden konnten. Auch in dieser verbesserten Qualität der Meßtechnik ist natürlich begründet, daß der Gesetzgeber z.B. dem Betreiber von Müllverbrennungsanlagen (Kap. 2 und 4) vorschreibt, den Dioxin-Gehalt im Abgasstrom zu reduzieren, weil die Genehmigungsbehörde in der Lage sein muß, die Effizienz der ergriffenen technischen Maßnahmen auch kontollieren zu können.

Das entscheidende Kriterium für verschärfte Umweltvorschriften und eine dadurch bedingte verbesserte Umwelttechnik ist in der Art der betrachteten Schadstoffe begründet: Bei Substanzen mit cancerogenem (krebsauslösendem) und/oder teratogenem Potential (teratogen = Mißbildungen während der Schwangerschaft hervorrufend) wie Asbest, Benzol (Kap. 2) und bei radioaktiven Substanzen werden keine Grenzwerte, sondern Richtkonzentrationen definiert, da bei solchen Stoffen keine Dosis, keine Belastung denkbar ist, bei der eine Schädigung des menschlichen Organismus

auszuschließen ist. Hingegen werden für Stoffe wie Schwefeldioxid Grenzwerte festgelegt, die so bemessen sind, daß auch bei Dauerbelastung die Gesundheit eines alten, eines kranken Menschen (z. B. eines asthmaanfälligen Menschen gegenüber Luftschadstoffen wie Schwefeldioxid) nach menschlichem Ermessen nicht weiter beeinträchtigt wird.

## 1.3 Ökologie und Ökonomie – Gegensätze?

Umweltschutzmaßnahmen werden häufig als „Jobkiller" bezeichnet; ein hohes Aufkommen an Umweltschutzmaßnahmen wird dafür verantwortlich gemacht, daß Betriebe ins Ausland abwandern. Die in Abb. 1.5 dargestellte Entwicklung scheint diese Sicht für die Chemieindustrie in den alten Bundesländern zu bestätigen: Weitere Investitionen – auch wenn diese in absoluter Höhe sinken – erhöhen die jährlich anfallenden Betriebskosten, an Personal-, Energie- und Wartungskosten (Lit. 1.4).

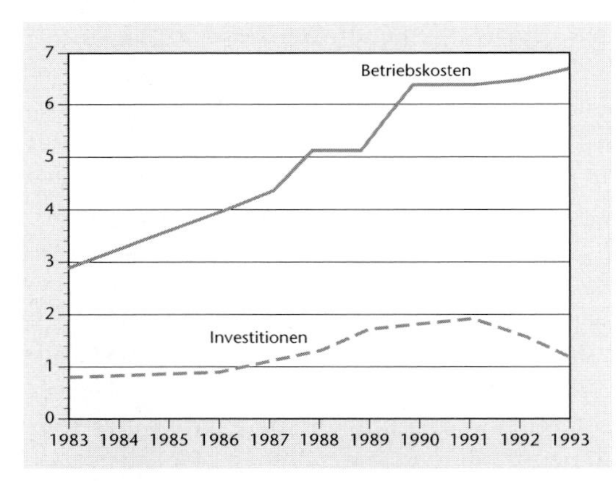


*Abb. 1.5: Investitions- und Betriebskosten der chemischen Industrie (alte Bundesländer) in Milliarden DM/a*

Vergleicht man die Umweltschutzausgaben europäischer Länder miteinander, so ist das hohe Niveau in Deutschland aufgrund strenger Grenzwerte klar ersichtlich (Lit. 1.5):

Umweltschutzausgaben 1986–1991 in Prozent des Bruttosozialprodukts (Veränderung in Prozent)

| | 1991 | |
|---|---|---|
| Österreich | 1,94 | +29 |
| Deutschland | 1,74 | +14 |
| Niederlande | 1,46 | +14 |
| USA | 1,36 | − 7 |
| Kanada | 1,30 | −18 |
| Finnland | 1,05 | − 9 |
| Japan | 1,02 | −24 |
| Großbritannien | 0,93 | −23 |
| Frankreich | 0,91 | + 3 |
| Schweden | 0,87 | − 5 |
| Dänemark | 0,78 | −13 |
| Norwegen | 0,57 | −30 |

*Abb. 1.6: Umweltschutzausgaben europäischer Länder in Prozent des Bruttosozialproduktes 1991*

Gleichzeitig ist eine Zunahme der durch Naturkatastrophen verursachten volkswirtschaftlichen Schäden zu verzeichnen (Abb. 1.7). Hier wird zumindestens ein Zusammenhang mit globalen Klimaveränderungen vermutet (Abb. 1.3).

Welche Schlüsse sind aus diesen Entwicklungen zu ziehen?

1. Für den wirksamen Schutz der Umwelt müssen in der Europäischen Union die gesetzlichen Auflagen für Industrie, Gewerbe und auch für den privaten Bereich auf einem hohen Niveau in allen Mitgliedsstaaten einheitlich festgelegt werden. Es führt natürlich zu Wettbewerbsverzerrungen, wenn laut Angaben des Bundesministeriums für Wirtschaft z. B. die Abwassergrenzwerte stark differieren: Bei Phosphat liegt in Deutschland der Grenzwert bei 2 mg/l, während Frankreich und Großbritannien 10 mg/l vorschreiben (Kap.3). Die Europäische Union verlangt in ihrer Öko-Audit-Verordnung von 1993, daß sich die einzelnen Betriebe in Ökobilanzen mit ihren Produkten auseinandersetzen und auch nach ökologischen Ver-

besserungen der jeweiligen Produktion suchen. So sind Kombizertifikate denkbar, die über die erreichten Qualitäten der Produkte und gleichzeitig auch über die eingesetzten Umwelttechniken Aussagen machen. Damit sind Anreize auf freiwilliger Basis gegeben, für den Umweltschutz zu investieren und dann aber auch sich dieser Tatsache in der Werbung zu bedienen.

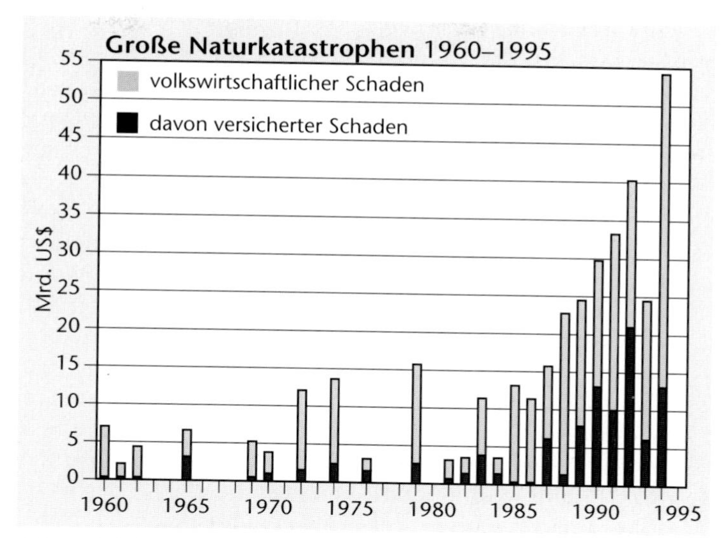


*Abb. 1.7: Schäden in Milliarden Dollar auf Grund von Naturkatastrophen (nach Münchener Rück; Lit. 1.2)*

Der Mannesmann-Konzern überprüft derzeit sein Umweltengagement auf Basis der Öko-Audit-Verordnung der Europäischen Union und erhofft sich mit dieser Initiative, zu ständigen Verbesserungen bezüglich des Umweltschutzes zu kommen (Abb. 1.8).

Die Startelemente 1 und 2 stellen die übergeordneten Themen mit der ersten Initiative und der Umweltprüfung entsprechend der Öko-Audit-Verordnung dar. Innerbetrieblich schließt sich daran der dargestellte Zyklus als „Selbstläufer" mit den erhofften stetigen Verbesserungen der Umweltschutzleistungen an.

2. Um die finanziellen Aufwendungen einzelner Betriebe, ganzer Industriezweige (Abb. 1.5) oder auch nationaler Volkswirtschaften (Abb. 1.6) zum Schutz der Umwelt richtig einschätzen zu können, müssen ökonomische Gesamtbilanzen erstellt werden. Darin werden die Umweltschäden, die durch Investitionen in technische Einrichtungen und durch deren Betrieb zum Glück vermieden oder als Sünden aus vergangenen Zeiten (z. B. Altlastensanierung in Kap. 4) behoben werden, finanziell bewertet. Damit können Aufwand und Ergebnis mit-

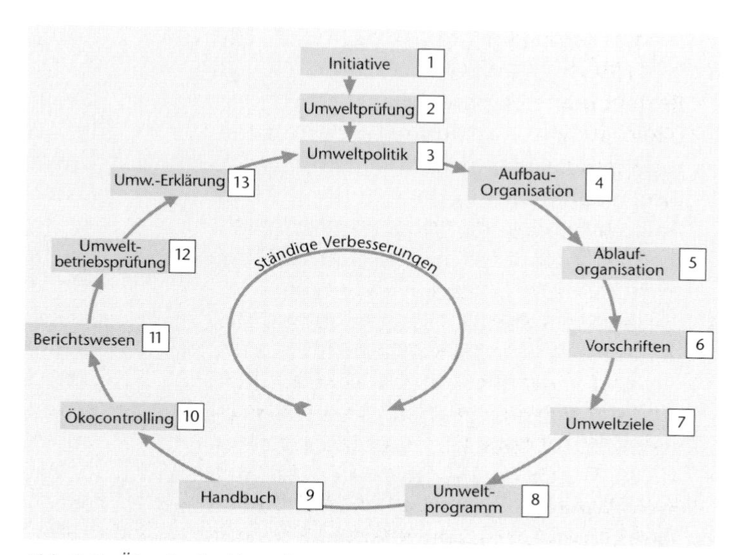


*Abb. 1.8: Öko-Audit- Verordnung – ihre betriebliche Umsetzung entsprechend „Mannesmann-Ei" (Lit. 1.6)*

einander verglichen werden. So beziffert das Umweltbundesamt die Schäden mit 6,8% des Bruttosozialprodukts (etwa 203 Mrd. DM/a), also erheblich höher als den mit nur 1,74% ausgewiesenen Aufwand in Umweltschutzmaßnahmen (Abb. 1.6). Jeder in den Umweltschutz investierte Betrag bewirkt einen Nutzen in dreifacher Höhe in bezug auf dadurch vermiedene Umweltschäden. Für den Bereich der Luftreinhaltung, speziell bei Großkraftwerken, konnte zu Ende der 80er Jahre mit jeder Investition sogar ein um den Faktor 15 höherer Nutzen in Form von vermiedenen Umweltschäden registriert werden (Lit 1.7).

3. Das Gesamtvolumen des europäischen Umweltmarkts wird in den nächsten Jahren stark wachsen. In Westeuropa wird dieser Markt von 165,2 Mrd. DM (1990) über 228,8 Mrd. DM (1995) auf 317,1 Mrd DM (2000) steigen. Auch die Zahlen für die Bundesrepublick Deutschland zeigen deutliche Zuwachsraten:
   - alte Bundesländer
     48 Mrd. DM (1990); 61,2 Mrd. DM (1995); 78,1 Mrd. DM (2000)
   - neue Bundesländer
     4,1 Mrd. DM (1990); 9,3 Mrd. DM (1995); 18,9 Mrd. DM (2000) (Lit. 1.8)

   Bezieht man den hohen Nachholbedarf an ökologischen Investitionen in den osteuropäischen Staaten und in den Entwicklungsstaaten mit ein, dann dürften sich für Anlagenbaufirmen, die sich auf Umwelttechnik spezialisiert haben, sehr günstige wirtschaftliche Perspektiven ergeben.
4. Es scheint sich aber abzuzeichnen, daß gerade in den westlichen Industriestaaten, wo nationale ökologische Krisen (Stichworte: Waldsterben – Kap. 2 – Wasserverschmutzung – Kap. 3 – und Müllnotstand – Kap. 5) u.a. auch wegen der dortigen demokratischen Strukturen ein schnelles Handeln erforderten, der Markt für die „end-of-pipe"-Technik, also für additive Maßnahmen, gesättigt ist und daß die Industrie verstärkt in „integrierte Umwelttechnik" investiert.

Die ökonomische Seite der Entwicklung und des Einsatzes von Umwelttechnologien ist durch ihre wachsenden Exportchancen und durch positive Beschäftigungseffekte charakterisiert. So führen z. B. Wärmedämmaßnahmen an Wohngebäuden gerade im arbeitsintensiven Ausbaugewerbe zu großen Beschäftigungsimpulsen, entlasten durch den Abbau der Arbeitslosigkeit die Öffentlichen Haushalte, verbessern die Umwelt aufgrund reduzierter Emissionen (vor allem auch bei Kohlendioxid), mindern die Abhängigkeit der Industriestaaten von Rohölimporten und sorgen für eine Streckung von Öl- und Gasvorkommen. Ökologie und Ökonomie sind miteinander vereinbar.

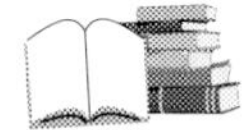

## Literatur


1.1 R.A. Houghton/G.M. Woodwill: Globale Veränderung des Klimas; in: Spektrum der Wissenschaft, Digest 1: Umwelt und Wirtschaft

1.2 Weltklima – Gipfel der Katastrophen; Palmen auf Helgoland; in: Der Spiegel, Nr.12, 1995

1.3 Die Industrie braucht weniger Energie; in: VDI Nachrichten, Nr. 13, 1995

1.4 Umwelttechnik, Erfolgsstory mit kleinen Dämpfern; in: Chem. Rundschau, 47. Jg., Nr. 20, 1994

1.5 Chemiestandort Europa – Herausforderungen und Strategien; in: Chem. – Ing. – Techn., 67. Jg., Nr. 4, 1995

1.6 Öko-Audit – Ein neues Gütezeichen für Umweltschutz; in: Umweltschutz bei Mannesmann, Ausgabe 2, Sonderdruck aus dem Mannesmann Magazin, 1995

1.7 L. Wicke: Ökologische Schadensbilanzen 1992; in: Umweltmagazin, Juni 1993

1.8 Chancen größer als Risiken; in: Umweltmagazin, Februar 1993

# 2 Luft, Klima und Energie

## 2.1 Einführung

### 2.1.1 Der ökologische Hintergrund

Kein Umweltbereich hat in der Bundesrepublik Deutschland nach dem zweiten Weltkrieg eine so hohe Bedeutung erlangt wie der Bereich der Luftreinhaltung. Die Forderung in einem Wahlslogan nach dem „blauen Himmel über der Ruhr" führte zu enormen Anstrengungen im Bereich der Entstaubung. Die Nachrichten vom Waldsterben und vom sauren Regen veranlaßten die Technik und die Gesetzgebung zu Maßnahmen zunächst der Entschwefelung und in letzter Zeit zur Entstickung der Rauchgase.

Gleichzeitig hierzu wurden durch verschiedene Maßnahmen wie Optimierung der Rauchgasführung, Erhöhung der Verweildauer der Rauchgase im Feuerungsraum, eine höhere als für die vollständige Verbrennung stöchiometrisch notwendige Luftzufuhr die Emissionen des giftigen Kohlenmonoxids abgesenkt. Diese Maßnahmen betrafen und betreffen Kraftwerke, Müllverbrennungsanlagen, Industriefeuerungsanlagen zur Erzeugung von Strom und Dampf für den Eigenverbrauch und den übrigen industriellen Sektor wie Stahlwerke, Raffinerien und die chemische Industrie. Diese Betriebe verursachen an zahlenmäßig wenigen Standorten (relativ wenig im Vergleich z. B. zu den zahlreichen privaten Feuerungsanlagen für die Bereitstellung von Wohnungswärme) mengenmäßig große Emissionen, die mit den additiv an die eigentlichen Prozesse angehängten Verfahren der Entstaubung, Entschwefelung und Entstickung von Rauchgasströmen wirkungsvoll reduziert werden.

Bei den Kleinfeuerungsanlagen und im Verkehrssektor mußten und müssen wegen der Vielzahl der Emittenten und wegen der Eigenschaften der entstehenden Emissionen prinzipiell andere Wege beschritten werden, die darauf beruhen, daß Schadstoffe wie Schwefel aus dem Heizöl EL (extra leichtes Heizöl) oder Dieselkraftstoff teilweise entfernt werden, daß das schädliche Bleitetraethyl dem Ottokraftstoff nur noch in geringem Maße oder gar nicht zugesetzt wird und daß bei Benzinfahrzeugen Dreiwegekatalysatoren zur Minimierung der Stickoxidemissionen eingebaut werden.

Die Entwicklung der Emissionen in den alten Bundesländern zeigt Abb. 2.1.

Abb. 2.1 zeigt Rückgänge bei den Staub-, $SO_2$- und CO-Emissionen, während sich bei den $NO_x$-Emissionen ($NO_x = NO + NO_2$) nur eine Trendwende abzeichnet. Bei $NO_x$ werden die mit der Katalysator-Technik erreichten Erfolge im Verkehrssektor durch ein überdurchschnittlich gewachsenes Verkehrsaufkommen leider wieder aufgehoben.

In Abb. 2.2 sind die Emissionen der wichtigsten Luftschadstoffe in den alten Bundesländern mit denen in den neuen Bundesländern vor der Wiedervereinigung verglichen. Deutlich erkennt man – vor allem anhand der auf die Einwohnerzahl bezogenen spezifischen Angaben – die relativ niedrigen Emissionsdaten bei Staub und Schwefeldioxid in den alten Bundesländern und die hohen Emissionsdaten in den neuen Bundesländern und somit dort einen großen Nachholbedarf an Anlagen zur Rauchgasreinigung, speziell bei Staub- und $SO_2$-Emissionen. Bei den Stickoxiden ist die Situation in den alten Bundesländern ungünstiger als in den neuen Bundesländern mit ihrer damaligen geringeren Verkehrsdichte.

Die in die Atmosphäre emittierten Luftschadstoffe führen zu Immissionen und wirken sich direkt und unmittelbar auf die Natur und auf die Menschen aus. Die Waldschäden werden in Deutschland trotz der Erfolge, die aus den Abb. 2.1 und 2.2 bezüglich der Reduzierung

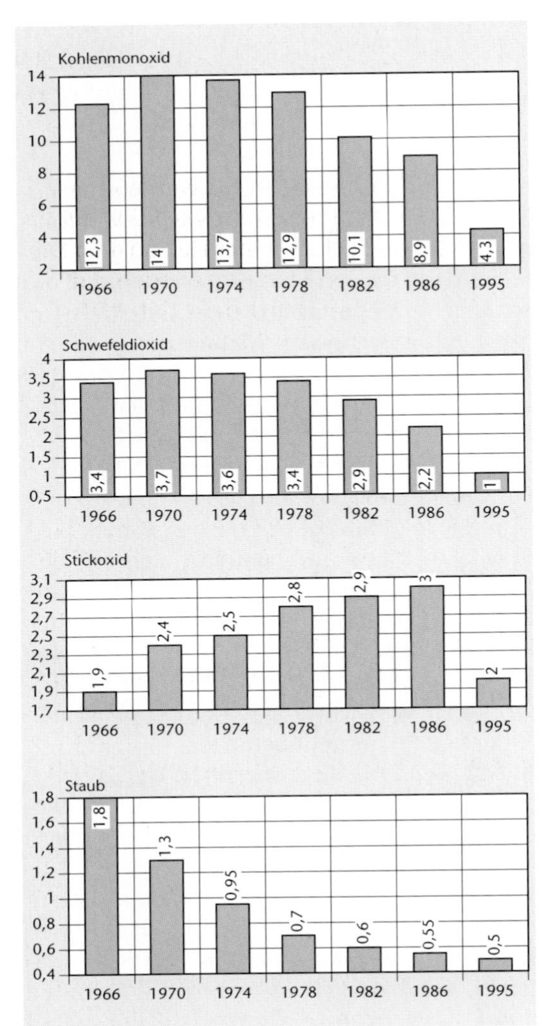


*Abb. 2.1: Entwicklung der Luftemissionen in der Bundesrepublik Deutschland in Mio. t/a (alte Bundesländer) (Lit. 2.1)*

bei den Staub-, $SO_2$-, und $NO_x$-Emissionen sichtbar werden, immer noch als sehr hoch eingestuft.

Nach dem Waldzustandsbericht 1995 der Bundesregierung Deutschland sind 22% der Bäume „deutlich geschädigt", ihnen fehlt laut Definition mindestens ein Viertel der Nadeln oder Blätter. Weitere 17% der Bäume (Verlust der Blätter oder Nadeln zwischen 11%

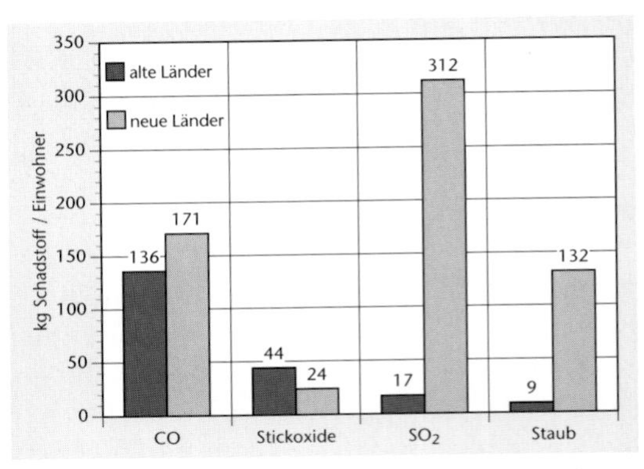


*Abb. 2.2: Vergleich der Emissionsdaten in den alten und neuen Bundesländern für das Jahr 1989 (Lit. 2.2)*

und 25%) gelten als „schwach geschädigt". Wichtig erscheint der Hinweis auf regionale Unterschiede: In Nordwestdeutschland liegt der Anteil der „deutlich geschädigten" Bäume im Durchschnitt bei 16%, dagegen steigt diese Quote in Süddeutschland auf 29% und in Hessen und Thüringen sogar auf 40%. Nur durch verstärkt zu treffende Maßnahmen der Luftreinhaltung in Ostdeutschland und vor allem in Osteuropa kann also der Schadstoffimport aus Osteuropa verringert werden. Der Bund für Umwelt und Naturschutz (BUND) bezeichnet die Schadensbilanz des Waldes 1994 als „Stagnation auf hohem Niveau" und beobachtet ein „stabiles Siechtum" des deutschen Waldes. Häufig sind die Waldschäden nicht nur unmittelbare Folgen von Luftschadstoffen, sondern Auswirkungen der Luftschadstoffe auf das gesamte Ökosystem Luft-Boden-Wasser. Beispielsweise bewirken die sauren Abgaskomponenten $SO_2$, $NO_x$ und HCl im Boden eine pH-Wert-Verschiebung und sorgen über eine Mobilisierung von Schwermetallen für eine Schädigung des Wurzelwerks und eine Störung des Nährstoffhaushalts der Pflanzen (z. B. Kalium und Magnesium werden ausgewaschen und fehlen somit häufig) sowie für einen Eintrag von vorher immobilen Schadstoffen ins Grundwasser (Kap. 3 und 4).

## Luftschadstoffe

Luftschadstoffe gefährden die Gesundheit. Bekannt ist dies schon sehr lange, aus den Anfängen der Industrialisierung, aus den Smog-Katastrophen in London und im Ruhrgebiet (Kap. 1) und z. B. aus Reihenuntersuchungen des Hygiene-Instituts an der Universität Düsseldorf an Kindern, die in Reinluftgebieten bzw. in belasteten Gebieten aufgewachsen sind. Dies hat zu einem drastischen Maßnahmenkatalog zur Reinhaltung der Luft geführt (Kap. 2.2.3). Heute spielen in der Luftreinhaltepolitik neben den Emissionen von Staub, Schwefeldioxid, Stickoxiden, Chlorwasserstoff, Kohlenmonoxid vor allem die gasförmigen Schadstoffe Benzol, Dioxin und Ozon eine ganz entscheidende Rolle.

Der ringförmige Kohlenwasserstoff *Benzol* ist als eine kanzerogene Chemikalie schon lange bekannt (Häufung von Leukämie-Erkrankungen bei Arbeitern, die z. B. in Schuhfabriken benzolhaltige Klebstoffe einsetzten oder als Maler benzolhaltige Anstrichmittel verwendeten).

Benzol ist im Otto-Kraftstoff enthalten und wird wegen seiner hohen Oktanzahl als Antiklopfmittel und als Substitutionsstoff für Bleitetraethyl zugesetzt. Da sich der Benzinverbrauch in Deutschland seit 20 Jahren nahezu verdoppelt hat (im Jahre 1972 1,3 Mill. t/Monat auf fast 2,6 Mill. t/Monat im Jahre 1993–1993 inklusive der fünf neuen Bundesländer), werden die Benzolemissionen in Deutschland inzwischen auf 52.000 t Benzol/a geschätzt, die zu 92% dem Individualverkehr zugerechnet werden (Lit. 2.3).

Benzol wird unverbrannt aus den Auspuffrohren sowie beim Tanken emittiert, deshalb stellen Landesumweltbehörden an vielbefahrenen städtischen Straßen in Stuttgart und München Jahresmittelwerte von 6 bis 46 µg Benzol/m³ Luft und Spitzenwerte bis zu 65 µg Benzol/m³ Luft fest. Die Enquete-Kommission des Bundestags zum „Schutz der Menschen und der Umwelt" befürchtet für die besonders belastete Berufsgruppe der Tankwarte (Benzolkonzentrationen in der Atemluft am Arbeitsplatz bis zu 8000 µg/m³), daß nach 20 Berufsjahren einer von 150 Tankwarten an Krebs aufgrund der hohen Benzolbelastung erkrankt (Lit. 2.3).

Ein hohes Krebsrisiko ist weiter bei Rußpartikeln zu sehen, die Dieselfahrzeuge emittieren und die an ihrer Oberfläche *Polyzyklische aromatische Kohlenwasserstoffe* (abgekürzt PAK) adsorptiv gebunden haben. Tagesmittelwerte bis zu 70 ng PAK/m³ werden gemessen, davon entfallen ca. 10% auf die PAK-Leitsubstanz Benzo (a) Pyren – $C_{20}H_{12}$ (Lit. 2.4). Wegen des erhöhten Krebsrisikos für die in Ballungsgebieten, insbesondere an vielbefahrenen Straßen wohnenden Menschen schlägt der deutsche Länderausschuß für Immissionsschutz (LfI) Höchstwerte von 2,5 µg Benzol/m³ Atemluft und von 1,5 µg Dieselruß/m³ Atemluft vor, die in Ballungsgebieten häufig überschritten werden. Nach einer geplanten Verordnung der Bundesregierung sollen ab 1998 Höchstwerte von 10 µg/m³ bei Benzol und 8 µg/m³ bei Ruß gelten (Kap. 2.1.2, Lit. 2.5).

Das in der Stratosphäre nützliche *Ozon* (Kap. 1) ist in Bodennähe schädlich: es reizt die Atemwege, führt zu Kopfschmerzen und zu tränenden Augen, reduziert die körperliche Belastbarkeit (etwa ab 240 µg/m³) und löst ab 300 µg/m³ allergische Reaktionen mit Asthma- und Migräneanfällen aus. Der Vorsorgerichtwert von 120 µg/m³ (Halbstundenmittelwert) wird 1994 und 1995 an schönen Sommertagen mit 270 µg/m³ teilweise deutlich überschritten. „Der Spiegel" konstatiert eine Verdopplung der Ozon-Jahresmittelwerte in 15 Jahren von ca. 23 µg/m³ (1977) auf 45 µg/m³ (1992) (Lit. 2.6). Unter dem Einfluß des Sonnenlichts spalten Stickstoffdioxid-Moleküle atomaren Sauerstoff ab, der wiederum mit molekularem Sauerstoff zu Ozon reagiert. Unverbrannte Kohlenwasserstoffe wiederum führen vor allem nachts zu einem Abbau des reaktionsfreudigen Ozons, während sich in Reinluftgebieten der Rückgang der Ozonkonzentration nur langsam vollzieht.

*Dioxine* werden in der Öffentlichkeit häufig als „Seveso-Gifte" und „Ultragifte" bezeichnet. Unter dem Sammelnamen Dioxine werden ca. 200 chlorierte Einzelkomponenten mit trizyclischer Struktur zusammengefaßt, die sich in zwei Untergruppen aufteilen lassen:

- *Polychlorierte Dibenzo-p-dioxine (PCDD)* mit 2 Sauerstoffatomen im Molekül und
- *Polychlorierte Dibenzofurane (PCDF)* mit 1 Sauerstoffatom im Molekül.

Die Molekülstrukturen von 2,3,7,8-Tetrachlordibenzo-p-dioxin (2,3,7,8-TCDD) und 2,3,7,8-Tetrachlordibenzofuran (2,3,7,8-TCDF) sind in Abb. 2.3 dargestellt. Die Leitsubstanz – das hochtoxische 2,3,7,8-TCDD – ist als Seveso-Gift besonders bekannt geworden (Lit. 2.7).

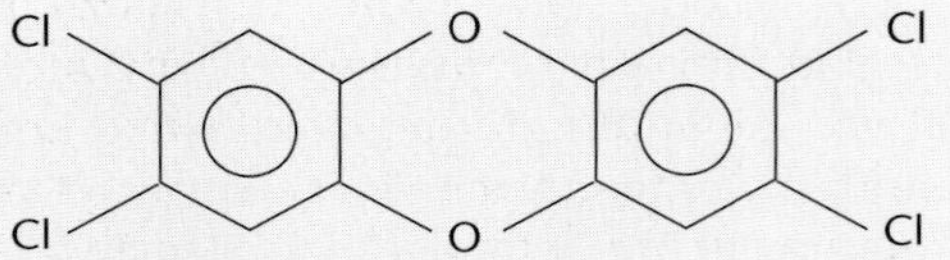

Cl O Cl
Cl O Cl
2,3,7,8 TCDD

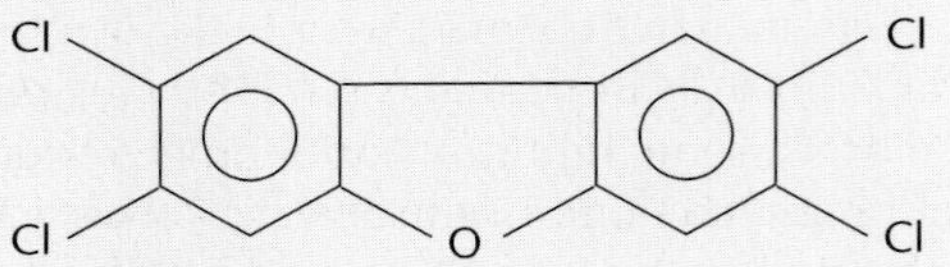

Cl Cl
Cl O Cl
2,3,7,8 TCDF

*Abb. 2.3: Molekülstrukturen von 2,3,7,8-TCDD und 2,3,7,8-TCDF*

Bei der inzwischen in Deutschland eingestellten Herstellung von *Chlorphenolen* werden Dioxine freigesetzt. Chlorphenole dienen als Desinfektions- und Konservierungsmittel vor allem von Holz und Holzprodukten (z. B. auch von Papier) und werden zu Herbiziden weiter verarbeitet. Dioxine und Furane fallen außer bei der Herstellung von chlorhaltigen Organica auch als höchst unerwünschte Substanzen in zwar geringen, aber trotzdem gefährlichen Konzentrationen an, so z. B. in Müllverbrennungsanlagen, auch in anderen Verbrennungsanlagen und bei industriellen Prozessen des Metallrecyclings und der Papierherstellung. Gesundheitliche Folgen der Dioxin-Belastung sind Hautschäden wie schwere Chlorakne, Blutveränderungen, Schädigung innerer Organe, Schädigung des Immunsystems und der Fortpflanzungsfähigkeit des Menschen sowie Mißbildungen bei Neugeborenen. Die US-amerikanische Umweltbehörde EPA befürchtet solche negative Auswirkungen auf die menschliche Gesundheit schon bei Konzentrationen von 5 bis 50 ng/kg Körpergewicht (1 ng = $10^{-9}$ g), dies sind Dioxinkonzentrationen, die inzwischen schon der Durchschnitt der Bevölkerung erreicht haben soll (Lit. 2.8). Vor diesem Hintergrund erscheint der vom Bundesgesundheitsamt festgelegte Dioxin-Richtwert mit Dosen von 1 bis 10 pg/kg Körpergewicht und Tag (1 pg = $10^{-12}$ g) als zu hoch, da mit der Aufnahme von 10 pg Dioxin / kg Körpergewicht und Tag in einem Jahr schon Werte im Körper erreicht werden, bei denen die US-amerikanische Umweltbehörde gesundheitliche Schäden feststellt (Lit. 2.8).

## Verminderung des Schadstoffausstoßes an den Emissionsquellen, statt Bekämpfung der Folgen von Immissionsschäden

Die Ursachen für die negativen Einflüsse von Luftschadstoffen auf die menschlich Gesundheit, auf die belebte und unbelebte Natur, so wie sie in Kap. 1 und 2 exemplarisch dargestellt und möglicherweise heute noch nicht oder nicht in vollem Ausmaß bekannt sind, ergeben sich aus den noch zu hohen Emissionen, die sich ihrerseits wiederum in den letztlich entscheidenden Immissionsbelastungen auswirken. Diese Immissionen sind unmittelbar verantwortlich für die ökologischen Folgen. Sollen diese vermindert oder gar beseitigt werden, sind nur zwei Verfahrenswege sinnvoll:

Die Schadstoffe müssen im Prozeß selbst vermieden oder mindestens reduziert werden. Dieser *„primären"* oder *„integrierten" Umweltschutztechnik* sind Maßnahmen zur Wirkungsgraderhöhung und

einer verbesserten Prozeßführung zuzuordnen sowie der Versuch, umweltproblematische durch umweltfreundliche Verfahren zu ersetzen (Kap. 2.2.1. und 2.2.2).

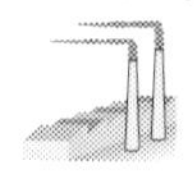

Die Entstehung von Schadstoffen kann nicht verhindert werden, Schadstoffe werden aber vor ihrer Emission durch geeignete *sekundäre Umwelttechnik* („*additive*" *Verfahren* oder „*end-of-pipe-Technik*") entfernt (Kap. 2.2.3).

Zur sekundären Umwelttechnik oder der „end-of-pipe-Technik" in der Luftreinhaltung lassen sich noch folgende prinzipielle Anmerkungen machen:

Mit der Abgasreinigung darf das ökologische Problem nicht von der Luft auf die Abwasserseite (z. B. mit der Absorption von Chlorwasserstoff durch das Absorptionsmittel Wasser bei Müllverbrennungsanlagen) oder auf die Abfallseite (z. B. Entschwefelung von Rauchgasströmen bei Kohlekraftwerken mit einer Kalkstein-Suspension oder mit Kalkmilch als Absorptionsmittel und das Entstehen von großen, nicht vollständig verwertbaren Gipsmengen) verschoben werden.

Wegen der Gefahr dieser Verlagerung, wegen steigender Betriebskosten von additiven Maßnahmen (Abb. 1.5) und wegen des in Kap. 1 beschriebenen Treibhauseffekts wird intensiv nach primären Verfahren gesucht, die die additiven Maßnahmen entlasten oder sogar vollständig substituieren könnten. Zu diesem integrierten Umweltschutz gehören die Methoden der *Schadstoffminimierung* bei CO und $NO_x$ wie die Optimierung der Rauchgasführung, Rauchgasrückführung, Erhöhung der Verweildauer der Rauchgase, vor allem aber Maßnahmen zur *Wirkungsgradverbesserung*.

Mit Hilfe von Wirkungsgradverbesserungen des jeweiligen Prozesses wird der Abgasstrom insgesamt reduziert; dies wird mit dem folgenden Rechenbeispiel für die Wärmeversorgung eines Einfamilienhauses eindrucksvoll belegt:

- Bei dem jährlichen Verbrauch von 3000 l Heizöl EL/a (Dichte 0,86 kg/l) (Abk. EL = extra leicht) werden vor 1990 bei einem Schwefelgehalt von 0,3% S
  - 7,74 kg S/a und
  - 4130 m³ $CO_2$/a emittiert (Kohlenstoffgehalt 0,857 Massenanteile im Heizöl).
- Bei einer Reduzierung des Schwefelgehalts im Heizöl auf 0,2% S entsprechend der Verordnung über den Schwefelgehalt von leichtem Heizöl und Dieselkraftstoff (3. BImSchV vom 15.1.1990) beträgt die Schwefelemission
  - 5,16 kg S/a.
  - Die $CO_2$-Emission bleibt.
- Reduziert man hingegen den Heizölverbrauch (z. B. durch wärmedämmende Maßnahmen) auf 1700 l/a, dann betragen die Schwefelemissionen
  - 2,92 kg S/a (0,2% S im Heizöl) und das
  - $CO_2$-Rauchgasvolumen 2340 m³/a.

Ein dritter möglicher Weg, Schadstoffe über hohe Schornsteine zu emittieren und damit die Immissionsbelastung in der Nähe einer Emissionsquelle abzusenken („Hochschornsteinpolitik" aus den 70er Jahren), hat sich als Irrweg herausgestellt, da die Luftschadstoffe ja nicht beseitigt, sondern nur in bisher wenig belastete Reinluftgebiete exportiert werden, wo sich so das Immissionsniveau anhebt und sich deshalb auch dort Umweltschäden (wie Waldsterben, Sauerwerden von sauberen Binnenseen) zeigen.

Maßnahmen zur Verbesserung der ökologischen Situation können sich somit erst recht nicht darin erschöpfen, die negativen Einflüsse der Luftschadstoffe dadurch beseitigen zu wollen, daß man sie als Immissionen bekämpft, so wie z. B. durch das Kälken von Waldböden bei den sauren Schadstoffkomponenten. Als ergänzende Maßnahme kann dies sinnvoll sein, um ein belastetes Ökosystem (z. B. den sauren Waldboden) schnell vor weiteren Schäden zu bewahren; als alleinige Maßnahme aber wäre eine solche Vorgehensweise abzulehnen.

Das *Bundesimmissionsschutzgesetz (BImSchG)* aus dem Jahre 1974 betont ausdrücklich das *Verursacherprinzip* und verlangt damit Maß-

nahmen zur Emissionsminderung bei den jeweiligen Verursachern. Diese Vorschrift ist ja auch technisch deshalb sinnvoll, weil die Schadstoffkonzentrationen in den Abgasströmen erheblich höher sind als im verdünnten Zustand in der Atmosphäre.

Die Verursachergruppen können wie folgt zusammengestellt werden:

- Industrie
- Gewerbe
- Landwirtschaft
- Behörden und Verwaltung
- Bundeswehr
- der private Bereich
- Verkehrssektor.

In Schadstoffbilanzen werden die Verursachergruppen zusammengefaßt in:

- Industrie
- Gewerbe und Einrichtungen ähnlicher Struktur
- Private Verbraucher
- Verkehrssektor.

Es kann somit festgehalten werden, daß kein gesellschaftlicher Bereich als Emittent von Luftschadstoffen und damit als Verursacher von Schäden auf diesem Gebiet ausgeschlossen werden kann.

## 2.1.2 Rechtliche Aspekte

### 2.1.2.1 Das Bundesimmissionsschutzgesetz, Verordnungen und die Verwaltungsvorschrift TA Luft

Das *Bundesimmissionsschutzgesetz* (BImSchG) aus dem Jahre 1974 (novellierte Fassung vom 14.5.1990, zuletzt geändert am 22.4.1993) regelt grundlegend die Errichtung und den Betrieb von Anlagen, die in genehmigungsbedürftige und nicht genehmigungsbedürftige Anlagen zu unterscheiden sind. Das Bundesimmissionsschutzgesetz bildet weiter die Basis für die Festlegung von *Emissions-* und *Immissionsgrenzwerten.*

Die Vorschriften von *Emissionsgrenzwerten* dienen somit dem anlagenbezogenen Umweltschutz und sind an dem dynamisch aufzufassenden Begriff *„Stand der Technik"* und der sich stark fortentwickelnden Umwelttechnik orientiert.

Mit *Immissionsgrenzwerten* soll die gesamte Bevölkerung dauerhaft geschützt werden, dabei orientieren sich die Grenzwerte an den aktuellen Erkenntissen der Wirkungsforschung, die häufig in Tierversuchen gewonnen werden.

Weiter regelt das Bundesimmissionsschutzgesetz grundsätzlich die Beschaffenheit von Brenn- und Treibstoffen und von sonstigen Materialien und Erzeugnissen, die z. B. bei der Rückgewinnung oder der Entsorgung in Verbrennungsanlagen ökologische Probleme verursachen. Vorschriften dieser Art sind somit *produktionsbezogener Umweltschutz.*

Im BImSchG wird ebenfalls der Verkehrssektor angesprochen: Fahrzeuge aller Art (neben den Fahrzeugen im Straßenverkehr auch Luft- und Wasserfahrzeuge) müssen so beschaffen sein, daß sie bei ordnungsgemäßem Betrieb die unvermeidbaren Emissionen auf ein Mindestmaß beschränken. Weiter schreibt das BImSchG den Landesbehörden vor, *Emissionskataster* und auf deren Basis *Lufreinhaltepläne* aufzustellen. Zum Schutz belasteter Gebiete werden die Landesregierungen jeweils ermächtigt, z. B. bei austauscharmen Wetterlagen (Inversionswetterlagen) anordnen zu können, daß nur schadstoffarme Brennstoffe verwendet oder daß ortsveränderliche oder ortsfeste Anlagen nur zu bestimmten Zeiten betrieben werden. Das BImSchG dient somit auch dem *gebietsbezogenen Umweltschutz.*

Als Bindeglied zwischen den Unternehmen und den Genehmigungsbehörden hat der Betreiber genehmigungsbedürftiger Anlagen – also das Unternehmen – einen *Betriebsbeauftragten für Immissionsschutz* (Immissionsschutzbeauftragten) zu bestellen. Der Immissionsschutzbeauftragte – ein Mitarbeiter aus dem Unternehmen – soll die Entwicklung und Einführung umweltfreundlicher Verfahren und Erzeugnisse fördern, auf die Einhaltung der

Grenzwerte und der bei der Genehmigung gemachten Auflagen achten sowie die Betriebsangehörigen über die von der Anlage ausgehenden schädlichen Umwelteinwirkungen und über mögliche ökologische Verbesserungen informieren und schulen. Dem Unternehmer soll der Beauftragte jährlich über seine Arbeit und seine Absichten berichten. Vor Investitionsentscheidungen muß der Betreiber den Immissionsschutzbeauftragten anhören und nach dessen umwelttechnischen Ratschlägen fragen.

Das Bundesimmissionsschutzgesetz gibt nur in allgemeiner Form den juristischen Rahmen für die einzelnen Detailregelungen, die in Rechtsverordnungen (BlmSchV) und in Verwaltungsvorschriften – hier ist als entscheidende die *„Technische Anleitung zur Reinhaltung der Luft"* (kurz „TA-Luft") zu nennen – von der Bundesregierung mit Zustimmung des Bundesrates getroffen werden. Die entscheidenden Rechtsverordnungen und die TA-Luft werden jeweils mit einer kurzen Inhaltsangabe vorgestellt (BlmSchV und Verwaltungsvorschriften, die sich mit Lärm und Schall befassen, werden in Kap. 6 besprochen).

### 2.1.2.2 Anlagenbezogener Immissionsschutz

Bei genehmigungsbedürftigen Anlagen soll der *anlagenbezogene Immissionsschutz* durch die 4., 9., 11.,12., 13. und die 17. Bundesimmissionsschutzverordnug (BlmSchV) garantiert werden.

Die *4. BlmSchV vom 24.7.1985* (zuletzt geändert am 22.4.1993) stellt eine Verordnung über genehmigungsbedürftige Anlagen dar, sie nennt die Industriebereiche, in denen das Genehmigungsverfahren durchzuführen ist wie chemische Industrie, Raffinerie, Stahl und Eisen und deren Verarbeitung, Wärmeerzeugung, Bergbau und Energie.

Nach der *4. BlmSchV* bedürfen Anlagen einer Genehmigung, wenn sie

- an einem festen Ort länger als 6 Monate betrieben werden oder / und wenn
- sie eine Leistungsgrenze oder Anlagengröße überschreiten.

Die *9. BlmSchV vom 29.5.1992* (zuletzt geändert am 20.4.1993) nennt die Grundsätze, nach denen für die in der 4. BlmSchV genannten Anlagen das Genehmigungsverfahren durchzuführen ist:

- Der Antragssteller muß Auskunft geben über Art und Umfang der Anlage, über die Einsatz-, Zwischen-, Neben-, und Endprodukte, über die Behandlung anfallender Reststoffe, über die anfallende Wärme und über Schutzmaßnahmen.
- Die Genehmigungsbehörde muß das Vorhaben öffentlich bekannt machen und dabei den Antrag und die Unterlagen auslegen. Einwendungen betroffener Bürger werden in einem Erörterungstermin besprochen und in Sachverständigengutachten gewürdigt.

Die *11. BlmSchV vom 12.12.1991* – Emissionserklärungsverordnung – regelt, für welche genehmigungsbedürftigen Anlagen Emissionserklärungen abgegeben werden müssen, sie regelt den Termin, den Umfang und die Form dieser Erklärung.

Die *12. BlmSchV vom 20.9.1991* wird als *Störfallverordnung* bezeichnet, sie gilt für genehmigungsbedürftige Anlagen, in denen bei bestimmungsgemäßem Betrieb oder bei einer Betriebsstörung problematische Stoffe entstehen können. Der Betreiber solcher Anlagen muß Vorkehrungen treffen, um mögliche Auswirkungen zu begrenzen (z. B. durch ständige Überwachung, durch regelmäßige Wartung, durch Beachtung der allgemein anerkannten Regeln der Technik). Störfälle sind meldepflichtig.

Die *13. BlmSchV vom 22.6.1983* wird in der Öffentlichkeit als *„Großfeuerungsanlagenverordnung"* bezeichnet und hat den entscheidenden Schub bei der Rauchgasreinigung von Kraftwerken – speziell bei der Entstaubung, Entschwefelung und Entstickung – bewirkt. Die 13. BISchV nennt je nach Brennstoffart und je nach der Leistung des Kraftwerks für die emit-

tierten Abgasströme maximale Konzentrationen und absolute Emissionsgrade (damit nicht durch Zumischen von Frischluft die Konzentration an Schadgas ohne Einfluß auf den Emissionsgrad reduziert werden kann) (Tab 2.1).

Der Beschluß der Umweltministerkonferenz von 1984 verschärft die $NO_x$-Grenzwerte für Neuanlagen (d.h. Anlagen, mit deren Errichtung noch nicht begonnen wurde) drastisch: Beispielsweise muß ein kohlebefeuertes Groß-

| Thermische Leistung(MW) | Schadstoff | Brennstoffart<br>fest | <br>flüssig | <br>gasförmig |
|---|---|---|---|---|
| ≥ 50 | Staub | 50 | 50 | — |
| ≥ 100 | | 50 | 50 | 5 |
| ≥ 50 | Kohlenmonoxid | 250 | 175 | — |
| ≥ 100 | | 250 | 175 | 100 |
| 50–300 | Stickoxide ($NO_x$) (gerechnet als $NO_2$) | 400 | 300 | |
| 100–300 | | | | 200 |
| > 300 | | 200 | 150 | 100 |
| 50–100 | Schwefeldioxid/trioxid (gerechnet und angegeben als $SO_2$) | 2000 | 1700 | — |
| bis 300 bei Wirbelschicht-Feuerung | | 400 oder Schwefelemissionsgrad max. 25% | | |
| 100–300 | | 2000 und Schwefelemissionsgrad max. 40% | 1700 | |
| > 300 | | 400 und Schwefelemissionsgrad max. 15% | 400 | 35 |
| < 300 | anorganische gasförmige Chlorverbindungen (gerechnet als HCl) | 200 | — | — |
| > 300 | | 100 | 30 | — |
| < 300 | anorganische gasförmige Fluorverbindungen (gerechnet als HF) | 30 | — | — |
| > 300 | | 15 | 5 | — |
| Sauerstoffbezugswerte im Abgasstrom (in Vol-%) | | 7 (bei Rost- und Wirbelschichtfeuerung) 6 (bei Staubfeuerung mit trockem Ascheabzug) 5 (Staubfeuerung, flüssiger Ascheabzug) | 3 | 3 |

*Tab 2.1: Emissionsgrenzwerte (in mg/m³; bei Schwefelemissionen auch Angabe des Emissionsgrades in %) für Großfeuerungsanlagen (13. BImSchV vom 22.6.1983) und speziell bei Stickoxiden gemäß Beschluß der Umweltministerkonferenz vom 5.4.1984*

kraftwerk mit einer thermischen Leistung von mehr als 300 MW 200 mg $NO_x/m^3$ Abgas (Tab. 2.1) unterschreiten, während nach der 13. BImSchV von 1983 bei Steinkohle-Staubfeuerung mit festem Ascheabzug noch 800 mg/m³ und mit flüssigem Ascheabzug 1800 mg $NO_x/m^3$ zulässig waren. Mit dieser deutlichen Herabsetzung der $NO_x$-Grenzwerte nimmt der Gesetzgeber die sogenannte „Dynamisierungsklausel" in Anspruch, d.h. er kann die Grenzwerte dem „Stand der Technik" anpassen.

Die *17. BImSchV vom 23.11.1990* gilt für die Verbrennung von festen oder flüssigen Abfällen (siehe dazu Kap. 5). Diese Verordnung schreibt vor, daß die Temperatur der Gase, die bei der Verbrennung von Hausmüll und Klärschlamm entstehen, nach der letzten Zufuhr von Verbrennungsluft mindestens 850 °C (bei Sonderabfall mindestes 1200 °C) betragen muß. Die Verweilzeit der Verbrennungsgase muß mindestens 2 s sein; der Mindestsauerstoffwert im Abgasstrom muß 6 Vol-% (bei flüssigen Einsatzstoffen 3 Vol-%) erreichen. Zusatzbrenner für Erdgas oder Heizöl EL müssen vorgesehen sein, damit ein Absinken der Temperatur unter die vorgeschriebene Mindesttemperatur sicher verhindert werden kann. In Tab. 2.2 sind die Emissionsgrenzwerte für Abfallverbrennungsanlagen aufgeführt, dabei bedeutet der Emissionsgrenzwert für Dioxine und Furane von 0,1 ng/m³ einen Summenwert für verschiedenartige Dioxine und Furane, die je nach Gefährlichkeit umgerechnet werden. Die Konzentrationen der verschiedenartigen Dioxine und Furane werden ermittelt, mit dem

| Schadstoff | Emissionsgrenzwert (mg/m³ Abgas) | |
|---|---|---|
| Kohlenmonoxid | Tagesmittelwert<br>50 | Stundenmittelwert<br>100 |
| Gesamtstaub | Tagesmittelwert<br>10 | Halbstundenwert<br>30 |
| organische Stoffe, angegeben als Gesamtkohlenstoff | 10 | 20 |
| gasförmige anorganische Chlorverbindungen (angegeben als HCl) | 10 | 60 |
| gasförmige anorganische Fluorverbindungen (angegeben als HF) | 1 | 4 |
| Schwefeldioxid und Schwefeltrioxid (angegeben als $SO_2$) | 50 | 200 |
| Stickoxide $NO/NO_2$ (angegeben als $NO_2$) | 200 | 400 |
| Cadmium und Thallium und deren Verbindungen (gerechnet als Elemente) | insgesamt 0,05 | (Probenahmezeit $^1/_2$ h bis 2 h) |
| Quecksilber und seine Verbindungen | 0,05 | (Probenahmezeit $^1/_2$ h bis 2 h) |
| Antimon, Arsen, Blei, Chrom, Cobalt, Kupfer, Mangan, Nickel, Vanadium, Zinn und deren Verbindungen (gerechnet als Elemente) | insgesamt 0,5 | (Probenahmezeit $^1/_2$ h bis 2 h) |
| Dioxine und Furane | 0,1 ng/m³ | (Probenahmezeit 6 h bis 16 h) |

*Tab. 2.2: Emissionsgrenzwerte für Abfallverbrennungsanlagen entsprechend 17. BImSchV vom 23.11.1990*

jeweiligen Äquivalenzfaktor (Tab. 2.3) multipliziert und dann addiert. Das Ergebnis muß jetzt den vorgeschriebenen Emissionsgrenzwert von 0,1 ng/m3 (Tab. 2.2) unterschreiten.

| Struktur von Dioxinen und Furanen | Toxizitäts äquivalent |
|---|---|
| 2378-$Cl_4$DD | 1 |
| 12378-$Cl_5$DD | 0,5 |
| 123478-$Cl_6$DD | 0,1 |
| 123678-$Cl_6$DD | 0,1 |
| 123789-$Cl_6$DD | 0,1 |
| 1234678-$Cl_7$DD | 0,01 |
| OCDD/$Cl_8$DD | 0,001 |
| 2378-$Cl_4$DF | 0,1 |
| 12378-$Cl_5$DF | 0,05 |
| 23478-$Cl_5$DF | 0,5 |
| 123478-$Cl_6$DF | 0,1 |
| 123678-$Cl_6$DF | 0,1 |
| 123789-$Cl_6$DF | 0,1 |
| 234678-$Cl_6$DF | 0,1 |
| 1234678-$Cl_7$DF | 0,01 |
| 1234789-$Cl_7$DF | 0,01 |
| OCDF/$Cl_8$DF | 0,001 |

*Tab. 2.3: Toxizitäts-Äquivalenz-Faktoren bezogen auf 2,3,7,8-Tetrachlordibenzodioxin entsprechend 17. BImSchV (siehe dazu auch Kap 2.1 und Abb. 2.3 bzw. Kap. 5)*

Die Emissionsgrenzwerte in Tab. 2.2 beziehen sich auf einen Sauerstoffgehalt von 11 Vol-% im trockenen Abgasstrom (Abgasstrom abzüglich Teilstrom Wasserdampf). Das Abgasvolumen ist für den Normzustand anzugeben.

### Technische Anleitung zur Reinhaltung der Luft („TA Luft")

Die „Technische Anleitung zur Reinhaltung der Luft" (kurz „TA Luft") füllt als Verwaltungsvorschrift in vielen Details den gesetzlichen Rahmen aus, den das Bundesimmissionsschutzgesetz und die Verordnungen bieten. Dabei erstreckt sich der Geltungsbereich auf die genehmigungsbedürftigen Anlagen entsprechend der 4. BImSchV. Neben den Vorschriften zu den Anträgen eines Betreibers zur Errichtung oder zur Änderung einer Anlage, zur Meßtechnik, Schornsteinhöhe und zu den jeweiligen Anlagenarten (siehe dazu 4. BImSchV) enthält die TA Luft Angaben zu Emissionen und Immissionen und schreibt Grenzwerte vor.

Bemerkenswert sind die Vorschriften zur Emission von kanzerogenen Stoffen, die in 3 Klassen eingeteilt werden, für die jeweils maximale Emissionskonzentrationen im Abgasstrom gelten, wenn der austretende Massenstrom des jeweiligen Schadstoffs einen bestimmten Wert erreicht oder überschreitet:

- Klasse 1 für Stoffe wie Asbeststaub, Benzo(a)pyren
  max. 0,1 mg/m$^3$ ab einem Massenstrom von 0,5 g/h;
- Klasse 2 für Stoffe wie atembare ChromVI-Verbindungen
  max. 1 mg/m$^3$ ab einem Massenstrom von 5 g/h;
- Klasse 3 für Stoffe wie Benzol und Vinylchlorid
  max. 5 mg/m$^3$ ab einem Massenstrom von 25 g/h.

Die TA Luft führt weiter u. a. auch Grenzwerte für die Emissionen von Gesamtstaub sowie für staub-, dampf- und gasförmige anorganische und organische Stoffe auf. Die im Abgas enthaltenen staubförmigen Emissionen dürfen bei einem Massenstrom bis einschließlich 0,5 kg/h die Konzentration von 150 mg/m$^3$ und ab einem Massenstrom von 0,5 kg/h die Konzentration von 50 mg/m$^3$ nicht überschreiten.

Organische Stoffe werden in 3 Klassen unterteilt, für die unterschiedlich hohe Grenzwerte gelten:

- Klasse 1 für Stoffe wie Formaldehyd, Nitrobenzol
  ab einem Massenstrom von 0,1 kg/h max. 20 mg/m$^3$;
- Klasse 2 für Stoffe wie Chlorbenzol, Toluol, Xylole
  ab 2,0 kg/h max. 100 mg/m$^3$;

- Klasse 3 für Stoffe wie Aceton, Ethylenglykol.
  ab 3,0 kg/h max. 150 mg/m³.

Auch die TA Luft verlangt in einer „Dynamisierungsklausel" von Anlagenbetreibern, den jeweiligen Stand der Technik anzuwenden, auch wenn dieser über den ursprünglich festgeschriebenen Stand hinausgeht.

Die TA Luft gilt nominell für genehmigungsbedürftige Anlagen entsprechend 4. BImSchV. In der Praxis werden allerdings die Grenzwerte der TA Luft häufig auch für nicht genehmigungsbedürftige Anlagen herangezogen, wenn diese in hochbelasteten Gebieten betrieben werden sollen oder wenn es um Nachbarschaftsbeschwerden geht.

Dabei kann sich die Genehmigungsbehörde auf das Bundesimmissionsschutzgesetz berufen; danach müssen nicht genehmigungsbedürftige Anlagen so errichtet und betrieben werden, daß nach dem Stand der Technik vermeidbare schädliche Umwelteinwirkungen verhindert bzw. unvermeidbare Umwelteinwirkungen auf ein Mindestmaß beschränkt werden.

Die TA Luft nennt weiter *Immissionsgrenzwerte und -richtwerte IW1* und *IW2*, diese sollen Schutz vor Gesundheitsgefährdungen und vor erheblichen Belästigungen garantieren.

Die niedrigen IW1-Werte sind die Langzeitwerte, die über einen langen Zeitraum z. B. über ein Jahr gemessenen Konzentrationen werden arithmetisch gemittelt, dieser Mittelwert muß den IW1-Wert unterschreiten.

Beim IW2-Wert wird eine kurzzeitige Spitzenbelastung stärker als beim IW1-Wert berücksichtigt; den IW2-Wert erhält man, indem 2% der höchsten Halbstundenmittelwerte gestrichen werden, der höchste aller so verbleibenden Meßwerte wird als IW2-Wert bezeichnet (Tab. 2.4, s. nächste Seite).

## Weitere Verordnungen für anlagenbezogenen Immissionsschutz

Die *5. Bundesimmissionsschutzverordnung (5. BImSchV vom 30.7.1993)* regelt das Aufgabenfeld, die betriebliche Kompetenz und die fachlichen Voraussetzungen des Immissionsschutz- und Störfallbeauftragten. Dabei wird die Kenntnis der Fachkunde im Sinne des Bundesimmissionsschutzgesetzes vorausgesetzt, wenn der Beauftragte ein Hochschulstudium an einer Universität oder Fachhochschule auf den Gebieten Ingenieurwesen, Chemie, Physik oder Umwelttechnik und eine zweijährige praktische Tätigkeit nachweisen kann. Ausnahmen von diesen Bestimmungen sind möglich.

Für *nicht genehmigungsbedürftige Anlagen* soll nach Bundesimmissionsschutzgesetz der anlagenbezogene Immissionsschutz mittels der

- 1. BImSchV (Kleinfeuerungsanlagen),
- 2. BImSchV (Chemische Reinigungen),
- 7. BImSchV (Schreinerei und Sägewerke),
- 20. BImSchV (Lagern und Umfüllen von Ottokraftstoff) und der
- 21. BImSchV (Betrieb von Tankstellen und Betanken von Fahrzeugen mit Ottokraftstoff) gewährleistet werden.

Die *Verordnung über Kleinfeuerungsanlagen (1. BImSchV) vom 15.7.1988* gilt für die Errichtung, die Beschaffenheit und den Betrieb von Feuerungsanlagen z. B. in Ein- und Mehrfamilienhäusern und ist die Rechtsgrundlage für Kontrollmessungen des Bezirksschornsteinfegers.

*Feuerungsanlagen für feste Brennstoffe* müssen so betrieben werden, daß ihre Abgasfahne heller ist als der Grauwert 1 der Ringelmann-Skala (hellgrau). Bei festen Brennstoffen z. B. Stein- und Braunkohle in Verbrennungsanlagen über 15 kW Nennwärmeleistung darf eine Staubkonzentration im Abgas von 0,15 g/m³ (bezogen auf 8 Vol-% Sauerstoff im Abgas) nicht überschritten werden. Die eingesetzten festen Brennstoffe Stein- und Baunkohle dürfen maximal 1 Massen% Schwefel enthalten.

*Ölfeuerungsanlagen* dürfen zum einen die vorgegebene Rußzahl, zum andern die Grenzwerte für die Abgasverluste (abhängig von der Nennwärmeleistung) nicht überschreiten (Vorschrift gilt auch für Gasfeuerungsanlagen).

**1. Immissionsgrenzwerte**

| Schadstoff | Konzentration | IW1 | IW2 |
|---|---|---|---|
| Schwebestaub (ohne Berücksichtigung der Inhaltstoffe) | mg/m³ | 0,15 | 0,30 |
| Blei und anorganische Bleiverbindungen im Schwebestaub (als Pb) | µg/m³ | 2,0 | — |
| Cadmium und anorganische Cadmiumverbindungen im Schwebestaub (als Cd) | µg/m³ | 0,04 | — |
| Chlor | mg/m³ | 0,10 | 0,30 |
| Chlorwasserstoff (angegeben als Cl) | mg/m³ | 0,10 | 0,20 |
| Kohlenmonoxid | mg/m³ | 10 | 30 |
| Schwefeldioxid | mg/m³ | 0,14 | 0,40 |
| Stickstoffdioxid | mg/m³ | 0,08 | 0,20 |

**2. Immissionswert zum Schutz vor erheblichen Nachteilen u. Belästigungen**

| Schadstoff | Konzentration | IW1 | IW2 |
|---|---|---|---|
| Staubniederschlag | g/m² · d | 0,35 | 0,65 |
| Bleiverbindungen (als Pb) im Staubniederschlag | mg/m² · d | 0,25 | — |
| Cadmiumverbindungen (als Cd) im Staubniederschlag | µg/m² · d | 5 | — |
| Thalliumverbindungen (als Tl) im Staubniederschlag | µg/m² · d | 10 | — |
| Fluorwasserstoff und andere gasförmige anorganische Fluorverbindungen (als F) | µg/m³ | 1,0 | 3,0 |

*Tab. 2.4: Immissionsgrenzwerte und Immissionsrichtwerte entsprechend der „Technischen Anleitung zur Reinhaltung der Luft"*

| Nennwärmeleistung | Grenzwerte f. Abgasverluste (%) bis 31.12.82 errichtet | ab 1995 |
|---|---|---|
| 4 bis 25 kW | 15 | 12 |
| über 25–50 kW | 14 | 11 |
| über 50 kW | 13 | 10 |

Die *2. BImSchV vom 10.12.1990* - Verordnung zur Emissionsbegrenzung von leichtflüchtigen Halogenkohlenwasserstoffen gilt für die Errichtung, die Beschaffenheit und den Betrieb von Anlagen zur Oberflächenbehandlung und zur Chemischreinigung. Nach dieser Verordnung dürfen keine anderen leichtflüchtigen Halogenkohlenwasserstoffe (HKW) als Tetrachlorethen, Trichlorethen oder Dichlormethan in technisch reiner Form eingesetzt werden; die Oberflächenbehandlungsanlagen müssen die Emissionen nach dem Stand der Technik auf weniger als 1 g HKW/m³ Luft begrenzen und abgesaugte Abgase aufbereiten; die Trocknungsluft von Chemischreinigungsanlagen darf 2 g HKW/m³ Luft nicht überschreiten und ist auf einen Emissionsgrenzwert unter 1g HKW/m³ Luft aufzuarbeiten.

Die *7. BImSchV* zur Auswurfbegrenzung von Holzstaub vom 18.12.1975 gilt für Schreinereien und Sägewerke. Danach beträgt der Emissionsgrenzwert 20 mg Schleifstaub/m³ Abluft (bei einer Errichtung nach dem 1.1.1977; vorher 50 mg Schleifstaub/m³ Abluft). Ist kein

Schleifstaub enthalten, betragen die Grenzwerte 50 bis 150 mg/m³.

Die *20. und 21. BImSchV vom 7.10.1992* – Verordnung zur Begrenzung der Kohlenwasserstoffemissionen – schreiben vor, daß die Kraftstoffdämpfe beim Befüllen erfaßt und dem Lagertank zugeführt und damit nicht in die Atmosphäre emittiert werden.

### 2.1.2.3 Produktbezogener Umweltschutz

Mit der *3. BImSchV* und der *10. BImSchV* wird *produktbezogener Umweltschutz* geleistet. Die 3. BImSchV vom 15.1.1975, zuletzt geändert am 14.12.1987 – Verordnung über den Schwefelgehalt von leichtem Heizöl und Dieselkraftstoff – begrenzt den Schwefelgehalt auf maximal 0,2 Massen-%. Die 10. BImSchV – Verordnung zur Beschränkung u. a. von polychlorierten Biphenylen (PCB) – ist mit Wirkung vom 29.6.1989 durch eine entsprechende Verbotsverordnung ersetzt worden.

### 2.1.2.4 Gebietsbezogener Immissionsschutz

*Gebietsbezogener Immissionsschutz* soll mit der TA Luft (Tab. 2.4), mit Verwaltungsvorschriften zur Aufstellung von Emissionskatastern und zu Immissionsmessungen in Belastungsgebieten und mit der 22. BImSchV – Verordnung über Immissionswerte – sichergestellt werden.

Die 22. BImSchV vom 26.10.1993 übernimmt die Grenzwerte der Europäischen Union und schreibt sie als Immissionsgrenzwerte für das Bundesgebiet fest:

- *Schwefeldioxid*: 80 µg $SO_2$/m³ bei einem zugeordneten Wert für Schwebestaub von mehr als 150 µg/m³ (jeweils Medianwerte der während des Jahres gemessenen Tagesmittelwerte) bzw. 120 µg/m³ bei einem zugeordneten Wert für Schwebestaub von kleiner oder gleich 150 µg/m³; für die Wintermonate 130 µg $SO_2$/m³ bei einem zugeordneten Wert für Schwebestaub von mehr als 200 µg/m³ (Median der im Winter gemessenen Tagesmittelwerte) bzw. 180 µg $SO_2$/m³ bei einem zugeordneten Wert von kleiner oder gleich 200 µg Schwebestaub/m³ (Median der Winterwerte).
  Auch die Kurzzeitgrenzwerte (siehe Tab. 2.4 zum Vergleich) kombinieren $SO_2$-Werte mit denen von Schwebestaub so:
  250 µg $SO_2$/m³ mit mehr als 350 µg Schwebestaub/m³ bzw. 350 µg $SO_2$/m³ mit kleiner oder gleich 350 µg Schwebestaub/m³ (jeweils der höchste Durchschnittswert von 98% aller Tagesmittelwerte, die 2% höchsten Werte bleiben unberücksichtigt);
- *Schwebestaub*: 150 mg/m³ (arithmetisches Mittel aller Tagesmittelwerte des Jahres) und 300 mg/m3 (95%-Wert der Summenhäufigkeit aller Tagesmittelwerte) als Kurzzeitwert;
- *Blei*: Jahresmittelwert 2 µg/m³;
- *Stickstoffdioxid*: 200 µg/m³ (98%-Wert).
- Die 22. BImSchV nennt Schwellenwerte für die *Ozonkonzentration*:
  110 µg/m³ als Mittelwert während der Meßdauer von 8 Stunden. Die Bevölkerung soll bei 180 µg Ozon/m³ (Mittelwert während einer Stunde) über mögliche gesundheitliche Auswirkungen informiert werden. Bei einer Konzentration von 360 µg Ozon/m³ (Mittelwert über eine Stunde) soll ein Warnsystem zum Schutz vor Gefahren der menschlichen Gesundheit ausgelöst werden.

Derzeit wird die *23. BImSchV* beraten und vorbereitet, in der maximale Konzentrationswerte für die Immissionen genannt werden, die auf den Verkehrssektor zurückzuführen sind:

- *Stickstoffdioxid*: 160 µg/m³
  (98-%-Wert aller Halbstundenmittelwerte eines Jahres)
- *Ruß*: 14 µg/m³
  (arithmetischer Jahresmittelwert)
  (ab 1.7.1998) 8 µg/m³
  (arithmetischer Jahresmittelwert)
- *Benzol*: 15 µg/m³
  (arithmetischer Jahresmittelwert)
  (ab 1.7.1998) 10 µg/m³
  (arithmetischer Jahresmittelwert)

Bei diesen vorgesehenen niedrigen Immissionswerten werden bei dem derzeitig hohen Immissionsniveau häufige drastische Verkehrsbeschränkungen erforderlich und befürchtet.

## Nützliche Adressen und Informationsquellen

Arbeitsgemeinschaft für Umweltfragen e.V. (AGU)
Matthias-Grünewald-Straße 1–3
53175 Bonn
Tel.: 0228/375005

BINE: Bürgerinformationszentrum
Neue Energietechniken,
Nachwachsende Rohstoffe, Umwelt
Mechenstraße 57
53129 Bonn
Tel.: 0228/232086

BUND, Bund für Umwelt und Naturschutz Deutschland e.V.
Im Rheingarten 7
53225 Bonn
Tel.: 0228/40097–0

Bundesministerium für Umwelt,
Naturschutz und Reaktorsicherheit
Kennedyallee 5
53175 Bonn
Tel.: 0228/305–0

Öko-Institut
Binzengrün 34a
79114 Freiburg

Technische Vereinigung der
Großkraftwerksbetreiber (VGB)
Klinkestraße 27–31
45136 Essen
Tel.: 0201/812881

Umweltbundesamt
Bismarckplatz 1
14191 Berlin
Tel.: 030/8903–0

Verband der chemischen Industrie e.V. (VCI)
Karlstraße 21
60329 Frankfurt/Mein
Tel.: 069/2556–0

Verein Deutscher Ingenieure (VDI)
Koordinierungsstelle Umwelttechnik
Graf-Recke-Straße 84
40002 Düsseldorf
Tel.: 0211/6214243

Vereinigung Deutscher Elektrizitätswerke e.V. (VDEW)
Stresemannallee 23
60596 Frankfurt/Main
Tel.: 0611/6304–1

Verein Technischer
Immissionsschutzbeauftragter e.V. (TIB)
Am Honnefer Kreuz
53604 Bad Honnef
Tel.: 02224/2024

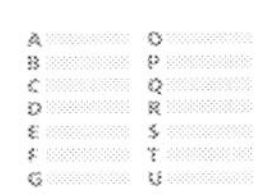

## Wichtige Fachbegriffe auf einen Blick

*Absorption:* Gas-flüssig-Trennverfahren, d.h. Aufnahme von Gaskomponenten in Flüssigkeiten bzw. Schwächung von Energiestrahlung (Schall, Wärme, Licht) beim Durchgang durch Materie.

*Abwärme:* Bei technischen Prozessen als unerwünschtes Nebenprodukt anfallende Wärmeenergie, die häufig über Kühlwasser an die Umgebung abgegeben werden muß.

*Additives Verfahren:* An den Hauptprozeß angehängtes Verfahren (z.B. Rauchgasentschwefelung an den Kraftwerkprozeß),

auch als sekundäre Umwelttechnik oder end-of-pipe-Technik bezeichnet.

*Adsorption:* Gas-fest-Trennverfahren (auch flüssig-fest-Verfahren) zur Anlagerung von Schadstoffen an festen Stoffen.

*Blockheitzkraftwerk (BHKW):* Heizkraftwerk, das im allgemeinen mit Verbrennungsmotoren betrieben wird. Der Motor treibt einen Generator an und erzeugt so Strom, die Abwärme des Motors wird zur Erzeugung von Niedertemperaturwärme genutzt.

*Bundesimmissionsschutzgesetz (BImSchG):* Gesetz zum Schutz vor schädlichen Umwelteinwirkungen durch Luftverunreinigungen und Geräusche. Konkretisiert wird das Gesetz durch Verordnungen (BImSchV) und durch die TA Luft (Technische Anleitung zur Reinhaltung der Luft).

*Dioxine:* Sammelbezeichnung für ca. 200 unterschiedliche chlorierte Kohlenwasserstoffverbindungen aus der Gruppe der polychlorierten Dibenzo-p-dioxine (PCDD) und Dibenzofurane (PCDF).

*Dreiwegekatalysator:* Einrichtung zur Umwandlung der Schadgase Kohlenmonoxid, Kohlenwasserstoffe und vor allem Stickoxide zu ungiftigen Stoffen bei Kraftfahrzeugen mit Benzin-Motoren.

*Elektroentstauber:* Elektrofilter zur Abscheidung von elektrisch aufgeladenen Staubpartikeln aus Abgasströmen.

*Emission:* Bezeichnung für die von ortsfesten oder beweglichen Anlagen an die Umwelt abgegebenen Luftverunreinigungen.

*End-of-pipe-Technik:* siehe additives Verfahren

*Energieträger:* Stoffe wie Steinkohle oder physikalische Erscheinungsformen der Energie (Sonne, Wind), aus denen direkt oder durch Umwandlung nutzbare Energie gewonnen werden kann.

*Erneuerbare Energien oder regenerative Energien:* „Vorräte" an Energie, die nicht begrenzt sind und sich kontinuierlich erneuern, wie Strahlung der Sonne, davon abgeleitet die Wasser- und Windkraft bzw. die Biomasse und wie die Gezeitenkraft bzw. die Erdwärme.

*Fossile Brennstoffe:* Brennstoffe, die sich vor langer Zeit in gasförmiger, flüssiger oder fester Form aus Pflanzenmaterial und Plankton gebildet haben.

*Großfeuerungsanlagenverordnung:* Verordnung vom 22.6.1983 zur Begrenzung der Schadstoff-Emissionen großer, mit Kohle, Öl oder Gas betriebener Feuerungsanlagen, insbesondere Kraftwerke; die Verordnung enthält Emissionswerte für Schwefeldioxid, Stickoxide, Staub und Kohlenmonoxid.

*Immissionen:* Bezeichnung für das Einwirken von Luft- oder Wasserverunreinigungen und von Lärm auf Menschen, auf die belebte und unbelebte Natur

*Immissionsschutzbeauftragter:* Betriebsangehöriger mit der Funktion, umweltfreundliche Verfahren vorzuschlagen, die Einhaltung gesetzlicher Luftreinhaltevorschriften zu überwachen und die Mitarbeiter zu schulen

*Kanzerogen:* krebsauslösend

*Katalysator:* Bezeichnung für einen Stoff, der chemische Vorgänge verursacht oder beschleunigt, ohne dabei sich selbst zu verändern.

*Kleinfeuerungsanlagen-Verordnung:* Verordnung vom 7.1.88 mit Anforderungen an Brennmaterialien und an die technische Ausstattung von Heizungsanlagen in privaten Haushalten und Gewerbebetrieben.

*Klimaveränderung:* Wegen des Treibhaus-Effekts von Kohlendioxid, Methan u.ä. Veränderung des globalen Klimas mit starker Temperaturerhöhung.

*Kondensationsfahrweise:* Übliche Fahrweise eines Kraftwerks zur optimalen Erzeugung von elektrischer Energie.

*Kraft-Wärme-Kopplung:* Fahrweise eines Kraftwerks, bei der sowohl Kraft (Elektrische Energie) als auch Nutzwärme für ein Fernwärmenetz erzeugt werden.

*Kühlturm:* Anlage zum Ableiten von Abfallenergie, eventuell auch Überschußenergie an die Umgebung.

*k-Wert:* Der k-Wert gibt an, welche Wärmemenge durch 1 $m^2$ Fläche (z.B. Fenster-

fläche eines Hauses) bei einem Temperaturgefälle zwischen innen und außen von einem Grad Kelvin pro Zeiteinheit verloren geht.

*Lambda-Sonde:* Ein elektronischer Meßfühler, der in Verbindung mit einem geregelten Katalysator die Zusammensetzung des Abgases eines Benzinfahrzeugs erfaßt und mit einer Regeleinheit die Kraftstoffzufuhr steuert.

*MAK-Wert:* Maximale zulässige Konzentration eines Schadstoffes am Arbeitsplatz.

*MIK-Wert:* Maximale Immissionskonzentration eines Schadstoffes. Die Angaben unterscheiden sich je nachdem, ob es sich um kurzfristige oder dauernde Einwirkungen handelt.

*Nitrose Gase:* Gemisch stickstoffoxidhaltiger Gase (abgekürzt $NO_x$)

*Ozon:* Molekül, das aus drei Sauerstoffatomen besteht; sehr reaktionsfreudig, äußerst giftig; Ozon ist in der Stratosphäre wegen der Absorption der energiereichen UV-Strahlung sehr nützlich.

*Photochemischer Smog (auch Los-Angeles-Smog):* Vor allem im Sommer durch Photooxidantien verursachte Luftverschmutzung, die sich wie z.B. Ozon und Stickstoffmonoxid unter dem Einfluß der kurzwelligen Sonnenstrahlung aus Kohlenwasserstoffen, Stickstoffoxiden und Sauerstoff bilden.

*Polyzyklische aromatische Kohlenwasserstoffe:* Stoffgruppe – Leitsubstanz Benzo(a)pyren – die als unerwünschtes Nebenprodukt bei unvollständiger Verbrennung entsteht und häufig an Rußteilchen gebunden ist.

*Rußfilter:* Abgasreinigungsgrät für Dieselfahrzeuge, besteht aus keramischem Wabenmaterial, in dem der Ruß abgeschieden und periodisch abgebrannt wird.

*Rußzahl:* Meßgröße für den Staub- und Rußanteil im Abgas. Bei Heizungsanlagen ist eine hohe Rußzahl ein Hinweis auf den schlechten Wirkungsgrad der Anlage. Die Rußzahl wird über die Schwärzung von Filterpapier in einem Vergleich mit der Bacharach-Skala oder Ringelmann-Skala ermittelt.

*Smog:* Aus den englischen Worten smoke (Rauch) und fog (Nebel) zusammengesetzter Begriff, der ursprünglich für die häufig im Winter auftretende Mischung aus natürlichem Nebel und Abgasen verwendet wurde. Heute wird starke Luftverschmutzung als Smog bezeichnet. Man unterscheidet zwei Typen von Smog: London-Smog – in der kalten Jahreszeit – und Los-Angeles-Smog unter dem Einfluß starker Sonneneinstrahlung

*Stand der Technik:* Begriff im Bundesimmissionsschutzgesetz für fortschrittliche, in der Praxis erprobte Verfahren und Betriebsweisen, die den derzeit besten Schutz vor Umweltgefahren bieten.

*Staubfeuerung:* Vorherrschende Verbrennungsart von Kohlenstaub, der in der Schwebe verbrennt; üblich in Großkraftwerken.

*Steinkohleneinheit:* Bezugsgröße für Energieberechnungen (abgekürzt SKE); 1 kg SKE entspricht der Energiemenge, die bei der Verbrennung von 1 kg Steinkohle (=29300 kJ) freigesetzt wird. SKE dient zum statistischen Vergleich von unterschiedlichen Brennstoffen; 1 kg Erdöl = 1,44 kg SKE; 1 $m^3$ Erdgas = 1,1 kg SKE.

*Wirbelschichtfeuerung:* Verbrennung von Kohleschüttgut in der Wirbelschicht, in die direkt die Heizflächen eintauchen; Entschwefelung direkt im Brennraum durch Zugabe von Kalk zur Kohle; niedrige Verbrennungstemperaturen, deshalb geringe $NO_x$-Emissionen.

*TA-Luft:* Technische Anleitung zur Reinhaltung der Luft, Verwaltungsvorschrift; die TA Luft regelt die Genehmigung und Überwachung umweltgefährdender Anlagen, sie nennt auch Immissionsgrenzwerte zum Schutz vor Gesundheitsgefahren.

*TRK-Wert:* Technische Richtkonzentration für krebserzeugende Stoffe

*Verursacherprinzip:* Grundprinzip der Umweltgesetze, nach dem derjenige für den Aus-

gleich umweltbedingter Schäden aufkommen muß, der für ihre Entstehung verantwortlich ist.

*Vorsorgeprinzip:* Grundprinzip der Umweltgesetze, wonach Umweltbelästigungen möglichst zu vermeiden bzw. auf ein Mindestmaß zu beschränken sind, das sich nach dem Stand der Technik richtet.

*Zyklon:* Fliehkraftabscheider, der über Zentrifugalkräfte eine Staubabscheidung bewirkt.

## 2.2 Primäre und sekundäre Umweltschutztechnik zur Reinhaltung der Luft und zum Klimaschutz

Bundeskanzler Kohl versprach 1995 auf dem UNO-Klimagipfel in Berlin, dem Folgegipfel von Rio de Janeiro, daß in der Bundesrepublik Deutschland der $CO_2$-Ausstoß bis zum Jahr 2005 um 25% auf der Basis der Emissionszahlen von 1990 abgesenkt wird (siehe auch Kap. 1). Laut einer Studie des Berner Prognos-Instituts im Auftrag des Bundeswirtschaftsministeriums wird aber maximal eine Reduktion um 10,5% erreicht, es sei denn, die Einsparanstrengungen beim Energieeinsatz würden verstärkt, Kraftwerke würden mit höherer Effizienz als bisher arbeiten, auf regenerative Energiequellen würde mit hohen Zuwachsraten zurückgegriffen. All dies ist keine Utopie, diese Maßnahmen werden mit ihren physikalischen Grundlagen beispielhaft in den Kapiteln 2.2.1 und 2.2.2 dargestellt. Aber auch bei dieser modernen Technik kann auf die sekundäre Umwelttechnik oder auf die „end-of-pipe"-Technik nicht verzichtet werden, die inzwischen schon hohen technischen Standard erreicht hat und ohne die die Schadstoffemissionen nicht entsprechend den Abb. 2.1 und 2.2 abgesunken wären. Diese wichtigen Prinzipien zur Reinhaltung der Luft werden in Kap. 2.2.3 dargestellt.

### 2.2.1 Primäre Umwelttechniken im Energiesektor und beim Energieeinsatz

Der Energiesektor läßt sich in 4 Bereiche unterteilen:

- Gewinnung der Primärenergieträger
- Veredlung der Primärenergie und Umwandlung in die Sekundärenergieträger z. B. Strom und Fernwärme (im Kraftwerk) oder Benzin und Heizöl EL (in der Raffinerie),
- Verteilung der Sekundärenergieträger an die Verbraucher (Industrie, Privathaushalte, Verkehrsteilnehmer),
- Umwandlung der verschiedenen Sekundärenergieträger in Nutzenergie wie Beleuchtungs-, Bewegungs- oder Wärmeenergie.

Vor allem die Umwandlung von Primärenergie Kohle, Öl, Gas und Uran in die Sekundärenergie Strom und die Nutzung der dem Verbraucher zugeführten verschiedenartigen Sekundärenergieträger Strom, Heizöl EL, Diesel- und Benzinkraftstoffe sind durch niedrige Wirkungsgrade gekennzeichnet. Erreichte Wirkungsgraderhöhungen in der Umwandlungskette führen dazu, daß sich der Primärenergiebedarf und damit auch die Kohlendioxid- und die übrigen Schadstoffemissionen in die Atmosphäre reduzieren lassen. Aber auch die Reststoffmassenströme an Asche, Gips etc (Kap. 5) gehen zurück.

Die in Kap. 2.2.1 beschriebenen Maßnahmen beziehen sich vor allem auf

- Wirkungsgraderhöhungen bei der Stromproduktion,
- die bessere Ausnutzung der Energieträger in den verschiedenen Kraftwerkstypen (Großkraftwerk, Heizkraftwerk, Blockheizkraftwerk),
- die bessere Ausnutzung der Sekundärenergie bei den Kleinverbrauchern und im Verkehrssektor.

Soll ein Primärenergieträger auf seine Umweltverträglichkeit hin beurteilt werden, muß in einer Ökobilanz selbstverständlich die gesamte Umwandlungskette einbezogen werden. Im Rahmen dieser Ökobilanz müssen dem Primärenergieträger Erdgas, dem umweltfreundlichsten aller fossilen Primärenergieträger (Tab. 2.5), durchaus auch einige gravierende Nachteile zugeschrieben werden:

- Bei der Erdgasförderung – besonders in Sibirien – werden vor Ort große Umweltschäden verursacht.
- Der Erdgastransport über die riesigen Entfernungen ist mit großen Leckagen verbunden. Methan als Hauptbestandteil des Erdgases entweicht in die Atmosphäre. Methan ist aber neben Kohlendioxid ein starkes Treibhausgas (Kap. 1, Abb. 1.2).
- Erdgas und Erdöl werden in Relation zu den Vorräten derzeit erheblich stärker genutzt als die Kohle (Tab. 2.5). Dazu kommt noch, daß sich 72% der Erdölvorräte und 70% der Erdgasreserven in den politisch unsicheren Regionen der Welt, im Nahen Osten und in Osteuropa, befinden.

Diese Gründe führen zu dem Schluß, daß trotz des ungünstigen Emissionsfaktors bei Stein- und Braunkohle (Tab. 2.5) auf deren Einsatz nicht verzichtet werden sollte, sondern daß der Weg weitergegangen werden muß, Kohlekraftwerke so umweltfreundlich wie eben möglich zu betreiben.

Über den $CO_2$-Emissionsfaktor aus Tab. 2.5 läßt sich direkt ablesen, daß Braunkohle mit dem höchsten, Erdgas mit dem niedrigsten Emissionsfaktor die beiden Extrempositionen bezüglich der $CO_2$-Emission besetzen.

Exemplarisch für Steinkohle (hier Gasflammkohle mit 0,816 Massenanteilen Kohlenstoff – wasseraschefrei gerechnet – 3% Wassergehalt und 10% Aschegehalt – wasserfrei gerechnet – und dem Heizwert von 32650 kJ/kg – wasseraschefrei) wird im folgenden gezeigt, wie der Emissionsfaktor ermittelt werden kann. Demnach entspricht:

*1 kg Gasflammkohle (roh) = 0,969 kg SKE*
*(1 kg SKE entspricht 1 kg Steinkohle mit dem Heizwert 29300 kJ)*
*1 kg Gasflammkohle (roh) enthält 0,71 kg Kohlenstoff.*
*Mit der Verbrennungsgleichung:*
$C + O_2 \Rightarrow CO_2$
$1\ kmol\ C + 1\ kmol\ O_2 \Rightarrow 1\ kmol\ CO_2$ *oder*
$12{,}011\ kg\ C + 22{,}39\ m^3\ i.N.\ O_2 \Rightarrow 22{,}26\ m^3\ i.N.\ CO_2$
*(Durch das reale Verhalten der Gase im Normzustand – 0 °C, 1,013 bar – ergeben sich diese kleinen Abweichungen vom konstanten Molvolumen der idealen Gase von 22,414 m³/kmol).*
*Damit entsteht durch die Verbrennung von 1 kg C:*
$22{,}26/12{,}011 = 1{,}853\ m^3 CO_2/kg\ C$
*Damit wird durch die Verbrennung von 1 kg Gasflammkohle an Kohlendioxid frei:*
$1{,}853 \cdot 0{,}71 = 1{,}316\ m^3\ CO_2/kg$ *Kohle bzw.*
$1{,}316\ m^3\ CO_2/kg\ Kohle \cdot 44{,}011\ kg\ CO_2/kmol\ CO_2 \cdot kmol\ CO_2/22{,}26\ m^3\ CO_2$
$= 2{,}60\ kg\ CO_2/kg\ Kohle \cdot 1 kg\ Kohle/0{,}969\ kg\ SKE$
$= 2{,}68\ kg\ CO_2/kg\ SKE.$

### 2.2.1.1 Nutzung der Primärenergie im Kraftwerk

#### Kondensationsfahrweise

Ein Großkraftwerk setzt die chemische Energie des Brennstoffs im Verbrennungsprozeß frei und überträgt diese Energie an das Kreislaufmedium Wasser. Der entstehende Wasserdampf wird überhitzt und in diesem Zustand

| Fossiler Energieträger | Weltvorräte Mrd. t SKE | Weltverbrauch Mrd. t SKE/a | Energieäquivalent | $CO_2$-Emissionsfaktor kg $CO_2$/kg SKE |
|---|---|---|---|---|
| Braunkohle } | 600 | 3,4 | 0,28 kg SKE/kg Braunkohle | 3,2 |
| Steinkohle } | | | 1 kg SKE/kg Steinkohle | 2,7 |
| Erdöl | 120 | 4,1 | 1,43 kg SKE/kg Öl | 2,2 |
| Erdgas | 120 | 2,3 | 1,15 kg/m³ Gas | 1,6 |

*Tab. 2.5: Fossile Primärenergieträger im Überblick und im Vergleich*

der Hochdruckturbine zugeleitet, wo er Arbeit verrichtet und den Generator antreibt, der wiederum die gewünschte elektrische Energie liefert. Letztendlich wird der Niederdruckdampf der Niederdruckturbine entnommen, er wird kondensiert und dann mit der Speisewasserpumpe wieder auf Hochdruck gebracht; auf diesem Druckniveau beginnt der Kreislaufprozeß mit der Verdampfung des Wassers und der Überhitzung des Wasserdampfs erneut. Dieser konventionelle Dampfprozeß mit den Daten für den in die Hochdruckturbine eintretenden Hochdruckdampf (Druck 200 bar, Temperatur 525 °C), mit Zwischenüberhitzung des auf Mitteldruckniveau abgearbeiteten Dampfes (Druck 30 bar, Temperatur 280 °C) und mit Speisewasservorwärmung ist in Abb. 2.4 im Fließbild dargestellt.
Diese Fahrweise eines Großkraftwerks wird als *Kondensationsfahrweise* bezeichnet, weil der aus der Niederdruckturbine austretende Niederdruckdampf so weit abgearbeitet ist (siehe seine Daten in Abb. 2.4) und deshalb auf einem so niedrigen Temperaturniveau vorliegt, daß sein Energieinhalt nicht mehr genutzt werden kann. Die Kondensationswärme dieses Dampfes muß über Kühltürme an die Atmosphäre abgegeben werden.

## Kraft-Wärme-Kopplung

Mit diesem in Kondensationsfahrweise betriebenen Kraftwerk wird die Erzeugung von elektrischer Energie optimiert; entnimmt man den aus dem Turbinensatz austretenden Dampf auf einem höheren Druck- und damit Temperaturniveau als in Abb. 2.4, liegt dessen Kondensationswärme natürlich auf einem höheren Temperaturniveau und kann somit in ein Fernwärmenetz eingespeist werden.
Diese Schaltung wird dann als *Kraft-Wärme-Kopplung* bezeichnet. Der Vorteil dieser Fahrweise ist die erheblich bessere Nutzung der eingesetzten Primärenergie und damit die reduzierte Abgabe von Schadgasen, Abwärme und Reststoffen an die Umgebung, allerdings zu Lasten der Stromproduktion, d. h., der elektrische Wirkungsgrad sinkt (Abb. 2.4 und Abb. 2.5).

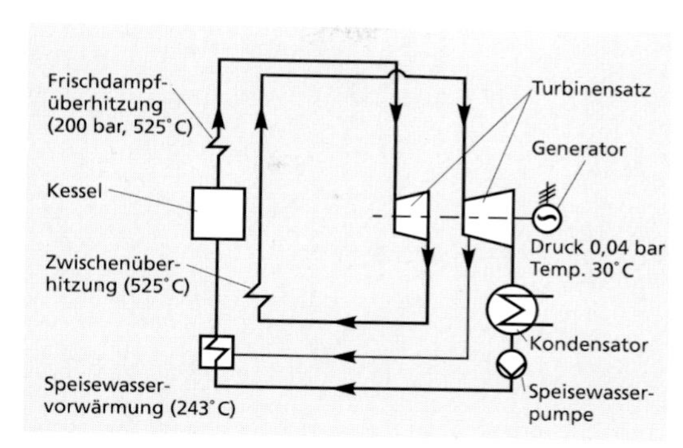


*Abb. 2.4: konventioneller Dampfkraftprozeß mit Speisewasservorwärmung und Zwischenüberhitzung (Kondensationsfahrweise)*

Um zu verstehen, warum in Großkraftwerken, die in Kondensationsfahrweise betrieben werden, überhaupt ein Abwärmeproblem entsteht, ist der Dampfkraftprozeß in idealisierter Form in Abb. 2.5 dargestellt. Die dabei durchgeführten Zustandsänderungen des Arbeitsmediums Wasser – ohne die auftretenden Verluste in der Turbine – und ohne Zwischenüberhitzung des auf Mitteldruck abgearbeiteten Dampfes sind aufgeführt; die im Kreisprozeß erzielten Effekte sind in Abb. 2.5b direkt als Strecken ablesbar.

Der Wirkungsgrad eines Kraftwerks nach Abb. 2.4 kann nur durch zwei Maßnahmen erhöht werden:

- Die Verdampfung und Überhitzung des Wassers bzw. des Wasserdampfes werden bei höheren Temperaturen und Drücken durchgeführt, als sie in Abb. 2.4 genannt sind.
- Der Dampf wird der Turbine bei einem höheren Druck- und Temperaturniveau entnommen, als sie in Abb. 2.4 genannt sind. Der elektrische Wirkungsgrad allerdings sinkt, der Gesamtwirkungsgrad, der die Abgabe von elektrischer Energie und von nutzbarer Wärmeenergie umfaßt, aber steigt (Kraft-Wärme-Kopplung).

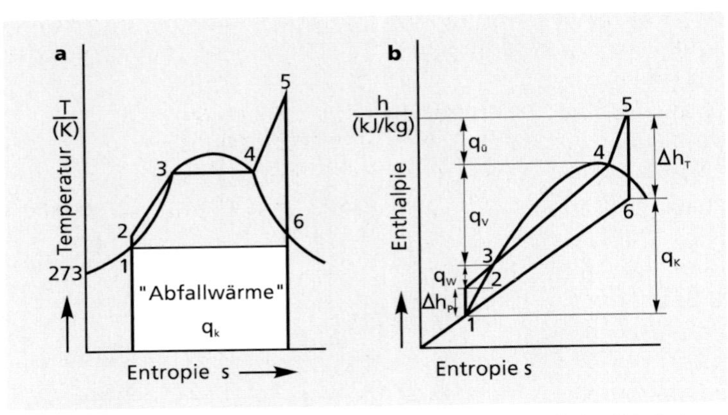


*Abb. 2.5: idealisierter Dampfprozeß im Kraftwerk ohne die in Abb. 2.4 dargestellte Zwischenüberhitzung*

*a: Temperatur-Entropie-Diagramm*

*b: Enthalpie-Entropie-Diagramm*

*1–2 isentrope Druckerhöhung des Wassers $\Delta h_p$ mit Hilfe der Speisewasserpumpe (in Wirklichkeit kein adiabater Vorgang),*

*2–3 isobare Wärmezufuhr $q_w$ an das Wasser bis Siedetemperatur,*

*3–4 isobare Verdampfung $q_v$ des Wassers im Kessel,*

*4–5 isobare Dampfüberhitzung $q_ü$ im Überhitzerteil (2–5 nicht völlig isobar, sondern Vorgänge mit geringen Druckverlusten),*

*5–6 isentrope Entspannung $\Delta h_T$ des überhitzten Dampfes in Turbine (in Wirklichkeit kein adiabater Vorgang)*

*6–1 Kondensation des Dampfes $q_k$ im Kondensator.*

– Eine dritte Möglichkeit, den Dampf in der Niederdruckturbine auf ein niedrigeres Druckniveau zu fahren, als es in Abb. 2.4 angegeben ist, ist nicht gegeben, weil das bei Temperaturen um 20 °C vorliegende Kühlwasser dann den Dampf nicht mehr kondensieren könnte und ein anderes Kühlmedium als Wasser oder Luft bei Umgebungsbedingungen nicht vorhanden ist.

Mit dem in den 80er Jahren entwickelten hochwarmfesten ferritischen Stahl mit 9% Chromanteil P91 (DIN-Bezeichnung X10 CrMoVNb 91) ist es möglich, die Temperatur des Dampfes um 25 K auf ca. 580 °C bei einem Druck von 285 bar anzuheben.

Mit diesen Auslegungsparametern für einen 400 MW-Kohleblock im dänischen Aalborg (Betriebsbeginn 1998) mit zweifacher Zwischenüberhitzung und Seewasserkühlung wird der bisher höchste elektrische Wirkungsgrad von 47% bei einem Dampfkraftwerk erreicht (Lit. 2.9). Abb. 2.6 zeigt die Entwicklung des mittleren spezifischen Kohleverbrauchs von Steinkohlekraftwerken seit 1950 (Lit. 2.10).

Mit 0,313 kg Steinkohle/kWh elektr. Energie wird der Brennstoff zu 39,3% in elektrische Energie umgewandelt. Bei einem avisierten Wirkungsgrad von 47% sinkt der spez. Bedarf an Steinkohle zur Erzeugung von 1 kWh Strom auf 0,262 kg Steinkohle/kWh.

Mit dem spezifischen $CO_2$-Emissionsfaktor von 2,7 kg $CO_2$/kg SKE läßt sich unmittelbar berechnen, daß die emittierte $CO_2$-Masse mit 0,707 kg $CO_2$/kWh (bei einem elektr. Wirkungsgrad von 47%) um 17% unter den Wert von 0,845 kg $CO_2$/kWh (bei einem elektrischen Wirkungsgrad von 39,3%) gesunken ist.

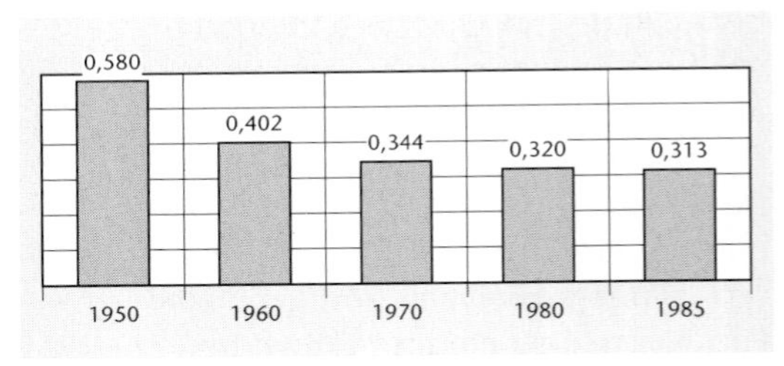


*Abb. 2.6: Entwicklung des mittleren spezifischen Kohleverbrauchs von Steinkohlekraftwerken in kg Kohle/kWh*

Die Entwicklung von neuen Werkstoffen – voraussichtlich austenitische Werkstoffe; limitierender Faktor bei Austeniten ist derzeit noch

die wegen der Prüfbarkeit der Schweißnähte begrenzte Wanddicke – geht weiter voran, so daß schon ein Dampfkraftwerk mit den Parametern 375 bar/700 °C und einer zweifachen Zwischenüberhitzung für das Jahr 2015 angedacht ist und dann sogar elektrische Wirkungsgrade von 51 % möglich erscheinen (Lit. 2.9).
Kraftwerke in Kraft-Wärme-Kopplung nutzen die eingesetzte Primärenergie erheblich besser aus, besser auch als hochmoderne Dampfkraftwerke. Allerdings sinkt ihr elektrischer Wirkungsgrad, weil das Temperaturgefälle in den Turbinenstufen unter Verzicht auf die weitere Stromerzeugung vorzeitig abgebrochen wird. Der gesamte Dampf verläßt die Endstufe der Turbine mit einer für die Fernwärmeversorgung geeigneten Temperatur. Die hochwertige Wärme wird über einen Wärmetauscher an einen Heizkreislauf abgegeben. Fernwärmenetze werden in Abhängigkeit von der Witterung mit Vorlauftemperaturen bis 130 °C, an sehr kalten Wintertagen in großen Fernwärmenetzen sogar bis zu 160 °C betrieben. Um die Kondensationswärme dieses Dampfes nutzen zu können, muß je nach der verlangten Vorlauftemperatur in der Fernwärmeschiene Dampf mit einer um 5–6 K höheren Temperatur die Turbine verlassen. Soll z. B. das Fernwärmenetz mit einer Vorlauftemperatur von 125 °C betrieben werden, muß der Dampf bei ca. 3 bar die Turbine verlassen, die Kondensationstemperatur beträgt bei diesem Druck ca. 132 °C. Im Gegensatz zu der in Großkraftwerken üblichen Kondensationsfahrweise (Abb. 2.4) wird diese Fahrweise der Kraft-Wärme-Kopplung auch als *Gegendruckbetrieb* bezeichnet.
Heizkraftwerke mit Gegendruckturbinen weisen gegenüber der in Abb. 2.4 dargestellten Fahrweise eines in Kondensationsbetrieb arbeitenden Kraftwerks einen wichtigen Nachteil auf: Die Erzeugung von hochwertiger Heizwärme und von elektrischer Energie ist nur in engen Grenzen verschiebbar. Sinkt der Bedarf an Heizenergie im Sommer und muß über Fernwärme nur Warmwasser aufbereitet werden, sinkt auch die Erzeugung elektrischer Energie.

**Entnahme – Kondensations – Betrieb**

Dieser Nachteil kann dadurch kompensiert werden, daß das Kraftwerk in *Entnahme – Kondensations – Betrieb* gefahren wird, d. h., der für die Wärmelieferung benötigte Dampf wird je nach verlangter Vorlauftemperatur an einer geeigneten Stelle einer Turbinenstufe entnommen. Der übrige Dampf wird optimal zur Stromproduktion genutzt (hier also Kondensationsfahrweise).
Heizkraftwerke mit *Gegendruckturbine* nutzen die eingesetzte Primärenergie zu 80 bis 85 % (Abb. 2.7), Heizkraftwerke mit *Entnahme-Kondensatonsturbine* erreichen im Winter bei maximaler Heizwärmeauskopplung ebenfalls ca. 80 %; im Sommer hingegen, bei reinem Kondensationsbetrieb, sinkt der Wirkungsgrad auf 40 %. Immerhin aber liegt der Wirkungsgrad eines Heizkraftwerks mit Entnahme-Konden-

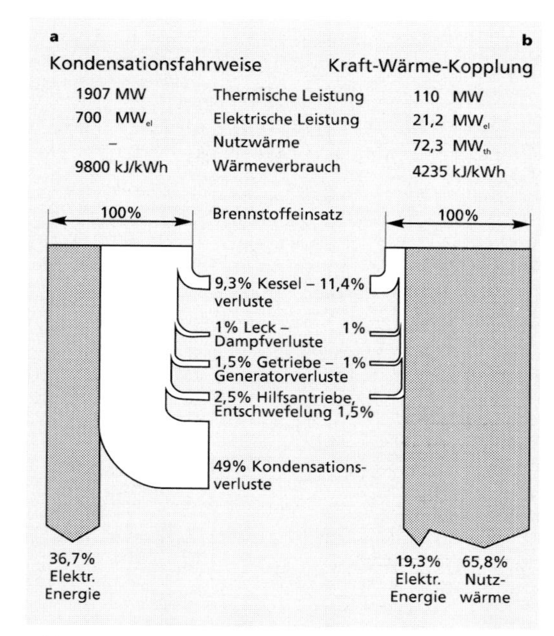


*Abb. 2.7: Vergleich der Kondensationsfahrweise mit der Gegendruckschaltung (Kraft-Wärme-Kopplung) in Sankey-Diagrammen*

sationsturbine im Jahresdurchschnitt bei 55 bis 60%.
Abb. 2.7 macht die verlustreiche Umwandlung der Primärenergie in die Sekundärenergie Strom in einem auf Kondensation geschalteten Großkraftwerk anschaulich, während Heizkraftwerke den eingesetzten Brennstoff deutlich weniger verlustreich umwandeln.
Aus den Parametern in Abb. 2.7 ist unmittelbar zu entnehmen, daß über 30 Heizkraftwerke mit einer thermischen Leistung von 110 MW notwendig würden, sollte ein Großkraftwerk mit einer elektrischen Leistung von 700 MW (bzw. einer thermischen Leistung von 1907 MW) ersetzt werden.

In der Diskussion um den verstärkten Einsatz von ökologisch sinnvollen Heizkraftwerken sollten die folgenden drei Aspekte nicht vergessen werden:
- Wieviel Wohnungen könnten über ein Heizkraftwerk mit einer Leistung etwa entsprechend Abb. 2.7 mit Heizenergie versorgt werden?
- Fernwärme konkurriert als dritte leitungsgebundene Energieart mit den ganz oder weitgehend installierten leitungsgebundenen Energiearten Strom und Erdgas. Das heißt, daß Fernwärme nur in Neubaugebieten oder in noch nicht ans Erdgasnetz angeschlossenen Gegenden Ostdeutschlands eine realistische Chance erhalten wird.
- Heizkraftwerke können mit heimischen Brennstoffen Steinkohle und Braunkohle betrieben werden, so daß der weitgehend verlorengegangene Wärmemarkt der Kohle neu erschlossen werden könnte. Allerdings sind die spezifischen Emissionen an Luftschadstoffen Staub, Schwefeldioxid und Stickoxiden (in mg/m$^3$) bei Heizkraftwerken wegen deren kleinerer Leistung größer als bei Großkraftwerken, deren Abgase nach der 13. BImSchV erheblich wirkungsvoller gereinigt werden müssen als die Abgasströme kleinerer Kraftwerke (Tab. 2.1).

### Wirbelschichtfeuerungen

Gerade für Heizkraftwerke mit einer Leistung etwa nach Abb. 2.7 eignen sich Kraftwerke, die mit Wirbelschichtfeuerungen – mit stationärer bzw. vor allem mit zirkulierender Wirbelschicht (ZWS) (Abb. 2.8 und Abb. 2.9) – ausgerüstet sind.
Abb. 2.9 zeigt das Schema eines ZWS-Kraftwerks mit der Möglichkeit, durch die Zugabe von Kalkstein im Brennraum zu entschwefeln. Außerdem wird die Bildung von Stickoxiden aus dem Luftstickstoff unterdrückt, weil die Verbrennung bei 850 °C durchgeführt und die notwendige Verbrennungsluft zweigestuft zugeführt wird ($NO_x$-Emission < 400 mg/m$^3$ i.N.).

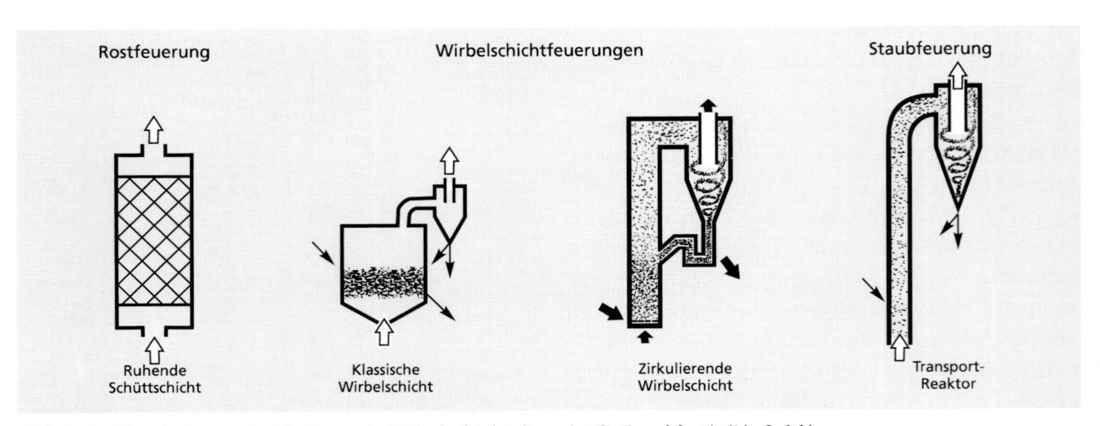


*Abb. 2.8: Klassische und zirkulierende Wibelschicht (Lurgi AG, Frankfurt) (Lit 2.11)*

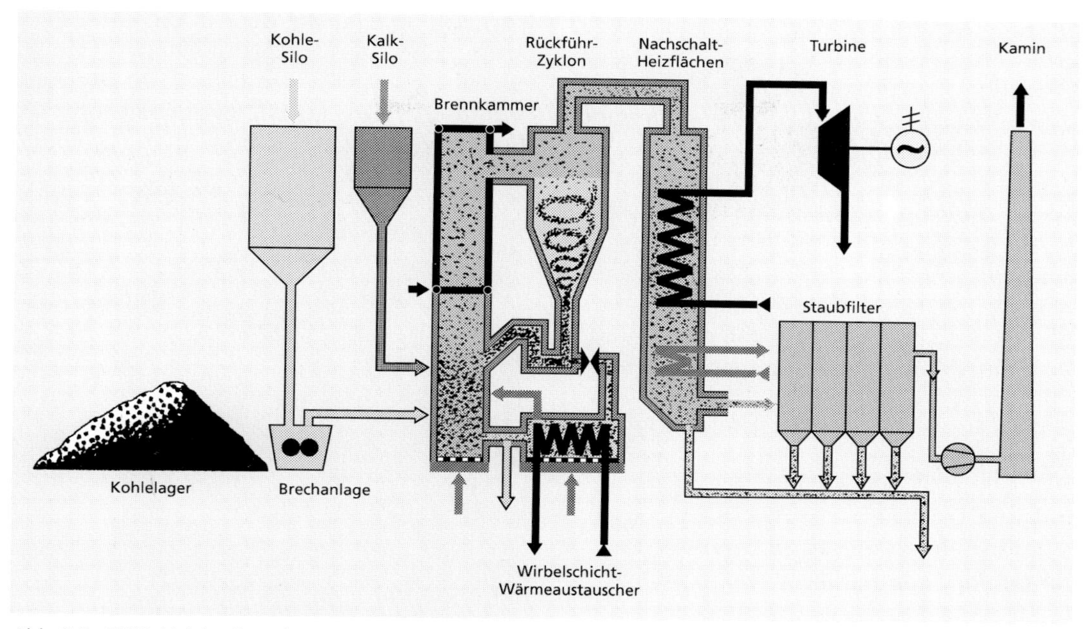


*Abb. 2.9: ZWS-Heizkraftwerk mit integrierter Entschwefelung (Lurgi AG, Frankfurt) (Lit. 2.11)*

Das Kennzeichen des ZWS-Kraftwerks sind die wirbelnden Feststoffpartikel, die mit dem Gasstrom ausgetragen, in dem nachgeschalteten Zyklon abgeschieden und in den Brennraum zurückgeführt werden. Diese Kreislaufführung – die zirkulierende Wirbelschicht – führt zu einem sehr guten Ausbrand des Kohlenstoffs von mehr als 99%. Vorteilhaft ist die Tatsache, daß ballastreiche Kohle eingesetzt werden kann. Die Verbrennungsluft tritt durch den Rost (Primärluft) und durch die Seitenwände des ZWS-Reaktors oberhalb der Kohlezufuhr (Sekundärluft) ein. Der für die Entschwefelung notwendige Kalkstein (Molverhältnis von Calcium/Schwefel etwa 1,5) wird in den Brennraum direkt eingetragen, so daß der bei der Verbrennung entstehende Schwefeldioxid-Rauchgasanteil zu 90% bereits im Brennraum chemisch gebunden wird. So kann eine nachgeschaltete sekundäre Rauchgasentschwefelungsanlage (Kap. 2.2.3) entfallen. Die Energie der Rauchgase wird in der Brennkammer und über die dem Zyklon nachgeschalteten Heizflächen an Wasser als Kreislaufmedium wie im normalen Kraftwerk (Abb. 2.9) übertragen. Die zurückgeführte Asche wird in einem Wirbelschichtwärmeaustauscher gekühlt, deren Energie wird ebenfalls genutzt.

Unmittelbar im Brennraum laufen 3 Reaktionen ab, die für die *Entschwefelung der Rauchgase* entscheidend sind:

- die Bildung von $SO_2$ aus dem Schwefel, der im Brennstoff vorhanden ist
  $S + O_2 \Rightarrow SO_2$,
- die Kalzinierung des Kalksteins zu Calciumoxid
  $CaCO_3 \Rightarrow CaO + CO_2$,
- die Gipsbildung
  $CaO + SO_2 + 1/2\ O_2 \Rightarrow CaSO_4$.

Dieses Produkt ist in der abgezogenen Asche enthalten, die außerdem aus den Ballaststoffen der Kohle und geringen Anteilen an unverbranntem Kohlenstoff und an freiem Kalk (CaO) besteht (Kap. 5).

Um eine Vorstellung zu vermitteln, wieviele Wohnungen von einem Heizkraftwerk mit einer

Leistung von 72,3 MW (Abb. 2.7) mit Heizenergie versorgt werden könnten, sei der folgende einfache Vergleich mit der Heizwärmeversorgung über Heizöl EL in Einzelfeuerungsanlagen vorgenommen (Verluste in Fernwärmeleitungen betragen 15%; statt Fernwärme müßte pro Wohnung 2500 l Heizöl EL/Heizperiode mit der Dichte von 0,86 kg/l eingesetzt werden; Umwandlungsverluste in Nutzwärme 10%. Die Einzelheizungen werden wegen der Nachtabsenkung 17 h/Tag in der siebenmonatigen Heizperiode betrieben).

*Angebot an Heizwärme von Seiten des Heizkraftwerks:*
*$72{,}3 \cdot 10^3 \cdot 0{,}85$ kW =*
*Nachfrage an Heizwärme in x Wohnungen:*
*$x \cdot 2500$ l/a $\cdot$ 0,86 kg/l $\cdot$ 41000 kJ/kg $\cdot$ 0,9*
*$\cdot$ 1 a/7 Mon $\cdot$ 1 Mon/30 d $\cdot$ 1 d/17 h $\cdot$ 1 h/3600 s*
*Aufgelöst nach x erhält man die Anzahl der Wohnungen, die mit Heizwärme versorgt werden könnten:*
*x = 9955 Wohnungen*
*Bei angenommenen 3 Personen/Haushalten könnte damit eine Kleinstadt mit ca. 30000 Einwohnern von diesem Heizkraftwerk versorgt werden.*

## Blockheizkraftwerke

Eine andere Art von Heizkraftwerken sind *Blockheizkraftwerke*, die mit Gas- oder Dieselmotoren ausgerüstet sind und als Energierohstoffe Erdgas, Klärgas, Deponiegas bzw. Heizöl EL einsetzen. Blockheizkraftwerke mit einem sehr hohen Wirkungsgrad bis zu 87% (die Abwärme der Motoren wird zu Heizzwecken über ein eigenes kleines Fernwärmenetz vor Ort unmittelbar genutzt) eignen sich besonders zur Versorgung von öffentlichen Einrichtungen wie Krankenhäuser, Schwimmbäder etc. und von Gewerbebetrieben wie der Zellstoff- und Papierindustrie, die einen ganzjährigen Wärmebedarf haben. Abb. 2.10 zeigt eine kompakte Einheit eines Blockheizkraftwerks, das schon ab einem Grundbedarf von 10 kW Strom und 30 kW Wärme in der kleinsten angebotenen Kompakt-Einheit rentabel im Inselbetrieb (d. h. ohne Verbindung zum öffentlichen Stromnetz) oder im Parallelbetrieb zum öffentlichen Stromnetz arbeiten kann (Ein Privathaushalt verbraucht derzeit ca. 4200 kWh Strom/Jahr – dies entspricht einem Grundbedarf von ca. 0,5 kW – und ca. 2500 l Heizöl/a – dies entspricht einem Grundbedarf von 7 kW in der Heizperiode).

*Abb. 2.10: Kompakt-Anlage eines Blockheizkraftwerks zur Erzeugung von elektrischer Energie und Nutzwärme (Fa. Sokratherm, Hiddenhausen)*

Entsprechend Abb. 2.11 kann ein Blockheizkraftwerk als Tandem-Anlage konzipiert werden. Eine Tandem-Anlage umfaßt einen Verbrennungsmotor, der auf Gas- oder Heizöl EL-Basis arbeitet, einen Generator und einen Kompressor, der Bestandteil einer Wärmepumpe ist (das Prinzip der Wärmepumpe siehe Abb. 2.24).
Mit einer Tandem-Anlage läßt sich ein Blockheizkraftwerk sehr flexibel an den jeweiligen Bedarf an Nutzwärme und Strom anpassen. Da der Bedarf an Strom und Wärme im Winter jeweils Maximalwerte erreicht („Winterberg"), sind Einheiten nach Abb. 2.11 besonders gut geeignet, in Ergänzung zu Grund- und Mittellastkraftwerken den elektrischen „Winterberg" teilweise abzudecken. Wegen der flexiblen Schaltung der Tandem-Anlagen haben z. B. die Stadtwerke Heidenheim/Ulm ihr Ver-

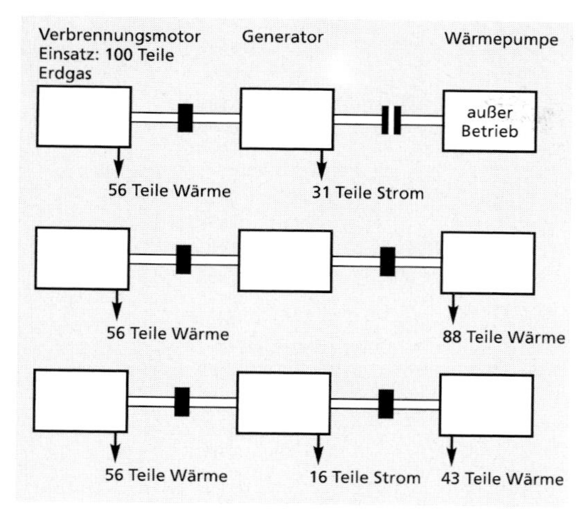


*Abb. 2.11: Schaltung eines Blockheizkraftwerks in Verbindung mit einer Wärmepumpe*

sorgungsgebiet z.T. mit dezentral arbeitenden Blockheizkraftwerken ausgestattet.

## Kombikraftwerke

Bei Dampfkraftwerken ist die obere Temperatur des Kreislaufmediums Wasser begrenzt; Moderne Dampfkraftwerke arbeiten mit einem Dampfzustand von 580 °C und 285 bar (mit einer langfristig angestrebten Temperaturerhöhung auf 700 °C) als Eintrittstemperatur des überhitzten Dampfes in die Hochdruckturbine. Mit diesen Daten erreichen Dampfkraftwerke maximale elektrische Wirkungsgrade von derzeit 45 bis 47%, in ferner Zukunft dann möglicherweise auch 51%. Diese optimalen Wirkungsgrade von Dampfkraftwerken werden heute schon mit sogenannten Kombikraftwerken übertroffen, die den Gasturbinenprozeß mit hohen Eintrittstemperaturen von 1300 °C und die niedrige Abwärmetemperatur im Kondensator bei dem Dampfkraftprozeß miteinander kombinieren (Abkürzung GUD-Kraftwerk).

Beim Gasturbinenprozeß sind die Anlagenkomponenten *Luftverdichter, Brennkammer* und *Gasturbine* unverzichtbar. Der Luftverdichter komprimiert die angesaugte Luft auf 15 bar. Dabei erwärmt sich die Luft auf 400 °C. In der Brennkammer wird diese Luft mit einem Erdgas- oder Heizöl EL-Brenner bis auf die Temperatur von heute schon maximal 1300 °C erhitzt, mit der Gas in die Gasturbine eintritt. In der Turbine wird das Gas entspannt, kühlt sich dabei auf 500 bis 550 °C ab und leistet mechanische Arbeit. Die Turbinenschaufeln werden hohl ausgeführt, so daß sie zum Schutz vor zu hoher thermischer Materialbeanspruchung mit Luft direkt aus dem Luftkompressor gekühlt werden können: Würde das auf Umgebungsdruck abgearbeitete Gas mit 500 bis 550 °C in die Atmosphäre entlassen (offener Gasturbinenprozeß), dann läge der elektrische Wirkungsgrad mit ca. 32% unter dem eines Dampf-Kondensationskraftwerks. Deshalb wird die thermische Energie des aus der Gasturbine austretenden Abgasstroms eventuell unter Zufuhr von Brennstoff für ein Dampfturbinenkraftwerk (Abb. 2.4) genutzt.

Abb. 2.12 zeigt die Prinzipschaltung eines Kombikraftwerks mit einem Abhitzkessel, der mit Erdgas zusätzlich zur Energiezufuhr über das Abgas aus der Gasturbine befeuert wird (auch die Schaltung ohne brennstoffbefeuertem Kessel ist möglich).

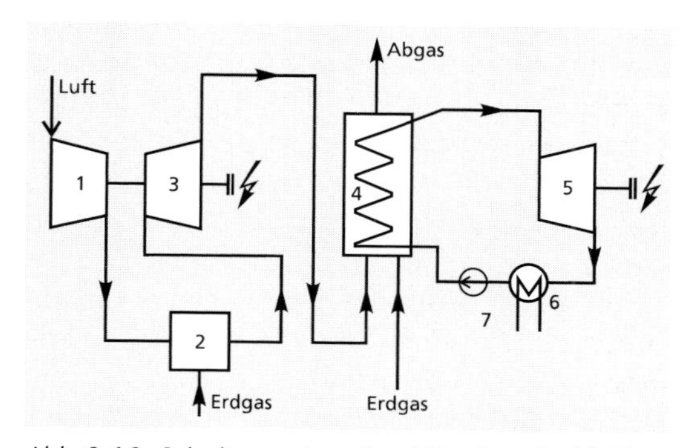


*Abb. 2.12: Schaltung eines Kombikraftwerks (GUD-Kraftwerk, s. auch Abb. 2.14)*

*1. Luftverdichter*
*2. Brennkammer*
*3. Gasturbine*
*4. brennstoffbefeuerter Kessel*
*5. Dampfturbine*
*6. Kondensator*
*7. Speisewasserpumpe*

Die Variante mit brennstoffbefeuertem Kessel ist dann sinnvoll, wenn der Sauerstoffanteil der Luft in der Brennkammer nicht vollständig zur Verbrennung des Erdgases benötigt wird und somit im Abhitzkessel zur Verbrennung von weiterem Brennstoff und damit zur Wärmeerzeugung für den Dampfprozeß ausgenutzt werden kann. Selbstverständlich kann bei dem brennstoffgefeuertem Abhitzekessel (Abb. 2.12) auch Kohle als Brennstoff – dann mit Rauchgasreinigung (Kap. 2.2.3) – eingesetzt werden.
Intensive Forschung und Entwicklung zielen auf den ausschließlichen Einsatz von Kohle im Kombiprozeß ab. Hierzu gibt es zwei Prozeßvarianten:

- Kombikraftwerk mit druckbetriebener Wirbelschichtfeuerung (Abb. 2.13)
- Kombikraftwerk mit Kohledruckvergasung (z. B. KoBra-Projekt, Kap. 5)

In beiden Prozeßvarianten für den Betrieb eines Kombikraftwerks mit dem Brennstoff Kohle muß vor dem Eintritt in die Gasturbine ein weitgehend sauberes (vor allem staubfreies) Gas erzeugt werden.
Bei der *druckbetriebenen Wirbelschichtfeuerung* (das Prinzip der Wirbelschichtfeuerung – heute noch weitgehend bei atmosphärischem Druck – ist anhand von Abb. 2.9 erläutert) wird die komprimierte Luft für die Wirbelschichtfeuerung verwendet; der entstehende Rauchgasstrom wird entstaubt und dann der Gasturbine zugeleitet, um mechanische Energie zu gewinnen. Die Restenergie des abgekühlten Gasstroms wird nach der Gasturbine zur Speisewasservorwärmung ausgenutzt (Abb. 2.13).
Kombikraftwerke allein mit Kohle zu betreiben, ist auch über die Kohledruckvergasung mit Luft/Dampf- oder mit Sauerstoff/Dampf-Gemischen möglich. Ein entscheidender Vorteil gegenüber der Nutzung der Kohle in heute weitgehend üblichen Kraftwerksprozessen mit Staubfeuerung (Abb. 2.4) ist die Reinigung des Brenngases nach dem Druck-Vergasungsprozeß statt der aufwendigen Reinigung großer Rauchgasvolumina in sekundären Verfahrensschritten (Kap. 2.2.3) nach dem Verbrennungsprozeß bei atmosphärischem Druck.

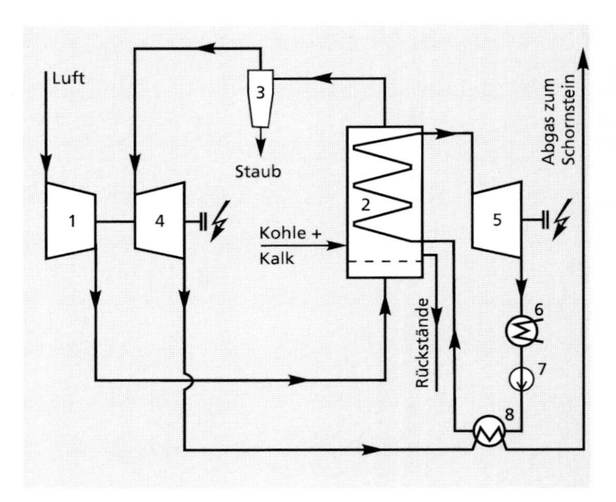


*Abb. 2.13: Kombikraftwerk mit druckbetriebener Wirbelschichtfeuerung*
*1. Luftverdichter*
*2. Wirbelschichtfeuerung*
*3. Zyklon*
*4. Gasturbine*
*5. Dampfturbine*
*6. Kondensator*
*7. Speisewasserpumpe*
*8. Wärmetauscher für Speisewasservorwärmung*

Ein Demonstrations-Kombikraftwerk mit integrierter Hochtemperatur-Winkler-Vergasung zur Nutzung der rheinischen Braunkohle (Abkürzung: KoBra) mit einer Leistung von 300 MW elektrischer Leistung ist derzeit in der Planung.
Kombikraftwerke spielen eine wichtige Rolle vor dem Hintergrund verlangter Wirkungsgradsteigerungen und damit der Minimierung von $CO_2$ und von anderen Schadstoffen. Bei Kombikraftwerken mit Kohle als Brennstoffbasis ist daneben aber auch der Aspekt der Reststoffminimierung bedeutend (siehe dazu Kap. 5).

### Elektrische Wirkungsgrade verschiedener Kraftwerkstypen

Im Überblick und zusammenfassend seien die derzeit erreichbaren und zukünftig zu erwartenden Wirkungsgrade in Abhängigkeit von der Prozeßtemperatur dargestellt (Abb. 2.14).

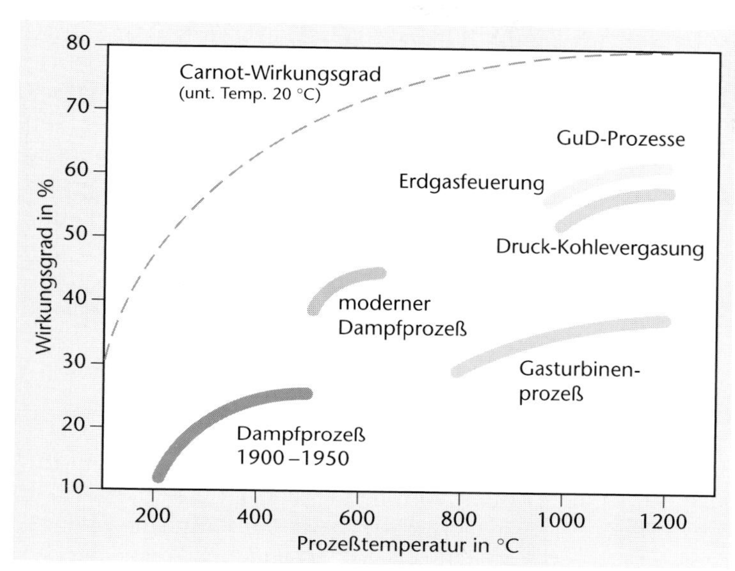


*Abb. 2.14: Wirkungsgrade verschiedener Kraftwerksprozesse zur Stromerzeugung in Abhängigkeit von der Prozeßtemperatur (IZE, Frankfurt; Lit. 2.10)*

Das Verhältnis von gewonnener mechanischer Arbeit zur zugeführten Wärmeenergie hängt von den beiden Temperaturen T und $T_0$ in K ab; dabei ist T die obere und $T_0$ die untere Prozeßtemperatur. Diese Beziehung wird auch als Carnotscher Wirkungsgrad bezeichnet:

$\eta_c = (T - T_0)/T$

Bei einem Dampfkraftwerk mit einer Dampfeintrittstemperatur T = 823 K (550 °C) und der Dampfaustrittstemperatur $T_0$ = 300 K (27 °C) beträgt der Carnotsche Wirkungsgrad 63,5 %, tatsächlich erreichbar ist aber nur ein Wirkungsgrad von 42 %. Deutlich sind so die Einflüsse der oberen und der unteren Prozeßtemperatur auf den Wirkungsgrad zu sehen.

## Wirbelstufenbrenner

Ein weiteres Beispiel, wie durch eine technische Maßnahme die Schadstoffemission in Kohlekraftwerken direkt abgesenkt werden kann, stellt der Wirbelstufenbrenner dar (Abb. 2.15).

Der Wirbelstufenbrenner ist ein neuentwickelter Brenner für Kohlenstaub, mit dem durch gestufte Luftzufuhr und damit bei verzögerter Verbrennung, durch Rauchgasrückführung die Verbrennungstemperatur abgesenkt wird, so daß die Stickoxidbildung teilweise unterdrückt wird.
Bei Schmelzfeuerungen darf Rauchgas aber nur im oberen Lastbereich zurückgeführt werden, da sonst die Brennkammertemperatur unter die Fließtemperatur der Asche absinkt und dann ein flüssiger Ascheabzug nicht mehr gewährleistet werden kann. In Schmelzfeuerungen können $NO_x$-Spitzenwerte von 2000 mg/m³ auftreten, die sich mit dem Wirbelstufenbrenner bei Abgasrückführung bis auf $NO_x$-Konzentrationen von 670 mg/m³ absenken lassen (Lit. 2.12).

## Brennstoffzelle

Zu Stromerzeugungssystemen, die direkt Brennstoffe wie Wasserstoff oder Erdgas in

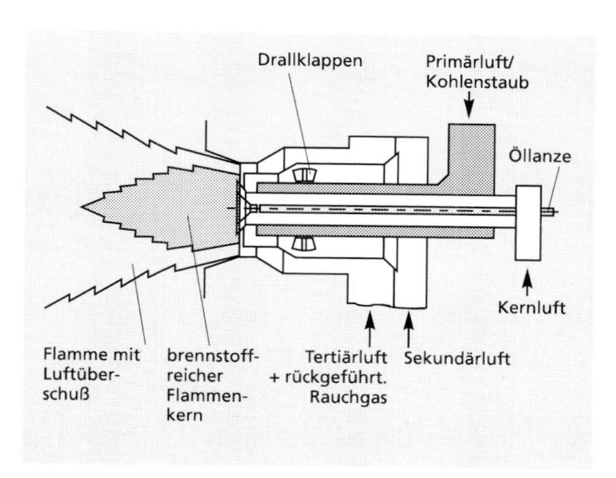


*Abb. 2.15: Wirbelstufenbrenner*

Strom umwandeln, gehört die Brennstoffzelle, die ihre Zuverlässigkeit in der Raumfahrt längst bewiesen hat.
Die Funktion der Brennstoffzelle sei anhand der Abb. 2.16 erläutert: Die Zelle – hier eine Wasserstoff/Luft-Zelle – besteht aus zwei porösen, mit Katalysatoren belegten Elektroden, die durch einen sauren Elektrolyten voneinander getrennt sind. Die Elektrodenreaktionen bestehen aus der Oxidation von Wasserstoff an der Anode (an der negativen Elektrode) zu hydratisierten Protonen (dabei werden Elektronen freigegeben) und aus der Reaktion der Protonen mit Sauerstoff an der Kathode (an der positiven Elektrode). Dabei bildet sich Wasserdampf, und Elektronen werden aufgenommen. Die Elektronen fließen von der Anode über einen Verbraucher zur Kathode. Der Stromkreis wird durch Ionentransport – mit den Protonen – im Elektrolyten geschlossen.

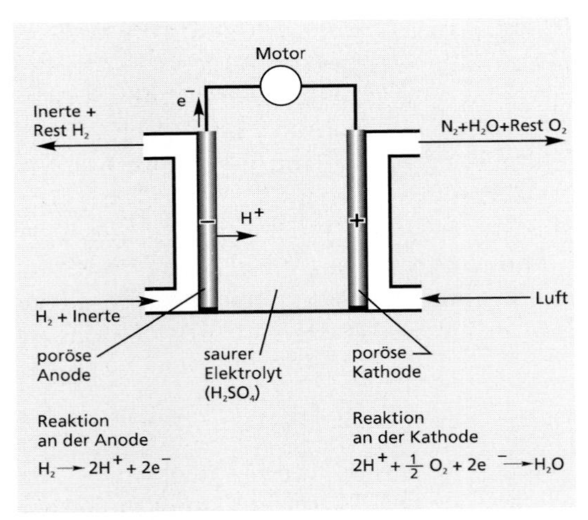


*Abb. 2.16: Wasserstoff/Luft-Zelle mit saurem Elektrolyten (Spannung eines Elements kleiner als 1 Volt, so daß viele Zellen in Serie zu einem „Stapel" zusammengeschaltet werden)*

**Organic Rankine Cycle (ORC) Anlagen**
Überlegungen, bei industriellen Prozessen deren großes Reservoir an Abwärme weit unterhalb der Heiztemperatur konventioneller Dampfkraftanlagen (Abb. 2.4) durch Umwandlung in mechanische und elektrische Energie zu nutzen, führen zu einer Modifizierung dieses konventionellen Kraftwerksprozesses mit dem Arbeitsmedium Wasser. In ORC-Anlagen (Organic Rankine Cycle) wird ebenfalls nach dem in Abb. 2.4 skizzierten Rankine-Prinzip gearbeitet, nur wird statt Wasser ein organischer Stoff eingesetzt. Als energetisch besonders günstig hat sich bisher der Fluorchlorkohlenwasserstoff R12 – $CCl_2F_2$ – erwiesen, ein Arbeitsmedium, das allerdings wegen seines negativen Einflusses auf die Ozonschicht (Kap. 1) inzwischen sehr kritisch beurteilt wird (Lit. 2.13).

### 2.2.1.2 Regenerative Energiequellen

**Biomasse**
Im Rahmen der intensiven Suche, $CO_2$ einzusparen, wird häufig eine andere Rohstoffbasis gänzlich übersehen: die Biomasse wie z. B. Überschüsse aus der Land- und Forstwirtschaft (z. B. Strohballen, Abfallholz o.ä., aber auch zusätzlich angebaute Energiepflanzen). Durch deren Verbrennung wird natürlich auch $CO_2$ freigesetzt, dieses haben aber die Pflanzen selbst während ihres Wachstums auch verbraucht. In Deutschland lassen sich bei Nutzung der Biomasse ca. 31 Mill. t SKE/a an fossilen Energieträgern einsparen; die $CO_2$-Emission reduziert sich um ca. 70 Mill. t $CO_2$/a, immerhin 25% der von der Bundesregierung versprochenen Reduktionsmasse an $CO_2$ (Lit. 2.14).

Kraftwerke, die sich auf regenerative Energiequellen stützen, sind:
- Wasserkraftwerke,
- geothermische Kraftwerke,
- Solarkraftwerke,
- Windkraftwerke.

Diese Kraftwerkstypen werden mit wenigen Stichworten charakterisiert.

**Wasserkraftwerke**
Wasserkraftwerke nutzen die potentielle Energie des Wassers eines aufgestauten Sees, das

über ein Einlaufbauwerk im Staudamm oder einen Unterwasserstollen unter dem See der Turbine zugeleitet und dessen potentielle Energie dabei in kinetische Energie umgewandelt wird. Über die Turbine wird – wie in Abb. 2.4 dargestellt – der Generator angetrieben und damit elektrische Energie erzeugt.
Wasserkraftwerke können in Laufwasserkraftwerke, Speicherkraftwerke und als Besonderheit in Pumpspeicherkraftwerke unterteilt werden.

*Laufwasserkraftwerke* nutzen die durch das natürlich Gefälle eines Flusses entstehende Strömungsenergie des Wassers, sie besitzen nur geringe Speichermöglichkeiten, nicht benötigtes Wasser fließt über ein Wehr und ist somit für die Stromerzeugung verloren. Laufwasserkraftwerke dienen zur Deckung des Strombedarfs in der Grundlast. Laufwasserkraftwerke arbeiten mit *Kaplan-Rohrturbinen*, die mit beweglichen Leitradschaufeln ausgerüstet sind. Als Großprojekt hierzu sei der Ausbau der Mosel erwähnt, die in 12 Staustufen bei Stauhöhen zwischen 5 und 10 m Strom erzeugt. Bei einer maximalen Leistung dieses Moselkraftwerks von 192 MW wird als mittlerer Jahreswert eine Stromproduktion von etwa 900 Mill. kWh erreicht (Stünde die optimale Wasserhöhe ganzjährig zur Verfügung, dann würde die Stromproduktion 1530 Mill. kWh bei 8000 Stunden/Jahr betragen).

*Speicherkraftwerke* nutzen die Speichermöglichkeit eines Stausees bei einem größeren Wasserzufluß und auch bei Änderung des angeforderten Bezugs von elektrischer Energie. So kann dem See bei erhöhter Anforderung mehr Wasser entnommen werden als ihm zufließt und umgekehrt. Ein Speicherkraftwerk deckt somit als Spitzenkraftwerk die Stromspitzen im Tages- und Jahresgang ab. Speicherkraftwerke arbeiten bei den großen Fallhöhen bis ca. 400 m mit *Francis-Spiralturbinen* und von 400 bis 2000 m mit *Pelton-Turbinen* (Freistrahlturbinen).

*Pumpspeicherkraftwerke* dienen zur Stromerzeugung und -abgabe bei Bedarf und zur „Speicherung" des Stroms bei Minderbedarf. Wenn z. B. fossile Kraftwerke bei Minderbedarf nicht abgeschaltet werden sollen, kann der erzeugte Strom eingesetzt werden, um Wasser aus einem tiefer gelegenen See in einen höher gelegenen See zurückzupumpen (das Kraftwerk Vianden in Luxemburg mit einer Turbinenleistung von 1100 MW ist ein großes Pumpspeicherkraftwerk), das innerhalb von ca. 2,5 min vom Vollasturbinenbetrieb in den Pumpbetrieb – und umgekehrt – geschaltet werden kann). Tab. 2.6 zeigt die installierte Leistung an Wasserkraftwerken in der Bundesrepublik Deutschland (alt) und das Potential an Ausbaumöglichkeiten zur Nutzung der Wasserkraft. Deutlich ist zu erkennen, daß bei Laufwasserkraftwerken, Speicherkraftwerken und Kleinwasserkraftwerken das Potential nur noch als relativ gering eingeschätzt wird (Pumpspeicherkraftwerke dienen ja dem Zweck der elektrischen „Energiespeicherung"). Der Anteil der Stromerzeugung mit Wasserkraftwerken in der Bundesrepublik beläuft sich auf ca. 9% (entsprechend 40 TWh/a). Weltweit ist hingegen das theoretische Wasserkraftpotential mit 36000 TWh/a (das nutzbare Wasserkraftpotential ca. 19000 TWh/a) gewaltig, das bisher weniger als 20% (2200 TWh/a) genutzt wird (Lit. 2.15).

| Wasserkraftwerktyp | Installierte Leistung 1981 (MW) | Wasserkraftmöglichkeiten (MW) |
|---|---|---|
| Laufkraftwerke | 2318 | 950 |
| Speicherkraftwerke | 226 | 130 |
| Pumpspeicherkraftwerke | 3509 | ca. 5000 |
| Kleinwasserkraftanlagen | ca. 400 | ca. 50 – 100 |

*Tab. 2.6: Leistung und Ausbaumöglichkeiten der Wasserkraft in Deutschland (Lit. 2.15)*

*Gezeitenkraftwerke* nutzen die Energie der Gezeitenströmung und den Tidenhub aus, der für einen günstigen Betrieb etwa 12 m sein sollte; an der deutschen Nordseeküste beträgt der mittlere Tidenhub nur ca. 3 m.

### Geothermische Kraftwerke

Geothermische Kraftwerke nutzen die Wärmeenergie der Erde. Mit zunehmender Tiefe steigt die Temperatur an: 3 K/100 m, so daß sich mit 10 km tiefen Bohrungen eine Wärmequelle von etwa 300 °C erreichen ließe. Ein Kraftwerk auf dieser Basis könnte wegen der niedrigen Dampftemperaturen nur einen niedrigen Wirkungsgrad haben. Anders sieht es in Regionen der Erde wie Island, Kalifornien, Neuseeland, Italien (Larderello) aus, wo der heiße Magmastrom in die Nähe der Erdoberfläche kommt und sich so ein Wärmereservoir mit ca. 1000 °C nutzen läßt.

### Solarkraftwerke

Solarkraftwerke lassen sich in *solarthermische* bzw. in *solarelektrische* Kraftwerke unterscheiden.

Bei *solarthermischen Kraftwerken* werden die Sonnenstrahlen über Spiegelflächen in Form eines Paraboloides gebündelt, die Energiedichte der Sonnenstrahlen wird somit erhöht. Im Brennpunkt des Paraloides befindet sich ein schwarzes Stahlrohr, durch das Thermoöl gepumpt wird. Das Thermoöl gibt die aufgenommene Energie über einen Wärmetauscher an das Kreislaufmedium Wasser in einem konventionellen Dampfkraftwerk ab. In Almeria (Spanien) wird ein solches Kraftwerk betrieben; das Thermoöl erreicht Temperaturen von 300 °C.
Höhere Arbeitstemperaturen (bis 500 °C) lassen sich mit *Solarturm-Systemen* erreichen. Schwach gewölbte Spiegel (Heliostate) – am Erdboden angeordnet und dem Sonnenstand nachgeführt – konzentrieren die Sonnenstrahlen auf die Spitze eines Turms, wo der Dampferzeuger untergebracht ist. Ein so konzipiertes Kraftwerk in Catania (Sizilien) arbeitet mit 172 Heliostaten und einem 55 m hohen Solarturm. Die thermische Leistung des dortigen Dampferzeugers beträgt 4,8 MW, die Turbine hat eine Leistung von 1 MW.
In Deutschland scheidet die Umwandlung von Sonnenenergie in Strom in solarthermischen Kraftwerken wegen der zu geringen Sonnenscheindauer von maximal 1600 h/Jahr aus.

Ohne Umweg über Wärmekraftmaschinen läßt sich Sonnenenergie in *Photovoltaik-Anlagen* in elektrische Energie umwandeln. Der photovoltaische Effekt beruht auf der Freisetzung von Elektronen in bestimmten Materialien, wenn diese Licht absorbieren.
Für die technische Nutzung brauchbarer Solarzellen werden zwei Schichten des Halbleitermaterials Silizium aneinandergesetzt, die mit wenigen Fremdelementen jeweils unterschiedlich dotiert sind und damit verschieden ausgerichtet werden. Die Energiephotonen der Sonnenstrahlen zwingen Elektronen aus der p-Schicht („verunreinigt" mit Bor) in die n-Schicht („verunreinigt" mit Phosphor oder Arsen); die Elektronen fließen in einem geschlossenen Stromkreis über einen Verbraucher in die p-Schicht zurück (Abb. 2.17). Die auftretende Spannung einer einzelnen Solarzelle beträgt ca. 0,6 V, so daß mehrere Solarzellen in Reihe bzw. parallel zu schalten sind, um die gewünschte Spannung bzw. die gewünschte Stromstärke zu erreichen.

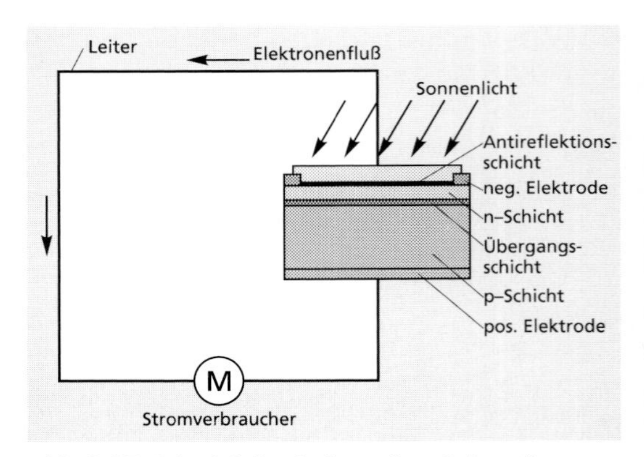


*Abb. 2.17: Prinzipieller Aufbau einer Solarzelle (Spannung etwa 0,6 V).*

Die notwendige Energie zur Freisetzung der Elektronen aus der atomaren Bindung im Halbleitermaterial wird durch den energiereichen, kurzwelligen Anteil des Sonnenlichts aufgebracht, so daß sich maximal 28% nutzen läßt. Wegen zusätzlicher Verluste sind heute Wirkungsgrade bis max. 15% erreichbar. Ein notwendiges Aggregat ist ein Wechselrichter zur Umwandlung von Gleichstrom in Wechselstrom.
Eine erste großtechnische Versuchsanlage auf Photovoltaik-Basis arbeitet seit 1988 in Kobern-Gondorf an der Mosel und hat eine Spitzenleistung von 340 kWp (1 Wp – Peakwatt – entspricht der Fläche einer Solarzelle, die bei der Einstrahlungsdichte von 1 kW/m² eine elektrische Leistung von 1 W abgibt). Um abschätzen zu können, inwieweit die Sonneneinstrahlung nennenswert zur Deckung des Strombedarfs beitragen kann, müssen folgende Daten verglichen werden:
Jahressumme der Solarstrahlung
1000 kWh/m² · a
bei einer Sonnenscheindauer von 1600 h/a;
maximale Einstrahlungsleistung 1000 W/m²;
mittlere Jahresleistung 115 W/m²;
15% davon – also 17 W/m² – ist in einer Photovoltaikanlage in elektrische Energie umwandelbar.

*Der Jahresbedarf einer Familie beträgt ca. 4200 kWh/a. Ein Mehrfamilienhaus (4 Etagen, 8 Mietparteien) kann bei einer Grundfläche von 160 m² und einer Dachfläche von 180 m² über eine Photovoltaikanlage bei optimaler Lage (nach Süden ausgerichtet) auf der halben Dachfläche von 90 m² Strom erzeugen:*
*90 m² · 17 W/m² · 8600 h/a = 13160 kWh/a*
*Der Strombedarf der 8 Mietparteien beträgt 33600 kWh/a, so daß 40% des rechnerischen Bedarfs abgedeckt werden kann.*
*Bei einem Einfamilienhaus mit einer Grundfläche von 70 m² (Dachfläche 110 m²) ist auf der nach Süden geneigten halben Dachfläche mit 55 m² · 17 W/m² · 8600 h/a = 8041 kWh/a fast der rechnerische Strombedarf von 2 Familien abzudecken.*

Da 64% des Wohnungsbestandes auf Mehrfamilienhäuser entfällt und da nur Häuser mit optimaler Ausrichtung der Dachflächen zum Süden hin in Betracht kommen, ergibt sich, daß für die photovoltaische Stromerzeugung maximal 20% der Dachflächen geeignet sind und nur der Strombedarf zu insgesamt 13% gedeckt werden könnte (Lit. 2.16).
Im deutsch-spanischen Forschungszentrum Almeria wird der altbekannte Stirlingmotor – jetzt in Verbindung mit direkter Sonnenstrahlung – getestet. Ein Parabol-Spiegel reflektiert die eingefangene Sonnenstrahlung und konzentriert sie im Brennpunkt. Hier befindet sich ein Wärmetauscher, der einem Stirling-Heißluftmotor die aufgenommene Wärmeenergie zuführt. Der Heißluftmotor wiederum treibt den Generator an und erzeugt so elektrische Energie.

Eine weitere Möglichkeit zur Nutzung der Sonnenenergie ist die *Wasserstofftechnologie*. Wasserstoff wird heute noch in Erdgasreforming-Prozessen (Spaltprozeß des Methans an einem Platinkatalysator) hergestellt, denkbar wäre aber auch die elektrolytische Spaltung von Wasser mit Strom, der in sonnenreichen Gegenden bzw. im Sommer zur Verfügung steht. Wasserstoff kann dann im Straßen- und Luftverkehr als Energieträger eingesetzt werden bzw. als chemischer Energiespeicher für das Winterhalbjahr dienen. Zur elektrolytischen Erzeugung von 1 m³ Wasserstoff im Normzustand werden heute ca. 4,8 kWh Strom bei Stromdichten von 1 kA/m² bis 9 kA/m² benötigt; dies entspricht, auf den Brennwert des Wasserstoffs bezogen, einem 70%igen Wirkungsgrad (Lit. 2.17).

## Windenergieanlagen

Windenergieanlagen nutzen die kinetische Energie von Luftbewegungen aus, die sich letztendlich auf die Sonnenenergie zurückführen läßt, die zu lokalen Erwärmungsunterschieden und damit zu Luftdruckunterschieden führt. Das Windpotential der Erde wird auf 2% der gesamten Sonneneinstrahlung geschätzt; auf die bewohnten Gebiete entfallen 270 Millionen GWh/a (270 · $10^{12}$ kWh/a), dies ein vielfach größerer Wert als der weltweite Strombedarf von 10030 TWh/a (10,03 · $10^{12}$ kWh/a).

Das Windenergiepotential ist nun regional deutlich unterschiedlich verteilt; auf Sylt z. B. herrscht eine Windstärke von 6,8 m/s im Jahresmittel, während auf dem Kahlen Asten und auf dem von der Küste erheblich weiter entfernten Wendelstein nur eine mittlere Windstärke von 5,9 m/s gemessen wird. Die jährliche Energiemenge, die eine Windkraftanlage liefern kann, hängt von der 3. Potenz der Windgeschwindigkeit ab; bei einer Verdopplung der Windgeschwindigkeit von 4 auf 8 m/s wächst die Windleistung um das Achtfache.

Für eine wirtschaftliche Nutzung des Windenergieangebots wird ein Mindestdurchschnittswert von 4 bis 5 m/s angesehen; diese Bedingung erfüllt in Deutschland eine Fläche von 4000 km² (mit $v > 5$ m/s) und von 26000 km² (mit $5 > v > 4$ m/s); dies sind die Küstenregionen, die Inseln und die Lagen im Mittel- und Hochgebirge. Die Bruttoleistung P einer Windkraftanlage (d. h. die an der Achswelle abnehmbare Leistung) ergibt sich aus der Formel

$$P = c_p \cdot 0{,}5 \cdot \rho \cdot v^3 \cdot A$$

$c_p$ = Leistungsbeiwert = Verhältnis von mechanisch genutzter kinetischer Energie zur vorhandenen Strömungsenergie des Windes

$\rho$ = Luftdichte

$v$ = Geschwindigkeit des Windes

$A$ = Rotorkreisfläche

Der Leistungsbeiwert $c_p$ wird durch die aerodynamischen Eigenschaften des Rotors und durch die Schnellaufzahl bestimmt.

Die *Schnellaufzahl* $\lambda = s$ ist dabei das Verhältnis der Umlaufgeschwindigkeit der Flügelspitzen zur Windgeschwindigkeit. Der theoretische Leistungsbeiwert $c_p$ beträgt nach A. Betz (Lit. 2.18) 0,593; d. h., selbst unter idealen Bedingungen kann nur 60% der Strömungsenergie in mechanische Energie umgewandelt werden. Dieser Wert gilt für Windkraftanlagen, die sich den Auftriebseffekt zunutze machen. An der Unterseite des Rotorflügels entsteht durch die Luftbewegung ein Überdruck, während sich an der Oberseite ein Unterdruck zeigt. Dadurch ergeben sich Auftrieb und die Drehbewegung des Rotors. *Windkonverter* – sowohl die mit vertikaler Achse als auch die mit horizontaler Achse – nutzen diesen Auftriebseffekt.

Abb. 2.18 zeigt die Abhängigkeit des Leistungsbeiwerts $c_p$ von der Schnellaufzahl $\lambda_s$. Bei modernen Windkonvertern mit horizontaler Achse und 2 oder 3 Blättern werden immerhin Leistungsbeiwerte von ca. 0,5 erreicht (auch Einflügelanlagen mit einem Gegengewicht werden als Schnelläufer konzipiert; Lit. 2.19).

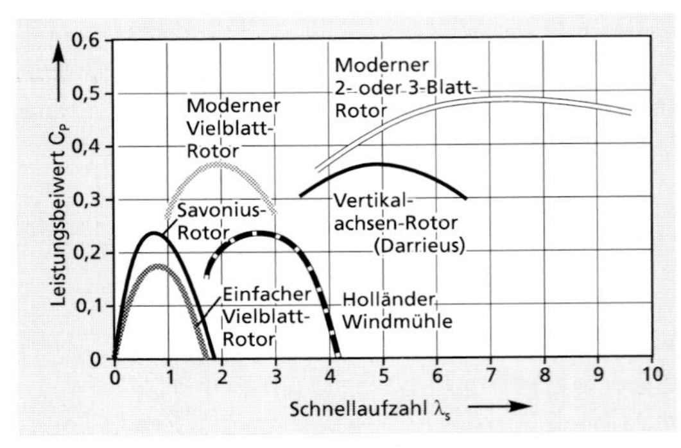


*Abb. 2.18: Abhängigkeit des Leistungsbeiwert $c_p$ von der Schnellaufzahl $\lambda_s$ .*

Windenergiekonverter weisen gegenüber Photovoltaik-Anlagen den Vorteil auf, daß sie besonders im Herbst und Winter Strom produzieren, wenn auch die Stromnachfrage besonders groß ist, während bei Photovoltaik-Anlagen die bessere Stromproduktion in den Sommermonaten und die dann geringere Stromnachfrage weniger gut aufeinander abgestimmt sind.

Sollte das Windenergiepotential in Deutschland voll ausgenutzt werden, entstünde ein Bedarf von 30 km² Grundfläche für die Windenergiekonverter und Nebengebäude in dem windreichen Gebiet von 30.000 km² (Windgeschwindigkeit im Mittel: $v > 4$ m/s). (Zum Vergleich: die Hochspannungsleitungen schränken mit ihrer Trassenführung die Nutzung des Landes auf sogar 1600 km² stark ein; Lit. 2.16).

Unter der Voraussetzung einer verstärkten weiteren Förderung von Windenergiekonvertern könnte diese regenerative Energiequelle langfristig etwa 15% des heutigen Strombedarfs decken; dazu wäre aber eine installierte Leistung von 20.000 bis 30.000 MW erforderlich (zum Vergleich: Ende 1994 war erst eine Leistung von 643 MW in 2617 Windenergiekonvertern installiert, der Anteil der Windenergie an der Stromerzeugung beträgt nur 0,31%) (Lit. 2.20). Daß eine starke Erhöhung der Stromerzeugung auf Windenergiebasis möglich ist, hat die Enquete-Kommission des Deutschen Bundestages „Schutz der Erdatmosphäre" festgestellt, die das „technische Potential" der Windenergie in Deutschland auf 58.000 – 88.000 MW beziffert (Lit. 2.20).

### 2.2.1.3 Einsparpotentiale

In der Diskussion um den Zubau neuer Kraftwerke und um deren Rohstoffbasis taucht häufig der Begriff „*Negawatt-Kraftwerk*" auf; damit ist gemeint, daß aufgrund des intensiven Stromsparens der Bedarf an neuen Kraftwerken überflüssig werden könnte. Wenn die eingesparte Kilowattstunde billiger ist als die in einem neuen Kraftwerk erzeugte, dann rechnet sich das Konzept „Negawatt statt Megawatt" auch betriebswirtschaftlich. Dieses Konzept – in einer Studie von den Stadtwerken Hannover unter anderem mit dem Öko-Institut Freiburg erarbeitet – wurde Anfang 95 der Öffentlichkeit vorgestellt und geht auf die „Integrierte Ressourcenplanung" (IRP) des amerikanischen Energiesparpioniers Lovins zurück.

Im folgenden sollen für die Energieverbraucher je nach Sektoren, d.h. für die Industrie, den privaten Bereich und für den Verkehrsbereich, einige Beispiele des Energiesparens genannt und beschrieben werden.

#### Möglichkeiten des Energiesparens in der Industrie

Auf den sinkenden spezifischen Energieverbrauch des verarbeitenden Gewerbes ist schon mit Abb. 1.4 hingewiesen worden. Bekannt ist auch, daß der spezifische Koksverbrauch bei der Roheisenproduktion (kg Koks/t Roheisen) innerhalb weniger Jahrzehnte von fast 900 kg/t Roheisen auf etwa 520 kg/t RE gesunken ist. Die Gründe für diesen technologischen Sprung sind größere Hochöfen mit verbesserter Wärmewirtschaft und Inbetriebnahme von sogenannten „*Gegendruckhochöfen*", die an der Gicht mit einem Druck von 3 bar betrieben werden. So reduziert sich die Gichtgasmenge um 30%, die Staubbelastung sinkt auf 5 g/m$^3$, 50% des Wertes, der sich in normalen Hochöfen bei erheblich höherer Gasgeschwindigkeit einstellt (Lit. 2.21; 2.22). Die Einflüsse dieses sinkenden Brennstoffbedarfs auf die anfallenden Reststoffmassenströme werden in Kap. 5 erläutert.

Daß in *Hüttenwerksprozessen* Energie eingespart werden kann, sei noch mit weiteren Hinweisen belegt:

- Der im Frischverfahren erzeugte Stahl wird im Block- oder Strangguß vergossen. Beim endlosen Gießverfahren des Stranggusses werden Nachteile des Blockgusses wie Lunker vermieden. Block- und Brammenstraßen werden eingespart. Der Energieverbrauch des Stranggußverfahrens ist um etwa 0,6 MWh/t Halbzeug geringer als bei Standguß und der Verarbeitung in einer Block-/Brammenstraße (Lit. 2.21).
- Für jeden Hochofen sind Verdichter je nach den jeweiligen Druckanforderungen „maßgeschneidert" einzusetzen. Bei Versorgung für mehrere Hochöfen aus einer Sammelschiene, die ja auf dem höchsten für einen Hochofen notwendigen Druck gehalten werden muß, geht Energie durch Drosselung des Hochofenwindes auf den niedrigeren Druck in einem anderen System verloren. Eine Druckvernichtung von z.B. 0,5 bar bedeutet einen unnötigen Energiemehreinsatz in einer Anlage von 5 kWh/t Roheisen (Lit. 2.21).
- Bei Entfeuchtung des Hochofenwindes um 1 g $H_2O$/m$^3$ Wind läßt sich der Brennstoffverbrauch um 0,8 kg Koks/t Roheisen sen-

ken. Im Ruhrgebiet z. B. erreicht der Feuchtegehalt einen Durchschnittswert von 8,7 g $H_2O/m^3$, wasserdampfgesättigt ist die Luft bei einer Temperatur von 20 °C mit ca. 19 g/m³. Die Brennstoffminderung ist in der endothermen Reaktion von Wasser in Wasserstoff und Sauerstoff begründet. Die dazu notwendige Energie muß durch zugeführten Koks bereitgestellt werden, so daß je nach dem Trocknungsgrad des Windes der Koksbedarf entsprechend sinkt (Lit. 2.21).

Auch für die *chemische Industrie* können etliche Beispiele für den sparsamen Umgang mit Energie aufgeführt werden (siehe z. B. Kap. 1: Energieeinsatz 33 GJ/t $NH_3$ bei Erdgasbasis statt 58 GJ/t $NH_3$ bei Koksofengas als Rohstoffbasis).

Die Energieintegration in der chemischen Industrie stellt ein wichtiges Konzept dar, um den spezifischen Energieeinsatz der Produktion zu senken (Lit. 2.23).

Die in den Abbildungen 2.19 und 2.20 dargestellten Verbundanlagen sind Beispiele für verstärkte Energieintegration in der chemischen Industrie. Der Energieverbund zwischen 2 Rektifizierkolonnen in Abb. 2.19 senkt die Kosten für die erforderliche Heizenergie (da der Dampf aus der 1. Kolonne als Heizmedium in der 2. Kolonne eingesetzt wird und somit nur Heizenergie für die 1. Kolonne

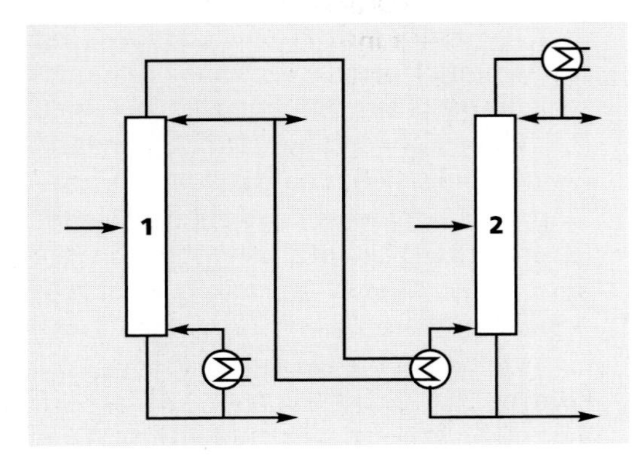


*Abb. 2.19: Energieverbund zwischen zwei Rektifizierkolonnen*

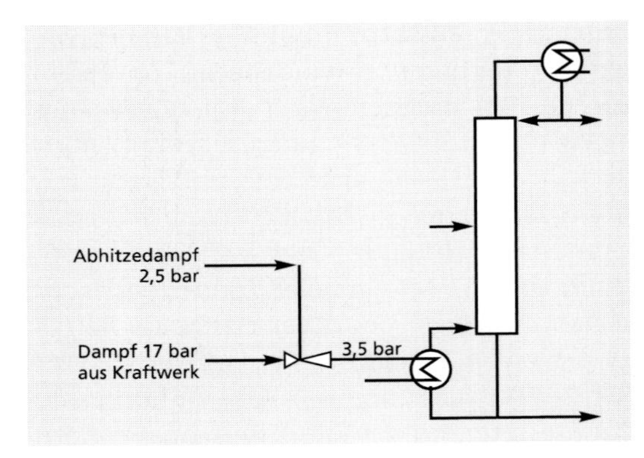


*Abb. 2.20: Thermische Brüdenverdichtung*

benötigt wird). Auch die Investitionskosten dieser Verbundanlagen entwickeln sich günstig, da der Kondensator für den Rückfluß- und Erzeugungsstrom der 1. Kolonne entfällt (Lit. 2.23).

Eine Möglichkeit, den Fremdbezug von elektrischer Energie zu senken, stellt die thermische Brüdenverdichtung dar (Abb. 2.20). Reicht der Abhitzedampf einer Nachbaranlage vom Temperatur- und Druckniveau her nicht aus, um eine Rektifizierkolonne zu beheizen, kann dieser Abdampf mittels höher gespanntem Dampf auf das notwendige Temperaturniveau gebracht werden. Auch Wärmepumpen (Abb. 2.24) lassen sich in Wärmeverbundmaßnahmen integrieren, vor allem dann, wenn z. B. aus sicherheitstechnischen Gründen ein direkter Wärmeverbund der Prozeßströme nicht möglich ist oder die wärmetechnisch zu koppelnden Anlagen räumlich weit entfernt sind.

Weitere Beispiele aus der chemischen Industrie werden in Kap. 2.2.2 erläutert. Neben der hier angesprochenen verbesserten Energiewirtschaft spielen dabei auch technologische Änderungen des Prozesses selbst auf die Bilanz der rückläufigen Schadstoffemissionen eine entscheidende Rolle (Stichwort „Integrierter Umweltschutz"). In Tab. 2.7 sind Erklärungen der verschiedenen Bundesverbände (BV) und Wirtschaftsverbände (WV) aufgeführt, die diese gegenüber der deutschen Bundesregierung in

| | $CO_2$-Emissions-/Energieverbrauchsminderung durch Produkte | $CO_2$-Emissions-/Energieverbrauchsminderung bei Prozessen/Verfahren | $CO_2$-/Enegieeinsparung, absolut | $CO_2$-/Enegieeinsparung, spezifisch |
|---|---|---|---|---|
| BV Steine und Erden Zementindustrie | Optimierte Produkte (Composit-Zemente etc.) | Energieeffizienzsteigerung, z. B. Verbesserung der Wärmerückgewinnung, Ersatz alter Anlagen | 1987 bis 2005: –20% brennstoffenergiebedingte $CO_2$-Emissionen (ohne Strom; gleiche Produktion wie 1987) | 1987 bis 1992, alte BL: 3150 bis 3080 kJ/kg Zement; Neue BL: 4300 3570 kJ/kg Zement; bis 2005 alte und neue BL: 1800 kJ/kg Zement; 1987 bis 2005: 20% spez. Brennstoffenergieverbrauch |
| **BV Steine und Erden Ziegelindustrie** | **Wärmedämmende Leichthochlochziegel etc.** | **Optimierung der Brennofen- und Trocknertechnologie** | **Enegiebedarf (Brennen/Trocknen) –40% (1970 bis heute)** | **$CO_2$-Menge um 75% reduziert (1970 bis heute); 1987 bis 2005, Einsparpotential, alte BL: 5 bis 15%, neue BL: 60 bis 70%** |
| BV Steine und Erden Kalkindustrie | Optimierte Produkte z. B. Stahlwerkskalk | energetische Wirkungsgrade von Kalkschachtöfen > 85% | 1987 bis 2005: Energieverbrauch ca. –20% (alte und neue BL) | Einsparpotential, 1987 bis 2005; ca. 15 bis 20% |
| **Glasindustrie (BV Glas)** | **Hochwärmedämmende Isoliergläser, Mineralwolle/Dämmstoffe** | **Isolierung der Öfen, Abwärmenutzung bei Schmelzöfen, Rohstoffvorwärmung, etc.** | **Enegiebedarf (Brennen/Trocknen) –40% (1970 bis heute)** | **$CO_2$-Menge um 75% reduziert (1970 bis heute); 1987 bis 2005, Einsparpotential, alte BL: 5 bis 15%, neue BL: 60 bis 70%** |
| Kaliindustrie | | Steigerung des Ausnutzungsgrades auf 90% der eingesetzten Primärenergie durch KWK und Einsatz von Gasturbinen | | 1971 bis 1992: alte BL: $Co_2$-Emissionen –30% pro t Rohsalzverarbeitung; bis 1997, alte BL: Reduktion um weitere 5%, bis 1997, neue BL: Reduktion um > 30% |
| **Papierindustrie (VDP)** | **Transportenergieeinsparung durch neue Papiergewichte** | **Verstärkter Altpapiereinsatz, bessere Wirkungsgrade bei Herstellung und Verarbeitung, Verringerung des Fremdstromeinsatzes** | | **Energieeinsatz – 50% (1970 bis heute, alte BL): 1987 bis 2005: spezifischer $CO_2$-Ausstoß – 22%; spez. Energieeinsparung – 20%** |
| Chemische Industrie (VCI) | Wärmedämmstoffe. leichte Werkstoffe mit hoher Lebensdauer, Niedertemperaturwaschmittel etc. | Ersatz von Neuinvestitionen Weiterentwicklung von Prozessen und Verf., Wärmenutzung und KWK, neue Produkte, Recyclingkonzepte etc. | Energieverbrauch incl. Fremdstrom [Mio. t SKE]: 1987: 34,4 1993: 24,4 2000: 23,0 $CO_2$-Emissionen [Mio. t/a]: 1987: 79,0 1993: 48,0 2000: 45,0 | Energieverbrauch (Energieindex/Prod.index), nur alte BL: 1987: 100,0 1993: 85,6 2000: 80,0 für neue BL gleicher Stand bis 2000 erwartet |
| **WV Metalle** | **Leichte, hochfeste NE-Metallwerkstoffe** | **Steigerung Sekundärproduktion, Prozeßoptimierung, Recycling** | **1987 bis 1993: Energieverbrauch – 10%** | |
| WV Stahl | Verringerter Materialeinsatz (–25%) durch weiter verbesserte Stahlqualitäten, z. B. im Fahrzeugbau | Minimierung von Reduktionsmittel- und Energieverbrauch in Hochöfen und Elektrolichtbogenöfen, Optimierung von Gieß- und Walztechnik sowie der Energiewirtschaft | 1987 bis 2005: Verminderung der $CO_2$-Emissionen um 25 bis 30% (incl. Fremdstrom) | 1987 bis 2005: Verminderung der $CO_2$-Emissionen je Tomme Walzstahl um 15 bis 20% (incl. Fremdstrom) |
| **Zuckerindistrie (WVZ & VDZ)** | | **KWK, Mehrfachnutzung der Prozeßheizwärme etc.** | **1988 bis 1995: –40% $CO_2$ (alte und neue BL)** | **Brennstoffeinsatz (1980 bis heute) –30% pro Produkteinheit** |

*Tab. 2.7: Einzelerklärungen von deutschen Industrieverbänden gegenüber der deutschen Bundesregierung vom 10.3.1995 zum Klimaschutz (Lit. 2.24)*

Vorbereitung auf den Weltenergiegipfel von 1995 in Berlin abgegeben haben (BL: Bundesländer; KWK: Kraft-Wärme-Kopplung siehe Tab. 2.7)

### Möglichkeiten des Energiesparens im privaten Bereich

Für den privaten Lebensbereich sollen fünf Beispiele genannt und erläutert werden, die das mögliche Einsparpotential an Sekundärenergie aufzeigen:

- Das Niedrig-Energie-Haus und das Passivhaus,
- die Solartechnik für die Brauchwassererwärmung,
- der Brennwertkessel,
- die Wärmepumpe und
- die Energiesparlampe.

*Niedrigenergie- und Passivhaus*

Bei *Niedrigenergiehäusern* senkt sich der Heizenergiebedarf von heute noch durchschnittlich über 200 kWh/m² · a sichtbar auf ca. 70 kWh/m² · a und bei *Passivhäusern* sogar 10 bis 15 kWh/m² · a ab, ohne den Wohnkomfort einzuschränken.

Abb. 2.21 verdeutlicht die erzielten Fortschritte beim energiesparenden Bauen der letzten 20 Jahre (Lit. 2.25).

Die entscheidenden Komponenten sind eine gute Konstruktion des Hauses (d. h. Ausrichtung des Hauses mit den großen Fensterflächen des Wohnzimmers zum Süden hin, wenn irgendwie möglich – Stichwort: „passive Nutzung der Solarenergie"), eine sehr gute *Wärmedämmung* und *Verglasung* sowie eine sehr *effiziente Wärmerückgewinnung*. Da jeder Bewohner eines Hauses Wärme abgibt, da jeder Energieeinsatz im Haus in Wärme umgewandelt wird, kommt es darauf an, durch effiziente Maßnahmen wie z. B. durch motorisch verschiebbare Dämmschiebeläden vor den Fensterflächen deren nächtlichen Wärmeverlust zu reduzieren.

Am Beispiel *Glas* läßt sich die Entwicklung beschreiben. Die Wärmeverluste $\dot{Q}$ durch die Fensterglasflächen lassen sich durch die Gleichung

$\dot{Q} = k \cdot A \cdot \Delta t$ beschreiben.

Darin bedeuten:

$A$ = Fensterfläche in m²;

$\Delta t$ = Temperaturdifferenz zwischen außen und innen in K;

$k$ = Wärmedurchgangswert in W/(m² · K).

Bis vor 30 Jahren wurden in Deutschland überwiegend Einfachgläser mit $k = 5{,}8$ W/(m² · K) und ab 1970 etwa Zweischeibenisoliergläser mit $k = 3{,}0$ W/(m² · K) eingesetzt. Silberbeschichtetes Wärmeschutzglas (etwa ab 1980) reduzierte den k-Wert auf 1,5 W/(m² · K), inzwischen sogar auf 0,5 W/(m² · K) (und damit sogar auf einen geringeren k-Wert als die massive Außenwand). Erreicht wird dies durch eine hauchfeine, unsichtbare Silberschicht, die auf eine der beiden Scheiben zum Zwischenraum hin aufgetragen wird und so die Strahlungswärmeübertragung zwischen warmer Innenscheibe und kalter Außenscheibe reduziert. Zusätzlich wird der Anteil der Wärmeleitung an den Wärmeverlusten durch eine Edelgasfüllung vermindert.

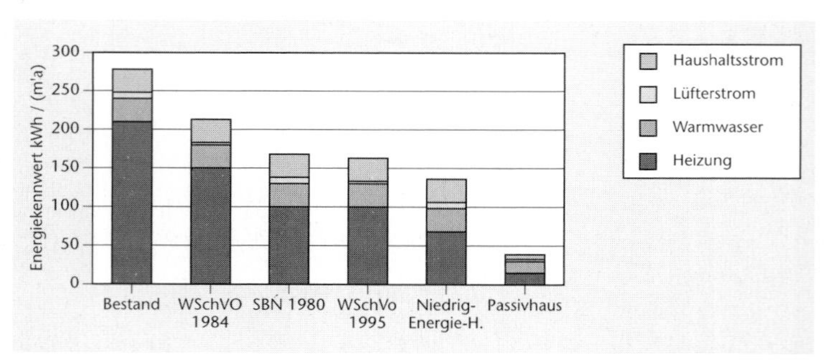


*Abb 2.21: Energiekennwerte beim heutigen Hausbestand, bei Häusern nach den Wärmeschutzverordnungen (WSchVo) 1984 und 1995, beim Niedrig-Energie- und beim Passivhaus (SBN = Schwedische Baunorm)*

*Bei einem Wärmeschutzglas mit $k = 1{,}5\ W/(m^2 \cdot K)$ gehen in einem Einfamilienhaus mit einer Fensterfläche $A = 30\ m^2$ im Winterhalbjahr (Außendurchschnittstemperatur 3 °C, Innentemperatur 22 °C, 6 Monate Heizperiode, Heizdauer 17 h/Tag) verloren:*
$\dot{Q} = 1{,}5 \cdot W/(m^2 \cdot K) \cdot 30\ m^2 \cdot 19\ K = 855\ W$
*Dieser Verlust muß über eine Heizungsanlage (Wirkungsgrad 90%, Heizwert 41000 kJ/kg bei Heizöl EL, Dichte 0,86 kg/l) ausgeglichen werden:*
$\dot{Q} = (m_{Öl} \cdot 41000 \cdot kJ/kg \cdot 0{,}9)/(17\ h/d \cdot 30\ d/M \cdot 7\ M/a \cdot 3600\ s/h) = 0{,}855\ kJ/s$
*Umgestellt nach $m_{Öl}$ ergibt dies einen jährlichen Heizölbedarf, um die Wärmeverluste durch das Isolierglas mit $k = 1{,}5\ W/(m^2 \cdot K)$ zu decken:*
$m_{Öl} = 298\ kg/a = 346\ l/a$
*Statt dessen müßten bei Isolierglas mit $k = 3\ W/(m^2 \cdot K)$ immerhin 693 l Heizöl/a eingesetzt werden.*

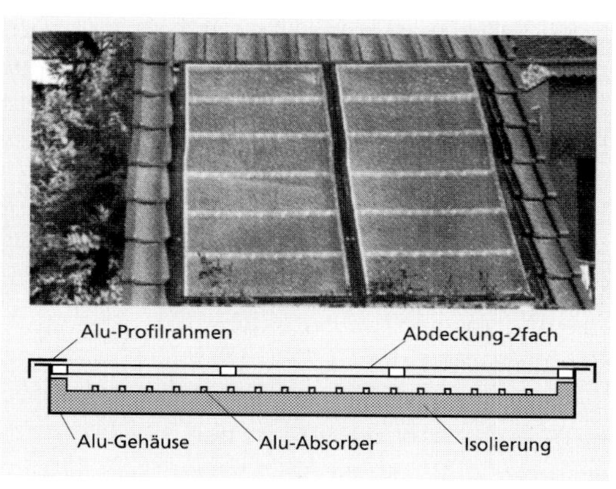


*Abb. 2.22: Sonnenkollektor für Dacheinbau, Photo und Querschnitt (Fa. Veltum, Waldeck)*

*Solartechnik*

*Niedertemperaturkollektoren*, in die Dachfläche eingebaut, können vor allem in den Sommermonaten Warmwasser zum Duschen, für die Spül- und Waschmaschine bereitstellen. Niedertemperaturkollektoren, aktive Systeme zur Nutzung der Sonnenenergie, bestehen aus einem geschwärzten Metallkörper, durch den Wasser fließt. Dieser Metallkörper ist aus zwei aufeinander gepreßten Aluminium-Platten mit eingearbeiteten Kanälen gefertigt. Dabei ist die Oberfläche mit einer hochwertigen, selektiven Beschichtung versehen. An der Rückseite und an den Kanten ist der Absorber gegen Wärmeverluste isoliert (Abb. 2.22). Der Metallkörper absorbiert die solare Strahlung bis zu 95% und wandelt sie in Wärme um. Die Abdeckung aus Glas einschließlich einer Spezialsolarfolie vermindert Konvektions- und Strahlungsverluste, da sie nach Passieren der Solarstrahlung die langwellige Wärmestrahlung im System zurückhält. Vom Absorber wird die aufgenommene Solarenergie einem Wasserkreislauf übertragen, der über einen Wärmetauscher einen Warmwasserspeicher bedient, aus dem bei Bedarf das benötigte Warmwasser entnommen werden kann. Abb. 2.23 zeigt Wirkungsgrade von Flachkollektoren.

Der Vorteil von Sonnenkollektoren liegt in Bereitstellung von warmem Brauchwasser in den Sommermonaten, wenn die Einstrahlungsleistung der Sonne 115 W/m² im Jahresdurchschnitt – 1000 W/m² maximal – hohe Werte erreicht.

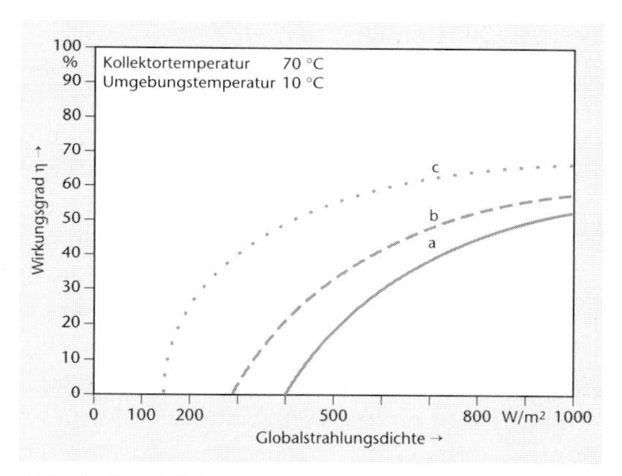


*Abb. 2.23: Wirkungsgrad von Flachkollektorsystemen in Abhängigkeit von der Globalstrahlung (Lit. 2.16)*
*Kollektor a: schwarzer Absorber, eine Scheibe*
*Kollektor b: schwarzer Absorber, zwei Scheiben = Standardkollektor*
*Kollektor c: schwarzer Absorber, zwei Scheiben, innere Scheibe IR-reflektierend*

*Brennwertkessel*

Der Wärmeinhalt eines Brennstoffs ohne die Verdampfungsenthalpie des bei der Oxidation

gebildeten Wasserdampfs wird als Heizwert bezeichnet. Häufig beziehen sich feuerungstechnische Wirkungsgrade auf den Heizwert (siehe dazu Kap. 2.1.3). Im Brennwert wird auch die Verdampfungsenthalpie des gebildeten Wasserdampfs mitberücksichtigt, so daß sich die Angaben für den Heizwert und Brennwert bei Brennstoffen wie Heizöl EL oder Erdgas, die Wasserstoff enthalten, teilweise deutlich unterscheiden:
1 $m^3$ Erdgas hat einen Heizwert von 33.690 $kJ/m^3$ bzw. einen Brennwert von 37.560 $kJ/m^3$.
1 kg Heizöl EL hat einen Heizwert von 41.000 kJ/kg bzw. einen Brennwert von 43.600 kJ/kg (siehe dazu auch Tab. 2.5).
Die Abgasverluste einer Heizungsanlage werden gleich null angenommen, wenn die Abgastemperaturen bei Eintritt in den Schornstein 57 °C bei Erdgas bzw. 47 °C bei Heizöl EL nicht übersteigen. Bei diesen Temperaturen begint der Wasserdampf zu kondensieren. Der Brennwertkessel – Brennstoff: Erdgas – entläßt die Abgase mit tieferen Temperaturen in den mit einem Kunststoff-, Keramik- oder Edelstahlrohr geschützten Schornstein, indem durch verbesserten Wärmeaustausch die genannten Taupunktstemperaturen unterschritten werden.
Eine besonders gute Nutzung des Energieinhalts des Brennstoffs, verbunden mit einer Abkühlung der Abgase unter die Taupunkte, läßt sich mit einem *Brennwertkessel* der Fa. Construktal aus Bad Honnef erreichen, der für die Wärmerückgewinnungsstufen Graphitrohre zur Vermeidung von Korrosionen einsetzt. Bei diesem System wird nach der Taupunktsunterschreitung und Abscheidung des Kondensats das Abgas wieder leicht erwärmt und erst dann in den Schornstein entlassen, der jetzt nicht mehr geschützt werden muß.

*Wärmepumpen*

Wärmepumpen bringen die kostenlos zur Verfügung stehende Umwelt- und Abfallenergie der Atmosphäre, des Bodens, des Kühlwassers eines nahen Kraftwerks etc. auf ein für Heizzwecke nutzbares Temperaturniveau. Wärmepumpen bestehen (Abb. 2.24) aus 2 Wärmetauschern – dem Kondensator und dem Verdampfer – aus dem Verdichter und aus der Drosseleinrichtung. Das Kreislaufmedium – z. B. R12 (Difluordichlormethan $CF_2Cl_2$), aber auch Kohlenwasserstoffe wie Butan sind möglich – wird nacheinander bei niedrigem Druck verdampft, dann komprimiert, auf erhöhtem Druckniveau verflüssigt und anschließend wieder entspannt. Im Verdampfer wird die kostenlose Umweltenergie aufgenommen, die im Kondensator auf erhöhtem Temperaturniveau an einen Heizkreislauf abgegeben wird.

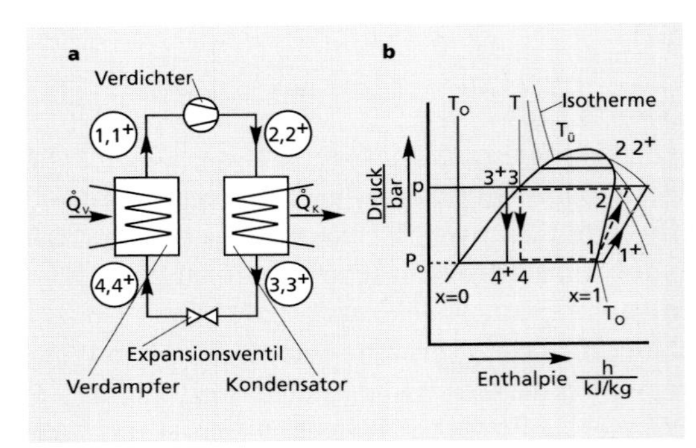


*Abb. 2.24: Schema eines Wärmepumpenprozesses (a) und Darstellung der Zustandsänderungen eines Wärmepumpenkreisprozesses im Druck p, Enthalpie h-Diagramm (b) (logarithmischer Maßstab für Druck p auf der Ordinate)*

Im idealen Kreisprozeß, bei dem sich das Arbeitsmittel wie ein ideales Gas verhält und alle Anlagenteile verlustlos arbeiten, werden die folgenden Zustandsänderungen durchgeführt:

1 – 2 isentrope Verdichtung des dampfförmigen Arbeitsmittels;
2 – 2' Abgabe der Überhitzungswärme $h_2$–$h_{2'}$;
2' – 3 Kondensation des dampfförmigen Mediums $h_{2'}$–$h_3$;
3 – 4 Expansion des Kondensats in das Naßdampfgebiet;
4 – 1 Verdampfung des gesamten Mediums $h_1$–$h_4$.

Im Rahmen des realen Prozesses muß hingegen mehr Verdichterarbeit aufgebracht werden, damit der gleiche Enddruck p wie im idealen Prozeß erreicht wird. Die Überhitzung des Arbeitsmitteldampfes ($1 - 1^+$ in Abb. 2.24) im Verdampfer verhindert mit Sicherheit, daß Flüssigkeitströpfchen in den Kompressor gelangen und ihn beschädigen können. Beim Druck p wird das flüssige Arbeitsmedium unterkühlt ($3 - 3^+$), so daß das Expansionsventil in seiner Wirksamkeit keinesfalls durch eintretenden Dampf behindert wird.
Beim Carnot-Prozeß als idealem Vergleichsprozeß der Wärme-Arbeitsprozesse ergibt sich im Vergleich zum Wärmepumpenprozeß die theoretisch größte Leistungszahl $= T/(T - T_0)$ (siehe auch Abb. 2.14).
Dabei wird vorausgesetzt, daß die Kondensationstemperatur T gleich der Temperatur der Umgebung ist, an die die Wärme abgeführt wird, und daß die Verdampfungstemperatur $T_0$ gleich der Umgebungstemperatur ist, die für die Verdampfung zur Verfügung steht. In Wirklichkeit muß natürlich für den Verdampfer die „kostenlose" Umweltenergie aus dem Boden, der Luft oder einem vorbeifließenden Gewässer auf einem höheren Temperaturniveau entnommen werden.
Liegt die Außentemperatur bei +3 °C, muß das Arbeitsmittel bei ca. –2 °C verdampfen (damit $T_0 = 271$ K). Soll der Heizkreislauf im Kondensator auf 45 °C erwärmt werden, muß die Kondensation des Kreislaufmediums bei ca. 50 °C (und damit $T = 323$ K) durchgeführt werden. Damit ist die wirksame Temperaturdifferenz (42 K) kleiner als die Carnotsche Temperaturdifferenz $T - T_0 = 52$ K. Bei einer Elektrowärmepumpe, bei der der Verdichter mit einem Elektromotor angetrieben wird, ergibt deshalb die tatsächliche Leistungszahl $\varepsilon = Q_k/W_{el}$ überschlägig nur etwa $0{,}5 \cdot \varepsilon_c$.
($Q_K$ = vom Kondensator abgegebene Heizleistung; $W_{el}$ = vom Elektromotor aufgenommene elektrische Leistung).
Damit eine Wärmepumpe wirtschaftlich arbeiten kann, muß man die Umweltenergie bei möglichst hoher Temperatur entnehmen (z. B. Abwärme, Flußwasser, bivalenter Betrieb) und auf der Kondensatorseite den Wärmebedarf bei möglichst tiefer Temperatur decken (z.B. Fußbodenheizung, Schwimmbadheizung). Das Stichwort „Bivalenter Betrieb" soll bedeuten, daß man sinnvollerweise eine Wärmepumpe, die die Umweltenergie aus der Luft entnimmt, nur bei Außentemperaturen von +3 °C und mehr betreibt und man unterhalb dieser Temperatur eine konventionelle Öl- oder Gasheizung zur Deckung des Heizenergiebedarfs einspringen läßt.
Elektrowärmepumpen sind zu Recht kritisiert worden, weil sie eben wegen der verlustreichen Stromproduktion im Großkraftwerk (Kondensationsfahrweise, Abb. 2.4, 2.7 und Abb. 2.14) durch die im Verdampfer aufgenommene Umweltenergie die Verluste im Kraftwerk in etwa ausgleichen und damit auch, bezogen auf die Primärenergie, nicht günstiger arbeiten als eine konventionelle Gasheizung. Vorteile, die für die Elektrowärmepumpe sprechen, sind die heimische Brennstoffbasis Kohle und die wirkungsvolle Rauchgasreinigung im Kraftwerk.
Energetisch erheblich günstiger als Elektrowärmepumpen arbeiten *Gaswärmepumpen*, bei denen der Verdichter von einem Gasmotor angetrieben wird. Hier kann jetzt die Abwärme des Motors direkt vor Ort für den Kondensator und damit für den Heizkreislauf genutzt werden.
Mit Maßnahmen, die ein Niedrig-Energie-Haus oder sogar ein Passivhaus ergeben, ist nur langfristig eine Trendwende zu einem geringeren Energieverbrauch, zu einer verbesserten Nutzung der Energierohstoffe und damit zu deren Schonung und zur gewünschten und notwendigen Senkung der $CO_2$-Emissionen zu erreichen.
Systeme wie *Brennwertkessel*, *Niedertemperaturkollektoren* zur Nutzung der Sonnenenergie und *Wärmepumpen* hingegen können helfen, auch bei bestehenden Gebäuden den Heizenergiebedarf zu reduzieren.

*Energiesparlampen*

Auch *Energiesparlampen* als letztes Beispiel für Möglichkeiten zum Energiesparen im privaten Bereich können schnell – ohne weitere technische Veränderungen – zu Beleuchtungszwecken eingesetzt werden.

Herkömmliche Glühlampen geben nur 5% ihrer aufgenommenen Energie als Licht, den großen Rest als Wärme ab. Heutige kompakte Energiesparlampen sind energetisch deutlich sparsamer, sie haben eine längere Lebensdauer als konventionelle Glühlampen, sie werden inzwischen kleiner gebaut als früher, geben ein warmes Licht ab und arbeiten mit integriertem Vorschaltgerät auch flimmerfrei:

Tab. 2.8 vergleicht die Kosten von konventionellen Glühlampen (100 W) mit Energiesparlampen von 20 W (entspricht aber der Helligkeit einer konventionellen 100 W-Glühlampe).

Negativ ist bei Leuchtstofflampen der Quecksilberanteil zu beurteilen, deshalb sollten Leuchstofflampen nicht mit dem Hausmüll entsorgt werden.

Eine zusätzliche Möglichkeit, elektrische Energie auch bei Leuchstofflampen einzusparen, ergibt sich bei Absenkung der Spannung von 220 V auf 190 V (mit einer Spannungsabsenkungsanlage). Die Energieeinsparung wird mit ca. 1/3 angegeben, während die nur geringfügig kleinere Lichtausbeute nicht ins Gewicht fällt. Eine solche Anlage zum Absenken der Spannung könnte sich bei vielen Beleuchtungskörpern in Bürogebäuden und Warenhäusern sehr schnell amortisieren.

## Möglichkeiten des Energiesparens im Verkehrsbereich

Der Verkehrsbereich weist auch heute noch ein erhebliches Einsparpotential bei der Nutzung der Energie auf, obwohl in den letzten Jahrzehnten – z. T. bedingt duch die Ölkrisen in den 70er Jahren – schon einige Erfolge zu erreichen waren.

Die schlechte Nutzung der Endenergie, die zum größten Teil auf dem importierten Primärenergieträger Erdöl basiert, und die Entwicklung der Schadstoffemissionen einschließlich der $CO_2$-Emissionen erfordern zwangsläufig die verstärkte Anwendung von primären Umweltmaßnahmen gerade in diesem Sektor.

In Deutschland werden im Verkehrssektor 72,8 Mill. t SKE/a an Sekundärenergie (davon 71,3 Mill. t SKE/a auf Rohölbasis) eingesetzt, die fast ausschließlich zum Antrieb von Fahrzeugen benötigt werden.

Die Nutzenergie beträgt 13,1 Mill. t SKE/a, während die Verluste bei der Umwandlung von Sekundärenergie in Nutzenergie mit 59,6 Mill. t SKE/a deutlich größer sind (aus dem Energieflußbild der Bundesrepublik Deutschland 1991).

Die Zunahme des Fahrzeugbestands (40 Mill. Fahrzeuge in Deutschland) und der Fahrleistungen insgesamt haben trotz der Erfolge bei der Reduzierung von Schadstoffen z. B. durch den 3-Wege-Katalysator (Kap. 2.2.3) und trotz verbrauchssenkender Maßnahmen wie Verringerung der Fahrzeugmasse durch den Einsatz von Kunststoffen und der Reduzierung des

| | Konventionelle 100 W Glühlampe | Energiesparlampe 20 W |
|---|---|---|
| | Lebensdauer 1000 Stunden, für 8000 Stunden braucht man 8 Glühlampen a DM 2,50 | Lebensdauer 8000 Stunden |
| Kaufpreis | DM 20,– | DM 30,– |
| Stromkosten | 8000 Std. · 100 W · DM 0,30/kWh = DM 240,– | 8000 Std. · 20 W · DM 0,30/kWh = DM 48,– |
| Gesamtpreis | DM 260,– | DM 78,– |
| | | Ersparnis DM 182,– |

*Tab. 2.8: Vergleich konventioneller Glühlampen mit Energiesparlampen (Lit. 2.26)*

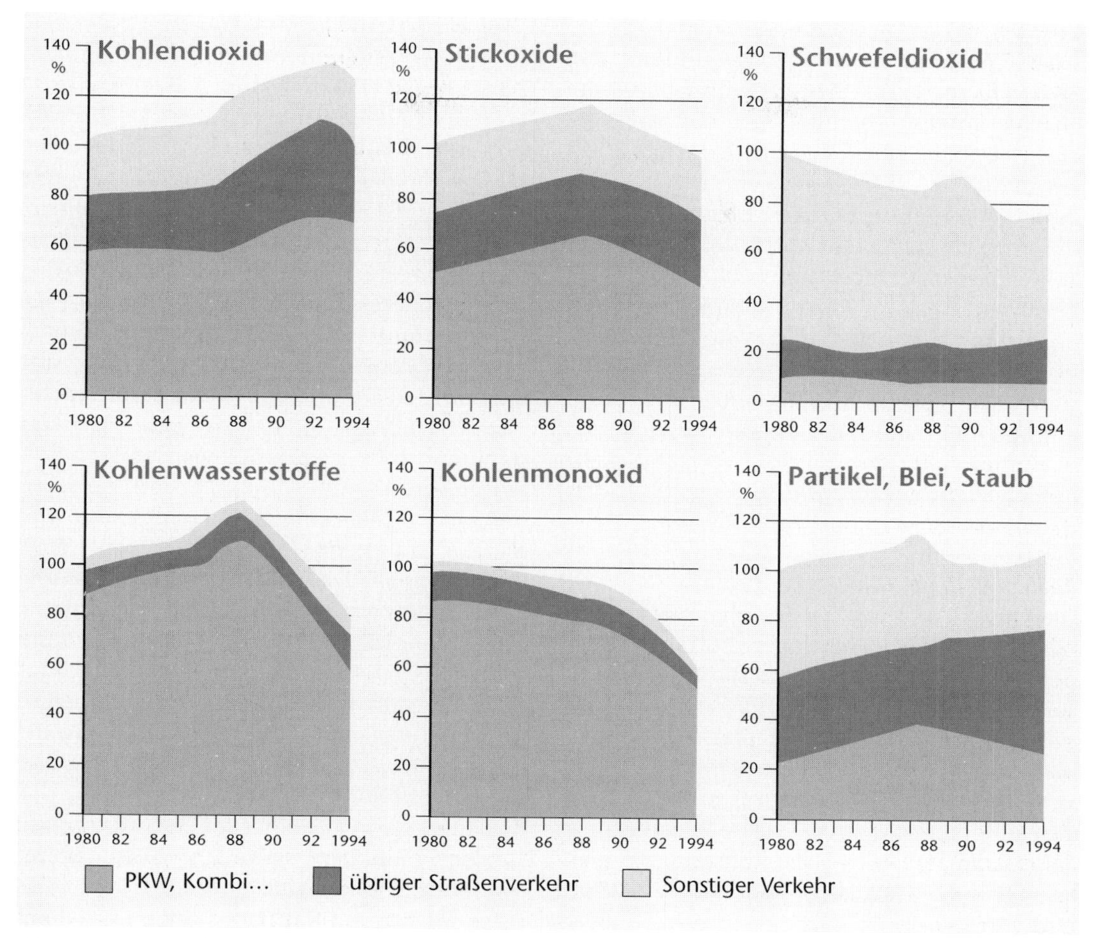


*Abb. 2.25: Entwicklungen der Schadstoffemissionen durch den Verkehrssektor in den alten Bundesländern 1980 bis 1994 (siehe dazu auch Abb. 2.1 und 2.2)*

Luftwiderstandsbeiwerts $C_w$ von früher 0,43 auf wenig mehr als 0,3 zu der Entwicklung der Schadstoffemissionen geführt, wie sie in Abb. 2.25 dargestellt ist (Lit. 2.27).
In der Abb. 2.26 sind die Entwicklungen der Kraftstoffverbrauchsminderungen von Neuwagen (PKW/Kombi) und mittlere Kohlenstoffverbrauchszahlen des Fahrzeugbestands im Verlaufe von 3 Jahrzehnten dargestellt. Zu erkennen ist, daß Neuwagen derzeit einen Treibstoffverbrauch von durchschnittlich 7 l/100 km gegenüber dem mittleren Kraftstoffverbrauch beim PKW/Kombi-Bestand von

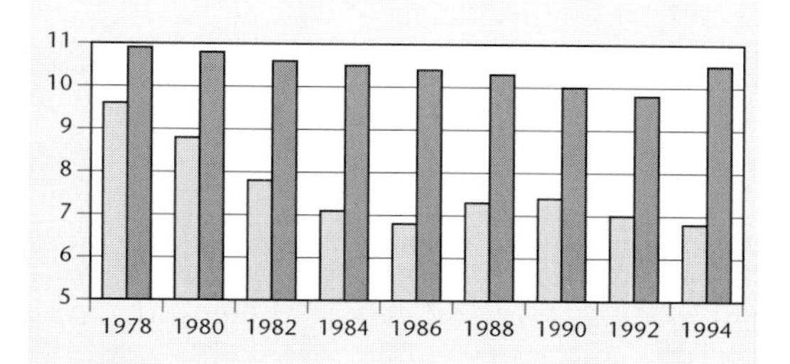


*Abb. 2.26: Kraftstoffverbrauchszahlen in l/100 km bei Neuwagen (hell dargestellt) und als Durchschnittszahlen beim Fahrzeugbestand (PKW/Kombi)*

über 9 l/100 km aufweisen. Zusagen der deutschen Automobilindustrie gegenüber der Bundesregierung in Vorbereitung auf den Weltenergiegipfel in Berlin 1995 nennen Verbrauchszahlen von 6 l/100 km für das Jahr 2005 (Lit. 2.27).

In der Entwicklung primärer Maßnahmen für den Individualverkehr sind folgende drei Schwerpunkte zu erkennen:

- die Entwicklung von Personenkraftfahrzeugen mit einem Verbrauch von 3 l/100 km,
- die Suche nach einem alternativen Kraftstoff als Substitution für Benzin,
- die Entwicklung von attraktiven Verkehrssystemen für den öffentlichen Nahverkehr vor allem zur Reduzierung des Verkehrsaufkommens in den Innenstädten.

*Reduzierung des Kraftstoffverbrauchs*

Die Entwicklung von Personenkraftfahrzeugen hin zu einem Verbrauch von 3 l/100 km hat eingesetzt; auf der Internationalen Automobilausstellung in Frankfurt wurde 1995 das erste Auto mit einem Verbrauch von 3 l/100 km vorgestellt, das aus der Serienproduktion stammte.

Eine Verringerung des Kraftstoffverbrauchs läßt sich außer durch eine weitere Reduzierung der Fahrzeugmasse, durch die konsequente weitere Senkung des $c_W$-Werts und durch den Einbau von 5- und 6-Gang-Getrieben vor allem durch Verbesserungen von Diesel-, aber auch von Benzinmotoren erreichen.

Bekanntlich weist der *Dieselmotor* gegenüber dem Benzinmotor höhere Wirkungsgrade auf, deshalb nutzt der Dieselmotor die Energie des Brennstoffs wegen des größeren Verdichtungsverhältnisses und des genügend großen Luftüberschusses um bis zu 20% besser aus als ein Benzinmotor. Der heute am weitesten verbreitete Kammermotor-Diesel – der sogenannte indirekte Einspritzer – weist so einen sich daraus ergebenden $CO_2$-Vorteil gegenüber dem Benziner auf, der sich vor allem auf Kurzstrecken und bei häufigen Kaltstarts zeigt.

Inzwischen hat sich auch bei Diesel-PKW das bei Nutzfahrzeugen schon lange praktizierte *Direkteinspritzverfahren* durchgesetzt. Indirekte Einspritzer arbeiten mit einer Vorkammer, während bei Direkteinspritzern der Kraftstoff bei jedem Arbeitsgang von einer Einspritzanlage zum richtigen Zeitpunkt, in der exakten Menge und bei optimalem Druck eingebracht werden muß, der Kraftstoffverbrauch sinkt um ca. 20% gegenüber dem auch schon sparsamen indirekten Einspritzer. Will man aber neben niedrigem Verbrach zugleich reduzierte Rußemissionen und ein hohes Drehmoment erreichen, dann sind Einspritzdrücke über 1000 bar erforderlich. Und außerdem darf zunächst nur ein Bruchteil und erst dann der Hauptteil des Brennstoffs eingespritzt werden, wenn die harten Verbrennungsgeräusche reduziert werden sollen. Über eine genaue Regelung wird die Kraftstoffmenge eingespritzt, dabei spielen Ladedruck, Drehzahl und Brennstofftemperatur eine wichtige Rolle. Bei Einspritzbeginn öffnet die Düsennadel nur wenige hundertstel Millimeter, so daß nur ein geringer Teil des Brennstoffs in den Brennraum gelangt. Erst im weiteren Verlauf der Einspritzung wird der gesamte Düsenquerschnitt freigegeben, und die Hauptmenge des Kraftstoffs tritt in den Brennraum ein. Mit einer solchen Konzeption ist der 5-Liter-PKW heute schon Realität: Ein moderner Dieselmotor leistet bei 1,9 l Hubraum 66 kW und hat dabei einen Diesel-Verbrauch von 5 l/100 km.

Auch *Benzinmotoren* haben noch ein beträchtliches Entwicklungspotential, einmal werden Benzinmotoren mit geregeltem Katalysator (Kap. 2.2.3) ausgerüstet, zum anderen arbeiten die Automobilfirmen intensiv daran, den *Magermotor* zu verbessern (Lit. 2.27).

Magermotoren arbeiten wie die Dieselmotoren – und im Gegensatz zu den Benzinmotoren mit geregeltem Katalysator – mit Luftüberschuß und sind deshalb dank eines höheren Verbrennungswirkungsgrades sparsamer im Verbrauch (also niedrigere $CO_2$-Emissionen, aber auch verringerte Emissionen an Kohlenwasserstoffen und Kohlenmonoxid), stoßen allerdings hohe $NO_x$-Emissionen aus (Abb. 2.27).

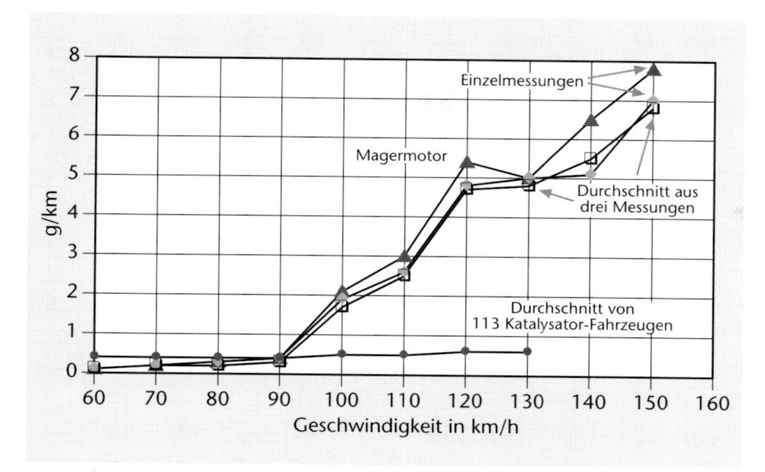


*Abb. 2.27: Abhängigkeit der $NO_x$-Emissionen eines Magermotors und eines Motors mit geregeltem Katalysator von der konstanten Dauergeschwindigkeit*

Die Direkteinspritzung kann auch bei Magermotoren angewendet werden, dabei werden zwei Entwicklungsrichtungen verfolgt, einmal die Einspritzung unter hohem Druck mit mechanischen Einspritzpumpen, zum anderen die Einblasung eines Luft-/Kraftstoff-Gemisches mit einem Druck von ca. 5 bar. Der Brennstoff wird in feinen Tropfen in den Brennraum gebracht, zugleich wird dafür gesorgt, daß sich ein fettes, zündfähiges Gemisch im Bereich der Zündkerze bildet. Solche *direkteinspritzenden Benzinmotoren in Magerkonzeption* verbrauchen immerhin ca. 1,7 l Benzin weniger als übliche Benzinmotoren und nur noch unwesentlich mehr als Dieselmotoren ähnlicher Leistung (Lit. 2.28).
Aus Abb. 2.27 ist auch zu erkennen, daß Magermotoren vor allem zu hohen Geschwindigkeiten hin deutlich mehr $NO_x$ emittieren als Motoren mit 3-Wege-Katalysatortechnik, bei denen die $NO_x$-Emission fast unabhängig von der Geschwindigkeit ist.

*Alternative Kraftstoffe*

Der Einsatz alternativer Kraftstoffe ist neben dem Versuch, die Energie in den jeweiligen Verkehrssystemen effizienter als bisher zu nutzen und damit einen Beitrag zur $CO_2$-Emissionsminderung zu leisten, noch eine weitere Möglichkeit zur Verringerung des $CO_2$-Effekts. Zu nennen ist hier der Übergang zu anderen Energiequellen mit einem kleineren Kohlenstoffgehalt als Mineralölprodukte oder aber der Einsatz von aus Pflanzen gewonnenen Treibstoffen, die in ihrer Wachstumsphase den Kohlenstoff der Luft aufgenommen haben.
Die beste Alternative für Benzin- oder Dieselkraftstoff dürfte *Erdgas* darstellen, das in einigen Ländern wie Italien, Neuseeland, Kanada, USA (Kalifornien) schon lange erfolgreich eingesetzt wird. In Kalifornien geht der verstärkte Einsatz von Erdgas auf die gesetzlichen Auflagen zur Luftreinhaltung – „Clean Air Act" – zurück, da Erdgasfahrzeuge niedrige Emissionen an Stickoxiden und Kohlenwasserstoffen aufweisen, was sich deutlich positiv auf eine verringerte Ozonbildung (Kap. 2.1.1) auswirkt.
Als großer Nachteil ist zu nennen, daß im Vergleich zu den konventionellen Treibstoffen Benzin oder Diesel bei den alternativen Kraftstoffen eine größere Masse transportiert werden und daher der Tankrauminhalt teilweise erheblich größere Ausmaße haben muß (Basis jeweils die Speicherung von 55 l Benzinäquivalent; Lit. 2.29):

| Treibstoff | Raumbedarf | Masse |
|---|---|---|
| Benzin | 67 l, | 46 kg; |
| Diesel | 60 l, | 46 kg; |
| Autogas | 105 l, | 83 kg; |
| Ethanol | 103 l, | 76 kg; |
| Methanol | 121 l, | 88 kg; |
| Wasserstoff (flüssig) | 350 l, | 124 kg; |

Auch Flugzeuge und ihre Emissionen werden kritisch betrachtet, hier ist ebenfalls die Magerverbrennung eine entscheidende Maßnahme, um vor allem die $NO_x$-Emission abzusenken. Je besser Luft und Brennstoff vorgemischt werden, um so schadstoffärmer ist die Magerverbrennung. Gegenüber heutigen Triebwerken ist eine $NO_x$-Reduktion um 90% möglich, wenn Vorvermischung und Vorverdampfung des Brennstoffs für die Magerverbrennung genutzt werden.

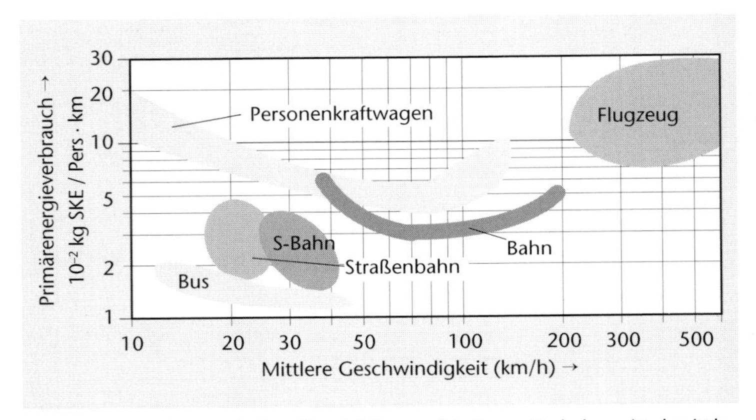


*Abb. 2.28:* *Energetischer Vergleich verschiedener Verkehrsmittel mittlerer Auslastung für die Personenbeförderung*

*Anmerkung:* *Der Primärenergieverbrauch ist als Durchschnittswert auf die beförderte Person und auf die zurückgelegte Fahrstrecke (km) bezogen.*

*Öffentliche Nah- und Fernverkehrssysteme*

Attraktive öffentliche Nah- und Fernverkehrssysteme, teilweise auch in Kombination mit dem Individualverkehr (z.B. Park and Ride), stellen den dritten möglichen Weg zur Schadstoffreduzierung im Verkehrssektor und zur Entlastung der hohen Immissionsbelastung in den Ballungszentren dar.

Beim Vergleich der Energieverbrauchsdaten verschiedener Verkehrsmittel zeigen sich Bus, Straßenbahn- und S-Bahnsysteme dem Personenkraftwagen in energetischer Hinsicht gerade im Nahbereich deutlich überlegen (Abb. 2.28). So ist es nicht verwunderlich, wenn als Folge der Energiekrise 1973 und der täglichen Verkehrsprobleme in Ballungsgebieten dem Autofahrer attraktive Nahverkehrsmittel angeboten werden, die ihn preiswert, schnell und zuverlässig zur Arbeitsstätte bringen.

Eine moderne Konzeption zur Lösung der Nahverkehrsprobleme hat beispielsweise die Firma Daimler-Benz mit dem Baukastensystem der „O-Bahn" vorgelegt. Bei diesem System, in Essen realisiert, fahren Busse mit Elektro-, Diesel- oder Erdgasantrieb nach Belieben auf Schienen oder frei auf der Straße. Dieser „Spurbus" kann mit elektronischer oder mechanischer Regelung auf Teilstrecken (in der Regel dort, wo dichtes Verkehrsaufkommen bei damit notwendiger hoher Zugfolge festzustellen ist) automatisch spurgeführt werden. Die elektronische Querregelung arbeitet mit einem in der Fahrbahn liegenden, von Wechselstrom durchflossenen Kabel, so daß dem Sollverlauf der Fahrspur entsprechend die Fahrzeugfahrt über einen Mikroprozessor beeinflußt werden kann. Bei der mechanischen Querregelung sind seitliche Führungsschienen vorgesehen, die von Leitrollen abgetastet werden (Lit. 2.30).

Trotz der vielfältigen ökologischen Verbesserungen an Personen- und Lastkraftwagen, wie sie aus den Abb. 2.25 bis 2.27 sichtbar werden, muß entsprechend den Aussagen von Abb. 2.28 ein Plädoyer für den öffentlichen Nah- und Fernverkehr gehalten werden. Es wäre sehr kurzsichtig und unverantwortlich, nicht auf die beiden Verkehrssysteme „Schiene" und „Straße" parallel – allerdings mit besonderer Priorität auf die „Schiene" speziell in den Ballungszentren – zu setzen und statt dessen den ökologisch nicht sinnvollen Trend zur „Straße" auch weiterhin zu unterstützen.

## 2.2.2 Primäre Umwelttechniken in der verarbeitenden Industrie

Produktionsbetriebe verstärken ihre Anstrengungen in bezug auf integrierten Umweltschutz, dies zeigt sich zum einen im sparsamen Umgang mit Sekundärenergie (siehe dazu Abb. 1.4 und Kap. 2.2.1, insbesondere Tab. 2.7), zum anderen in auch unter Umweltschutzgesichtspunkten neu konzipierten Verfahren und Produkten. Im Rahmen der geänderten Produktionsverfahren seien beispielhaft erläutert:

- das Doppelkontaktverfahren von Bayer zur Schwefelsäureherstellung,
- die Herstellung von Salpetersäure in Hochdruckanlagen über 8 bar,
- die Herstellung von Chlor durch Elektrolyse in Membran-Zellen-Verfahren,
- die Herstellung von Vinylchlorid in Oxichlorierungsanlagen aus Ethylen und
- der Einsatz der Hochdruck-Extraktion in den Bereichen der Lebensmittel-, Pharma- und Kosmetikindustrie.

In bezug auf neue Produkte seien exemplarisch aufgeführt und erläutert:

- Ersatzstoffe für Asbest,
- Verwendung von lösungsmittelfreien Lakken,
- Ersatz für Polychlorierte Biphenyle (PCB),
- Ersatz für Fluorchlorkohlenwasserstoffe (FCKW).

### 2.2.2.1 Das Doppelkontaktverfahren von Bayer

Das Doppelkontaktverfahren von Bayer, seit den 60er Jahren zur Schwefelsäureproduktion eingesetzt, gilt als das klassische Beispiel für integrierten Umweltschutz.

Schwefelsäure ($H_2SO_4$) ist eine wichtige Grundchemikalie, die durch die Oxidation von Schwefeldioxid zu Schwefeltrioxid und die anschließende Umsetzung mit Wasser gewonnen wird. Schwefeldioxid gewinnt man durch Verbrennen von Schwefel, der bei der Entschwefelung der fossilen Brennstoffe Erdöl und Erdgas anfällt. Andere Schwefeldioxid-Quellen sind Röstprozesse mit schwefelhaltigen Erzen und die Rauchgasentschwefelungsanlagen (Kap. 2.2.3).

Im Doppelkontaktverfahren wird die Umsetzung des Schwefeldioxids zu Schwefeltrioxid dadurch erheblich verbessert, daß nach zwei oder drei Katalysatorstufen das bis dahin gebildete Schwefeltrioxid entfernt und der Reaktionsprozeß des bisher noch nicht umgesetzten Schwefeldioxids zu Schwefeltrioxid in den restlichen Katalysatorbetten erneut bei einem sehr kleinen Partialdruck von Schwefeltrioxid beginnen kann. Die prozeßbedingte Verbesserung des „Kontakt-Verfahrens" hin zum „Doppelkontaktverfahren" 1960 durch die Fa. Bayer ermöglicht es, die Schwefelausbeute von 98% bis 98,5% auf 99,8% zu erhöhen und damit die $SO_2$-Emission entsprechend zu senken.

Die Herstellung von $H_2SO_4$ läuft in drei Stufen ab:

- Verbrennung S zu $SO_2$ nach der Gleichung
  $S + O_2 \Rightarrow SO_2$
  ($\Delta H = -297$ kJ/mol),
- Oxidation von $SO_2$ zu $SO_3$ nach der Gleichung
  $SO_2 + 1/2\ O_2 \Rightarrow SO_3$
  ($\Delta H = -98$ kJ/mol)
  (diese Stufe wird hinsichtlich des Umsatzes optimiert),
- Absorption des gebildeten $SO_3$ in 98%iger Schwefelsäure zu Dischwefelsäure (auch Pyroschwefelsäure genannt). Durch Zufließen von Wasser wird die Dischwefelsäure hydrolysiert, die Schwefelsäurekonzentration wird auf konstant 98% gehalten:
  $SO_3 + H_2SO_4 \Rightarrow H_2S_2O_7$,
  $H_2S_2O_7 + H_2O \Rightarrow 2\ H_2SO_4$

Stöchiometrisch wäre ein $SO_2/O_2$-Verhältnis von 0,5 ausreichend, aber wegen des chemischen Gleichgewichts ist ein $O_2$-Überschuß vorteilhaft, in der Praxis wird deshalb mit einem $SO_2/O_2$-Verhältnis von 1:1 bis 1:1,8 gearbeitet (Lit. 2.31).

Das aus dem Verbrennungsofen kommende Produktionsgas wird in einem 4stufigen Hor-

denkontaktkessel katalytisch an Vanadiumoxid bei Temperaturen von mindestens 410 °C umgesetzt. Nach jedem Durchgang durch ein Katalysatorbett führt man die Reaktionswärme ab, da sich das Gleichgewicht von $SO_2 + 1/2\ O_2 \Rightarrow SO_3$ mit steigender Temperatur zugunsten der linken Seite verschiebt. Nach dem Abkühlvorgang des Produktionsgases auf ca. 430 °C leitet man es erneut durch ein zweites Katalysatorbett, daran schließen sich noch zweimal Abkühl- und Reaktionsvorgänge an, bevor die Absorption beginnt (Kontakt-Verfahren).

Beim Doppelkontakt-Verfahren (besser Doppelabsorptions-Verfahren) wird das Reaktionsgas nach dem Durchgang durch das dritte und vor der Aufgabe auf das vierte Katalysatorbett in einer Zwischenabsorptionskolonne von $SO_3$ befreit, so daß es nach Erwärmen auf die Anspringtemperatur der vierten Katalysatorstufe ohne Schwefeltrioxid angeboten werden kann. Die Umsetzung des noch verbliebenen Schwefeldioxids erfolgt mit 96%igem Umsatz zu $SO_3$, so daß die Schwefeldioxidausbeute insgesamt auf 99,8% ansteigt (Lit. 2.32).

Beim Kontaktverfahren ist im 4. Katalysatorbett eine Umsatzerhöhung von 95% auf etwa 98,5% zu erreichen. Dagegen beginnt mit modifizierten Verfahren nach der Zwischenabsorption des $SO_3$ der Umsatz im 4. Bett bei einem vernachlässigbar kleinen $SO_3$-Partialdruck, so daß dort das restliche Schwefeldio-

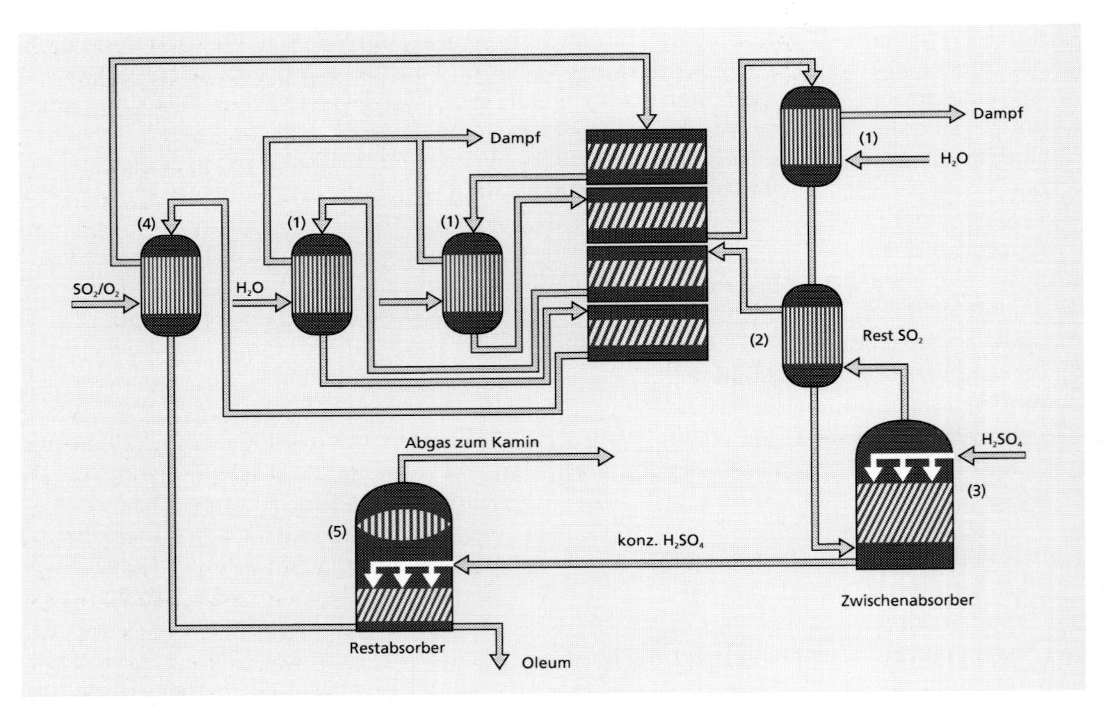


*Abb 2.29: Schema des Schwefelsäure-Doppelkontakt-Verfahrens von Bayer*

1. *Zwischenkühler (genutzt für Dampferzeugung)*
2. *Wärmetauscher nach der 2. Reaktionsstufe zum Erwärmen des Reaktionsgases $SO_2/O_2$ auf die Anspringtemperatur des Katalysators*
3. *Zwischenabsorber*
4. *Wärmetauscher des Reaktionsgases nach dem 4. Bett zum Erwärmen des Einsatzgases auf die Anspringtemperatur des Katalysators*

xid von 5% (bezogen auf das gesamte Schwefeldioxid im Prozeßgas nach der Schwefelverbrennung) mit einer 96%igen Rate zu $SO_3$ reagieren kann. So wird nur noch ein Rest von 0,2% statt 1,5 bis 2% des in den Prozeß eingebrachten Schwefels emittiert.
Abb. 2.29 zeigt das Schema des Doppelkontakt-Verfahrens mit 4 Katalysatorbetten und der Zwischenabsorption nach dem Reaktionsvorgang im 2. Katalysatorbett.
Abb. 2.30 zeigt die Abhängigkeit des $SO_2$-Umsatzes von der Temperatur (Lit. 2.32).

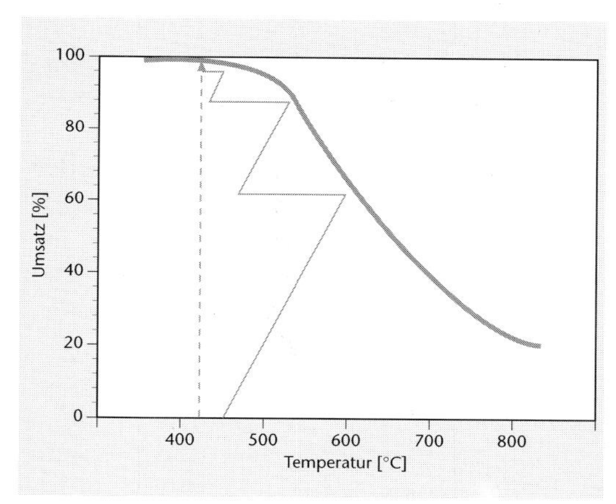


*Abb. 2.30: $SO_2$-Umsatz an Vanadiumpentoxid-Katalysator in Abhängigkeit von der Temperatur (die Gleichgewichtskurve gilt für 8,5 Vol.-% $SO_2$)*

Abb 2.31 zeigt, wie positiv sich die Einführung des Doppelkontakt-Verfahrens auf die $SO_2$-Emission des Bayer-Werks Leverkusen ausgewirkt hat: ca. 3 kg $SO_2$/t $SO_3$ mit einer $SO_2$-Abgaskonzentration von 350 bis 650 ppm entsprechend 1000 bis 1860 mg/m³ (Lit. 2.31).
Auch in der Aufarbeitung von schwefelwasserstoffhaltigem „Sauergas" bei der Raffination von Rohöl läßt sich das „Doppelkontakt-Verfahren" anwenden, um ohne verfahrenstechnischen Umweg über die Herstellung von elementarem Schwefel in Claus-Anlagen (Emission heute dort noch etwa 25 kg $SO_2$/t Schwefel) durch Verbrennung von $H_2S$ zu $SO_2$, die

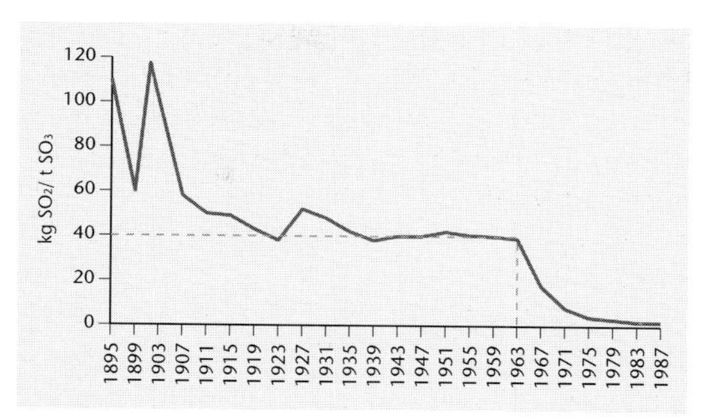


*Abb. 2.31: Spezifische $SO_2$-Emission (kg $SO_2$/t $SO_3$) vor und nach der Umstellung auf das Doppelkontakt-Verfahren bei der Firma Bayer*

weitere Oxidation zu $SO_3$ und verbesserte Absorption Schwefelsäure in handelsüblicher Qualität zu produzieren. Die Abgaskonzentration des Doppelkontakt-Verfahrens sinkt auf 160 ppm $SO_2$ und 20 ppm $SO_3$ (statt 3500 ppm $SO_2$ beim Claus-Verfahren bzw. 1000 ppm $SO_2$ und 100 ppm $SO_3$ beim Einfachkontaktverfahren). Gleichzeitig sinken auch die Abgasvolumenströme auf 9960 m³/t S beim modifizierten Verfahren (statt 12000 m³/t S beim Claus-Verfahren und 13800 m³/t S beim einfachen Kontakt-Verfahren) (Lit. 2.33).

### 2.2.2.2 Die Herstellung von Salpetersäure

Salpetersäure ($HNO_3$), ebenfalls eine wichtige Grundchemikalie z. B. zur Fixierung des Stickstoffs in anorganischem Stickstoffdünger, wird durch Oxidation von Ammoniak an einem Platin-Rhodium-Katalysator (Oswald-Verfahren) und durch anschließende Absorption der entstandenen nitrosen Gase in Wasser als Absorptionsmittel hergestellt (die Absorption als thermische Grundoperation ist in Kap. 2.2.3 erläutert).
Die Verfahrensumstellung betrifft das Anheben des Prozeßdrucks von ursprünglich geringem Überdruck (ca. 1,2 bar) auf Hochdruck (über 8 bar); damit gehen eine bessere Ausbeute des eingesetzten Ammoniaks und eine Reduzierung der $NO_x$-Emissionen einher, die

aufwendig mit additiven Verfahren zu senken sind (Kap. 2.2.3). Die erste exotherme Reaktion ist die katalytische Verbrennung von Ammoniak bei 600 °C mit überschüssiger Luft nach der folgenden Gleichung:

$4\ NH_3 + 5\ O_2 \Rightarrow 4\ NO + 6\ H_2O$

($\Delta H = -905$ kJ/mol).

Während des Abkühlvorgangs der sich auf 850 bis 950 °C erwärmenden Verbrennungsprodukte oxidiert ein Teil des Stickstoffmonoxids – ebenfalls in einer exothermen Reaktion – zu Stickstoffdioxid:

$2\ NO + O_2 \Rightarrow 2\ NO_2$

($\Delta H = -113$ kJ/mol)

Stickstoffdioxid wird von Wasser unter Bildung von Salpetersäure nach folgender Gleichung absorbiert, dabei verläuft die Reaktion schwach exotherm:

$4\ NO_2 + O_2 + 2\ H_2O \Rightarrow 4\ HNO_3$

($\Delta H = -70$ kJ/mol).

Leider läßt sich das Ammoniak nur mit einer Gesamtausbeute von ca. 95 % in Salpetersäure verwandeln, so daß das Endgas die Absorber mit $NO_x$-Konzentrationen bis zu 3000 ppm verläßt. Dies ist darin begründet, daß die Reaktionen von $NO \Rightarrow NO_2$ bzw. $NO_2 \Rightarrow HNO_3$ nicht nur in diese angegebene Richtung verlaufen, sondern daß auch Rückreaktionen stattfinden. Die Oxidationsreaktion von $NO - NO_2$ wird deshalb mehrmals durchlaufen. Insgesamt nimmt die NO-Konzentration laufend ab, so daß sich der NO-Partialdruck und damit die Oxidationsgeschwindigkeit von NO in $NO_2$ verringert. Damit ist prinzipiell zu begründen, daß sich Stickstoffmonoxid, das von Wasser nur wenig absorbiert wird, und restliches Stickstoffdioxid im Endgas des Absorbers befinden. Da $NO_2$ ein braunrotes, stark giftiges Gas ist, sind die gelben Abgasfahnen bei Salpetersäureanlagen ein fortwährendes ökologisches Ärgernis.

In Relation zu den $NO_x$-Emissionen aus anderen Quellen – vor allem aus dem Energiesektor (Kap. 2.2.1) – beträgt der Anteil der $NO_x$-Emissonen aus der Salpetersäureproduktion nur 1 % der gesamten $NO_x$-Emissonen. Diese werden jedoch wegen ihres Auftretens an nur wenigen Standorten durchaus zu einem örtlichen Problem.

Folgende Verfahrensprinzipien haben dazu geführt, den Emissionsfaktor von früher 7,5 kg $NO_2$ / t $HNO_3$ deutlich abzusenken:

Durch Erniedrigung der Temperatur und Erhöhung des Drucks läßt sich der Umsatz von $NO_2$ in $HNO_3$ in den Absorbertürmen verbessern. Aus diesem Grunde müssen die in die Absorption eintretenden Gase auf 20 °C abgekühlt werden. Der Absorberdruck wird bis zu 12 bar erhöht.

Man spricht von

- N/N-Anlagen (N = Niederdruck $< 1{,}7$ bar), wenn Katalyse und Absorption bei Niederdruck stattfinden,
- N/M-Anlagen, wenn Katalyse bei Niederdruck bis zu 1,7 bar und Absorption bei Mitteldruck bis 8 bar ablaufen,
- M/H -Anlagen wenn Katalyse im Druckbereich 1,7 bis 8 bar und Absorption bei einem Druck $> 8$ bar durchgeführt werden.

Auch Kombinationen von M/M bzw. N/H sind möglich, dabei beziehen sich der erste Buchstabe auf den Verbrennungsteil und der zweite Buchstabe auf den Absorptionsteil. N/N-Eindruckanlagen werden heute in der Bundesrepublik nicht mehr betrieben.

Abgesehen von den Emissionen haben sich Mittel- und Hochdruckanlagen in der Absorption auch deshalb durchgesetzt, weil die Säuren bei N/N-Systemen nur Konzentrationen bis zu 55 % aufzuweisen haben, während M/H-Typen bis zu 68 %ige $HNO_3$ und spezielle Hochdruckanlagen sogar 99,8 %ige $HNO_3$ liefern können. Da sich mit steigendem Druck der Verbrennungsumsatz verschlechtert, der Absorptionsaufwand aber verringert, gilt die generelle Tendenz, daß sich mit steigendem Druck die Anlagekosten verringern, während sich die Betriebskosten erhöhen (u.a. müssen Luft und/oder die Verbrennungsgase auf den jeweiligen Verfahrensdruck komprimiert werden; ein Teil dieser Kompressionsenergie wird zurückgewonnen, indem die Endgase aus der Absorp-

tion zuerst erhitzt und dann über eine Turbine gefahren werden).
Die $NO_x$-Emissionen sind bei Absorptionsdrücken über 8 bar unter 200 ppm zu senken (Fa. Davy International AG Köln verweist auf ihre Verfahrenskonzepte zur Herstellung hochkonzentrierter Salpetersäure mit Endgaskonzentrationen von 100 ppm). Weitere Maßnahmen zur Verbesserung der $NO_x$-Emissionssituation sind dabei die Kühlung der Absorberflüssigkeit, der Einsatz von wirksamen Einbauten wie Siebböden in die Absorber, sowie die Erhöhung des Absorptionsvolumens und der Stufenzahl.
Altanlagen erreichen die nach der TA-Luft vorgeschriebenen Grenzwerte nur durch Abgasnachbehandlung (z.B. alkalische Endabsorption mit Natronlauge, selektive Reduktion von NO und $NO_2$ mit Ammoniak an $V_2O_5$-Katalysatoren).

### 2.2.2.3 Die Herstellung von Chlor durch Elektrolyse in Membran-Zellen-Verfahren

Auch Chlor ($Cl_2$) ist ein Ausgangsstoff in vielen Prozessen und für viele Produkte (u.a. auch für Polyvinylchlorid – PVC). Das Verfahrensprinzip ist die Elektrolyse von Kochsalz (NaCl). Mit Hilfe von Gleichstrom wird die Kochsalzlösung aufgespalten, dabei entstehen als Produkte Natronlauge (NaOH), Wasserstoff ($H_2$) und Chlor ($Cl_2$).
Das moderne Membran-Verfahren verzichtet auf Quecksilber als Trägermaterial für Natrium (Amalgam-Verfahren) und auf Asbest als Diaphragma (Abb. 2.32).

Beim *Amalgam-Verfahren* entsteht aus einer wässrigen NaCl-Lösung an der Anode Chlorgas, während sich in der aus fließendem Quecksilber bestehenden Kathode das Natriumion mit Quecksilber verbindet. Das Amalgam läuft aus der Zelle ab und wird in einem Vertikalzersetzer mit Wasser in Natronlauge, Wasserstoff und Quecksilber zersetzt (Abb. 2.32a). In einem Jahrzehnt – etwa von 1970 bis 1980 – konnten die spezifischen Hg-Emissionsfaktoren von etwa 70 g Hg/t $Cl_2$ auf unter 10 g /t $Cl_2$ gesenkt werden (Tab. 2.9), indem aus den Wasserstoff- und Chlorgasströmen das mitgeführte Quecksilber auskondensiert und der Schlamm aus der Solereinigung aufkonzentriert und auf einem Vakuumdrehfilter von der Restsole und damit von gelöstem Quecksilber getrennt wird.

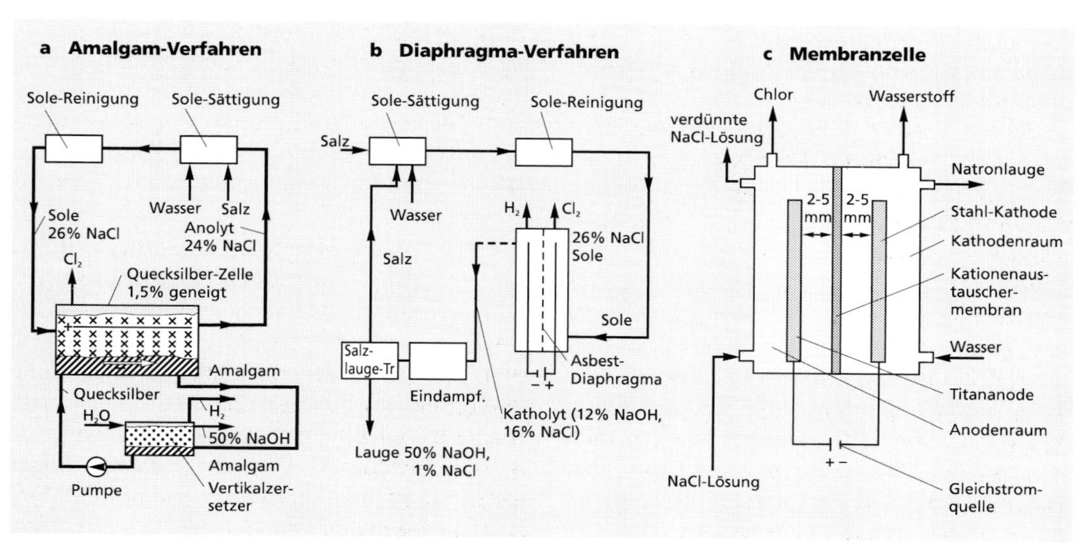


Abb. 2.32: Alkalichlorid-Elektrolyseverfahren (Lit. 2.34; 2.35)

Trotz des großen Vorteils des Amalgam-Verfahrens – nämlich wegen der getrennten Produktion der Natronlauge von der NaCl-Dissoziation und der damit nur sehr geringen Verunreinigung der 50%igen Lauge – hat man schon vor Jahrzehnten die Suche nach einem alternativen Verfahren intensiviert, bei dem auf den Hilfsstoff Quecksilber verzichtet werden kann (vor allem wegen des „Minamata-Skandals" in Japan im Zeitraum von 1953 bis 1960).

Vor diesem Hintergrund hat das schon aus dem vorigen Jahrhundert bekannte *Diaphragma-Verfahren* größere Bedeutung erlangt, obwohl das Diaphragma aus einer Asbestfaserschicht besteht – Asbestfasern können abgelöst werden, die Scheidewand muß von Zeit zu Zeit unter den entsprechenden Sicherheitsvorkehrungen ausgetauscht werden. Nachteilig sind außerdem die geringe Konzentration der anfallenden Lauge mit hohem Salzgehalt (Tab. 2.9 und Abb. 2.32b) und damit der verfahrenstechnische Zwang, die Lauge aufzukonzentrieren, um den Salzgehalt wenigstens auf 1 % begrenzen zu können. Aus diesem Grunde geht der zusätzliche Vorteil des geringeren spezifischen Energieverbrauchs verloren (Tab. 2.9).

Beim *Membran-Verfahren* (Abb. 2.32c) wird anstelle des Asbest-Diaphragmas eine Kationenaustauscher-Membran mit negativen Fest-Ionen eingesetzt. Nur die $Na^+$-Ionen können aus der Sole durch diese Membran in den Katholyten wandern. Die Kationenaustauscher-Membran besteht aus einem durch ein Stützgewebe verstärkten Polymerisat aus Tetrafluorethylen und Persulfonyl- oder Perfluorcarboxylvinylethern, die als Fest-Ionen Sulfonsäure- bzw. Carboxyl-Ionen in den Seitenketten tragen (Lit. 2.35). Bei gleich hoher Reinheit der Natronlauge wie im Amalgam-Verfahren liegt der Energieverbrauch inzwischen deutlich unter dem der anderen Prozesse, erst recht, wenn der verfahrensbedingt nicht notwendige Schritt der Aufkonzentrierung der Natronlauge von 33% auf 50 % unterbleiben kann.

Neue Entwicklungen des Membran-Verfahrens zielen darauf ab, die Stahl- oder Edelstahlkathoden mit fein verteiltem Nickel zu überziehen und so mit dem Absenken der Zellenspannung um 200 mV den Energieverbrauch um 10% zu reduzieren. Auch bei Einsatz von sauerstoffverzehrenden Katalysator-Kathoden statt den Wasserstoff entwickelnden Kathoden (Abb. 2.32) erniedrigen sich die Zellenspannung und damit entsprechend auch der Energieverbrauch. Energetisch vorteilhaft wäre es, die Elektrolyse unter Druck – etwa bis 10 bar – durchzuführen. Einmal reduziert sich bei kleineren Gasblasen der Widerstand auf der Gasseite – das Energieeinsparpotential wird auf 10% geschätzt – zum anderen spart man in diesem Fall Kältekompressoren und -kreisläufe, da das unter entsprechendem Druck stehende Chlorgas nach Trocknung mit Kühlwasser kondensiert werden kann (Lit. 2.35).
Im SPE-Verfahren (Nullabstands- oder Zero-gap-Verfahren) liegen Anode und Kathode ohne Elektrodenspalt auf der Membran, der durch die Gasblasen verursachte Spannungsabfall wird vermieden, so daß ein Energieverbrauch von 2000 kWh/t NaOH als realistisch erscheint (Lit. 2.35)

Trotz aller Verbesserungen, die sich laut Tab. 2.9 im Verzicht auf Quecksilber und Asbest und in der Verringerung des spezifischen Energieverbrauchs zeigen, muß aus ökologischer Sicht langfristig der Ausstieg aus der Chlorchemie gesucht und forciert werden.

#### 2.2.2.4 Die Herstellung von Vinylchlorid in Oxichlorierungsanlagen aus Ethylen

Gerade für das Endprodukt Polyvinylchlorid (PVC) aus der Grundchemikalie Chlor ($Cl_2$) gilt die Forderung nach Substitutionsstoffen. Dabei ist die früher übliche Produktion des monomeren Vinylchlorids (VC; $CH_2 = CHCl$) durch Anlagerung von Chlorwasserstoff an Acetylen ($C_2H_2$) inzwischen in Oxichlorierungsanlagen auf die Rohstoffbasis Ethylen ($C_2H_4$) umgestellt

| Verfahren | Verfahrensprinzip und -problematik | Reinheit der Elektrolyseprodukte | Energieverbrauch kWh/t NaOH |
|---|---|---|---|
| Amalgam-Verfahren | Elektrolyse in zwei getrennten Zellen, die über fließendes Quecksilber-Amalgam verbunden sind<br>Hg-Emissionen 20–30 t/a, Spez.Emission 6–10 g Hg/t $Cl_2$ | 50%ige NaOH mit einem Salzgehalt < 0,01% NaCl | 29000 (Gleichstrom) |
| Diaphragma-Verfahren | Elektrolyse in einer Zelle, ein Asbestdiaphragma trennt Anoden- und Kathodenteil. Man erhält 12% NaOH mit 16% NaCl,die Lauge muß eingedampft werden, das Kochsalz wird weitgehend abgetrennt | 50%ige NaOH mit einem Salzgehalt von 1% NaCl (nach Eindampfung) | 2350 (Gleichstrom) + 550 für Eindampfung |
| Membran-Verfahren | Elektrolyse in einer Membranzelle, niedriger Energieverbrauch, kein Verlust an problematischen Hilfsstoffen | 33%ige NaOH mit einem Salzgehalt < 0,01% NaCl | 2500 bis 2200 bei neuen Membranen (Gleichstrom) + 200 für Eindampfung |

*Tab. 2.9: Vergleich von Alkalichlorid-Elektrolyseverfahren (Lit. 2.34, 2.35)*
*(Bei den Energieverbrauchsdaten ist der für die Eindampfung benötigte Teil nicht über das Wärmeäquivalent, sondern über die für die Erzeugung von Dampf und Strom benötigte Primärenergie eingerechnet; dabei 1 t Dampf ca. 285 kWh)*

worden. Die Reaktion verläuft mit einem Katalysator (deshalb auch energiesparend) so:
$H_2C = H_2C + 1/2\ O_2 + 2\ HCl \Rightarrow ClH_2C\text{-}CH_2Cl + H_2O$ und
$ClH_2C\text{-}CH_2Cl \Rightarrow CH_2 = CHCl + HCl$.
Wird reiner Sauerstoff anstelle von Luft eingesetzt, kann die Oxichlorierung im Kreislaufbetrieb vorgenommen werden, mit der Folge, daß der Abgasstrom zurückgeführt werden (Verringerung der Chlor-Kohlenwasserstoff-Emissionen um 90%) und auch das unerwünschte Koppelprodukt HCl wiederverwendet werden kann.
Auch die Produktion des *Kunststoffs PVC* selbst ist in den letzten Jahrzehnten verbessert worden; dabei sind die folgenden Produktionsverfahren eingeführt worden:

- die Emulsionspolymerisation
- die Suspensionspolymerisation
- die Massepolymerisation.

Bei der *Emulsionspolymerisation* wird Vinylchlorid mit Hilfe von Emulgiermitteln in der wäßrigen Reaktionsphase fein verteilt und in Anwesenheit von wasserlöslichen Katalysatoren bei mäßiger Reaktionstemperatur polymerisiert.

Im Rahmen der *Suspensionspolymerisation* wird das schwerlösliche monomere Vinylchlorid durch mechanische Bewegung in Wasser fein verteilt, so daß aus den Tröpfchen bei dauernder Bewegung Polymerisatkugeln entstehen.

Bei der *Massepolymerisation* wird VC unter Abwesenheit von Wasser in der flüssigen VC-Phase polymerisiert; dabei fallen die in VC nicht löslichen Polymerisate aus.
Die neue PVC-Verfahrenstechnik ist durch den Begriff „Intensiventgasung" charakterisiert, 90% des eingesetzten VC werden polymerisiert, 9,9% werden abgesaugt und zurückge-

führt, so daß heute die VC-Emissionen bei der PVC-Herstellung und -Verarbeitung – eben wegen der Intensiventgasung – auf 0,099% (statt vorher 2,4%) gesunken sind.
Der Grund für die innerhalb von wenigen Jahren erreichbaren drastischen VC-Reduzierungen liegt in der Tatsache, daß VC bzw. Knochen- und Krebserkrankungen bei Arbeitnehmern in dieser Branche in ursächlichem Zusammenhang standen. Welches große medizinische Gefährdungspotential VC aufweist, läßt sich daran ablesen, daß der MAK-Wert auf 500 ppm (1966) und dann auf 100 ppm (1970) festgelegt wurde und schließlich durch den TRK-Wert von 50 ppm (1974) und 5 ppm (1975) ersetzt wurde (siehe auch Kap. 2.1.2, hier TA Luft: Vorschrift über die Emission von kanzerogenen Stoffen).
Obwohl heute in PVC-Produkten die VC-Konzentration nur noch 2 bis 10 ppm beträgt, bleibt die Entsorgung der PVC-Produkte, die auch bei ihrer Langlebigkeit irgendwann zu Abfall werden, ein großes ökologisches Problem (Kap. 5).

### 2.2.2.5 Die Hochdruck-Extraktion

Die Extraktion ist als Verfahren zur Gewinnung von Naturstoff-Konzentraten langjährig bewährt. Bisher bevorzugte Lösungsmittel sind niedrigsiedende organische Lösungsmittel wie Dichlormethan, Methanol oder Äthanol. Strenge lebensmittelrechtliche Auflagen bezüglich der Reinheit des Produkts nach der Extraktion und der toxikologischen Unbedenklichkeit schränken die Anwendung organischer Lösungsmittel stark ein.
Eine Alternative zu den organischen Lösungsmitteln stellen überkritische Gase wie z. B. $CO_2$ dar.
Diese Trennmethode beruht auf der Tatsache, daß überkritische Gase (kritischer Punkt bei $CO_2$: 31,3 °C; 73,8 bar und 0,45 kg/l) ein Lösungsvermögen ähnlich dem von Flüssigkeiten aufweisen, toxikologisch unbedenklich sind und sich leicht vom Extrakt und vom Reststoff entfernen lassen. Oberhalb des kritischen Punkts zeichnen sich Gase durch eine Mischung von Eigenschaften aus, die in bezug auf die Viskosität und Kompressibilität charakteristisch für Gase, aber hinsichtlich der Dichte auch charakteristisch für Flüssigkeiten sind. Mit der hohen Dichte ähnlich der von Flüssigkeiten läßt sich ein gutes Lösungsvermögen erreichen, die geringe Viskosität kennzeichnet gute Stofftransporteigenschaften und die Kompressibilität zeigt, daß durch einfache Änderung von Druck und Temperatur die Lösungsmittel-Eigenschaften in weiten Bereichen variiert werden können (Lit. 2.36).
Eine *Hochdruckextraktionsanlage* besteht im einfachen Fall aus 2 Autoklaven, die abwechselnd als Extraktor arbeiten und dabei mit dem überkritischen Gas beaufschlagt werden, bzw. als Abscheider zum Abrennen des Extraktionsmittels vom Extrakt dienen (Abb. 2.33).

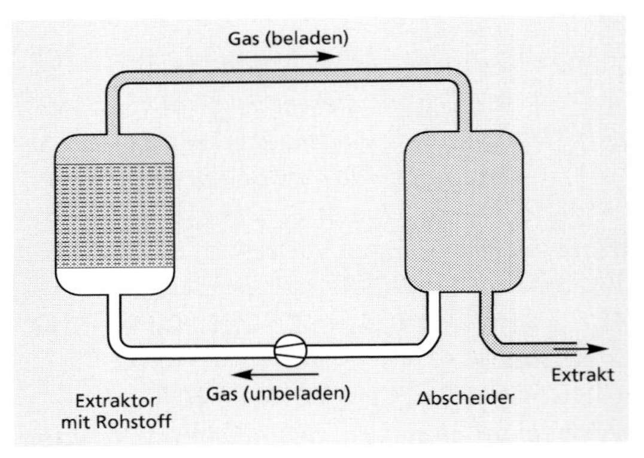


*Abb. 2.33: Schema einer Hochdruckextraktionsapparatur*

Abb. 2.34 zeigt Löslichkeitskurven von Koffein in überkritischem Kohlendioxid; die Entkoffeinierung von Kaffee ist ein ganz wichtiges Anwendungsfeld der Hochdruckextraktion.

### 2.2.2.6 Substitution umweltschädlicher Produkte

Die Substitution von umweltschädlichen Produkten durch Ersatzstoffe geht auch über die Verbesserung der Produktion durch integrierte Maßnahmen hinaus, da der Prozeß insgesamt

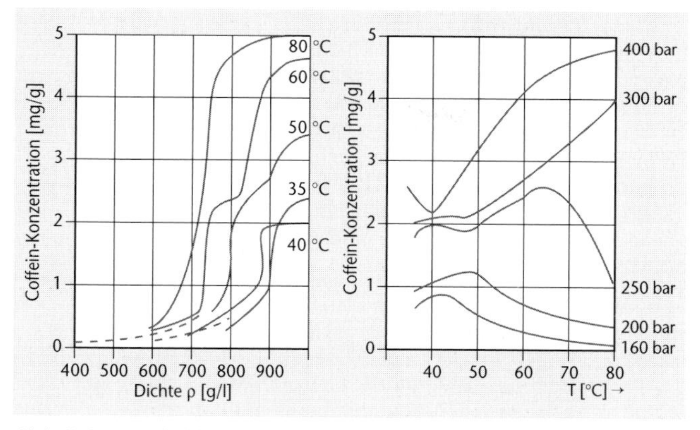


*Abb. 2.34: Löslichkeit von Koffein in überkritischem Kohlendioxid*

in Frage gestellt wird. Einige alternative Stoffe werden vorgestellt.

## Asbest

Asbest gehört zu den in der Natur vorkommenden Silikaten mit unbegrenzter Anionengröße
– etwa $\infty [SiO_3]^{-2}$, $\infty [Si_4O_{11}]^{-6}$, $\infty [Si_2O_5]^{-2}$ – deren negativ geladene Ketten, Bänder oder Blätter durch positiv geladene Metallionen zusammengehalten werden. Das wirtschaftlich wichtigste Beispiel ist der Serpentin mit der chemischen Formel $Mg_6 [(OH)_8 Si_4 O_{10}]$, der in zwei Modifikationen vorkommt:

- als Antigorit (blättriger Serpentin) und
- als Chrysotil (faseriger Serpentin).

Der *Serpentin* ist ein Zweischichtensilikat und besteht aus einer $SiO_4$-Tetraeder-Schicht und aus einer mit Magnesium besetzten Oktaederschicht. Da diese beiden Schichten nicht genau aufeinander passen, gleicht die Modifikation Antigorit dies dardurch aus, daß Halbwellen abwechselnd aneinander anschließen. Bei der technisch und wirtschaftlich bedeutenden Form „Chrysotil" entstehen wegen der geringfügig unterschiedlichen Dimensionen der Tetraeder- und Oktaederschichten Röhrchen, die sich makroskopisch als Fasern zeigen und die sehr gut verspinnbar sind. Da die Atombindungen erheblich stabiler als die Ionenbindungen sind, lassen sich diese Silikate parallel zur Richtung der Ketten und Bänder bzw. längs der Netzebenen sehr leicht spalten.

Aufgrund der hohen Resistenz und der leichten Fibrillierung (= Faserteilung in Längsrichtung) stellt Asbest ein großes medizinisches Gefährdungspotential dar, dessen Größe entscheidend von der Fasergeometrie, der Konzentration und natürlich dem Zeitraum der Belastung beeinflußt wird. Bei einem Verhältnis von Durchmesser zur Länge wie 1:3 (Faserdurchmesser 1 µm, Faserlänge > 3 µm) werden dem lungengängigen Asbeststaub kanzerogene Eigenschaften zugesprochen. Deshalb werden bei Asbest und bei anderen krebsauslösenden Substanzen „Technische Richtkonzentrationen" (TRK-Werte) vorgeschrieben (Kap. 2.1.2). Da Asbest leicht fibrilliert wird, muß die in Kap. 2.1.2 allein auf die Masse bezogene Emissionsbeschränkung kritisiert werden, wie sich mit folgendem Zahlenbeispiel leicht verdeutlichen läßt: $m = N \cdot \pi \cdot r^2 \cdot l \cdot \rho$ mit der Masse m (g), dem Faserdurchmesser 2r (µm), der Faserzahl N, der Faserlänge l (µm) und der Dichte ρ (g/cm³). So steigt die Faserzahl N um 2 Zehnerpotenzen an (von 100 Millionen auf 10 Milliarden Fasern), wenn der Faserdurchmesser von 10 µm auf 1 µm sinkt, wenn aber die Masse mit 1 g und die Länge mit 50 µm als konstant angenommen werden (Dichte 2,5 g/cm³).

Der gasförmige Asbeststaub dringt in die Lungenbläschen ein, führt zu einer Schrumpfung des Lungengewebes und wird für Krebserkrankungen an der Lunge bzw. am Rippen- und Bauchfell verantwortlich gemacht. Zwar ist die Zahl der asbesterkrankten Arbeitnehmer gering, es wird aber wegen der hohen Latenzzeit von 30 Jahren mit einer sehr hohen Dunkelziffer gerechnet. Amerikanische Untersuchungen unterstellen Asbest als Verursacher von 25% aller tödlich verlaufenden Krebserkrankungen (Lit. 2.37). Tabelle 2.10 nennt mögliche Ersatzstoffe für Asbest (Lit. 2.38).

| Faserwerkstoff | Einsatzgebiet und Problematik |
|---|---|
| I. Organische Synthesefaserstoffe wie Polyamid (Arenka, Kevlar 49) Polytetrafluorethylen (Teflon) Polyacrylnitril Polyamid (Nomex) Viskose (Reyon) Polypropylen | nur geringe Temperaturbeständigkeit, ausgenommen Aramide (aromatische Polyamide) und fluorierte Kohlenwasserstoffe, die wie Nomex, Kevlar und Teflon als Hitzeschutzmaterial verwendet werden. Daneben bietet Nomex auch guten Schutz gegen Säuren und Laugen, so daß Nomex gut für flammenhemmende und chemikalienbeständige Arbeitskleidung geeignet ist. Kevlar eignet sich als Verstärkungsmaterial für Brems- und Kupplungsbeläge und für Dichtungen. |
| II. Amorphe anorganische Kunstfaser a) Glas- und Mineralfaser (Glas, Steine, Schlacke) | Geeignet im Temperaturbereich bis 500–600 °C. Materialien sind sehr gut zu thermischen und elektrischen Isolierzwecken einzusetzen. Glas- und Mineralfasern können sich anders als Asbestfasern nicht spalten. Die Faseranzahl erreicht etwa 8000 Fasern/m³ Atemluft und liegt damit deutlich unter dem TRK-Wert von Asbest; nur wenn Material durch Sägen bearbeitet wird, erreicht man den Richtwert. Faserzahlen beim Isolieren mit künstlichen Mineralfasern bis zu 1 Mill. Fasern/m³ Atemluft. |
| b) Keramische Faser (Aluminiumsilikat, $Al_2O_3$ und $SiO_2$ sind Hauptbestandteile) | Feuerfeste Faser (Erweichungspunkte bis zu 2000 °C). Anwendung in verschiedenen Produktformen speziell im Industrieofenbau: Matten, Platten, Filze, Faserpapier, Formteile, Schnüre, Garne, Gewebe, Spritzmasse. Von den Eigenschaften ausgezeichneter Ersatz für Asbest, allerdings liegt die Durchmesserverteilung der Fasern in der Atemluft im problematischen kanzerogenen Bereich (noch nicht völlig erforscht). |
| III. Kristaline synthetische Faser (Graphit-, Kohlenstoff- Quarzfaser), | Graphitfaser: hohe Zugfestigkeit, hoher Elastizitätsmodul, gutes Abtriebverhalten, Kostenfrage. Kohlenstoffaser: hohe Zugfestigkeit, hoher Elastizitätsmodul, geeignet als Verstärkungsfaser, Füllstoff für Verbundwerkstoffe. Quarzfaser: gut verspinnbar, bis 1000 °C einsetzbar. |
| IV. Metallfaser (Stahl, Wolfram, Kupfer) | Geeignet als Verstärkungsmaterial, nachteilig ist die vergleichsweise große Dichte. |

*Tab. 2.10: Ersatzstoffe für Asbest*

**Lösungsmittelhaltige Lacke**

Trotz neuentwickelter Lacksysteme und Lakkierverfahren haben lösungsmittelhaltige Lacke ihre überragende Bedeutung behauptet. In der Großindustrie (z. B. im Automobilbau) wird das Lösungsmittel mit der Abluft abgeführt und in Adsorptionsanlagen (Kap. 2.2.3) zurückgewonnen oder in Nachverbrennungsanlagen in $CO_2$ und Wasser oxidiert; beim Kleinverbraucher treten die Kohlenwasserstoffmoleküle u. a. mit negativen Folgen (Sommersmog, Treibhauseffekt, siehe Kap. 1 und 2.1) in die Atmosphäre.

Die Lösungsmittel lassen sich nach toxikologischen Gesichtspunkten etwa so einteilen (Lit. 2.39):

- Nervengifte wie Äther, Benzin, Schwefelkohlenstoff, Trichloräthylen;
- Lungengifte wie die Ester der Methylreihe und der Ameisensäure;
- Blut- und Blutgefäßgifte wie Benzol;
- Stoffwechselgifte (Lebergifte) wie die gechlorten Kohlenwasserstoffe;
- Nierengifte wie die Glykole .

Bei Lacken muß man grundsätzlich zwischen flüssigen Beschichtungsstoffen und pulverför-

migen Materialien (Pulverlacke) unterscheiden. Bei *Pulverlacken* fehlen die Lösungsmittel, die in konventionellen Lacken unterschiedliche Funktionen übernehmen:
So sorgen niedrigsiedende Lösungsmittel für eine schnelle Trocknung der Lackierung. Mittelsiedende Lösungsmittel halten die Lackschicht solange offen, bis eingeschlossene Luft herausdiffundiert ist. Hochsiedende Lösungsmittel verflüchtigen sich nur langsam, so daß die Lackschicht ein glattes und glänzendes Aussehen bekommt. Wegen der Lösungsmittelproblematik hat die Farben- und Lackindustrie neben den lösungsmittelfreien Pulverlacken „Wasserlacke" und „feststoffreiche Lacke" („High solids") entwickelt.
„High solids"-Lacksysteme (vor allem auf Polyurethan-Basis) arbeiten mit zwei Komponenten mit niedrigen Molmassen, die schon bei Temperaturen um 20 °C zu vernetzten Filmen mit großer Molmasse führen. Spritzfähige Lacke erreichen heute Feststoffgehalte um 85 %. Mit Zahnrad- oder Kolbenpumpen läßt sich das verlangte Mischungsverhältnis genau einstellen, die Vermischung der beiden Komponenten wird unmittelbar vor dem Spritzvorgang in statischen Mischern vorgenommen. So sind gleichbleibende Farbqualitäten garantiert, aber auch rasche Farbtonwechsel möglich.
Wasserverdünnbare bzw. wasserdispergierbare Lacke (wie Alkydharze und ölfreie gesättigte Polyester) benötigen heute nur noch 5 bis 10 % mit Wasser mischbare organische Lösungsmittel. In der Automobilbranche führt man heute Grundierungen auf wäßriger Basis in Tauchbecken durch.
Der Vergleich unterschiedlicher Lacke und Lackierverfahren macht deutlich: Die organischen Emissionen sinken von 6,07 kg auf 1,43 kg, der zu entsorgende Lackschlamm reduziert sich (Kap. 5), und auch der indirekte Effekt einer Emissionsminderung aufgrund eines verringerten Energiebedarfs (147 kWh gegenüber 85 kWh) macht sich positiv bemerkbar, wenn man die konventionelle Technik mit 3 Farbschichten auf die moderne *„High solids"-Systemtechnik* umstellt (die Daten beziehen sich auf eine zu beschichtende Oberfläche von jeweils 100 $m^2$) (Lit. 2.40, 2.41).

### Polychlorierte Biphenyle (PCB)

Polychlorierte Biphenyle (PCB) finden als schwerflüchtige und schwerentflammbare Isolierflüssigkeiten in Kondensatoren und Transformatoren bzw. als Hydrauliköle im Bergbau Verwendung. Da PCB sich im Tierversuch als krebserregend erwiesen hat, sehr stabil ist und sich wegen der Fettlöslichkeit in der Nahrungskette anreichert (Bioakkumulation), darf PCB seit 1978 in Deutschland nicht mehr verwendet werden (Ausnahme: Bergbau wegen besonderer Sicherheitsbedingungen).
Der Fachverband Transformatoren in Frankfurt empfiehlt seit 1983, Transformatoren, die mit einem Gemisch von PCB und Tri- oder Tetrachlorbenzol gefüllt sind, aus feuergefährdeten Bereichen zu entfernen und durch neue z. B. mit Silikonöl gefüllte Transformatoren zu ersetzen (Lit. 2.42).
Der Grund für diese Empfehlung war ein Hochhausbrand in New York Mitte der 70er Jahre, wo 700 l PCB ins Feuer gelangten und sich hochgiftige Dioxine und Furane bildeten.

### Fluorchlorkohlenwasserstoffe (FCKW)

Seitdem bekannt ist, daß Fluorchlorkohlenwasserstoffe den Ozongürtel der Erde zerstören (Kap. 1), wird nach Ersatzstoffen gesucht. Für FCKW, die bis Ende der 70er Jahre in Aerosoldosen als Treibmittel eingesetzt wurden, werden heute vielfältige Ersatztreibmittel wie Kohlendioxid, Stickstoff und hochgereinigte Druckluft angeboten. Auch rein mechanische Systeme wie Handspraypumpen findet der Kunde häufig im Verkaufssortiment. Auch das Kreislaufmedium in Kühlschränken auf FCKW-Basis ist inzwischen völlig durch Kohlenwasserstoffe wie Iso-Butan mit einer ähnlichen Verdampfungskurve wie R12 substituiert worden (Abb. 2.35).

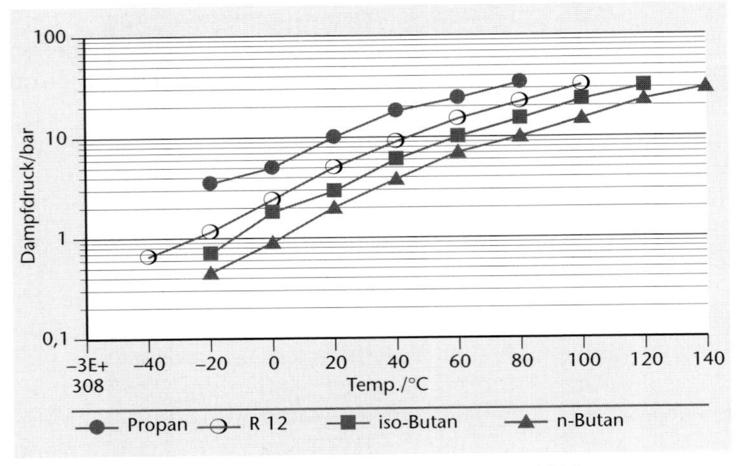


*Abb. 2.35: Dampfdruckkurven von Propan, Butan und R12*

Die Beispiele zeigen, daß für problematische Stoffe häufig genug Ersatzstoffe vorhanden sind, die allerdings aus wirtschaftlichen Interessen beteiligter Firmen und Verbände nicht oder erst viel später zum Einsatz kommen. Und darfür ist die Chlorchemie mit dem Kunststoff PVC, der vielfältige technische Vorteile besitzt, letztlich aber große Entsorgungsprobleme verursacht und für den auch ausreichende Substitutionsprodukte verfügbar sind, ein treffendes Beispiel.

## 2.2.3 Sekundäre Umwelttechniken aus der mechanischen, thermischen, chemischen und biologischen Verfahrenstechnik und deren Anwendung

Die Verbesserung der Immissionssituation (Abb. 2.36) wäre ohne die drastische Reduzierung der Emissionen mit Hilfe verschiedenartiger *sekundärer Techniken* oder *„end-of-pipe-Techniken"* nicht möglich gewesen, zumal der Gesetzgeber in den 80er Jahren die Emissionsgrenzwerte schnell und konsequent eingeschränkt hat (Kap. 2.1.2).

Abb. 2.36 zeigt, daß die Immissionswerte bei Schwefeldioxid und Schwebestaub in belasteten Gebieten inzwischen schon die Werte von Reinluftgebieten erreicht haben, während bei $NO_x$ noch ein Nachholbedarf besteht (siehe auch Abb. 2.1 und 2.2).

In bezug auf die sekundären Techniken werden entsprechend Tab. 2.11 aus der mechanischen, thermischen, chemischen und biologischen Verfahrenstechnik jeweils die grundlegenden Verfahrensprinzipien mit den Einsatzgebieten besprochen. Außer auf die in Tab. 2.11 genannten Verfahrensprinzipien und Beispiele sei speziell auf die Dioxin- und Quecksilberabscheidung und auf die Abgasminderung im Verkehrssektor – hier auf den Dreiwegekatalysator für Benzinfahrzeuge, auf die Rußabscheidung bei Dieselfahrzeugen und auf die Rückführung von Benzindämpfen in Tankstellen – eingegangen.

### 2.2.3.1 Mechanische Verfahren zur Abscheidung von Stäuben und Aerosolen

**Zyklon**

Aus der mechanischen Trenntechnik ist der Zyklon als Fliehkraftabscheider schon lange bekannt. Der Zyklon findet bevorzugt Anwendung bei Abluftströmen mit hoher Staubbeladung zur Vorabscheidung von Staub, bevor die Abluft in filternde Abscheider, Elektrofilter oder Naßabscheider eintritt (also am Ende des eigentlichen Prozesses selbst) bzw. auch während des Produktionsprozesses (z. B. bei GUD-Kraftwerken -siehe Abb. 2.13) als unverzichtbare Verfahrensstufe, da die Gasturbinenschaufeln nur mit weitgehend gereinigtem Gas beaufschlagt werden dürfen (Lit. 2.45).

In den Zyklon tritt das Rohgas tangential am Kopf ein (oder radial, dann müssen Umlenkbleche vorgesehen sein), strömt kreisend nach unten – dabei wirken auf die Stäube Zentrifugalkräfte, die für eine weitgehende Entstaubung sorgen – und verläßt den Abscheider

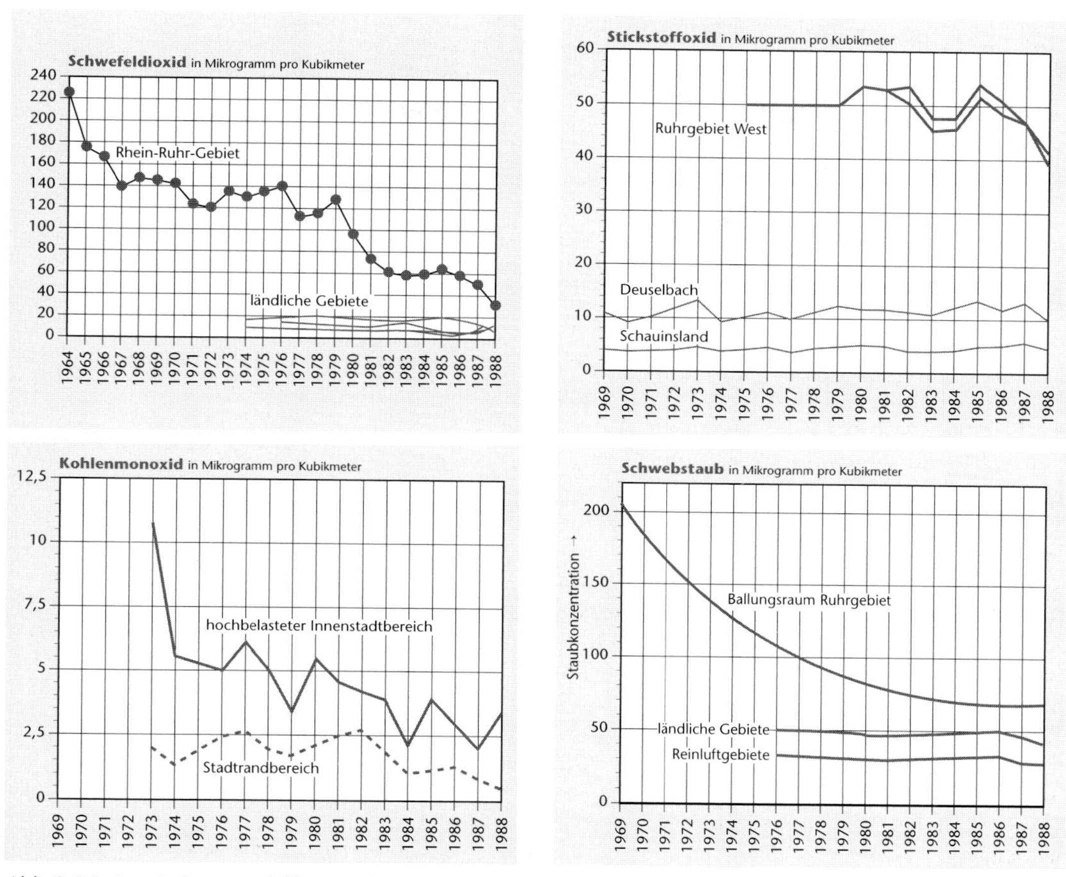


*Abb. 2.36: Immissionsentwicklungen bei einigen Schadstoffen (nach Lit. 2.43)*

| Fachgebiet der Verfahrenstechnik | Verfahren | Anwendung |
|---|---|---|
| mechanisch | Zyklonabscheider<br>Filternde Abscheider<br>Elektrofilter<br>Naßabscheider | Abscheidung von Stäuben und Aerosolen |
| thermisch | Kondensation<br>Absorption<br>Adsorption<br>Membranverfahren | Abtrennung von gasförmigen Stoffen wie z. B. Lösungsmitteln |
| chemisch | Chemisorption (chemische Absorption)<br>Oxidationsverfahren (thermisch und katalytisch)<br>Reduktionsverfahren | Absorption und Reaktion z. B. Rauchgasentschwefelung<br>Oxidation von organischen Schadgaskomponenten<br>Reduktion von $NO_x$ mit $NH_3$ |
| biologisch | biologische Abluftreinigung | biologischer Abbau organischer Schadgaskomponenten |

*Tab. 2.11: Verfahren zur Gasreinigung (nach Lit. 2.44)*

über das mittig eintauchende Rohr nach Richtungsumkehr (Abb. 2.37). Zyklone werden in folgenden Abmessungen gebaut:
- Durchmesser des großen zylindrischen Rohrs D bis 5 m;
- Durchmesser des eintauchenden Rohrs ca. 0,4 · D;
- Gesamthöhe einschließlich der Höhe des Kegelstumpfs (Abscheidezone) H ca. 3 · D;
- Höhe des zylindrischen Rohrstücks h ca. 1,5 · D.

Zyklone werden für Drücke bis 100 bar und für Temperaturen bis 1000 °C gebaut. Als Anhaltswerte für einen hochwirksamen Zyklon kann laut VDI-Richtlinie 3676 gelten:
- Gaseintrittsgeschwindigkeit bis 20 m/s
- axiale Geschwindigkeit (Gasvolumen bezogen auf den zylindrischen Querschnitt ohne Tauchrohr) ca. 4 m/s
- Druckverlust $\Delta_p$ 5 – 20 mbar.

Dabei werden die Druckverluste $\Delta_p$ vor allem durch das Tauchrohr verursacht:

$\Delta_p = \xi \cdot (\rho/2) \cdot w^2$

($\xi$ Druckverlustbeiwert, $\rho$ Dichte des Gases und w die Gasgeschwindigkeit im Tauchrohr).

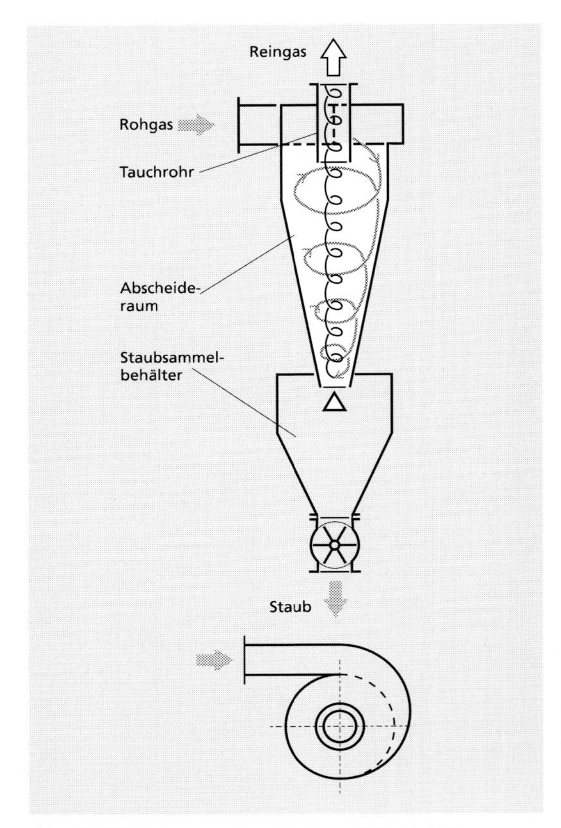


*Abb. 2.37: Schema eines Zyklons (Lit. 2.45)*

## Staubabscheidung in Filtern

Wegen des schlechten Abscheideverhaltens im Fein- und Feinstkornbereich unter 5 µm Partikeldurchmesser werden Zyklone in industriellen Großanlagen nicht zur Endreinigung, sondern nur zur Vorabscheidung eingesetzt, da die TA Luft bzw. die 22. BImSchV maximale Schwebestaubgehalte als Immissionswerte vorschreiben (Kap. 2.1.2). Feinststaub ist lungengängig und hat eine lange Verweildauer in der Atmosphäre.

Abreinigungsfilter nach Abb. 2.38 werden inzwischen häufiger als früher zur Endreinigung von staubbelasteten Abluftströmen eingesetzt, dabei können auch gasförmige Schadstoffe wie $SO_2$ oder HCl mitabgeschieden werden, wenn dem Abluftstrom zuvor ein Adsorptionsmittel wie Aktivkohle zugesetzt wird (Lit. 2.44).

Der Effekt der Staubabscheidung in Filtern beruht auf dem Aufbau eines kontinuierlich anwachsenden Filterkuchens auf der Oberfläche

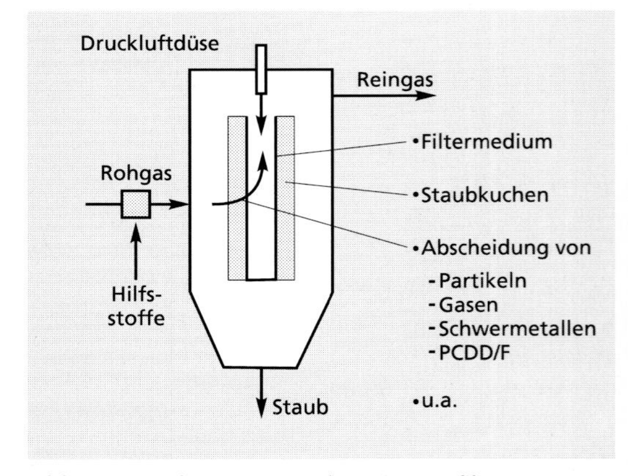


*Abb. 2.38: Schema eines Abreinigungsfilters*

von feinporigen Filterschläuchen oder -taschen mit der Folge, daß die Abscheidung sich verbessert, daß aber auch der Druckverlust ansteigt. Bei Erreichen eines vorgegebenen Druckverlusts wird der Gasstrom in einzelnen Sektoren der Filteranlage unterbrochen; auf der Reingasseite wird Druckluft eingedüst, die in Umkehrung der Strömungsrichtung den aufgebauten Filterkuchen absprengt und das Filtermedium erneut für die Staubabscheidung bereit macht. Auch für die Staubabscheidung aus heißen Abluftströmen (> 300 °C) lassen sich filternde Abscheider einsetzen, die dann aus Keramik-Materialien bestehen müssen. Problematisch ist hier die Abreinigung von Filtermaterialien wegen eines sich bei diesen Temperaturen bildenden zähen, klebrigen Filterkuchens.
Als Anhaltswerte für Schlauchfilter, die sich durch besonders gute Abscheideleistungen im Feinkornbereich auszeichnen, können gelten:

- Anströmgeschwindigkeit 0,5 bis 5 cm/s
- Flächenbelastung 30–50 $m^3/m^2 \cdot h$
- Druckverlust ca. 15 mbar.

Sollen klebrige Stäube und gleichzeitig auch gasförmige Schadstoffe wie Quecksilber, Dioxine abgeschieden werden, ist ein *Schüttgutfilter* zu wählen; hier werden Staubpartikel – bei nur noch geringer Staubbeladung – in einem Festbett abgeschieden, das aus geeigneten Adsorbentien wie Aktivkohle besteht (z.B. Herdofenkoksanlage in der Müllverbrennungsanlage Düsseldorf; zum Festbettadsorber siehe Abb. 2.52).

## Elektrofilter

Mit Elektroentstaubern ist die Mehrzahl der deutschen Kraftwerke und Müllverbrennungsanlagen ausgerüstet. Der Reinigungseffekt beruht darauf, daß die Staubpartikel im Koronafeld zwischen den negativen Sprühelektroden und den positiv geladenen Niederschlagselektrodenflächen negativ aufgeladen werden und deshalb zur Niederschlagselektrode wandern, wo sie ihre negative Ladung abgeben und sich deshalb abscheiden.
Abb. 2.39a zeigt die Vorgänge in einem Elektrofilter mit dem eintretenden Rohgas und dem austretenden Reingas und die zu den Niederschlagselektroden wandernden Staubpartikel. Aus den Abb. 2.39b und c sind folgende Tatsachen zu entnehmen: eine hohe Gasgeschwindikeit verringert die Staubabscheidung, der Abscheidewirkungsgrad sinkt bei Stäuben mit kleineren Partikeldurchmessern, und die Hauptabscheideleistung wird kurz nach Eintritt des Rohgases erbracht. Dies liegt daran, daß zuerst die groben Partikel mit der größeren Wanderungsgeschwindigkeit aufgeladen und abgeschieden werden, während kleine Partikel aufgrund der kleineren Wanderungsgeschwindigkeit erheblich mehr Zeit benötigen, um die Niederschlagselektrode zu erreichen (Lit. 2.44).

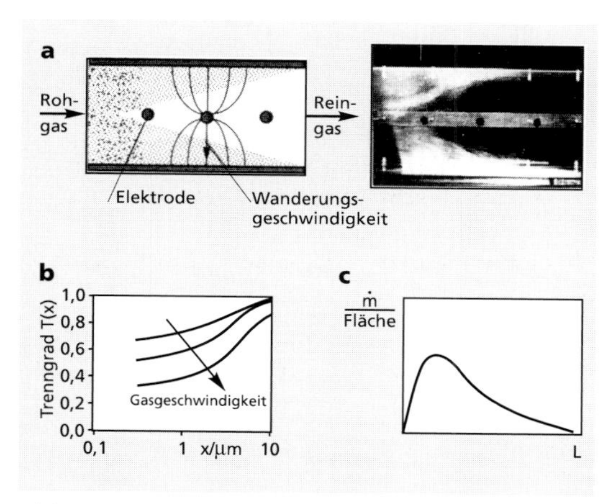


*Abb. 2.39: Funktion eines Elektroabscheiders (a) und Darstellung wichtiger Parameter (b und c) wie Trenngrad in Abhängigkeit vom Partikeldurchmesser x (b) und lokale Massenstromdichte ṁ in Abhängigkeit von der Länge des Elektroentstaubers L (c)*

Abb. 2.40 zeigt die konstruktive Lösung eines 2-Ionen-Platten-Elektroentstaubers (Lit. 2.45). Einige wichtige Daten für die Dimensionierung und den Betrieb von Elektroentstaubern sind:

- Gleichspannung: 30 bis 60 kV,
- Stromdichte: 0,4 $mA/m^2$ Abscheidefläche,
- Energiebedarf:

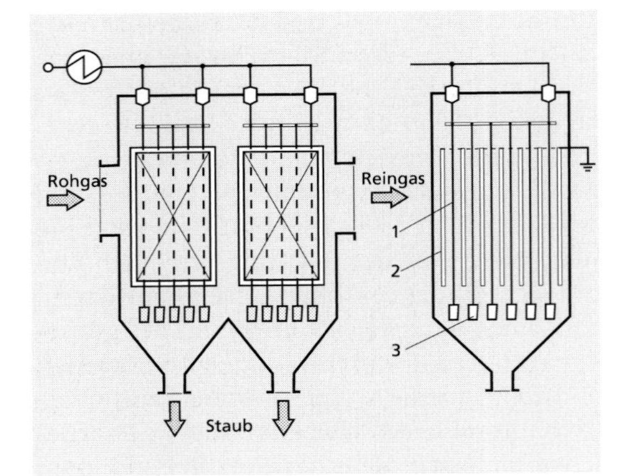


*Abb. 2.40: 2-Ionen-Platten-Elektroentstauber (Lit. 2.45)*
*1 Sprühdrähte*
*2 Niederschlagselektroden*
*3 Drahtführung*

0,05 bis 1 kWh/1000 m³ Gas,
- Druckverlust: 0,2 bis 1 mbar,
- Gasgeschwindigkeit: 0,5 bis 2 (max. 4) m/s,
- Abstand der Niederschlagselektroden voneinander: 0,2 bis 0,4 m,
- Wanderungsgeschwindigkeit: 0,01 bis 0,3 m/s.

Die experimentell zu bestimmende Wanderungsgeschwindigkeit w hängt für Partikel mit einem Durchmesser $d_p > 1$ µm vom Partikeldurchmesser $d_p$, der Spannung U und der dynamischen Viskosität des Gases $\eta$ wie folgt ab:
w proportional $d_p \cdot U^2/\eta$
Für Partikeldurchmesser $d_p < 1$ µm ist $d_p$ ohne Einfluß auf die Wanderungsgeschwindigkeit w zur Niederschlagselektrode. Das beste Abscheideverhalten weisen – abgesehen von dem Korndurchmesser – Stäube mit einem spezifischen Widerstand von $10^4$ bis $2 \cdot 10^{10}$ Ω · cm auf (der spezifische Widerstand ist der elektrische Widerstand einer Fläche von 1 cm² mit der Schichtdicke von 1 cm).
Unter $10^4$ Ω · cm geben die Stäube (z. B. Metalloxide) beim Auftreffen auf die Niederschlagselektrode ihre Ladung ab, werden umgepolt und in den Gasstrom zurückgeschleudert („Rücksprühen").

Oberhalb von $2 \cdot 10^{10}$ Ω · cm isolieren die Staubteilchen die Niederschlagselektrode, so daß bei einem elektrischen Durchbruch die Partikel ebenfalls wieder zurückgeschleudert werden. In beiden Fällen können geringe Mengen an zugesetztem $NH_3$, $SO_3$ oder Wasser die Leitfähigkeit der Stäube positiv beeinflussen.
Die Abscheideleistung von Elektroentstaubern sowohl im Feinkornbereich als auch in der Vermeidung des Rücksprühens wird erheblich verbessert, wenn die Spannung gepulst aufgebracht wird und dazu noch bis zu 8 Halbwellen ausgeblendet werden (*Semipuls-Technik*). Werden 8 Halbwellen ausgeblendet, beträgt die Staubkonzentration nur noch ca. 34 % der ursprünglichen Staubkonzentration im austretenden Gas, dabei ist der Energieverbrauch um 81 % gesunken (Lit. 2.46).
Abb. 2.41 vergleicht schematisch die konventionelle Technik mit der Semipuls-Technik bei Elektroentstaubern.

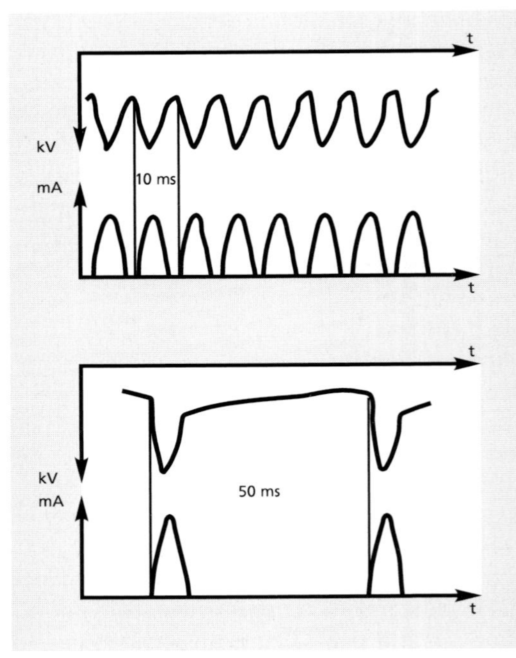


*Abb. 2.41: Konventionelle Technik und Semipuls-Technik bei Elektroentstaubern*

**Naßabscheider**

Naßentstauber setzen eine Flüssigkeit ein, die mit dem Gasstrom in intensiven Kontakt gebracht wird. Die Staubpartikel – sehr häufig gleichzeitig auch gasförmige Schadkomponenten – werden vom Reingasstrom getrennt und zusammen mit der Flüssigkeit ausgetragen. Naßwäscher sind vorteilhaft, wenn Partikel zu entfernen sind, die zum Anbacken neigen oder explosionsgefährdet sind, bzw. wenn häufig wechselnde Abluftströme zu reinigen sind. Mit Naßentstaubern können Partikel mit kleinem Durchmesser (< 0,1 µm) noch gut abgeschieden werden. Problematisch ist die Tatsache, daß das Abluft- zu einem Abwasserproblem gemacht wird, das in jedem Falle in einer Kläranlage gelöst werden muß (Kap. 3).

Abb. 2.42 zeigt als gutes Beispiel für einen Naßentstauber einen *Venturiwäscher:* Hier wird Waschflüssigkeit (etwa 0,5 bis 3 $l/m^3$ Gas im engsten Querschnitt der Venturidüse zugegeben. Durch die hohe Gasgeschwindigkeit bis 150 m/s an dieser Stelle wird die zugegebene Flüssigkeit fein verteilt. Die Staubteilchen werden durch einen Flüssigkeitsfilm vergrößert, so daß sie sich im nachgeschalteten Zyklon mit guter Abscheidecharakteristik abscheiden lassen. Der Energiebedarf beträgt bis zu 6 kWh/1000 $m^3$ Gas bei einem Druckverlust bis zu 200 mbar. Der Venturiwäscher ist empfindlich gegenüber starken Volumenstromänderungen.

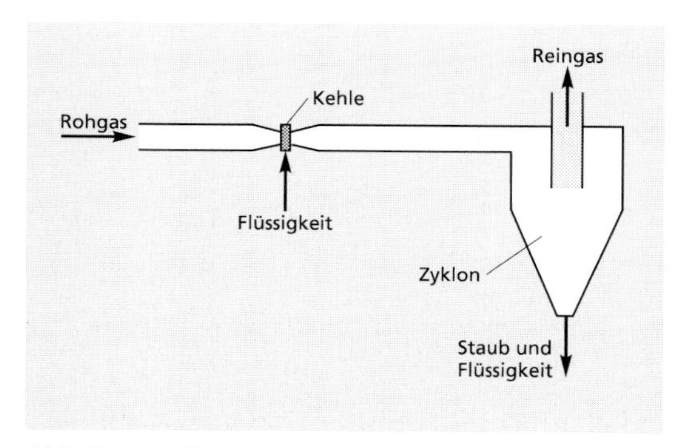


*Abb. 2.42: Schema eines Venturiwäschers*

### 2.2.3.2 Thermisch-chemische Abtrennung und Beseitigung von gasförmigen Stoffen

**Absorption und Adsorption**

Die Absorption und die Adsorption sind Grundoperationen aus der thermischen/chemischen Verfahrenstechnik.

Bei der *Absorption* werden Gaskomponenten in Flüssigkeiten (= Absorptionsflüssigkeiten) gelöst; der Effekt beruht auf physikalischen Kräften (dann physikalische Absorption genannt) bzw. auf einer chemischen Reaktion zwischen Flüssigkeit und Gaskomponente (dann chemische Absorption oder Chemisorption genannt – Tab. 2.11 –)

Der Trennprozeß der *Adsorption* beruht auf der Anlagerung von Schadgaskomponenten an festen Stoffen, die eine sehr große innere Oberfläche haben müssen. Bei der Adsorption greift man vor allem auf physikalische Bindungskräfte zwischen den Gasmolekülen und den festen Stoffen zurück.

Sowohl im Absorptions- als auch im Adsorptionsvorgang verbessert sich der Trennprozeß zu tiefen Temperaturen und hohen Drücken hin; dies bedeutet, daß der Trennprozeß bei hohen Temperaturen und/oder abgesenkten Drücken rückgängig gemacht werden kann, um das Schadgas als Wertstoff zurückzugewinnen und weiterzuverarbeiten bzw. auch, um die Flüssigkeit im Absorptionsvorgang bzw. den Feststoff im Adsorptionsvorgang erneut einsetzen zu können.

Diese abwechselnden Vorgänge des Beladens im Absorptions- bzw. Adsorptionsvorgang und des Desorbierens im Regenerationsverfahren sind bei Änderung der wesentlichen Parameter Druck und/oder Temperatur nur dann möglich, wenn physikalische Effekte für den Trennvorgang maßgeblich sind.

Wie in Abb. 2.43 gezeigt, unterscheiden sich die physikalische und die chemische Absorption durch die Art der jeweiligen Absorptionsisotherme, die sich bei der physikalischen Absorption als Gerade darstellt. An der Dar-

stellung ist zu erkennen, daß ein chemisch wirkendes Absorptionsmittel vor allem zu niedrigen Schadgaskonzentrationen hin eine hohe Aufnahmefähigkeit besitzt.

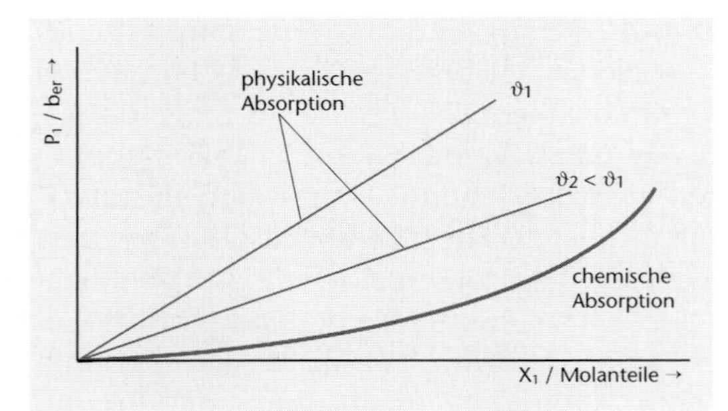


*Abb. 2.43: Absorptionisotherme für die chemische und physikalische Absorption ($p_1$ = Partialdruck/bar; $x_1$ = Konzentration der Komponente 1 in der flüssigen Phase in Molanteilen)*

Die Gleichgewichtsgerade des physikalischen Absorptionvorgangs wird auch als Henrysche Gerade bezeichnet, ihre Gleichung lautet:

$p_1 = H_1 \cdot x_1$

Darin bedeuten:

$p_1$ = Partialdruck der betrachteten Gaskomponente,

$H_1$ = die von der Temperatur abhängige Henry-Konstante und

$x_1$ = Molenbruch der betrachteten Gaskomponente in der flüssigen Phase.

Für $p_1$ kann das Daltonsche Gesetz

$p_1 = y_1 \cdot P$

verwendet werden ($y_1$ = Molenbruch in der Gasphase; P = Gesamtdruck).

Statt der Molenbrüche $x_1$ und $y_1$ werden besser die Konzentrationen in Molbeladungsanteilen $X_1$ und $Y_1$ angegeben, d. h., die betrachtete Gaskomponente 1 wird auf die jeweiligen Trägerstoffströme GT (Gasstrom ohne den in die flüssige Phase übergehenden Gasteilstrom 1) und LT (Flüssigkeitsstrom ebenfalls ohne den übergehenden Gasteilstrom 1) bezogen.

$X_1 = x_1/(1 - x_1)$ *und* $x_1 = X_1/(1 + X_1)$;
$Y_1 = y_1/(1 - y_1)$ *und* $y_1 = Y_1/(1 + Y_1)$
$y_1 = H_1/P \cdot x_1 \Rightarrow Y_1/(1 + Y_1) = H_1/P \cdot X_1/(1 + X_1)$
*aufgelöst nach* $Y_1$ *erhält man*
$Y_1 = (H_1 \cdot X_1)/(P(1 + X_1) - H_1X_1)$

Da die Schadgaskonzentration im Reingas möglichst klein sein sollte, muß der Druck möglichst groß und die Henrysche Konstante $H_1$ möglichst klein sein. Die Henrysche Konstante weist eine ähnliche Abhängigkeit von der Temperatur auf wie der Dampfdruck, so daß aus dieser Tatsache ersichtlich ist, daß die Absorptionstemperatur möglichst tief sein sollte.

Für die physikalische Absorption von $CO_2$ in dem Lösungsmittel NMP (N-Methylpyrrolidon = $C_5H_9NO$) werden die Henry-Konstanten wie folgt angegeben (Lit. 2.47):

| Temp. $\vartheta$/°C | Dichte $\rho_1$ NMP kg/m³ | Henry-Konstante $H_{CO2}$/bar |
|---|---|---|
| 0 | 1029 | 38,7 |
| 20 | 1020 | 59,8 |
| 40 | 1008 | 89,4 |
| 60 | 996 | 127,1 |

Druck- und Temperatureinflüsse auf die Absorption sind für das Beispiel $CO_2$ im Lösungsmittel NMP aus Abb. 2.44 ersichtlich; dabei sind die eingezeichneten Kurven tatsächlich keine Geraden, sondern haben einen schwach nach oben geöffneten Verlauf, der mit der angegebenen Gleichung $Y_1 = f(X_1)$ punktweise berechnet werden müßte.

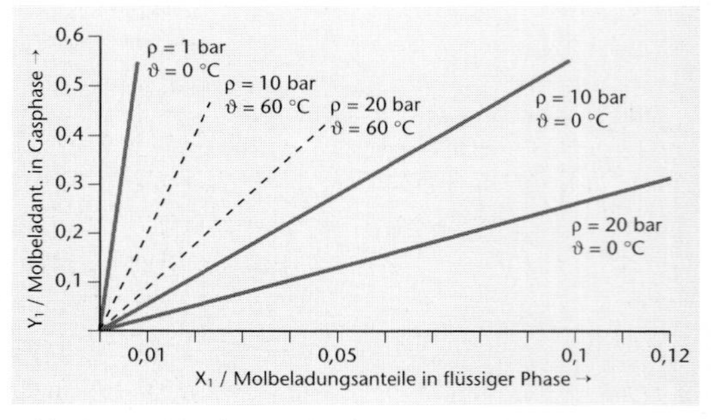


*Abb. 2.44: Gleichgewichtskurven mit den Parametern Druck und Temperatur ($CO_2$ in NMP)*

Bilanziert man die auszuwaschende Schadgaskomponente für die Gas- und die Flüssigphase (jeweils in Molbeladungsanteilen gerechnet, bezogen auf die Trägerstoffströme GT und LT), erhält man die folgende Arbeitsgerade (Abb. 2.45):

$G_T \cdot Y + L_T \cdot X_{ein} = G_T \cdot Y_{rein} + L_T \cdot X$

$Y = L_T/G_T \cdot X + Y_{rein} - L_T/G_T \cdot X_{ein}$

Das eintretende Lösungsmittel kommt aus einer Desorptionskolonne, deshalb kann die Konzentration $X_{ein} = 0$ gesetzt werden; die Arbeitsgrade, die den Zusammenhang zwischen der Gaskonzentration Y und der Flüssigkeitskonzentration X im Querschnitt des Absorbers beschreibt, lautet dann:

$Y = L_T/G_T \cdot X + Y_{rein}$

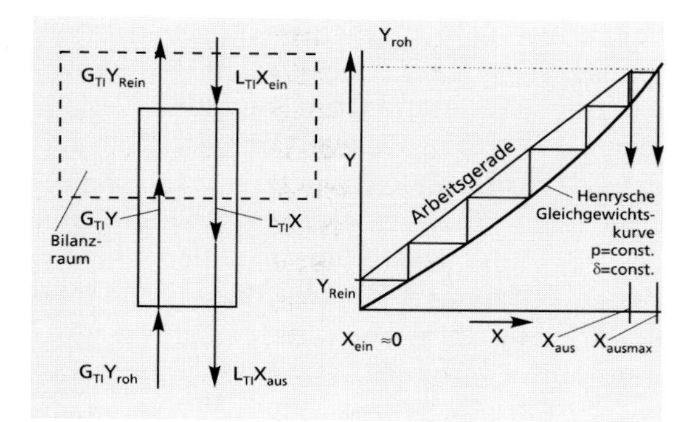


*Abb. 2.45: Schema einer Absorptionskolonne mit eingezeichnetem Bilanzraum und Darstellung der Arbeitsgeraden mit der Steigung $L_T/G_T$ im Beladungsdiagramm ($X_{aus}$ ist die erreichbare Flüssigkeitskonzentration bei dem Verhältnis $L_T/G_T$; $X_{ausmax}$ ist die maximal mögliche Flüssigkeitskonzentration bei dem Verhältnis $L_{Tmin}/G_T$).*

Zwischen der Arbeitsgraden und der Gleichgewichtskurve in Abb. 2.45 werden die theoretischen Stufen eingezeichnet und deren Anzahl bestimmt (Soll die maximale Flüssigkeitskonzentration $X_{ausmax}$ erreicht werden, ist dies mit dem minimalen Flüssigkeitsstrom $L_{tmin}$ nur bei unendlich vielen theoretischen Stufen möglich). Über die folgende einfache Gleichung ist ebenfalls die Zahl der Übertragungseinheiten NTU (number of transfer units) oder die Zahl der theoretischen Böden zu bestimmen.

$NTU = (Y_{roh} - Y_{Rein})/(\Delta Y_{log})$

Darin ist $\Delta Y_{log}$ das logarithmische Mittel der Konzentrationsgradienten für den Stoffübergang über die Gesamtlänge der Kolonne. Dieser Mittelwert hat als mittlere Triebkraft für den Stoffübergang eine vergleichbare Bedeutung wie die mittlere Temperaturdifferenz für den Wärmeübergang:

$\Delta Y_{log} = ((Y_{roh} - Y)_{Rohgasseite} - (Y_{rein} - Y)_{Reingasseite})/ \ln((Y_{Roh} - Y)_{Rohgasseite}/(Y_{Rein} - Y)_{Reingasseite})$

Die Y-Werte sind die Ordinatenwerte der Gleichgewichtskurve (in Abb. 2.45) auf der Rohgas- bzw. auf der Reingasseite.

Der Lösungsmittelstrom $L_T$ wird auf etwa (1,3 bis 1,6) $L_{Tmin}$ eingestellt.

Die chemische Absorption spielt einerseits in der chemischen Industrie eine wichtige Rolle (z. B. bei der Schwefelsäureherstellung in Abb. 2.29 und bei der Salpetersäureherstellung in Kap. 2.2.2), hat andererseits in der Umwelttechnik – vor allem bei der Rauchgasentschwefelung – in den letzten Jahrzehnten eine dominierende Bedeutung erlangt. Bei chemisch wirkenden Absorptionsmitteln reagiert der gelöste Stoff mit dem Lösungsmittel, d. h., die Konzentration des gelösten Stoffes wird mit der Folge vermindert, daß sich der Konzentrationsgradient gegenüber den Vorgängen bei der reinen physikalischen Absorption erhöht und sich damit der Stofftransport beschleunigt.

Der Stoffdurchgangswiderstand verlagert sich in die gasseitige Grenzschicht, so daß hier keine Bodenkolonnen, sondern Füllkörperkolonnen, Venturi-Wäscher (siehe auch Abb. 2.42) oder ähnliche Absorber mit turbulenter Gasströmung eingesetzt werden sollten.

### Rauchgasentschwefelung

Die Rauchgasentschwefelungsverfahren sind typische Beispiele für Absorptionsverfahren mit chemisch wirkenden Absorptionsmitteln, dabei

erreichen Waschverfahren mit Kalk oder Kalkstein als Absorptionsmittel und Gips als Reststoff inzwischen einen Anteil an der Entschwefelungskapazität von 90%. Neben dem *Kalkverfahren* als wichtigstem Absorptionsverfahren ist mit dem *Ammoniakverfahren* ein weiteres Absorptionsverfahren ohne Regeneration des Lösungsmittels entwickelt worden; dieses Verfahren sollte als Endprodukt das Düngemittel Ammoniumsulfat $(NH_4)_2 SO_4$ liefern, die großtechnische Realisierung wurde inzwischen aber aufgegeben.

Als Absorptionsverfahren mit Regeneration des Absorptionsmittels sind das *Doppelalkali-Verfahren* und das *Natriumsulfit-Verfahren* bekannt.

Beim *Doppelalkali-Verfahren* beruht die Absorption auf dem Einsatz von Natron- oder Kalilauge, die mit Kalk regeneriert wird. Das Regenerationsprodukt ist auch hier Gips ($CaSO_4 \cdot 2\,H_2O$). Die Naßentschwefelungsanlage beim Kohlekraftwerk der Henkel KGaA mit Natronlauge ergibt Natriumsulfat, das als Rohstoff im Produktionsprozeß verwendet wird.

Beim *Natriumsulfit-Verfahren* beruht die Absorption von Schwefeldioxid auf der chemischen Reaktion mit dem Absorptionsmittel $Na_2SO_3$, das sich zu $NaHSO_3$ umsetzt und das sich thermisch unter Gewinnung von $SO_2$-Reichgas wieder in Natriumsulfit als Einsatzprodukt zurückverwandeln läßt. Das $SO_2$-Reichgas kann zu flüssigem $SO_2$, Schwefelsäure oder elementarem Schwefel weiterverarbeitet werden.

Neben diesem in Deutschland angewendeten Natriumsulfit-Verfahren (auch Wellman-Lord-Verfahren genannt) ist noch das regenerative Absorptionsverfahren mit wäßriger Magnesiumhydroxid-Lösung in Japan und USA bekannt:

$$Mg(OH)_2 + SO_2 + 5H_2O \Rightarrow MgSO_3 \cdot 6H_2O$$

Das Magnesiumsulfithydrat wird thermisch zu $MgO$, $SO_2$ und $H_2O$ zersetzt

$$MgSO_3 \cdot 6H_2O \Rightarrow MgO + SO_2 + 6H_2O.$$

Zur $SO_2$-Entfernung aus den Rauchgasströmen – bei der Verfeuerung von Steinkohle mit dem Schwefelgehalt von 1 Massen-% ergibt sich eine Rauchgaskonzentration von 1900 bis 2000 mg $SO_2/m^3$ Rauchgas im Normzustand (bei 6 Vol.-% Sauerstoff), diese Konzentration ist nach der 13. BImSchV auf eine $SO_2$-Konzentration von unter 400 mg $SO_2/m^3$ (Tab. 2.1) zu senken – haben sich Kalkverfahren weitgehend durchgesetzt. Die Umsetzung des $SO_2$ mit dem Absorptionsmittel läßt sich trocken als Gas-Feststoff-Reaktion oder naß in einer wäßrigen Lösung als Ionen-Reaktion durchführen.

Die *trockene Reaktionsweise* (auch *Additiv-Verfahren* genannt) hat den großen Vorteil, daß das Rauchgas nicht abgekühlt werden muß und die Verfahrensführung einfach ist. Die verlangten hohen Entschwefelungsgrade – auch bei 2- bis 3fachen stöchiometrischen Überschüssen von Calcium bezüglich des Schwefelatoms – konnten in Trockenadditiv-Verfahren nicht erreicht werden; offensichtlich bildet sich an dem Calcium-Korn eine feste Sulfit- oder Sulfat-Schale, die das Hineindiffundieren des $SO_2$ in das Korninnere behindert.

Wesentlich höhere $SO_2$-Abscheidegrade werden erreicht, wenn eine wäßrige $Ca(OH)_2$-Suspension in den auf ca. 110 °C abgekühlten Rauchgasstrom eingesprüht wird. Bei einem Verhältnis von $Ca/SO_2$ von 1,5 werden gute Entschwefelungsgrade erreicht; das verdampfende Wasser verhindert offensichtlich die Bildung einer undurchlässigen Sulfit-/Sulfat-Schicht an der Kornoberfläche, so daß der Feststoff weitgehend mit $SO_2$ reagieren kann. Verfahren dieser Art – auch *halbtrockene Verfahren* genannt, da mit einem flüssigem Absorptionsmittel gearbeitet wird, das aber trocken als Sulfit oder Sulfat in Gewebefiltern oder Elektrofiltern abgeschieden wird – setzen Sprühabsorber ein.

Beispielsweise die Stadtwerke Düsseldorf verwenden in ihren Kohlekraftwerken und in ihrer Müllverbrennungsanlage Sprühabsorber (Abb. 5.40; siehe Kapitel 5).

Bei den nassen Verfahren auf Ca-Basis wird $SO_2$ in der wäßrigen Phase als Ionen-Reaktion

schnell und weitgehend vollständig an Calcium umgesetzt, dabei muß durch eine zugesetzte Pufferlösung oder eine genaue pH-Wert-Regelung der pH-Wert im optimalen schwach sauren Bereich 5,5 bis 6,5 eingestellt werden. Die eingesetzte Calcium-Verbindung wird quantitativ umgesetzt und durch eingeblasenen Luftsauerstoff in der wäßrigen Phase in 96 bis 99%igen Gips ($CaSO_4 \cdot 2H_2O$) umgewandelt. Da für die Gesamtreaktion der Stofftransport in der Gasphase geschwindigkeitsbestimmend ist, wird die Absorption bei turbulenter Gasströmung vor allem in *Sprühabsorptionstürmen* vorgenommen.

Bei Verwendung einer *Kalksteindispersion* als Absorptionsmittel laufen die folgenden Reaktionen ab.

a) $SO_2$ wird in Wasser gelöst:
$SO_2 \Rightarrow SO_2$ gelöst

b) Das gelöste $SO_2$ reagiert unter Bildung von $H^+$-Ionen weiter:
$SO_2$ gelöst + $H_2O \Rightarrow H^+ + HCO_3^-$
$\Rightarrow 2H^+ + SO_3^{--}$

c) Die Lösung wird sauer, so daß die Gleichgewichtsreaktion nach rechts verschoben werden muß, wenn weiteres $SO_2$ absorbiert werden soll. Dies geschieht durch $CaCO_3$, das sich unter Bildung einer alkalischen Lösung auflöst:
$CaCO_3 \Rightarrow Ca^{++} + CO_3^{--}$
$CO_3^{--} + H_2O \Rightarrow HCO_3^- + OH^-$
$\Rightarrow 2OH^- + CO_2$ gelöst

d) Die eingeblasene Luft treibt das gelöste $CO_2$ aus und oxidiert die $HSO_3^-$ und $SO_3^{--}$-Ionen.
$CO_2$ gelöst $\Rightarrow CO_2$ gasförmig;
$HSO_3^- + 1/2\ O_2 \Rightarrow SO_4^{--} + H^+$ und
$SO_3^{--} + 1/2\ O_2 \Rightarrow SO_4^{--}$

e) Das Fällungsprodukt $CaSO_4$ entsteht
$SO_4^{--} + Ca^{++} \Rightarrow CaSO_4$ und wird als Gips $CaSO_4 \cdot 2H_2O$ gewonnen.

Abb. 5.40 (siehe Kapitel 5) zeigt das Rauchgasreinigungskonzept der Stadtwerke Düsseldorf mit Sprühabsorber, Elektrofilter, Wärmetauscher, Adsorber mit Herdofenkoks und Denox-Anlage zur katalytischen Reduzierung der Stickoxide. Die Adsorption mit Herdofenkoks entfernt restliches $SO_2$ und HCl, Kohlenwasserstoffe wie Dioxine und dampfförmige Schwermetalle wie Quecksilber aus dem Rauchgas vor allem der Müllverbrennungsanlage, so daß ohne zusätzlichen Einsatz von Primärenergie die Stickoxidreduzierung mit zugeführtem Ammoniak katalytisch vorgenommen werden kann.

Wichtig ist, daß in den Sprühabsorber eine Suspension aus $Ca(OH)_2$ und $H_2O$ eintritt, daß sich im Reaktor $CaSO_4$ und $CaSO_3$ bilden, die im Elektrofilter als festes Material anfallen, und daher kein Abwasser mit Salzen und Schwermetallen als Inhaltstoffe wie bei den nassen Verfahren zu behandeln ist. Die Reaktionsprodukte $CaSO_4$ und $CaSO_3$ sind allerdings von minderer Qualität und können deshalb zusammen mit Abraum zur Verfüllung ausgekohlter Flöze, als Zusatz in der Zementproduktion und als Zuschlag zu Gasbeton und Kalkstein verwendet werden.

Abb. 2.46 zeigt die Konzentrationen von $SO_2$ im Reingasstrom in Abhängigkeit von der Absorptionstemperatur und dem Verhältnis $Ca(OH)_2/SO_2$. Deutlich ist zu sehen, daß die Grenzwerte der 13. BImSchV (Kap. 2.1.2) problemlos eingehalten werden können (Lit. 2.48). Wegen der Verwertungsproblematik der Gipsprodukte gehen die Stadtwerke Münster den

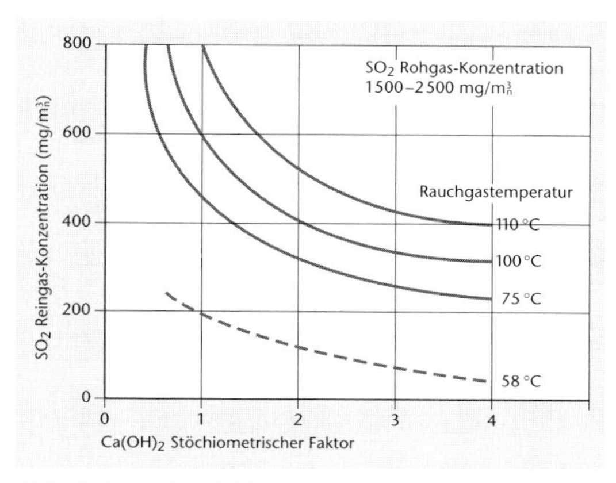


*Abb. 2.46: Schwefeldioxid-Konzentration im Reingasstrom in Abhängigkeit von der Temperatur und dem Verhältnis $Ca(OH)_2/SO_2$*

Weg, $SO_2$ zu oxidieren und Schwefelsäure zu gewinnen (Abb. 2.50). Für mittelgroße Feuerungsanlagen bis zu einer thermischen Leistung von 50 MW bietet die Fa. Degussa ihr Rauchgasentschwefelungsverfahren mit zweistufiger Absorption auf Wasserstoffperoxid ($H_2O_2$)-Basis als kostengünstige Lösung an. Hier wird ebenfalls durch Absorption und schnelle Oxidation von $SO_2$ verwertbare Schwefelsäure produziert.

Auch für kleinere ölgefeuerte Kesselanlagen mit einer thermischen Leistung zwischen 15 kW und 5 MW sind Rauchgasentschwefelungskonzepte zur Serienreife entwickelt (z. B. in Kooperation zwischen der Deutschen Forschungs- und Versuchsanstalt für Luft und Raumfahrt und dem Ingenieur-Büro Schmidt Saarbrücken). Mit einem Restwärmetauscher werden die heißen Rauchgase unter den Taupunkt gekühlt, so daß Wasserdampf kondensiert und ausfällt (zum Konzept des Brennwertkessels siehe Kap. 2.2.1). Das Kondensat wird mit einer Magnesiumoxid-Patrone neutralisiert, so daß es jetzt – als Absorptionsflüssigkeit eingesetzt – bis zu 90% des im Rauchgas enthaltenen Schwefeldioxids aufnehmen kann. Der Sauerstoff der Rauchgase oxidiert die gelösten Sulfit- und Hydrogensulfit-Ionen zu Sulfaten, die in dem aus der Absorption austretenden Kondensat als Magnesiumsulfat enthalten sind. Nach Mischung mit Abwasser und Regenwasser darf das Kondensat in die Kanalisation eingeleitet werden.

### Rauchgasentstickung

Im Gegensatz zu Schwefeldioxid, Chlor- und Fluorwassserstoffen, deren Konzentrationen im Rauchgasstrom sich weitgehend durch den entsprechenden Gehalt im Brennstoff ergeben, sind für den Stickstoffgehalt im Rauchgas zwei Quellen verantwortlich:

- die Oxidation von Stickstoffverbindungen, die in der Kohle vorhanden sind, (sog. „Brennstoff – Stickoxide") und
- die Oxidation des Luftstickstoffs (sog. „thermische Stickoxide").

In Großkraftwerken – bei der Verbrennung von Kohle in Staubfeuerungen – wird der Stickstoffgehalt im Rauchgas weitgehend nicht vom Stickstoffgehalt des Brennstoffs, sondern vielmehr von der Feuerungsart, der Temperatur und vor allem der Rauchgasführung bestimmt (siehe auch Kap. 2.2.1, Abb. 2.15). Die primären Maßnahmen sind aber nicht ausreichend, um die Grenzwerte von 200 mg/m³ (Tab. 2.1) zu erreichen, im Gegenteil dazu liegen die $NO_x$-Konzentrationen (als $NO_2$ gerechnet) trotz der Primärmaßnahmen noch bei 600 mg/m³ im Normzustand (bei Schmelzfeuerungen wegen der deutlich höheren Verbrennungstemperaturen sogar bei 1200 mg $NO_2$/m³ und mehr). Dabei bestehen die $NO_x$-Emissionen zu 95% aus wasserunlöslichem Stickstoffmonoxid (NO) und nur zu 5% aus wasserlöslichem Stickstoffdioxid ($NO_2$). Deshalb kann ein Absorptionsverfahren ohne vorherige Oxidation von NO zu $NO_2$ nicht in Frage kommen. Das Konzept der Oxidation von NO zu $NO_2$, der $NO_2$-Umsetzung mit $NH_3$ in einer chemischen Absorption zu Ammoniumnitrit ($NH_4NO_2$) und Ammoniumnitrat ($NH_4NO_3$) und der vollständigen Oxidation mit Luft zu Ammoniumnitrat ($NH_4NO_3$) wird nicht weiterverfolgt.

Der Schwerpunkt der großtechnischen $NO_x$-Entfernung liegt auf der Reduktion mit Ammoniak zu Wasserdampf und molekularem Stickstoff, dabei sind Verfahren mit Katalysator (*SCR-Verfahren = Selektive catalytic reduction*) und ohne Katalysator (*SNCR-Verfahren = Selective noncatalytic reduction*) entwickelt und inzwischen großtechnisch im Einsatz.

Der *SCR-Katalysator* enthält als Hauptkomponente Titandioxid, dem Vanadium-, Wolfram-Molybdänverbindungen und weitere Spurenverbindungen und Spurenelemente wie Zinnoxid, Silber oder Aluminium o. ä. zugesetzt werden. Das Verhältnis von Titandioxid zu allen anderen Komponenten zusammen beträgt ca. 1:1. In Gegenwart von 0,25 Mol $O_2$ zu 1 Mol NO lassen sich im Temperaturbereich von 200–500 °C (sehr günstig bei ca. 380 °C, siehe Abb. 2.47) bei einem $NH_3$/NO-Verhältnis von

0,5 bis 3 die Stickoxide reduzieren. Die Raumgeschwindigkeit in technischen Anlagen bei der Entstickung von Rauchgasen aus Kohlekraftwerken beträgt max. 2500 $h^{-1}$. Die Reduktion von NO und $NO_2$ am SCR-Katalysator mit $NH_3$ verläuft nach folgenden Bruttoreaktionsgleichungen:

$$4\ NH_3 + 4\ NO + O_2 \Rightarrow 6\ H_2O + 4\ N_2$$
$$8\ NH_3 + 6\ NO_2 \Rightarrow 12\ H_2O + 7\ N_2$$

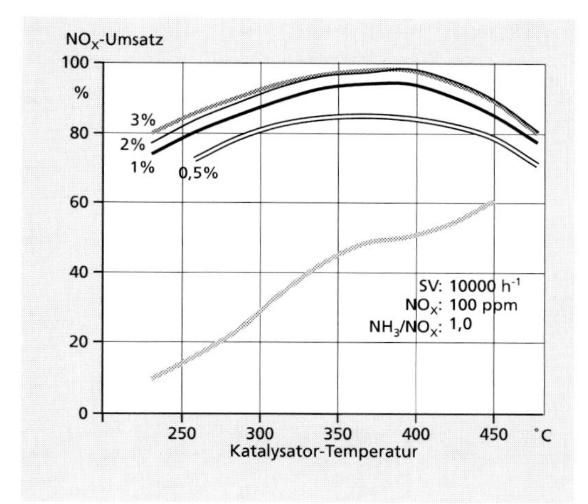


*Abb. 2.47: $NO_x$-Umsatzgrad in Abhängigkeit von der Temperatur bei SCR-Katalysatoren (Parameter: $O_2$-Konzentration im Rauchgasstrom; Raumgeschwindigkeit: 10000 $h^{-1}$; $NO_x$-Gehalt 100 ppm; $NH_3/NO_x$-Verhältnis: 1)*

Abb. 2.50 zeigt den Einfluß der Raumgeschwindigkeit in $h^{-1}$ (= $m^3$ Rauchgas/$m^3$ Katalysatorvolumen und Stunde) auf den $NO_x$-Umsatz und auf den $NH_3$-Schlupf (d.h. auf die Emission von nicht umgesetztem $NH_3$) in Abhängigkeit vom $NH_3/NO_x$-Molverhältnis.

Parallel zur Reduktion von $NO_x$ läuft die Oxidation von $SO_2$ zu $SO_3$ katalytisch im geringen Ausmaß ab, dabei reagiert oberhalb von 300 °C das gebildete $SO_3$ nicht mit $NH_3$ zu Ammoniumhydrogensulfat, das zu starken Verschmutzungs- und Korrosionen führen würde.

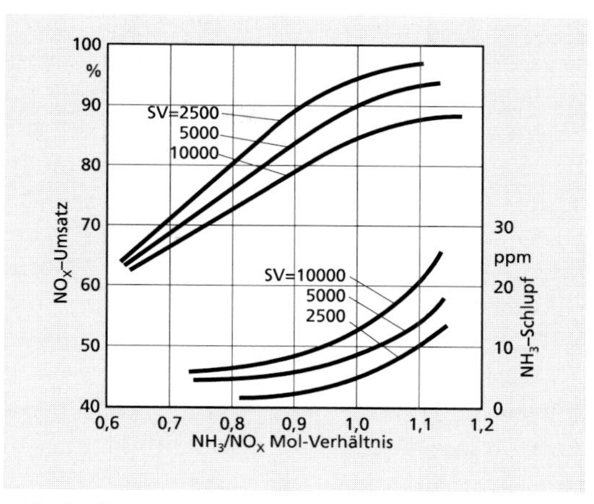


*Abb. 2.48: $NO_x$-Umsatz und $NH_3$-Schlupf in Abhängigkeit vom Molverhältnis $NH_3/NO_x$ bei unterschiedlichen Raumgeschwindigkeiten*

Die *SCR-Katalysatoranlage* besteht aus keramischen Wabenelementen (Länge 1 m, Querschnitt 20 x 20 $cm^2$), die mit der genannten aktiven Katalysatorschicht belegt sind und zu Modulen zusammengefügt werden (Lit. 2.49). Der SCR-Reaktor kann in das Rauchgasreinigungskonzept an zwei verschiedenen Stellen integriert werden (Abb. 2.49):

- Einbau unmittelbar nach dem Dampferzuger, aber vor Elektrofilter und Rauchgasentschwefelungsanlage (diese Schaltung wird auch *„High-dust-Variante"* genannt). Als Vorteil dieser Schaltung ist die günstige Rauchgastemperatur von 280 bis 400 °C (siehe dazu Abb. 2.47) zu nennen. Nachteilig sind die Staub- und Schwefeldioxidkonzentrationen im ungereinigten Rauchgas.
- Einbau unmittelbar vor dem Kamin. Die Rauchgase werden erst weitgehend entstaubt und entschwefelt und dann erst dem SCR-Reaktor zugeführt (*„Low-dust-Variante"*), so daß auch ein gegenüber diesen Schadstoffen empfindlicher Katalysator mit hohen Standzeiten eingesetzt werden kann. Nachteilig sind aber die abgesenkten Temperaturen hinter der Rauchgaswäsche, so daß die Rauchgase vor Eintritt in den Kata-

lysator wieder auf etwa 320 °C aufgeheizt werden müssen. Dies geschieht über einen Wärmetausch zwischen dem Rauchgas zur Wäsche und dem Rauchgas nach der Wäsche und außerdem durch Zusatzenergie (meist Erdgas). Abb. 2.49 zeigt die vereinfachten Schaltungen zur $NO_x$-Reduzierung mit SCR-Technik hinter dem Kessel („High-dust-Variante") und nach der Rauchgasreinigung vor dem Kamin („Low-dust-Variante").

In Abb. 2.50 ist das komplette Schaltbild der Rauchgasreinigung eines steinkohlegefeuerten Kraftwerks der Stadt Münster dargestellt (Lit. 2.50):

- Denox-Anlage zur katalytischen Reduzierung der Stickoxide hinter Elektrofilter, aber vor der Entschwefelungs-Anlage.
- Desox-Anlage zur katalytischen Oxidation von $SO_2$ zu $SO_3$ mittels Restsauerstoff des Rauchgases (Oxidation auch mit $H_2O_2$ möglich).
- Abkühlung des Rauchgases, so daß aus $SO_3$ und $H_2O$ Schwefelsäure entsteht, die in einem zweistufigen Absorber mit dem Absorptionsmittel Schwefelsäure ausge-

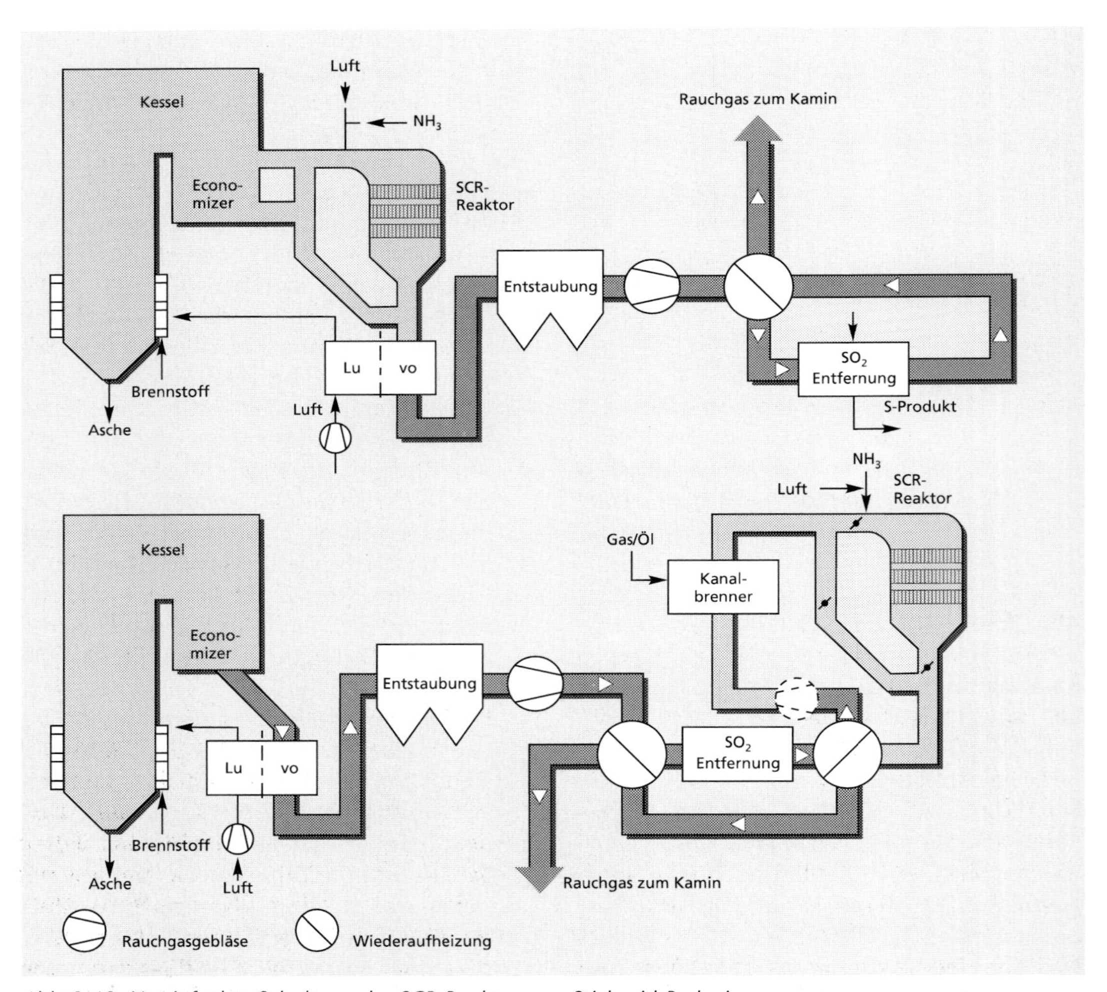


*Abb. 2.49: Vereinfachte Schaltung des SCR-Reaktors zur Stickoxid-Reduzierung*

waschen wird (siehe dazu auch Abb. 2.29 und 2.30).
- Abscheidung der $H_2SO_4$-Aerosole in einem Naßelektrofilter.
- Aufheizen der auf ca. 50 °C abgekühlten gereinigten Rauchgase durch in die Desox-Anlage eintretenden Rauchgase („Wärmeverschiebesystem").

Der Vorteil des *„Desonox"-Verfahrens* der Stadtwerke Münster ist die Verwertung der 70%igen Schwefelsäure in der chemischen Industrie, so daß hier keine Deponie-Probleme wie bei Kalkwäschen auftreten können. Die Entwicklung geht dahin, statt des bei 180 – 150 °C arbeitenden Elektrofilters einen bei 400 bis 500 °C arbeitenden heißen Elektrofilter einzusetzen, so daß dann in Neuanlagen der Gasvorwärmer und der Erdgasbrenner entfallen könnten.

Das *SNCR-Verfahren* zur Rauchgasentstickung ohne Katalysator arbeitet ebenfalls mit der $NH_3$-Zugabe bei 850 bis 1000 °C. Notwendig ist dieser Temperaturbereich, da oberhalb von 1000 °C $NH_3$ mit dem Luftsauerstoff direkt reagiert:

$4NH_3 + 3O_2 \Rightarrow 2N_2 + 6H_2O$ und

$4NH_3 + 5O_2 \Rightarrow 4NO + 6H_2O$.

Unterhalb von 850 °C ist die Geschwindigkeit der $NO_x$-Reduktion zu gering, so daß dann ein großer $NH_3$-Überschuß mit der Folge entsprechend großer ungewollter $NH_3$-Emissionen notwendig wäre. Genau deshalb ist die SCR-Technik wegen ihres Einsatzes bei erheblich tieferen Arbeitstemperaturen entwickelt worden und bei Kraftwerken nahezu ausschließlich im Einsatz.

Alternativ zur SCR-Technik wird die *SNCR-Technik* bei Temperaturen um 950 °C zur Entstickung der Rauchgase von Müllverbrennungsanlagen („Thermo-$NO_x$-Verfahren der Firma Babcock) angewendet.

## Adsorption

Die Adsorption ist als *gas/fest-Trennverfahren* lange bewährt. Wesentliche Einsatzgebiete:
- die Trocknung der Luft,
- die Entfernung von Kohlenwasserstoffen aus Gasströmen – Konzentrationen etwa 5 bis 25 g/m³ Abluft – mit dem Ziel, die Kohlenwasserstoffe zurückzugewinnen und dann erneut z. B. als Lösungsmittel einzusetzen oder sie im jetzt vorliegenden aufkonzentrierten Gemisch kostengünstig zu verbrennen, und

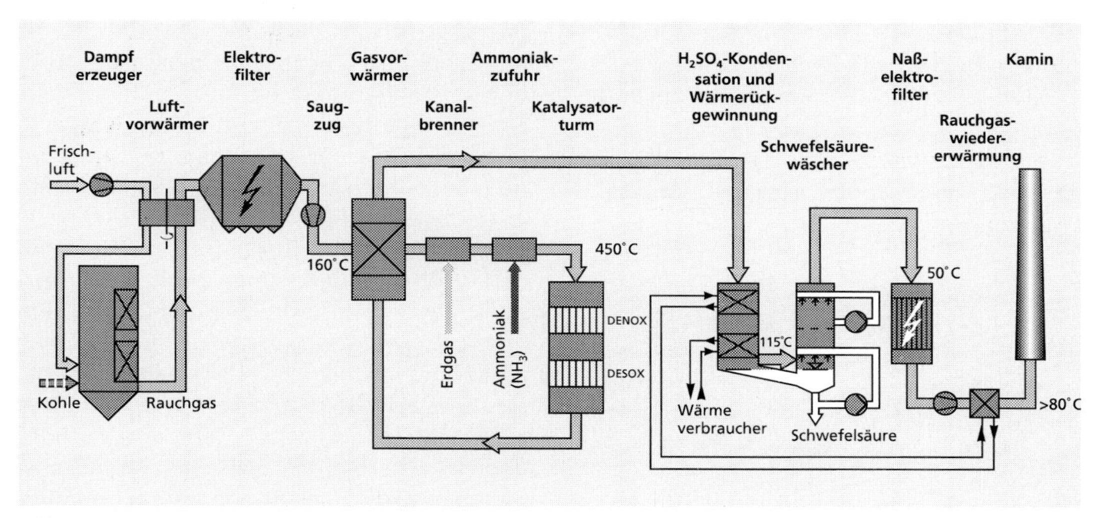


Abb. 2. 50: *Entstickungs- und Entschwefelungskonzept der Stadtwerke Münster („Desonox-Verfahren") (Lit. 2.50)*

- die Trennung von Gasgemischen, z. B. von Kohlenwasserstoffen unterschiedlicher Kettenlänge, als energetisch günstige Alternative zur Rektifikation.

Der Adsorptionsvorgang und der Betrieb einer Adsorptionsanlage hängen entscheidend von den folgenden Parametern ab und werden mit den folgenden Kriterien beurteilt:

- Druck und Temperatur (Einflüsse wie bei der Absorption),
- Eigenschaften des Adsorptionsmittels wie Größe der inneren Oberfläche (bis zu 1200 $m^2/g$ z. B. bei Aktivkohle), Temperaturbeständigkeit, gute Selektivität und große Kapazität gegenüber dem zu entfernenden Schadstoff,
- leicht durchzuführende Desorption und
- Konstruktion und Typ des Adsorbers.

In Abb. 2.51 sind Adsorptionsisothermen einiger organischer Stoffe und Wasser an Aktivkohle bei 30 °C dargestellt; bei geringen Wasserdampfkonzentrationen im Gasstrom bis ca. 10 $g/m^3$ nimmt Aktivkohle nur wenig Wasser auf und ist deshalb dann hierfür ungeeignet (zum Vergleich: mit Wasser gesättigte Luft enthält bei 20 °C und atmosphärischem Druck 19 g $H_2O/m^3$). Dies ist bei den organischen Stoffen in Abb. 2.51 anders: schon bei geringen Konzentrationen von 0,5 bis 1 $g/m^3$ kann sich Aktivkohle erheblich mit dem organischen Stoff beladen und ihn so aus dem Gasstrom entfernen. Die aus Abb. 2.51 in Abhängigkeit von der Gaskonzentration zu entnehmenden Beladungen des Feststoffs werden auch Gleichgewichtsbeladungen genannt.

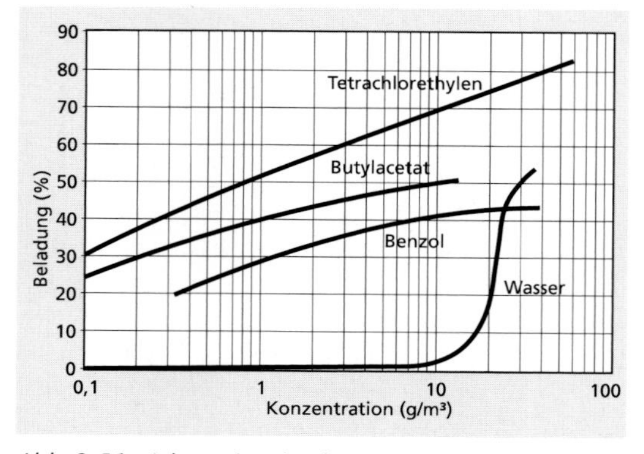


*Abb. 2.51: Adsorptionsisothermen an Aktivkohle bei 30 °C (Lit. 2.51)*

Für den Adsorptionsvorgang stehen 3 Anlagentypen zur Verfügung:

- Die *Herdofenkoksanlage*, wie sie in Abb. 5.40 (siehe Kapitel 5) zu sehen ist und in der sich das Adsorptionsmittel im Gegenstrom zum Gasstrom bewegt; hier wird preiswerter Aktivkoks auf Braunkohlebasis mit einer relativ kleinen Oberfläche von 100 $m^2/g$ eingesetzt und anschließend als Brennstoff benutzt; in dieser Anlage werden restliches $SO_2$ und HCl, zuerst aber vor allem Quecksilber, andere Schwermetalle und Dioxin – getrennt von HCl und $SO_2$ – adsorbiert. Der mit $SO_2$ und HCl beladene Aktivkoks wird separat abgezogen und der Verbrennung zugeführt, der ja die Rauchgasentschwefelung nachfolgt. Die Dioxine werden in sauerstoffarmer Atmosphäre zerstört, die Schwermetalle – vor allem Quecksilber – werden ausgetrieben, aufgefangen, konzentriert und wiederverwertet.
- Der *Festbettadsorber* (Abb. 2.52) und
- das *Adsorptionsrad* (Abb. 2.54).

Eine *Adsorptionsanlage mit Festbett* besteht grundsätzlich aus 2 Adsorbern (Abb. 2.52), die abwechselnd auf Adsorption bzw. auf Desorption zu schalten sind (Lit. 2.52).

Der Adsorptionsvorgang ist zu beenden, wenn im oben austretenden Reingasstrom eine vorgegebene Konzentration von Schadstoffen erreicht wird, d. h. die Stoffübergangszone, in der der Adsorptionvorgang gerade stattfindet, ist oben angekommen (Abb. 2.53). Jetzt muß der zweite Adsorber auf Adsorption geschaltet werden, und der gerade beladene und abgeschaltete Adsorber ist zu regenerieren. Dies erfolgt mit Wasserdampf von oben nach unten, so daß sich die Temperatur erhöht und das adsorbierte organische Material ausgetragen wird. Nach Kondensation und Kühlung wird das Gemisch Wasser/organischer Stoff aufgefangen und – bei Unlöslichkeit – in

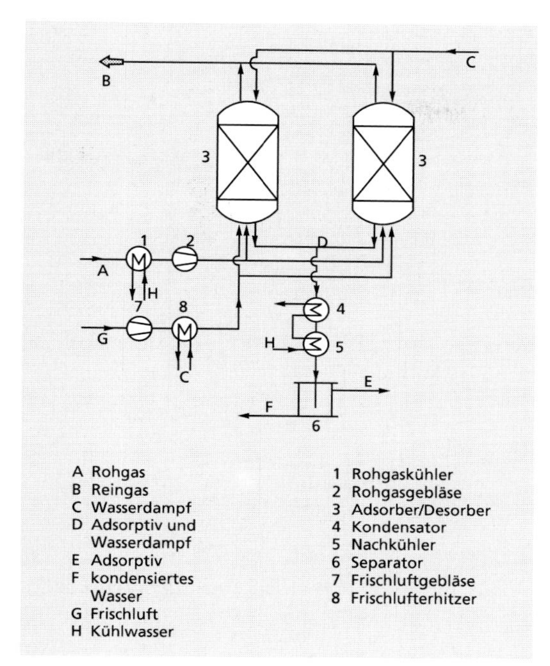


*Abb. 2.52: Diskontinuierlich arbeitende Adsorptionsanlage mit 2 Festbettadsorbern*

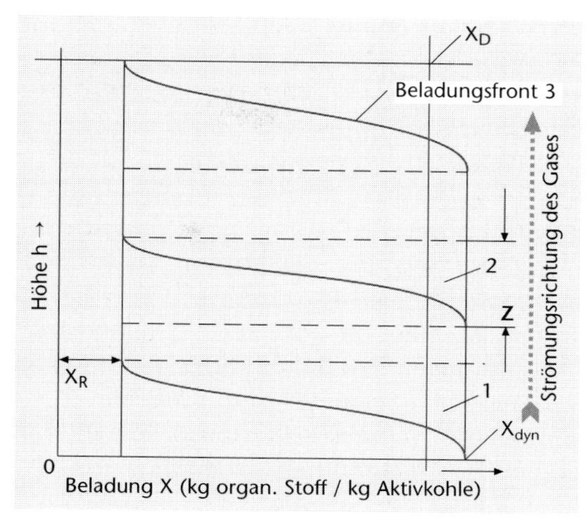


*Abb. 2.53: Beladungsprofile in einem Festbettadsorber zu verschiedenen Zeitpunkten (bei h = 0 tritt das Rohgas ein, bei h = H verläßt das Reingas den Adsorber; „z" ist die „Dicke" der Beladungsfront;*
*1 Beladungsfront kurz nach dem Beginn des Adsorptionsvorgangs, dabei nimmt die unterste Schicht nichts mehr auf.*
*2 Beladungsfront während des Prozesses. Das Adsorptionsmaterial unterhalb der Zone 2 nimmt nichts mehr auf, während oberhalb von 2 das Adsorptionsmaterial nur mit der Reststoffbeladung $X_R$ belastet ist.*
*3 Beladungsfront zu Ende des Adsorptionvorgangs kurz vor dem Umschalten auf Desorption)*

die beiden flüssigen Phasen aufgetrennt (sonst Trennung über Rektifikation). Mit einem Frischluftgebläse und einem Lufterhitzer wird das regenerierte Festbett getrocknet und dann gekühlt, so daß der Adsorber jetzt wieder für den erneuten Adsorptionsvorgang vorbereitet ist. Neben der hier beschriebenen Dampfdesorption ist auch die Desorption mit einem kleinen, heißen Inertgasstrom bekannt, der die organischen Stoffe austreibt und aus dem dann durch Kühlung das organische Lösungsmittel gewonnen wird oder der – kleiner Volumenstrom, hohe Beladung mit dem ausgetriebenen organischen Stoff – einer Verbrennungsanlage zugeführt wird.

Abb. 2.53 zeigt das Fortschreiten der Übergangszone oder der Beladungsfront im Festbett bis zum Zeitpunkt, wo die Beladungsfront das Ende des Adsorbers erreicht hat und deshalb abgeschaltet werden muß.

Die Beladung des Adsorbers $X_{dyn}$ (Abb. 2.53) ergibt sich aus den Adsorptionsisothermen in Abb. 2.51, die in Abhängigkeit von der Gaskonzentration statische Werte angeben. Da der Adsorptionsvorgang im Betrieb dynamisch verläuft, wird man die statischen Gleichgewichtsdaten entsprechend Abb. 2.51 nur zu 80 bis 90% erreichen.

$X_{dyn} = 0{,}9 \cdot X_{beladung}$

Abb. 2.53 deutet an, daß die Beladungsfront möglichst klein sein sollte, erreichbar z. B. auch mit geringer Geschwindigkeit, damit sich im Adsorber möglichst über die gesamt Höhe H die maximale Beladung $X_{dyn}$ einstellt.

Die durchschnittliche Beladung des Adsorbers einschließlich der Übergangszone 3 (Abb. 2.53) $X_D$ ergibt sich aus der Gleichung

($X_D$ wird auch als Durchbruchsbeladung bezeichnet):

$$(X_D - X_R)H = (X_{dyn} - X_R)(H - z) + 1/2\, z(X_{dyn} - X_R)$$

Die Gleichung, umgestellt nach z, ergibt:

$$z = 2H(1 - (X_D - X_R)/(X_{dyn} - X_R))$$

Damit kann die Länge der Übergangszone bestimmt werden, wenn Gasvolumenstrom, Zeitdauer des Adsorptionsvorgangs bis zum Abschalten (d.h. bis zum Austritt von Schadgas im Reingas), die Rohgas- und Reingaskonzentrationen und damit die absolute Masse an adsorbiertem Schadgas bekannt sind.

Ein gut arbeitender Festbettadsorber wird mit folgenden Daten dimensioniert:

- Volumen der Adsorberschüttung bis 35 $m^3$,
- Schütthöhe 1 bis 3 m,
- Höhe der Stoffübergangszone 0,1 bis 0,4 m,
- Verweildauer des Gasstroms in der Kolonne 4 bis 15 s,
- Strömungsgeschwindigkeit des Gases 0,2 bis 0,4 m/s,
- Druckverlust des Gasstroms bei einer Schütthöhe von 1 m und einer Gasgeschwindigkeit von 0,1 m/s 0,3 kPa bzw. bei einer Gasgeschwindigkeit von 0,3 m/s 1,3 kPa

Die Rückgewinnung von 1 kg Lösungsmittel ist in Festbettadsorbern mit folgendem Aufwand zu realisieren (Lit. 2.52):

- Verbrauch an Aktivkohle (Ersatz) 0,5 bis 1 g,
- Elektrische Energie 0,035 bis 0,25 kWh,
- Wasserdampf 3 bis 5 kg $H_2O$,
- Kühlwasser bis 0,05 $m^3$.

Mit dem *Adsorptionsrad* (Abb. 2.54) steht nun ein Adsorber zur Verfügung, der kontinuierlich betrieben wird und der auch für niedrige Schadstoffkonzentrationen, aber große Abluftströme geeignet ist. Die Adsorptionsisothermen in Abb. 2.51 zeigen, daß aber wegen der niedrigen Schadstoffkonzentrationen auch nur geringe Beladung in der Aktivkohle zu erreichen ist und daß damit gleich große Anlagen wie bei hoher Beladung zu installieren sind. In diesen Fällen haben sich Adsorptionräder bewährt.

Durch das Adsorptionrad mit der Dicke bis ca.

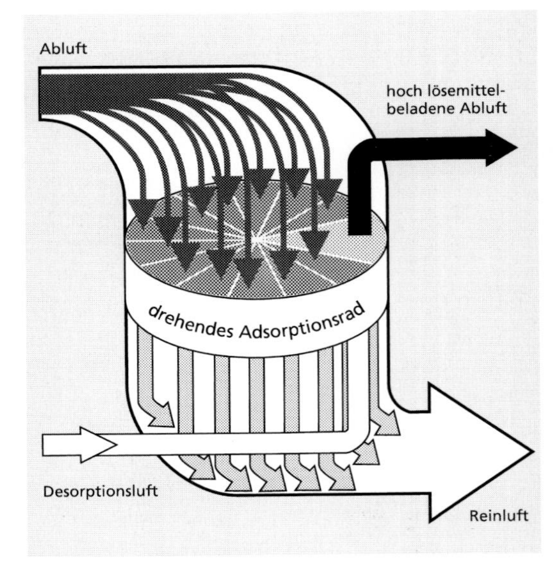


*Abb. 2.54: Adsorptionrad der Fa. Eisenmann, Böblingen (Lit. 2.51)*

50 cm wird die Abluft geführt, dabei dreht sich die Anlage. Die Adsorptionszeit beträgt bis zu 60 min, die Desorptionsphase mit heißer Desorptionsluft bis zu 6 min.

## Thermische und katalytische Nachverbrennung

Lohnt sich die Rückgewinnung der organischen Inhaltsstoffe nicht (z.B. wenn verschiedenartige Kohlenwasserstoffe in schwankenden Konzentrationen vorliegen, wenn aufwendige Trennverfahren wie die Rektifikation notwendig werden), stellt die Verbrennung der organischen Stoffe, d.h. die Oxidation zu $CO_2$ und Wasser, eine sichere und wirksame Methode dar. Zwei Konzeptionen – die thermische und die katalytische Nachverbrennung – haben sich bewährt.

Die *thermische Nachverbrennung* wird angewendet bei hohen organischen Beladungen (so daß nur wenig Zusatzenergie erforderlich ist), bei Schwankungen in den Volumenströmen und in deren Beladung und vor allem beim Vorhandensein von Katalysatorgiften wie Schwermetallen oder Schwefelverbindungen.

Aus dem 900°C heißen Abgas wird Wärmeenergie zurückgewonnen, indem mit der heißen, gereinigten Abluft die ungereinigte aufgeheizt wird, so daß dann der Zusatzenergiebedarf entsprechend sinkt.
Die *katalytische Nachverbrennung* arbeitet bei Temperaturen von 300 bis 400°C, so daß Primärenergie eingespart wird und auch der Aufwand für eine effektive Wärmerückgewinnung reduziert werden kann. Der Katalysator ist aber empfindlich gegenüber Katalysatorgiften wie Schwermetallen, so daß die Aktivität sinkt, die Emission an Schadstoffen aber steigt. Aus energetischen Gründen ist die katalytische Nachverbrennung aber vorzuziehen; mit der Entwicklung neuer Edelmetall-Katalysatoren könnte die katalytische Nachverbrennung erneut an Bedeutung gewinnen.
Abb. 2.55 zeigt schematisch das thermische und katalytische Nachverbrennungskonzept, sowie das Wärmerückgewinnungskonzept für die thermische Nachverbrennung mit direkt nachgeschaltetem Abluft-Wärmetauscher.
Thermische Nachverbrennungsanlagen können auch mit einem regenerativen Wärmetauscher ausgerüstet werden, der sehr effektiv die Energie des austretenden Reingases überträgt, so daß dieses nur noch 100 °C wärmer als das eintretende Rohgas die Anlage verläßt. Als regenerative Wärmetauschermassen werden Schüttungen aus Steinzeug eingesetzt, die in Segmente aufgeteilt, sich abwechselnd in der heißen Abluft aufheizen und sich dann in dem kalten Rohgasstrom abkühlen.

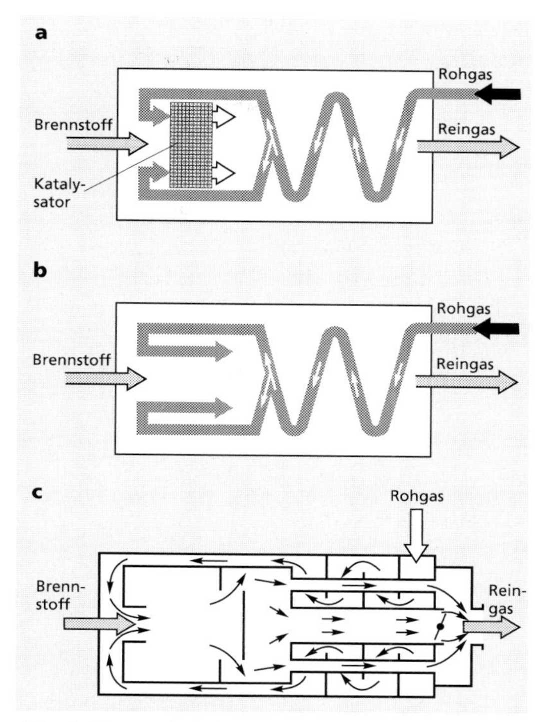


*Abb. 2.55: Katalytisches (a) und thermisches (b) Nachverbrennungskonzept, thermische Nachverbrennung mit direkt nachgeschaltetem Abluft-Wärmetauscher (c) der Firma Eisenmann, Böblingen (Lit. 2.51)*

### 2.2.3.3 Biologische Verfahren

Mit Erfolg werden Biowäscher zur Abscheidung organischer Verbindungen aus Abgasströmen eingesetzt, vor allem wenn deren Konzentrationen gering und schwankend sind, so daß Biowäscher dann auch eine wirtschaftlich interessante Alternative zur Adsorption, Absorption oder Nachverbrennung darstellen können.
Der Schadstoffabbau erfolgt bei der biologischen Abluftreinigung durch Mikroorganismen in der wäßrigen Phase, wo die Schadstoffe zu Kohlendioxid und Wasser abgebaut werden. Nachteilig ist der langsam verlaufende biologische Abbauprozeß, so daß im Vergleich zur chemischen Oxidation in der Nachverbrennung die biologische Reinigung eine erheblich längere Verweildauer und damit größere Apparate erforderlich macht. Zwei Prozeßvarianten sind zu unterscheiden:
- der Biofilter und
- der Biowäscher.

Beim *Biofilter* – in Kläranlagen und in Tierhaltungen eingesetzt – wird die beladene und befeuchtete Abluft durch eine Schüttung aus Kompost und Torf geleitet, in der die Mikroorganismen enthalten sind.

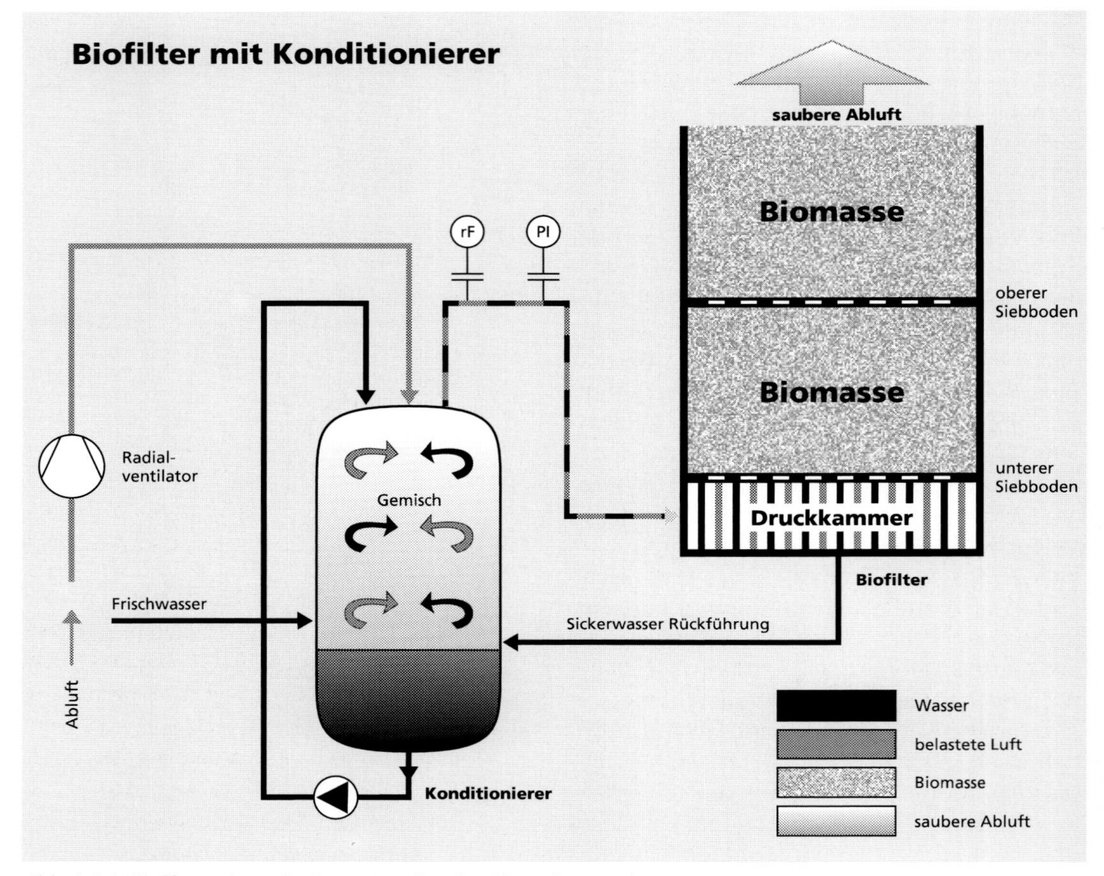


*Abb. 2.56: Biofilteranlage der Jansen und Nolte GbR mbH, Bochum (Lit. 2.53)*

Beim *Biowäscher* wird die beladene Abluft einem Gemisch aus Wasser/Belebtschlamm (Kap. 3) entgegengeführt, die organischen Schadstoffe werden vom Wasser aufgenommen und im Belebungsbecken (Kap. 3) biologisch abgebaut. Abb. 2.56 zeigt den Aufbau einer Biofilteranlage.

### 2.2.3.4 Dioxine und Furane – Entstehung und Beseitigung

Dioxine und Furane sind seit dem Seveso-Unfall (Kap. 2.1.1) als extrem giftige Substanzen bekannt; ihre Emissionen aus Müllverbrennungsanlagen und aus anderen Quellen beispielsweise der chemischen Industrie werden seitdem als kritisch eingeschätzt.

Mit der 17. BImSchV (Kap. 2.1.2) und einer vorbereiteten Verordnung der Europäischen Union wird die Konzentration an Dioxinen und Furanen auf 0,1 ng TE/m$^3$ (TE = Toxizitätsäquivalent; siehe dazu Tab. 2.2 und 2.3) begrenzt. Müllverbrennunganlagen emittieren 10 ng TE/m$^3$ und mehr; die Belastung aus Hausmüllverbrennungsanlagen soll 3,5 kg TE/a betragen (Lit. 2.54). Die Dioxin-Konzentration im Abgasstrom ist unabhängig von der Kontamination des Abfalls mit Dioxin, da die mit dem Müll eingebrachten Dioxine und Furane im Feuerraum weitgehend zerstört werden. Beim Abkühlen der Verbrennungsgase – im Temperaturbereich zwischen 400 bis 250 °C – bilden sich die Schadstoffe neu („De-novo-Synthese").

Bei dieser „*De-novo-Synthese*" sind die katalytischen Eigenschaften der im Rauchgas enthaltenen Stäube, deren Oberfläche, der Gehalt an unverbranntem Kohlenstoff und der hohe Luftüberschuß im Rauchgas entscheidend. Es entstehen um so mehr Dioxine und Furane, je mehr unverbrannter Kohlenstoff im Abgas vorhanden und je höher der Luftüberschuß ist. Deshalb sind bei minimalem Luftüberschuß, bei Temperaturen über 1000 °C und bei einer Verweildauer von mindestens 2 s die Dioxin-Konzentration im Kessel-Abgas unter 1 ng/$m^3$ zu drücken (Kohlenstoffgehalt der Stäube 1,1 %) (Lit. 2.54). Dioxine können sich nur bei Temperaturen zwischen 250 und 400 °C neubilden, wenn Sauerstoff vorhanden ist. So werden Dioxine und Furane der Flugasche und auch des Aktivkoks aus Herdofenkoksanlagen (Abb. 5.40, Kap. 5) in einer inerten Atmosphäre bei 300 °C reduziert.

Neuentwicklungen setzen – wegen der teuren Nachrüstung mit Adsorptionsanlagen zur Dioxinminderung – auf die Katalysatortechnik. Die SCR-Technik (Abb. 2.49) ist zur $NO_x$-Minderung eingeführt und bewährt. Aufbauend auf den Patenten von Prof. Hagemaier ist inzwischen ein modifizierter und verbesserter *DeNOx-Katalysator der „2. Generation"* entwickelt und im großtechnischen Einsatz, der ebenfalls aus den Hauptkomponenten Titanoxid, Wolframoxid und Vanadiumpentoxid besteht und der bewirkt, daß sich Dioxine und Furane in $CO_2$ und $H_2O$ zersetzen. Als Nebenprodukt entsteht HCl in vernachlässigbar kleinen Mengen. Beispielsweise bietet die Firma Babock solche PCDD-und PCDF-Reduktionsanlagen in Erweiterung der SCR-Technik an.

Die Quecksilber- und Dioxin-Emissionen aus Müllverbrennungsanlagen (Kap. 5) können mit sekundären Maßnahmen wie mit dem Herdofenkoksadsorber (Abb. 5.40, siehe Kapitel 5) für Quecksilber und Dioxin oder mit dem Oxidationskatalysator für Dioxine auf die gesetzlichen Grenzwerte (Kap. 2.1.2) reduziert werden. Diese Substanzen bzw. Stoffgruppen sind die typischen Beispiele für Substanzen, auf die – wie quecksilberhaltige Geräte und Apparate und PVC-Produkte – verzichtet werden sollte, weil die Entsorgung dieser irgendwann zu Abfall werdenden Produkte große technische Anstrengungen erfordert und Probleme verursacht.

### 2.2.3.5 Abgasreinigung im Verkehrssektor

Der Verkehrssektor ist wegen der Vielzahl der einzelnen Emittenten für die „end-of-pipe"-Technik schwerer zugänglich als einige wenige industrielle Großemittenten, etwa Kraftwerke oder Chemieanlagen. Weil die primären Maßnahmen nicht schnell genug oder ausreichend intensiv wirksam waren und sind, haben sich Gesetzgeber und Technik in nahezu allen Industriestaaten in den letzten beiden Jahrzehnten drei Schwerpunkten im Verkehrsbereich intensiv gewidmet:

- *Dreiwegekatalysatortechnik* zur Reduzierung der $NO_x$-Emissionen bei Benzinmotoren auch in der noch kalten Startphase der Motoren,
- *Primäre Maßnahmen und Filter- bzw. Katalysatortechnik* zur Reduzierung von Emissionen von kanzerogenen Rußpartikeln im Abgas von Dieselmotoren und
- *Reduzierung von Benzindämpfen*, die beim Tanken in die Atmosphäre emittiert werden. Mit den geregelten Dreiwegekatalysatoren (Abb. 2.58) lassen sich die Schadstoffemissionen bei $NO_x$, CO und unverbrannten Kohlenwasserstoffen entsprechend Abb. 2.57 auf einen Bruchteil reduzieren. Unbedingt erforderlich ist die Verwendung von unverbleitem Benzin, da Blei als Katalysatorgift den Katalysator zerstören würde (Lit. 2.55).

Der Katalysator besteht aus hochporösem Aluminiumoxid, das auf Pellets aus Keramik- oder Metallmonolithe oder auf die Kanaloberfläche von Waben aufgebracht wird. Dann imprägniert man die Aluminiumoxid-Oberfläche mit fein verteilten Edelmetallpartikeln (Platin, Palladium und Rhodium). Diese Edelmetallpartikel – auch Cluster genannt – haben

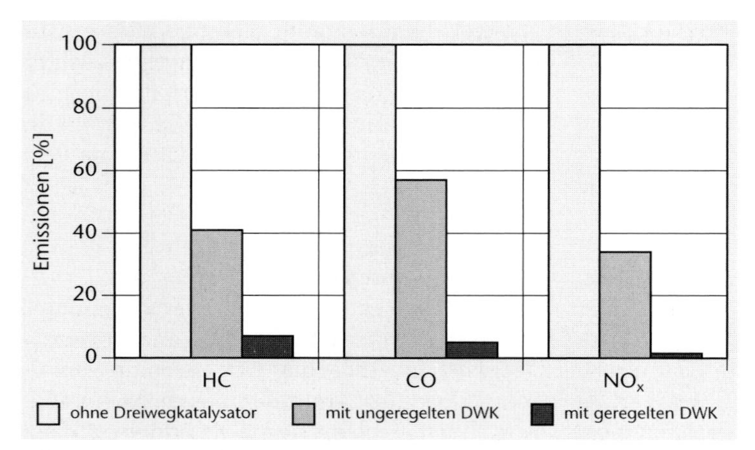


*Abb. 2.57: Wirksamkeit von geregelten und ungeregelten Dreiwegekatalysatoren gegenüber einem Betrieb ohne Katalysator*

Nach Abb. 2.58a ist die optimale Wirksamkeit des Katalysators nur gegeben, wenn die genau eingestellte Luftzahl λ eine enge Zone – das „Lambda-Fenster" – erreicht. Über eine auf Sauerstoff sensibel reagierende Sonde (*„Lambda-Sonde"*) wird ein zuverlässiger und präziser Regelkreis bedient, der die Luftzahl in diesen engen Grenzen genau einregelt (Abb. 2.58).

Wegen der immer noch zu hohen $NO_x$-Emissionen, die sich z. B. in Deutschland mit

einen Durchmesser von 1 bis 5 nm und stellen die eigentlich aktiven Zentren dar. Abb. 2.58 zeigt die Funktion eines Dreiwegekatalysators.

Bei Einsatz eines Abgaskatalysators muß dem Otto-Motor im Leerlauf und bei Vollgasfahrt ein konstantes Kraftstoff-Luft-Verhältnis angeboten werden. Dieser optimale Punkt in der Nähe von λ = 1, aber noch im „fetten" Bereich, ist dadurch charakterisiert, daß kein überschüssiger Sauerstoff vorhanden sein darf.

Abb. 2.25 (Kap. 2.2.1) belegen lassen und die vor allem in der kalten Anfahrphase begründet sind, planen die Gesetzgeber strengere Grenzwerte bei den $NO_x$- und Kohlenwasserstoffe-Emissionen. So mußten in Kalifornien Otto-Motoren schon 1995 Grenzwerte einhalten, die um 70% unter den Grenzwerten von 1993 liegen (LEV = Low Emission Vehicle). Ab 1997 werden die zulässigen Grenzwerte nochmals halbiert (ULEV = Ultra Low Emission Vehicle):

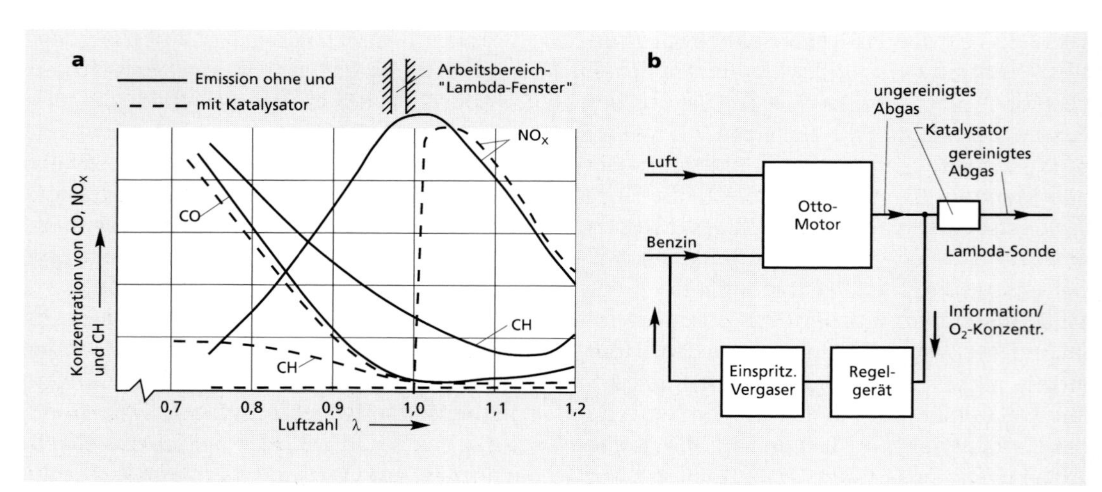


*Abb. 2.58: Emissionen eines Otto-Motors mit und ohne Abgaskatalysator und Blockschaltbild für die katalytische Abgasreinigung mit „Lambda-Regelung" (Lit. 2.56)*

1993: Kalifornischer Grenzwert (für vorgeschriebenen Testzyklus)
0,25 g Kohlenwasserstoffe ohne Methan/Meile
0,40 g Stickoxide/Meile
1995: 0,075 g Kohlenwasserstoffe ohne Methan/Meile
0,20 g Stickoxide/Meile
(Lit. 2.55)

Um diese niedrigen Grenzwerte zu erfüllen, schlagen die Hersteller der Edelmetall-Katalysatoren vor:
Entweder die zusätzliche Anordnung eines Startkatalysators, der nur mit Palladium belegt ist, oder die Installation eines Kohlenwasserstoff-Adsorbers oder die Installation von elektrisch beheizten Katalysatoren (Lit. 2.55).
Die Reduzierung von Stickoxiden im Abgas von Dieselmotoren kann nicht mit Dreiwegekatalysatoren durchgeführt werden, da das Abgas Sauerstoff enthält; zur Zeit werden Katalysatoren entwickelt, die für die $NO_x$-Reduzierung trotz des Sauerstoff- und Schwefelgehalts geeignet sind.
Besondere Aktivitäten zur Verbesserung der Abgasqualität bei Dieselmotoren richten sich auf die weitgehende Beseitigung der Rußpartikel, die die Weltgesundheitsorganisation (WHO) als kanzerogen einstuft. VW hat schon 1989 auf der internationalen Automobilausstellung einen Katalysator für Dieselfahrzeuge vorgestellt, mit dem die strenge „Töpfer-Norm" von 0,08 g Partikel/km eingehalten wird. (Zum Vergleich: im US-amerikanischen Fahrtest werden Staubpartikel in einer Höhe von 208 g Partikel/km emittiert, die bis auf einen Bruchteil zu beseitigen sind). Die Filter zur Abscheidung der Rußpartikel werden derzeit als keramische Monolithe oder als keramische Wickelfilter angeboten, womit Laufzeiten bis zu 100.000 km zu erreichen sind.
Die Wirksamkeit moderner Rußfilter wird durch die Elektrostatik unterstützt. Im Abgasstrom lädt eine Sprühelektrode die Rußpartikel negativ auf, so daß diese sich an der positiven Seite, der Oberfläche des Abgaskanals der Keramikmonolithen, abscheiden, wo negativ geladener Sauerstoff die Rußpartikel kontinuierlich abbrennt.
Um die Kohlenwasserstoffe beim Tanken zu reduzieren, müssen die deutschen Tankstellen bis Ende 1997 nach der 21. BImSchV (Kap. 2.2.1) mit Saugpistolen ausgestattet werden.
Das beim Betanken verdrängte Gasvolumen wird abgesaugt, in den Lagertank zurückgeführt und dort kondensiert („*Gaspendelsystem*").
Eine andere Lösung, mit der auch die Kohlenwasserstoffemissionen im Stillstand und im Betrieb zu reduzieren wären, konnte gegen den Widerstand der Automobilindustrie leider nicht durchgesetzt werden. Dieses Konzept sah den Einbau eines Aktivkohle-Adsorbers in das Fahrzeug vor, so daß die Kohlenwasserstoffdämpfe weitgehend adsorbiert worden wären.
Die Zahlen sprechen für die nicht akzeptierte Lösung: Beim Tanken werden 45.000 t Kohlenwasserstoffe/a freigesetzt, hingegen beim Fahren und beim Parken 360.000 t/a; deshalb befürwortet die Firme Aral AG die „autoseitige" Lösung, also den Aktivkohle-Adsorber, der noch eine Restemission von insgesamt 40.000 t/a zuließe, während bei der „Saugrüssel"-Lösung Emissionen von ca. 380.000 t/a bleiben.

## 2.3 Meßtechnik

Die kontinuierliche Messung von Gasen und Stäuben in der Luftreinhaltung geht auf die Anfänge der Analysenmeßtechnik in der chemischen Industrie und in Kraftwerken zurück. Das Ziel hierbei ist in erster Linie die Optimierung des Prozesses nach Kostengesichtspunkten gewesen, erst mit dem Bundesimmissionsschutzgesetz von 1974 tritt der Umweltschutzaspekt in den Vordergrund. Dabei muß die Meßtechnik garantieren und kontinuierlich überwachen, daß die Emissionsdaten einer Anlage auch wirklich unter den rechtsverbindlich festgelegten Grenzwerten z.B. nach der

13. BImSchV oder nach der 17. BImSchV (Kap. 2.1.2) liegen.
Nach bundesdeutscher Praxis dürfen bei der behördlich anerkannten und zugelassenen Emissionsmessung nur Geräte eingesetzt werden, die die Eignungsprüfung bestanden haben und durch das Bundesministerium für Umwelt, Naturschutz und Reaktorsicherheit bekanntgegeben sind. Die Verfügbarkeit der Meßgeräte und Meßsysteme muß im dreimonatigen Feldversuch 95% sicher erreichen.
Die Festlegung des kleinsten Meßbereichs ist entscheidend: Die kleinsten Meßbereiche betragen das 2,5 bis 3fache der Emissionsgrenzwerte nach der jeweiligen BImSchV bzw. nach der TA Luft. Inzwischen muß die moderne Meßtechnik bei Einhaltung der Genauigkeitsanforderungen immer kleiner werdende Meßbereiche sicher gewährleisten.
Neben den ursprünglich interessanten Komponenten CO, $SO_2$, $NO_x$, Staub hat sich die Überwachungspflicht auf weitere Komponenten wie Gesamt-Kohlenstoff, HCl und HF ausgedehnt. Daneben muß die Sauerstoffkonzentration in Verbrennungsprozessen bestimmt werden, hierbei dient die $O_2$-Konzentration als Bezugsgröße (Tab. 2.1 und 2.2). Vor allem die 13. BImSchV von 1983 (Tab. 2.1) hat die Entwicklung ausgereifter Emissionsmeßstationen vorangetrieben. So sind allein 1984 bis 1986 in 1100 Meßstellen 1000 kontinuierliche Meßsysteme für CO, $SO_2$, $NO_x$, Staub und $O_2$ als Bezugsgröße (teilweise vor und hinter Abgasreinigungsanlagen entsprechend Kap. 2.2.3) installiert worden.
Für den Einsatz eines Meßsystems sind 2 Gesichtspunkte entscheidend:
- Das gewählte Meßsystem muß für die betrachtete Meßkomponente geeignet sein und ausreichende Reserven besitzen, wenn der Gesetzgeber zukünftig niedrigere Grenzwerte als die derzeitig gültigen vorschreiben sollte.
- Das Meßsystem muß unempfindlich sein gegenüber Störungen, Taupunktunterschreitungen oder hohen Staubgehalten.

Die möglichen Meßsysteme lassen sich nach zwei Prinzipien unterscheiden:
- nach dem *In-situ-Prinzip* und
- dem *extraktiven Prinzip.*

Bei der In-situ-Messung wird das Rauchgas direkt im Abgaskanal analysiert; dabei werden die Schadkomponenten repräsentativ erfaßt, wenn der gesamte Querschnitt in die Messung einbezogen wird.
Bei der extraktiven Messung wird dem Rauchgasvolumenstrom an einem repräsentativen Punkt des Querschnitts durch eine Sonde ein kleiner Teilvolumenstrom entnommen, aufbereitet und analysiert.
Die extraktiv arbeitenden Meßsysteme müssen mit beheizten Leitungen, mit Kühlern und Staubfiltern ausgestattet sein – diese wartungsintensiven Apparateteile entfallen bei den In-situ-Meßsystemen – und können aber häufig im Gegensatz zur In-situ-Meßtechnik verschiedenartige Meßverfahren integrieren. Die Beheizung der Gaswege bei der extraktiven Meßtechnik ist vor allem dann erforderlich, wenn Taupunktsunterschreitungen zu erwarten sind und Gaskomponenten wie HCl und HF analysiert werden sollen, die sich im Kondensat lösen und bei einer Kondensatbildung nicht zur Anzeige gebracht würden.
Die beiden prinzipiellen Meßstrategien – In-situ bzw. extraktiv – zeigt Abb. 2.59.

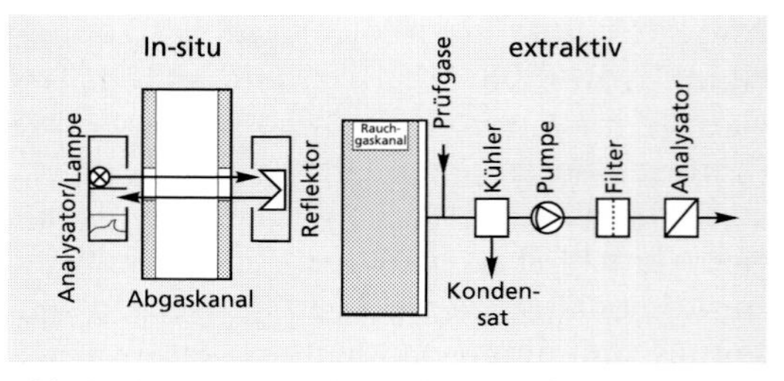


*Abb. 2.59: In-situ- und extraktive Meßstrategie (Lit. 2.57)*

In Tab. 2.12 sind einige Meßgeräte für verschiedene Komponenten mit den jeweils kleinsten Meßbereichen und den Meßprinzipien aufgeführt, die exemplarisch erläutert werden.

| Meßobjekt | Meßverfahren | Meßbereich | Gerätetyp | Hersteller |
|---|---|---|---|---|
| CO | NDIR | 0–250 $mg/m^3$ | Uras | H & B |
| | NDIR | 0–250 $mg/m^3$ | Ultramat | Siemens |
| | NDIR | 0–100 $mg/m^3$ | Unor | Maihak |
| | NDIR | 0–200 $mg/m^3$ | Binos | Rosemount |
| $SO_2$ | NDIR | 0–2500 $mg/m^3$ | Ultramat | Siemens |
| | NDIR | 0–1000 $mg/m^3$ | Unor | Maihak |
| | NDIR | 0–286 $mg/m^3$ | Uras | H & B |
| | UV | 0–3 $g/m^3$ | Binos | Rosemount |
| | UV | 0–3 $g/m^3$ | GM21 | Sick |
| $NO_x$ | NDIR | 0–400 $mg/m^3$ | Unor | Maihak |
| | NDIR | 0–1500 $mg/m^3$ | Ultramat | Siemens |
| | NDIR | 0–400 $mg/m^3$ | Binos | Rosemount |
| | UV | 0–200 $mg/m^3$ | GM30 | Sick |
| | NDUV | 0–125 $mg/m^3$ | Radas | H & B |
| | el. chem. | 0–670 $mg/m^3$ | 4000 S | AEG |
| Gesamt C | FID | 0–50 $mgC/m^3$ | Fidamat K | Siemens |
| | FID | 0–50 $mgC/m^3$ | Fidas 3E | H & B |
| | FID | 0–50 $mgC/m^3$ | Compur FID | Baver Diagnostic |
| | FID | 0–160 $mgC/m^3$ | BA 3004 | Bernath Atomic |
| | Oxidation | 0–226 $mgC/m^3$ | KM 2 | ADOS |
| HCl | IR | 0–200 $mg/m^3$ | Spektran 677 | Bodenseewerk |
| | Potentiometrie | 5–500 $mg/m^3$ | Sensimeter | Bran & Lübbe |
| HF | Potentiometrie | 0–10 $mg/m^3$ | Compur HF | Bayer Diagnostic |
| | Potentiometrie | 0,5–50 $mg/m^3$ | Sensimeter | Bran & Lübbe |
| $O_2$ | magn. Mech. | — | Magnos 3K | H & B |
| | magn. Mech. | 0–10 Vol.-% | Oximat 5 | Siemens |

*Tab. 2.12: Beispiele für Meßgeräte in der Gasanalysentechnik (Lit. 2.57)*

Meßverfahren nach dem *photometrischen Prinzip* sind weit verbreitet in der Emissions- und in der Immissionsmeßtechnik eingesetzt. Das Prinzip beruht darauf, daß die Schadgase CO, $SO_2$ und $NO_x$ im ultravioletten (UV) und/oder im infraroten (IR) Spektralbereich ausgeprägte Absorptionsspektren aufweisen. Wenn Licht auf ein Medium – hier auf das zu analysierende Schadgas – fällt, dann wird ein Teil des Lichts absorbiert und in Wärme umgewandelt, es zeigen sich für spezielle Gasbestandteile charakteristische Absorptionsbande wie für CO 4,65 µm, NO 5,45 µm und $SO_2$ 7,5 µm.

Das sehr häufig eingesetzte photometrische Meßverfahren – das *NDIR-Verfahren* – arbeitet mit nichtdispersem Licht (das also nicht z.B. durch ein Prisma in seine farbigen Bestandteile zerlegt wird) im infraroten Spektralbereich (IR). Beim Zweistrahlphotometer wird die Absorption bestimmter Wellen des Lichts im Schadgas mit der Absorption in einem Vergleichsgas verglichen, dessen Zusammensetzung bekannt ist. So wird auf die Zusammensetzung des Schadgases geschlossen.

Der ultraviolette (UV-) Strahlungsbereich zwischen 200 nm und 300 nm eignet sich besonders gut für die Analyse von $SO_2$ und NO in *In-situ-Meßeinrichtungen.* Hierbei gelangt die Strahlung z.B. einer gepulsten Lampe über ein Spiegelsystem durch den Meßkanal auf einen Reflektor, der das Licht zurückwirft. Auf seinem Rückweg wird es mit einem Gitter spektral zerlegt und von lichtempfindlichen Dioden analysiert. Die simultane Spektralanalyse zeigt gleichzeitig die Konzentrationen von NO und $SO_2$ im Strahlenbereich von 200 nm bis 300 nm an.

Zur In-situ-Messung des Staubgehalts greift man auf Lichtstreuungsverfahren oder auch auf radiometrische Verfahren zurück. Beim Streulichtverfahren wird die Streulichtintensität vieler Staubpartikel im Rauchgaskanal durch Vergleich mit einer Referenzmessung bestimmt; dabei wird auf die Tatsache zurückgegriffen, daß der Streulichteffekt der vielen Staubpartikel gleich der Summe der Einzeleffekte an einem Einzelkorn ist. So kann auf die Gesamtzahl der Staubpartikel direkt geschlossen werden. Wichtig ist, daß die Meßtemperatur oberhalb des Taupunktes liegen muß, da auch Lichtstreuung an Kondensattröpfchen stattfindet und somit eine erhöhte Staubkonzentration anzeigen würde.

Für Komponenten wie z. B. Gesamtkohlenstoff oder Sauerstoff sind optische Meßverfahren nicht geeignet.

Zur Analyse von organischen Schadstoffen wird häufig der *Flammenionisationsdetektor* (FID) eingesetzt. Sein Prinzip beruht darauf, daß Kohlenwasserstoffe, die im Meßgas enthalten sind, in einer Wasserstoffflamme ionisiert und damit elektrisch leitend gemacht werden. Diese elektrische Ladung wird verstärkt und zur Anzeige gebracht. Mit einem definierten Meßgas aus Methan und Propan wird der FID-Detektor kalibriert. Da der Sauerstoffgehalt als Bezugsgröße (Tab. 2.1) bekannt sein muß, wird häufig auf magnetomechanische Verfahren zur Analyse zurückgegriffen. Der Meßgasstrom wird teilweise durch die Meßzelle geführt, in der sich eine feine Hantel aus Quarzglas befindet, die mit Stickstoff gefüllt ist und sich zwischen zwei Magneten befindet. Wenn das Meßgas mit dem Sauerstoffanteil an den Magneten vorbeigeführt wird, ändert sich je nach Sauerstoffgehalt mehr oder weniger das Magnetfeld, da Sauerstoff paramagnetisch und deshalb – abhängig von der Temperatur – in Feldrichtung magnetisierbar ist. Die Hantel wird aus ihrer Ausgangslage verdreht, ihre Stellung wird über Photodioden gemessen und über eine Kompensationsschaltung permanent korrigiert. Der Kompensationsstrom ist der Sauerstoffkonzentration direkt proportional. Das Meßgerät kann mit normaler Luft (20,8 Vol-% $O_2$) kalibriert und in andere Meßbereiche (z. B. 0 bis 5% $O_2$) umgeschaltet werden, ohne daß wegen der strengen Linearität der Eichbezug verlorengeht.

Ein weiteres Verfahren – vor allem für In-situ-Messungen – zur $O_2$-Bestimmung beruht auf dem *elektrochemischem Prinzip*. Der elektrische Strom, der durch einen Festkörperelektrolyten (Zirkoniumdioxid) fließt, wird gemessen. Der Strom fließt bei 400 °C und mehr aufgrund der Sauerstoffionenwanderung durch den Elektrolyten von der Meßgas- zur Referenzgasseite und ist somit ein Maß für die $O_2$-Konzentration im Meßgas.

$SO_2$ und vor allem HCl können über die elektrische Leitfähigkeit einer Lösung bestimmt werden. Dazu wird die Schadgaskomponente in einer verdünnten Wasserstoffperoxid-Lösung absorbiert, deren Leitfähigkeit vor und nach dem Absorptionsvorgang bestimmt wird. Da die Änderung der elektrischen Leitfähigkeit der gelösten Stoffmenge entspricht, muß der Volumenstrom genau konstant gehalten werden. Dieser konstante Volumenstrom muß auch bei dem potentiometrischen Meßprinzip eingehalten werden, das zur Analyse von HCl und HF angewendet wird und mit ionensensitiven Elektroden arbeitet.

Weitere Komponenten wie die gefährlichen Dioxine und Furane (Abb. 2.3, Tab. 2.2 und 2.3) rücken inzwischen immer stärker ins Blickfeld; die Entwicklung preiswerter, weniger aufwendiger Meßtechnik hierfür ist deshalb vordringlich.

Für die Bestimmung von Dioxinen in gasförmigen Emissionen gilt die VDI-Richtlinie 3499 (aufbauend auf der älteren VDI-Richtlinie 2066). Als wichtig wird die *isokinetische Probenahme* angesehen, d. h. im Querschnitt des Rauchgasstromes und im Querschnitt der Probenahmeapparatur muß die gleiche Strömungsgeschwindigkeit herrschen. Zwei Methoden sind bekannt, um die Dioxine und Furane aufzukonzentrieren:

Die derzeit gängige Methode ist die *Kondensationsmethode*. Hierbei wird ein heißer Abgasteilstrom in der Probenahmeapparatur mit Wasser im Gegenstrom gekühlt, und das Kondensat des Abgases wird dann aufgefangen. Dem Kondensatgefäß ist ein Adsorber mit wasserunempfindlichem Adsorbens nachgeschaltet.
Bei der vom Rheinisch-Westfälischen TÜV entwickelten *Verdünnungsmethode* wird das Abgas in der Probenahmeapparatur mit trockenem, dioxinfreiem Fremdgas verdünnt und dann abgekühlt. So werden Taupunktunterschreitungen vermieden. Die partikelgebundenen PCDD/PCDF werden weitgehend auf einem speziellen Filter abgeschieden, das gegen notwendige hohe Volumenströme durchlässig sein muß. Verbleibende gasförmige Dioxine und Furane werden in einem nachgeschalteten Festbettadsorber abgeschieden.
Die PCDD/PCDF-Konzentrationen werden letztendlich in einem *Kapillargaschromatographen* und *Massenspektrometer* analysiert. Die aufkonzentrierte Probe mit den vielen möglichen Dioxin- und Furan-Einzelkomponenten wird Heliumgas als Transportmedium übergeben. Am Ende der engen Kapillaren (0,25 mm Innendurchmesser, 60 m lang) aus Quarz ist die Ionenquelle des Massenspektrometers angeordnet. Die Innenoberfläche der Kapillarsäulen ist mit einer mikroskopisch dünnen Polymerschicht belegt, mit der die verschiedenen Dioxine und Furane mehr oder weniger stark in Wechselbeziehung treten. Diejenigen Dioxine und Furane, die weniger stark in Wechselbeziehung treten, werden früher an der Ionenquelle des Massenspektrometers ankommen, andere Dioxine und Furane mit stärkeren Wechselbeziehungen zu der Polymerschicht erreichen die Ionenquelle eben erst später. Die Ionenquelle wandelt die einzelnen Dioxin- und Furan-Moleküle bei ihrem Eintreffen dort in positiv geladene Ionen um, die wiederum je nach ihrem Verhältnis von Masse und Ladung im Analysatorteil erfaßt werden.

Nach der quantitativen Erfassung aller PCDD/PCDF-Komponenten werden die ermittelten Konzentrationen entsprechend Tab. 2.3 mit Toxizitätsfaktoren multipliziert und umgerechnet.

**Rekapitulieren Sie!**

1. Warum schreibt der Gesetzgeber bei den Grenzwerten Schwefeldioxid-Konzentrationen und gleichzeitig Entschwefelungsgrade vor und bezieht die Grenzwerte auf bestimmte Sauerstoffkonzentrationen im Abgas?
2. Grenzen Sie Großkraft-, Heizkraft- und Blockheizkraftwerke voneinander ab (z. B. Brennstoffversorgung, Rauchgasreinigung, jeweiliges Produktionsziel, Wirkungsgrade, Sommer- und Winterbetrieb etc.)!
3. Erläutern Sie die Funktion eines Brennwertkessels, nennen Sie Vor- und Nachteile!
4. Erläutern Sie die Funktion einer Elektro- bzw. Gaswärmepumpe und zeigen Sie, daß die Abgabe der Heizwärme an ein Fußbodenheizungssystem und die Aufnahme der Umweltenergie aus einem Wärmereservoir mit konstant 10 °C energetisch günstig ist im Gegensatz zu dem Betrieb einer Wärmepumpe, die die Wärmeenergie der Atmosphäre entnimmt und die Heizenergie an einen Heizkreislauf mit Temperaturen von 60 bis 70 °C abgeben soll!
5. Grenzen Sie die Verfahren der Absorption, Adsorption, der thermischen und katalytischen Nachverbrennung bzw. biologische Verfahren zur Reinigung der Abgasströme gegeneinander ab! Zeigen Sie die jeweiligen Vor- und Nachteile auf!
6. Kann das Adsorptionsverfahren mit dem der thermischen Nachverbrennung kom-

biniert werden? Begründen Sie ihre Antwort anhand einer Prinzipschaltung!

7. Welche Bedeutung hat ein Kombikraftwerk bezüglich der $CO_2$-Emission und bezüglich der Rauchgasreinigung?
8. Wozu werden Fluorchlorkohlenwasserstoffe verwendet, warum müssen diese substituiert werden? Nennen Sie Ersatzstoffe!
9. Was ist unter der „aktiven" und „passiven" Sonnenenergienutzung zu verstehen? Erläutern Sie je zwei Beispiele!
10. Nennen Sie drei Maßnahmen, mit denen die notwendige Endenergie für den Wärmebedarf von Häusern „intelligenter" als bisher zu nutzen ist!
11. Nennen Sie die wichtigsten Gründe für verfahrenstechnische Probleme, die sich beim Einsatz von Elektroentstaubern ergeben!
12. Wie ist zu erklären, daß das Emissionsniveau bei den Schadstoffen Staub und Schwefeldioxid seit 20 Jahren sinkt, während bei Stickoxiden sich nur langsam eine Abnahme der $NO_x$-Emissionen zeigt?
13. Was ist unter „feuerungstechnischen Maßnahmen" zu verstehen? Wozu werden sie ergriffen? Grenzen Sie diese gegenüber der SCR-Technik ab!
14. Warum nutzt ein Großkraftwerk die Primärenergie schlecht aus? Nennen Sie Möglichkeiten, wie der Wirkungsgrad angehoben werden könnte
    - ohne Ersatz des bestehenden Kraftwerks,
    - bei Bau eines modernen Kraftwerks!
15. Wozu werden Bleiverbindungen dem Benzinkraftstoff zugesetzt? Warum wird Blei substituiert? Erläutern Sie das Katalysatorkonzept bei Otto-Motoren!
16. Warum gelten für Schadstoffe wie Schwefeldioxid Immissionsgrenzwerte, während für andere Stoffe wie z. B. Benzol Immissionsrichtwerte genannt werden? Warum ist der Unterschied medizinisch begründet?
17. Was verstehen die Genehmigungsbehörden bzw. Gerichte unter den Begriffen „Dynamisierungsklausel" und „Stand der Technik"? Welche Konsequenzen ergeben sich daraus?
18. Nennen Sie drei Maßnahmen, mit denen Sie selbst die benötigte Energie zum Antrieb Ihres Wagens senken könnten! Nennen Sie drei Maßnahmen, mit denen die Automobilindustrie den Bedarf an Treibstoff in den letzten beiden Jahrzehnten abgesenkt hat!

## Literatur


2.1 Emissionen von Schadstoffen (Mill. t/a) in der Bundesrepublick Deutschland (nach Umweltbundesamt) in: Umwelt und Technik, 11. Jg., 1988

2.2 Umwelt und Technik, 13. Jg., 1990, Nr. 9

2.3 Der Spiegel, 7.2.1994

2.4 R. Mayer: Unzumutbares Krebsrisiko durch Dieselruß; in: Chem. Rundschau, Nr.3, 1994

2.5 D.Teufel: Gesundheit; die einen geben Gas, die anderen – vor allem der Nachwuchs und die Alten – husten; in: Natur, Nr.12, 1993

2.6 Der Spiegel, Nr.27, 1993

2.7 H. Borwitzky,/A. Holtmeier: Dioxine – Eine Einführung und Übersicht zum Kenntnisstand; Institut für Umwelttechnologie und Umweltanalytik e.V., Universität GH Duisburg, 1995

2.8 Dioxin-Folgen, Unfruchtbarkeit, Imunleiden und Krebs; in: Natur, Nr. 11, 1994

2.9 Stählerne Träume; in: Energie und Management, Nr. 1, 1995

2.10 Informationszentrale der Elektrizitätswirtschaft, Frankfurt/Main

2.11 Prospekt der Lurgi AG, Frankfurt, Zirkulierende Wirbelschichtfeuerung ZWS

2.12 H. Schuster/H. Stebel: Großtechnische Erprobung einer Feuerung mit geringer $NO_x$-Emission für steinkohlegefeu-

erte Dampferzeuger mit flüssigem Ascheabzug; in: VDI-Berichte Nr. 423, 1981

2.13 H. R. Engelborn: Nutzung heißer Raumluft zur Stromerzeugung mittels ORC-Anlage; in: Brennstoff-Wärme-Kraft, Nr. 9, 1987

2.14 Energie aus dem Wald und vom Acker; in: VDI-Nachrichten, Nr. 27, 1992

2.15 H. Blind: Weltweite Nutzung der Wasserkraft; in: Energiewirtschaftliche Tagesfragen, 38. Jg., Nr.6, 1988

2.16 C.-I. Winter/I. Nitsch/H. Klaiß: Sonnenenergie – ihr Beitrag zur künftigen Stromversorgung der Bundesrepublick Deutschland; in: Brennstoff-Wärme-Kraft, 35. Jg., H. 5, 1983

2.17 P. Hopf: Wasserstoff soll für bessere Luft in Ballungszentren sorgen; in: VDI-Nachrichten, Nr. 46, 1995

2.18 A. Betz: Windenergie und ihre Ausnutzung durch Windmühlen; in: Naturwissenschaft und Technik, H. 2, 1926

2.19 M. Kleemann/M.Meliß: Regenerative Energiequellen, 1988

2.20 Die neuen Energien, 50 Jahre nach Hiroshima: Das Atomzeitalter geht zu Ende; in: Sofern die Winde wehen; Spiegel-Spezial Nr. 7, 1995,

2.21 F. Reinitzhuber: Thyssen – ihr Partner bei der Energieeinsparung im Bereich der Hüttentechnik, Vortrag

2.22 H. Graf: Verfahrenstechnische und anlagentechnische Entwicklungen und ihr Einfluß auf den Ausbau von Hüttenwerken; in: Stahl und Eisen, 97. Jg., H. 3, 1977

2.23 G. Kaibel: Energieintegration in der thermischen Verfahrenstechnik; in: Chem.-Ing.-Techn., 62. Jg., Nr. 2, 1990

2.24 Energie und Management; Zeitung für den Energiemarkt, 1995

2.25 W. Feist: Das Haus ohne Heizung ist keine Utopie; in: VDI-Nachrichten, Nr. 46, Sonderteil „Energiesparen", 1995

2.26 Energiesparlampen legen ihre Kinderkrankheiten ab; in: VDI-Nachrichten, Nr. 46, Sonderteil „Energiesparen", 1995

2.27 G. Zimmermeyer: Das Auto auf dem Weg ins 3. Jahrtausend unter Beachtung ökonomischer und ökologischer Anforderungen; in: Bergbau, 46. Jg., H. 11, 1995

2.28 Direkteinspritzung führt zu erheblich sparsameren Otto-Motoren; VDI-Nachrichten, Nr. 15, 1993

2.29 Karlheinz Bozem: Sauberfahren; in: Energie und Management, 1.6.1995

2.30 U. Decker: Baukastensystem für den Nahverkehr: Die O-Bahn in der Serie „Forschung und Entwicklung in der deutschen Industrie" (Teil 4, Zum Beispiel Daimler-Benz); in: Bild der Wissenschaft, 19. Jg., H. 11, 1982

2.31 M. Zlokarnik: Reaktorintegrierter Umweltschutz in der chemischen Produktion; in: Chem.-Ing.-Tech., 67. Jg., H. 12, 1995

2.32 W. Swodenk: Umweltfreundlichere Produktionsverfahren in der chemischen Industrie; in: Chem.-Ing.-Tech. 56. Jg., Nr. 1, 1984

2.33 Prospekt der Davy Mc Kee AG, Köln: Schwefelsäure-Anlagen ausgehend von $H_2S$-Gas (Sauergas), Feuchtgasdoppelkatalyse

2.34 Prospekt der Uhde GmbH, Bad Soden / Dortmund: Alkalichloridelektrolyse nach dem Quecksilberverfahren, dem Diaphragmaverfahren, dem Membranverfahren

2.35 D. Bergner: Alkalichlorid-Elektrolyse nach dem Membranverfahren; in: Chem.-Ing.-Tech., 54. Jg., H. 6, 1982

2.36 H. J. Gährs/E. Marnette, Hochdruckextraktion, ein thermisches Trennverfahren mit gasförmigen Lösungsmitteln; in: Vt Verfahrenstechnik 17. Jg., Nr. 9, 1983

2.37 H. Hammer: Asbest – kein Umweltproblem mehr?; in: Umweltmagazin, Juni 1980

2.38 P. Mayer: Ersatzstoffe für Asbest; in: Zbl. Arbeitsmedizin, 33. Jg., H. 9, 1983

2.39 K.B. Lehmann/F.Flury (Hrsg.): Toxikologie und Hygiene der technischen Lösungsmittel; Berlin, Heidelberg, New York 1975

2.40 M. Bornemann: Zum Schutz mit Pulver beschichtet; in: VDI-Nachrichten, 34. Jg., Nr. 49, 1980

2.41 G.Kapka: Pulverlack-Elektrotauchlackierung (Reverse-Verfahren 1); Artikel; in: Fachtagung Pulverlack, Hrsg. Verband der Lackindustrie, Hannover 1980

2.42 Sevesogift aus Transformatoren?; in: Umweltmagazin, August 1983

2.43 Verband der chemischen Industrie (VCI): Luft; Dezember 1989

2.44 M. Bueb: Der Dialog zwischen Hochschule und Industrie im GVC-Fachausschuß „Partikelabscheidung – Abgasreinigung"; in: Chem.-Ing.-Tech. 67. Jg., Nr. 12, 1995

2.45 K. Dialer/U. Onken/K. Leschonski: Grundzüge der Verfahrenstechnik und Reaktionstechnik; München/Wien 1986

2.46 H. Fahlenkamp/G. Ruther: Mit Pulstechnik gegen Rücksprühen; in: Chem. Industrie, Nr. 11, 1990

2. 47 M. Zogg: Wärme- und Stofftransportprozesse, Grundzüge der Verfahrenstechnik; Frankfurt 1983

2.48 Prospekt der Stadtwerke Düsseldorf, Düsseldorfer Consult GmbH, Rauchgasreinigung

2.49 H. Jüntgen/E. Richter: Rauchgasreinigung in Großfeuerungsanlagen, Dokumentation Rauchgasreinigung; in: Umwelt, Nr.4, 1985

2.50 Prospekt der Stadtwerke Münster, kombinierte $NO_x$ und $SO_2$ Rauchgasreinigung „Desonox"

2.51 Prospekt der Fa. Eisenmann, Böblingen

2.52 H.Brauer: Die Adsorptionstechnik – ein Gebiet mit Zukunft; in: Staubjournal, 25. Jg., Nr. 100, 1983

2.53 Prospekt der Jansen und Nolte GbR mbH, Bochum, Biologische Abluftreinigungsanlagen

2.54 P. Janowitz: Kat knackt Dioxin; VDI-Nachrichten, Nr. 10, 1992

2.55 B. H. Engler: Auf Leistung getrimmt; in: Chem. Industrie/Hessen, 1993

2.56 W. Fleischhauer: Neue Technologien zum Schutz der Umwelt, Einführung in primäre Umwelttechnik; Essen 1984

2.57 Air Pollution Control Manual of Continuous Emission Monitoring, Regulation and Procedures for Emission Measurements; Third Revised Edition 1992, Bundesminister für Umwelt, Naturschutz und Reaktorsicherheit

# 3 Wasser

## 3.1 Einleitung

### 3.1.1 Der ökologische Hintergrund

Wasser erfüllt die folgenden Funktionen:

- Wasser deckt den Trinkwasserbedarf von Menschen und Tieren, muß deshalb hohen hygienischen Anforderungen genügen und Lebensmittelqualität haben.
- Wasser ist unverzichtbar für die menschliche Hygiene.
- Wasser – vor allem das der Ozeane und der großen Binnenseen – dient als Nahrungsquelle letztendlich auch für die Menschheit.
- Wasser dient als Transportmedium für die Schiffahrt.
- Wasser wird in der Produktion unmittelbar als Reaktionspartner und als Lösungsmittel und vor allem auch als Kühlmedium benötigt.
- Wasser dient zur Bewässerung von landwirtschaftlich genutzten Flächen.
- Wasser dient der menschlichen Erholung und Freizeit.

In bezug auf das Wasser sind zwei Problembereiche zu verzeichnen:

- die Bereitstellung von Trinkwasser in ausreichend großer Menge und Qualität und
- die Verschmutzung der Flüsse, Seen und Ozeane mit Schadstoffen.

#### Verfügbarkeit von Trinkwasser

Bilanziert man die weltweiten Wasservorräte der Erde, so ist zunächst kaum vorstellbar, daß es überhaupt ein Problem ist, den notwendigen Trinkwasserbedarf zu decken:
Die Salz- und Süßwasservorräte betragen (weltweit) 1380 Mill. $km^3$,
die Süßwasservorräte weltweit (teilweise in Form von Eis an den Polen und in den Gletschern der Hochgebirge) 36 Mill. $km^3$,
davon sind als Süßwasserquelle nutzbar
3,6 Mill. $km^3$.
Damit steht als potentielle Trinkwasserquelle eine Wassermenge von
3,6 Mill. $km^3$
(= 0,27% der Wasservorräte) weltweit zur Verfügung (Lit. 3.1), der die Nachfrage an Trinkwasser gegenüberzustellen ist.
In der Bundesrepublick Deutschland beträgt der tägliche Trinkwasserverbrauch derzeit 160 l/Kopf·Tag, der sich von 20 l/Kopf·Tag (1800) über 85 l/Kopf·Tag (1950) auf über 200 l/Kopf·Tag im Jahre 2000 entwickelt hat bzw. entwickeln wird. Die Angaben beziehen sich auf den Trinkwasserbedarf in Deutschland; die Wassernachfrage insgesamt ist in Deutschland mindestens 10 mal so groß.
Bei 8 Mrd. Menschen und einem Trinkwasserbedarf von 150 l/Kopf·Tag ist die weltweit benötigte Süßwassermenge mit 438 $km^3$/a nur ein Bruchteil der potentiellen Süßwasserquellen von 3,6 Mill. $km^3$.
Leider sind die Wasservorräte regional und zeitlich sehr ungleich verteilt. Während die Länder im Nahen Osten und in der Sahel-Zone, aber auch die Menschen in Zypern, Marokko, Südafrika, Peru und Südkorea unter Trinkwasserarmut leiden (die Entsalzungstechnologie ist häufig aus Kostengründen keine Lösung), verfügen z. B. die europäischen und die nordamerikanischen Staaten statistisch gesehen über ein ausreichend großes Trinkwasserreservoir. Nicht nur das; Beispiele wie das „Jahrhunderthochwasser" des Rheins im Winter 92/93 und 93/94, Überschwemmungskatastrophen in den USA und in Bangladesh deuten dort auf ein Überangebot an Süßwasser hin.
Aber selbst in der mit Wasser gut versorgten Bundesrepublik Deutschland gibt es regionale und auch zeitliche Probleme, für die folgende Beispiele genannt werden können:

- Die Notwendigkeit der Trinkwasserversorgung des Großraums Stuttgart aus dem Bodenseegebiet, des Großraums Hamburg aus der Lüneburger Heide und der Hansestadt Rostock aus der Mecklenburgischen Schweiz über Trinkwasserleitungen von 60 bis 100 km Länge.
- Das Verbot in Hessen, Trinkwasser für die Bewässerung von Gärten einzusetzen mit Strafen bei Mißachtung des Verbots bis zu 10.000 DM (Sommer 93).

**Wasserverschmutzung**

Der zweite Problembereich um das Wasser ist die Verschmutzung des Wassers und die teilweise noch unzureichende Klärung des Abwassers, dies ist neben den regionalen und zeitlichen Schwankungen der Hauptgrund für Trinkwassermangel hier und in anderen Ländern. Auch für die teilweise noch zu hohe Belastung des Wassers mit Schadstoffen und für einen oft zu sorglosen Umgang mit der Ressource Wasser seien einige Beispiele genannt:

- Aus Tiefbrunnen, die für die Trinkwasserversorgung der Gemeinde Wachenheim genutzt werden, wurde Wasser gefördert, das einen Arsengehalt bis 150 µg/l aufwies (zulässiger Grenzwert bis Ende 1995 40 µg/l, ab 1.1.1996 10 µg/l). Die Tiefbrunnen wurden stillgelegt; Wasserstoffperoxid als Oxidationsmittel und Eisen III-Salze als Flockungsmittel werden inzwischen dem Wasser zudosiert, so daß Arsen als Eisenarsenat in einem Filter abgeschieden werden kann (Lit. 3.2).
- In landwirtschaftlich genutzten Regionen wird das Grundwasser häufig mit Nitrat und Pflanzenschutzmitteln belastet, so daß wiederholt einige Brunnen geschlossen werden mußten, weil der Nitratgrenzwert von 50 mg/l nach der Trinkwasserverordnung nicht mehr eingehalten werden konnte (Lit. 3.2).

  Das Umweltbundesamt spricht von einem „Trend" zu steigender Nitratbelastung des Grundwassers in Deutschland und beziffert den jährlichen Zuwachs der Nitratbelastung auf 1 bis 2 mg/l (Lit. 3.2).
- In einem Vertrag mit der Stadt Rotterdam hat sich der Verband der deutschen Chemieindustrie (VCI) 1995 verpflichtet, die Giftbelastung des Rheins bis zum Jahre 2000 drastisch zu senken, so von

  | | |
  |---|---|
  | 270 t Zink/a | auf 100 t Zink/a, |
  | 50 t Chrom/a | auf 20 t Chrom/a, |
  | 40 t Kupfer/a | auf 25 t Kupfer/a, |
  | 45 t Nickel/a | auf 25 t Nickel/a, |
  | 900 t AOX/a | auf 330 t AOX/a, |
  | 0,8 t Cadmium/a | auf 0,5 t Cadmium/a |
  | 0,4t Quecksilber/a | auf 0,14 t Quecksilber/a |

  (AOX = adsorbierbare organische Halogenverbindung) (Lit. 3.3).

  Für Blei und Arsen sind 1995 mit 15 t Pb/a und 2 t As/a erstmals vertraglich Grenzwerte vereinbart worden. Der Grund für das vertragliche Zugeständnis der deutschen Chemieindustrie ist die Rücknahme der Klage der Stadt Rotterdam vor dem Europäischen Gerichtshof, da bei der notwendigen Ausbaggerung des Hafens Rotterdam so hoch belasteter Schlamm anfällt, daß dieser nur auf Sonderdeponien abgelagert und entsorgt werden kann. Und deshalb wollte die Stadt Rotterdam die deutsche Chemieindustrie als Verursacher auf Schadensersatz verklagen.
- Entsprechend dem Beschluß der Umweltminister der anliegenden Staaten (4. Nordseeschutzkonferenz im November 95) wird die Nordsee zu einem „Sondergebiet" ausgewiesen, für das als Verbot gilt, Öl aus Schiffen in die Nordsee einzuleiten. Damit wird verhindert, daß bis zu 100.000 t Altöl/a auf diesem Wege in die Nordsee gelangen. Hingegen gibt es für schwer abbaubare Schadstoffe, die über die Flüsse ins Meer eingeleitet werden, nur bloße Absichtserklärungen, sie zu reduzieren. Beispielsweise Großbritannien setzt als Zeitraum für eine Schadstoffminderung mindestens 25 Jahre an.
- Seit Jahren häufen sich dramatische Berichte über die großen Binnenseen, den

Aralsee und das Kaspische Meer: So ist der viertgrößte Binnensee der Welt, der Aralsee, dabei auszutrocknen. Experten beziffern diesen Zeitraum auf das Jahr 2015. Als Grund für diese sich anbahnende Ökokatastrophe wird die starke Wasserentnahme aus den Zuflüssen des Sees für die Bewässerung von großen Baumwoll-Monokulturen angesehen. Das Ufer des Sees hat sich schon bis zu 120 km vom früheren Ufer entfernt. Häufige Stürme wirbeln mit Insektiziden verseuchten Sand auf und tragen ihn in die jetzt vom Ufer entfernt liegenden Fischerdörfer. Über 3 Millionen Menschen in den angrenzenden Staaten sind an den Atmungsorganen erkrankt, weisen häufig Nierenschäden auf und leiden unter Mangelernährung. Die Weltbank will bis zu 500 Millionen Dollar in neue Bewässerungssysteme der mittelasiatischen GUS-Staaten investieren, um den Aralsee doch noch zu retten.

- Die Fischfangerträge sind drastisch zurückgegangen, so z. B. die Kabeljaufänge im Atlantik von 4 Mill. t im Jahr 1968 auf 1,2 Mill. t im Jahre 1993 (Lit. 3.4). Als Gründe sind die gestiegenen Fangkapazitäten der großen Fabrikschiffe, die Benutzung von engmaschigen Schleppnetzen – kurz das „Überfischen" der Meere – aber auch die gestiegenen Schadstofffrachten, die die Meere aufnehmen müssen. Durch beide Maßnahmen zerstören die Menschen eine als unerschöpflich angesehene Nahrungsquelle.

All dies sind Beispiele für die Bedrohung des Wassers. So ist es kein Wunder, daß der Bereich der Wasseraufbereitung und der Abwasserbehandlung am westeuropäischen Markt der Umwelttechnologie mit über 40% (36,8 Mrd. DM) im Jahre 1987 den größten Anteil hatte. Dieser Anteil wird bis zum Jahre 2000 auf einen Prozentsatz von 30% sinken (absolut steigt der Investitionsbetrag aber auf 44,5 Mrd. DM an; Lit. 3.5). Dabei werden die Wachstumsraten in den Ländern Westeuropas höher sein als in der Bundesrepublick Deutschland, vor allem weil der Bau u. a. neuer leistungsfähiger Kläranlagen in Deutschland schon vor Jahren eingesetzt hat und deshalb andere Länder wie Großbritannien, Italien und Frankreich einen deutlich höheren Nachholbedarf haben (Lit. 3.5).

In Schweden sind alle Bürger per Kanalisation an öffentliche Kläranlagen angeschlossen; dieser Prozentsatz sinkt über 98% (Dänemark), 90% (Niederlande), 89% (Deutschland – altes Bundesgebiet), 74% (USA), 58% (ehemalige DDR), 50% (Frankreich), 39% (Japan) auf 29% (Spanien) und 13% (Portugal) ab (Lit. 3.6).

Als Beispiele für die schon vor 25 Jahren intensiv begonnene Sanierung der Gewässer in Deutschland seien vier Punkte angeführt:

1. Das Abwasser der Bundesbürger wurde 1969 erst zu 35% vollbiologisch gereinigt (siehe Kap. 3.3.3). Das übrige Abwasser wird zu 9% teilbiologisch und zu 20% mechanisch in öffentlichen Kläranlagen behandelt (damit der Anschluß an öffentliche Kläranlagen insgesamt 64%).
   1986 beträgt der Anschluß an öffentliche Kläranlagen 89% (77% vollbiologische, 8% teilbiologische und 4% mechanische Klärung). Nur noch 3% des Abwassers werden in Kleinkläranlagen behandelt; 8% des Abwassers werden anderweitig abgeleitet (1969 betrug dieser Anteil noch 21%; Lit. 3.7).
2. Unmittelbar und deutlich sichtbar werden die Bemühungen um die Abwasserreinigung am Zustand des Rheins, in der Zunahme des Sauerstoffgehalts in mg/l und in der Abnahme des Biologischen Sauerstoffbedarfs $BSB_5$ in mg/l (biologischer Sauerstoffbedarf in 5 Tagen) als Maß für die organische – vor allem leichtabbaubare – Schadstofffracht des Flusses (Abb. 3.1). Anhand Abb. 3.2 wird deutlich, daß sich die Wasserqualität des Rheins erheblich verbessert hat, so daß er heute nur noch als „mäßig belastet" eingestuft wird (Lit. 3.8). Auch bei Schwermetallen haben schon in dem Jahrzehnt von 1970 bis 1980 die

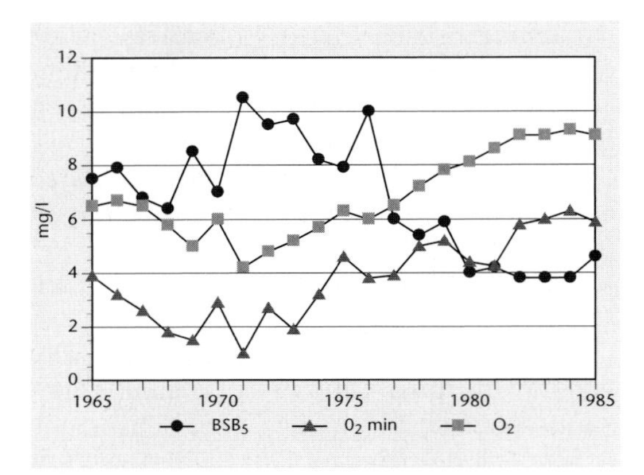


*Abb. 3.1: Sauerstoffgehalt und Biologischer Sauerstoffbedarf am Niederrhein (Rhein-km 865)*

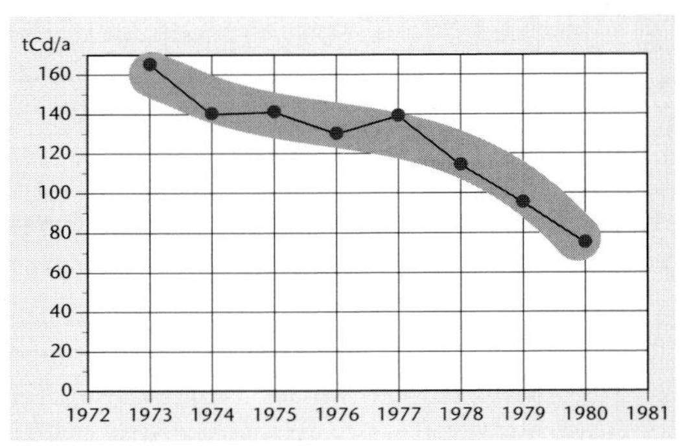


*Abb. 3.3: Cadmium Fracht im Rhein (t Cd/a) von 1970 bis 1980*

Bemühungen um die Reinhaltung der Gewässer zu einem deutlichen Rückgang der jährlichen Schadstofffrachten geführt (Abb. 3.3 und 3.4; Lit 3.9). Offensichtlich müssen die Bemühungen aber weiter intensiviert werden, wie der Vertrag der Chemischen Industrie mit der Stadt Rotterdam aus dem Jahre 1995 zeigt.
In Abb. 3.4 ist neben der sinkenden Quecksilberfracht des Rheins (obere Kurve) in dem unteren treppenförmigen Verlauf der

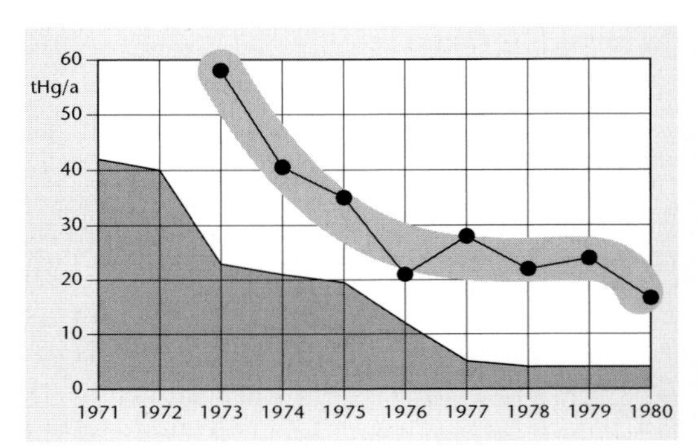


*Abb. 3.4: Quecksilberfracht im Rhein; untere Kurve: Hg-Fracht bei verbesserter Alkalichlorid-Elektrolyse*

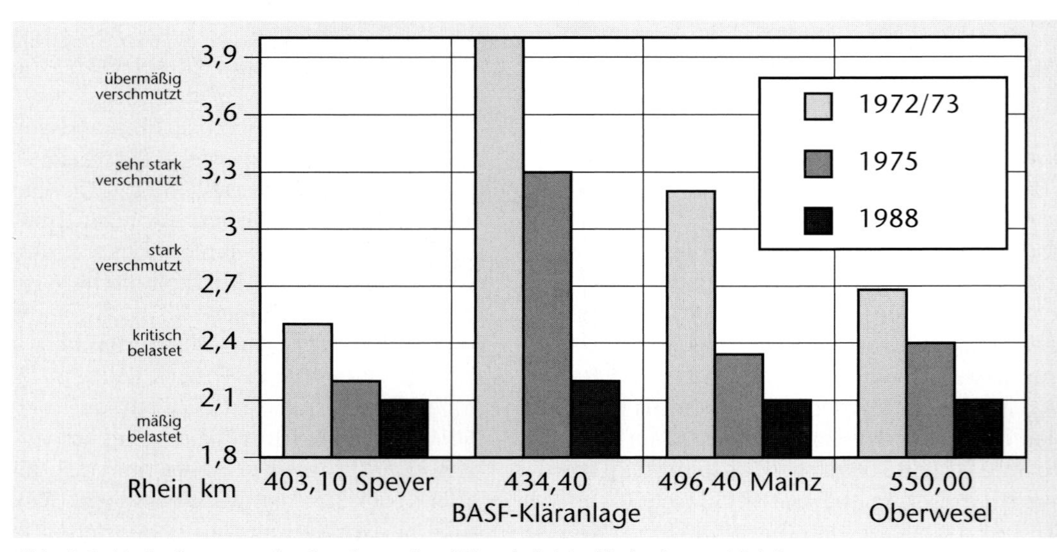


*Abb. 3.2: Veränderungen der Gewässergüte (Oberrhein) im Verlaufe von 15 Jahren*

wesentliche Grund für die reduzierte Hg-Fracht vermerkt: die Verbesserung der Alkalichlorid-Elektrolysen der deutschen Chemieindustrie (siehe Kap. 2.2.2, Abb. 2.32).

3. Die Länderarbeitsgemeinschaft Wasser (LAWA) veröffentlichte 1992 erstmals eine Übersicht über den Gewässerzustand in Gesamtdeutschland (Abb. 3.5) aus der zu erkennen ist, daß in den alten Bundesländern nur einige wenige Flüsse als „übermäßig belastet, ökologisch zerstört" eingestuft werden (Emscher, Blies, Teile der Weser), während für Ostdeutschland durchweg noch ein deutlich schlechterer Gewässerzustand konstatiert wird (Lit. 3.10).
4. Mit einigen wenigen Daten soll die Gewässergüte des Rheins mit der der Elbe und der der Wolga verglichen werden. Damit sollen die weitgehend anthropogenen Verunreinigungen charakterisiert und der Stand des Umweltschutzes in der Gesellschaft angesprochen werden (Lit. 3.11 und 3.12):

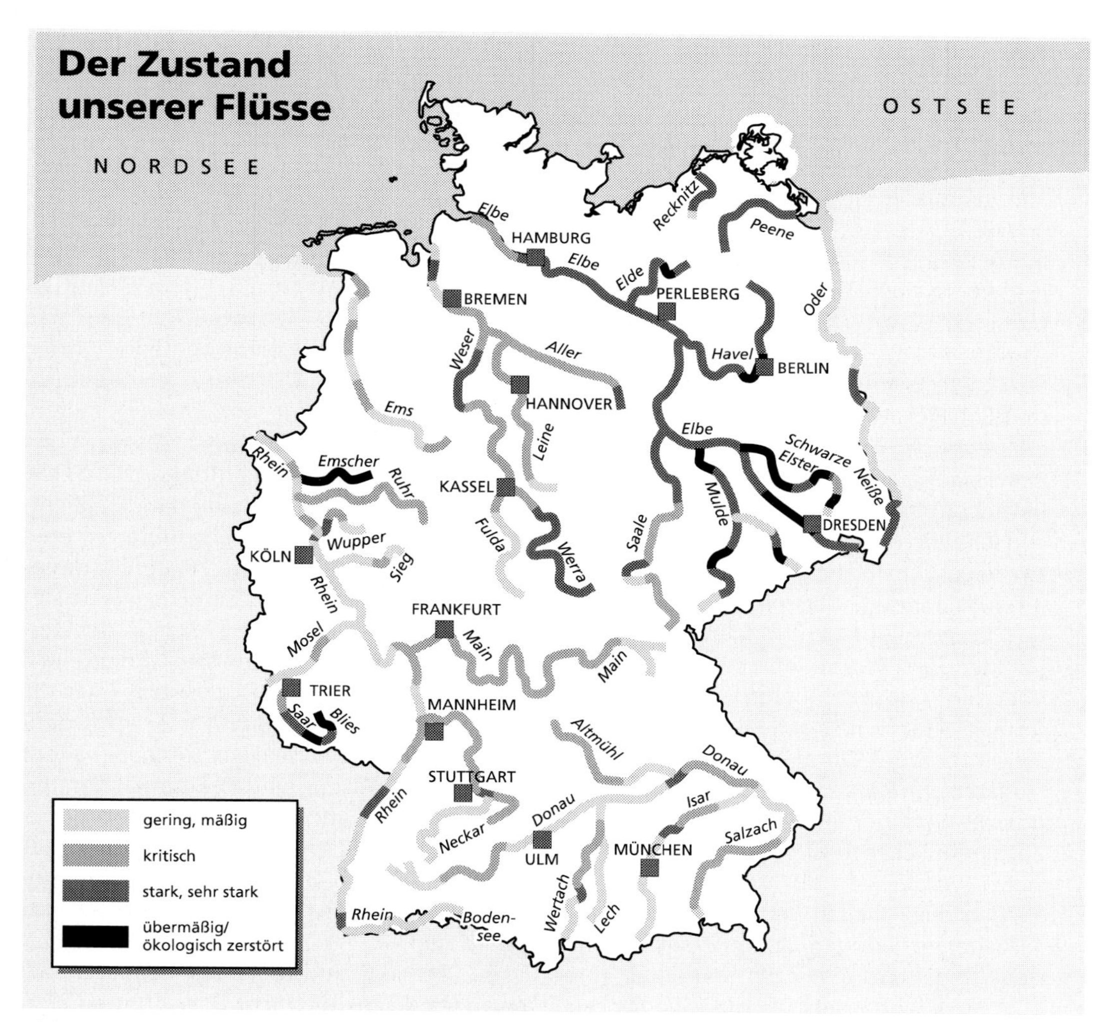


Abb. 3.5: Gewässerzustand der Flüsse in Gesamtdeutschland 1990 (Globus 9712)

| | Elbe | Rhein | Dimension |
|---|---|---|---|
| Chlorid | 282 | 171 | mg/l |
| Ammonium-Stickstoff (NH4-N) | 2,3 | 0,26 | mg/l |
| Gesamt-phosphor | 0,72 | 0,26 | mg/l |
| Quecksilber | 0,79 | < 0,20 | µg/l |
| Cadmium | 0,45 | < 0,30 | µg/l |
| Blei | 7,1 | 2,8 | µg/l |
| Zink | 157 | 35 | µg/l |
| $BSB_5$ | 16,1 | 3,0 | mg/l |
| CSB | 55 | 14 | mg/l |
| AOX | 100 | 26 | µg/l |

*Tab. 3.1: Vergleich wichtiger Abwasserparameter (als Durchschnittswerte) für 1989 für Elbe und Rhein*

In die Wolga – mittlere Fließgeschwindigkeit ca. 10 cm/s und damit nur 1/10 der mittleren Fließgeschwindigkeit des Rheins – werden 24 km³/a Schmutzwasser eingeleitet (2 km³/a völlig ungereinigt, u.a. Gülle und Galvanikabwässer; 11 km³/a nur unzureichend gereinigt). Die Einleitung von Abwässern aus landwirtschaftlichen Großbetrieben und Abschwemmungen aus landwirtschaftlich genutzten Böden sorgen für ein reichliches Nährstoffangebot im Fluß, für zu niedrige Sauerstoffkonzentrationen und für eine starke Eutrophierung. Wegen der niedrigen Besiedlung im Einzugsgebiet der Wolga und der höheren Wasserführung (im Mittel 8000 m³/s gegenüber dem Rhein im Mittel mit 2300 m³/s) sind die Schadstoffkonzentrationen im Wolga-Wasser insgesamt niedriger als im Rhein-Wasser; die absoluten Schadstofffrachten beider Flüsse in t/a (vergleiche Abb. 3.3 und 3.4) sind aber in etwa gleich. Bei der schon angesprochenen geringen Fließgeschwindigkeit der Wolga und bei dem statistisch nur 10 mal im Jahr ausgetauschten Wasser der großen Wolga-Stauseen ist das Eutrophierungsproblem besonders gravierend. Im Sediment der Wolga-Stauseen sind Schwermetalle stark angereichert; beim Rhein fehlen die Staustufen, deshalb werden hier die Schwermetalle im Hafen von Rotterdam in besonderem Maße „deponiert" (Lit. 3.3 und 3.12).

### 3.1.2 Rechtliche Aspekte

Die rechtliche Basis für die Trinkwasserversorgung ist die *Trinwasserverordnung* (abgekürzt *„TrinkwV"*), die zuletzt 1990 geändert wurde und die damit Vorgaben der Europäischen Union in nationales Recht umsetzt. Die Trinkwasserverordnung selbst ist auf Grundlage des Bundesseuchen- und des Lebensmittelgesetzes erlassen worden.

**Die Trinkwasserverordnung**

In § 1 TrinkwV wird vorgeschrieben, daß das Trinkwasser frei von Krankheitserregern sein muß. Colibakterien, Coliforme Keime dürfen nicht enthalten sein. Der Grenzwert bezüglich der Coliformen Keime gilt als eingehalten, wenn in mindestens 38 von 40 Wasserproben keine coliformen Keime enthalten sind. Die Gesamtkeimzahl (Koloniezahl) darf den Richtwert von 100 je ml (Bebrütungstemperaturen 20 °C und 36 °C) nicht überschreiten. In desinfiziertem Wasser darf die Gesamtkeimzahl nicht über 20 je ml Wasser nach Abschluß der Desinfektion bei einer Bebrütungstemperatur von 20 °C liegen. Spezielle Grenzwerte über die Koloniezahl gelten für das Wasser aus Eigenversorgungsanlagen und aus Vorratsbehältern in Schiffen, Flugzeugen und Eisenbahnen. Im Trinkwasser, das mit Chlor, Natrium-, Magnesium- oder Calciumhypochlorit desinfiziert wurde, muß nach der Behandlung noch mindestens 0,1 mg freies Chlor je l Wasser enthalten sein.

In § 2 TrinkwV sind für einige Stoffe Grenzwerte festgelegt, die nicht überschritten werden dürfen (Tab. 3.2).

| | | | |
|---|---|---|---|
| Arsen: | ab 1.1.96<br>(vorher | 0,01<br>0,04 | mg/l<br>mg/l) |
| Blei: | | 0,04 | mg/l |
| Cadmium: | | 0,005 | mg/l |
| Nitrat: | | 50 | mg/l |
| Nitrit: | | 0,1 | mg/l |
| Quecksilber: | | 0,001 | mg/l |
| Polyzyklische aromatische Kohlenwasserstoffe (PAK): | | 0,0002 | mg/l |
| Organische Chlorverbindungen ohne $CCl_4$: | ab 1.1.92<br>(vorher | 0,01<br>0,025 | mg/l<br>mg/l) |
| Tetrachlorkohlenstoff ($CCl_4$): | | 0,003 | mg/l |
| Problematische Stoffe zur Pflanzenbehandlung sowie Polychlorierte Biphenyle (PCB o.ä.): | einzeln:<br>zusammen: | 0,0001<br>0,00055 | mg/l<br>mg/l |

*Tab. 3.2: Grenzwerte für gesundheitlich problematische Stoffe nach § 2, Absatz 1 Trinkwasserverordnung – Auszug*

In der Trinkwasserverordnung ist der Nitratwert auf 50 mg/l (Tab. 3.2) festgelegt worden; diese Reduzierung von vorher 90 auf jetzt 50 mg/l Nitrat aufgrund einer Verordnung der Europäischen Union hat Ende der 80er / Anfang der 90er Jahre einige Wasserversorgungsunternehmen in Schwierigkeiten gebracht und auch zur Schließung einiger Trinkwasserbrunnen geführt. In § 2 Absatz 3 wird für chemische Stoffe wie für Stoffe nach Tab. 3.2, die das Trinkwasser verunreinigen oder die Beschaffenheit des Trinkwassers negativ beeinflussen können, in einem Minimierungsgebot verlangt, daß die Konzentrationen entsprechend dem Stand der Technik so niedrig zu halten sind wie mit vertretbarem Aufwand eben möglich (zur Definition des Begriffs „Stand der Technik" siehe auch Kap. 2.1.2).

Für die Reinigung des Abwassers und für die Reinhaltung der Gewässer sind zwei Gesetze entscheidend:

– das *Wasserhaushaltsgesetz* (WHG) vom 27.7.1957 (zuletzt geändert 1986) mit Abwasserverwaltungsvorschriften (AbwVwV),
– das *Abwasserabgabengesetz* (AbwAG) in der Fassung vom 6.11.1990 (4. Novelle am 3.11.1994).

**Das Wasserhaushaltsgesetz**

Das Wasserhaushaltsgesetz (WHG) ist ein Rahmengesetz, das die Einzelheiten den Landesgesetzen überläßt. In § 1a wird verpflichtend vorgeschrieben, daß jede vermeidbare Beeinträchtigung der oberirdischen Gewässer, also der Seen und der Flüsse, der Küstengewässer und des Grundwassers als „Bestandteil des Naturhaushalts" zu unterbleiben hat. Wichtig ist der § 7a, in dem das Einleiten von Abwasser geregelt wird.

In § 7a wird zwischen „Direkteinleitern" und „Indirekteinleitern" unterschieden:

– *Direkteinleiter* sind Industriebetriebe, die ihr Abwasser direkt in den Vorfluter einleiten dürfen und vorher ihr Abwasser bezüglich der allgemeinen Schadstoffe nach den „allgemein anerkannten Regeln der Technik" (kurz „aaRdT") und bezüglich der gefährlichen Schadstoffe nach dem „Stand der Technik" reinigen müssen.
– *Indirekteinleiter* sind Industriebetriebe, die für ihr Abwasser die öffentliche Kanalisation und eine kommunale Kläranlage nutzen. Indirekteinleiter erhalten für die allgemeinen Schadstoffe keine Auflagen (da das Abwasser ja in der kommunalen Kläranlage gereinigt wird), während sie gefährliche Schadstoffe nach dem „Stand der Technik" – soweit wie technisch machbar – begrenzen müssen (u. a. weil diese Schadstoffe in der Kläranlage selbst die Reinigung deutlich erschweren können).

Der Begriff *„allgemein anerkannte Regeln der Technik"* (aaRdT) wird juristisch als weniger streng und fortschrittlich eingestuft als der

Begriff *„Stand der Technik"*, u. a. weil bei aaRdT der Konsens unter Sachverständigen für Gewässerschutz vorliegen muß, während der „Stand der Technik" schon nachgewiesen ist, wenn in irgendeinem anderen vergleichbaren Produktionsbetrieb niedrigere Abwassergrenzwerte und niedrigere Abwasserfrachten eingehalten werden können.

Nach § 21 a WHG müssen bestimmte Benutzer von Gewässern wie Industriebetriebe „Betriebsbeauftragte für Gewässerschutz" ähnlich dem „Immissionschutzbeauftragten" – siehe Kap. 2.1.2) ernennen.

Nach § 7a Abs. 1 WHG ist die Bundesregierung ermächtigt, mit Zustimmung des Bundesrats allgemeine Verwaltungsvorschriften über Mindestanforderungen an das Einleiten von Abwasser in Gewässer zu erlassen (Rahmen-Abwasser VwV). Diese Mindestanforderungen nach aaRdT bilden die Grundlage eines jeden wasserrechtlichen Genehmigungsbescheids für das Einleiten von Abwasser.

Die Rahmen-Abwasser VwV teilt kommunale Kläranlage in fünf Größenklassen ein (Tab. 3.3). Diese Klassen richten sich nach den Bemessungswerten der Anlage und legt die $BSB_5$-Fracht des unbehandelten Abwassers – $BSB_5$ (roh) – zugrunde.

Die $BSB_5$-Fracht wird über eine zweistündige Rohabwasser-Mischprobe oder als Mittelwert aus 5 Abwasserstichproben bestimmt (bei den 5 Abwasserstichproben gilt die „4 von 5-Rege-

| Größenklasse der Kläranlage | Chemischer Sauerstoffbedarf (CSB) mg/l | Biochem. Sauerstoffbedarf in 5 Tagen ($BSB_5$) mg/l | Ammoniumstickstoff ($NH_4$-N) mg/l | Phosphor gesamt ($P_{ges}$) mg/l | Sticksstoff als Summe von Ammonium-, Nitrit-, Nitratstickstoff ($N_{anorg.}$) mg/l |
|---|---|---|---|---|---|
| Größenklasse 1 kleiner als 60 kg $BSB_5$/d (roh) | 150 | 40 | — | — | — |
| Größenklasse 2 60 bis kleiner 300 kg $BSB_5$/d (roh) | 110 | 25 | — | — | — |
| Größenklasse 3 300 bis kleiner 1200 kg $BSB_5$/d (roh) | 90 | 20 | 10 | — | 18 |
| Größenklasse 4 1200 bis kleiner 6000 kg $BSB_5$/d (roh) | 90 | 20 | 10 | 2 | 18 |
| Größenklasse 5 6000 kg $BSB_5$/d (roh) und größer | 75 | 15 | 10 | 1 | 18 |

*Tab. 3.3: Mindestanforderungen an das Einleiten von Abwasser in Gewässer nach der Rahmen-Abwasserverwaltungsvorschrift (Rahmen-Abwasser VwV).*
*Der Grenzwert für die anorganische Stickstoffkonzentration von 18 mg/l gilt seit 1992, dabei kann auch ein höherer Wert bis zu 25 mg/l zugelassen werden, wenn die Stickstofffracht um mindestens 75% reduziert wird; die Temperaturbegrenzung der N-Elimination ≥ 12 °C.*

lung", d.h. bei 4 Stichproben muß der vorgeschriebene Grenzwert unterschritten werden). (Zur Ermittlung der verschiedenen Summenparameter siehe Kap. 3.4).
Über den *Einwohnergleichwert* (*EGW*) kann die $BSB_5$-Fracht nach Tab. 3.3 in die Anzahl von Einwohnern umgerechnet werden, die ein Abwasser mit vergleichbarer $BSB_5$-Fracht erzeugen: 1 EGW entspricht 60 $BSB_5$/d, so entspricht in Größenklasse 1 ein Abwasser mit 60 kg $BSB_5$/d 1000 EGW usw. In Größenklasse 5 wird ein Abwasserstrom mit 6000 kg $BSB_5$/d genannt, der in einer Stadt mit 100000 Bürgern (= 100000 EGW) anfällt.
Die Grenzwerte nach Tab. 3.3 sind im Anhang 1 der Rahmen-Abwasser VwV enthalten. Weitere Anhänge (bis zu 48) regeln die Abwasserabgabe aus verschiedenen Produktionsbereichen (so z.B. Nr. 18 für die Zuckerherstellung, Nr. 40 für die Metallverarbeitung und Nr. 45 für die Erdölverarbeitung).
Der Gesetzgeber hat ab Januar 1995 den Einstieg in die „Meßlösung" beschlossen; das heißt, bis dahin schrieb die Genehmigungsbehörde die Grenzwerte z.B. nach Tab. 3.3 in den Genehmigungsbescheiden fest; ab 1995 ist ein vom Einleiter selbst erklärter niedrigerer Wert abgabenrelevant, den er durch ein behördlich zugelassenes Meßprogramm nachweisen muß. Die Initiative zu niedrigeren Emissionswerten geht also zukünftig vom Enleiter aus, der sie selbst überwacht und dessen Abwasser durch Stichproben unangemeldet überprüft wird.
In Tab. 3.4 werden die Ablaufanforderungen als Konzentrationen und Eliminationsleistung (fakultativ) für kommunale Kläranlagen der Größenklasse 5 (Tab. 3.3) – d.h. 6000 kg $BSB_5$/d (roh) entsprechend 100000 EGW – nach der Rahmen-Abwasser VwV mit denen der EU-Richtlinie vom 21.5.1991 verglichen.
Die gesetzlich vorgeschriebenen Abwassergrenzwerte in anderen Ländern der Europäischen Union sind heute teilweise noch erheblich höher als die deutschen Grenzwerte und höher als die der EU-Richtlinie. So gelten derzeitig noch in Frankreich und Großbritannien für Phosphat maximale Konzentrationen von 10 mg/l und für Ammoniumstickstoff ($NH_4$-N) 100 mg/l (siehe dazu die Angaben in Tab. 3.3 und 3.4; Lit. 3.14).

### Das Abwasserabgabengesetz

Das Abwasserabgabengesetz (abgekürzt AbwAG) vom 13.9.1976 – novelliert in der 4. Fassung am 6.11.1994 – belegt den Abwas-

| Parameter | Rahmen-Abwasser VwV – Mindestanforderungen für Größenklasse 5 (≥ 100.000 E) | EU-Richtlinie vom 21.5.1991 (≥ 100.000 E)* |
|---|---|---|
| Chemischer Sauerstoffbedarf CSB | 75 mg/l | 125 mg/l; 75% |
| Biochemischer Sauerstoffbedarf $BSB_5$ | 15 mg/l | 25 mg/l; 70-90% |
| Ammoniumstickstoff $NH_4$-N | 10 mg/l | |
| Nitratstickstoff $NO_3$-N | — | — |
| Gesamtstickstoff $N_{gesamt}$ | — | 10 mg/l; 20 mg/l |
| | 70% | 70–80% |
| Anorganischer Stickstoff $N_{anorganisch}$ | 18 mg/l | |
| Phosphor $P_{gesamt}$ | 1 mg/l | 1 mg/l; 80% |

* Überwachung als 24 h Mischprobe; zulässige Überschreitungen für $BSB_5$ und CSB in Abhängigkeit der Probenanzahl (z.B. 5 zulässige Überschreitungen bei 50 Probenahmen), N mit 10 mg/l und P als Jahresmittelwert, N mit 20 mg/l als Tagesmittelwert, Temperaturbegrenzung der N-Elimination auf ≥ 12 °C

*Tab. 3.4: Ablaufanforderungen für kommunale Kläranlagen (Klasse 5) nach deutschen und europäischen Vorschriften (Lit. 3.13).*

sereinleiter mit Gebühren, deren Höhe sich nach der eingeleiteten Schmutzfracht richtet, die über „*Schadeinheiten*" (SE) ermittelt und finanziell bewertet wird.
Indirekteinleiter sind vom AbwAG zunächst nicht betroffen, sie sind über die Kanalisationsgebühren an den Kosten beteiligt.
Die Höhe der Abgabe, welche Direkteinleiter zu zahlen haben und die einen Anreiz zum Bau verbesserter Kläranlagen bieten soll, richtet sich nach der Schädlichkeit der Inhaltssoffe, ihrer Konzentration und ihrer Fracht. Die Abgabe berücksichtigt das Verursacherprinzip und soll zweckgebunden für Verbesserungen des Gewässerzustandes eingesetzt werden.
Beginnend 1981 mit 12,– DM/SE und steigend bis auf 40,– DM/SE (1986) beträgt der Abgabesatz nach der Gesetzesnovellierung von 1990 zur Zeit 60,– DM/SE, ab 1997 70,– DM/SE (zuerst beschlossen, dann aber wieder geändert: Abgabesatz 90,– DM/SE ab 1999). Für Einleiter, welche die vorgeschriebenen oder die – falls niedriger – selbstgenannten Überwachungswerte einhalten, werden die Gebühren für die Abwasserfracht, die nach der Reinigung im Abwasser verbleibt, um 75% (ab 1999 um 50%) ermäßigt.
Tab. 3.5 nennt die Schadstoffe bzw. Schadstoffparameter und ihre Umrechnung in Schadeinheiten (SE).
Um nach Tab. 3.5 die abgegebenen Schmutzfrachten berechnen zu können, muß die Jahresschmutzwassermenge bestimmt werden, die sich aus dem Zufluß der Kläranlage bei Trockenwetter ergibt. Mit Hilfe eines Betriebstagebuches der Kläranlage wird die Anzahl der Trockenwettertage ermittelt. Über den Mittelwert aus allen Trockenwettertagen (an denen weniger als 1 mm Niederschlag/m² gefallen ist) wird dann die Jahresschmutzwassermenge (ohne Fremdwasser) errechnet.

| Schadstoffe und Schadstoffgruppen | Schadeinheit SE | Schwellenwerte als Konzentrationen und Jahresfracht |
|---|---|---|
| Chem. Sauerstoffbedarf CSB | 50 kg $O_2$ | ab 20 mg/l und 250 kg/a |
| Phosphor | 3 kg Phosphor (Gesamt) | ab 0,1 mg/l und 15 kg/a |
| Stickstoff | 25 kg Stickstoff (Gesamt) | ab 5 mg/l und 125 kg/a |
| Organische Halogenverbindungen als AOX | 2 kg Halogen (berechnet als organisch gebundenes Chlor) | ab 100 µg/l und 10 kg/a |
| Metalle und deren Verbindungen (jeweils als Metall gerechnet) | | |
| Quecksilber | 20 g | ab 1 µg/l und 100 g/a |
| Cadmium | 100 g | ab 5 µg/l und und 500 g/a |
| Chrom | 500 g | ab 50 µg/l und 2500 g/a |
| Nickel | 500 g | ab 50 µg/l und 2500 g/a |
| Blei | 500 g | ab 50 µg/l und 2500 g/a |
| Kupfer | 1000 g | ab 100 µg/l und 5000 g/a |
| Fischgiftigkeit $G_F$ | 3000 m³: $G_F$ | ab $G_F = 2$ |

*Tab. 3.5: Umrechnung von Abwasserparametern in Schadeinheiten*
*(bis zu den genannten Schwellenwerten ist keine Abwassergebühr zu entrichten; $G_F$ = Verdünnungsfaktor, bei dem Abwasser durch Hinzufügen von Frischwasser sich im Fischtest gerade noch als ungiftig erwiesen hat, so $G_F = 2$, d. h. 1 Teil Abwasser plus 1 Teil Frischwasser; $G_F = 5$, d. h. 1 Teil Abwasser plus 4 Teile Frischwasser usw.)*

*Für eine Kläranlage der Größenklasse 5 (Tab. 3.3) soll die Höhe der Abwasserabgabengebühr unter der Voraussetzung berechnet werden, daß*
*a) die Grenzwerte des Genehmigungsbescheids immer eingehalten werden,*
*b) die Grenzwerte eingehalten werden bis auf den Stickstoffwert, der ein einziges Mal im Jahr überschritten wurde,*
*c) der Stickstoffwert mehrmals überschritten wird, was entscheidende Konsequenzen für die Höhe der zu entrichtenden Abwassergebühr hat.*

*Der Genehmigungsbescheid führt die Grenzwerte entsprechend Tab. 3.3 auf:*

| | |
|---|---|
| *CSB* | *75 mg/l* |
| *Phosphor (gesamt)* | *1 mg/l* |
| *Stickstoff* | *18 mg/l* |

*Die Jahresschmutzwassermenge wird mit 5,5 Millionen m³ im Veranschlagungsjahr bestimmt (dieser Wert stimmt auch mit dem durchschnittlichen Trinkwasserbedarf von 150 l/Einwohner und Tag gut überein; d. h., die angeführte Kläranlage reinigt das Abwasser von 100.000 EGW)*

*a) Die Grenzwerte werden eingehalten, d. h., eine Ermäßigung von 75% auf die Gebühren wird gewährt (60 DM/SE):*

*CSB:* $75\ mg/l \cdot 5{,}5 \cdot 10^9\ l/a \cdot 1/(50 \cdot 10^6\ mg/SE) \cdot 60\ DM/SE = 495.000\ DM/a$

*Phosphor:* $1\ mg/l \cdot 5{,}5 \cdot 10^9\ l/a \cdot 1/(3 \cdot 10^6\ mg/SE) \cdot 60\ DM/SE = 110.000\ DM/a$

*Stickstoff:* $18\ mg/l \cdot 5{,}5 \cdot 10^9\ l/a \cdot 1/(25 \cdot 10^6\ mg/SE) \cdot 60\ DM/SE = 237.600\ DM/a$

*Summe* $= 842.600\ DM/a$

*Die Summe ermäßigt sich auf eine Gebühr von 210.650,– DM/a (25%) wegen des völligen Einhaltens oder Unterschreitens der im Genehmigungsbescheid genannten Werte (hier gleich den Grenzwerten entsprechend Tab. 3.3). Werden diese Werte – z. B. bei Verbesserungen des Klärbetriebs – stark und dauerhaft unterschritten, können die Einleiter die Genehmigungsbehörden dann bitten, niedrigere Ablaufwerte als die entsprechend Tab. 3.3 festzuschreiben, die aber auch einzuhalten sind und die Basis für die Berechnung der Abwasserabgabengebühr bilden.*

*b) Wird der Stickstoffgrenzwert von 18 mg/l ein einziges Mal im Überwachungsjahr überschritten und dabei 22 mg/l festgestellt, bleibt bezüglich der CSB-Fracht und der Phosphorfracht die auf 25 % ermäßigte Gebühr von DM 151.250,– . Für die Stickstofffracht muß die Gebühr von DM 237.600,– mit einem Faktor multipliziert werden, der sich wie folgt berechnet:*
$((22 - 18)\ mg/l)/(2 \cdot 18\ mg/l) + 1) = 1{,}11$
*So erhöht sich die Gebühr für die Stickstofffracht auf 237.600,– DM · 1,11 = 263.736,– DM/a*
*Die Abwasserabgabe beträgt so insgesamt 414.986,– DM/a.*

*c) Wird der Stickstoffgrenzwert mehrmals überschritten, wird mit dem höchsten festgestellten Meßwert z. B. von 22 mg/l der Faktor wie folgt bestimmt:*
$22\ mg/l : 18\ mg/l = 1{,}22$
*Die Abwassergebür für die Stickstofffracht beträgt in diesem Falle:*
*237.600,– DM/a · 1,22 = 289.872,– DM/a.*
*Die Abgabengebühr beläuft sich insgesamt auf 441.122,– DM/a. (also um mehr als das Doppelte der Gebühr aus Beispiel a).*

### Klärschlamm-Verordnung

Eine für die Abwasserklärung maßgebliche weitere gesetzliche Grundlage ist die „Klärschlamm-Verordnung" (abgekürzt „Abf KlärV") vom 25.6.1982, die im Abfallgesetz begründet ist. Die Klärschlammverordnung regelt detailliert das Aufbringen von Klärschlamm auf landwirtschaftlichen Nutzflächen und soll den Schutz des Bodens vor den im Klärschlamm enthaltenen Schwermetallen sicherstellen (Kap. 4 und 5).

### Waschmittelgesetz

Mit dem Waschmittelgesetz vom 5.3.1987 werden die Abbaubarkeit und Umweltverträglichkeit von Wasch- und Reinigungsmitteln angesprochen, die entsprechend § 1 Abs. 1 nur produziert und verkauft werden dürfen, wenn die Trinkwasserversorgung nicht gefährdet und auch der Betrieb der Kläranlagen nicht gestört wird. So bildet dieses Gesetz die Basis für die „*Phosphathöchstmengenverordnung*" vom 4.6.1980. Danach beträgt der Phosphatanteil in Wasch- und Reinigungsmitteln von 1984 an maximal 20% (heute sind über 80% aller Wasch- und Reinigungsmittel phosphatfrei).

## Nützliche Adressen und Informationsquellen

Abwassertechnische Vereinigung e.V. (ATV)
Theodor-Heuss-Allee 17
53773 Hennef
Tel.: 02242/8720

Arbeitskreis Wasser im BUND
Dr. H.-G. Meiners
Bachstraße 62 – 64
52066 Aachen

Bundesanstalt für Gewässerkunde
Kaiserin-Augusta-Anlagen 15 – 17
56003 Koblenz
Tel.: 0261/13060

Bundesgesundheitsamt
Thielallee 88 – 92
14195 Berlin
Tel.: 030/8308-0

Bundesminister für Umwelt, Naturschutz und Reaktorsicherheit
Kennedyallee 5
53175 Bonn
Tel.: 0228/305-0

Bundesverband Bürgerinitiativen Umweltschutz (BBU) e.V.
Prinz-Albert-Str. 43
53113 Bonn
Tel.: 0228/214032

Bundesverband der Deutschen Gas- und Wasserwirtschaft
Josef-Wirmer-Str. 1 – 3
53123 Bonn
Tel.: 0228/52080

Deutscher Wetterdienst – Zentralamt
Frankfurter-Str. 135
63067 Offenbach
Tel.: 069/8062-0

Eltern für unbelastete Nahrung e.V.
Helga E. Rommel
Königsweg 7
24103 Kiel
Tel.: 0431/672041

Fischereiverein Hannover e.V.
Dr. E. Kalous
Hildesheimerstr. 122
30173 Hannover
Tel.: 0511/231968

Medizinisches Institut für Umwelthygiene
Direktor Prof. Dr. H. W. Schlipköter
Auf'm Hennenkamp 50
40225 Düsseldorf
Tel.: 0211/33890

Öko-Institut
Binzengrün 34a
79114 Freiburg

Ruhrverband
Kronprinzenstr. 37
45128 Essen
Tel.: 0201/178-1

Verband der chemischen Industrie (VCI)
Karlstraße 21
60329 Frankfurt/Main
Tel.: 069/25560

Umweltbundesamt
Bismarckplatz 1
14191 Berlin
Tel.: 030/8903-0

## Wichtige Fachbegriffe auf einen Blick

*Abwasserabgabengesetz*: Gesetz vom 6.11.90 über die Höhe der finanziellen Abgaben entsprechend dem Verschmutzungsgrad des Abwassers bei Einleiten in den Vorfluter.

*Abwasseranalytik:* Meßtechnik zur Untersuchung des Abwassers hinsichtlich Sauerstoffgehalt, pH-Wert und Summenparameter, die die organische Schmutzfracht erfassen.

*Abwasserverwaltungsvorschrift:* Vorschrift, die Mindestanforderungen für die Reinigung von Abwasser in Kläranlagen enthält; für die einzelnen Produktionszweige gibt es unterschiedliche Abwasserverwaltungsvorschriften.

*Adsorption:* Anlagerung von Schadgasen oder im Wasser gelösten Schmutzstoffen an festen Stoffen (z. B. an Aktivkohle).

*Aerobes Milieu:* Bezeichnung für die Lebensbedingungen von Bakterien, die nur bei Vorhandensein von Sauerstoff existieren können
(Gegensatz: *anaerobes Milieu*).

*Anthropogene Umweltverschmutzung:* Umweltverschmutzung, die vom Menschen verursacht wird.

*AOX:* Summenbezeichnung für adsorbierbare organische Halogenverbindungen im Abwasser.

*Belebtschlamm:* Schlamm aus dem Nachklärbecken einer biologischen Klärstufe. Der Schlamm enthält aerob arbeitende, an die Abwasserinhaltstoffe angepaßte Bakterienstämme; der Schlamm wird in das Belebungsbecken zurückgeführt (das Belebungsbecken wird auch Belüftungsbecken genannt).

*Betriebsbeauftragter für Gewässerschutz:* Der Gewässerschutzbeauftragte überwacht die Auflagen des Gewässerschutzes, er muß die notwendige Sachkunde haben und zuverlässig sein.

*Bioakkumulation:* Anreicherung von Schadstoffen in der Nahrungskette.

*$BSB_5$:* Biologischer Sauerstoffbedarf in 5 Tagen, Summenparameter, der vor allem leicht abbaubare organische Schadstoffe erfaßt.

*CSB:* Chemischer Sauerstoffbedarf, Summenparameter, der auch schwer abbaubare organische Substanzen erfaßt.

*Denitrifikation:* Reduktion von Nitraten zu Stickstoff, dabei verbrauchen die Mikroorganismen – die Denitrifikanten – den chemisch gebundenen Sauerstoff zum Atmen und zur Energiegewinnung für den Stoffwechselprozeß.

*Dünnsäure:* Verdünnte (20%ige) Schwefelsäure mit gelöstem Eisensulfat, die in der chemischen Industrie (Titandioxid-Produktion) und in der Metallurgie (Beizereien) anfällt. Dünnsäure wurde bis 1989 verklappt, sie wird jetzt aufgearbeitet.

*Eindampfer:* Apparat zum Aufkonzentrieren von Wert- oder Schadstoffen; Wasserdampf („Brüden") wird abgezogen.

*Eindicker:* Absetzbehälter, in dem aus dem sehr wasserreichen Klärschlamm der Großteil des Wassers entfernt wird (Trennprozeß beruht auf dem Prinzip der Sedimentation).

*Einwohnergleichwert:* Parameter zur Umrechnung von Industrieabwasser auf kommunales Abwasser (zum Zwecke des statistischen Vergleichs); 1 EGW = 60 g $BSB_5$/Tag.

*Enthärtung:* Verringerung der Wasserhärte in Ionenaustauschern zu dem Zweck, die Kesselsteinbildung in Warmwasseraufbereitungsanlagen zu vermeiden.

*Entkeimung:* Beseitigung von Mikroorganismen im Trinkwasser durch Chlorierung oder Ozonierung.

*Eutrophierung:* Überdüngung eines Gewässers mit Pflanzennährstoffen mit dem Ergebnis, daß sich Pflanzen massenhaft entwickeln und daß sich ein sauerstoffarmer See bildet (der See „kippt um").

*Extraktion:* Grundoperation der Verfahrenstechnik mit einem Lösungsmittel als Hilfsstoff.

*Fällungsreaktion:* Reaktion, bei der eine lösliche Verbindung durch Zusatz geeigneter Stoffe in eine in Wasser unlösliche Form überführt wird.

*Fällungsstufe:* Dritte Reinigungsstufe in einer vollbiologischen Kläranlage. Phosphatverbindungen werden gefällt, um eine Eutrophierung eines Gewässers zu verhindern.

*Fakultativ anaerobe Mikroorganismen:* Kleinstlebewesen, die im aeroben, aber auch im anaeroben Milieu leben können.

*Faulgas:* Methanreiches Gas aus den Faultürmen einer Kläranlage. In den Faultürmen besteht ein anaerobes Milieu.

*Faulschlamm:* Anaerob stabilisierter Schlamm aus Faultürmen.

*Filterpresse:* Apparat zur mechanischen Trennung von Suspensionen in Feststoffe und in Wasser (bei der Behandlung von Klärschlamm).

*Fischsterben:* Massenhaftes Verenden von Fischen, ausgelöst durch Sauerstoffmangel und/oder durch Chemikalieneintrag in Oberflächengewässer.

*Flockungsmittel:* Zugesetzte Substanzen, die unerwünschte Wasserinhaltsstoffe in voluminöse, schwer lösliche Form überführen, die so aus dem Abwasser zu entfernen sind.

*Frischschlamm:* unbehandelter, wasserreicher Rohschlamm.

*Gärung:* Anaerober Abbau organischer Verbindungen.

*Galvanik:* Technik, mit der metallische Schichten auf Werkstoffoberflächen abgeschieden werden.

*Gewässerschutz:* Unsere Seen und Flüsse sind in die Güteklasse I (unbelastet) bis IV (übermäßig verschmutzt) eingeteilt. Gewässergütekarten werden regelmäßig angelegt und veröffentlicht. Kläranlagen sollen für einen ausreichenden Gewässerschutz sorgen.

*Grenzflächenaktive Stoffe:* Bezeichnung für Substanzen, die die Oberflächenspannung einer Lösung herabsetzen. Grenzflächenaktive Substanzen – meist synthetische organische Verbindungen – bestehen aus einem hydrophoben und einem hydrophilen Molekülteil, reduzieren die Oberflächenspannung und sorgen so für eine verbesserte Benetzbarkeit. Stoffe sind im Wasch- und Reinigungsmitteln enthalten.

*Grundwasserverschmutzung:* Belastung des Grundwassers mit Mineralöl, Sickerwasser, Dünge- und Pflanzenschutzmitteln und Schwermetallen, die z. B. durch den sauren Regen im Boden mobilisiert und ausgetragen werden.

*Hauskläranlage:* Minikläranlage, wenn ein Anschluß an Kanalisation und kommunale Kläranlage nicht möglich ist (bei 50 Anwohnern und mehr als zweistöckige Absetzgruben – sogenannte „Emscherbrunnen" – konzipiert).

*Häusliches Abwasser:* Abwasser aus privaten Haushalten, entspricht dem täglichen Frischwasserverbrauch von ca. 150 l/Kopf.

*Hydrobiologie:* Lehre von den im Wasser lebenden Organismen.

*Imhofftrichter:* Trichterförmiges, nach oben offenes Absetzglas mit Skalierug zur Bestimmung des Volumenanteils von absetzbaren Stoffen (in mg/l).

*Industrieabwasser:* Abwasser aus Industriebetrieben, enthält teilweise sehr schwer abbaubare Substanzen, so daß spezielle Reinigungsschritte notwendig werden.

*Ionenaustauscher:* Feste natürliche oder künstliche Substanzen auf anorganischer oder organischer Basis, die in einer Lösung enthaltene Ionen gegen eigene Ionen austauschen (z. B. in Zeolithen zur Wasserenthärtung: die Natriumionen werden dabei gegen die härtebildenden Calcium- und Magnesiumionen ausgetauscht).

*Kanalsystem:* System zum Ableiten von Abwasser und Regenwasser gemeinsam (Mischkanalisation) oder vereinzelt getrennt (Trennkanalisation).

*Kanzerogene Stoffe:* Substanzen, die Krebs auslösen.

*Kläranlage:* Anlage zur Reinigung von Abwasser, unterteilt in die mechanische, biologische und chemische Stufe. Außerdem umfaßt die Kläranlage eine Schlammbehandlungsstufe.

*Klärschlamm:* Rückstände einer Kläranlage, häufig mit Schwermetallen belastet.

*Kühlturm:* Anlage, um Wärme über das Kühlwasser an die Atmosphäre abzuführen. Die

Typen von Kühltürmen sind in Naß- und Trockenkühltürme zu unterscheiden. Naßkühltürme können mit natürlichem Zug der Luft arbeiten (Naturzugkühltürme in der Regel bei Großanlagen) oder mit Ventilatoren ausgerüstet werden (Zwangszug).

*Lignin:* Gerüstsubstanz der Pflanzen, sorgt für deren Festigkeit.

*Lösungsmittel:* Organische Flüssigkeiten mit hohem Dampfdruck, die in Extraktionsanlagen in Wasser gelöste Stoffe aufnehmen und somit aus dem Abwasserstrom entfernen können.

*Mechanische Reinigungsstufe:* Teil einer Kläranlage zum Entfernen von im Wasser nicht gelösten Stoffen durch Ausnutzung von Dichteunterschieden.

*Nachklärbecken:* Absetzbecken zum Abscheiden des Belebtschlamms aus dem Abwasser hinter dem Belebungsbecken.

*Neutralisation:* Vorgang, bei dem Abwasser auf einen pH-Wert von 7 durch die Zugabe von Säure oder Lauge eingestellt wird (häufig erster Schritt in Industriekläranlagen oder vor dem Einleiten von Industrieabwasser in die Kanalisation).

*Nitrat:* Salz der Salpetersäure; Nitratkonzentration im Trinkwasser max. 50 mg/l.

*Nitrifikation:* Biologischer Vorgang durch Nitrifikanten, die Ammonium über Nitrit zu Nitrat oxidieren.

*Nitrosamine:* Stoffgruppe, die aus Nitriten mit Aminen im Magen-Darm-Trakt gebildet wird; kanzerogene Stoffgruppe.

*Ölabscheider:* Apparat zur Trennung von Öl aus einem Öl-Wasser-Gemisch, arbeitet nach dem Schwerkraftprinzip (nicht geeignet für Emulsionen).

*Phosphat:* Salz der Phosphorsäure, enthalten in phosphorhaltigen Waschmitteln und Düngemitteln, hat eine eutrophierende Wirkung und wird deshalb aus dem Abwasser durch Fällungsreaktionen entfernt.

*Phosphatersatzsstoffe:* Substitutionsprodukte für Phosphate in Waschmitteln wegen der eutrophierenden Wirkung von Phosphaten in langsam fließenden Gewässern.

*Rechen:* Einrichtung zur Zurückhaltung von groben Inhaltsstoffen im Eingang zur Kläranlage.

*Regel der Technik (allgemein anerkannte RdT = aaRdT):* Praktisch erprobte und ausgereifte Verfahrensprinzipien entsprechend aaRdT, werden häufig als unterste Stufe fortschrittlicher Verfahren entsprechend dem „*Stand der Technik*" bezeichnet.

*Remobilisierung von Schwermetallen:* Schwermetalle, die im Sediment eines Flusses oder im Boden enthalten sind, werden bei Änderung des pH-Wertes wieder gelöst.

*Schadeinheit (SE):* Je nach der Gefährlichkeit und Schädlichkeit von Schmutzstoffen, die in ein Gewässer eingeleitet werden, ergeben sich unterschiedlich hohe Schadeinheiten, die mit Gebühren nach dem *Abwasserabgabengesetz* belegt werden.

*Schlamm:* Rückstände, die aus dem Abwasser in der mechanischen und in der biologischen Klärstufe abgeschieden werden; stark wasserhaltig, so daß in weiteren Behandlungsstufen der Wassergehalt reduziert werden muß.

*Schlammverwertung:* Verwendung des behandelten Schlamms in der Landwirtschaft, zur Rekultivierung und zur Energieerzeugung.

*Sickerabwasser:* Abwasser aus Deponien; Regenwasser durchdringt den. Deponiekörper und laugt ihn aus.

*Summenparameter:* Angabe, die eine Fülle von chemischen Verbindungen gemeinsam erfaßt.

*Stand der Technik:* Entwicklungsstand fortschrittlicher Verfahren (siehe auch „*Regel der Technik*").

*Tenside:* Oberflächenaktive Stoffe.

*Trinkwasser:* Wasser in Lebensmittelqualität entsprechend Trinkwasserverordnung vom 22.5.1986.

*Tropfkörperverfahren:* Methode zur biologischen Abwasserreinigung (häufig bei mittelgroßen Kläranlagen eingesetzt).

*Turmbiologie (oder Hochbiologie):* Biologisches Verfahren in der Klärtechnik in „Hochbioreaktoren" vor allem bei Industrieabwässern; geschlossene Bauweise, deshalb geringe Geruchsbelästigung.

## 3.2 Techniken der Wasseraufbereitung und Möglichkeiten des Wassersparens und der Kreislaufführung

Obwohl Deutschland mit Wasser reichlich versorgt ist, muß mit den Wasservorräten sparsam umgegangen werden:
Jahreszeitlich bedingt ist es auch hier zu Engpässen gekommen. Schwer abbaubare Stoffe, die z.B. aus Chemieunfällen (beispielsweise Sandoz-Unfall im November 1986), aus Sickerabwässern von Deponien oder aus landwirtschaftlich intensiv genutzten Flächen stammen, erschweren die Aufbreitung des Wassers zu Trinkwasser erheblich (Kap. 3.1.1).

### 3.2.1 Technische Konzeptionen zur Trinkwasseraufbereitung

Der durchschnittliche Wasserverbrauch der deutschen Haushalte liegt derzeitig bei etwa 150 l/Einwohner und Tag und damit bei ca. 4,5 Milliarden $m^3/a$. Die Industrie benötigt etwa 40 Milliarden $m^3/a$ (davon allein 30 Milliarden $m^3/a$ für Kühlzwecke in Form von Kühlwasser; Lit. 3.15).
Im Bereich der öffentlichen Wasserversorgung beträgt der Anteil des *Grundwassers* etwa 63 %, einschließlich Uferfiltrat und künstlich angereichertem Grundwasser etwa 80%. Am Wasseraufkommen für die öffentliche Wasserversorgung sind dann noch „*Quellwasser*" mit 9% und „Oberflächenwasser" mit 11% beteiligt.
Das Grundwasser und auch das Quellwasser – dies ist ja zutage tretendes Grundwasser – sind für die Trinkwasserversorgung am besten geeignet, da diese durch die Filterwirkung des Bodens praktisch keimfrei sind. Das Wasser reichert sich aber auf seinem Weg durch den Boden mit den salzartigen Bestandteilen der Erdrinde an, nämlich Natrium, Calcium und Magnesium als Kationen ($Na^+$, $Ca^{2+}$, und $Mg^{2+}$) und Chlorid, Sulfat und Hydrogencarbonat als Anionen ($Cl^-$, $SO_4^{2-}$ und $HCO_3^-$). Die häufig störenden Inhaltsstoffe Eisensalze oder Schwefelwasserstoff werden durch Belüftung weitgehend entfernt. Sehr sorgfältig muß die Qualität des Grundwassers beobachtet werden, denn starke anthropogene Verunreinigungen können den Untergrund in seiner Reinigungsleistung überfordern.
*Oberflächenwasser* ist Süßwasser aus Flüssen, Seen und Talsperren und muß heute mit erheblichen technischen Anstrengungen zu Trinkwasser aufbereitet werden. Probleme bereitet die Einleitung von nur teilweise geklärten Abwässern und von Kühlwässern in die Oberflächengewässer.
*Meerwasser* kann für die Trinkwasserversorgung nur genutzt werden, wenn es zuvor entsalzt wurde. Der Bau und der Betrieb von Meerwasserentsalzungsanlagen auf den Verfahrensprinzipien der Verdampfung, des Ausfrierens, der Umkehrosmose, der Elektrodialyse o.ä. ist nur in Ländern und Gegenden ökonomisch vertretbar, wo Oberflächen- und Grundwasser für die Trinkwasserversorgung nicht verfügbar sind. Auf die Besprechung dieser Verfahren wird deshalb verzichtet.
Die Arten der Verunreinigung von Oberflächen- und eventuell auch von Grundwasser können ganz unterschiedlicher Natur sein, wie:

- *organische ungelöste Schwebestoffe* (Bakterien, Pilze, Ruß, organische Stoffe, Staub etc.),
- *anorganische ungelöste Schwebestoffe* (Staub, Ton, Mineralien),
- *gelöste Stoffe* (Stickstoffverbindungen, Carbonate, Sulfate, Kohlendioxid) und
- *kolloid gelöste Stoffe* (Farbstoffe, organische Stoffe wie Öle und Fette, Eisenoxid).

Die Wasseraufbereitungsanlagen nutzen zur Reinigung physikalische, chemische und bakterielle Aufbereitungsprinzipien:

- Im Rahmen der *physikalischen Vorgänge* wird das Wasser durch Absetz- und Filtervorgänge von ungelösten Schwebeteilchen befreit, an deren Oberfläche Bakterien anhaften können. Kolloidale Teilchen werden durch Chemikalienzusatz zu großen Flocken vereinigt und ausgefällt. Gasförmige Inhaltsstoffe werden ausgestrippt (umgekehrter Vorgang der Absorption – Kap. 2.2.3).
  Organische, schwer abbaubare Substanzen werden durch physikalische Bindungskräfte an großen Oberflächen fester Materialien wie Aktivkohle in Adsorbern (siehe dazu auch Kap. 2.2.3) gebunden und damit aus dem Frischwasser entfernt.
- *Chemische Methoden* bewirken, daß echt gelöste Stoffe in unlösliche Form überführt werden und ausfallen. Dieses wird angewendet, um Mangan und Eisen aus dem Wasser zu entfernen, um das Wasser zu enthärten und zu entsäuern.
- *Bakterielle Methoden* in Form der Chlorierung und Ozonierung (in Sonderfällen auch durch Abkochen) dienen in der letzten Stufe der Trinkwasseraufbereitung dazu, das Wasser keimfrei zu machen.

Hier wird speziell auf die folgenden Verfahrensschritte eingegangen:
- die Enthärtung,
- die Entgasung und Entsäuerung,
- die Eisenentziehung und die Manganausscheidung und
- die Entkeimung des Wassers.

**Die Enthärtung**

Im Regenwasser ist Kohlendioxid gelöst. Beim Eindringen in die Erde unterstützt das gelöste Kohlendioxid die Überführung von Carbonaten des Calciums, Magnesiums, Eisens, Mangans in Hydrogencarbonate nach folgender Reaktionsgleichung, so z. B.

$CaCO_3 + CO_2 + H_2O \Rightarrow Ca(HCO_3)_2$.

Dabei sind die Carbonate unlöslich, während die Hydrogencarbonate in Wasser löslich sind. Diese Stoffe – vor allem die Calcium- und Magnesiumhydrogencarbonate – sind für die Carbonathärte des Wassers – auch als temporäre Härte bezeichnet – verantwortlich. Temporär deshalb, weil die Carbonhärte durch Kochen des Wassers beseitigt werden kann. Dabei wird $CO_2$ aus dem Hydrogencarbonat entfernt, Carbonate fallen als „Kesselstein" aus. Die Nichtcarbonathärte oder *permanente Härte* kann durch den Kochvorgang nicht beseitigt werden, da Sulfate und Choride dabei nicht oder nur schwer (wie die Erdalkalisulfate) ausfallen. Die Enthärtung ist vor allem bei Kesselspeisewasser unbedingt erforderlich (Kesselstein erhöht den Brennstoffbedarf stark und führt zu ständiger Überhitzung und damit zu verstärkter Beanspruchung und Korrosion des Materials – eine 1 mm dicke Schicht Kesselstein ist der Wärmeleitfähigkeit von 37 mm dicken Eisenmaterial äquivalent).

Der Härtegrad des Wassers (GH) wird in mmol/l oder in mg CaO/l (früher °dH = Grad deutscher Härte) angegeben, dabei ist

1 °dH = 10 mg CaO/l = 0,179 mmol/l

Häufig wird das Wasser in 4 Härtebereiche eingeteilt:
- Härtebereich 1 – weich
  bis 1,3 mmol/l = 7,3 °dH;
- Härtebereich 2 – mittel
  1,3 bis 2,5 mmol/l = 7,3 bis 14 °dH;
- Härtebereich 3 – hart
  2,5 bis 3,8 mmol/l = 14 bis 21,3 °dH;
- Härtebereich 4 – sehr hart
  über 3,8 mmol/l = über 21,3 °dH.

Kesselstein kann sich nur in Haushaltsgeräten und in Warmwasseranlagen bei Temperaturen über 65 °C, nicht aber in Trinkwasserleitungen bilden, deshalb wird im Wasserwerk auf die Enthärtung auch von hartem Wasser verzichtet, obwohl mit dem Einsatz von Wasser ein Mehrverbrauch von Seife und Waschmittel verbunden ist (für die Trinkwassergüte wird der Härtebereich zwischen 15 und 28 °dH als besonders günstig eingeschätzt; siehe auch Kap. 3.4).

Folgende Verfahren zur Enthärtung sind möglich:

- Wasserenthärtung mit Ionenaustauschern. Die Härtebildner Calcium und Magnesium ($Ca^{2+}$- und $Mg^{2+}$-Ionen) werden gegen andere Kationen (oft $Na^+$) ausgetauscht.
- Wasserenthärtung mit Calciumhydroxid und Natriumcarbonat nach folgenden Reaktionsgleichungen:
  $Ca(HCO_3)_2 + Ca(OH)_2 \Rightarrow 2(CaCO_3) + 2H_2O$ (Damit wird die temporäre Härte beseitigt).
  $Na_2CO_3 + CaSO_4 \Rightarrow CaCO_3 + Na_2SO_4$ (Natriumcarbonat – oder Soda – beseitigt die permanente Härte, auch hier fällt $CaCO_3$ aus; das entstehende Natriumsulfat ist leicht löslich und verursacht keinen Kesselstein).

Die ausfallenden Produkte werden durch Filterung zurückgehalten und aus dem Wasser entfernt.

### Entgasung und Entsäuerung des Wassers

Das Wasser wird in einem gut belüfteten, mit Füllkörpern bestückten Turm oder in einer Kolonne von Schwefelwasserstoff und/oder freiem überschüssigem Kohlendioxid befreit. Im Boden vorhandener Pyrit wird durch Kohlendioxid zu Schwefelwasserstoff umgesetzt:
$FeS_2 + 2CO_2 + 2\,H_2O \Rightarrow Fe(HCO_3)_2 + H_2S + S$
Der entstandene Schwefelwasserstoff ist schon in geringster Konzentration durch den faulen Eiern ähnlichen Geruch wahrnehmbar.
Unter der Entsäuerung ist die Entfernung von freiem überschüssigem Kohlendioxid aus dem Wasser zu verstehen, indem das Wasser in der Atmosphäre zerstäubt und über grobe Steine oder Koks verrieselt wird. So wird ein guter Stoffaustausch mit Luft erreicht, und Kohlendioxid wird ausgetrieben. Kohlendioxid kann nach der Reaktionsgleichung:
$CaCO_3 + CO_2 + H_2O$
$\Rightarrow Ca^{2+} + 2HCO_3^-$
eine äquivalente Menge Calciumcarbonat lösen (dies wird als Kalk-Kohlensäure-Gleichgewicht bezeichnet). Ist jedoch mehr $CO_2$ gelöst, als es dem gelösten Kalk entspricht, versucht dieses überschüssige Kohlendioxid zusätzliches Calciumcarbonat bis zum Gleichgewichtszustand zu lösen. Deshalb führt überschüssiges Kohlendioxid zu technischen Störungen, verhindert die Bildung von Kalk-Rost-Schutzschichten und bewirkt so Korrosionen bei Metallen, Mauerwerk und Beton.
Das Wasser soll in Trinkwasserleitungen nur dann transportiert werden, wenn sich das Kalk-Kohlensäure-Gleichgewicht eingestellt hat (Lit. 3.16): Ist überschüssiges, freies $CO_2$ enthalten, werden die Leitungen angegriffen; bei Unterschreiten des den Bicarbonaten – $Ca(HCO_3)_2$ und $Mg(HCO_3)_2$ – entsprechenden „zugehörigen" $CO_2$ fällt Calciumcarbonat aus. Abb. 3.6 zeigt den Zusammenhang zwischen dem pH-Wert, dem freien zugehörigen $CO_2$ und dem chemisch gebundenen $CO_2$ in den Bicarbonaten und den Carbonaten. So wird die Entsäuerung notwendig z. B. bei einem pH-Wert kleiner als 7,7 und einer Härte von 9 bis 10 °dH, weil dann überschüssiges, freies und damit aggressives $CO_2$ vorhanden ist, das den Wert des freien, zugehörigen $CO_2$ von 5 mg/l übersteigt.

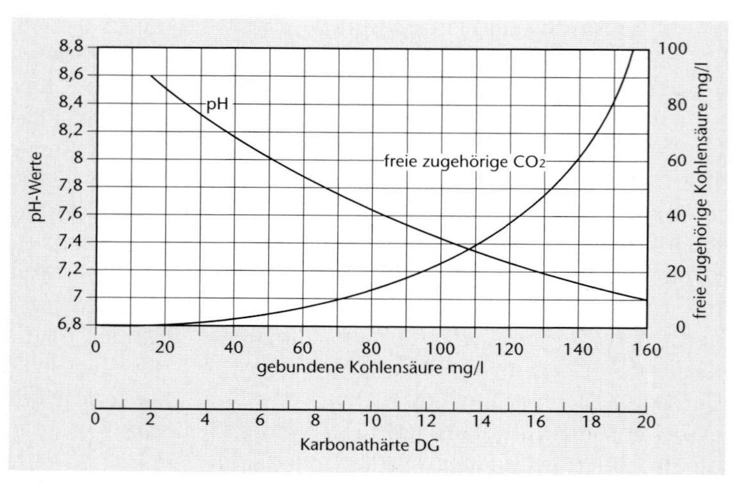


*Abb. 3.6: Wasser im Kalk-Kohlensäure-Gleichgewichtszustand*

**Eisenentziehung und Manganausscheidung**

Im anaeroben Milieu des Grundwassers gehen die schwerlöslichen Metallverbindungen der Erdkruste in lösliche Verbindungen über, die bei Kontakt mit Luftsauerstoff wieder in höhere Oxidationsstufen $Fe^{3+}$ und $Mn^{4+}$ überführt werden. Diese Verbindungen sind aber nahezu unlöslich und fallen deshalb im Leitungsnetz (Verstopfungsgefahr) oder beim Verbraucher (unerwünscht wegen brauner Flecken auf der Wäsche) aus. Deshalb wird dieser Oxidationsvorgang schon im Wasserwerk bei der Aufbereitung des Wassers vorgenommen:

$4\,Fe(HCO_3) + O_2 + H_2O \Rightarrow 4\,Fe(OH)_3 + 8\,CO_2$

Bei schwer auszuscheidenden Eisenverbindungen – der Eisengehalt des Trinkwassers sollte aus medizinischen Gründen unter 0,3 mg/l liegen – wird die Oxidation mit Ozon bevorzugt.

Die Eisenhydroxidflocken werden als brauner Niederschlag durch ein feines Kiesfilter zurückgehalten und entfernt (Filtergeschwindigkeit etwa 0,6 $m^3$ Wasser/$m^2$ Filterfläche · h). Mangan tritt meist als Begleiter des Eisenhydrogencarbonats auf; die Manganausscheidung erfolgt nach ähnlichen Verfahrensprinzipien wie beim Eisenentzug, nur langsamer, weil Manganbakterien zweiwertiges Mangan im Stoffwechselprozeß in vierwertiges Mangan überführen und damit eine Elimination aus dem Wasser ermöglichen. In der Regel erfolgt die Manganausscheidung nach dem Eisenentzug.

**Entkeimung des Wassers**

Durch Chlorierung oder Ozonierung wird die Keimzahl auf maximal 20/ml reduziert; dabei ist *Escherischia coli* ein Indikatorkeim, der in der Probe von 100 ml nicht nachgewiesen werden darf.

Die Entkeimung ist vor allem bei Wasser notwendig, das aus Oberflächengewässern entnommen wird (Lit. 3.15). Die gebräuchlichsten Verfahren zur Entkeimung beruhen auf dem Einsatz von Chlorgas ($Cl_2$), von Hypochlorid (z.B. NaOCl = Chlorbleichlauge), von Chlordioxid ($ClO_2$) oder von Ozon ($O_3$). Arbeitet man mit Chlorgas – Zusatz etwa 0,5 mg/l – müssen beim Verbraucher noch 0,1 mg/$m^3$ nachzuweisen sein.

Nachteilig ist bei diesem zuverlässigen Verfahren die Geschmacksbeeinträchtigung, die bei Flußwasser, das Spuren von Phenol enthält, durch die Bildung von Chlorphenol besonders stark ist. Chlorphenol z.B. ist in Verdünnungen von 0,05 ppm noch geschmacklich nachweisbar. So scheint die Entkeimung mit Ozon in gesundheitlicher Hinsicht günstiger zu sein, allerdings zerfällt das im Wasserwerk zugesetzte Ozon vor Erreichen des Ortsnetzes in normalen Luftsauerstoff, so daß dann eventuell noch eine Chlorierung erfolgen muß. Die Abb. 3.7 und 3.8 zeigen die angesprochenen Prozeßschritte bei der Aufbereitung von Oberflächengewässer und von Grundwasser bzw. von Uferfiltrat.

### 3.2.2 Wassersparende Maßnahmen im privaten und im industriellen Sektor

#### 3.2.2.1 Sparsamer Umgang mit Trinkwasser im privaten Bereich

In den privaten Haushalten verteilt sich der Trinkwasserbedarf von ca. 150 l/Kopf · Tag auf folgende Anwendungszwecke:

- 48 l/Kopf · Tag (32%) auf die Toilettenspülung
- 45 l/Kopf · Tag (30%) auf das Baden und Duschen
- 21 l/Kopf · Tag (14%) zum Wäschewaschen
- 18 l/Kopf · Tag (12%) zur Körperpflege zusätzlich zum Baden und Duschen bzw. zum Geschirrspülen (je 6%)
- 9 l/Kopf · Tag (je 3%) zum Saubermachen bzw. zum Kochen und Trinken
- 6 l/Kopf · Tag (4%) zur Gartenbewässerung
- 3 l/Kopf · Tag (2%) für die Autowäsche.

Aus der Aufstellung wird deutlich, daß nur ein Bruchteil des täglichen Trinkwasserbedarfs strengen hygienischen Anforderungen genügen muß, während für etliche Anwen-

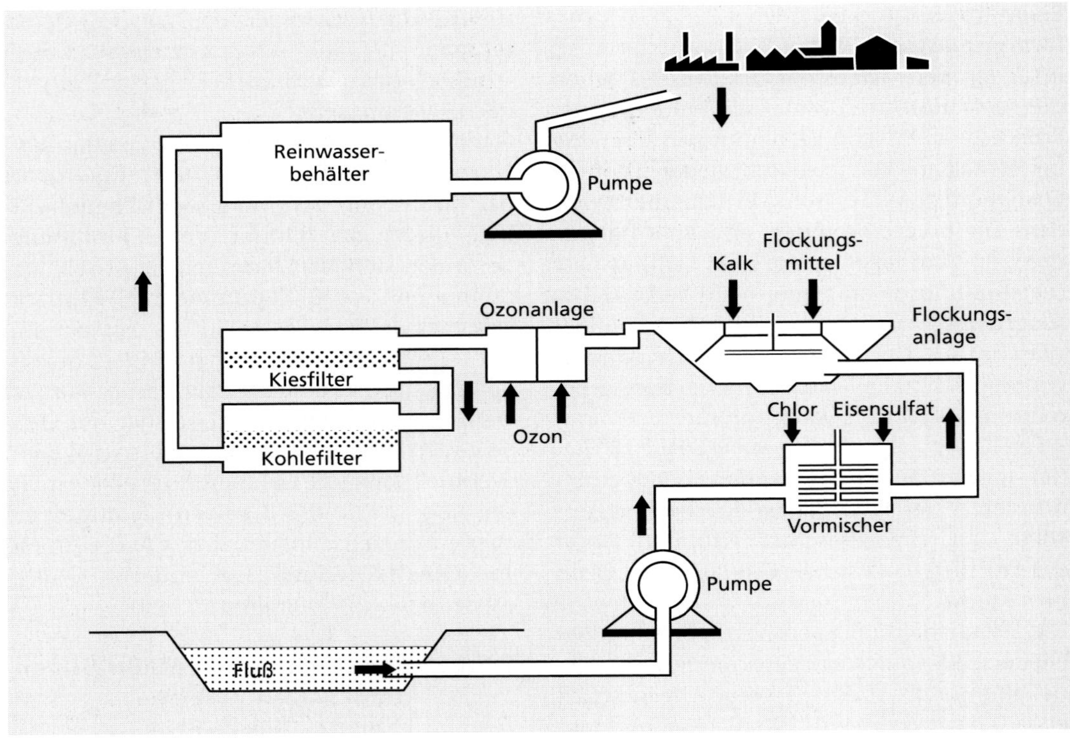


*Abb. 3.7: Schema einer Flußwasseraufbereitungsanlage (Lit. 3.17)*

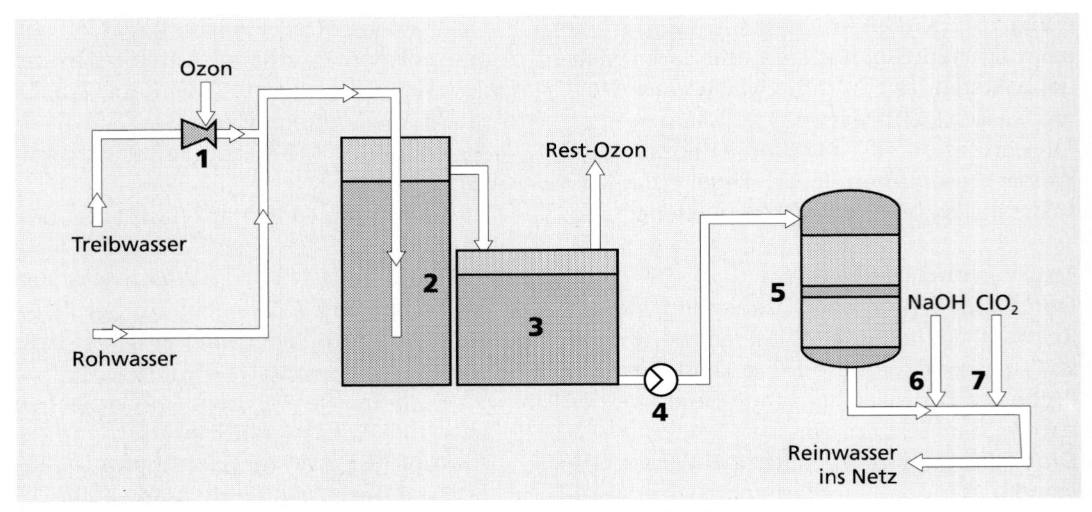


*Abb. 3.8: Schema einer Aufbereitungsanlage für Trinkwasser aus Uferfiltrat*
*1 Injektoranlage für $O_3$*
*2 Begasungsbehälter*
*3 Zwischenbehälter zum Abscheiden von Rest-Ozon und von ausgetriebenen Gasen*
*4 Pumpe*
*5 AktivkohleAdsorber mit 2 Schichten*
*6 pH-Wert- Regulierung größer als 6,5*
*7 Nachchlorung*

dungszwecke (Toilettenspülung, Wäschewaschen, Gartensprengen, Autowaschen, Putzen) auch Regenwasser oder Brunnenwasser ohne Trinkwasserqualität eingesetzt werden könnte.

Abb. 3.9 zeigt eine Regenwasseraufbereitungsanlage, mit der das Regenwasser aufgefangen, aufbereitet und über ein separates Leitungsnetz den verschiedenen, mit dem Hinweis „Kein Trinkwasser" kenntlich gemachten Verbrauchsstellen zugeführt wird (Lit. 3.18).

Die Investitionen von DM 5000,– für eine kleine Anlage nach Abb. 3.9 sowie zusätzlich für die Installation der separaten Leitungen bzw. für das Abtrennen des Regenwassernetzes vom üblichen häuslichen Trinkwassernetz amortisieren sich bei einem Preis für das Trinkwasser von heute schon 10,– DM/m³ schnell. Der Preis gilt für das Rhein-Main-Gebiet, die Preisentwicklung hat steigende Tendenz; so rechnet man mit einer Preisverdopplung im 10 Jahres-Rhythmus (Lit. 3.18).

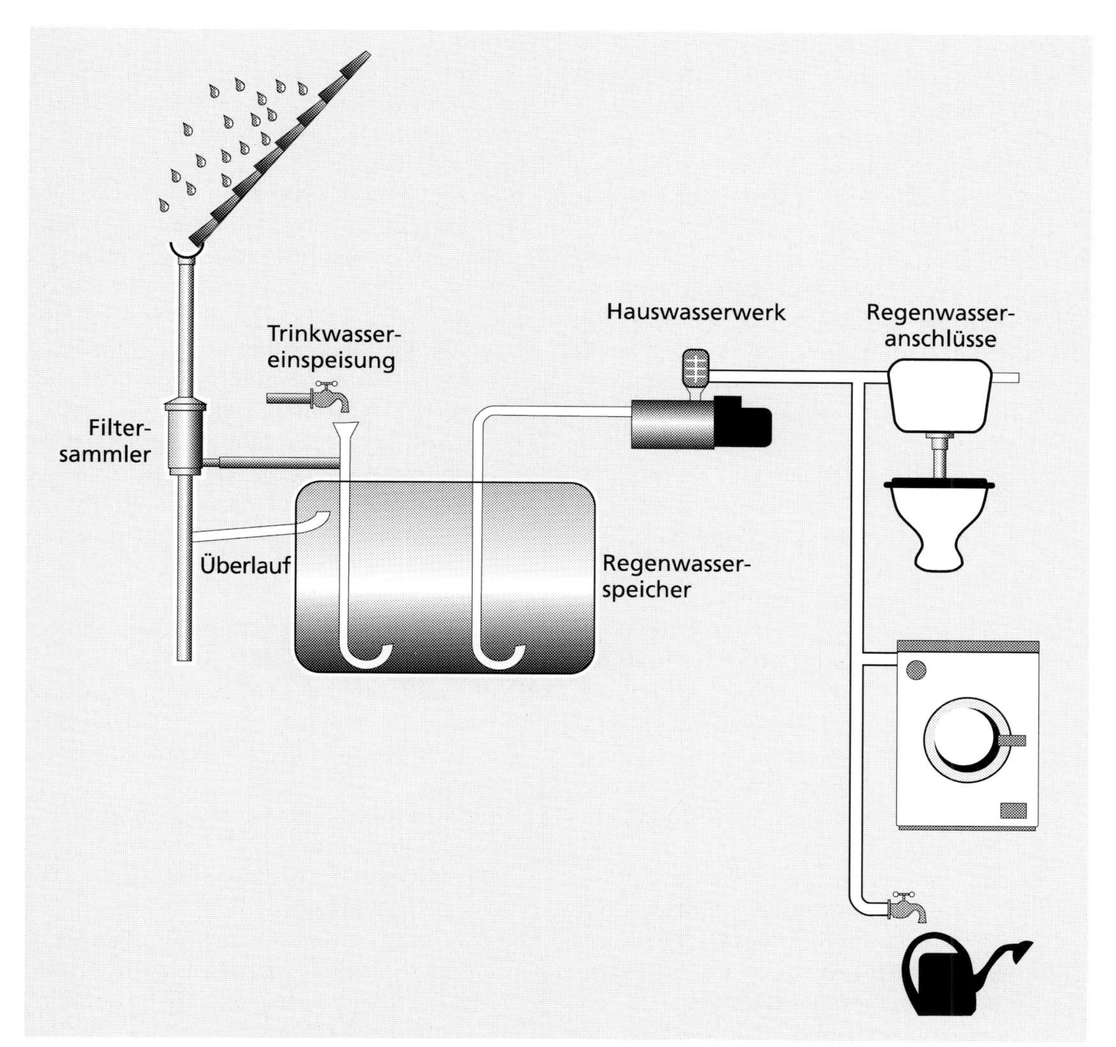


*Abb. 3.9: Regenwasseraufbereitungsanlage (Wagner & Co Solartechnik, Cölbe)*

Zusammen mit anderen Maßnahmen wird der Einspareffekt auf ca. 100 l/Kopf · Tag geschätzt; dies sind bei einer 4-köpfigen Familie immerhin 146 m³/a Wasserersparnis bzw. eine finanzielle Ersparnis von ca. 1400 DM/a. Verstärkt setzen ökologisch interessierte und planende Architekten auf die Regenwassernutzung in Bürohochhäusern (Toilettenspülung, Pflanzenbewässerung, Raumbefeuchtung, Wasserspiele und künstliche Seen) wie z. B. für das Daimler-Benz-Projekt am Potsdamer Platz in Berlin (Lit. 3.18).

Neben dem Vorteil, den Trinkwasserbedarf zu reduzieren (vor allem für Ballungsgebiete während längerer Trockenperioden von Bedeutung) wird mit der Regenwassernutzung und dem Auffangen in einem Speicher (Abb. 3.9) – wenn die Maßnahme denn im großen Maßstab angewendet wird – auch der Kommune und der Kläranlage selbst geholfen: Wer kennt nicht Beispiele, daß die Versiegelung von immer mehr Flächen dazu führt, daß die Kanalsisation bei starken Regenfällen das Wasser nicht abführen kann, deshalb die Kanalisation überläuft und Wasser in die Häuser dringt. Die Installation von vielen Regenwasserspeichern kann zumindestens dafür sorgen, daß weitere Pufferkapazität für das Regenwasser geschaffen wird. In diesem Falle wird auch die Kläranlage entlastet.

Das Umweltbundesamt nennt in seiner Broschüre „Ohne Wasser läuft nichts – Rettet unser wichtigstes Lebensmittel" (Lit. 3.19) Möglichkeiten des Wassersparens im privaten Bereich, die einfacher als der Bau einer Regenwasseraufbereitungsanlage zu realisieren sind:

- Duschen statt Vollbad (150–180 l Wasser für ein Vollbad, dagegen 30–50 l Wasser für eine 6 Minuten-Dusche).
- Einbau von wassersparenden Armaturen (z. B. mit einer Thermostat-Einhand-Armatur wird die Temperatur des Duschwassers direkt eingestellt, Wasser zum Einregulieren der Temperatur wird eingespart).
- Einbau von wassersparenden Spülkästen für die Toilettenspülung. Bei den „kleinen" Spülgängen werden nur 3–4 l Wasser statt sonst 9 l Wasser benötigt.
- Neuanschaffung von Wasch- und Spülmaschinen unter dem Aspekt niedrigen Energie- und Wasserverbrauchs.
- Zur Gartenbewässerung sollte möglichst Regenwasser statt Trinkwasser verwendet werden (einfacher Anschluß einer Regenwasserfalleitung an eine Wassertonne im Garten).

Allein mit diesen Maßnahmen könnte der Trinkwasserbedarf auf ca. 110 l/Kopf/Tag reduziert werden (Lit. 3.19).

Individuelle Wasserzähler pro Wohnung erlauben es, die Wasserkosten jeweils nach dem familiären Verbrauch abzurechnen und damit den sparsamen Umgang mit Wasser finanziell zu belohnen (eine Verpflichtung zum Einbau von Wohnungswasserzählern in Neubauten wird in den Bundesbauordnungen vorgesehen). Allein die Möglichkeit, den Kaltwasserbedarf in jedem Haushalt individuell zu messen und abzurechnen, hat nach Ergebnissen eines Pilotprojekts zu einer 20%igen Trinkwassereinsparung (30 l/Kopf · Tag) geführt (Lit. 3.20).

Das gesamte Einsparpotential – Regenwassernutzung und wassersparende Armaturen und Maschinen – wird auf ca. 100 l/Kopf · Tag geschätzt (etwa 65% des heutigen Trinkwasserbedarfs).

#### 3.2.2.2 Sparsamer Umgang mit Wasser im industriellen Sektor

Das Einsparpotential an Wasser im industriellen Sektor ist deutlich höher als im privaten Bereich. Industriebetriebe nutzen Wasser für 3 Zwecke:

- für die Prozeßkühlung und die Abfuhr von Niedertemperatur- oder „Abfall"-wärme an die Atmosphäre (Kraftwerke, Chemische Industrie, Stahlwerke o.ä.)
- als Lösungsmittel, um unerwünschte Stoffe aus dem Prozeß zu entfernen (Zellstoff- und Papierindustrie, Galvanische Betriebe, Chemische Industrie, Lebensmittelindustrie o.ä.),

- und als direkter Reaktionspartner im Prozeß selbst (Chemische Industrie).

Für diese drei Anwendungszwecke werden wasserschonende Beispiele ausgeführt und beschrieben.

**Prozeßkühlung**

Die Erzeugung von elektrischer Energie über Hochdruckdampf in Kraftwerken (der aber auch z. B. bei exothermen Reaktionen in der chemischen Industrie gewonnen wird) ist immer damit verbunden, daß letztendlich der Niederdruckdampf auf einem so niedrigen Temperaturniveau vorliegt, daß dessen Energieinhalt über geeignete Kühlmedien – in der Regel Wasser, bei kleinen Anlagen auch Luft – an die Umgebung abgeführt werden muß und nicht mehr genutzt werden kann („Abfallwärme"; siehe dazu Kap. 2.2.1, vor allem Abb. 2.4 bis 2.7).

Die erste Überlegung muß sein, die an die Umgebung abzuführende Abfallwärme zu verringern; und dies kann mit anderen Kraftwerkskonzeptionen – siehe dazu Kap. 2.2.1 – geschehen. Anschaulich drückt sich dies in der Erhöhung des Wirkungsgrades aus. Damit wird dazu beigetragen, die $CO_2$-Emission und in gleichem Maße auch die Abgabe von Abfallwärme zu reduzieren.

*Kühlkreisläufe*

Die Abfallwärme – vor allem die Kondensationsenthalpie des abgearbeiteten Dampfes (siehe Abb. 2.5) – kann abgeführt werden durch:

- Frischwasserkühlung,
- Ablaufkühlung mit Naßkühlturm,
- Kreislaufkühlung mit Naßkühlturm und
- Kreislaufkühlung mit Trockenkühlturm.

Diese Methoden sind nach ökologischen Gesichtspunkten geordnet.

Aufbauend auf Wärmelastplänen soll das biologische Gleichgewicht in den Flüssen erhalten bleiben; das heißt, bei erhöhter Wassertemperatur nimmt die Löslichkeit von Sauerstoff in Wasser ab (siehe Absorptionsparameter in Kap. 2.3). Die maximale Löslichkeit von Sauerstoff im Wasser beträgt bei einem Luftdruck von 1 bar 9,0 mg $O_2$/l Wasser (bei 20 °C) und 7,8 mg $O_2$/l Wasser (bei 30 °C).

Fische benötigen zum Leben mindestens einen Sauerstoffgehalt von 3 mg $O_2$/l Wasser, eine Konzentration, die in den 70er Jahren teilweise unterschritten wurde, so daß Fischsterben im großen Ausmaß zu beobachten war.

Bei erhöhter Wassertemperatur nehmen die Abbauprozesse für organische Stoffe aber zu, so daß weiterer Sauerstoff verbraucht wird. Folgen sind damit Fäulnisprodukte im Flußwasser, eine Verschlechterung der Gewässergüte und eine erschwerte Trinkwasseraufbereitung aus dem Flußwasser und auch aus dem Uferfiltrat.

Entsprechend den Genehmigungsauflagen darf das Flußwasser nicht mehr als 5 Grad über die Entnahmetemperatur und nicht über eine Flußgrenztemperatur von 28 °C angewärmt werden.

Der *Frischwasserbetrieb* läßt sich so beschreiben: Entnahme von Flußwasser, das mechanisch vorgereinigte Wasser wird dem Kondensator (Abb. 2.4) zugeführt und nach der Wärmeaufnahme direkt in den Fluß zurückgeleitet. Diese Fahrweise ist ökonomisch sehr vorteilhaft, ökologisch aber nicht vertretbar und heute nicht mehr genehmigungsfähig. Ökonomisch vorteilhaft, weil das Flußwasser die tiefsten Umgebungstemperaturen aufweist, weil so der Niederdruckdampf in der letzten Turbinenstufe auf ein tiefes Vakuum entspannt werden kann (siehe Kap. 2.2.1) und weil auf Kühltürme verzichtet wird.

Ökologisch ist die Fahrweise nicht vertretbar: Das Temperaturniveau der großen Flüsse wird durch erwärmtes Kühlwasser von Einleitstelle zu Einleitstelle immer weiter angehoben, da der Fluß sich bis zum nächsten großen Kühlwassereinleiter (Kraftwerke, Chemische Industrie o.ä.) temperaturmäßig nicht regenerieren kann.

In *Naßkühltürmen* dagegen wird das als Kühlwasser verwendete Flußwasser zurück-

gekühlt. Wird es von da in den Fluß abgeführt, spricht man von *„Ablaufbetrieb"*. Bei begrenzten Wassermengen wird das Kühlwasser im Kreislauf geführt (*„Kreislaufbetrieb"*). Beide Fahrweisen sind in Abb. 3.10 dargestellt.
In Kühltürmen werden die natürlichen Vorgänge, so wie sie im Fluß ablaufen und als „Regeneration" bezeichnet werden, nachgeahmt und beschleunigt.
Zwei Effekte bewirken die Kühlung des benutzten Flußwassers: Im Kühlturm unten eintretende Luft nimmt Wärme aus dem Wasser auf („fühlbare Wärme"). Gleichzeitig aber kommt die Luft in direktem Kontakt mit dem Kühlwasser und sättigt sich mit Wasserdampf („Verdunstungskühlung"). Das Kühlwasser wird mit Sauerstoff angereichert.
Die zur Verdampfung des Wassers benötigte Energie wird dem Kühlwasserstrom entzogen, der sich somit abkühlt.

Naßkühltürme können mit natürlichem Zug (bei großen Kraftwerken ist dies der Normalfall), aber auch zwangsbelüftet arbeiten. Für Naturzugkühltürme ist typisch, daß ihr Querschnitt in der oberen Hälfte eingeschnürt ist, um so die Luftgeschwindigkeit zu erhöhen. Den Kühlturm kann man erheblich kleiner bauen, wenn die Luftzufuhr zwangsbelüftet über Ventilatoren erfolgt (häufig bei Chemieanlagen, wo die Wärme bei beengten Platzverhältnissen dezentral abgeführt werden soll).
Die den Naßkühlturm verlassende, mit Wasserdampf gesättigte Luft kann bei feuchter Witterung zu Nebelbildung oder bei tiefen Außentemperaturen zu Glatteisbildung in der direkten Umgebung des Kraftwerks führen.
Aus dem folgendem Zahlenbeispiel wird die Kühlwasserproblematik deutlich:
Ein Kohlekraftwerk mit einer elektrischen Leistung von 700 MW (elektrischer Wirkungsgrad

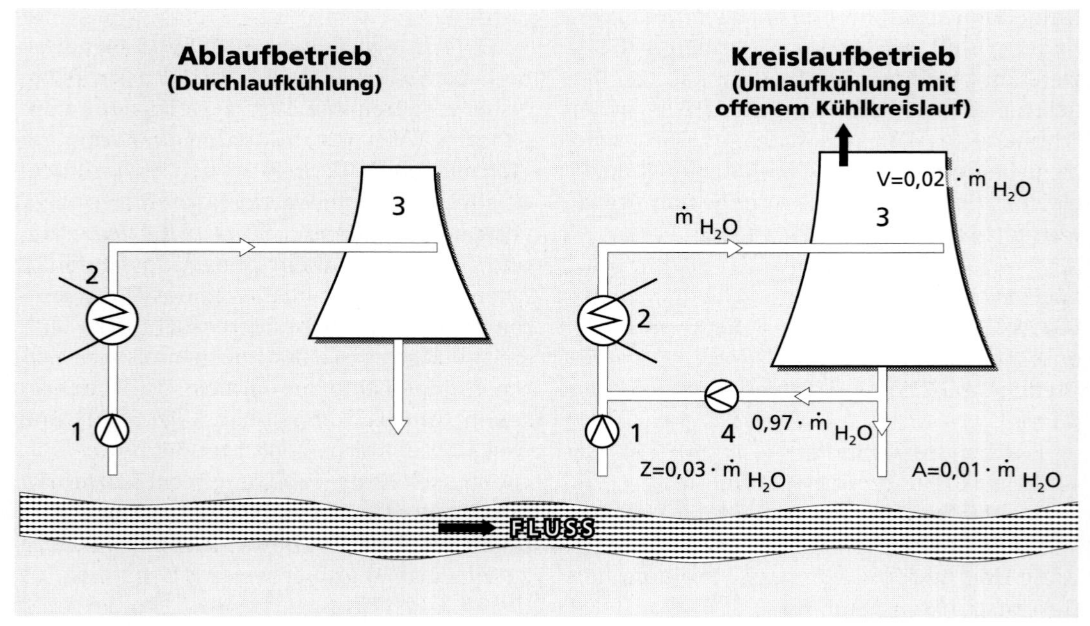


*Abb. 3.10: Kühlwasser in Ablauf- und Kreislauffahrweise unter Verwendung eines Naßkühlturms mit Naturzug (einschließlich einer Wasserbilanz bei Kreislaufbetrieb)*

*1 Pumpe für Flußwasser* *2 Kondensator – siehe Abb. 2.4*
*3 Naßkühlturm* *4 Pumpe für Kühlwasser im Kreislauf*
*A = Abschlämmwasser* *V = Verdunstungsverlust* *Z = Zusatzwasser*

42%) hat eine thermische Leistung von 1667 MW, davon müssen im Kondensator etwa 830 MW (50%) als „Abfallwärme" abgeführt werden (siehe Abb. 2.6).
Deshalb gilt für den Frischwasserbetrieb die Bilanz:
$8330 \cdot 103\ kJ/s = \dot{m}_{H_2O} \cdot c_{H_2O} \cdot \Delta t$
(c = spez. Wärme von Wasser = 4,186 kJ/(kgK);
$\Delta t$ = Temperaturerhöhung des Wassers = 8 K)
Der notwendige Wasserstrom $\dot{m}_{H_2O}$ beträgt etwa 25 $m^3/s$ und erreicht damit schon die Größenordnung von Rheinnebenflüssen. Soll nun im Ablaufbetrieb das um 8 K erwärmte Flußwasser im Naßkühlturm um 6 K heruntergekühlt werden, wird dem Fluß nur noch „Abfallwärme" von 208 MW zugeleitet. Im Kühlturm wird an die Umgebung 622 MW an Wärme abgeführt. Die Verdunstungsverluste betragen im Naßkühlturm bei hohen Außentemperaturen 0,4 $m^3$ $H_2O$/GJ abgeführte Wärmemenge (bei tiefen Außentemperaturen immerhin noch 0,25 $m^3$ $H_2O$/GJ). Damit wird im genannten Beispiel eine Wassermenge von 0,25 $m^3$ $H_2O$/s bei hohen Außentemperaturen (0,16 $m^3$ $H_2O$/s bei tiefen Außentemperaturen) in die Atmosphäre emittiert (Lit. 3.21).

Bei *Kreislaufbetrieb* muß das Kühlwasser weiter möglichst auf die Flußtemperatur heruntergekühlt werden, weil eine möglichst tiefe Temperatur von ökonomischem Vorteil für das Kraftwerk und dessen Wirkungsgrad ist (Kap. 2.2.1). Um die geforderten tiefen Kühlwassertemperaturen zu erreichen, muß im Kühlturm mehr Abfallwärme an die Atmosphäre abgeführt werden. Der Kühlturm muß also für den Kreislaufbetrieb größer als für den Ablaufbetrieb dimensioniert werden. Neben den größeren Verdunstungsverlusten V (Abb. 3.10) muß bei Kreislaufbetrieb auch Wasser aus dem Kreislauf A abgeschlämmt werden, um die Salzkonzentration im Kreislauf konstant zu halten (siehe Abb. 3.10):

Verdunstungsverluste V = $0{,}02 \cdot \dot{m}_{H_2O}$
Abschlämmwasser A = $0{,}01 \cdot \dot{m}_{H_2O}$
Zusatzwasser Z = $0{,}03 \cdot \dot{m}_{H_2O}$
Eindickung für Salz etc. E = Z/A = 3
($\dot{m}_{H_2O}$ = Massenstrom des Kreislaufwassers)

Das Zusatzwasser „Z" muß mechanisch und chemisch aufbereitet werden, um Salzablagerungen im Kühlkreislauf zu vermeiden (weitgehende Entfernung von im Flußwasser enthaltenen Feststoffen und weitgehende Entcarbonisierung). Die zulässige Eindickung „E" wird von den Inhaltstoffen bestimmt, die nach dieser Aufbereitung noch im Wasser enthalten sind. Möglichkeiten zur Erhöhung der Eindickung sind gegeben durch die Zugabe von geringen Säuremengen in das umlaufende Kühlwasser und die Einregulierung des pH-Werts auf 7 bis 8 und durch die Zugabe von Polyphosphaten.
An Standorten für Kraftwerksanlagen ohne zufriedenstellende Wasserverhältnisse muß die Abwärme über *Trockenkühltürme* an die Umwelt abgeführt werden. Hierbei arbeitet man mit einem geschlossenen Kühlkreislauf, das heißt, reinstes Wasser wird im Kreislauf umgepumpt, die im Kondensator aufgenommene Abfallwärme wird über Wärmetauscher im Trockenkühlturm an die Kühlluft abgeführt. Kühlluft und Kühlwasser treten nicht mehr in direkten Kontakt, so daß hier aufgrund des Verdunstungseffekts der bei Naßkühltürmen beschriebene Wasserverlust entfällt. Natürlich müssen deshalb Trockenkühltürme erheblich größer als Naßkühltürme gebaut werden, so daß aus Kostengründen der Einsatz von Trockenkühltürmen nur bei kleinen Industrieanlagen und Kraftwerken möglich ist.
Schon in den 60er und 70er Jahren begannen die intensiven Bemühungen um den sparsamen Umgang mit der Ressource Wasser. Abb. 3.11 zeigt Gesamtwasseraufkommen und Wasserbedarf der westdeutschen Chemieindustrie 1971 bis 1987. 1987 wurden 76% des benötigten Wassers für Kühlzwecke verwandt und 24% als Prozeß-, Kesselspeise- und Belegschaftswasser.
Das Kühlwasser kommt im Normalfall mit chemischen Einsatzstoffen und Produkten nicht in Kontakt, deshalb wird es mit dem Niederschlagswasser in einer zweiten Kanalisationsleitung separat vom Abwasser geführt („Trenn-

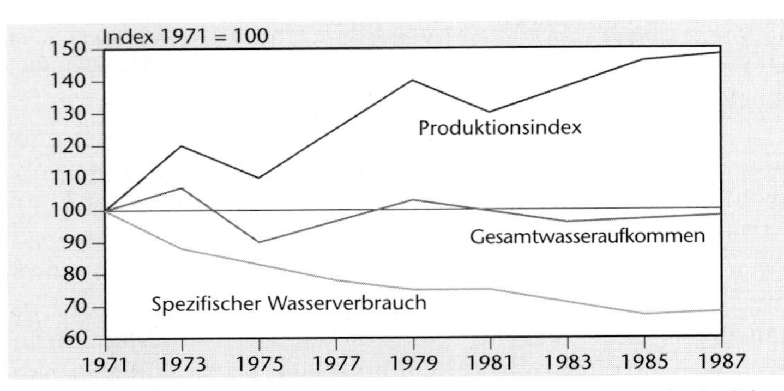


*Abb. 3.11: Gesamtwasseraufkommen und spezifischer Wasserbedarf der westdeutschen Chemieindustrie 1971 bis 1987 (Lit. 3.9)*

kanalisation") und über Direktauslässe ohne weitere Behandlung, aber unter analytischer Überwachung in die Flüsse entlassen. Bei der Fa. Bayer AG fallen an diesen gering belasteten Abwässern ca. 1,2 Mill. m³/Tag an; dieser Wert hat sich seit 1988 um 10% verringert (Lit. 3.22). Auch hierin zeigen sich die Erfolge bei der Mehrfachnutzung von aufgenommenem Wasser (siehe dazu auch Tab. 3.6).

## Aufbereitung und Recycling von Produktionswasser

Eine einfache Überlegung beweist den großen Wert eines *Wasserkreislaufbetriebs* in bezug auf die Abwasserbelastung, die auch nach der Behandlung in Kläranlagen im Wasser verbleibt.
Geht man von einer durchschnittlichen Eliminationsrate von 95% in Kläranlagen aus, beträgt die Schadstofffracht zum Vorfluter noch 5% der in die Kläranlage eingebrachten Fracht. Reinigt man aber das Produktionsabwasser dezentral (Wirkungsgrad z.B. 80%) und setzt dieses dann erneut im Prozeß ein, sinkt die Schadstofffracht zur Kläranlage erheblich. Bei einer ebenfalls 95%igen Reinigungsleistung der Kläranlage wird eine erheblich kleinere Schadstoff-Restfracht in den Vorfluter eingeleitet.
Abb. 3.12 verdeutlicht diese Zusammenhänge in Wasser- und in Schadstoffbilanzen. Der Kreislaufbetrieb bietet so 4 wichtige Vorteile:

- Der spezifische und absolute Wasserbedarf für die Produktion wird gesenkt.
- Die Kläranlage wird entlastet.
- Bei dezentral vorgenommener Zwischenreinigung kann das technische Konzept auf die jeweilige Produktion bzw. auf die jeweiligen Abwasserinhaltstoffe abgestimmt werden. Die Zwischenreinigung erfolgt an hochkonzentriertem, einseitig belastetem Produktionsabwasser, während in der Kläranlage dieses Abwasser mit anderen Abwässern vermischt wird.
- Häufig sind die Aufarbeitungskosten für den Kreislaufbetrieb geringer als die Frischwas-

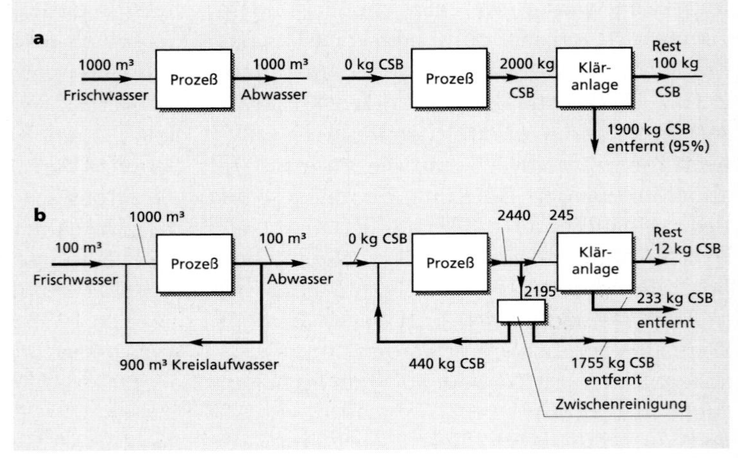


*Abb. 3.12: Bilanzen für Wasser- und Schadstofffrachten ohne (a) und mit (b) Wasserkreislaufbetrieb (Wirkungsgrad der Kläranlage: 95%; Wirkungsgrad der Zwischenreinigung für Kreislaufwasser: 80%)*

ser- und Reinigungskosten für das Abwasser in einer zentralen Kläranlage; deshalb ergeben sich für den Betrieb mit Kreislaufwirtschaft auch ökonomische Vorteile. Da die Abwasserreinigungskosten exponentiell mit den vom Gesetzgeber verschärften Grenzwerten ansteigen, wird dieses ökonomische Argument zukünftig noch stärker an Bedeutung gewinnen.

Für vier Branchen – die Eisen- und Stahlindustrie, die galvanische Industrie, die Chemische Industrie, die Zellstoff- und Papierindustrie – werden Möglichkeiten einer sparsamen Wasserwirtschaft aufgezeigt. Diese gehen über schon vielerorts – vor allem in Großbetrieben – praktizierte Kühlwasserkreisläufe hinaus und betreffen so vor allem den erforderlichen Prozeßwasserbedarf.

*Eisen- und Stahlindustrie*

Die Eisen- und Stahlindustrie konnte durch Mehrfachnutzung des aufgenommenen Wassers den spezifischen Wassereinsatz erheblich reduzieren. Untersuchungen des Batelle-Instituts aus dem Jahre 1976 prognostizieren einen spezifischen Wasserverbrauch von ca. 28 m³ Wasser/t Rohstahl für das Jahr 2000 (1960 noch bei 50; 1977 noch bei 40 m³ Wasser/t Rohstahl; Lit. 3.23).

In Walzwerken werden die aus den Stahlwerken gelieferten Blöcke und Brammen – Halbzeug aus Stahl mit flachem rechteckigem Querschnitt – zu Stäben, Profilen, Blechen und Profilen weiterverarbeitet, vor der Weiterverarbeitung muß das Walzgut auf eine Temperatur von ca. 1200 °C „angelassen" werden. Beim Glühen des Walzgutes bildet sich auf der Oberfläche eine Oxidschicht, die beim Walzen als Walzzunder (oder Walzsinter) abspringt und mit dem Kühlwasser abgeschwemmt wird. Da die Korngröße der ausgetragenen Walzsinterpartikel bis in den Feinstbereich unter 1 µm reicht, ist die Aufbereitung der Walzwerksabwässer allein durch Sedimentation schwierig. Durch geringe Mengen Öl und Fett, die aus den Lagerstellen der schweren Walzstraßen stammen, wird der Absetzvorgang der kleinsten Sinterteilchen erschwert. Deshalb entfernt man den groben Sinter bis zu einer Korngröße um 1 mm unmittelbar an der Walzstraße in Gruben und Körben aus dem Wasser; diese groben Rückstände werden dem Schrott zugemischt und im Hochofen erneut eingesetzt. Der feine Sinter muß aber ebenfalls beseitigt werden, vor allem dann, wenn das Wasser erneut verwendet werden soll, einmal, weil das feine Material sehr erosiv ist, zum anderen, weil sich sonst die Konzentration der Feinstpartikel im ungenügend gereinigten Wasser stetig erhöhen müßte.

Die weitgehende Reinigung erfolgt im Absetzbecken (bei einer Sedimentation der Teilchen mit einer Partikelgröße > 30 µm und einen Wasserstrom von 1000 m³/h muß dieses Becken schon eine Oberfläche von 250 m² haben) und anschließend in Filteranlagen. Bewährt haben sich hier Kerzenfilter aus einem Drahtgewebe und Kiesfilter.

Mit dieser intensiven Aufbereitungstechnik läßt sich der von außen aufgenommene Wasserstrom auf 2,5 m³/t Walzstahl für den Kühl- und Sinterwasserkreislauf begrenzen; da durch Verdunstung ca. 0,8 m³ Wasser/t Walzstahl verlorengeht, beträgt der Abwasservolumenstrom inzwischen nur noch 1,7 m³ Wasser/t Walzstahl (siehe auch Tab. 3.6).

*Oberflächenveredlungsindustrie*

Die Abwasserströme von Naßprozessen in Beizereien, Galvanisier- und Eloxieranstalten müssen im Eigeninteresse der Betriebe wegen der steigenden Wasserpreise und Abwassergebühren (Abwasserabgabengesetz) verringert werden. Aus den Abwässern lassen sich die ausgetragenen Wertstoffe (Chemikalien und Buntmetalle) wirtschaftlich zurückgewinnen, die als Abwasserinhaltsstoffe u. a. wegen ihrer Bioakkumulationswirkung über den „Entsorgungspfad" Klärschlamm und Kompost in die Nahrungsmittelkette von Tier und Mensch gelangen können.

Die Grundvoraussetzung für alle Oberflächenveredlungsverfahren ist eine optimale Spül-

technik, die Aufgaben der Wertstoffrückgewinnung und der Abwasserverringerung mit chemischen, physikalischen oder elektrochemischen Verfahren lösen kann. Hierfür werden im folgenden wichtige Grundoperationen genannt und charakterisiert.

Zu den *chemischen Verfahren* zählen *Fällung* und *Ionenaustausch.*

Bei der *„Fällung"* der im Wasser enthaltenen Metalle wird der pH-Wert durch die Zugabe von Natronlauge, eventuell auch von Kalkmilch oder Soda in den basischen Bereich verschoben, so daß dann die Metalle z. B. als Metallhydroxide oder -karbonate ausfallen und sich im Schlamm wiederfinden. Verwendet man zur Fällung Natronlauge, läßt sich bei einem pH-Wert von 9,5 der Cadmiumgehalt im Abwasser unter 3 $g/m^3$ reduzieren. Erschwert wird der Ausfällungsvorgang bei Metallen durch Komplexbildner, da diese chemisch sehr stabil sein können und je nach Art des Komplexbildners durch Laugeüberschuß, Behandlung mit Säuren oder durch Oxidation erst zerstört werden müssen. (Metallionen können durch ihre elektrostatischen Kräfte andere Ionen oder auch Dipolmoleküle anziehen. Bleibt es bei der reinen elektrostatischen Anziehung, entstehen instabile „Anlagerungskomplexe". Bilden sich aber Atombindungen zwischen den beiden Partnern aus, weisen diese „Durchdringungskomplexe" eine sehr große Stabilität auf).

In *Ionentauschern* läßt sich vor allem nur gering belastetes Wasser für seinen erneuten Einsatz aufbereiten. Die mit dem Wasser ausgetragenen, gelösten Salze werden an Ionentauscherharzen vorbeigeführt, die je nach Oberflächenbeschaffenheit Kat- oder Anionen aufnehmen und sie gegen $H^+$- oder $(OH)^-$- Ionen austauschen. Wenn die Aufnahmekapazität der Harze erschöpft ist, müssen diese mit einer Säure bzw. mit einer Lauge regeneriert werden, d. h. $H^+$- bzw. $OH^-$ -Ionen werden wieder ersetzt. Das Eluat wird aus dem Prozeß abgeführt.

Mit Ionenaustauschern nach Abb. 3.13 läßt sich der Wasserbedarf für die Spülvorgänge in der Galvanik auf 10% entscheidend verringern. Die aus dem Spülwasser entfernten Stoffe fallen hingegen in konzentrierter Form in einem

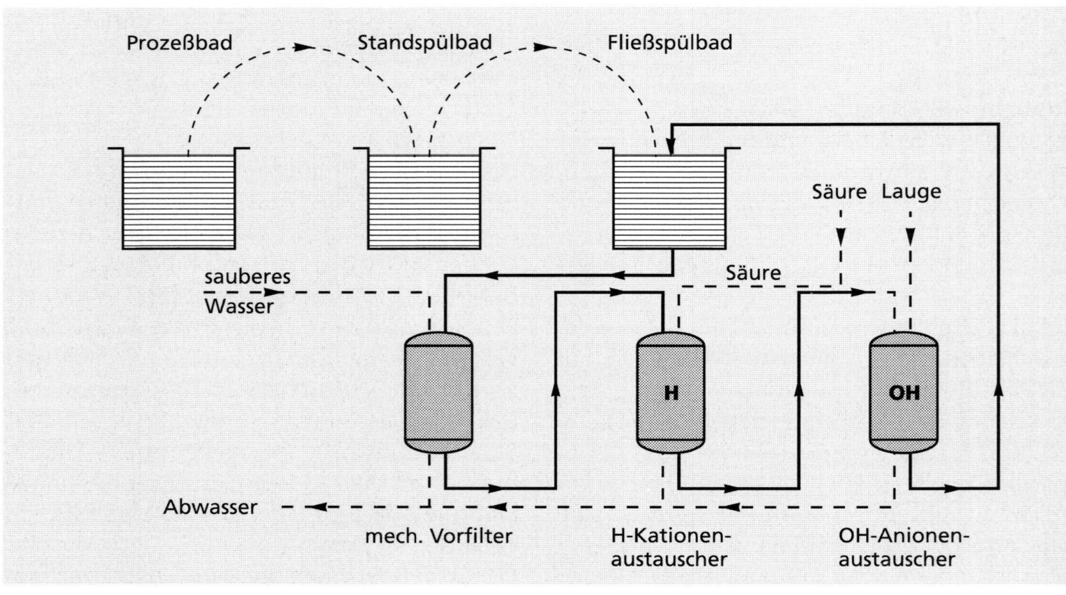


*Abb. 3.13: Kreislaufführung des Spülwassers ohne Metallrecycling (Lit. 3.24)*

kleinen Abwasserstrom an. Wird dieser Teilstrom jetzt mit dem übrigen Abwasserstrom vermischt, verteilt sich die eingebrachte Schadstofffracht auf den gesamten Abwasserstrom und führt zu einer Metallanreicherung im Klärschlamm und möglicherweise zu dessen Verwertungsverbot auf landwirtschaftlichen Nutzflächen (Kap. 4 und 5). Die Konsequenz muß deshalb sein, der in Abb. 3.13 skizzierten Ionenaustauscheranlage einen schwach sauren Kationenaustauscher vorzuschalten, um mit diesem die freien Metallionen selektiv und reversibel aufzunehmen und für den erneuten Einsatz im Prozeßbad zu recyclen. Soll aus dem Regenerat, das den schwach sauren Kationenaustauscher diskontinuierlich verläßt, Metall in fester Form zurückgewonnen werden, bieten sich physikalische Trennmethoden wie Ultrafiltration oder Umkehrosmose, thermische Trennmethoden wie Eindampfung und elektrochemische Verfahren wie Elektrolyse an.
Ein mittelgroßer Industriebetrieb, der Metallveredlungsbetrieb Holzapfel GmbH in Sinn/Hessen, nutzt Einspar- und Recyclingpotentiale für Wasser und Metalle konsequent aus (Lit. 3.20). So spart beispielsweise dieses Unternehmen 400.000 l Wasser/Tag (entspricht dem durchschnittlichen Wasserverbrauch eines Dorfs mit 2.600 Einwohnern). Erreicht wird dieser Spareffekt durch genau justierte Abspritzanlagen, 80%-Recycling von verschleppten Spülwässern zurück in die Bäder, Aufbereitung des restlichen Abwassers und damit Regeneration des Brauchwassers für die Galvanikbäder (zu 95%). In der Abwasseraufbereitung werden die ausgetragenen Wasserinhaltstoffe Nickel oder Zink als Wertstoffe zurückgewonnen, so daß auch kein Sonderabfall anfällt. Für die Zukunft plant das Unternehmen, die Legierungskapazität zu verdreifachen, gleichzeitig aber den Wasserverbrauch weiter zu senken (Lit. 3.20). Bis zu 40% des Umsatzes investiert das Unternehmen in Umweltschutzeinrichtungen dieser Art, die sich in einem Zeitraum bis etwa 8 Jahren amortisieren sollen (Lit. 3.20).

*Chemische Industrie*
Gerade die chemische Industrie hat ihre Anstrengungen bezüglich des „integrierten Umweltschutzes" seit Jahren intensiviert (siehe auch Kap. 2.2.2), weil die Umsetzung dieses Konzepts die Emissionen in die Luft und in das Wasser und die Höhe der Abfallfraktionen (Kap. 5) entscheidend verringert und weiterhin notwendige Maßnahmen der sekundären Umwelttechnik entlastet. Im folgenden sollen 5 Beispiele genannt und beschrieben werden:
- die Herstellung von Polypropylen
- die Herstellung von Propylenoxid
- die Adipinsäureherstellung
- die Optimierung der Vulkanox-Produktion und
- die Produktion von Naphthalinsulfonsäuren.

Die *Polymerisation von Propylen* zu dem viel verwendeten Kunststoff Polypropylen wird heute nicht mehr in einem leichtflüchtigen Lösungsmittel vorgenommen, statt dessen mit Hilfe eines Katalysators als „Massepolymerisation" durchgeführt (Lit. 3.25 u. 3.26; Abb. 3.14). Das Prinzip der Massepolymerisation wird bei der PVC-Herstellung in Kap. 2.2.2 erläutert.
Als Begründung für die Verfahrensumstellung wird genannt:
1988 Einsatz von neuen Katalysatoren, Verzicht auf Lösungsmittel und
1991 Einsatz von verbesserten selektiven Katalysatoren (Lit. 3.26).
Seit 1991 arbeitet das Massepolymerisationsverfahren zur Polypropylenherstellung abwasser- und abfallfrei: Der insgesamt deutlich reduzierte Abgasstrom wird seit 1988 dem Kesselhaus zugeführt und dort thermisch verwertet (Lit. 3.26).

Aus *Propylenoxid* werden Schaumstoffe, Propylenglykol und Waschrohstoffe hergestellt (weltweit 3 Mill. t/a, davon 15% in der Bundesrepublik Deutschland). Die direkte katalytische Oxidation von Propylen zu Propylenoxid ist nicht gelungen, vielmehr muß ein „Reaktionsumweg" gewählt werden, der ökologische und verfahrenstechnische Nachteile aufweist.

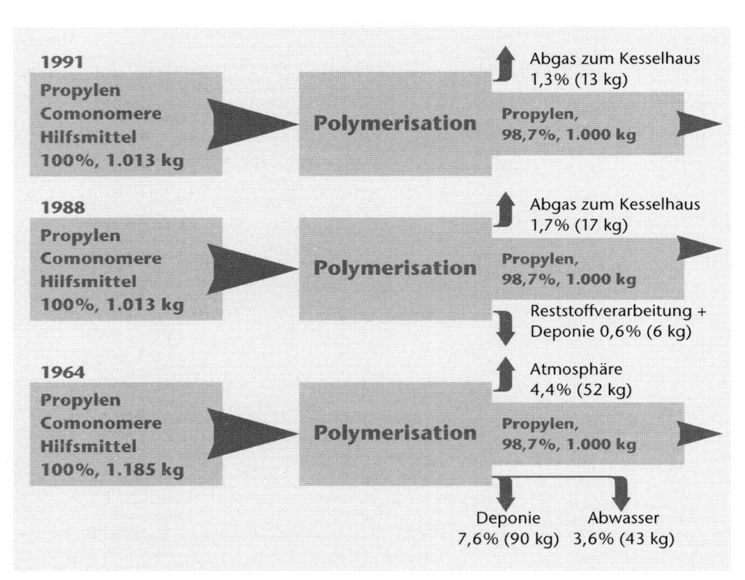


*Abb. 3.14: Veränderung des Polypropylenverfahrens seit 1964 – gasförmige, flüssige und feste Emissionen*

Ein umweltfreundliches Verfahren, bei dem keine Koppelprodukte hergestellt werden, haben die Firmen Bayer und Degussa entwickelt (Abb. 3.15c). Nach der Reaktion von wäßrigem 50%igen Wasserstoffperoxid in Gegenwart von Schwefelsäure als Katalysator mit Propionsäure zu Perpropionsäure, die mit einem organischen Lösungsmittel aus der Schwefelsäure extrahiert und dann getrocknet wird, setzt man entsprechend Abb. 3.15c die Perpropionsäure mit Propylen zu Propylenoxid um. Aus zwei hintereinander geschalteten Rektifiziersäulen werden nicht umgesetztes Propylen, Propylenoxid, Lösungsmittel und die Propion-

Beim *Chlorhydrin-Verfahren* (Abb. 3.15) wird Propylen ($CH_3$-CH=$CH_2$) mit hypochloriger (unterchloriger) Säure (HOCl) über Chlorhydrin zu Propylenoxid umgesetzt, dabei wird Chlor als wäßrige Calciumchloridlösung aus dem Prozeß ausgeschleust (Abb. 3.15a). Da eine beträchtliche Salzfracht – 2,1 t CaCl2/t Propylenoxid – in die Oberflächengewässer eingeleitet wird, verwendet man zu Dehydrochlorierung Natronlauge anstelle von Calciumhydroxid. Das sich bildende Kochsalz wird in die Elektrolyse zurückgeleitet, so daß die Salzfracht nicht mehr die Oberflächengewässer belasten kann (Abb. 3.15b). In beiden Verfahren fällt mit Dichlorpropan ein unerwünschtes Nebenprodukt an.

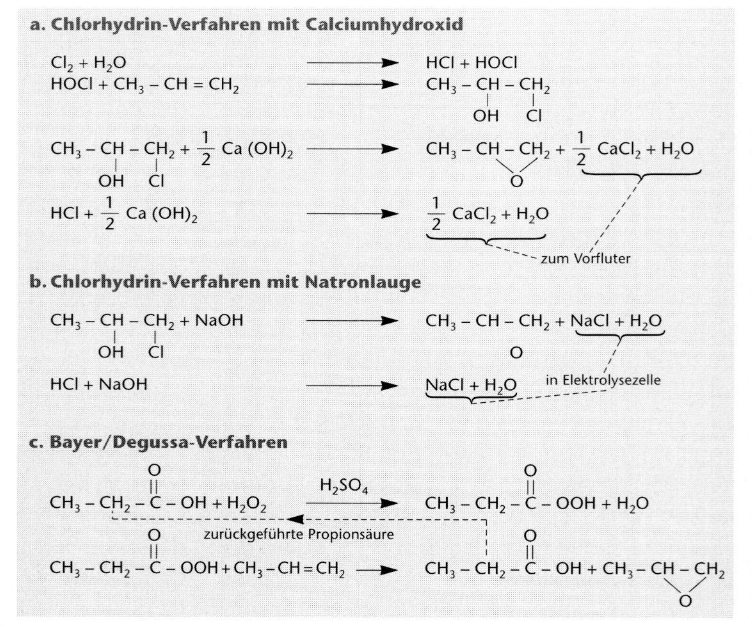


*Abb. 3.15: Chlorhydrin-Verfahren und Bayer/Degussa-Verfahren zur Herstellung von Propylenoxid (Lit. 3.24 und 3.27)*

säure getrennt abgezogen. Diese Ströme werden entweder als gewünschtes Produkt abgegeben oder wie auch die vorher abgetrennte Schwefelsäure in den Kreislauf zurückgeführt (Lit. 3.27).

*Adipinsäure* (HOOC-$CH_2$-$CH_2$-$CH_2$-$CH_2$-COOH = Hexandisäure oder Butandicarbonsäure) als wichtiges Vorprodukt für Chemiefasern, Lacke und Kunststoffe wird durch Oxidation von Cyclohexanol mit Salpetersäure hergestellt (Lit. 3.28). Ursprünglich lief der Prozeß diskontinuierlich in Rührkesseln ab, dabei wurde die exotherme Reaktionswärme der Oxidation über Kühlwasser abgeführt. Heute läuft der Prozeß kontinuierlich ab, die Reaktionsenergie wird dabei ausgenutzt, um die Salpetersäure aufzukonzentrieren und damit Dampf einzusparen. Gleichzeitig vermindert sich der Salpetersäureverbrauch, während sich dagegen die Ausbeute an Adipinsäure erhöht. Der Kühlwasserstrom ist inzwischen vom Produktionswasser streng getrennt, so daß das Kühlwasser im Kreis gefahren werden kann. Der Abwasservolumenstrom vermindert sich so um 98%, die CSB-Fracht sinkt um 86% (Abb. 3.16). Das bei der Adipinsäureproduktion entstehende Lachgas ($N_2O$) wird thermisch zerstört, die dabei freiwerdende Wärme wird zur Dampfproduktion genutzt und ins Werksnetz eingespeist (Lit. 3.28).

*Vulkanox* wird dem Kautschuk als Alterungsschutzmittel zugesetzt. Vulkanox wird hergestellt, indem durch Kondensation von p-Nitrochlorbenzol mit Anilin in Gegenwart von Kaliumcarbonat und anschließender Hydrierung das Zwischenprodukt 4-ADPA (4-Aminodiphenylamin) erzeugt wird.
Der Abwasservolumensstrom vor der Verfahrensumstellung betrug ca. 2,5 $m^3$ Abwasser/t 4-ADPA, die Schadstofffracht darin belief sich auf 600 kg Kaliumsalze/t 4-ADPA und 60 kg CSB/t 4-ADPA. Die Entsorgung konnte nur über eine Abwasserverbrennungsanlage erfolgen (Lit. 3.22).
Inzwischen ist das Verfahren umgestellt: Die Reaktionslösung wird mit Salzsäure neutralisiert und nach der Hydrierung eingedampft; auf diesem Wege lassen sich 600 kg Kaliumchlorid/t 4-ADPA zurückgewinnen; der CSB-Wert des reduzierten Abwasserstroms sinkt auf 0,1 kg/t 4-ADPA; das Abwasser kann in einer biologischen Kläranlage behandelt werden (Lit. 3.22). In Abb. 3.17 sind die wichtigsten Daten des Verfahrensvergleichs aufgeführt.

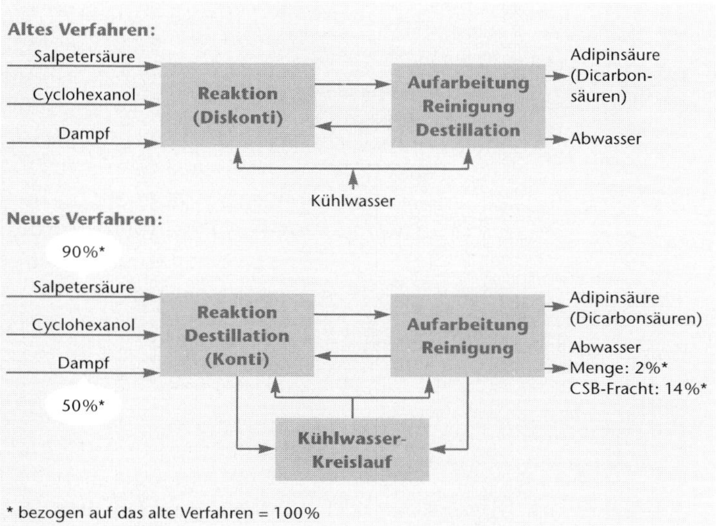

*Abb. 3.16: Produktion von Adipinsäure – Umstellung von diskontinuierlicher auf kontinuierliche Fahrweise mit Energiespareffekten bei Rohstoffen und Prozeßdampf und mit Emissionssenkungen bei der Firma Bayer*

Bei der Produktion von *Naphthalinsulfonsäure* als technisch wichtiges Zwischenprodukt in der Herstellungskette zu Farbstoffen oder Waschrohstoffen wird an Naphthalin ($C_{10}H_8$) die Sulfogruppe (-$SO_3H$) angehängt. Beim bisherigen

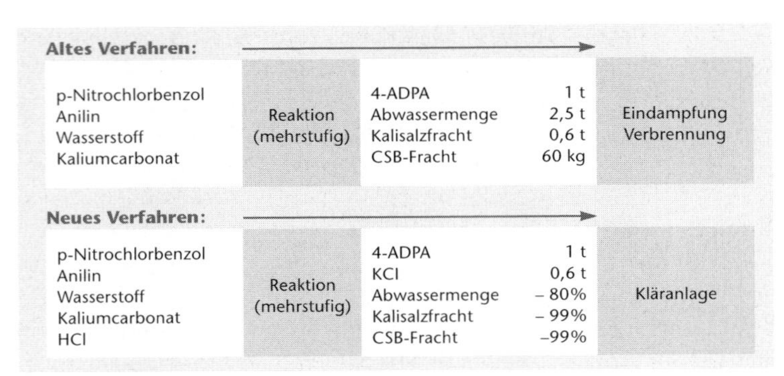


*Abb. 3.17: Herstellung von 4-Aminodiphenylamin - Verfahrensvergleich unter ökologischen Gesichtspunkten*

Prozeß fiel hochbelastetes Abwasser, u.a. die problematische Dünnsäure, an. Heute wird die Dünnsäure aufgearbeitet und recycelt, das neue Verfahren arbeitet abwasserfrei (Lit. 3.29; Abb. 3.18).

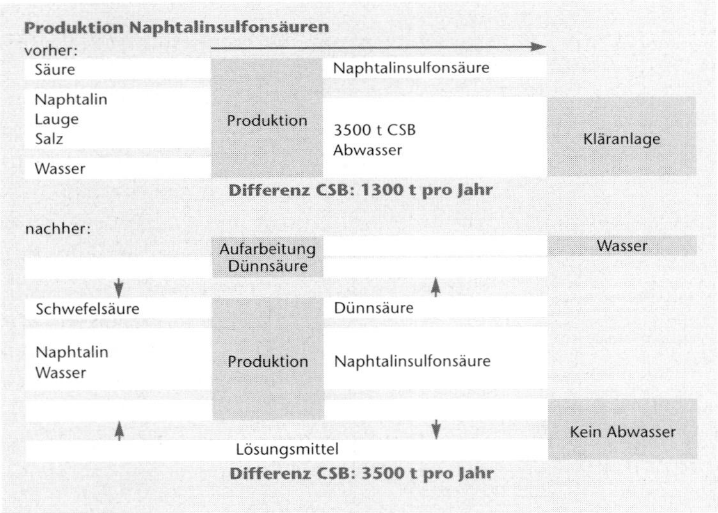

**Produktion Naphtalinsulfonsäuren**

vorher:

Säure
Naphtalin
Lauge
Salz
Wasser

Produktion

Naphtalinsulfonsäure
3500 t CSB
Abwasser

Kläranlage

**Differenz CSB: 1300 t pro Jahr**

nachher:

Aufarbeitung Dünnsäure

Wasser

Schwefelsäure
Naphtalin
Wasser

Produktion

Dünnsäure
Naphtalinsulfonsäure

Kein Abwasser

Lösungsmittel

**Differenz CSB: 3500 t pro Jahr**

*Abb. 3.18: Verfahrensvergleich der Naphthalinsulfonsäure-Produktion unter dem Abwassergesichtspunkt*

*Zellstoff- und Papierindustrie*

in diesem Industriezweig wird Holz als wichtigster Rohstoff eingesetzt. Holz besteht zu 50 % aus Zellulose, zu 30% aus Lignin, zu 18 % aus verschiedenartigen Zuckerarten und zu 2% aus Harz und Eiweiß. In der Zellstoffindustrie wird Zellstoff (Zellulose) als hochwertige Faser aus zerkleinertem Holz chemisch aufgeschlossen und für die Papierherstellung gewonnen. Den Aufschluß erreicht man mit einer wäßrigen Lösung von Calciumhydrogensulfit ($Ca(HSO_3)_2$) bei einem Druck von 4 bis 7 bar und einer Temperatur von 130 bis 160 °C in einer Zeit von 8 bis 30 Stunden (derzeit Umstellung des Verfahrens auf Magnesiumbisulfitlauge). Heute liegt der Frischwasserbedarf bei 200 bis 300 $m^3$/t Zellstoff (Lit. 3.24).

Das aufgegebene Holz muß also zu etwa 50 % in Lösung gebracht werden, um den Rest, den Zellstoff, zu gewinnen. Die Beseitigung der unerwünschten Stoffe ist das ökologische Hauptproblem der Zellstoffindustrie, vor allem, da ligninhaltige Substanzen in einer biologischen Klärstufe kaum abgebaut werden können. Heute geht man davon aus, daß die Ablauge aus dem Kochvorgang zu 97% erfaßt und eingedampft werden kann. Aus der so erhaltenen Dicklauge werden die Ligninbestandteile gewonnen und weiterverarbeitet. Aus dem Holzzucker (Hemicellulose) werden durch Gärprozesse Alkohol und Futterhefe gewonnen. Trifft dies nicht zu, wird die Dicklauge verbrannt. Die sich dabei bildenden Brüdenkondensate lassen sich biologisch reinigen (Lit. 3.24).

Ein kleiner Prozentsatz des Holzbestandteils Lignin (ca. 5%) verbleibt beim Kochvorgang in ungelöster Form im Zellstoff und macht die

Zellulosefasern steif und wenig saugfähig. Wollte man auch diesen Ligninanteil im Kochvorgang entfernen, würden die Fasern geschädigt. Um dieses zu vermeiden, trotzdem aber vom Verbraucher gewünschtes, saugfähiges und weiches Hygienepapier zu erhalten und um die Licht- und Wärmeempfindlichkeit von Zellstoff zu verringern, werden diese mit Chlordioxid, Sauerstoff unter Druck, Wasserstoffperoxid und Ozon gebleicht. Beim früher, bis Ende der 80er Jahre üblichen Bleichprozeß mit Chlor reagiert das Lignin mit dem Chlor zu einer Vielzahl von chlorierten Verbindungen. Diese Organochlorverbindungen – über den Summenparameter AOX (Tab. 3.1 und 3.5) abwassermeßtechnisch erfaßt – geraten ins Abwasser. Sie sind biologisch nur schwer abbaubar und sind wegen ihrer Langlebigkeit auf der „Schwarzen Liste" der EU für besonders gewässergefährdende Substanzen aufgeführt.
Eine umweltfreundliche Zellstoffbleiche unter Chlorverzicht steht inzwischen mit dem Einsatz von Sauerstoff und Wasserstoffperoxid ($H_2O_2$) zur Verfügung und wird unter völligem Verzicht auf den Einsatz von Chlor inzwischen großtechnisch praktiziert (z. B. PWA Waldhof in Mannheim). Die AOX-Belastung der Abwässer ist dank der Umstellung auf die Sauerstoff- und Wasserstoffperoxidbleiche auf 0 abgesunken (Umweltschutzpreis für die Industrie im Jahre 89/90 in der Kategorie „Umweltfreundliche Technologien"; Lit. 3.30).
In der Papierindustrie selbst sind geschlossene Wasserkreisläufe bekannt; hier müssen nur die Wasserverluste bei der Verdampfung (ca. 1,5 $m^3$/t Produkt) durch Frischwasser ersetzt werden; Abwasser wird dann nicht mehr abgeleitet. Die Papierrohstoffe sind Zellstoff (31 %), Holzschliff (15%), Altpapier (38%), sonstige Faserstoffe (1 %) und anorganische Füllstoffe (15%).
Der Ausgangspunkt für eine schrittweise Verringerung des Frischwasserbedarfs (1900 noch 600 bis 800 $m^3$/t, 1930 noch 100 bis 300 $m^3$/t, heute 30 bis 70 $m^3$/t, in naher Zukunft überall 2 $m^3$ Frischwasser/t Produkt bei 0,1 $m^3$ Abwasser/t Produkt) war zunächst der Verlust an Fasern und Hilfsstoffen. Auch heute spielen ökonomische Überlegungen eine große Rolle: steigende Frischwasserkosten und vor allem das Abwasserabgabengesetz mit seinen dynamisierten Gebührensätzen (Kap. 3.1.2).
Abb. 3.19 zeigt ein einfaches Schema eines Kreislaufbetriebs bei der Papierproduktion. Will man den Abwasserstrom weitgehend reduzieren, sollte man auf das *Kaskadenprinzip* zurückgreifen, d. h. möglichst viele mit den Rohstoffen eingebrachte Verunreinigungen sollten in den letzten Wasserkreislauf gelangen, der für die eigentliche Papierherstellung eingerichtet ist. So ist garantiert, daß mit dem Fertigprodukt die unerwünschten Komponenten auch kontinuierlich ausgetragen werden. Will man Abwasser völlig vermeiden, muß das Kreislaufwasser an der Papiermaschine mit physikalisch/chemischen Methoden wie Fällung und Adsorption weitgehend gereinigt werden.
Das Beispiel aus der Papierindustrie beweist deutlich, daß die Industrie auch schon vor Jahrzehnten umweltbewußt gehandelt hat, wenn sich keine Zielkonflikte zwischen Ökologie und Ökonomie ergeben haben. Da sich heute Umweltgefahren für das Oberflächen- und Grundwasser abzeichnen, müssen umweltfreundliche Verfahren auch unter dem Aspekt einer geringen Gewässerbelastung erforscht werden. Das aufgenommene Wasser ist mehrfach zu nutzen, der Abwasserstrom sollte vor dem Einleiten in einen Vorfluter wirkungsvoll gereinigt werden. Diese Tendenz, die in der Zellstoff- und Papierindustrie heute unverkennbar ist, verdankt man nicht zuletzt dem Abwasserabgabengesetz und der sich aus diesem Gesetz ergebenden Kostenbelastung durch Abwassergebühren bei unzureichender Abwasserklärung (Kap. 3.1.2).

In Tab. 3.6 sind der Wasserbedarf mit und ohne Kreislaufwirtschaft und der Abwasseranfall in verschiedenen Industriezweigen

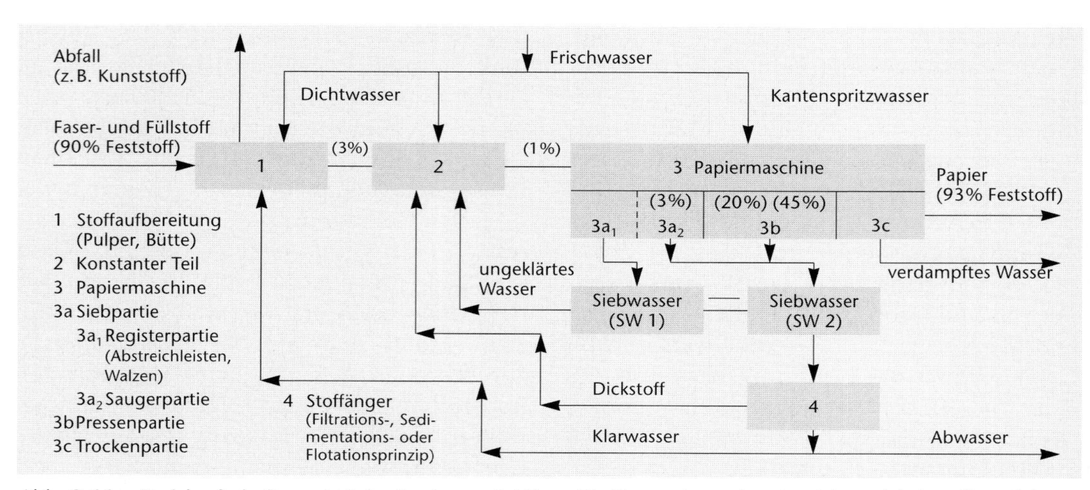


*Abb. 3.19: Kreislaufschaltung bei der Papierproduktion. Die Prozentangaben beziehen sich jeweils auf den Feststoffgehalt (Lit. 3.24, 3.31)*
*Anmerkung: Das Abwasser kann nach vollbiologischer Klärung erneut in der Papiermaschine aufgegeben werden und Frischwasser weitgehend substituieren.*

| Industriezweig | Bezugsgröße B = charakteristische Produktionseinheit | Wasserbedarf ohne Kreislaufbetrieb $m^3/B$ | Wasserbedarf mit Kreislaufbetrieb $m^3/B$ | Abwasseranfall ohne Kreislaufbetrieb $m^3/B$ | Abwasseranfall mit Kreislaufbetrieb $m^3/B$ |
|---|---|---|---|---|---|
| Kraftwerk | 1 $MWh_{el.}$ | 165 | 3,6 | 162 | 1,2 |
| Braunkohle-brikettierung | 1 t Briketts | 1,4 | 1,2 | 1,2 | 0,7 |
| Eisen- und Stahl-erzeugung | 1 t Stahl | 84 | 4 | 83 | 3,7 |
| Schwefelsäure-produktion | 1 t $H_2SO_4$ | 49,5 | 7,3 | 47,2 | 7,0 |
| Textilindustrie | 1 t Zellwolle | 556 | 234 | 512 | 220 |
| | 1 t Garne | 132 | 47 | 124 | 45 |
| Zellstoffindustrie | 1 t Zellstoff | 200 | 10 | 197 | 7 |
| Papierindustrie | 1 t Papier | 30 – 70 | 1,5 – 2 | 30 – 70 | 0 – 0,1 |

*Tab 3.6: Wasserbedarf und Abwasseranfall in wichtigen Industriezweigen als Ergebnis einer intensiven Wasserkreislaufwirtschaft (Lit. 3.24, 3.31)*

zusammengestellt. Die inzwischen erzielten oder noch möglichen Erfolge bei schonendem Umgang mit der Ressource Wasser sind unverkennbar.

## 3.3 Technik der Abwasserklärung

Trotz aller Erfolge, die sich aus den intensiven Bemühungen beim sorgfältigen Umgang mit der Ressource Wasser ergeben (Stichworte: *Wassersparen* und *Wasserkreislaufwirtschaft*, siehe Kap. 3.2) spielen *Kläranlagen* eine entscheidende Rolle für die Reinhaltung unserer Gewässer.

Die Abwasserklärung wird unter folgenden Gesichtspunkten beschrieben:

– Der Aufbau einer kommunalen Kläranlage einschließlich der Phosphatfällung, Elimi-

nation der Stickstoffverbindungen und der Schlammentsorgung,
- Weitergehende Verbesserungen des Klärprozesses durch Adsorption und Hochbiologie vor allem bei industriellen Abwässern,
- Anaerobe Abwasserreinigung als Alternative zur üblichen aeroben Abwasserreinigung,
- Möglichkeiten der dezentralen Abwasserreinigung bei hochbelasteten Industrieabwässern oder Sickerabwässern als Vorstufe vor der Behandlung in Kläranlagen oder als notwendige Stufe beim Kreislaufbetrieb des Wassers wie z. B. durch Filtration, Lösungsmittelextraktion oder Adsorption (siehe Kap. 3.2.2.2 und zum Vergleich Abb. 3.12, 3.13 oder 3.19).

### 3.3.1 Aufbau einer kommunalen Kläranlage

Das kommunale Abwasser ist mit organischen Stoffen bis zu 300 mg $BSB_5$/l bzw. mit 500 mg CSB/l verschmutzt. Bei industriellen Abwässern steigt der $BSB_5$-Wert auf 2000 mg/l an, so daß dann bei einer gemeinsamen Klärung von kommunalen und industriellem Abwasser der $BSB_5$-Wert auf 400 bis 500 mg/l und der CSB-Wert auf 900 mg/l – jeweils im Zulauf – steigen können. Entsprechend Tab. 3.3 müssen die $BSB_5$- und die CSB-Werte im Ablauf der Kläranlage drastisch abgesenkt werden, so bei Großkläranlagen der Größenklasse 5 (mehr als 100000 EGW) auf 15 mg $BSB_5$/l bzw. 75 mg CSB/l. Ausgehend von 300 mg/l muß der $BSB_5$-Wert um 95% reduziert werden. Beim CSB-Wert beträgt die Eliminationsrate ca. 85% (ausgehend von 500 mg CSB/l). So beläuft sich das $BSB_5$/CSB-Verhältnis im Zulauf zur Kläranlage auf etwa 1:1,6, während sich im Ablauf das $BSB_5$/CSB-Verhältnis wegen der relativen Zunahme der schwer abbaubaren Bestandteile auf 1:5 verändert.

An dem Zahlenbeispiel sieht man aber, daß in einer kommunalen Kläranlage auch schwer abbaubare Substanzen entfernt werden, die ja im wesentlichen durch die CSB-Angaben erfaßt werden. Der Abscheideeffekt beruht hauptsächlich auf adsorptiven Vorgängen, mit denen die sich bildenden Belebtschlammflocken diese Stoffe an sich binden und so im Klärschlamm anreichern können.

In den letzten Jahren werden in den Ausbau der Kläranlagen erhebliche finanzielle Mittel investiert, um den Phosphatgehalt im Ablauf auf einen Wert unter 2 mg $PO_4$-P/l bei Kläranlagen unter 100000 EGW bzw. unter 1 mg $PO_4$-P/l bei Kläranlagen über 100000 EGW (Tab. 3.3) zu drücken. Da der Phosphatgehalt im Zulauf zur kommunalen Kläranlage Werte bis zu 10 mg $PO_4$-P/l erreicht und sich dieser in bisher üblichen vollbiologischen Kläranlagen nur um etwa 35% reduzieren läßt, muß mit der sogenannten „Fällungsreinigung" der vorgeschriebene Grenzwert (Tab. 3.3) unterschritten werden. Auch Stickstoffverbindungen sind in vollbiologischen Kläranlagen bisher nur unzureichend entfernt worden: so beträgt der Ammonium-Stickstoffgehalt ($NH_4$-N) im Zulauf zur Kläranlage bis 50 mg $NH_4$-N/l, der sich ohne gezielte Maßnahmen auf ca. 25 mg/l abbaut. Gefordert wird aber nach Tab. 3.3, im Ablauf den Grenzwert von 10 mg $NH_4$-N/l einzuhalten. Dieses ist aber ohne gezielte Maßnahmen, der Nitrifizierung und der Denitrifizierung, nicht möglich. Ammonium-Stickstoff wird in Gewässern nitrifiziert, d. h. zu Nitrat oxidiert. Bei diesem Oxidationsvorgang wird Sauerstoff verbraucht. Deshalb und weil Nitrate und Phosphate als Düngesalze im Gewässer eutrophierend wirken, müssen die vorgegebenen Grenzwerte eingehalten werden.

So besteht eine moderne vollbiologische Kläranlage aus:
- der mechanischen Stufe mit Rechenanlage, Sandfang und Vorklärbecken,
- der biologischen Stufe mit einem Tropfkörper, dem Belebungs- und Nachklärbecken einschließlich der Nitrifikation und der Denitrifikation von Stickstoffverbindungen,
- der chemischen Stufe mit der Neutralisation von sauren oder alkalischen Abwässern

(in der Regel nur bei Industriekläranlagen), der Phophatfällung und der Ausflockung kolloidal gelöster Stoffe und
- der Schlammbehandlung mit Eindicker, Sandfang, Filterpressen oder Zentrifugen und Verbrennung oder Verwertung.

### 3.3.1.1 Mechanische Stufe

Die mechanische Stufe entfernt aus dem in der Kläranlage ankommenden Abwasser weitgehend die ungelösten Stoffe.

#### Rechenanlage

Mit der automatisch arbeitenden Rechenanlage (Grobrechen mit Rechenstababstand von 30 bis 50 mm und Feinrechen mit Rechenstababstand von 5 bis 30 mm) lassen sich Grobteile wie Holzstücke, Plastiktüten, Lumpen etc. aus dem Abwasser herausholen, um die nachfolgenden Pumpen, Rohrleitungen, Räumschilde vor Verstopfung und Beschädigung zu schützen. Scheiden sich Grobstoffe auf den Rechen ab, steigt der Wasserspiegel. Bei einer vorgegebenen Stauhöhe dreht sich der Rechen aus dem Abwasser, wird automatisch gesäubert und taucht wieder ein. Das jährlich pro Einwohner E anfallende Rechengut beträgt etwa 5 – 8 kg/E·a.

#### Sandfang

Die weitgehende Entfernung von Sand und anderen mineralischen Stoffen mit einer wesentlich höheren Dichte als 1 kg/l (Sand z. B. hat eine Dichte von etwa 1,6 kg/l) wird durch Sedimentation im Sandfang vorgenommen, damit diese abrasiv wirkenden Stoffe die Lebensdauer der Primärschlammpumpen für das Vorklärbecken nicht entscheidend vermindern und damit die biologischen Vorgänge im Faulturm ungestört ablaufen können. So führt der bei Fehlen des Sandfangs im Vorklärbecken sedimentierende Sand zu Anbackungen im Faulturm, die nur aufwendig zu beseitigen sind. Häufig werden Sandfänge belüftet, ein kleiner eingebrachter Luftstrom soll dafür sorgen, daß sich keine faulfähigen organischen Stoffe, sondern nur Sand und andere mineralische Stoffe am Boden abscheiden können. Das Sandfanggut kann so getrennt auf Mineralstoffdeponien abgelagert und im günstigen Falle – wenn fäulnisfähige organische Stoffe fehlen – in der Baustoffindustrie verwendet werden. Das Sandfanggut kann auf 8 bis 25 kg/E·a beziffert werden (die größere Zahl steht für eine weniger dichte Besiedlung im ländlichen Raum).
Die Abwassertechnische Vereinigung e.V. (ATV) empfiehlt bei maximalem Zufluß zur Anlage, ihre Größe so zu dimensionieren, daß die horizontale Fließgeschwindigkeit unter 0,2 m/s liegt. Der Rauminhalt des Sandfangbeckens $V_s$ soll etwa $V_s = t \cdot Q_R$ betragen (t = theoretische Aufenthaltszeit des Wassers bei maximalem Regenwasserzuflußstrom $Q_R$; t = 180 s).

#### Klärbecken

In belüfteten Sandfängern werden Öle und Fette durch den Flotationseffekt an die Wasseroberfläche getragen und über einen seitlich angeordneten, mittels Tauchwand abgetrennten Fettfang abgeschöpft.
In runden oder rechteckigen Vorklärbecken werden bei einer Aufenthaltszeit von 1 bis 1,5 h und einer Fließgeschwindigkeit von 0,01 m/s die im Wasser nicht gelösten Stoffe unten (Stoffe mit einer Dichte > 1 kg/l) bzw. oben (Öle und Fette mit einer Dichte < 1 kg/l) weitgehend abgeschieden. Die unten sedimentierten Feststoffe – etwa 80% der im Wasser nicht gelösten Substanzen – werden als Primärschlamm mit Räumeinrichtungen gesammelt und mit Schlammpumpen in den Eindicker zur Schlammbehandlung gefördert. Die bisherige Bedeutung der Vorklärung ist zurückgegangen, da bei Anlagen mit gezielter Denitrifikation leicht abbaubare organische Stoffe in der biologischen Anlage unverzichtbar sind. Früher wurde der Überschußschlamm aus dem Nachklärbecken zusammen mit dem Primärschlamm aus dem Vorbecken gemeinsam abgezogen, darauf wird heute wegen der schlechten Abscheidbarkeit des Überschußschlamms

und wegen der stärkeren hydraulischen Belastung des Vorklärbeckens verzichtet. Unter hydraulischer Belastung versteht man eine verkürzte Verweildauer des Abwassers, eine höhere Flächenbeschickung als früher und damit eine Verschlechterung des Abscheidewirkungsgrades. So können bei einer Verweildauer von 2,5 h im Vorklärbecken etwa 99 % aller sedimentierbaren Partikel abgeschieden werden, dieser Abscheidewirkungsgrad sinkt auf ca. 90% bei einer verkürzten Verweildauer von 1 h.
Wegen der veränderten Fließeigenschaften des Primärschlamms werden in neuen Kläranlagen fast nur noch *Rundbecken* vorgesehen, da diese eine nahezu kontinuierliche Schlammentnahme ermöglichen und da bei diesen die Zonen, in denen der Schlamm hängen bleiben kann, deutlich geringer als bei Rechteckbecken sind. Abb. 3.20 zeigt ein Rundbecken mit mittigem Abwasserzulauf und Entnahme des mechanisch gereinigten Abwassers am Rand.

Die höheren Baukosten von Rund- gegenüber Rechteckbecken sollen sich durch eine Neukonstruktion – den sogenannten *Zyklonbecken* – verringern lassen. Bei diesen wird das Becken außen tangential beschickt; das Abwasser wird dem Rundbecken ebenfalls außen – kurz vor der Einleitstelle – entnommen, nachdem es im mechanischen Klärprozeß 3/4 des Vollkreises zurückgelegt hat.
Der mechanische Klärprozeß reduziert die Abwasserfracht um ca. 20 bis 30% (Lit. 3.32, 3.33; Tab. 3.7).
Die für die Bemessung von Absetzbecken – Vorklär- und Nachklärbecken – entscheidenden Parameter, nämlich die Verweildauer t und die zulässige Flächenbeschickung $q_A = Q_t \cdot t/A$ mit A = Beckenfläche in m², $Q_t$ = Zuflußstrom bei Trockenwetter in m³/h lassen sich aus Tab. 3.8 entnehmen:
Mit der mechanischen Reinigung allein läßt sich nur eine unzureichende Klärung erreichen (Tab 3.7), die erzielbaren Werte liegen deutlich über den in Tab. 3.3 aufgeführten Grenzwerten für die Abwassereinleitung in unsere Oberflächengewässer: der $BSB_5$-Wert läßt sich in der mechanischen Reinigung um etwa 30 %

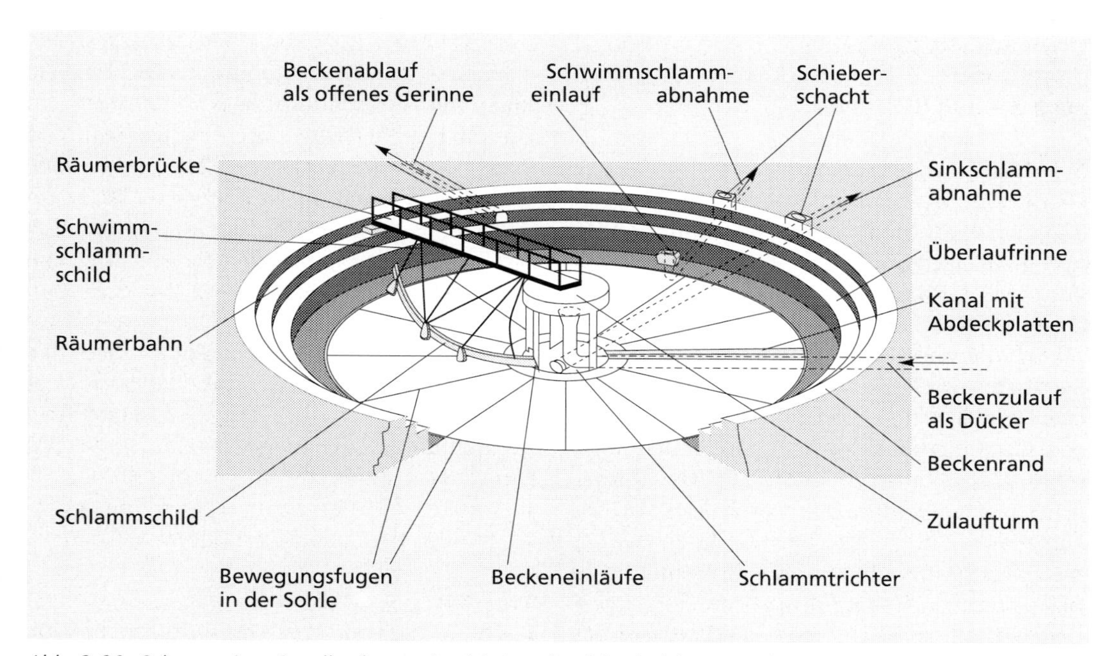


*Abb. 3.20: Schema eines Rundbeckens mit wichtigen Betriebseinrichtungen (Lit. 3.32)*

| Parameter | Rohabwasser | Durchflußzeit in der Vorklärung bei $Q_t$ | | |
|---|---|---|---|---|
| | | 0,5 bis 1,0 h | 1,0 bis 1,5 h | über 1,5 h |
| $BSB_5$ | 60 | 50 | 45 | 40 |
| CSB | 120 | 100 | 90 | 80 |
| abfiltrierbare Stoffe | 70 | 40 | 35 | 30 |
| N | 11 | 10 | 10 | 10 |
| P | 2,5 | 2,3 | 2,3 | 2,3 |

*Tab. 3.7: Tägliche Schmutzfrachten des Abwassers (g/E·d) ohne Berücksichtigung des Schlammwassers nach ATV-A 131*

| | Vorklärbecken VB | | Nachklärbecken NB | |
|---|---|---|---|---|
| | $t_{VB}$ in h | $q_A$ in m/h | $t_{NB}$ in h | $q_A$ in m/h |
| nur mech. Reinigung | 1,7 bis 2,5 | 1,5 bis 0,8 | — | — |
| bei chem. Fällung | 0,5 bis 0,8 | 4 bis 2,5 | 2 bis 3 | 1,5 bis 1 |
| bei Tropfkörperanlagen | 1,7 bis 2,5 | 1,5 bis 0,8 | 2,5 bis 3,5 | 1,0 bis 0,4 |
| bei Belebungsanlagen | 0,5 bis 1,0 | 4 bis 2,5 | 2 bis 3,5 | * |

*Tab. 3.8: Parameter für die Bemessung von Absetzbecken (Lit. 3.32)*

** Anmerkung zu $q_A$ bei Nachklärbecken: bei „Vergleichsschlammvolumen" unter 240 ml/l $q_A$ = 1,6 m/h; bei höheren Schlammvolumina, d. h. bei leichterem oder voluminösem Schlamm muß $q_A$ deutlich verringert werden, um ein Absetzen zu erreichen, so bei einem Schlammvolumen von 500 ml/l $q_A$ = 0,6 m/h; 800 ml/l nur noch $q_A$ = 0,3 m/h.*

senken, ein kommunales Abwasser weist bei einer Zulaufkonzentration von 400 mg $BSB_5$ /l im Ablauf aus der mechanischen Stufe noch etwa 280 mg $BSB_5$ /l auf.

### 3.3.1.2 Biologische Stufe

Für die weitere notwendige Reinigung sind seit Beginn des 20. Jahrhunderts biologische Verfahren bekannt und in den letzten Jahren fortentwickelt worden, die darauf beruhen, die laufenden natürlichen „Selbstreinigungsprozesse" zu simulieren und bei möglichst kleinem Platzbedarf zu intensivieren.

Diese biologischen Vorgänge basieren darauf, daß die abbaubaren organischen Stoffe im aeroben Milieu durch Mikroorganismen weitgehend oxidiert werden. Dieser Prozeß kann in der Kläranlage in kurzer Zeit nur stattfinden, wenn die Prozeßparameter optimiert werden: Die Masse der am Reinigungsprozeß beteiligten Organismen muß sehr groß sein, und es muß genügend Sauerstoff für den sauerstoffzehrenden Vorgang vorhanden sein. An das Abwasser, d.h. die dort enthaltene Nährsubstanz, stellen die organische Verbindungen abbauenden Bakterien die Anforderung, daß Kohlenstoff und Stickstoff im Verhältnis 12 : 1, Kohlenstoff und Phosphor im Verhältnis von 30 : 1 vorhanden sind. Da bei kommunalem Abwasser die Nährstoffe Stickstoff und Phosphor im Überfluß vorliegen, an denen industrielle Abwässer aber häufig Mangel haben, werden diese Abwässer dann gemeinsam behandelt.

In zwei unterschiedlich arbeitenden Systemen läßt sich gewährleisten, daß die benötigte große Bakterienmasse vorhanden ist und auch mit genügend Luftsauerstoff versorgt werden kann. Diese sind:

- das Tropfkörperverfahren und
- das Belebtschlammverfahren.

#### Tropfkörperverfahren

Beim Tropfkörperverfahren wird das mechanisch vorgereinigte Abwasser über einen „bio-

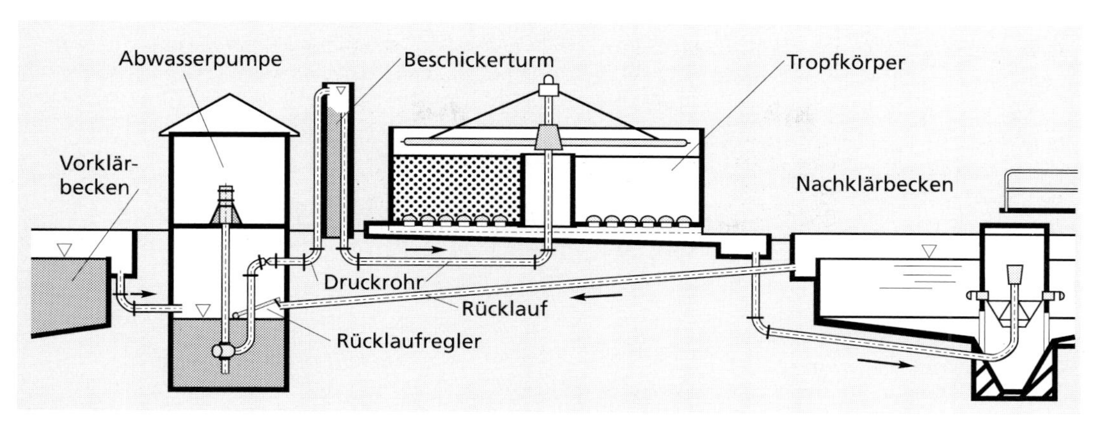


*Abb. 3.21: Schema einer Tropfkörperanlage – Höhe des Tropfkörpers 3,5 bis 4 m (Lit. 3.32).*
*Anm.: Über den Rücklauf ist gewährleistet, daß bei geringem Abwasseranfall z. B. in der Nacht genügend Abwasser zum Benetzen der Füllkörper zur Verfügung steht; außerdem wird durch das zurückgeführte und gereinigte Abwasser aus dem Nachklärbecken ein hochbelastetes Abwasser verdünnt. Dazu muß eine Regenentlastung bzw. ein Notablaß vorgesehen sein, mit der der Tropfkörper umfahren werden kann, weil sonst die Mikroorganismen von der Füllkörperoberfläche abgespült würden.*

logischen Rasen" versprüht, der auf einem inerten Füllkörpermaterial angesiedelt ist und der dem Luftsauerstoff ausgesetzt ist. Durch einen Drehsprenger erfolgt eine gleichmäßige Verteilung des Abwassers auf der Oberfläche der Tropfkörper. Das Abwasser fließt durch die Füllkörperschicht, auf der die Mikroorganismen fixiert sind (deshalb „biologischer Rasen" genannt) nach unten. Im Winter tritt kältere Luft mit dem 10 bis 15 °C warmen Abwasser in Wärmeaustausch, die Luft erwärmt sich und steigt dem Abwasser entgegen (Gegenstrom). Im Sommer kühlt sich die Luft ab, so daß sich Luft und Wasser im Gleichstrom von oben nach unten bewegen (Abb. 3.21).
In Tab. 3.9 sind wichtige Bemessungswerte für Tropfkörper mit und ohne Nitrifizierung aufgeführt (Lit. 3.22).

Durch Division der Abwasserfracht in kg $BSB_5$/d durch die zulässige Raumbelastung $B_R$ = 0,4 bis 0,8 kg/($m^3$ · d) erhält man das Volumen der Tropfkörperanlage. Über die Oberflächenbeschickung $q_A$ kann das Rücklaufverhältnis entsprechend dem folgenden Beispiel bestimmt werden:

*20.000 EGW,*
*Abwasseranfall 200 l/E · d mit 280 mg $BSB_5$/l;*
*durchschnittliche stündliche Wassermenge*
*200/24 = 8,33 l/E · h;*
*Bei Berücksichtigung des höheren Wasseranfalls am Tage:*
*gerechnet mit 200/18 = 11,11 l/E · h*
*Abwasserfracht:*
*20.000 E · 200 l/E · d · 280 mg/l = 1120 kg $BSB_5$/d;*
*Bei brockengefülltem Tropfkörper beträgt die Raumbelastung*
*$B_R$ = 0,4 kg/($m^3$ · d);*
*damit Volumen des Tropfkörpers $V_{TK}$:*
*$V_{TK}$ = 1120/0,4 = 2800 $m^3$;*
*Bei Höhe des Tropfkörpers 4,5 m betragen die Grundfläche 622,2 $m^2$ und der Durchmesser 28,1 m,*
*Oberflächenbeschickung:*
*$q_A$ = 20.000 E · 11,11 l/E · h · 1/1000 $m^3$/l · 1/622,2 1/$m^2$*
*= 0,35 m/h damit < 0,5 m/h (Tab. 3.9);*
*Also muß das Wasser aus dem Nachklärbecken zurückgepumpt werden, gewählt:*
*RV = 0,8 damit:*
*$q_A$ = 0,64 m/h > 0,5 m/h (Tab. 3.9).*
*Bei Verwendung von Mineralstoff- Tropfkörpern beträgt der Abbauwirkungsgrad η für den $BSB_5$ etwa*
*$\eta = 93 - 0{,}017 \cdot B_R$*
*(η in%; $B_R$ = 100 bis 1.200 g $BSB_5$ / ($m^3_{TK}$ · d))*
*(Lit. 3.32)*

| Bemessungswert | brocken gefüllter Tropfkörper | Kunststoff-Tropfkörper mit einer spezifischen Oberfläche $A_n$ von 100 $m^2/m^3_{TK}$ | 150 $m^2/m^3_{TK}$ | 200 $m2/m^3_{TK}$ |
|---|---|---|---|---|
| Raumbelastung $B_R$ in $kg/(m^3d)$ | 0,4 | 0,4 | 0,6 | 0,8 |
| Flächenbelastung $B_A$ in $g/(m^2d)$ | — | 4 | 4 | 4 |
| Oberflächenbeschickung $q_{A(1 + RV)}$ in m/h | 0,5 bis 1,0 | 0,8 bis 1,0 | 1,0 bis 1,5 | 1,2 bis 1,8 |
| Rücklaufverhältnis als 1 + RV | 1 + (≤ 1) | 1 + (≤ 1) | 1 + (≤ 1) | 1 + (≤ 1) |
| Überschußschlammanfall $ÜS_R/B_R$ in kg/kg | 0,8 | 0,8 | 0,8 | 0,8 |
| bei weitgehender Nitrifikation | | | | |
| Raumbelastung $B_R$ in $kg/(m^3d)$ | 0,2 | 0,2 | 0,3 | 0,4 |
| Flächenbelastung $B_A$ in $g/(m_2d)$ | — | 2 | 2 | 2 |
| Oberflächenbeschickung $q_{A(1 + RV)}$ in m/h | 0,4 bis 0,8 | 0,6 bis 0,1 | 0,8 bis 1,2 | 1,0 bis 1,5 |
| Rücklaufverhältnis als 1 + RV | 1 + (≤ 1) | 1 + (≤ 1) | 1 + (≤ 1) | 1 + (≤ 1) |
| Überschußschlammanfall $ÜS_R/B_R$ in kg/kg | 0,6 | 0,6 | 0,6 | 0,6 |

*Tab. 3.9: Bemessungswerte für Tropfkörperanlagen (Index TK steht für Tropfkörperanlage)*

*Damit ergibt sich im gewählten Beispiel ein Abbauwirkungsgrad*
*mit $B_R = 400$ g $BSB_5/(m^3_{TK} \cdot d)$ von 86,2%.*
*Die Abwasserkonzentration senkt sich somit von 280 mg/l auf 38,64 mg/l ab.*
*Eine Vollreinigung entsprechend den Grenzwerten ist somit nicht erreichbar (Tab. 3.3):*
*Die Raumbelastung $B_R$ muß verkleinert bzw. der Tropfkörper muß etwas größer dimensioniert werden.*

Tropfkörper haben heute ihre Bedeutung teilweise verloren, weil in der biologischen Klärstufe gezielt eine Denitrifikation verlangt wird. Zur Denitrifikation sind aber anaerobe Bedingungen notwendig, und diese anaeroben Zonen können im Belebungsbecken, nicht aber im Tropfkörper geschaffen werden. So werden heute Tropfkörper nur noch in Kläranlagen bis 20.000 EGW oder als Ergänzung zum Belebtschlammverfahren in größeren Anlagen eingesetzt.

**Belebtschlammverfahren**

Beim Belebtschlammverfahren schweben die Mikroorganismen frei im Belebungsbecken, deren Fähigkeit zur Flockenbildung ausgenutzt wird. Damit wird für die im Abwasser gelösten Substanzen eine große Fläche zur adsorptiven Anlagerung und – wenn abbaubar – zum Umsetzen über Stoffwechselvorgänge geschaffen. Der für die Oxidation der organischen Stoffe benötigte Luftsauerstoff wird mit Oberflächen-Rotoren (häufig bei Flachbecken bis zu 3,5 m Tiefe) oder durch Druckluftsysteme am Boden zugeführt (bevorzugt bei Belebungsbecken mit 7 m Tiefe und vor allem bei den Hochbioreaktoren bis 30 m Wassertiefe). Die Sauerstoffkonzentration in den aeroben Zonen des Belebungsbeckens muß auf etwa 2 – 3 mg $O_2$/l Wasser eingestellt werden.
Durch die intensive Durchmischung des Beckeninhalts kann und darf sich in der Belebungsstufe kein Schlamm am Boden absetzen. Die Mikroorganismen, die im Belebungsbecken die gelösten organischen Stoffe oxidiert haben, werden in einem nachgeschalteten Becken, dem sog. Nachklärbecken, vom biologisch gereinigten Abwasserstrom durch Sedimentation getrennt. Um eine hohe Bakteriendichte – etwa 2 bis 5 g Trockensubstanz (TS)/l Abwasservolumen – im Belebungsbecken zu gewährleisten, wird ein großer Teil der abgesetzten

Bakterienmasse ins Belebungsbecken zurückgepumpt. Der Überschußschlamm, also die Masse des Bakterienzuwachses, wird zusammen mit dem Primärschlamm aus dem Vorklärbecken in der Schlammbehandlungsstufe aufbereitet und entsorgt.

Für schwachbelastete Belebungsbecken – d. h., für Anlagen, die eine Vollreinigung bis auf die geforderten Grenzwerte (Tab. 3.3) vornehmen – beträgt die Raumbelastung $B_R$ etwa $B_R = 1{,}8$ kg $BSB_5$ /($m^3 \cdot d$).

Dies bedeutet einen täglichen $BSB_5$-Abbau von 1,8 kg in jedem $m^3$ Beckenvolumen oder anders ausgedrückt:

Pro $m^3$ Beckenvolumen kann das Abwasser von 40 bis 45 Einwohnern biologisch gereinigt werden:

- 60 g $BSB_5$ /E · d im Zulauf zur Kläranlage,
- 45 g $BSB_5$ /E · d im Ablauf aus der mechanischen Klärstufe bzw. im Zulauf zur biologischen Klärstufe (Tab. 3.7).

Im Belebungsbecken findet zunächst ein Zellaufbau statt: Die organische Schmutzfracht wird im aeroben Milieu zu $CO_2$, $H_2O$ und zu neuer Zellsubstanz umgewandelt (dies bezeichnet man als aerobe Schlammstabilisierung; Abb. 3.22).

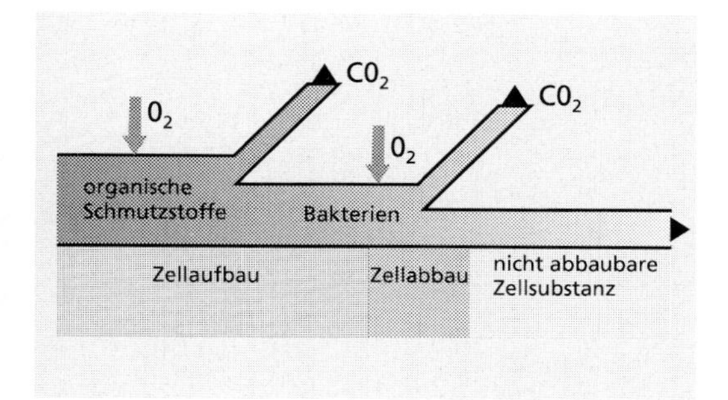


*Abb. 3.22: Schema der bakteriellen Zellenentwicklung beim Belebungsverfahren mit Substratmangel (aerobe Schlammstabilisierung; Lit. 3.32)*

1. Phase – Zellaufbau:
   Organische Schmutzstoffe + $O_2 \xrightarrow{\text{Bakterien}}$ Zellsubstanz + $CO_2$ + $H_2O$ + Energie
2. Phase – Zellabbau:
   Zellsubstanz + Energie + $O_2 \xrightarrow{\text{Bakterien}}$ nicht abbaubare Zellsubstanz + $CO_2$ + $H_2O$.

Für die Auslegung der Belebungsbecken sind wichtig:

- die Raumbelastung
  $B_R$ in g $BSB_5/(m^3{}_{BB} \cdot d)$
  D. h., das Nährstoffangebot, das täglich in jedem $m^3$ Belebungsbecken durchschnittlich zur Verfügung steht; die Bakterienmenge des belebten Schlamms im Belebungsbecken entspricht dem Trockengewicht des Schlamms $TS_{BB}$ in g $TS/m^3{}_{BB}$;
- Die Schlammbelastung
  $B_{TS} = B_R / TS_{BB}$ (g $BSB_5$/g TS · d)
  (dies entspricht dem täglichen Nährstoffangebot an die Bakterienmasse mit 1 g TS);
- Der Schlammindex ISV in mg/l TS (entspricht dem Volumen in ml, das 1 g Trockensubstanz des Belebtschlamms nach einstündiger Absetzzeit einnimmt)
  ISV = 150 bis 180 ml/g TS
  für Reinigung mit Nitrifikation;
  bei häuslichen Abwässern
  ISV = 100 bis 150 ml/g TS.

Steigt der ISV-Wert über 200 ml/g TS an, spricht man von Blähschlamm, das heißt, man erhält einen schlecht absetzbaren Schlamm.

RV = Rücklaufverhältnis; Verhältnis von Rücklaufschlammenge aus dem Nachklärbecken $\dot{Q}_{RS}$ zum zufließenden Abwasservolumenstrom $\dot{Q}$: RV = $\dot{Q}_{RS}/\dot{Q}$.

In Abb. 3.23 ist der Wirkungsgrad des $BSB_5$-Abbaus über der Schlammbelastung $B_{TS}$, der Überschußschlammasse (g TS/g $BSB_5$-Abbau) und dem Schlammalter (in Tagen) dargestellt. Will man die $NH_4$-N-Verbindungen nitrifizieren, darf die Schlammbelastung $B_{TS}$ nur etwa 0,15 g $BSB_5$/(g TS · d) betragen, das Schlammalter muß sich etwa auf 10 Tage belaufen (Lit. 3.22).

Wichtige Daten für die Auslegung von Belebungsbecken bei Vollreinigung ($BSB_5$ im Ablauf aus dem Nachklärbecken $<$ 20 mg $BSB_5$/l) und für die Vollreinigung mit weitge-

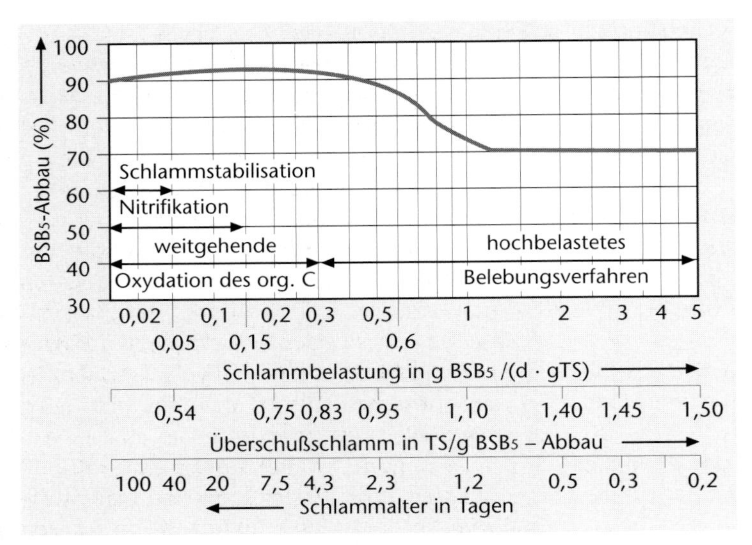


*Abb. 3.23: $BSB_5$-Abbau in Abhängigkeit von der Schlammbelastung $B_{TS}$, der Überschußschlammasse (g TS/g $BSB_5$-Abbau) und dem Schlammalter (d)*

hender Nitrifikation sind in Tab. 3.10 aufgeführt (Lit.3.22).

### Nitrifikation und Denitrifikation

Laut den in Tab. 3.3 genannten Grenzwerten müssen neben der ursprünglich allein zu reduzierenden organischen Abwasserfracht heute auch die Ammonium- und Nitratfrachten weitgehend beseitigt werden.

Beide Prozesse finden auf biologische Weise statt, allerdings erfordern sie gegensätzliche Verfahrensparameter:

- die *Nitrifikation bei aeroben Bedingungen* und einer niedrigen $BSB_5$-Schlammbelastung (Tab. 3.10), und
- die *Denitrifikation im anaeroben Milieu* bei einem großen Angebot an organischen leicht abbaubaren Substanzen (also bei hohen $BSB_5$-Werten).

Die Nitrifikation vollzieht sich in zwei Schritten, an denen sich unterschiedliche Bakteriengruppen – Nitrosomonas und Nitrobacter – beteiligen, sogenannte autotrophe Bakterien, die im Gegensatz zu den heterotrophen Bakterien keine organischen Stoffe, sondern $CO_2$ als Kohlenstoffquelle zum Zellaufbau benötigen:

| Parameter | Dimension | Vollreinigung ohne Nitrifikation | Vollreinigung mit Nitrifikation |
|---|---|---|---|
| $BSB_5$-Raumbelastung $B_R$ | kg $BSB_5/(m^3_{BB} \cdot d)$ | 1,0 | 0,5 |
| Schlammbelastung $B_{TS}$ | kg $BSB_5$/(kg TS · d) | 0,3 | 0,15 |
| Belüftungszeit bei Trockenwetter | h | >2 | >3 |
| Rücklaufverhältnis RV | % | 100 | 100 |
| Überschußschlammproduktion | kg TS/kg $BSB_5$ | 1 | 0,9 |
| Schlammalter | d | 4 - 5 | 8 - 10 |
| Raumbeschickung des Belebungsbeckens | $m^3$ Abwasser/$(m^3_{BB} \cdot d)$ | 5 | 2,5 |

*Tab. 3.10: Wichtige Daten für Belebtschlammverfahren bei Vollreinigung ohne gezielte Nitrifikation (Ablaufwert 20 mg $BSB_5$/l) und mit gezielter Nitrifikation (Ablaufwert 15 mg $BSB_5$/l)*
*Anm.: An den Daten, z. B. der Raumbeschickung $m^3$ Abwasser/($m^3$ Belebungsbecken. Tag), ist sofort zu erkennen, daß die gezielte Nitrifikation die doppelten Beckenvolumina gegenüber der Vollreinigung ohne gezielte Nitrifikation erfordert.*

- 1. Schritt
  Ammonium wird zu Nitrit von den Nitrosomonas oxidiert:
  $NH_4^+ + 3/2\ O_2 \Rightarrow NO_2^- + 2H^+ + H_2O$ + Energie
- 2. Schritt
  Nitrit wird zu Nitrat von den Nitrobactern umgewandelt:
  $NO_2^- + 1/2\ O_2 \Rightarrow NO_3^-$ + Energie

Der Energiegewinn aus der Oxidation der anorganischen Stoffe ist für die Nitrifikanten gering. Dadurch ergibt sich eine langsame Wachstumsgeschwindigkeit, dieses wiederum bedingt lange Verweilzeiten im Belebungsbecken und ein hohes Schlammalter (Abb. 3.23).

Viele heterotrophe Bakterien können anstelle von gelöstem Sauerstoff für die Atmung den Sauerstoff des Nitrats verwerten (Nitratatmung), d. h., steht gelöster Sauerstoff nicht zur Verfügung (also im anaeroben Milieu), stellen die Denitrifikanten ihre Atmung von gelöstem Sauerstoff auf die für sie energetisch ungünstigere Nitratatmung um.

Die Reaktionsgleichung der Denitrifikation lautet wie folgt:

org. C + $2NO_3^- + 2H^+ \Rightarrow N_2 + H_2O + 2{,}5\ O_2$ + org. C

Gleichzeitig wird der organische Kohlenstoff durch die heterotrophen Bakterien oxidiert:

org. C + $2{,}5\ O_2 \Rightarrow 2\ CO_2 + H_2O$

Letztendlich wird Nitrat so in gasförmigen Stickstoff umgewandelt, der aus dem Abwasser entweicht.

Entscheidend hängt die Denitrifikation vom Angebot an leicht abbaubaren organischen Nährstoffen ab, diese Tatsache bestimmt die Reaktionsführung, also die Anordnung von aeroben und anaeroben Becken.

Die weitgehende Elimination der Stickstoffverbindungen aus dem Abwasser durch Nitrifikation und Denitrifikation kann mit folgenden Verfahrenskonzepten realisiert werden (Abb. 3.24):

a) mit der nachgeschalteten Denitrifikation,
b) mit der vorgeschalteten Denitrifikation,
c) mit der simultanen Denitrifikation,
d) mit der aus der simultanen Denitrifikation entwickelten Kaskadendenitrifikation.

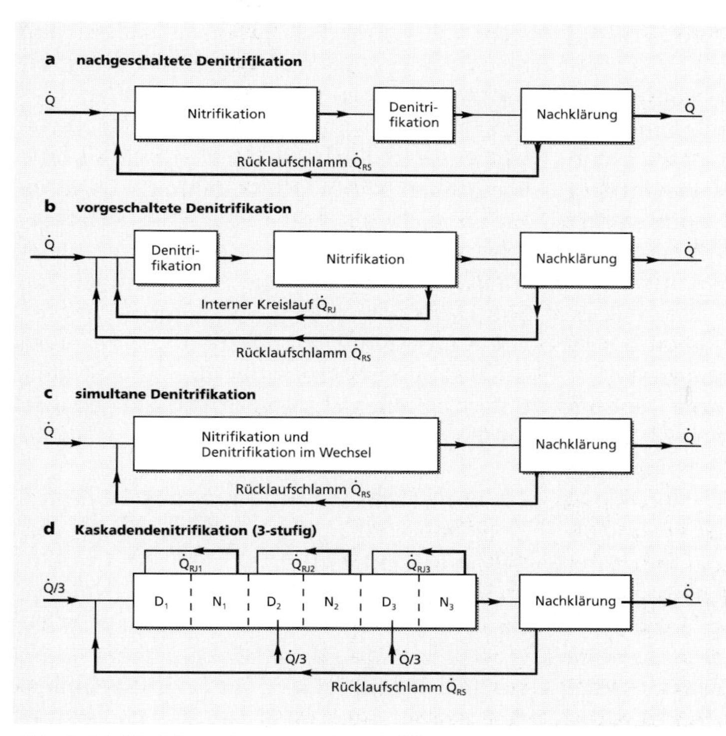

*Abb. 3.24: Verfahrenskonzepte der Nitrifikation und Denitrifikation zur Elimination der Stickstoffverbindungen aus dem Abwasserstrom*

Die *nachgeschaltete Denitrifikation* entspricht zwar der logischen Abfolge der mikrobiologischen Vorgänge in der biologischen Klärstufe – Ammonium im Zulauf, Oxidation zu Nitrat und dann Reduktion zu gasförmigem Stickstoff, trotzdem wird auf diese Anordnung heute weitgehend ver-

zichtet, weil im nachgeschalteten Denitrifikationsbecken das Nährstoffangebot an leicht abbaubaren organischen Verbindungen zu gering ist. Deshalb müßte ein Teil des unbelüfteten Rohabwassers aus dem Vorklärbecken direkt in das Denitrifikationsbecken gepumpt werden oder organische Verbindungen wie z.B. Methanol müßten dem Denitrifikationsbecken von außen zugesetzt werden.
Dieses Problem des zu geringen Nährstoffangebots an organischen Verbindungen ist bei der *vorgeschalteten* und *simultanen Denitrifikation* nicht gegeben. Allerdings muß bei der vorgeschalteten Denitrifikation ein Mehrfaches des zulaufenden Abwasserstroms als Rezirkulationsstrom $Q_{RJ}$ im Kreis gepumpt werden (hohe Pumpenergie). Dieses hohe Rücklaufverhältnis verursacht eine hohe hydraulische Belastung, hohe Energiekosten und große Beckenvolumina.
Bei der *simultanen Denitrifikation* laufen Nitrifikations- und Denitrifikationsvorgänge im gleichen Becken ab, natürlich ist das Becken in anaerobe und aerobe Zonen unterteilt. Simultane Denitrifikation ist dann zu beobachten, wenn in anaeroben Zonen Nitrat und gleichzeitig organische Kohlenstoffverbindungen vorliegen. Nitrat wird in den aeroben Zonen durch biologische Oxidation von Ammoniumverbindungen erzeugt. Wechseln sich Denitrifikations- und Nitrifikationszonen nicht räumlich im gleichen Becken ab, sondern wird ein zeitlicher Wechsel zwischen Nitrifikation und Denitrifikation, also zwischen Belüftung und Nichtbelüftung vorgenommen, spricht man von *„intermittierender Denitrifikation"*. Sinnvoll ist die simultane Denitrifikation nur in Umlaufbecken, wo sich eine starke Durchmischung und ein großer interner Kreislauf einstellen.
Nicht geeignet wäre die in Abb. 3.24d skizzierte *Kaskadenschaltung*, bei der in die erste Kaskadenstufe das gesamte Abwasser $\dot{Q}$ zuströmt, weil in diesem Fall ein großes Nährstoffangebot in der 1. Stufe, aber zu wenig Nitrat für die Denitrifikanten vorläge, während in der letzten Stufe das Nitratangebot ausreichend, allerdings das Nährstoffangebot an organischem Kohlenstoff zu gering wäre. Aus diesem Grunde ist in der Kaskadenschaltung (Abb. 3.24d) der eintretende Abwasserstrom Q auf die verschiedenen Kaskaden aufgeteilt, um auf jeden Fall in der letzten Stufe keinen Nährstoffmangel zu haben. Abb. 3.24d zeigt, daß die eintretende Abwassermenge gleichmäßig auf die einzelnen Kaskaden aufgeteilt ist, dieses führt aufgrund des unterschiedlichen Schlammgehaltes zu unterschiedlichen Raumbelastungen. Geht man von in etwa gleichen Raumbelastungen $B_R$ in den einzelnen Stufen aus, dann müßte man in die erste Kaskade etwa $0,4 \cdot \dot{Q}$, in die 2. Kaskade $0,35 \cdot \dot{Q}$, und in die 3. Kaskade $= 0,25 \cdot \dot{Q}$ zuführen.
Die Konzepte der simultanen Denitrifikation, aber auch der Kaskadendenitrifikation stellen hohe Anforderungen an eine sorgfältige Sauerstoffmeßtechnik und Regelungstechnik, dem stehen allerdings die niedrigen Baukosten und niedrigere Energiekosten im Vergleich zur vorgeschalteten Denitrifikation gegenüber.
Aus Tab. 3.11 sind die Anteile des Belebungsbeckens ersichtlich, die für die Denitrifikation vorzusehen sind: Für eine teilweise Denitrifikation reicht ein Anteil von 20% bei vorgeschalteter bzw. 25 – 30% bei simultaner Denitrifikationsfahrweise aus, wenn ein großes $BSB_5$-Angebot vorliegt. Bei einer verlangten weitergehenden Denitrifikation muß der Anteil des Belebungsbeckens, der für die Denitrifikation vorgesehen ist, bis auf 50% gesteigert werden (Lit. 3.33).

**Sauerstoffzufuhr im Belebungsbecken**

Sauerstoff wird im Belebungsbecken zur Oxidation der Kohlenstoff- und Stickstoffverbindungen durch die Mikroorganismen benötigt. Die erforderliche spezifische Sauerstoffzufuhr $O_B$ – auch als Sauerstofflast bezeichnet – wird aus $OV_C$ (Sauerstoffverbrauch für die Kohlenstoffverbindungen) und aus $OV_N$ (Sauerstoffverbrauch für die Stickstoffverbindungen) berechnet. $OV_C$ kann aus Tabelle 3.12 entnommen werden (Lit. 3.33).

| Denitrifikations-Beckenanteil | vorgeschaltete Denitrifikation | simultane Denitrifikation |
|---|---|---|
| $V_D / V_{BB}$ | Denitrifikationskapazität kg $NO_3$ - $N_D$ /kg $BSB_5$ (bei 10 °C) | |
| 0,2 | 0,07 | 0,05 |
| 0,3 | 0,10 | 0,08 |
| 0,4 | 0,12 | 0,11 |
| 0,5 | 0,14 | 0,14 |

*Tab. 3.11: Richtwerte für die Bemessung der Denitrifikationsanlage für Trockenwetter und bei durchschnittlichen Verhältnissen (kg Nitratstickstoff, der pro kg zugeführter $BSB_5$-Fracht denitrifiziert werden kann)*

| Temperatur t (°C) | Schlammalter in Tagen (d) 4 | 6 | 8 | 10 | 15 | 25 |
|---|---|---|---|---|---|---|
| 10 | 0,83 | 0,95 | 1,05 | 1,15 | 1,32 | 1,55 |
| 12 | 0,87 | 1,00 | 1,10 | 1,20 | 1,38 | 1,60 |
| 15 | 0,94 | 1,08 | 1,20 | 1,30 | 1,46 | 1,60 |
| 18 | 1,00 | 1,17 | 1,30 | 1,40 | 1,54 | 1,60 |
| 20 | 1,05 | 1,22 | 1,35 | 1,45 | 1,60 | 1,60 |

*Tab. 3.12: Spezifischer Sauerstoffverbrauch $OV_C$ in kg $O_2$/kg $BSB_5$ für den Abbau der Kohlenstoffverbindungen bei verschiedenen Temperaturen und unterschiedlichem Schlammalter*

Soll eine Vollreinigung des Abwassers mit Nitrifikation und Denitrifikation durchgeführt werden, ist die Sauerstoffzufuhr im aeroben Teil des Durchflußbeckens mit einem Wert von 1,15 kg $O_2$ /($m^3_{BB}$ · d) auszulegen; die Sauerstoffzufuhr beträgt pro kg organischer Fracht etwa 2,3 kg $O_2$/kg $BSB_5$ und liegt damit wegen der Nitrifizierung deutlich über in Tab. 3.12 genannten Werte, die allein für den biologischen Abbau der Kohlenstoffverbindungen gelten (Lit. 3.32, 3.33). In Flachbecken wird der zugeführte Sauerstoff nur zu 10% ausgenutzt. Bezogen auf die organische Abwasserfracht muß mit einem Kraftbedarf zum Antrieb der Belüfter von etwa 0,4 kWh/kg $BSB_5$-Abbau gerechnet werden (Lit. 3.32). Über die Sauerstoffzufuhr sollte im aeroben Teil des Belebungsbeckens die Sauerstoffkonzentration auf mindestens 2 mg/l im Wasser eingestellt werden.

**Phosphatelimination**

Die Maßnahmen der Phosphatelimination beruhen

- auf biologischen Vorgängen und
- auf der Phosphatfällung, einem chemischen Vorgang.

Mittels der biologischen Methode wird versucht, Bakterien dazu anzuregen, Phosphate in ihre Zellsubstanz einzubauen und so aus dem Abwasser zu entfernen (Lit. 3.33). Damit die Bakterien dies tun, müssen sie abwechselnd aeroben und anaeroben Verhältnissen ausgesetzt werden. So empfiehlt das ATV-Regelwerk A 131 (Lit. 3.33) aufgrund von verschiedenen Betriebserfahrungen, der Belebungsanlage ein anaerobes Becken vorzuschalten, in dem das aus der Vorklärung ankommende Wasser und der Rücklaufschlamm nur gemischt werden (ohne Sauerstoffzufuhr und ohne Nitratzufuhr über den

„internen Kreislauf" aus dem Belebungsbecken; Abb. 3.24).
Diese Maßnahme macht die Phosphatfällung nicht überflüssig, sorgt aber dafür, daß die notwendige Fällungsmittelzugabe um bis zu 50 % gesenkt werden kann, damit die Grenzwerte nach Tab. 3.3 eingehalten werden können (Lit. 3.33).

### 3.3.1.3 Chemische Stufe

#### Die Phosphatfällung

Die Phosphatfällung beruht auf dem Prinzip, die im Wasser gelösten Phosphate durch Zugabe von Eisen- und Aluminiumsalzen oder auch Kalkverbindungen in eine unlösliche Form zu überführen, so daß sie sich durch Sedimentation absetzen und damit aus dem Abwasser entfernen lassen. Bei der Phosphatfällung mit Eisen- oder Aluminiumsalzen wird nach ATV 131 (Lit. 3.33) ein Molverhältnis von 1,5 empfohlen:
Für 1 kg Phosphor sollten $1{,}5 \cdot 56/31 = 2{,}7$ kg Eisen bzw. $1{,}5 \cdot 27/31 = 1{,}3$ kg Aluminium zugesetzt werden.
Die Phosphatfällung kann nach Abb. 3.25 in den verschiedenen Stufen der Kläranlage durchgeführt werden und wird dann je nachdem als Vorfällung, Simultanfällung oder Nachfällung bezeichnet. Der Nachteil der Vorfällung besteht hauptsächlich darin, daß so auch leicht abbaubare organische Stoffe entfernt werden, die dann im Belebungsbecken für die Denitrifikation fehlen. Bei der Nachfällung sind

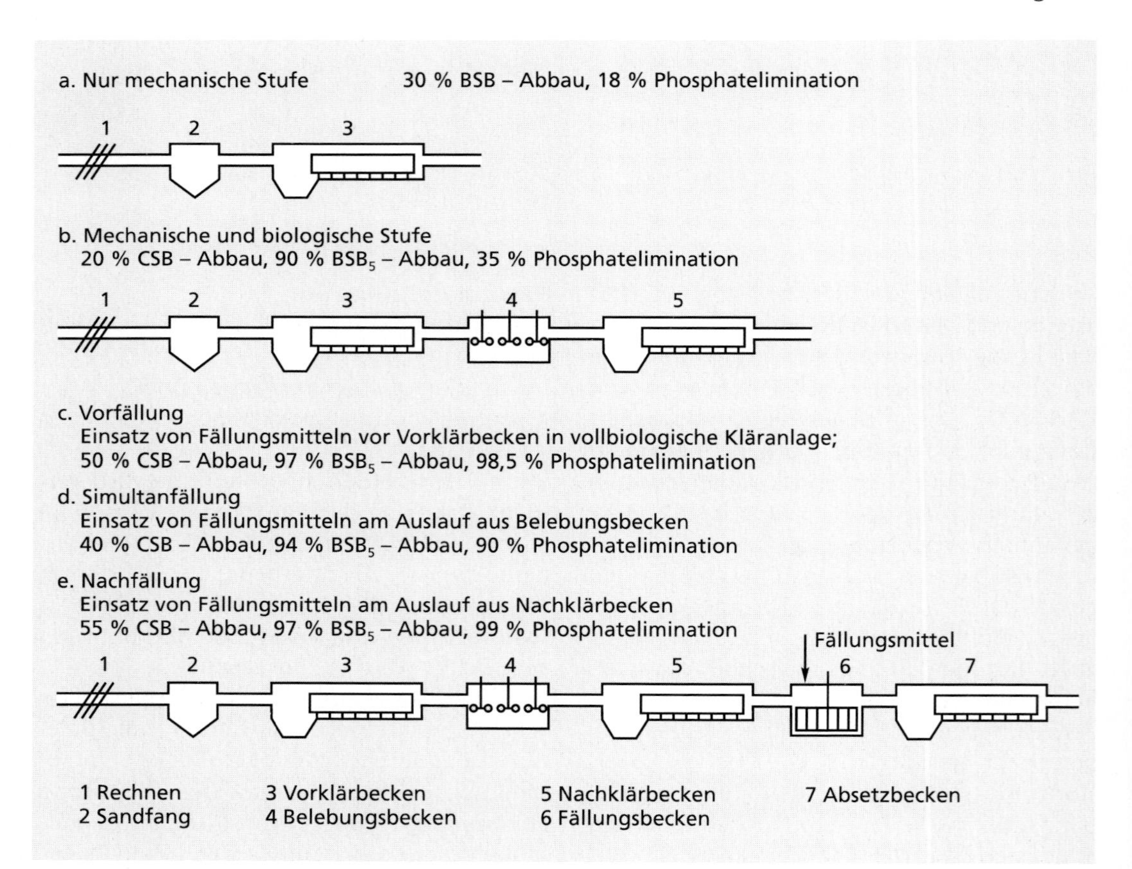


*Abb. 3.25: Konzeption und Abbauleistung von Kläranlagen mit und ohne zusätzliche Fällungsreinigung (Lit. 3.34)*

zusätzliche Absetzbecken erforderlich. Als Nachteil der Fällungsreinigung muß das Anwachsen des zu entsorgenden Schlammvolumens bezeichnet werden. Als Vorteile der Fällungsreinigung sind neben der verbesserten Reinigungsleistung der Kläranlage und der Vermeidung der Eutrophierung durch Phosphate vor allem bei der Simultanfällung zu nennen: Es stellt sich im abgeschiedenen Schlamm des Nachklärbeckens ein niedriger Schlammindex ISV ein, der Schlamm weist damit verbesserte Absetzeigenschaften auf, damit können im Belebungsbecken sicher höhere Trockensubstanzgehalte bis zu 4,5 g/l Wasser eingehalten werden (Lit. 3.33).

| Reinigungsziel | $TS_{BB}$ (kg/m³) mit Vorklärung | $TS_{BB}$ (kg/m³) ohne Vorklärung |
|---|---|---|
| ohne Nitrifikation | 2,5 – 3,5 | 3,5 – 4,5 |
| mit Nitrifikation (und Denitrifikation) | 2,5 – 3,5 | 3,5 – 4,5 |
| Phosphorentfernung (Simultanfällung) | 3,5 – 4,5 | 4,0 – 5,0 |

*Tab. 3.13: Trockensubstanzgehalte des belebten Schlamms im Belebungsbecken*

Tab. 3.13 nennt die Trockensubstanzgehalte des belebten Schlamms (Lit. 3.33).

#### 3.3.1.4 Behandlung und Entfernung des Klärschlamms

Wird normales kommunales Abwasser in einer Kläranlage behandelt, fallen im Vor- und Nachklärbecken große Schlammengen (Tab. 3.14) an, die aufwendig zu beseitigen sind. Wesentliche Anlagekomponenten dazu sind Eindicker, Faultürme und Filterpressen. Im Faulturm werden Überschuß- und Vorklärschlammengen etwa einen Monat im anaeroben Milieu behandelt und reduziert, allerdings hängt die Faulzeit nach Abb. 3.26 entscheidend von der Temperatur ab. Der Faulrauminhalt $J_{Fr}$ in m³ kann überschlägig mit der Faulzeit $t_F$ in Tagen (Abb. 3.26) und mit der Frischschlammenge S in m³/d berechnet werden nach (Lit. 3.32):
$J_{Fr} = t_F \cdot S \ (d \cdot m^3/d)$

| Herkunft/Behandlung | Feststoffgehalt g/E · d | Wassergehalt % | Schlammvolumen l/E · d |
|---|---|---|---|
| Tropfkörper: Schlamm Nachklär-Becken | 12 | 94 | 0,20 |
| Frischschlamm aus Vor- und Nachklärbecken (nach 1 Tag Eindickzeit) | 75 | 95 | 1,50 |
| Ausgefaulter Schlamm mit Ablaß von Schlammwasser | 45 | 90 | 0,45 |
| ausgefaulter, entwässerter Schlamm | 45 | 70 | 0,15 |
| Belebungsanlage: frischer Überschußschlamm | 35 | 99,3 | 5,0 |
| frischer Überschußschlamm gemischt mit Vorklärschlamm (nach 1 Tag Eindickzeit) | 80 | 96 | 2,0 |
| ausgefaulter Schlamm mit Ablaß von Schlammwasser | 50 | 80 | 0,83 |
| ausgefaulter, entwässerter Schlamm | 50 | 80 | 0,25 |
| Belebungsanlage mit chemischer Fällung: Simultanfällung, Schlamm aus Vor- und Nachklärbecken (nach 1 Tag Eindickzeit) | 90 | 96 | 2,25 |

*Tab. 3.14: Übersicht über Schlammengen, Feststoff- und Wassergehalte bei normalem häuslichem Abwasser*

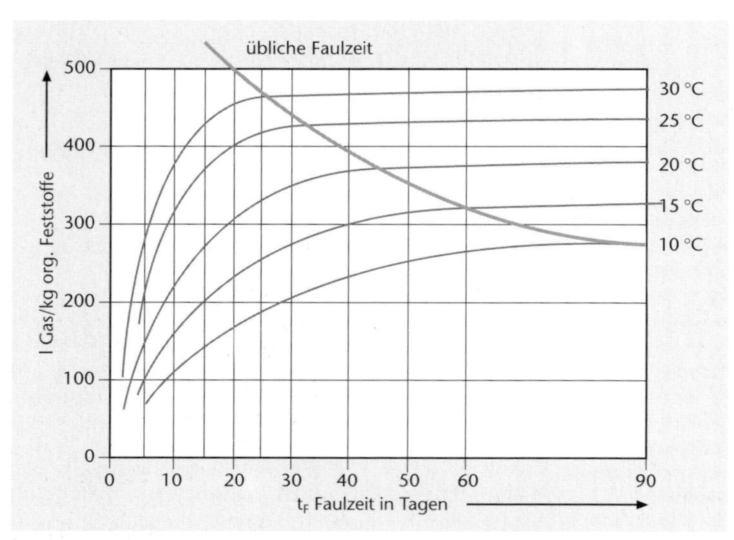


*Abb. 3.26: Gasentwicklung als Funktion der Faulzeiten $t_F$ bei unterschiedlichen Betriebstemperaturen*

Da das Faulwasser aus dem Faulbehälter abgezogen wird, kann das Volumen des Faulbehälters gegenüber dem Rechnungsansatz in etwa halbiert werden (Lit. 3.32). Häufig wird die Faulraumgröße auf die Zahl der angeschlossenen Einwohner bezogen, so

- im auf 30 °C beheizten System:
  30 l/E (bei einer Tropfkörperanlage),
  40 l/E (bei einer Belebungsanlage) und
- im unbeheizten System:
  220 l/E (bei einer Tropfkörperanlage),
  320 l/E (bei einer Belebungsanlage).

Wird der Faulbehälter optimal betrieben, läßt sich das notwendige Volumen der Faulräume reduzieren. Ein optimaler Betrieb und damit ein schneller anaerober Abbau des eintreffenden Frischschlamms setzt voraus: der Frischschlamm wird erwärmt und mit anaeroben Bakterien geimpft, der Faulrauminhalt wird umgewälzt und gleichmäßig erwärmt, das Entstehen einer Schwimmdecke im Faulraum wird verhindert. In diesem Fall können je m³ Faulraum täglich etwa 3 kg organische Feststoffe umgesetzt werden. Wird der Faulraum weniger intensiv betrieben, sinkt die Faulraumbelastung erheblich auf $B_{Fr} = 2\ kg/m^3_{Fr} \cdot d$ und darunter ab (Lit. 3.32). Die in der Faulraumbelastung $B_{Fr}$ berücksichtigten organischen Feststoffe lassen sich aus Tab. 3.14 mit dem Faktor 0,65 überschlägig berechnen (Lit. 3.32).

Abb. 3.27 zeigt einen Faulbehälter in seiner typischen Form.

Abb. 3.28 zeigt die moderne Kläranlage in Duisburg-Kaßlerfeld – die von 1989 bis 1992 mit einem Kostenaufwand von 320 Mill. DM modernisiert und erweitert wurde – für 450.000 EGW. Bei Trockenwetter ergibt sich ein Abwasseraufkommen von 2,3 m³/s (etwa 166.000 m³/d; Lit. 3.35, 3.36).

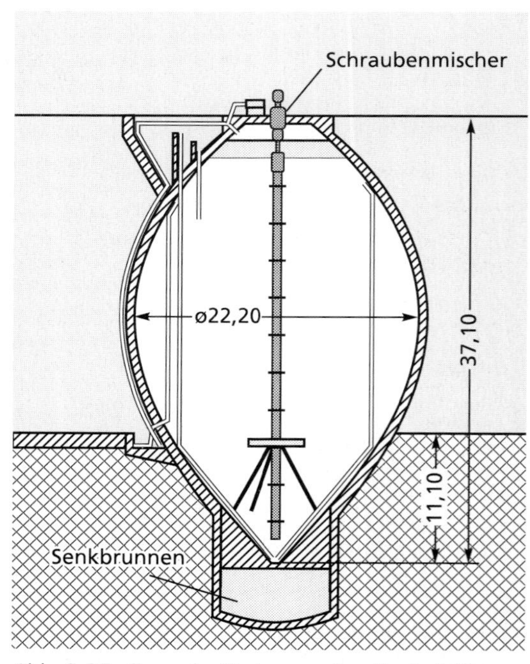


*Abb. 3.27: Querschnitt eines großen Faulbehälters (Inhalt $I_{Fr}$ = 8000 m³, angegebene Maße in m; Lit. 3.32)*

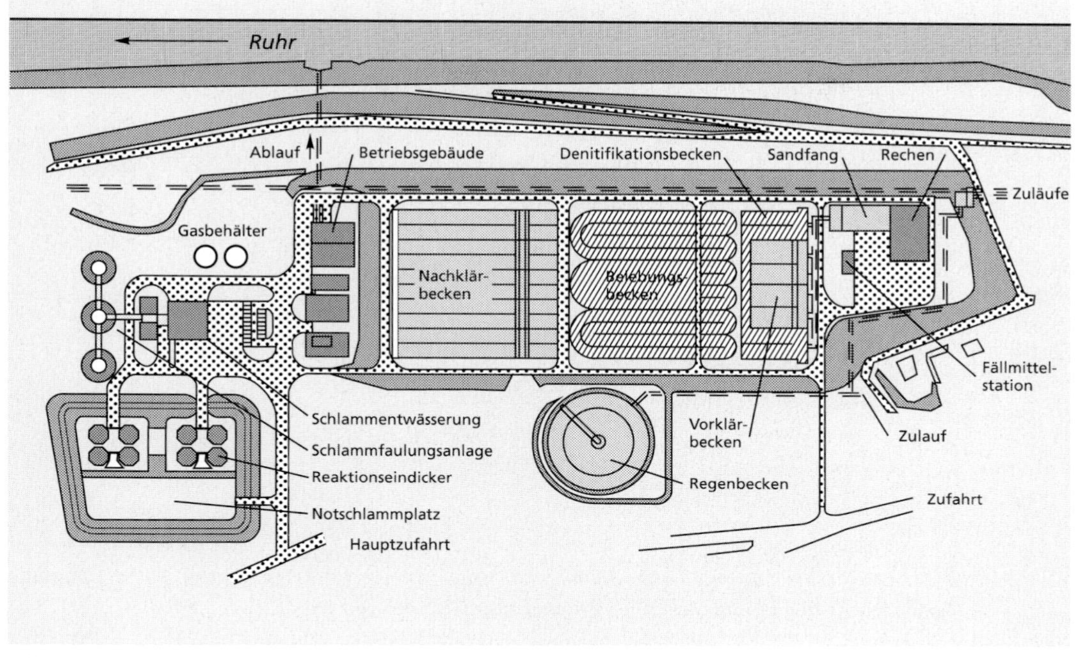


*Abb. 3.28: Schema des Klärwerks Duisburg-Kaßlerfeld (Lit. 3.36)*

### 3.3.2 Hochbiologie als verbesserte aerobe Klärstufe

Biologische Reinigungsstufen sind bisher durch großen Oberflächenbedarf, offene Bauweise, relativ kleine biologische Abbauleistung je Volumeneinheit und schlechte Verwertung des zugeführten Sauerstoffs gekennzeichnet (Tab. 3.15).

Die Turmreaktoren der Firma Bayer und Hoechst (Abb. 3.29) erfüllen die Forderungen nach Verringerung des Oberflächenbedarfs für die Biostufe, nach geschlossener Bauweise und aus energetischen Gründen nach einem höheren Wirkungsgrad bei der Ausnutzung des zugeführten Sauerstoffs. Abb. 3.29 zeigt die beiden Entwicklungen der Firmen Hoechst und Bayer schematisch im Querschnitt; wichtig ist hier vor allem das Sauerstoffeintragungssystem, das in dem Bioreaktor der Fa. Bayer aus jeweils vier gegen den Beckenboden gerichteten Düsen besteht (damit läßt sich die Sedimentation von Bakterienmasse verhindern).

Tab. 3.15 stellt die wichtigsten Merkmale der konventionellen und der weiterentwickelten Biostufen einander gegenüber.

Da bei dem Übergang zur Hochbauweise aufgrund der wesentlich höheren Sauerstoffausbeute weniger Luft für die Versorgung der aerob arbeitenden Bakterien eingebracht werden muß, sinken dementsprechend der Abgasvolumensstrom aus der Biostufe und der Aufwand zu seiner Reinigung.

Um auch sehr große Abwasserströme mit höherer organischer Abwasserfracht, als sie in kommunalen Abwässern vorliegt, platzsparend und effektiv zu reinigen und dabei die vorgeschriebenen Grenzwerte (Tab. 3.3) einzuhalten, sind die in Abb. 3.29 skizzierten Hochbioreaktoren mit den folgenden Bemessungsparametern dimensioniert worden, die durchaus den Bemessungsparametern für konventionelle Belebungsanlagen entsprechen (vergleiche Tab. 3.10; Lit. 3.24, 3.37):

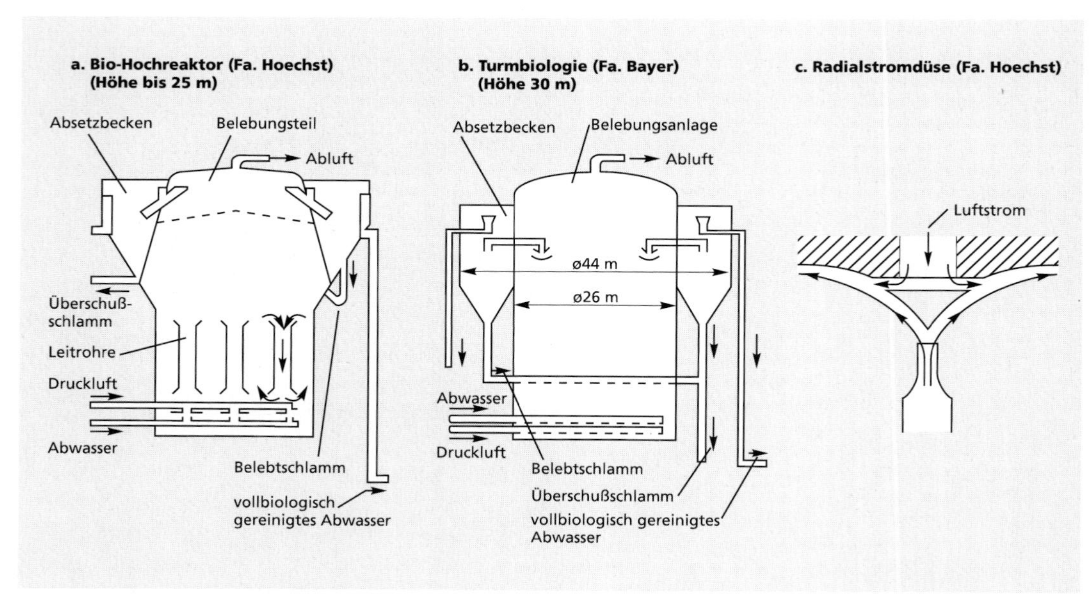


*Abb. 3.29: Schematischer Querschnitt der Bio-Hochreaktortypen der Hoechst AG und Bayer AG (integrierte Belebungs- und Nachklärbecken) und Radialstromdüse der Hoechst AG (Lit. 3.24, 3.37)*

| Parameter | Dimension | Flachbecken | Mittelhohe Bauweise | Hochbauweise |
|---|---|---|---|---|
| Wassertiefe | m | 4 | 8 | 20 |
| Sättigungswert von Sauerstoff in Bodennähe bei 20 °C (Eintrag durch Luft) | $(g\ O_2)/m^3$ | 13 | 17 | 28 |
| Sauerstoffausbeute | % | 8 – 15 | 15 – 30 | 40 – 90 |
| spezifischer Luftbedarf | $(m^3_n)/(kg\ O_2)$ | 60 – 30 | 30 – 11 | 9 – 4 |
| Sauerstoffertrag | $(kg\ O_2)/(kWh)$ | 0,5 – 1,5 | 1,5 – 2,5 | 3 – 3,8 |
| Reaktordurchmesser für Nutzvolumen von 1000 m³ | m | 18 | 13 | 8 |
| Reaktorgrundfläche für Nutzvolumen von 1000 m³ | m² | 250 | 125 | 50 |

*Tab. 3.15: Vergleich verschiedener Belebungsbecken (Lit. 3.24, 3.37)*

Raumbelastung:
$B_R =$ 1,5 kg $BSB_5/m^3 \cdot$ Tag;
Schlammbelastung:
$B_{TS} =$ 0,3 kg $BSB_5$/kg Trockensubstanz · Tag;
Spez. Sauerstoffverbrauch:
$Z_{O2} =$ 1,1 kg $O_2$/kg $BSB_5$.

## Weitergehende Abwasserreinigung mit Aktivkohle

Damit schwer abbaubare und teilweise toxische organische Stoffe vor allem aus Industrieabwässern entfernt werden können, greift man auf die Adsorption als bekanntes Grundoperationsverfahren zurück, bei dem gewisse Substanzen an Feststoffen angelagert werden können (Kap. 2.3). Bei hochbelastetem Industrieabwasser (2000 mg CSB/l) sind bis zu 30% der organischen Schadstoffe biologisch nicht abbaubar; durch Zugabe von Aktivkohle in das Belebungsbecken (als Simultan-Adsorption bezeichnet) läßt sich der CSB-Wert drastisch – z.B. um 90% bei einer Aktivkohlekonzentration von 100 g AK/m³ Abwasser – reduzieren (Lit. 3.38). Aufwendig ist die Regeneration der Aktivkohle mit heißem Inertgas (alternativ dazu wäre der Einsatz von erheblich billigerem Herdofenkoks auf Braunkohlebasis, siehe Kap. 2.3).

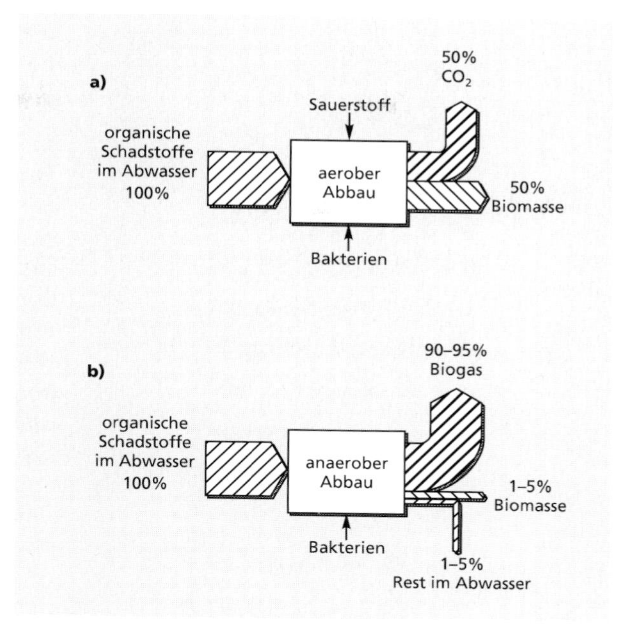


*Abb. 3.30: Kohlenstoffbilanz beim aeroben und anaeroben Schadstoffabbau (Lit. 3.39)*

### 3.3.3 Anaerobe Abwasserreinigung

In der Literatur wird verschiedentlich als Alternative zur eingeführten aeroben die anaerobe Abwasserreinigung diskutiert und empfohlen (Lit. 3.39, 3.40)

Der Einsatz ist aus mehreren Gründen bei organisch hochbelasteten und großen Abwasservolumenströmen aus der Lebensmittelindustrie, von Brauereien, der Zellstoffindustrie, der chemischen und pharmazeutischen Industrie von starkem Interesse:

– Beim anaeroben Prozeß wird Energie (Biogas) gewonnen, während beim aeroben Prozeß Energie (Kompressionsenergie für die Druckluft bzw. Antriebsenergie für die Oberflächenbelüfter) zugeführt werden muß.

Die letztendlich anfallende und zu entsorgende Biomasse ist beim anaeroben Prozeß um den Faktor 10 bis 20 kleiner als beim aeroben Klärprozeß (Lit. 3.39; Abb. 3.30). Bei der aeroben Abwasserreinigung entsteht aus der eingeleiteten organischen Abwasserfracht etwa 50% Biomasse, die wegen der geringen Dichterunterschiede zum Wasser nur unter Schwierigkeiten zu gewinnen und erst wegen der hohen Wasseranteile (Tab. 3.14) nach einem aufwendigen Trennprozeß zu nutzen ist.

Nachteilig sind bei der anaeroben Abwasserreinigung:

– Das behandelte Abwasser ist sauerstofffrei.
– Im austretenden Abwasserstrom sind hohe Ammoniumkonzentrationen bis zu 2,5 kg $NH_4$-N/m³ im anaeroben Prozeß entstanden, so daß das Ammonium in einer nachgeschalteten Anlage (eventuell durch einen ergänzenden chemischen Vorgang) beseitigt werden muß.
– Die Grenzwerte nach Tab. 3.3 lassen sich mit dem anaeroben Verfahren allein nicht einhalten.
– Der anaerobe Prozeß verläuft sehr langsam, deshalb muß das notwendige Volumen z.B. durch leistungsfähige Hubreaktoren verkleinert werden, wo eine hohe Konzentration von Biomasse durch Fixierung auf der Oberfläche geeigneter Trägermaterialien erfolgt (Lit. 3.39). Abb. 3.31 zeigt ein Hubelement.

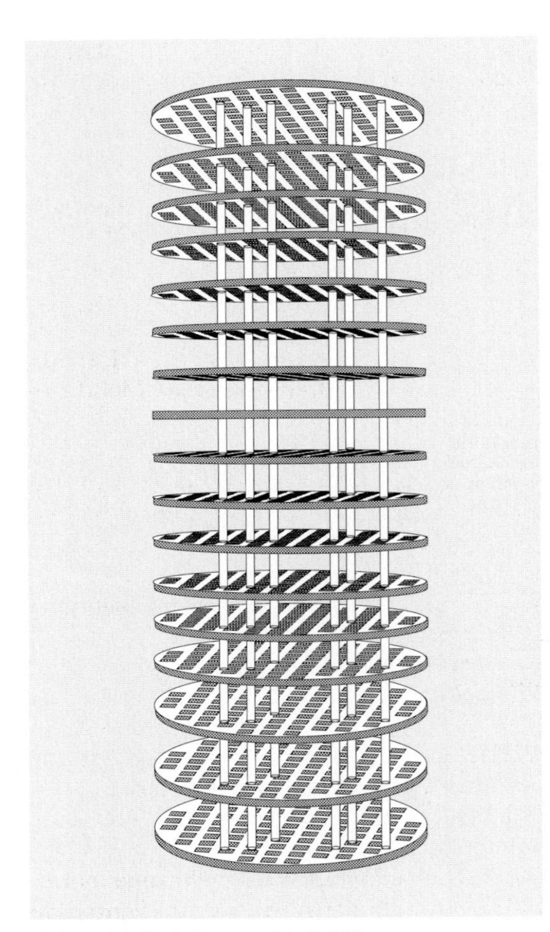

*Abb. 3.31: Hubelement (Lit. 3.39)*

## 3.4 Meßtechnik

Zur Bestimmung einzelner Wasserinhaltsstoffen werden moderne Analyseverfahren wie die Atomabsorptionsspektroskopie und die Chromatographie eingesetzt.
Hier soll auf die folgenden Stoffe und Stoffgruppen besonders eingegangen werden, die in der Trinkwasseraufbereitung und in der Abwasserreinigung eine besondere Rolle spielen, dies sind:

- der Sauerstoffgehalt
- die Gesamt- und Carbonathärte
- der Nitrat- und Phosphatgehalt
- die Summenparameter zur Charakterisierung des Abwassers wie $BSB_5$, CSB, TSB, TOC, AOX und Fischgiftigkeit $G_F$ (siehe dazu Kap. 3.1, vor allem Tab. 3.5).

**Sauerstoffbestimmung**

Im Wasser ist Sauerstoff vorhanden, weil das Wasser mit der darüber stehenden Luft in Stoffaustausch steht. Dieser Vorgang ist als Absorptionsvorgang in Kap. 2.3. – siehe vor allem Abb. 2.43 und 2.44 – ausführlich erläutert. Neben den dort genannten Parametern Druck und Temperatur hängt die für tierische und pflanzliche Organismen wichtige Sauerstoffkonzentration auch von der Höhe der biologisch abbaubaren Stoffe ab, die im Wasser enthalten sind. Zu ihrem Abbau wird Sauerstoff verbraucht, so daß Sauerstoffmangel mit Folgen wie Fischsterben oder Fäulnisvorgängen eintreten kann. Bei einem Druck von 1,013 bar und Luftatmosphäre über der Flüssigkeit enthält Wasser bei 0° C 14,6, bei 10 °C 11,3, bei 20 °C 9,1, bei 25 °C 8,2 mg $O_2$/l (jeweils Maximalwerte). Die Sauerstoffkonzentration des Wassers soll beim Belebtschlammverfahren (Kap. 3.3) etwa bei 1,5 bis 2 mg$O_2$/l Abwasser liegen (darunter geht die Abbauleistung der aeroben Bakterien stark zurück, darüber nimmt der Energieaufwand für die Belüftung stark zu, ohne die Abbauleistung wesentlich zu steigern).
Die Sauerstoffbestimmung wird normalerweise mit einer Elektrode (der sog. Clark-Elektrode) vorgenommen.
An der Goldkathode wird Sauerstoff reduziert:
$4\,Au + O_2 + 2\,H_2O + 4\,e^- \Rightarrow 4\,OH^- + 4\,Au$
An der Silberanode findet folgende Reaktion statt:
$Ag + Cl^- \Rightarrow AgCl + e^-$
$2\,Ag + 2\,OH^- \Rightarrow Ag_2O + H_2O + 2\,e^-$
Die Anzahl der angezeigten Elektronen ist proportional dem gelösten Sauerstoff (Lit. 3.41).
Eine weitere Sauerstoffmeßmethode ist die Sauerstoffbestimmung nach Winkler:
Hier wird Mangan(II)-hydroxid – $Mn(OH)_2$ – gebildet, das den gelösten Sauerstoff aufnimmt:
$4\,Mn(OH)_2 + O_2 + 2\,H_2O \Rightarrow 4\,Mn(OH)_3$

Beim Ansäuern geht die dem $O_2$-Gehalt äquivalente Menge $Mn(OH)_3$ in Lösung und setzt $J_2$ frei. Das gebildete $J_2$ wird mit einer Thiosulfatlösung titriert (Lit. 3.41). Auch über die Messung der Redoxspannung des Wassers kann auf den Sauerstoffgehalt geschlossen werden, da der Sauerstoff im Wasser einen Lösungspartner oxidiert. So weist ein sauerstoffreiches Wasser eine Redoxspannung von 330 mV auf (Ag/AgCl-Bezugselektrode gegen eine inerte Platinelektrode mit einem redoxabhängigen Potential). Vorhandene organische Stoffe werden mikrobiologisch unter Sauerstoffverbrauch beseitigt, so daß die Redoxspannung entsprechend sinkt (Lit. 3.41).

### Wasserhärte

Unter der „Wasserhärte" ist der im wesentlichen durch Calciumsalze und Magnesiumsalze bewirkte Gehalt des Wassers an Erdalkaliionen zu verstehen. Dabei unterscheidet man die sogenannte „temporäre Härte", die durch die Hydrogencarbonate der Erdalkalimetalle hervorgerufen und durch Kochen beseitigt wird („Kesselsteinbildung") und die „permanente Härte", die durch Calcium- und Magnesiumsulfat verursacht wird und nicht durch Kochen zu beseitigen ist (Kap. 3.2.1).
In der Regel werden die Gesamthärte und die Carbonathärte bestimmt (die Differenz ist dann die permanente Härte). Die Carbonathärte wird durch Titration des zu untersuchenden Wassers mit 0,1 n Salzsäure bestimmt. Zu 100 ml des Prüfwassers werden einige Tropfen Methylorange gegeben. Nach Titration bis zum Farbumschlag sind Calcium- und Magnesiumhydrogencarbonate vollständig in die entsprechenden Chloride übergegangen:
$Ca(HCO_3)_2 + 2\ HCl \Rightarrow CaCl_2 + 2\ H_2O + 2\ CO_2$
($CO_2$ tritt gasförmig aus)
Die Gesamthärte kann im Anschluß an die Carbonathärtebestimmung in der gleichen Wasserprobe analysiert werden. Dazu wird der Probe Phenolphtalein als Indikator zugesetzt und mit 0,1 n Kaliumpalmitatlösung titriert. Die Härtebildner werden als Calcium- bzw. Magnesiumpalmitat ausgefällt (Palmitat ist das Salz der Palmitinsäure – Trivialname = Hexadekansäure $C_{15}H_{31}$-COOH).

### Nitratgehalt

Nitrat muß laut Trinkwasserverordnung auf 50 mg/l (Kap. 3.1.1 und 3.1.2) begrenzt werden. Die Bestimmung von Nitrat erfolgt auf photometrischem Wege. Bei der Photometrie wird die Lichtschwächung beim Durchtritt durch die Wasserprobe gemessen. Das absorbierte Licht regt Elektronen in Mehrfachbindungen – hier die Elektronen der N = O-Bindung im Nitratmolekül – zur Schwingung an. Die Stärke der Lichtschwächung $I_0/I$ ($I_0$ = Lichtintensität vor dem Probendurchgang, $I$ = Lichtintensität nach dem Probendurchgang) ist nach dem Lambert-Beerschen Gesetz der Konzentration des Nitrats c im Strahlengang proportional:
$\log I_0/I = \alpha \cdot l \cdot c$
($\log I_0/I$ = Extinktion; $\alpha$ = substanzspezifischer Faktor; l = Weglänge des Lichts durch die Probe in cm; c Konzentration in mg/l). Das Absorptionsmaximum liegt bei 206 nm (Lit. 3.41).

### Phosphatgehalt

Ebenso wie Nitrat wirkt auch Phosphat eutrophierend, so daß die Phosphatkonzentration im Ablauf einer Kläranlage einen vorgegebenen Grenzwert (Tab. 3.3) unterschreiten muß. Auch die Phosphatkonzentration wird photometrisch bestimmt: Phosphat verbindet sich mit Ammoniummolybdat – $(NH_4)_6Mo_7O_{24}$ – im sauren Milieu zu einem Phophatmolybdatkomplex, der mit Ascorbinsäure zu Phosphormolybdänblau reduziert wird. Die Blaufärbung – Absorptionsmaximum bei 880 nm – ist ein Maß für den Phophatgehalt (Lit. 3.41).

### Abwassersummenparameter

Die Ermittlung der Summenparameter zur Charakterisierung des Abwassers beruht auf Vorschriften zur Abwasseranalytik, die in den *„Deutsche Einheitsverfahren zur Wasseruntersuchung"* zusammengestellt sind. Dabei werden im wesentlichen die organischen Wasserinhaltsstoffe mehr oder weniger vollständig erfaßt und als Summenwert angegeben. Müssen darüber hinaus einzelne organische Stoffe z. B. bei einer Störung in einem chemischen Industriebetrieb in der Kläranlage, im Fließgewässer oder im Grundwasser nachgewiesen bzw. deren Abbauraten verfolgt werden, ist gezielt nach den jeweiligen Substanzen mit der Atomabsorptionsspektroskopie oder der Chromatographie zu fahnden.

Als *$BSB_5$-Wert* wird der biologische Sauerstoffbedarf einer Wasserprobe in 5 Tagen bezeichnet, er kennzeichnet die mikrobiologisch in 5 Tagen abbaubare organische Belastung eines Gewässers (Einheit mg $O_2$/l). Die Wasserprobe wird mit sauerstoffgesättigtem sauberen Wasser gemischt und mit bakterienhaltigem Ablaufwasser aus dem Nachklärbecken (Kap. 3.3) angeimpft. In der Mischprobe wird der Sauerstoffgehalt gemessen. Die Probe wird verschlossen und auf 20 °C thermostatisiert. Nach 5 Tagen, in denen die Bakterien einen Teil der organischen Schadstoffe abbauen, wird die Sauerstoffkonzentration erneut bestimmt. Die Differenz ist der biologische Sauerstoffbedarf in 5 Tagen, kurz $BSB_5$, in mg $O_2$/l. Bei gleichen Sauerstoffkonzentrationen vorher und nachher enthält die Wasserprobe keine organisch abbaubaren Substanzen oder aber die Wasserprobe enthält Giftstoffe, die zum Abtöten der Bakterien geführt haben.

Der *CSB-Wert* – als chemischer Sauerstoffbedarf bezeichnet – erfaßt auch schwer abbaubare organische Stoffe. Die Wasserprobe wird mit Schwefelsäure gemischt; Silberionen ($Ag^+$) als Katalysator und Kaliumdichromat ($K_2Cr_2O_7$) als Oxidationsmittel werden hinzugegeben. Bei 148 °C wird die Probe 2 Stunden lang gekocht (mit Rückfluß über Rückflußkühler). Nicht verbrauchtes Kaliumdichromat wird nach diesem Prozeß mit $Fe^{2+}$-Ionen in einem Titrationsvorgang bestimmt. Die Differenz ist der CSB-Wert in mg $O_2$/l (1 mol $K_2Cr_2O_7$ entspricht 1,5 mol $O_2$; Lit. 3.41)

Das Verhältnis von CSB/$BSB_5$ gibt Aufschluß über die Abbaubarkeit der Wasserinhaltsstoffe:

- für leichtabbaubare häusliche Abwässer 1 bis 1,5,
- für schwer abbaubare Industrieabwässer etwa 2 und mehr.

Der *„Totale Sauerstoffbedarf"* (*TSB*) erfaßt alle organischen Stoffe – auch z. B. Pyridinderivate, die bei der CSB-Bestimmung nicht erfaßt werden – über eine Heißoxidation:
Hier wird die Abwasserprobe bei hohen Temperaturen verbrannt, der Sauerstoffverbrauch für diesen Vorgang wird ermittelt. Da z. B. auch alle Stickstoff- und Schwefelverbindungen oxidiert werden, kann der TSB-Wert eine zu hohe organische Belastung des Abwassers vortäuschen.

Der *„Totale organische Kohlenstoffgehalt"* (*TOC*) charakterisiert den organischen Kohlenstoffgehalt nach Entfernen des anorganischen Kohlenstoffs, z. B. der Carbonate (durch Zugabe von Phosphorsäure und Thermostatisieren der Probe auf 150 °C). Danach wird die Probe bei ca. 950 °C an einem Katalysator mit Luftsauerstoff verbrannt; das entstehende $CO_2$ wird z. B. in einem Infrarot-Gasanalysator (Kap. 2.3) bestimmt.

Die *„Adsorbierbaren organisch gebundenen Halogene"* (*AOX*) werden mittels Adsorption bestimmt. Zu diesem Zweck wird der Wasserprobe Aktivkohle zugesetzt, und das Wasser-Feststoffgemisch geschüttelt oder die Wasserprobe wird einem Festbettabsorber, mit Aktivkohle gefüllt, zugeführt. Nach der Spülung der Aktivkohle mit einer halogenfreien Natriumnitratlösung ($NaNO_3$) zur Entfernung von anorganischem Chlorid, wird die mit organischen Halogenverbindungen beladene Aktivkohle verbrannt, die organischen Halogenverbindungen reagieren zu Halogenwasserstoffen und werden analysiert (Kap. 2.3). Dabei muß der gelöste organisch gebundene Kohlenstoff kleiner sein als 10 mg/l. (Den gelösten organisch gebundenen Kohlenstoff erhält man über die TOC-Bestimmung einer vor der Analyse filtrierten Wasserprobe; Lit. 3.42.)

Mit dem *Fischtest* (DIN 38409) wird die akut giftige Wirkung von Abwasserinhaltsstoffen ermittelt. Der Abwasserprobe wird Frischwasser zugesetzt; der Wert, bei dem sich das Abwasser gerade noch als ungiftig erweist, wird als Verdünnungsfaktor $G_F$ bezeichnet (Tab. 3.5 in Kap. 3.1.2: $G_F = 5$ bedeutet, ein Teil Abwasser und 4 Teile Frischwasser: d. h. je größer $G_F$ ist, um so giftiger ist das Abwasser und um so mehr Frischwasser muß hinzugefügt werden). In Kläranlagen dienen installierte Fischbecken als Fischtestanlagen, um frühzeitig auf schädliche Bestandteile durch den Tod der Fische aufmerksam zu werden.

## Rekapitulieren Sie!

1. Wie wird die Wasserversorgung in Deutschland von der Menge und von der Qualität her gesichert?
2. Wodurch wird die Kesselsteinbildung verursacht?
   Ist der Vorgang temperaturabhängig?
   Welche Folgen hat Kesselstein?
3. Was versteht man unter der „Eutrophierung" der Gewässer?
   Welche Folgen hat diese?
4. Zeigen Sie Möglichkeiten auf, die Belastung der Gewässer mit Nitraten und Phosphaten zu reduzieren! Erläutern Sie deren Herkunft!
5. Zu welchem Zweck müssen in das Belebungsbecken Belebtschlamm und Sauerstoff zugeführt werden?
6. Welchen Einfluß hat das Schlammalter auf das Reinigungsergebnis in einer vollbiologischen Kläranlage?
7. An welcher Stelle im Konzept einer vollbiologisch arbeitenden Kläranlage sind Nitrifikation und Denitrifikation angeordnet?
   Nennen Sie wesentliche Verfahrensparameter wie Sauerstoffkonzentration, hohe oder niedrige organische Abwasserfracht, Ammonium- und Nitratkonzentration für die Nitrifikation und Denitrifikation!
8. Mit welchen Feststoffkonzentrationen wird der sich absetzende Schlamm aus dem Vor- und Nachklärbecken abgezogen?
   Nennen Sie Möglichkeiten, den Wassergehalt zu reduzieren!
9. Ist es sinnvoll, den Faulbehälter an kalten Tagen im Winter und in der Übergangszeit zu beheizen?
   Welches sind die Vorteile eines beheizten Faulbehälters?
10. Beschreiben Sie den „Bio-Hochreaktor"!
    Warum ist dieses Konzept entwickelt worden?
    Ergeben sich Vorteile hinsichtlich der Sauerstoffzufuhr, des Sauerstoffverbrauchs, des entstehenden Abgasvolumenstroms gegenüber einer Abwasserklärung in Flachbecken?
11. Welche Funktion hat die Aktivkohlezugabe in das Belebungsbecken?
12. Nennen Sie wichtige Parameter für die Abwasserfracht!
13. Durch welche verfahrenstechnischen Prinzipien läßt sich primäre Umwelttechnik im Gewässerschutz charakterisieren?
14. Beschreiben Sie die Kühlwasserkreisläufe in Großkraftwerken!
    Wie unterscheiden sich Naß- und Trockenkühltürme voneinander?
15. Erläutern Sie an einem Beispiel, wie die Industrie ihre Produktion auf ein abwasserfreies oder abwasserarmes Verfahren umgestellt hat!
16. Erläutern Sie Möglichkeiten der Wasserersparnis in Ihrem privaten Umfeld!
17. Erläutern Sie die Ziele des Abwasserabgabengesetzes!
    Erläutern Sie prinzipiell, wie die Gebühren nach Abwasserabgabengesetz berechnet werden!
    Welchen Vorteil hat ein Betreiber einer modernen Kläranlage, der die vorgeschriebenen Grenzwerte sicher und auf Dauer unterschreitet, nach dem Abwasserabgabengesetz zu erwarten, wenn er

sich zu niedrigeren Grenzwerten als vorgeschrieben verpflichtet?

18. Wie unterscheiden sich Oberflächen- und Druckluftbelüftung?
    Bei welchen Kläranlagen ist auf die Druckbelüftung nicht zu verzichten?
19. Ändert sich das Verhältnis $BSB_5$/CSB im Zulauf zur und im Ablauf von der Kläranlage? Was bedeutet eine mögliche Veränderung?
20. Vergleichen Sie stichwortartig die aerobe und die anaerobe Abwasserreinigung! Nennen Sie jeweils Vor- und Nachteile!

## Literatur


3.1 D. Hansen: Was bedeutet „biologisch abbaubar? Ein Begriff im Griff; in: Umwelt und Technik, Nr. 9, 1992

3.2 Jahresbericht 1992 des Umweltbundesamtes

3.3 Deutsche Chemie muß Rheinvergiftung bremsen, – Der Schlick aus dem Hafen von Rotterdam ist immer noch Sondermüll; in: Die Tageszeitung, 9.11.1995

3.4 Bericht im Stern Nr. 16, 12.4.1995

3.5 Umwelttechnik in Westeuropa – Ein Wachstumsmarkt ersten Ranges; in: Umwelt und Technik, Nr. 4, 1989

3.6 Schweden – sauberste Abwässer; Schlußlicht Portugal; in: Chem. Rundschau, Nr. 38, 21.9.90

3.7 Klärung der trüben Flut; in: Entsorga-Magazin, Nr. 7, 1988

3.8 W.G. Haltrich: Anforderungen an ökologische Untersuchungen und Grenzwerte; in: Umweltmagazin, Juli 1990

3.9 Verband der chemischen Industrie (Hrsg.): Wasser gewinnen – aufbereiten – verwenden; März 1993

3.10 Der Zustand unserer Flüsse; in: Umwelt und Technik, Nr. 10, 1992

3.11 K. - G. Malle: Gewässergüte von Rhein und Elbe 1989 – ein Vergleich; in: WLB Wasser, Luft und Boden, Nr. 5, 1991

3.12 K. - G. Malle: Systemvergleich Rhein – Wolga; in: WLB; Wasser, Luft und Boden, Nr. 11, 1992

3.13 Th. Grünebaum: Ablaufanforderungen an kommunale Kläranlagen – Vorgaben und Möglichkeiten (Vortrag); Tagung „Technologien zur Abwasserreinigung in kommunalen Kläranlagen unter Berücksichtigung der gegebenen Situation in den neuen Bundesländern", Dresden 21. - 22.4.1994

3.14 Chemiestandort Europa – Herausforderungen und Strategien, Disskussion auf der Achema - Ausstellung 1994; in: Chem.-Ing.-Techn. 67. Jg., Nr. 4, 1995

3.15 Umweltbundesamt (Hrsg.): Was sie schon immer über Wasser wissen wollten; Stuttgart/Berlin 1993

3.16 W. Liese: Gesundheitstechnisches Taschenbuch; München/Wien 1969

3.17 Wie funktioniert das? Die Umwelt des Menschen; Mannheim/Wien/Zürich 1975

3.18 I. Siemer: Ökologen im Untergrund; in: taz-Thema: Umwelt, 12, 13.8.1995

3.19 Umweltbundesamt (Hrsg.): Ohne Wasser läuft nichts – Rettet unser wichtigstes Lebensmittel; 1991

3.20 A. Oberholz: Wassersparen. Möglichkeiten gibt es genug, nur nutzen muß man sie; in: Umweltmagazin, Okt. 1994

3.21 D. Blank: Kühlverfahren für Kraftwerke – Stand und Entwicklungstendenzen in der Bundesrepublik Deutschland; in: Energie und Technik, 26. Jg., Nr. 12, 1974

3.22 Umweltbericht der Bayer AG, September 1993

3.23 D. Eickelpasch/S. Henkel/H. P. Johann: Umweltschutz in der Eisen- und Stahlindustrie – Erfolge und Kosten; in: Stahl und Eisen, 100. Jg., Nr. 6, 1980

3.24 W. Fleischhauer: Neue Technologien zum Schutz der Umwelt, Einführung in primäre Umwelttechniken; Essen 1984

3.25 C. Christ: Produktionsintegrierte Umweltschutzmaßnahmen im Lösemittelbereich; in: Chemie-Technik, 90. Jg., Nr. 9, 1990
3.26 Hoechst AG (Hrsg.)/C. Christ: Umweltschutzmanagement in der chemischen Industrie am Beispiel der Hoechst AG; Februar 1994
3.27 W. Swodenk: Umweltfreundlichere Produktionsverfahren in der chemischen Industrie; in: Chem.-Ing.-Techn., 56. Jg., Nr. 1, 1984
3.28 U. Müller-Eisen: Umweltschutz von Anfang an – Adipinsäureherstellung; in: Standort – Chemie Spezial, Nr. 7, 1995
3.29 Abwasserreinigung und Klärschlammentsorgung unter'm Bayer-Kreuz – Wir wollen keine „heile Welt" vorspielen; in: Abwasser-Praxis, Publikation von Entsorga - Magazin/Entsorgungs-Wirtschaft, Mai 1988
3.30 Prospekt der Degussa: Partner für den Umweltschutz; 1992
3.31 C. H. Möbius: Abwässer der Papier-, Pappe- und Zellstoffindustrie; Vortrag ATV - Fortbildungskurs C/4, Waldbronn 18. - 22.10.1982
3.32 W. Bischof: Abwassertechnik; Stuttgart 1993
3.33 Regelwerk der Abwassertechnischen Vereinigung e.V. (ATV), Arbeitsblatt A 131, Februar 1991
3.34 W. Fleischhauer: Technischer Umweltschutz; Lehrgang zum Ökologieassistenten/Ökologieassistentin, Wirtschaftsakademie für Lehrer e.V., Bad Harzburg, 1989
3.35 P. Evers: Klärwerk Duisburg-Kaßlerfeld; in: Tiefbau-BG 9, 1991
3.36 Prospekt des Ruhrverbands: Klärwerk Duisburg-Kaßlerfeld
3.37 Prospekt der Hoechst AG: Bio-Hochreaktoren
3.38 K. Eisenächer/U. Neumann: Ein Verfahren zur weitergehenden Abwasserreinigung mit pulverförmiger Aktivkohle; in: Chem.-Ing.-Techn., Nr. 5, 55. Jg., 1983
3.39 H. Brauer: Abwasserreinigung bis zur Recyclierungsfähigkeit des Wassers; in: Chem.-Ing.-Techn., Nr. 5, 63. Jg., 1991
3.40 H. Sixt: Einsatz und Verfahrenstechnik der anaeroben Abwasserreinigung; in: Chem.-Ing.-Techn., Nr. 11, 53. Jg., 1981
3.41 M. Sietz: Chemie für Ingenieure; Frankfurt/Main 1995
3.42 B. Philipp (Hrsg.): Einführung in die Umwelttechnik; Braunschweig/Wiesbaden 1993

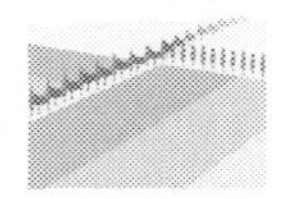

# 4 Boden

## 4.1 Einführung

### 4.1.1 Der ökologische Hintergrund

Während schon frühzeitig erkannt wurde, daß die Reinhaltung der Luft und die Reinhaltung des Wassers notwendige Ziele der Politik sind, so ist im Falle des Bodens diese Notwendigkeit noch nicht oder noch nicht in diesem Maße erkannt worden, obwohl der Mensch seine Nahrungsmittel fast ausschließlich über den Boden erzeugt. Auch wird häufig nicht gesehen, daß es eine Rückkopplung zwischen einem verseuchten Boden, der Luft und dem Wasser gibt. So können Kohlenwasserstoffkontaminationen im Boden durch Ausgasen die Luft schädigen oder durch Eluation in die Grundwasserleiter gelangen. Bekannter ist, daß der Boden durch Luftschadstoffe geschädigt werden kann – so erfolgt z. B. durch den sauren Regen die Bodenversauerung.
Die *Bodenversauerung* ist Ursache für das Waldsterben. Über die Verluste der Waldwirtschaft hinaus sind Abgänge von Muren oder Lawinen, Hochwasserschäden, die sich bis in die Niederungen auswirken oder Trockenheiten in den Sommermonaten wegen der verringerten Wasseraufnahmefähigkeit der Böden als weitere Folgen zu verzeichnen. Dieser so entstehende ökologische Schaden hat auch enorme ökonomische Folgen.
Eine besondere Art der Schädigung der Böden sind die Altlasten, die zumeist durch die Ablagerungen von gefährlichen Arbeitsstoffen hervorgerufen werden, wobei diese Altablagerungen sehr häufig durch industrielle Tätigkeit aber auch durch militärische Einwirkung entstanden sind und zum Teil noch immer entstehen. Die Kontaminierung der Böden kann durch toxische organische oder anorganische oder auch durch radioaktive Stoffe erfolgt sein. Über die Gefährdungspfade können die Kontaminationen z. B. in die Luft oder das Wasser gelangen.

### 4.1.2 Rechtliche Aspekte

Insbesondere das Waldsterben aber auch Kontaminationen im Grundwasser und die damit verbundenen Schwierigkeiten bei der Trinkwassergewinnung sowie aufgefundene durch Altablagerungen entstandene Altlasten haben immer wieder den Ruf nach einem Bodenschutzgesetz laut werden lassen.
Die Notwendigkeit eines solchen Gesetzes wird kontrovers diskutiert. Insbesondere die Industrie wendet ein, daß die bisherigen gesetzlichen Regelungen ausreichend seien.
Die weiterfortschreitende Inanspruchnahme von Flächen, das trotz umfangreicher Maßnahmen zur Reinhaltung der Luft fortschreitende Waldsterben und das Auffinden neuer Altlastenflächen insbesondere in den neuen Bundesländern (Militärflächen der sowietischen Armee, radioaktiv belastete Gelände der früheren Wismut AG oder mit teerigen Rückständen verkippte Tagebaurestlöcher) veranlassen andere, das Bodenschutzgesetz zu fordern.
Erst im Sommer 1995 wurde bekannt, daß das Bundesumweltministerium einen entsprechenden Gesetzesentwurf fertiggestellt hat und diesen unmittelbar den gesetzgebenden Gremien zuleiten will.

Schon heute wird an dem geplanten Bodenschutzgesetz kritisiert, daß
- der fortschreitende Flächenverbrauch nicht eingeschränkt wird,
- eine Bodensanierung nur dann erfolgen muß, wenn von der betreffenden Altlast unmittelbare Gefahren ausgehen.

- durch Altlasten geschädigte Gewässer zwar saniert werden, es aber einen präventiven Gewässerschutz nicht geben wird.
- die Überdüngung der Böden und ihre Schädigung durch die Überdosierung von Pflanzenschutzmitteln nicht eingeschränkt wird.

Bereits Gesetzeskraft haben das *Gesetz über Naturschutz und Landschaftspflege, das Bundesnaturschutzgesetz – BNatSchG (1987)* – das zum Ziel hat, die Natur und die Landschaft in besiedelten und nicht besiedelten Bereichen zu schützen, zu pflegen und zu entwickeln.
Angestrebt wird

- die Leistungsfähigkeit des Naturhaushaltes zu erhalten und zu verbessern, wobei Beeinträchtigungen zu unterlassen sind oder ausgeglichen werden müssen,
- unbebaute Bereiche zu erhalten und in bebauten Bereichen die vorhandene Naturlandschaft zu verstärken,
- die Rekultivierung von z. B. durch Tagebaue beanspruchten Flächen,
- Wasserflächen in ihrer natürlichen Selbstreinigungskraft zu erhalten oder wiederherzustellen (Renaturierung), der technische Ausbau ist zu vermeiden und durch biologische Wasserbaumaßnahmen zu ersetzen,
- Luftverunreinigungen und Lärmemissionen gering zu halten,
- Klimaveränderungen, insbesondere Veränderungen des Mikroklimas zu vermeiden,
- die Wald- und Ufervegetation zu erhalten,
- wildlebende Tiere und Pflanzen sowie ihre Lebensgemeinschaften zu erhalten,
- die Landschaft zu Zwecken der Naherholung und Freizeitgestaltung nutzbar zu machen,
- den Zugang zur Landschaft zu erleichtern,
- historische Kulturlandschaften zu erhalten.

Die *Verordnung zum Schutz wildlebender Tier- und Pflanzenarten*, die *Bundesartenschutzverordnung (BArtSchV)* von 1986 regelt über die *EU-Verordnung 3626/82* hinaus den Schutz von vom Aussterben bedrohter Tier- und Pflanzenarten.
Insbesondere dem ökologischen und dem ökonomischen Wert des Waldes wird im *Bundesgesetz zur Erhaltung des Waldes und zur Förderung der Forstwirtschaft (Bundeswaldgesetz)* Rechnung getragen.

## Nützliche Adressen und Informationsquellen

Bundesanstalt für Geowissen und Rohstoffe
Stille Weg 2
30655 Hannover

Bundesanstalt für Materialforschung
und -prüfung
Unter den Eichen 87
12205 Berlin

Bundesgesundheitsamt
Thielallee 88
14195 Berlin

Büro für Hydrogeologie und Umwelt GmbH
Aachen
Kirberichshofer Weg 1
52066 Aachen

Gesellschaft für Mensch und Umwelt e.V.
Bachstraße 25
50855 Köln

Landesamt für Bodenforschung
Stille Weg 2
30655 Hannover

Ministerium für Umwelt, Raumordnung
und Landwirtschaft des Landes Nordrhein-Westfalen
Schwannstraße 3
40476 Düsseldorf

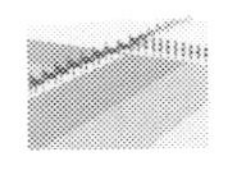

## Wichtige Fachbegriffe auf einen Blick

*Akarizide:* Milbenbekämpfungsmittel
*Altlasten:* kontaminierte Flächen, die meist durch Ablagerung toxischer Stoffe entstanden sind
*Bodentypen:* entsprechen den Bodenhorizonten
*Deposition:* Stoffeintrag in den Boden über die Luft
*Fungizide:* Vernichtungsmittel für Pilze aller Art
*gesättigter Boden:* unter dem Grundwasserspiegel liegender, mit Wasser gesättigter Boden
*Halophyten:* Pflanzen, die auf Salzböden wachsen können
*Herbizide:* Unkrautvernichtungsmittel
*Insektizide:* Insektenvernichtungsmittel
*In Situ Sanierung:* Sanierung im Boden selbst
*Kapillarität:* ermöglicht die Wasseraufnahmefähigkeit der Böden
*k-Wert:* Maß für die Wasserdurchlässigkeit der Böden
*LC 50:* letale Konzentration, bei der 50% der Lebewesen sterben
*LD 50:* letale Dosis, bei der 50% der Lebewesen sterben
*Molluskizide:* Mittel gegen Schnecken
*Off Situ Sanierung:* Sanierung in einer speziellen Bodenreinigungsanlage
*On Situ Sanierung:* Sanierung auf der Baustelle
*Pestizide:* Schädlingsbekämpfungsmittel
*Repellents:* Mittel, die Schädlinge vertreiben, ohne sie zu töten
*Rodentizide:* Mittel gegen Nagetiere
*Sandboden:* Partikeldurchmesser größer 0,063 mm; leichter Boden
*Schluff:* Partikeldurchmesser 0,002 bis 0,063 mm
*toniger Boden:* Partikeldurchmesser kleiner 0,002 mm; schwerer Boden
*ungesättigter Boden:* oberer, über dem Grundwasserspiegel liegender Boden

## 4.2 Die Zusammensetzung des ungeschädigten Bodens

### 4.2.1 Trockensubstanz und Wasseranteil

Der Boden kann bis zu 40% Wasser enthalten und hat somit einen Anteil von mehr als 60% TS (Trockensubstanz). Der *organische Anteil* kann bis zu 50% betragen oder bezogen auf dieTrockensubstanz z.B. bei Torfböden bis zu 90%. Humusarme Böden haben bis zu 90% *mineralischen Anteil.* Bezogen auf die Trockensubstanz sind dies bis zu 99%; nur 1% ist als Humus gegeben.

In der *Hydrogeologie* (siehe auch Lit. 4.1) wird der wasserspeichernde Boden aufgeteilt in

- den oberen Boden
  + *ungesättigten Boden*
    mit Anteilen von Sickerwässern, Haftwässern und in den Zwickelräumen des Haufwerks gehaltenen Kapillarwässern
- den unteren Boden
  + *wassergesättigten Boden* mit dem Grundwasser.
    Der wassergesättigte Boden wird nach oben durch die Grundwasseroberfäche begrenzt.

Alle aufgeführten Wasserarten bilden die äußere Feuchte, also die Feuchte außerhalb der Partikel. Gleichbedeutend ist die innere Feuchte, die von den Bodenpartikeln, bzw. den kolloidalen Bestandteilen aufgenommen wurde. Diese Feuchte kann nicht abfließen, ermöglicht allerdings der Flora auch in Trockenzeiten ein Überleben und trägt ferner zur Speicherung von zu hohen Niederschlägen bei.

### 4.2.2 Der organische Anteil

Der organische Anteil des Bodens besteht aus

- dem toten organischen Anteil und
- den *lebenden Bodenorganismen:*
  der *Bodenflora* und der *Bodenfauna.*

Abbildung 4.1 gibt einen Überblick über die in einem gesunden Boden lebenden Orga-

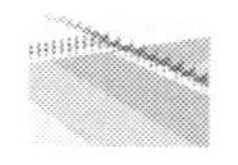

nismen, die sich folgendermaßen zusammensetzen:

| | |
|---|---|
| Bakterien | 60 000 000 000 000 |
| Pilze | 1 000 000 000 |
| Algen | 1 000 000 |
| Einzeller | 500 000 000 |
| Fadenwürmer | 10 000 000 |
| Milben | 150 000 |
| Springschwänze | 100 000 |
| weiße Ringelwürmer | 25 000 |
| Regenwürmer | 200 |
| Schnecken | 50 |
| Spinnen | 50 |
| Asseln | 50 |
| Tausendfüßler | 150 |
| Hundertfüßler | 50 |
| Käfer | 100 |
| Fliegenlarven | 200 |
| Wirbeltiere | 0,001 |

*Abb. 4.1: Ausgezählte Lebewesen pro Quadratmeter Boden in den obersten 30 cm (nach Schweizer Bund für Naturschutz 1985)*

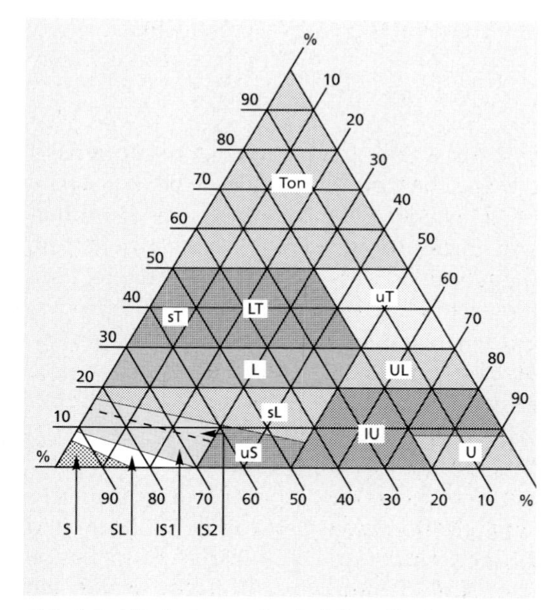


*Abb. 4.2: Mischphasen der drei Grundbodenarten (Lit. 4.2)*

### 4.2.3 Der mineralische Anteil

Die verschiedenen Bodenarten werden häufig nach den Korngrößenanteilen ihrer mineralischen Anteile unterschieden:

- Tone:
  kleiner 0,002 mm (schwere Böden)
- Schluff:
  0,002 bis 0,063 mm (mittlere Böden)
- Sand:
  0,063 bis 2 mm (leichte Böden)

Häufig liegen die drei Grundbodenarten nicht in reiner Form, sondern in Mischphasen vor. Abb 4.2 zeigt, welche Anteile zu welchen Mischphasen führen.

Folgende Mischphasen des Bodens werden unterschieden:

| | |
|---|---|
| LT | lehmiger Ton |
| sT | sandiger Ton |
| uT | schluffiger Ton |
| L | Lehm |
| UL | Schlufflehm |
| sL | sandiger Lehm |
| lU | lehmiger Schluff |
| lS1 | stark lehmiger Sand |
| lS2 | schwach lehmiger Sand |
| SL | anlehmiger Sand |
| lU | anlehmiger Schluff |
| U | Schluff |
| S | Sand |

Neben der Einteilung nach der Korngröße und der Unterscheidung nach der Bodenart erfolgt auch eine Einteilung in Horizonte oder in Bodentypen:

- A-Horizont (Oberboden):
  oberste, meist humushaltige Schicht
- B-Horizont (Unterboden):
  zwischen A und C liegender Anreicherungshorizont
- C-Horizont (Untergrund):
  unverändertes Muttergestein, aus dem ursprünglich der Boden gebildet wurde
- D-Horizont:
  Gesteins oder Verwitterungsmaterial

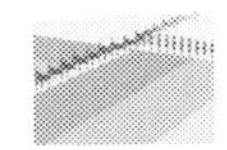



- G-Horizont: Grundwasserhorizont
- P-Horizont: Tonvorkommen
- T-Horizont: Torfvorkommen

### 4.2.4 Boden und Pflanzenwachstum

Wichtig für das Pflanzenwachstum ist der *pH-Wert* des Bodens.

- *Saure Böden* haben einen pH-Wert von 5, 6 bis 7,
- *neutrale Böden* haben einen pH-Wert von 7 und
- *alkalische Böden* einen pH-Wert von 7 bis 8.

Das Pflanzenwachstum wird auch vom Angebot an wasserlöslichen Nährsalzen beeinflußt. Als ausreichend werden angesehen in mg/kg Boden:

| | |
|---|---|
| Phosphor als $P_2O_5$ | 200 – 300 |
| Kalium als $K_2O$ | 100 – 250 |
| Magnesium | 40 – 120 |
| Stickstoff, | 1000 –3000 |
| davon löslich | 50 – 150 |

Der Stickstoff liegt zu ca.95% in org. gebundener Substanz vor. Seine Mineralisierung erfolgt durch Mikroorganismen (s.Abb.4.1).
Neben den Nährstoffen sind ferner die *Spurenelemente* für das Pflanzenwachstum bedeutsam.
Solche sind Bor, Kupfer, Eisen, Mangan, Molybdän oder Zink. Sie besitzen einen höheren Wirkungs- oder Schädigunggrad als die oben genannten Kernnährstoffe. D.h. eine Überdosierung ist ebenso schädigend wie eine Unterdosierung. (Zu Richtwerten für die übrigen Spurenelemente; siehe. Abb.4.3)

Eine besondere Rolle bei den Böden spielt das Kochsalz (NaCl): Bei Böden mit mehr als 1 g/kg Kochsalz gedeihen lediglich Salzpflanzen, die *Halophyten*. Wird der angegebene Wert in die oben verwendeten Größeneinheiten umgerechnet, so ergibt dies den Wert von:

*Max. Salzgehalt 1g /kg entspr. 1000 mg / kg.*

## 4.3 Die ökologische Bedeutung des Bodens

### 4.3.1 Der Boden als Wasserspeicher

Grundsätzlich gilt für die Wasserbilanz des Bodens:

$$dN/dt - dA/dt - dV/dt = dS/dt$$

Es sind:

N = Niederschlagsmenge
A = Abfluß des Wassers (sowohl unter- wie überirdisch)
V = Verdunstung über dem Boden wie über freien Wasseroberflächen
S = Speicherung bzw. mit dN/dt oder dS/dt, den zeitlich veränderlichen Werten.

Für einen kurzen definierten Zeitraum, also für den stationären Fall gilt vereinfacht:

$$N - A - V = S$$

Eine der wichtigsten Aufgaben des Bodens ist die Speicherung des Niederschlagswassers.
Ist die Niederschlagsmenge höher als Abfluß und Verdunstung, erfolgt Wasserspeicherung (Regenzeit). Fallen keine Niederschläge, können die Fließgewässer über die Speicher gespeist werden (z.B. in den Trockenzeiten). Als Wasserspeicher dienen oberflächennahe Reservoire wie Auen, Moore, Marschen oder Talsperren. Der Boden selbst ist ein oberflächenferner Wasserspeicher.
Auf der Fläche der Bundesrepublik Deutschland (alte Bundesländer) von 249 000 $km^2$ und einer durchschnittlichen Niederschlagsmenge von ca. 825 mm pro Jahr ergibt sich so ein jährliches Wasseraufkommen von 205 Milliarden $m^3$ (Lit.4.3).

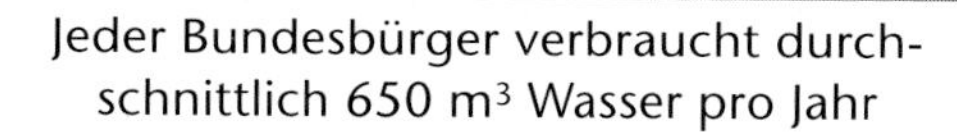


Der gesamte Wasserverbrauch dürfte sich auf 39 Milliarden $m^3$ belaufen und somit 20% des Niederschlagswassers entsprechen.
Während der Verbrauch über das Jahr konstant ist, sind die Niederschläge eher ungleichmäßig über das Jahr verteilt und im dritten Quartal oft doppelt so hoch wie im ersten. Ferner ist das Niederschlagsaufkommen auch regional unterschiedlich. Daraus wird ersichtlich, welch hohe Bedeutung der Speicherfähigkeit des Bodens zukommt.
Unterstellt man bei der oben angegebenen Fläche der alten Länder der Bundesrepublik von 249 000 $km^2$ eine durchschnittliche Bodenstärke von 50 cm, beträgt die vorhandene Bodenmasse 125 Milliarden t. Wird nur der ungesättigte Boden betrachtet und angenommen, daß diese Bodenschicht ca. 10% ihres Wasserinhalts in Trockenzeiten – also bei sinkendem Grundwasserpegel – abgibt, so dürfte die Speichermasse ca. 12,5 Milliarden $m^3$ Wasser ausmachen. Diese im Boden gespeicherte Wassermenge entspricht lediglich 1/3 des jährlichen Verbrauchs, weshalb erst durch die Anlage von Talsperren eine ganzjährige Wasserversorgung sichergestellt werden kann. Daß deren Speicherkapazitäten jedoch in Zeiten hohen Niederschlagsaufkommens nicht ausreichen, zeigen die Hochwasser am Rhein und seinen Nebenflüssen.

| Element | | Gehalt im trockenen Boden in mg/kg häufig | tolerierbar |
|---|---|---|---|
| As | Arsen | 0,1 – 20 | 20 |
| B | Bor | 5,0 – 20 | 25 |
| Be | Beryllium | 0,1 – 20 | 10 |
| Br | Brom | 1,0 – 10 | 10 |
| Cd | Cadmium | 0,01 – 1 | 3 |
| Co | Cobalt | 1,0 – 10 | 50 |
| Cr | Chrom | 2,0 – 50 | 100 |
| Cu | Kupfer | 1,0 – 20 | 100 |
| F | Fluor | 50,0 – 200 | 200 |
| Ga | Gallium | 0,1 – 1 | 10 |
| Hg | Quecksilber | 0,01 – 1 | 2 |
| Mo | Molybdän | 0,2 – 5 | 5 |
| Ni | Nickel | 2,0 – 50 | 50 |
| Pb | Blei | 0,1 – 20 | 100 |
| Sb | Antimon | 0,01 – 0,5 | 5 |
| Se | Selen | 0,01 – 5 | 10 |
| Sn | Zinn | 1,0 – 20 | 50 |
| Tl | Thallium | 0,01 – 0,5 | 1 |
| Ti | Titan | 10,0 – 5000 | 5000 |
| U | Uran | 0,01 – 1 | 5 |
| V | Vanadium | 10,0 – 100 | 50 |
| Zn | Zink | 3,0 – 50 | 300 |
| Zr | Zirkon | 1,0 – 300 | 300 |

*Abb. 4.3: Spurenelemente im Boden*

Die Qualität des gespeicherten Wassers hängt von den im Boden befindlichen Spurenelementen ab (Abb. 4.3).

Die Wasseraufnahmefähigkeit des Bodens hängt von dessen Kapillarität ab.
Die Steighöhe infolge Kapillarität, also die Höhe oberhalb des Grundwassers ergibt sich aus:

$$h = \frac{2\,\sigma \cos\phi}{r \cdot \rho}$$

mit der Oberflächenspannung $\sigma$, dem Randwinkel $\phi$, dem Porenradius r und der Dichte $\rho$.
Werden die Werte für Wasser bei 20 °C eingesetzt, so ergibt sich eine Steighöhe von

$$h = \frac{0{,}15\ \text{cm}^2}{r} \quad \text{mit h, r in cm}$$

oder z. B. bei einem Porenradius von 0,05 cm oder einem Durchmesser von 1 mm bei einer Steighöhe von 3 cm.
Da im vorliegenden Fall mit hinlänglicher Genauigkeit der Porenradius gleich dem mittleren Partikeldurchmesser gesetzt werden kann, ergibt sich z. B. bei einem Schluffboden mit einem mittleren Partikeldurchmesser von 0,01 mm entsprechend 0,001 cm eine Steighöhe von 150 cm; wobei bei noch feineren

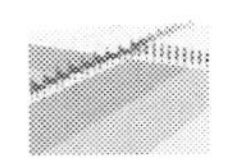



Böden noch höhere Steighöhen denkbar sind. Wird im zuletzt genannten Beispiel ein Lückenvolumen von nur 10% unterstellt, so könnte eine Fläche von 1 $m^2$ entspr. 1,5 $m^3$ – bzw. bei 10% Lückenvolumen 0,15 $m^3$ – 150 l Wasser speichern, was einer Niederschlagsmenge von 150 mm entspricht.
Dieses Kapillarwasser kann beim Absinken des Grundwassers den Grundwasserpegel auffüllen, oder bei starken Niederschlägen das Wasser speichern, so daß es nicht als Oberflächenwasser abfließen muß.

Zur Erhaltung des wichtigsten Rohstoffs der Natur, des Wassers und seiner Vorräte ist es neben einem sparsameren Umgang zwingend erforderlich, z.B. der flächendeckenden Versiegelung der Böden (Straßenbau) und der zunehmenden Ableitung von Niederschlägen (Kanalisation) entgegenzuwirken.

### 4.3.2 Der Boden als Wasserfilter

Neben der Funktion als Wasserspeicher hat der Boden auch eine Funktion als Filter. Obwohl das Regenwasser von seinem Ursprung her als destilliertes Wasser anzusehen ist, ist es doch durch die Luftverschmutzung stark mit unlöslichen Stoffen (Staub) und gelösten Stoffen wie z.B. Kohlendioxid, Schwefelsäure, organischen Verbindungen etc. belastet. Das Oberflächenwasser ist häufig noch stärker kontaminiert (z.B. Rheinverschmutzung).
Beim Durchdringen der Erdschichten entzieht der Boden dem Wasser gelöste Stoffe und bindet sie an seine festen Bestandteile. Organische Stoffe werden im Boden biologisch abgebaut. Dadurch gelangt das Wasser in der Regel gereinigt in den Grundwasserhorizont (Uferfiltrat). Erst wenn die Filterkapazität des Bodens überschritten ist, können Verschmutzungen das Grundwasser erreichen.
Inwieweit der Boden seine Funktion als Filter ausüben kann, hängt im wesentlichen von seiner Durchlässigkeit ab. Ist er z.B. nahezu undurchlässig, fließt das Wasser ab und kann nicht gefiltert werden. Als Grundgesetz hierfür gilt das Gesetz von Darcy (Lit. 4.4)

$$v = \frac{k}{l} \cdot \frac{\Delta p}{\rho \cdot g}$$

Wird die Gleichung auf beiden Seiten mit der Bodenfläche A multipliziert, so ergibt sich aus dem Produkt der Geschwingigkeit mit der Fläche $v \cdot A$ der Volumenstrom $dV/dt$.
In der Darcy'schen Gleichung stellt ferner der Ausdruck $\Delta p : \rho \cdot g$ den Staudruck bzw. die Höhe der Wassersäule über der flitrierenden Schicht dar und kann durch „h" ersetzt werden. „l" ist die Schichtmächtigkeit des zu betrachtenden Bodens. Somit ergibt sich die abgewandelte, in der Hydrogeologie verwendete Gleichung (Lit. 4.6):

$$\frac{dV}{dt} = k_f \cdot \frac{h}{l} \cdot A$$

Da in diesem Fall die Konstante dimensionsbehaftet ist, wird der Index „f" verwendet. „$k_f$" ist der Durchlässigkeitswert. Größenordnungsbereiche sind in Abb. 4.4 genannt.

Beispiel:
Auf einer Bodenschicht stehen 3 cm Wasser. Die Mächtigkeit der Bodenschicht beträgt 50 cm. Ihr $k_f$-Wert habe den Wert von

| Bodenbegriffe | $k_f$ | |
|---|---|---|
| sehr stark durchlässig bis durchlässig | $1 \cdot 10^{-2}$ bis $1 \cdot 10^{-6}$ m/s | Grundwasserleiter |
| gering durchlässig bis sehr gering durchlässig | $1 \cdot 10^{-6}$ bis $1 \cdot 10^{-9}$ m/s | Grundwassergeringleiter, Grundwasserhemmer |
| nahezu undurchlässig | $1 \cdot 10^{-9}$ bis $1 \cdot 10^{-12}$ m/s | Grundwassernichtleiter |

*Abb. 4.4 Größenordnungsbereiche der $k_f$-Werte*

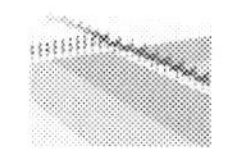

$1 \cdot 10^{-5}$ m/s. Welche Wassermenge wird stündlich auf einem Quadratmeter filtriert?

$$\frac{dV}{dt} = 1 \cdot 10^{-5} \cdot \frac{0,03}{0,5} \cdot 1 =$$

$$6 \cdot 10^{-7}\ m^3/s \text{ entspr. } 2,16\ l/h.$$

Die erläuterten Zusammenhänge machen deutlich, daß zur Gewinnung größerer Mengen von filtriertem Wasser die Durchlässigkeit des Bodens erhöht werden muß. Höhere Durchlässigkeiten sind auch die Voraussetzung für die Nutzung der Speicherkapazitäten der Grundwasserhorizonte.

Beispiele für Maßnahmen zur Erhöhung der Bodendurchlässigkeit sind:

- Verzicht auf die Versiegelung von Flächen
- Nutzung von Rasensteinen
- Anlage von Sickergruben oder Sickergräben für Regenwasser
- Kalkung von Lehmböden etc.

Der Boden liefert filtriertes, trinkbares Wasser.

### 4.3.3 Der Boden als Pflanzenstandort

Der Boden in seiner Funktion als Pflanzenstandort stellt die Haushaltsgrundlage für die Vegetation dar; er versorgt Mikroorganismen und Pflanzen mit Wasser und Nährstoffen. Diese sind Basis der Land- und Forstwirtschaft, die 1993 in den alten Bundesländern einen Produktionswert von ca. 55,109 Mrd. DM in der Landwirtschaft und 100,109 Mrd. DM in der Forstwirtschaft erzielt hat (Lit. 4.3). In Kap. 4.2 wurde bereits angegeben, welches Angebot an wasserlöslichen Nährsalzen für einen guten Bodens als ausreichend angesehen wird. Die intensive Land- und Forstwirtschaft hat zur Folge, daß größere Anteile der vorhandenen Nährsalze verbraucht werden. Es empfehlen sich die in Abbildung 4.5 ausgewiesenen Raten an Mineraldünger:

Die bei Getreide genannte Rate von 100 kg/ha bei Stickstoffdünger (gerechnet als kg Stickstoff N im Dünger) würde einer Anreicherung des Bodens von 20 mg/kg bei schon vorhandenen 50–150 mg/kg entsprechen.

Die angegebenen 40 kg/ha bei Phosphor – gerechnet als $P_2O_5$ – und die ausgewiesenen 35 kg/ha bei Kali – gerechnet als $K_2O$ – würden eine Anreicherung von ca. 8mg/kg bedingen.

Diese Mengen sind bei verarmten Böden sicher berechtigt. Da die Düngung aber meistens ohne Kenntnis der schon vorhandenen Nährsalze vorgenommen wird, erfährt der Boden häufig eine Überdüngung. Vor allem bei Stickstoff ist das Angebot ausreichend, wenn die Mineralisierung des organischen Stickstoffs durch Mikroorganismen gefördert, anstatt durch Überdüngung behindert wird.

Die angegebenen Düngeempfehlungen führten in der Bundesrepublik (alte Bundesländer) 1990 zu einem Mineraldüngereinsatz von

| | |
|---|---|
| N | 1,5 Mio. t/a |
| $P_2O_5$ | 0,6 Mio. t/a |
| $K_2O$ | 0,8 Mio. t/a |

und den bekannten Überschüssen in der Landwirtschaft (Lit. 4.5).

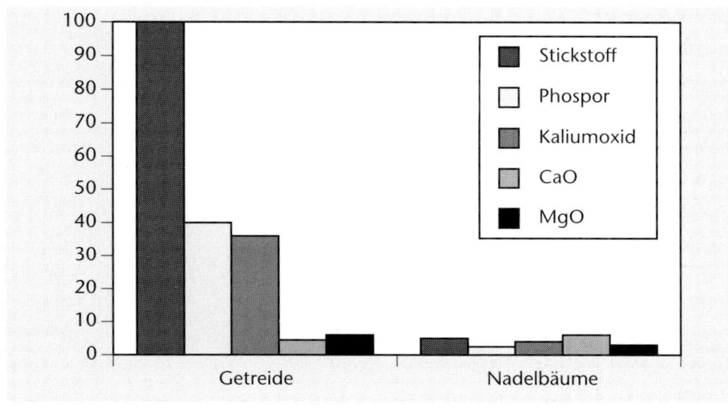


*Abb. 4.5: Empfohlene Nährsalzzugaben in kg/ha jährlich*

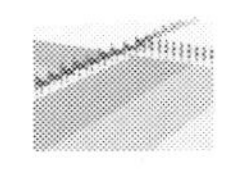



Ziel der Europäischen Union ist es, durch Reduzierung des Einsatzes von Dünge- und Pflanzenschutzmitteln sowie eine Beschränkung in der Massentierhaltung eine umweltverträglichere Agrarpolitik zu ermöglichen.

## 4.4 Die Schädigung des Bodens

### 4.4.1 Schadstoffeintrag über die Luft (Deposition)

Luftschadstoffe können sich direkt oder über Regen und Schnee auf der Bodenoberfläche oder der Vegetation ablagern (Deposition) und unterschiedlich schnell eindringen.

Zu erwähnen sind hier z. B. Stäube aus Kraftwerksschornsteinen oder Hüttenbetrieben, die durch Sedimentation ablagern oder an Regen sowie Nebeltropfen anhaften und sich zusammen mit in Wasser löslichen Stoffen (Ionen) wie beim „Sauren Regen" in Form von *Sufationen* als *Aerosol* ablagern.

Als Beispiel für die Aerosolbildung kann der schon historisch bekannte Smog genannt werden, wobei sich die Wortbildung aus den Worten Smoke (Rauch) und Fog (Nebel) ergeben haben soll. Der englische Smog ist aber weniger als Verursacher von Bodenschäden, sondern vielmehr durch seine unmittelbar schädigende Wirkung bekannt geworden. Durch die Abschaffung der Einzelheizung (offener Kamin) konnte dieses Problem weitestgehend gelöst werden.

Für den Boden ist ferner die Depostion von Schwefel problematisch, die mit 1 bis 2 Gramm pro Quadratmeter und Jahr angegeben wird, sowie die Nitratdeposition von 0,3 bis 0,8 g/m²·a. Hinzu kommt noch die Deposition von $NH_4^+$-Ionen, so daß die Stickstoffdeposition 1 bis 3 g/m²·a entsprechend 20 bis 30 kg/ha·a beträgt.

Dies bedeutet, daß auf eine Stickstoffdüngung im Bereich der Landwirtschaft ganz verzichtet werden könnte, und im Bereich der Forstwirtschaft bereits eine Überdüngung mit Stickstoff vorliegt.

Zur Versäuerung der Böden sei angemerkt, daß nur ein Boden in einem sehr engen pH-Fenster von 7 bis 7,5 noch als intakter Boden gelten kann (s. auch Kap. 4.2). Ferner ist auf die Spurenelemente gemäß Abb. 4.2 zu verweisen, von denen viele bei niedrigem pH-Wert eine erhöhte Löslichkeit aufweisen, so daß hierdurch eine Schädigung zu erwarten ist (Waldsterben).

Wie beispielhaft aus Abb. 4.6 zu ersehen ist, sinkt mit abnehmendem pH-Wert die Löslichkeit des ansonsten unlöslichen Aluminiums exponentiell und erreicht z. B. bei einem pH-Wert von 3,5 schon 15 mg/l.

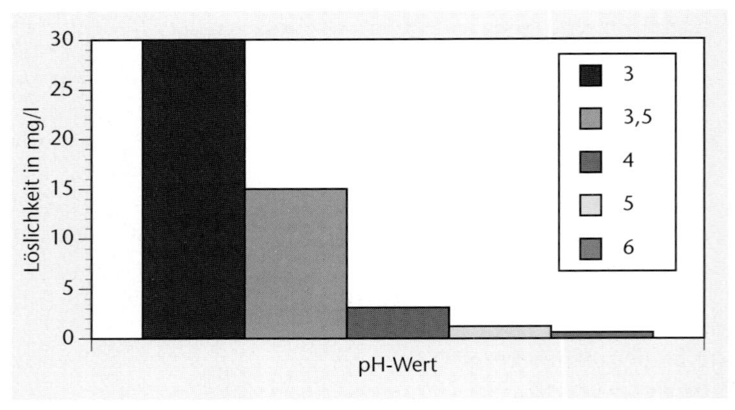


*Abb. 4.6: Abhängigkeit der Löslichkeit von Aluminium im Boden in mg/l vom pH-Wert*

Die angesprochenen Staubemissionen sind zumeist industriell bedingt, die Schwefeldeposition ist im wesentlichen auf den Kraftwerksbereich, die Stickstoffdeposition auch auf den Verkehrsbereich zurückzuführen, der ebenfalls für die hohen Emissionen an Kohlenmonoxid und Kohlenwasserstoffen verantwortlich ist.

Weitere Schadstoffquellen sind Chloride (Salzsäure) u. a. aus Müllverbrennungsanlagen, die

im wesentlichen durch die Verbrennung von PVC bedingt sind.
Schwermetallemissionen sind durch das Bleitetraethyl im Vergaserkraftstoff gegeben, deren Verringerung durch das Benzin-Bleigesetz erreicht werden soll. Punktuelle Schwermetalldepositionen gab es durch den Einsatz von abgeröstetem Erz in der Zementindustrie; bedingt durch das Thallium erkrankte das Vieh. Zahlreiche weitere Beispiele wie die Reaktorhavarie von Tschernobyl oder die Dioxinfreisetzung in Seweso könnten hier angefügt werden.

### 4.4.2 Schadstoffeintrag über das Wasser

Wie oben gezeigt, spielt auch beim Schadstoffeintrag über die Luft das Wasser in Form des Regens eine große Rolle.
Über Oberflächengewässer kann unmittelbar ein Schadstoffeintrag in den Boden erfolgen, wenn z. B. in Flüssen und Seen in den Uferzonen ein Wasseraustausch zwischen dem Oberflächenwasser und den Grundwässern stattfindet. Werden die Grundwässer stark genutzt, ist der Austausch einseitig, und es fließt mehr unsauberes Oberflächenwasser in das Grundwasser, wobei die Bodenschichten eine Reinigung des Wassers bewirken.
Es wurde bereits beschrieben, daß dieser Effekt aber nur solange wirkt, wie die Filterkapazität des Bodens noch nicht erschöpft ist. Die natürliche Rückspülung der Schadstoffe bei Niedrigwasser (Grundwasser strömt zurück ins Oberflächenwasser und reinigt den Boden) ist wirkungslos, wenn zuviel Grundwasser abgepumpt wird.
Oberflächengewässer müssen häufig wegen Verlandung ausgebaggert werden, dies gilt z. B. für Häfen und Stauseen. Das Baggergut ist häufig stark kontaminiert und darf nicht auf Böden aufgebracht werden. Grundsätzlich gilt das gleiche für die in den Kläranlagen anfallenden Schlämme (ca. 80 Mio. t/a in Deutschland).
Ob und wie solche Schlämme auf Böden aufgebracht werden dürfen, regelt die Klärschlammverordnung.

### 4.4.3 Schadstoffeintrag durch Reststoffe

Ähnliche Probleme wie beim Klärschlamm ergeben sich durch das Aufbringen von
- Gülle,
- Stallmist,
- Laub von Straßenbäumen und
- Kompost aus Müll.

Ein in Zukunft bedeutendes Problem für die Böden stellen Deponien dar, deren Sickerwässer dem Boden schaden, ferner alte Industriestandorte sowie Militäreinrichtungen.
Diese Bereiche werden heute als Altlasten gekennzeichnet, und ihnen wird ein eigenes Kapitel gewidmet.
Weiter Problembereiche stellen Schiffshavarien, das Ablassen von Kerosin, Pipelinebrüche usw. dar.

### 4.4.4 Pflanzenschutzmittel, Pestizide, Herbizide, Fungizide, Insektizide

§ Im Sinne des Pflanzenschutzgesetzes (PflSchG v. 15.09.1986) sind Pflanzenschutzmittel als Stoffe definiert, die dazu bestimmt sind
- Pflanzen oder Pflanzenerzeugnisse vor Schadorganismen zu schützen,
- Pflanzen oder Pflanzenerzeugnisse vor Tieren, Pflanzen oder Mikroorganismen zu schützen, die keine Schadorganismen sind,
- die Lebensvorgänge der Pflanze zu beeinflussen, ohne ihrer Ernährung zu dienen (Wachstumsregler),
- das Keimen von Pflanzenerzeugnissen zu hemmen.

Demgemäß gehören Düngemittel nicht zu den Pflanzenschutzmitteln, wohl aber Stoffe, die dazu dienen, Flächen vom Pflanzenwuchs zu befreien wie z. B. das Atrazin, das angewendet wird, um mitwachsende Pflanzen abzutöten.
Vor der Einführung neuer Pflanzenschutzmittel wird ein aufwendiges Prüf- und Zulassungsverfahren durchgeführt. Vor allem werden mit Tierversuchen an der Ratte die LD50 und LC50-Werte für die Einstufung und Kenn-

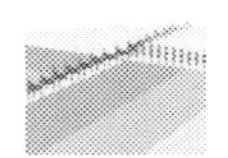



zeichnung ermittelt (Gefahrstoffverordung; GefStoffV v. 26.08.1986).
Die ausgebrachten Pflanzenschutzmittel lassen in die folgenden verschiedenen Gruppen einteilen. Die Einsatzverteilung bezieht sich auf die alten Bundesländer. (Lit. 4.9)

| | |
|---|---|
| Herbizide | 34,0% |
| Molluskizide | 4,8% |
| Insektizide, Akarizide | 21,4% |
| Repellents | 3,6% |
| Fungizide | 20,6% |
| Wachstumsregler | 3,1% |
| Rodentizide | 7,3% |
| Sonstige | 5,2% |

Die insgesamt abgegebene jährliche Menge in der BRD betrug 30 000 t. Cirka 570 t hiervon wurden im Gartenbereich verwendet. Über 100 000 t wurden exportiert.
Bemerkenswert ist, daß in der Bundesrepubilk zwar zahlreiche Wirkstoffe verboten sind oder einer Beschränkung unterliegen; u. a. das DDT oder das Atrazin, aber trotz der Verbote die Gefahr besteht, daß in Deutschland hergestellte Wirkstoffe über die zahlreichen Agrarimporte wieder ins Land kommen.
Unverständlich ist auch der hohe Verbrauch im Gartenbereich, wo offensichtlich nach der Methode „viel hilft viel" verfahren wird. Gesetzlich ist seit 1989 geregelt, daß im Trinkwasser nicht mehr als 0,0001 mg/l eines Wirkstoffes vorhanden sein darf; bei mehreren vorhandenen Wirkstoffen beträgt der max. Wert in der Summe 0,0005 mg/l.

## 4.5 Die Nutzung des Bodens; die Landschaft

Ein wesentliches Problem für die Böden stellt der unkontrollierte Landschaftverbrauch dar. Obwohl bislang nur ca. 10% der Fläche der Bundesrepublik für Gebäude und Verkehrswege genutzt werden, steigt dieser Anteil ständig.

| Nutzungsarten | |
|---|---|
| Gewerbe- und Wohngebäude | 6,5% |
| Straßen, Schienen, Flughäfen | 4,9% |
| Landwirtschaft | 55,1% |
| Wald | 29,5% |
| Wasser | 1,8% |
| Sonstige | 2,2% |

Auf das Problem der zunehmenden Versiegelung wurde bereits hingewiesen.
Kanalbauten wie der Rhein-Main-Neckar Kanal durch das ökologisch wertvolle Altmühltal gelten als problematisch.
Der Bau von Skianlagen in den Alpenregionen führt in zunehmendem Maße zur Erosion, zu Lavinen und Gesteinsabgängen.
Monokulturen der Land- und Forstwirtschaft (z. B. Maisanbau, Nadelholzkulturen) sind bekannterweise ebenfalls problematisch.

Landschaftsverbrauch und Bodenversiegelung werden in Deutschland auf 90 ha pro Tag geschätzt und gelten als maßgebliche Gründe von Hochwasserkatastrophen.

Aus Abb. 4.7a kann der tägliche Landschaftsverbrauch für Siedlungs- und Verkehrsflächen ersehen werden. Auch über einen längerfristigen Zeitraum von 40 Jahren (siehe Abb. 4.7b) zeigt sich keine markante Trendwende.
Während für Siedlungs- und Verkehrsflächen ein anhaltender Flächenbedarf zu verzeichnen ist, ist ein deutlicher Rückgang der Fläche in den Jahren von 1981 bis 1985 nur im Bereich der landwirtschaftlichen Fläche zu beobachten. Zum Teil wurden diese Flächen für Gebäude und den Verkehrswegebau genutzt. Zum Teil konnten diese Flächen aber auch der Neuaufforstung dienen; hier ist innerhalb eines kurzen Zeitraumes ein Zuwachs zu verzeichnen.
Die landwirtschaftliche Überproduktion führt in den EU-Staaten zu Überlegungen, weitere landwirtschaftliche Flächen stillzulegen. Häufig werden Zahlen von bis zu 30% genannt.

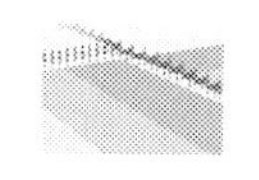

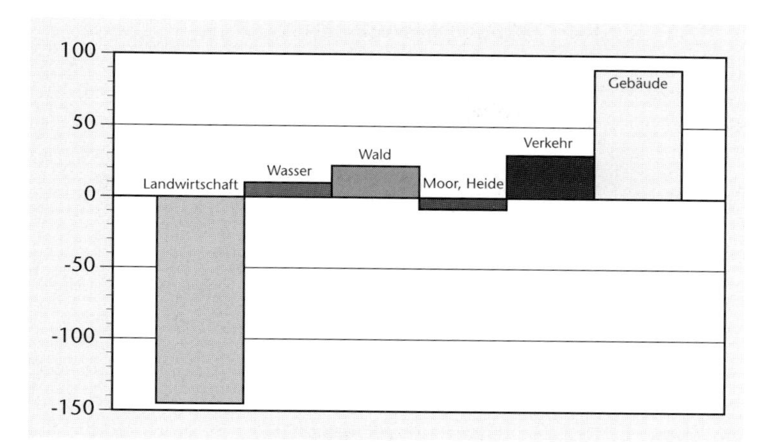


*Abb. 4.7a: Veränderung der Bodennutzung von 1981 bis 1985 in der Bundesrepublik in Hektar pro Tag*

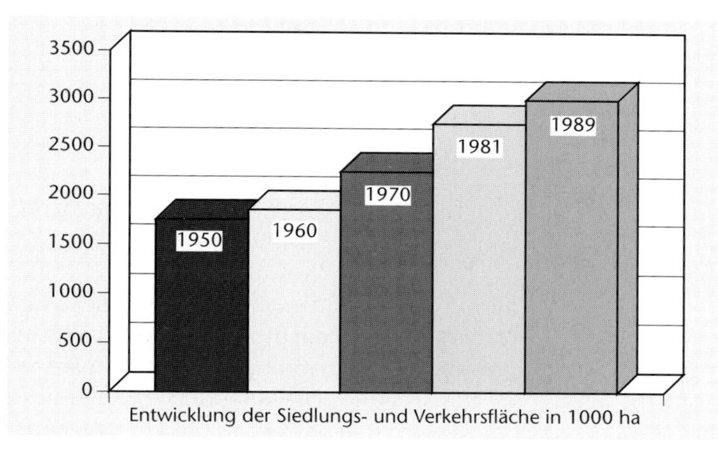


*Abb. 4.7b: Entwicklung der Siedlungs- und Verkehrsfläche in 1000 ha innerhalb der letzten 40 Jahre*

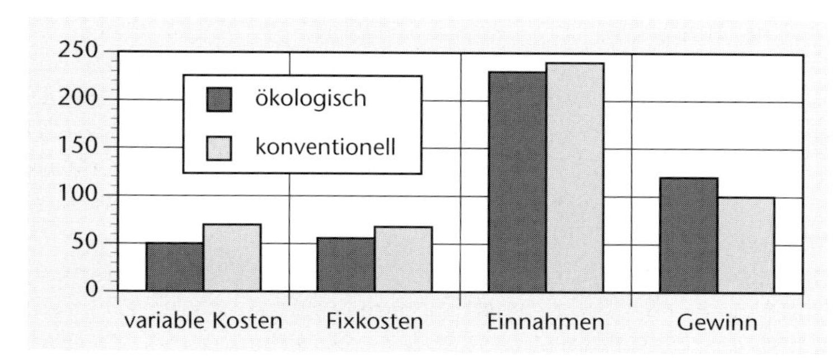


*Abb. 4.8: Wirtschaftlichkeitsanalyse von ökologischer und konventioneller Landwirtschaft*

Diese Flächen könnten mittelfristig einer ökologisch sinnvollen Nutzung zugeführt werden.

Auf den noch verbleibenden landwirtschaftlich genutzten Flächen müssen verstärkt ressourcenerhaltende Bewirtschaftungsmethoden in Verbindung mit neuen Technologien erprobt werden, welche die Abhängigkeit der Landwirtschaft von Kraftstoffen, Kunstdünger und Pflanzenschutzmitteln verringern. Nach in den USA gemachten Erfahrungen würde sich die Landwirtschaft so auf Dauer auch finanziell besser stehen und außerdem einen wichtigen Beitrag zum Umweltschutz leisten. Der in Verbindung mit ressourcenerhaltenden Bewirtschaftungsmethoden verwendete neue Leitbegriff ist „sustainable", was ungefähr mit „(aufrecht)erhaltend"; „nachhaltig" übersetzt werden kann. Ziel dabei ist, nicht gegen, sondern mit der Natur zu produzieren.

Abb. 4.8 zeigt die Kostenstruktur von ökologisch bewirtschafteten im Vergleich zu konventionellen Landwirtschaftsbetrieben. Bei niedrigeren Bewirtschaftungskosten ökologisch geführter Betriebe scheint sogar ein höherer Gewinn pro Hektar möglich als im Rahmen bei konventioneller Landwirtschaft. (Lit. 4.10)

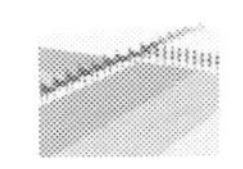



## 4.6 Der Wald

Wie in Kap. 4.5 ausgeführt, stehen dem Wald in Deutschland noch 29,5% der Fläche zur Verfügung.
Vor etwa 80 Jahren war die Waldfläche pro Einwohner (ca. 30 ha pro 100 Einwohner) noch dreimal so groß wie heute (ca. 10 ha pro 100 Einwohner), was nicht nur auf den Rückbau von Waldflächen, sondern auch auf die Bevölkerungszunahme zurückzuführen ist (Lit. 4.11).

### 4.6.1 Die Bedeutung des Waldes

Die ökonomische und ökologische Bedeutung des Waldes soll nur stichpunktartig herausgestellt werden:

- Der Wald dient als Rohstofflieferant für Holz
- als Werkstoff für die Möbelherstellung, die Kunst, den Schiff- und Bergbau
- als Baustoff für Dachkonstruktionen, Fenster und Zäune
- zur Gewinnung von Faser- und Papiererzeugnissen
- als Energierohstoff
- als Nahrungslieferant für Flora und Fauna und für den Menschen

Die ökonomische Bedeutung des Waldes in der Bundesrepublik (nur alte Bundesländer) wird mit derzeit ca. $100 \cdot 10^9$ DM beziffert, die von 480.000 Beschäftigten erbracht werden. (Lit. 4.3)

- Der Wald hat eine herausragende Bedeutung für den Erhalt des Bodens.
- Über das abgeworfene Laub werden dem Boden die Nährstoffe wieder zugeführt.
- Der Schatten verhindert das Austrocknen des Bodens.
- Das Wurzelgeflecht gewährleistet den Zusammenhalt des auf dem Muttergestein liegenden Ober- und Unterbodens und verhindert so Erosion und Gesteinsabgänge.
- Im Gebirge bieten die Stämme Schutz vor Lawinen.

#### Die Bedeutung des Waldes für die Reinigung der Luft

Bekannt ist, daß sich, wie schon aufgeführt, Luftschadstoffe auf der Bodenoberfläche oder der Vegetatioin ablagern (Deposition) und daß sich über die durch Blätter bedeckten Flächen in Waldgebieten ein beträchtlicher Luftreinigungseffekt einstellt.

#### Die Bedeutung des Waldes für das Klima

Die drei wesentlichen das Klima bedingenden Faktoren sind Temperatur, Luftfeuchtigkeit und Luftgeschwindigkeit. Insbesondere durch die Speicherung von Wasser in Waldgebieten und die Abgabe von Feuchte in Trockenzeiten ergeben sich positive Auswirkungen auf diese Faktoren. Es wird angenommen, daß im Sommer die Maximaltemperaturen im Wald bis zu 10 °C unter den Temperaturen in Innenstädten liegen. Durch zu erhaltende oder neu anzulegende Klimaschneisen, die von in der Windrichtung liegenden Grünanlagen gespeist werden, wird den Städteplanern so die Kühlung von Großstädten ermöglicht.

Somit hat das Grün, insbesondere der Wald nicht nur Einfluß auf das Mikroklima, das Klima der näheren Umgebung, sondern auch auf das Klima der Region. Der Rückgang von Wald führt zu ökonomischen und ökologischen Nachteilen für die betroffene Region und bedeutet nicht zuletzt auch einen Verlust an Erholungsraum für die dort lebenden Menschen.

### 4.6.2 Die Schädigung des Waldes

Bevor die Ursachen für die Waldschäden besprochen werden, deren Kenntnis für die Einleitung der erforderlichen Schutzmaßnahmen notwendig ist, sollen zuerst einige Schadensbilder gezeigt werden.
Abb. 4.9a zeigt überdeutlich den kranken Nadelwald mit bereits abgestorbenen Bäumen. Bei Fichten sind die herabhängenden Zweige, das sogenannte „Lametta-Syndrom“ ein typisches Schadensbild (Abb. 4.9b), wie auch die

Verkahlung der Zone unterhalb des Wipfels („Schwanenhalsbildung"). Die Bildung von sog. „Angsttrieben" im Wipfel (Abb. 4.9c) zeugt vom vorzeitigen Beenden des Höhenwachstums. Ferner ist die Vergilbung der Nadeln ein Zeichen des kranken Baumes.

Das Auftreten der genannten Anzeichen bildet auch die Kriterien bei der Waldschadenserhebung und der Einstufung der Schäden in:

Stufe 1 kränkelnd
Stufe 2 krank
Stufe 3 stark geschädigt
Stufe 4 abgestorben.

***Abb 4.9 a – c: Schadensbilder des Waldes***

*Abb 4.9b: „Lametta-Syndrom"; schlaff herabhängende Zweige*

*Abb 4.9a: Kranker Nadelwald mit zum Teil abgestorbenen Bäumen (Schadensstufe 4)*

*Abb 4.9c: „Angsttriebe" im Wipfel als Zeichen für vorzeitig beendetes Längenwachstum*

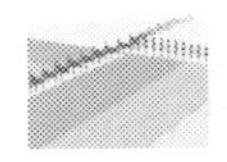



**Raubbau**

Dem Wald sind die größten Schäden durch Raubbau zugefügt worden, wie in Großbritannien, den Mittelmeerstaaten, in Nordamerika – und auch in Deutschland. Zahlreichen Appellen zum Trotz wird dieser Raubbau fortgesetzt, z.B. in Kanada oder in Südamerika. Insbesondere ist der tropische Regenwald betroffen, so daß nicht von einer Schädigung des Waldes, sondern von seiner Vernichtung gesprochen werden kann. Durch die damit verbundene Totalerosion der Böden ist eine Wiederaufforstung nahezu unmöglich.

Technische Problemlösungen sind hier unbekannt, die Vernichtung der Wälder kann nur politisch aufgehalten werden.

**Waldbrände**

Neben der Vernichtung der Wälder aus ökonomischen Gründen, fallen z.B. in den Mittelmeerstaaten oder zuletzt auch in Kalifornien den Bränden im Sommer jährlich große Waldbestände zum Opfer. Hier ließe sich durch präventive Feuerschutztechniken, wie z.B. durch das Anlegen von Schneisen oder die Früherkennung von Brandherden von Aussichtspunkten oder von Flugzeugen (z.B. mit Infrarotkameras) aus wie auch durch verstärkte und verbesserte Brandbekämpfungsmaßnahmen viel erreichen.

**Luftschadstoffe**

Vor dem Hintergrund, daß jährlich große Waldgebiete durch Raubbau oder durch Waldbrände verschwinden, könnte die Lage des Waldes in den Industriestaaten im allgemeinen oder in Deutschland im besonderen noch tragbar erscheinen. Doch die durchgeführten Waldschadenserhebungen ergeben z.B. in Baden-Württemberg, daß 50% der Forstfläche Schäden zeigen. 18% der Bäume werden als stark geschädigt eingestuft. Die verschiedenen Baumarten sind unterschiedlich stark betroffen. 78% der Tannen sind erkrankt, 52% der Fichten. Dagegen sind noch zwei Drittel der Laubwälder gesund. In Deutschland liegt der Schadensschwerpunkt im Schwarzwald. Dort sind 90% der Tannen und die Hälfte der Laubbäume geschädigt (Lit. 4.11).

Gerade die oben dargestellte Funktion des Waldes, für die natürliche Reinigung der Luft zu sorgen, ist ihm zum Verhängnis geworden:

Vom Wald zurückgehaltene Stäube mit hohen Anteilen von Schwermetallen und schwer abbaubaren organischen Substanzen in Kombination mit dem Sauren Regen haben zu seiner Schädigung beigetragen.

Historisch belegt ist, daß schon Plinius um 70 n. Chr. feststellte, daß in der Nähe von Metallschmelzen in Spanien alle Vegetation verschwunden war. Bemerkenswert dabei ist, daß in diesen Schmelzen sulfidische Erze, die u.a. Blei, Cadmium, Thallium enthalten, geröstet wurden, so daß neben den Schwermetallen das Schwefeldioxid, eine wichtige Komponente für die Bildung des Sauren Regens und der Hauptverursacher der Bodenversauerung ursächlich beteiligt war.

In bezug auf die Schädigung der Flora muß unterschieden werden zwischen der

- *Immission*, der Aufnahme von Luftschadstoffen aus der Luft, primär der Aufnahme von z.B. $SO_2$ und sekundär z.B. von Ozon – das erst in der Folge von Luftschadstoffen wie den Stickoxiden entsteht – und der
- *Deposition*, also der Aufnahme von auf dem Boden sedimientierten Schadstoffen.

**Hohe Wildbestände**

Neben der Schädigung des Waldes durch die Luft sind auch Fehler in der Waldbewirtschaftung zu nennen.

Der Bestand an Schalenwild in den deutschen Wäldern wird als zu hoch angesehen, insbesondere der Bestand an Rehen (Rehwild) und Hirschen (Rotwild) scheint zu hoch. Das Wild frißt wichtige Bodenpflanzen, wie z.B. Weiden, Holunder, Ebereschen, Birken, die so an ihrem Aufwuchs gehindert werden. Außerdem schälen die Tiere die Rinde von ausgewachsenen Bäumen, wodurch das ungeschützte Holz z.B.

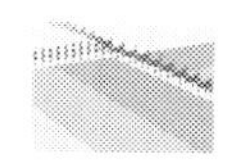

von Schimmelpilzen infiziert werden kann und der Baum abstirbt.

Nachteiliger aber ist der schon erwähnte Verbiß der nachwachsenden Mischbaumarten, die häufig nur eine Höhe bis zu 20 cm erreichen. Seit den fünfziger Jahren hat zwar der Wildabschuß zugenommen, dies scheint jedoch den Wildbeständen nicht geschadet zu haben, da gleichzeitig mehr Wild gefüttert wurde (Lit. 4.11). Ausgegangen wird bei Rehen von einer jährlichen Abschußquote von 10 Tieren pro ha. Bei einem angenommenen mittleren Lebensalter von nur 3 Jahren würde sich rechnerisch ein Bestand von 30 Rehen pro ha ergeben. Man vermutet aber, daß lediglich 2 Tiere Rotwild /ha für den Wald tragbar sind.

Es liegt somit nahe, für die Wälder zulässige Wildbestände zu definieren und diese nicht zu überschreiten. Eine sich nicht am zulässigen Wildbestand orientierende Wildfütterung kann schädlich für die Umwelt sein.

Gerade durch die Luftschadstoffe bedingt, werden in den nächsten Jahren viele Bäume dem Sauren Regen zum Opfer fallen. Es muß also gewährleistet sein, daß junge Bäume nachwachsen können, was nur bei reduziertem und konstant gehaltenem Wildbestand möglich ist.

### Fehlgeleitete Forstwirtschaft

Das größte Problem für den Wald z. B. in Deutschland ist eine hauptsächlich von der Papierindustrie geförderte Monokultur des Waldes, hierzulande der Anbau von Fichte und Kiefer, in südlichen Ländern des Eukalyptus.

Diese Wirtschaftsforste sind untypisch für die meisten Regionen und daher schadanfällig. Bevor der Mensch vor rund 200 Jahren eingriff, herrschten in Deutschland Buchen und Eichenwald vor. Derzeit ist man bemüht, Reste der naturnahen Vorkommen als Waldreservate zu schützen und von jeder weiteren forstlichen Nutzung auszunehmen. Während die natürlichen Wälder noch zu 75% aus Laubwald bestanden, beträgt der Nadelholzanteil heute 70%. Auf 40% der Waldfläche stehen Fichte, auf 26% Kiefern (Lit. 4.12) Durch die bevorzugte Anpflanzung dieser schnell wachsenden Holzarten konnte der Holzertrag verdreifacht werden.

Die insgesamt deutlich zurückgegangene Waldfläche hat ihren Bestand nur in den Bereichen behauptet, die entweder wegen der geringen Qualität der Böden oder wegen ihrer topografisch ungünstigen Lage auch für die Weidewirtschaft ungeeignet sind. Viele Schäden an den Waldbäumen sind also auch auf diese negativen Wachstumsbedingungen zurückzuführen.

### Durch die Natur selbst verursachte Waldschäden

Neben den durch menschliche Einwirkung verursachten Waldschäden stehen die durch natürliche Einflüsse entstandenen Schäden. Sie werden häufig als gleichrangig oder sogar noch gewichtiger bewertet. Die exakte Trennung zwischen vom Menschen verursachten und natürlichen Schadeinwirkungen scheint jedoch fragwürdig, da hier im Geflecht möglicher Bedingungsfaktoren eine eindeutige Kausalkette nicht auszuweisen ist.

Als durch natürlichen Einfluß entstandene Waldschäden gelten:

- Wetterbedingte Schäden wie Frost, Trokkenperioden, Sturmschäden oder auch nicht vom Menschen verursachte Brandschäden
- Schädlingsbefall durch Borkenkäfer, Schadpilze, Bakterien oder Viren
- Versauerung und Nährstoffverarmung der Waldböden durch die Natur selbst

Auch diese Einflüsse müssen mit in Betracht gezogen werden. Maßnahmen wie die Duftstoffallen gegen den Borkenkäfer sind verstärkt durchzuführen.

Das Vorkommen ausgedehnter Naturwälder im Mitteleuropa vor der Industrialisierung scheint jedoch nahezulegen, daß diese Waldgebiete gegen Witterungseinflüsse und Schädlinge weitgehend resistent gewesen sein mußten und der Wald vor allem durch den Einfluß des Menschen Schaden genommen hat.

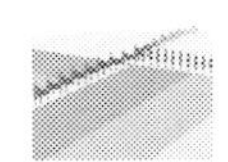



Betrachtet man die Waldprobematik im internationalen Rahmen, wird diese These noch unterstrichen. In der ehemaligen CSSR läßt sich das Absterben ganzer Wälder auf Rauchschäden bedingt durch die Nutzung stark schwefelhaltiger Braunkohle zurückführen. In Kanada treten Waldschäden regional auf und lassen sich bestimmten Emissionsquellen direkt zuordnen.

### 4.6.3 Technische Gegenmaßnahmen

Um die Zunahme der Waldschäden zu stoppen sind *Maßnahmen zu Reinhaltung* der Luft (siehe Kapitel 2) an erster Stelle zu sehen. *Forstwirtschaftliche Maßnahmen* haben ebenfalls einen hohen Stellenwert. Die Begrenzung des Wildbestandes wäre sehr schnell erreichbar. Die Verringerung des Nadelwaldbestandes kann dagegen nur langsam erfolgen. Einer Verjüngung des Waldes steht möglicherweise entgegen, daß bei zunehmenden Umweltbewußtsein die recycelten Papiermengen steigen und die Nachfrage nach Papierholz sinkt. Ein Chance für den Wald ist der Rückgang des landwirtschaftlichen Flächenbedarfs. Neuanpflanzungen von Wald auf besseren Böden oder topographisch günstiger gelegenen Flächen eröffnen neue Möglichkeiten. Das Stromeinspeisegesetz in der Bundesrepublik ermöglicht die energetische Nutzung von Holz und Holzabfällen.

#### Neue Wege für die Nutzung des Holzes

Die vermehrte Nutzung von recyceltem Papier, die wegen der rückläufigen Landwirtschaft größer werdenden Waldflächen oder die wegen der Waldschäden erforderlichen Einschläge machen es derzeit erforderlich, über neue Wege der Holznutzung nachzudenken.
Die dezentrale Vergasung von Holz und die Verstromung des so erzeugten Gases sollen beispielhaft als neuer Weg für die Nutzung des Holzes dargestellt werden:
Die Holzvergasung war nicht nur in Deutschland, sondern auch in anderen europäischen Staaten während des letzten Krieges, eine Möglichkeit der Energieumwandlung. Die Kölner Firma Imbert gibt an, in dieser Zeit 300.000 Anlagen für diesen Zweck gebaut zu haben. In Entwicklungsländern wie z. B. in Indonesien wurde die Entwicklung fortgesetzt. Damit anfallende Biomasse zur Energiegewinnung genutzt werden kann, wird von der öffentlichen Hand seit einiger Zeit angeregt, die Idee der Holzvergasung wieder aufzugreifen (Lit. 4.13; 4.14; 4.15).
Allerdings ist heute der automatisierte Betrieb der Anlagen Voraussetzung, auch muß neben gesägtem Holz geschreddertes Holz Verwendung finden, und ferner müssen die bei der Kühlung anfallenden Kondensate, wie früher üblich, unbedingt vermieden werden. Die Abb. 4.10 zeigt ein derartiges Verfahrensprinzip.

#### Die Kälkung der Waldböden

Um der Versäuerung der Waldböden entgegenzuwirken, wird in der Forstwirtschaft die Kälkung der Waldböden forciert.
Für die Kälkung wird u. a. das Verblasegerät HDV 1000 der Firma Kalkwerke Hufgard GmbH eingesetzt (Lit. 4.16).
Das Hufgard-Druck-Anbau-Verblasegerät wird an die hintere Schlepperhydraulik bzw. Dreipunktaufhängung des Transporttreckers angebracht (Abb. 4.11). Die Druckluft wird von einem Verdichter Typ RTL 60 erzeugt. Der Antrieb des Verdichters erfolgt über eine Gelenkwelle, die an der Antriebswelle des Transporttreckers angebracht ist. Die Menge des auszubringenden Staubes wird von der Fahrgeschwindigkeit des Treckers bestimmt. Nach dem Befüllen des Verblasegerätes mit Kalkstaub wird der Einfülldeckel geschlossen und der Druckbehälter auf 2 bar gepumpt. Am Boden des Druckbehälters wird der Staub pneumatisch aufgelockert. Nach dem Erreichen des Betriebsdruckes gelangt der Staub zum Austrag. Am Austrag können Förderschläuche mit einem Innendurchmesser von 38 mm angeschlossen werden. So werden bis zu 100 m Weite mit ausreichender Leistung erreicht.

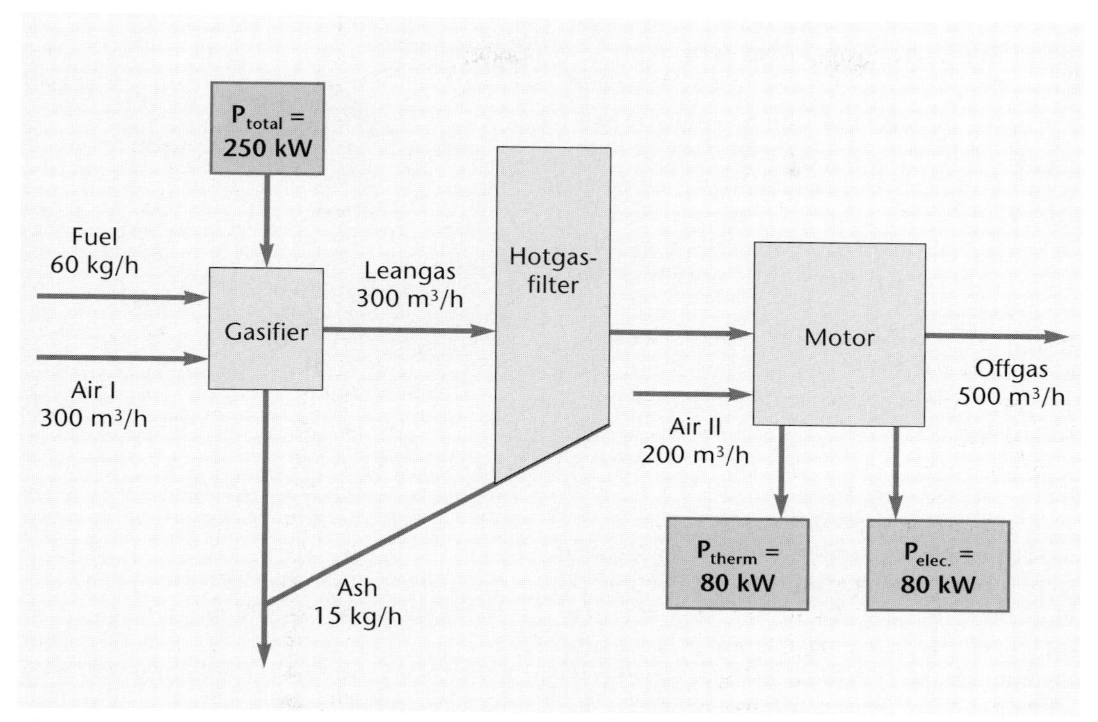


*Abb. 4.10: Flow Sheet eines neu entwickelten Vergasungsprozesses für Shredderholz*

Einige techn. Daten des HDV 600:

| | |
|---|---|
| Nutzlast | 1000 kg |
| Eigengewicht | 600 kg |
| Leistungsbedarf an der Zapfwelle | 25 kW |
| Schlepperleistung | 60 kW |
| Reichweite | 100 m |
| Betriebsüberdruck | 2 bar |

*Abb. 4.11: Verblasegerät der Fa. Hufgard, Hösbach/Rottenberg*

Wird nicht aus Steinbrüchen gewonnener Kalk, sondern die aus der energetisch genutzen Biomasse anfallende Asche – wie z.B. die Holzasche – für das Verblasen genutzt, könnten dem Wald genau die Mineralien wiedergegeben werden, die ihm durch seine Nutzung entzogen wurden. Dieses Prinzip ist in gleicher Weise im oben angesprochenen landwirtschaftlichen Bereich realisierbar.

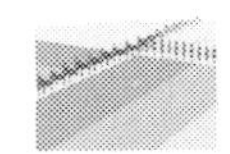

## 4.7 Bodensanierung

K. Töpfer, ehemaliger Bundesminister für Umwelt, Naturschutz und Reaktorsicherheit, eröffnete das 5. Bochumer Altlastenseminar 1988 mit den Worten: „Neben der Vermeidung neuer Altlasten ist die Sanierung alter Altlasten eine weitere zentrale Aufgabe der Umweltpolitik." (Lit. 4.17)
Derzeit gibt es in der Bundesrepublik nach K. Töpfer allein 42.000 Verdachtsflächen. Die Sanierung dieser Flächen ist eine interdisziplinäre Aufgabe.

### 4.7.1 Die Bedeutung der Altlastensanierung

Im Falle der einleitend erwähnten Verdachtsflächen handelt es sich um Altablagerungen häuslicher, industrieller oder militärischer Abfälle auf Kippen oder Deponien oder um Altstandorte, stillgelegte Betriebsanlagen mit verbliebenen gefährlichen Arbeitsstoffen (z. B. Dortmund-Dorstfeld, Markdredwitz). In beiden Fällen ist der Boden mit Stoffen angereichert, welche die Umwelt oder den Menschen gefährden können.
Der kontaminierte Boden stellt aus verfahrenstechnischer Sicht ein heterogenes Mehrkomponentengemisch dar, bei dem die unterschiedlichen Schadstoffe

- in fester Form mit unterschiedlichen Partikelgrößen oder
- als Oberflächen- oder Zwischenfeuchte oder
- als im Porenvolumen eingeschlossenes Gas

vorliegen können (Abb. 4.12).
Gemäß der „Hollandliste" (Lit. 4.18) können die Schadstoffe in die folgenden Gruppen eingeteilt werden:

- Metalle, z. B. Quecksilber,
- anorganische Verbindungen,
- aromatische Verbindungen, z. B. Benzol,
- policyclische Verbindungen, z. B. 3,4 Benzpyren,
- chlorierte Kohlenwassersroffe, z. B. PCB,

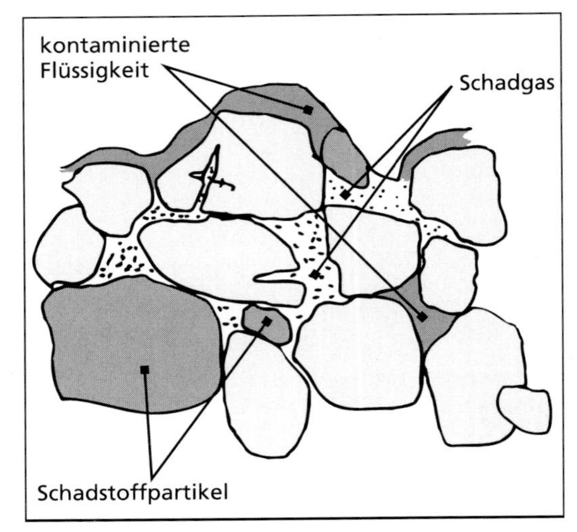


*Abb. 4.12: Belasteter Boden, Modellskizze*

- Schädlingsbekämpfungsmittel,
- oder andere Verunreinigungen.

Tolerierbare Verunreinigungskonzentrationen sind z. B. gemäß Hollandliste Werte von kleiner 0,1 mg/kg Trockensubstanz (TS), entsprechend 0,1 ppm.
Diese Werte würde man erreichen, wenn man 1 kg Puderzucker auf 15 $m^2$ Gartenboden verteilen und spatentief eingrübe.
Eine Sanierung ist erforderlich, wenn bei einigen Stoffen Werte von 10 oder 100 mg/kg TS vorliegen, entsprechend 0,1 oder 1 %.
An dieser Stelle sei bereits darauf hingewiesen, daß die heute üblichen Stofftrennverfahren weder für die Trennung komplizierter heterogener Mehrkomponentensysteme noch für die Verringerung von Schadstoffkonzentrationen auf Werte unterhalb der geforderten Grenzwerte, also z.B die Verminderung der Schadstoffe von 1 % auf die oben genannten 0,1 ppm – oder in anderer Schreibweise von 1% auf $10^{-5}$%, ausgelegt sind.
Die im Boden enthaltenen Schadstoffe können

- sich durch Kontamination der Pflanzen und ihren Verzehr ausbreiten,
- sich in die Luft verflüchtigen,

- können als Bodenteilchen von Tier oder Mensch von der Oberfläche mitgenommen werden,
- in die Oberflächen- oder Grundwässer gelangen

und auf diese Weise umweltschädigend wirken.

Abb. 4.13 stellt die möglichen Gefährdungspfade dar (Lit. 4.19).

Abb. 4.13 zeigt aber auch, daß Schadstoffe sich am Ort ihres Vorkommens chemisch umsetzen lassen oder daß sie biologisch abgebaut werden können.
Die Gefährdung von Menschen durch kontaminierte Atemluft insbesondere von Kindern z. B. auf Plätzen mit kontaminierter Erde, die Gefährdung von Tieren, die Belastung von Pflanzen oder des Grundwassers stellen sicherlich die Hauptprobleme dar.
Weiterhin zu bedenken ist, daß Verdachtsflächen weder für den Hochbau noch für die Garten- und Landwirtschaft genutzt werden können, was den Strukturwandel besonders alter Industrieregionen wie z. B. des Ruhrgebiets erschwert.

### 4.7.2 Von der Erfassung zur Sanierung der Altlasten

Bevor es zur Sanierung einer Verdachtsfläche kommt, sind in der Regel aufwendige Vorarbeiten erforderlich: Verdachtsflächen müssen zunächst als solche erfaßt und von ihnen ausgehende Gefährdungen erkannt werden. (Abb. 4.14; Lit. 4.20).
Seit einigen Jahren erfolgt die Erfassung der Altlasten durch die öffentlichen Verwaltungen. Hierzu werden Karten, Akten, Luftbilder und Befragungen der Anlieger ausgewertet. Erkenntnisse über ehemalige Betriebe oder Kippen, geologische Besonderheiten, besondere Vorkommnisse in Verdachtsgebieten (z. B. Häufung bestimmter Krankheiten) sowie die früheren und derzeitigen Eigentumsverhältnisse werden in einem Verdachtsflächenkataster zusammengetragen (Statusbericht zur Altlastensanierung 1988).

Im Rahmen einer vergleichenden Bewertung soll herausgefunden werden, von welchen Verdachtsflächen welche Gefahren ausgehen können (Gefährdungsabschätzung). Bei Beurteilung dieser Frage spielt vor allem die gegen-

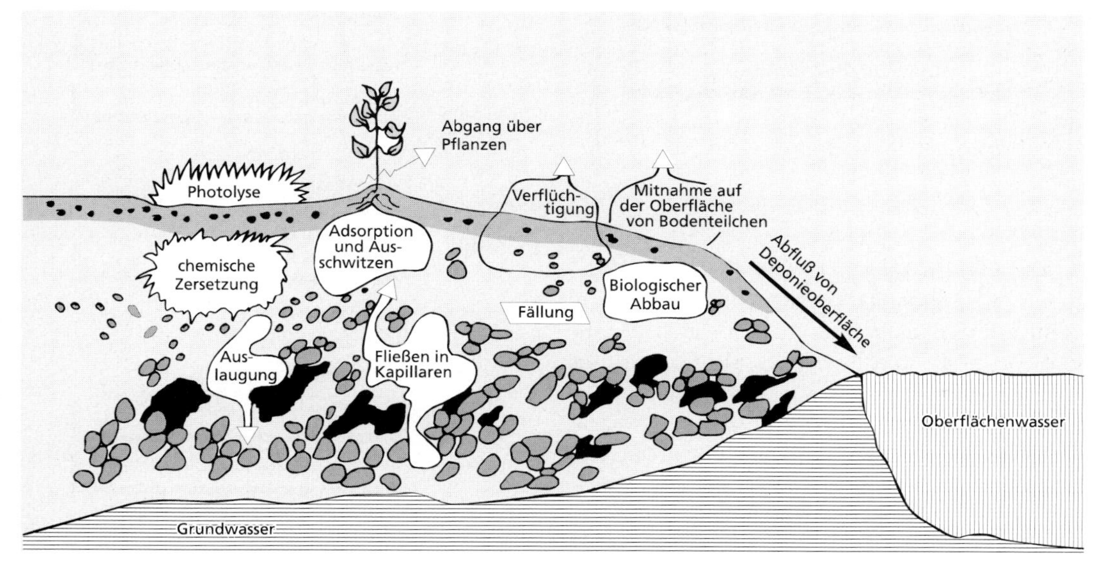


*Abb. 4.13: Ausbreitungsmöglichkeiten der Schadstoffe eines kontaminierten Bodens*

wärtige oder zukünftige Nutzung der betreffenden Flächen eine wichtige Rolle.
Als nächster Schritt ist eine detaillierte chemische, geologische, hydrogeologische Untersuchung erforderlich, wiederum verbunden mit einer detaillierten Gefährdungsabschätzung. Je nach Sanierungsziel, das von der späteren Nutzung abhängig ist, kann ein Sanierungsverfahren ausgewählt werden. Die Kontrolle der eingeleitenden Maßnahmen ist vor, während und nach der Sanierung erforderlich.

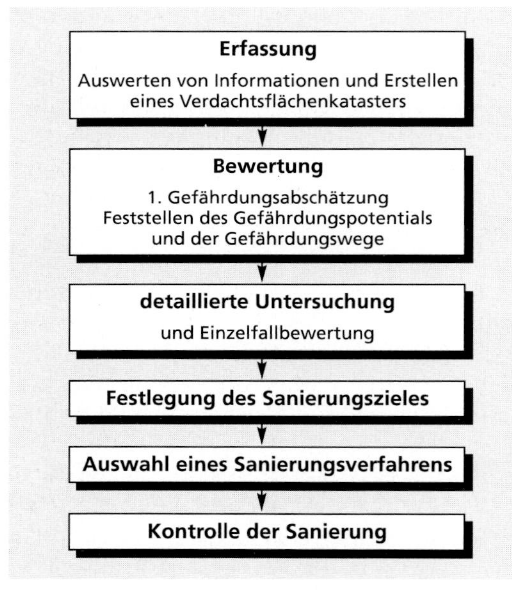


*Abb. 4.14: Von der Erfassung zur Sanierung von Altlasten*

### 4.7.3 Gesichtspunkte zur Unterscheidung von Verfahren zur Altlastensanierung

In Abb. 4.13 wurde gezeigt, über welche Wege sich von einer Altlast ausgehende Schadstoffe ausbreiten können.
Soll die Gefährdung durch eine Altlast verringert oder beseitigt werden, so muß entweder der Stoffaustausch von innen nach außen verhindert oder beschleunigt werden. Eine Verhinderung oder zumindest eine Verringerung des Stoffaustausches kann z. B. durch *Verdichtung*, *Immobilisation* oder durch *Barrieren* erreicht werden, eine Beschleunigung durch Operationen der Verfahrenstechnik wie *Extraktion* oder *Flotation*.
Auch kann die Umsetzung der Schadstoffe, z. B. mittels der chemischen Umwandlungsprozesse der Pyrolyse oder Oxydation angestrebt werden, hierbei müssen den Schadstoffen Edukte wie Sauerstoff oder geeignete Bakterien für die biologische Sanierung zugeführt werden.
Die im Rahmen der Auswahl eines Verfahrens zur Altlastensanierung zu stellende grundsätzliche Frage ist, ob

- die Altlast in sich gereinigt werden kann (IN SITU),
- der Boden im Bereich der Baustelle (ON SITE), oder
- entfernt in einer zentralen Reinigungsanlage (OFF SITE)

aufbereitet wird (Abb. 4. 15).

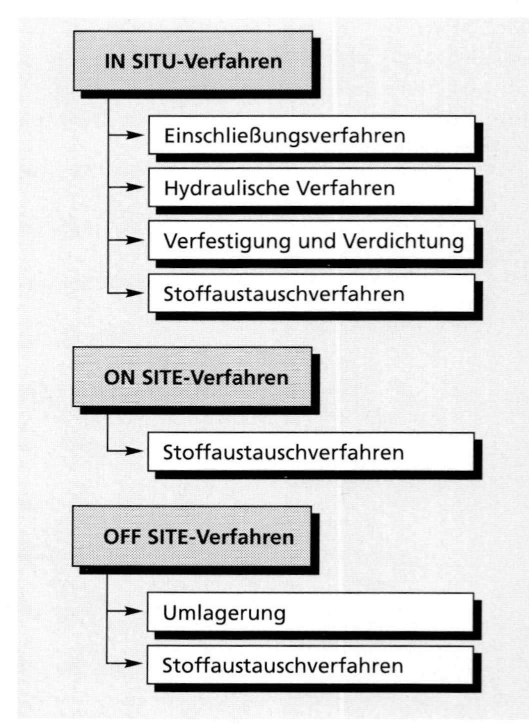


*Abb. 4.15: Verfahrensprinzipien zur Sanierung von Altlasten*

Im Zuge des ON SITE- oder OFF SITE- Verfahrens muß der kontaminierte Boden ausgehoben werden. Nach den abfallrechtlichen Vorschriften handelt es sich dann beim Aushub um Abfall, und es gelten die strengen Regeln des Abfallbeseitungsgesetzes.
Anzumerken ist allerdings, daß sich die Konzepte der ON SITE- und OFF SITE-Sanierung kaum unterscheiden.
Vollkommen anders dagegen sind die Konzepte für die IN SITU-Verfahren. Sie können in vier Gruppen unterteilt werden:

1. Einschließungsverfahren
2. Hydraulische Verfahren
3. Verfestigung und Verdichtung
4. Stoffaustauschverfahren

## 4.7.4 Verfahren zur Altlastensanierung

Aus der großen Anzahl von Verfahren sollen einige vorgestellt werden (Abb. 4.16).

### 4.7.4.1 IN SITU-Verfahren

**Einschließungsverfahren**

Die Einschließungsverfahren zielen auf die Unterbrechung der Emissionspfade. Die Schadstoffe werden zwar eingegrenzt, aber nicht verändert. Einschließungsmaßnahmen lassen sich wie folgt aufgliedern:

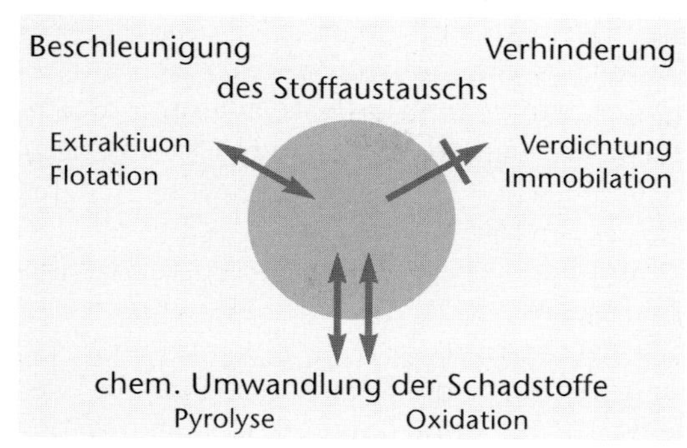


*Abb. 4.16: Unterscheidungsmerkmale von Verfahren zur Altlastensanierung*

- Abdecksystem (Oberflächenabdichtung)
- Vertikales Dichtungssystem (Dichtwand)
- Basisabdichtung (Dichtungssohle)

Jedes System kann allein oder in Kombination angewandt werden. An die Einschließungsmaßnahme zu stellende Anforderungen sind

- Qualität der Abdichtung,
- Beständigkeit,
- Kontrollierbarkeit (z.B. durch die Anlage von Beobachtungsbrunnen) und
- Reparaturmöglichkeit.

Während die Abdecksysteme im wesentlichen das Eindringen von Regenwasser verhindern, kann mit Dichtwänden die Auslaugung durch das Grundwasser verhindert werden. Unter Umständen ist es ferner erforderlich, eine Ba-

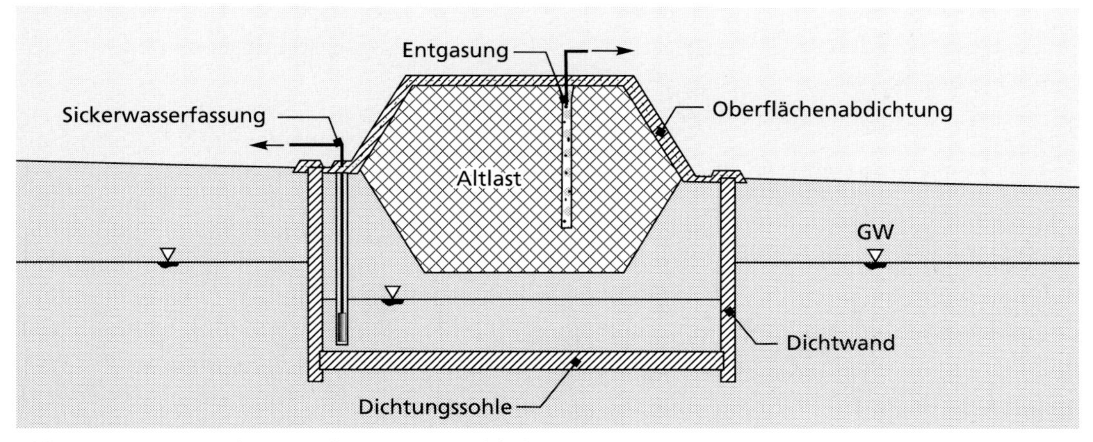


*Abb. 4.17: Schematische Darstellung einer Einschließung*

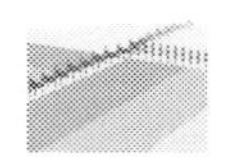

sisabdichtung vorzunehmen. Zu diesem Zweck werden häufig Stollen (oder Strecken) aufgefahren, von denen aus Injektionen zur Abdichtung durchgeführt werden (Abb. 4.17; vorseitig).

### Hydraulische Verfahren

Unterschieden werden passive und aktive Verfahren. Im Falle der passiven Maßnahmen wird z. B. durch Grundwasserabsenkung verhindert, daß das durch die Altlast verschmutzte Wasser sich mit dem Grundwasser vermischen kann. Bei den aktiven Maßnahmen wird z. B. das kontaminierte Wasser gehoben und anschließend gereinigt.
In den Abbildungen 4.18 a und b sind einige passive und aktive Maßnahmen schematisch verdeutlicht (Lit. 4. 23).

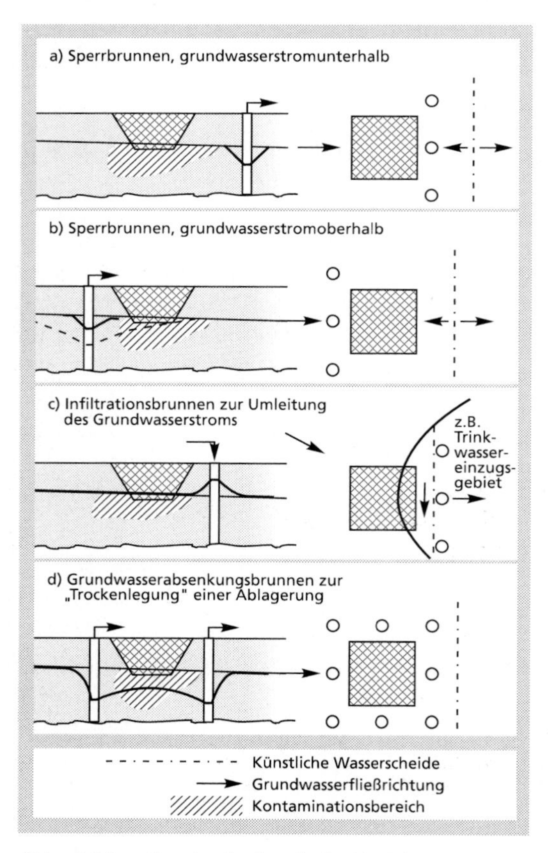


*Abb. 4.18 a: Passive hydraulische Verfahren*

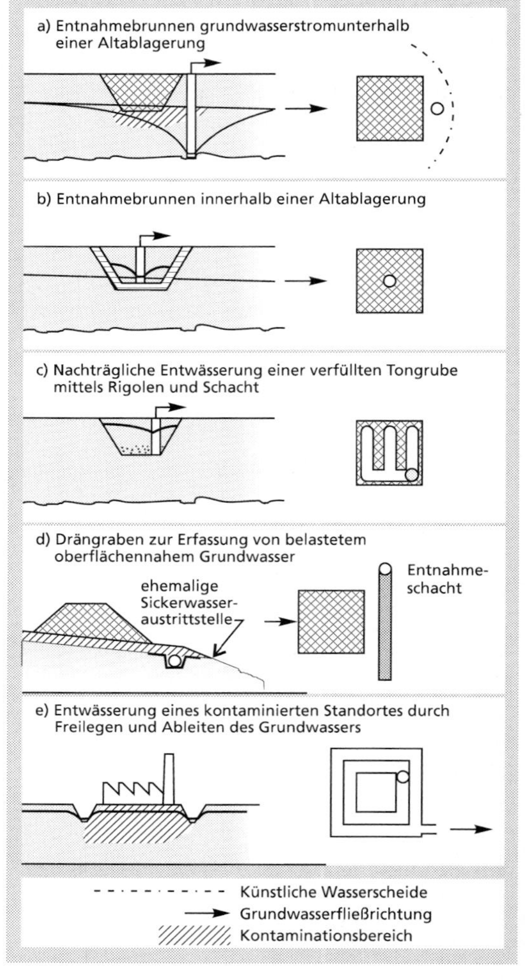


*Abb. 4.18 b: Aktive hydraulische Verfahren*

### Verfestigung und Verdichtung

Während im Rahmen der Einschließungs- und der hydraulischen Verfahren mögliche Emissionspfade der Schadstoffe behindert oder ausgeschlossen werden, soll mit Hilfe der Verfestigungs- und Verdichtungsverfahren verhindert werden, daß sich Schadstoffe lösen (Lit. 4.21). Zu diesem Zweck werden Injektionen in die Altlast eingebracht. Das Injektionsgut soll die Kapillarräume durchdringen und verschließen. Je nach Durchlässigkeit des kontaminierten Bodens werden

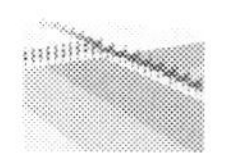

Zement, Wasserglas oder Kunststofflösungen verwendet.

### Stoffaustauschverfahren

Ziel aller Stoffaustauschverfahren ist es, den Schadstoff selbst unschädlich zu machen, d. h. ihn in unschädliche Stoffe umzuwandeln (z. B. durch Oxydation) oder ihn aus dem Boden zu extrahieren.

### Biologische Verfahren

Bei den biologischen Verfahren werden Kohlenwasserstoffe (KWS), halogenierte KWS oder auch heterocyclische KWS mit Hilfe von Mikroorganismen oxidiert und in unschädliche Oxidationsprodukte umgewandelt. Die Mikroorganismen können natürlichen Ursprungs sein, also in der Altlast siedelnde Bakterien, oder speziell gezüchtet. Unterschieden werden kann in Verfahren bei denen die Organismen im Boden selbst oder in speziellen Bioreaktoren ihre Wirkung erzielen.

Abb. 4.19 stellt Verfahrensvarianten je nach der Tiefe der Kontamination vor (Lit. 4.21). In Oberflächennähe kann die Biotrübe aufgeschäumt oder aufgesprüht werden. Bei größeren Tie-

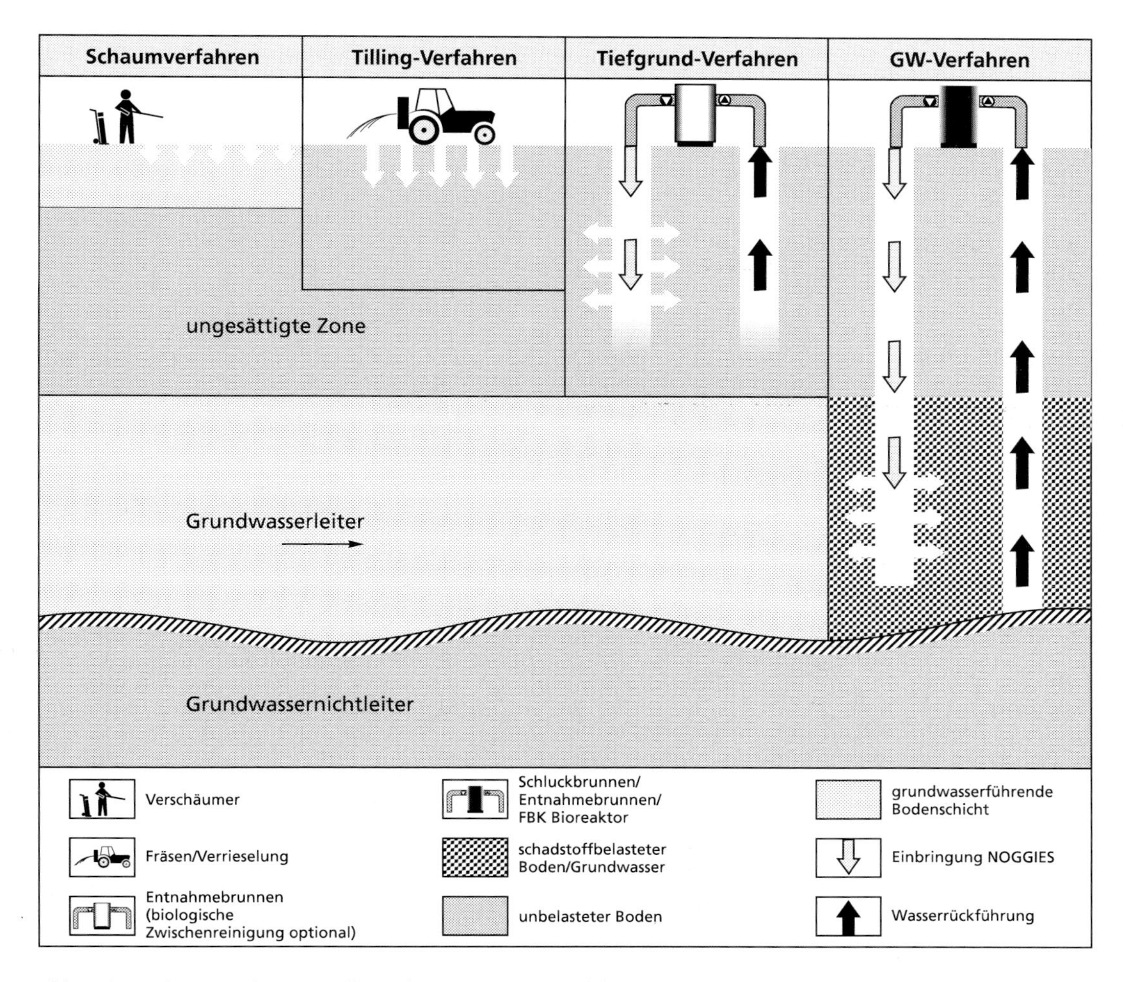


*Abb. 4.19: Schematische Darstellung des BIODETOX-Verfahrens zur biologischen IN SITU-Sanierung*

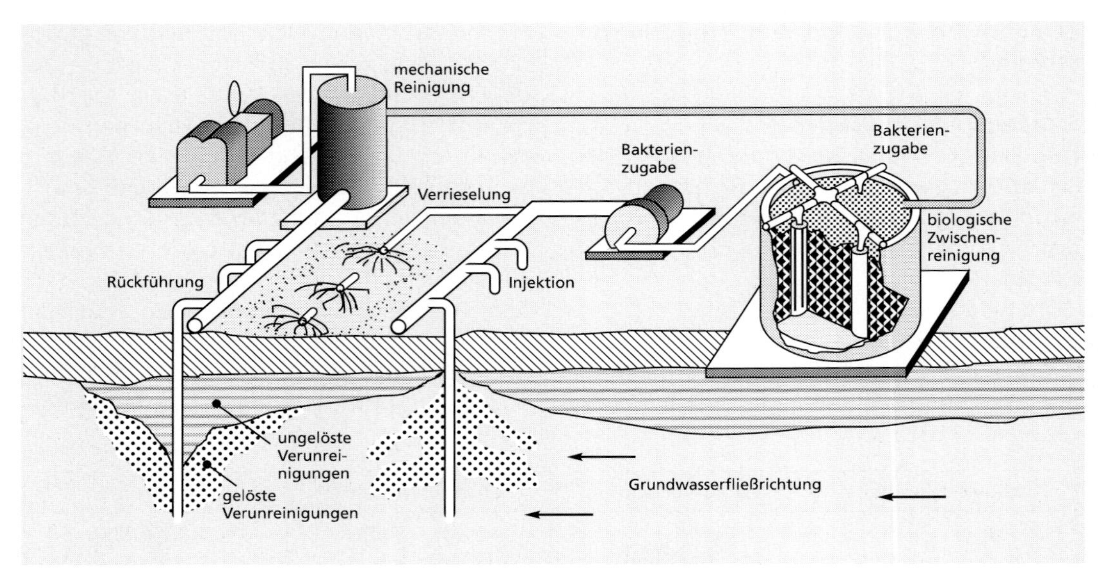


*Abb. 4.20: Darstellung des Tiefgrundverfahrens mit externem Bioreaktor*

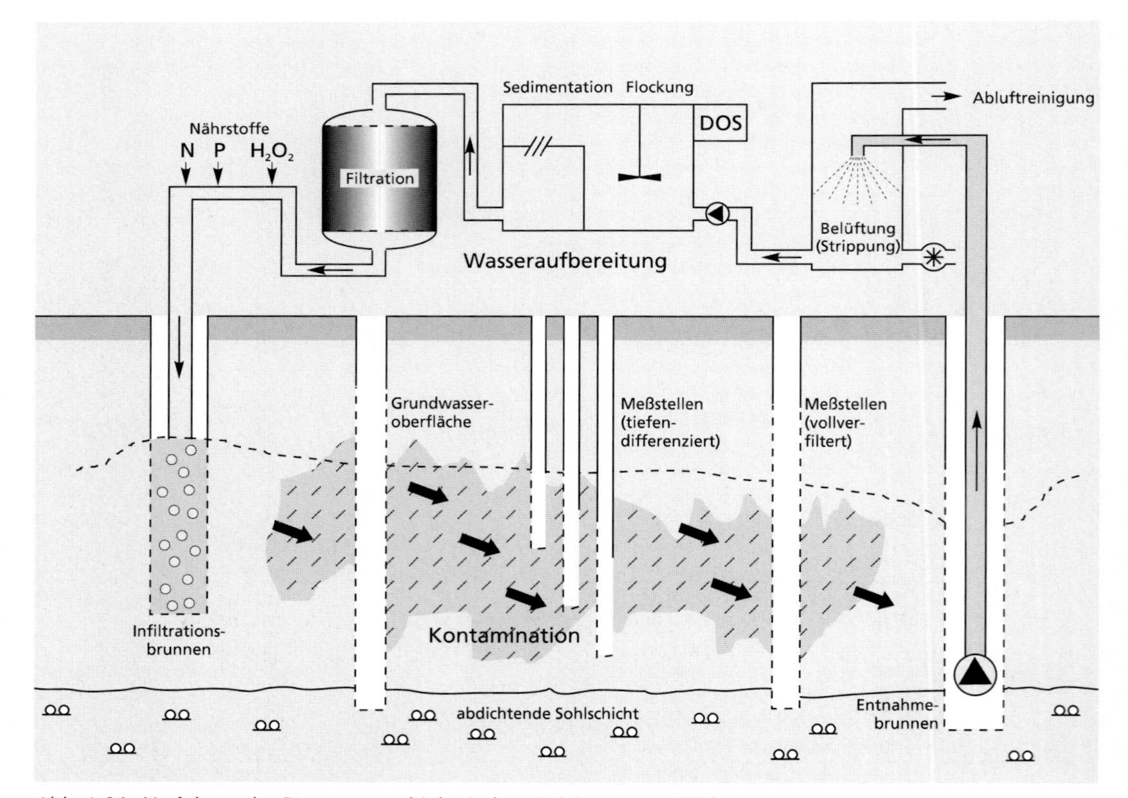


*Abb. 4.21: Verfahren der Degussa zur biologischen Reinigung von Böden*

fen sind Infilttrations- und Entnahmebrunnen erforderlich. Auch ist es wichtig, ob oberhalb oder auch unterhalb des Grundwasserhorizontes abgereinigt werden soll. Ein unterhalb des Grundwasserhorizontes arbeitendes Verfahren mit externem Bioreaktor ist in Abb. 4.20 dargestellt.
Abb. 4.21 zeigt eine Anordnung ohne Bioreaktor: Die zu Tage gepumpte Biotrübe wird belüftet und mehrstufig gereinigt. Durch Zugabe von $H_2O_2$, N, P wird die Biotrübe dann konditioniert und dem Boden wieder zugeführt.

### Bodenluftabsaugung

Bei der Bodenluftabsaugung werden Bohrlöcher mit Unterdruck beaufschlagt. Die desorbierenden Schadstoffe werden zusammen mit der Bodenluft abgesaugt und z. B. in Aktivkohlefiltern absorbiert. Selbstverständlich können dabei dem Boden nur leichtflüchtige Stoffe entzogen werden. Der Vorgang kann unterstützt werden, indem in anderen Bohrlöchern Druckluft oder Stripdampf aufgegeben wird. Nach dem Statusbericht zur Altlastensanierung (Lit. 4.20) gibt es derzeit bereits mehr als 20 Firmen, die das Verfahren anbieten.

### Die thermische „IN SITU" Sanierung von Böden

Mittels eines Bohrwagens werden im Abstand von 1 – 3 m in versetzter Anordnung Bohrungen von z. B. 250 mm Durchmesser in das Erdreich eingebracht (Abb. 4.22). In diese Bohrungen werden Wärmestrahlrohre mit einem Durchmesser von 200 mm und einer Länge bis zu 3,5 m eingeführt. Die Wärmestrahlrohre geben über ihre 1000 °C heiße Oberfläche die über einen instationären Wärmeprozeß in den verunreinigten Boden gelangende Wärme per Strahlung ab. Die organischen Bestandteile im Boden werden dabei teils verbrannt, teils pyrolisiert und teilweise abdestilliert. Die so entstandenen Reaktionsprodukte diffundieren in die Bohrung und werden mittels Hauben abgesaugt und im Wärmstrahlrohr bei 1300 °C nachverbrannt.

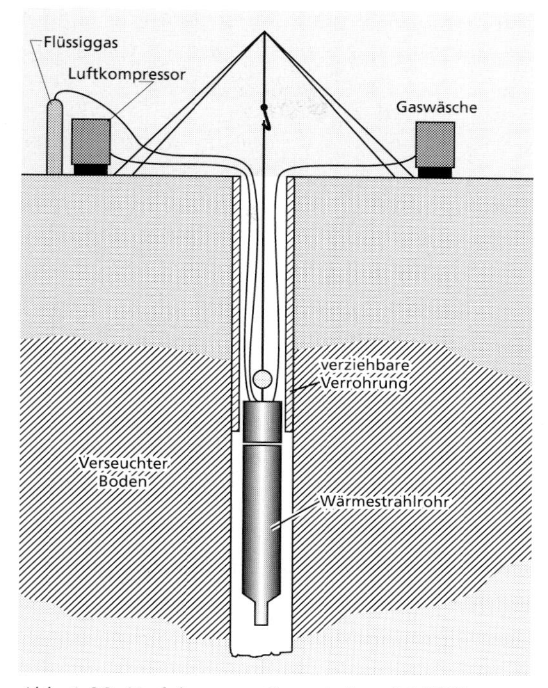


*Abb. 4.22: Verfahren zur thermischen IN SITU-Sanierung von Böden*

Ob die Rauchgase der Wärmstrahlrohre anschließend noch einer Gasreinigung unterzogen werden, muß im Einzelfall geprüft werden. Beträgt die Schichtstärke des verunreinigten Bodens mehr als 3 m, so kann in verschiedenen Horizonten gearbeitet werden. Alte Kanäle und Abwasserleitungen dürften kein großes Hindernis sein. Zu prüfen ist, ob sich noch in Betrieb befindliche Gas-, Wasser- oder Stromleitungen im kontaminierten Boden befinden. Größere Überdeckungen z. B. mit Bauschutt können in Kauf genommen werden.
Wärmstrahlrohre stellen heute eine übliche Komponente beim Bau von Industrieöfen dar. Die Wärme wird indirekt abgegeben. Prinzipiell handelt es sich bei Wärmstrahlrohren um einen Tauchsieder mit dem Unterschied, daß statt einer teuren elektrischen Beheizung eine Gasbeheizung – im vorliegenden Fall mobiles Flüssiggas – eingesetzt werden kann. Zur Verbrennung des Flüssiggases dient Luft, die von

den abzuführenden Rauchgasen in einem Rekuperator vorgewärmt wird, so daß Flammentemperaturen im Wärmestrahlrohr bis zu 1300 °C möglich sind (Abb. 4.23). Die Wärme des Rauchgases wird über das Verbrennungsrohr an das Mantelrohr abgegeben. Das Mantelrohr besteht aus hochhitzebeständigem Material das bis 1000 °C belastet werden kann. Eine Regelung ermöglicht, daß diese Temperatur konstant gehalten werden kann. Das anfallende Abgas hat je nach Auslegung der Rekuperatorfläche eine Temperatur von unter 600 °C.

Der Mechanismus der Reinigung setzt sich im wesentlichen aus den folgenden konsekutiven reaktionstechnischen Schritten zusammen:

- Wärmetransport im Boden
- Verflüchtigung der Verunreinigungen
- Stofftransport (Diffusion) der Destillate
- Verbrennung der abgesaugten Destillate im Wärmestrahlrohr

Das Hauptanwendungsgebiet dieses Verfahrens liegt bei Böden, die durch Kokereien, Gasfabriken und Brikett- und Teerfabriken verunreinigt wurden.

### 4.7.4.2 ON SITE- und OFF SITE-Verfahren

ON SITE- und OFF SITE-Verfahren sollen zusammen betrachtet werden, da sie aus verfahrenstechnischer Sicht identisch sind. Sie unterscheiden sich oft hinsichtlich der Anlagenkapazität und auch in der Frage, ob die Anlagen stationär oder nicht stationär errichtet werden. Insgesamt handelt es sich um Stoffaustauschverfahren, wie sie auch im Rahmen der Darstellung der IN SITU-Verfahren bereits beschrieben wurden.

#### Biologische Verfahren

Einige Gesichtspunkte bezüglich der biologischen Verfahren wurden bereits oben erwähnt. Wenn auch der kontaminierte Boden wie bei allen ON SITE- und OFF SITE-Verfahren ausgekoffert und nach der Behandlung wieder zurückgeführt werden muß, so hat die mikrobiologische Behandlung wegen der definierten Arbeitsbedingungen im ON SITE und OFF SITE-Betrieb deutliche Vorteile.

Die mikrobiologischen Vorgänge können entweder in Mieten oder in Bioreaktoren unterschiedlicher Anordnung durchgeführt werden,

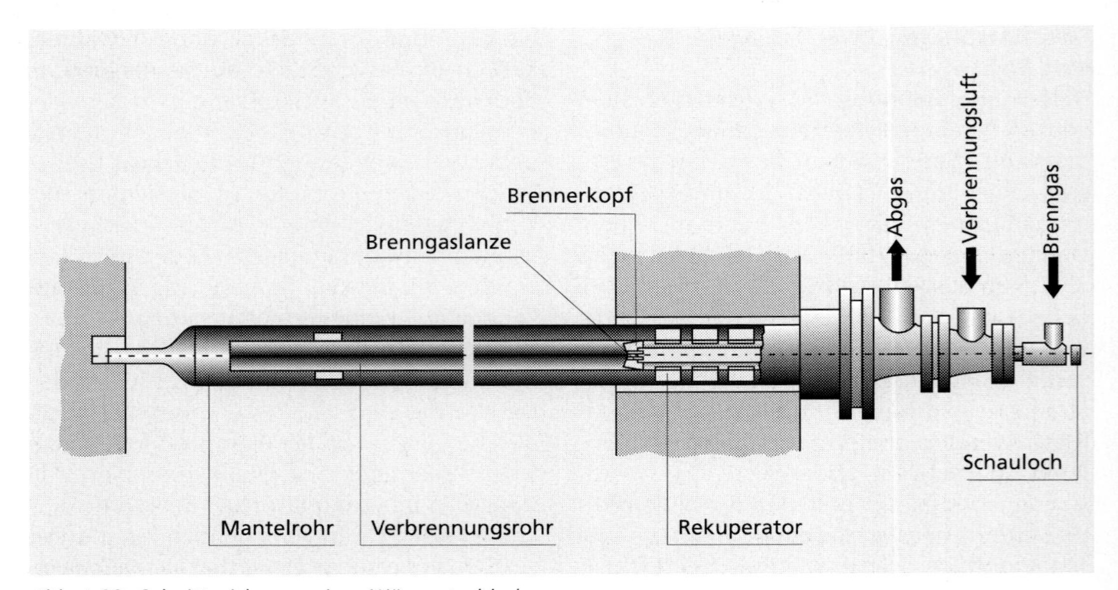


*Abb. 4.23: Schnittzeichnung eines Wärmestrahlrohres*

wobei Bioreaktoren zu höheren Kosten aber auch zu besseren Umsatzgraden führen.
Abb. 4.24 zeigt das Shell-Bioreg-Verfahren, bei dem eine Miete mit Wasserhaltung angelegt wird (Lit. 4.22).

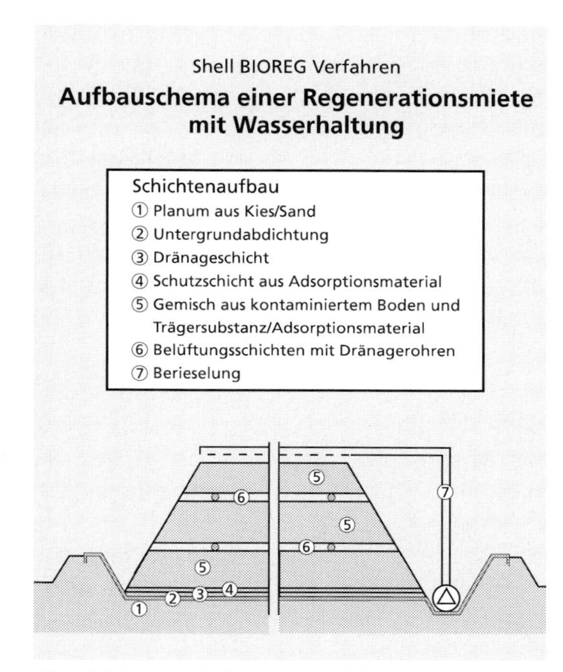


*Abb. 4.24: Das Shell-Bioreg-Verfahren*

Neben der Mietentechnik wird das Biobeetverfahren eingesetzt. In beiden Fällen kann auf die Verwendung von Kompostierhilfen wie Stroh oder Mulch verzichtet werden. Dadurch bleiben die physikalischen Eigenschaften erhalten, die Massen werden nicht vergrößert und die Schadstoffkonzentrationen nicht verdünnt, zugleich bleibt der Boden verdichtungsfähig.
Für beide Systeme sind spezielle Behandlungsmaschinen entwickelt worden.

Beim Biobeetverfahren zieht ein Ackerschlepper ein Bodenverbesserungsgerät (Meliorationsgerät), bei dem eine umlaufende Welle verschiedene Schneidwerkzeuge durch den Boden zieht, so daß der bis zu einer Höhe von 1 m aufgeschichtete Boden bis auf 80 cm Tiefe aufgelockert, belüftet und gleichzeitig mit Mikroorganismen, Nährlösung und Wasser versorgt werden kann.
Für die Behandlung von Mieten, die mit einer Breite von 3 m und einer Höhe von 1,5 m aufgeschichtet werden, werden Mietwender eingesetzt. Das Mietenverfahren eignet sich bei feinkörnigen Böden mit hohem Schluffanteil, also für schwere Böden, das Biobeetverfahren für grobkörnigen Boden. Die zu erwartenden Abreinigungsgrade bei mit Mineralölprodukten verunreinigten Böden können wie folgt dargestellt werden, wobei die Gehalte an Kohlenwasserstoffen in g/m³ in Abhängigkeit von der Behandlungszeit dargestellt sind (Abb. 4.25).
Das Mietenverfahren wie auch die Biobeettechnik werden zumeist in Hallen durchgeführt. Die Abluft der Hallen ist entsprechend den Anforderungen der TA Luft zu behandeln. Auch sind Maßnahmen zur Arbeitssicherheit notwendig, insbesondere bei oben erwähnten Maschinen, die mit geschlossenen Kabinen ausgerüstet werden müssen.

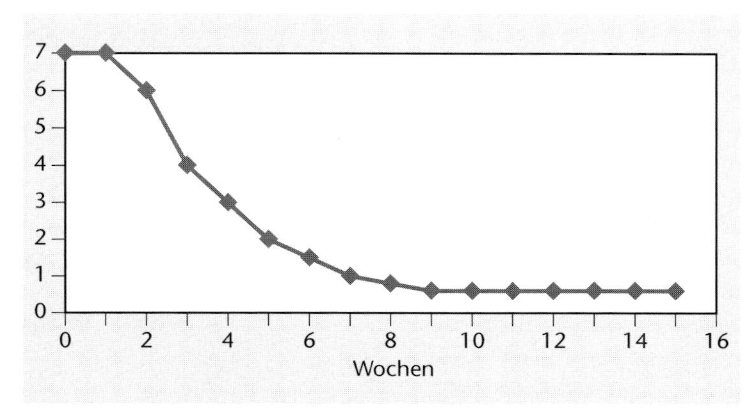


*Abb. 4.25: Abreinigungsgrade bei mit Mineralölprodukten verunreinigten Böden*

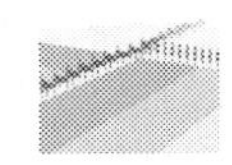



**Thermische Verfahren**

Bei den thermischen Verfahren können die Schadstoffe

- abgetrieben (Ausgasen),
- pyrolisiert (Entgasen) oder
- oxidiert (Verbrennen)

werden.

Im letzten Fall sind hohe Temperaturen und ein entsprechender Sauerstoffüberschuß erforderlich.

Die thermischen Verfahren können auch nach den Temperaturbereichen z. B. von 400 bis 700 und von 700 bis 1200 °C unterschieden werden, wobei Temperaturen oberhalb von 700 °C dazu führen, daß der Boden nach der Behandlung biologisch inaktiv ist.

Als Reaktoren kommen vorrangig

- der Drehrohrofen oder
- das Fluidatbett

zum Einsatz.

Aus Gründen der Luftreinhaltung kommt der Rauchgasbehandlung bei allen Verfahren eine große Bedeutung zu, weshalb hierauf in besonderer Weise eingegangen werden soll.

Die Drehrohröfen haben derzeit eine vorrangige Bedeutung. Sie werden sowohl im ON-SITE- als auch im OFF-SITE-Betrieb verwendet. Einen Überblick über alle verfahrenstechnischen Merkmale soll Abb. 4.26 geben. Die Umsetzung der Schadstoffe kann unter Luftabschluß erfolgen, wie z. B. in der Anlage Königsborn der BAG Westfalen. Hier wird das

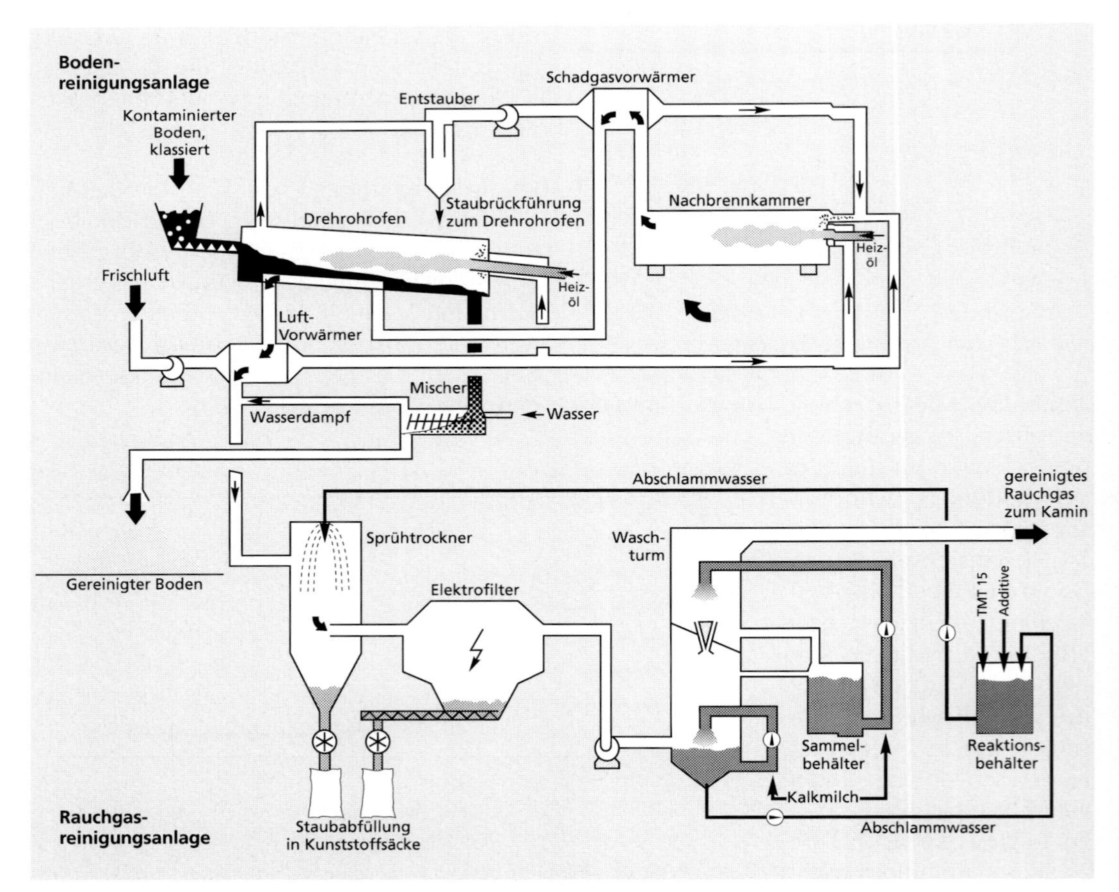


*Abb. 4.26: Schematische Darstellung eines direkt beheizten Drehrohrofens mit Rauchgaswäsche*

Drehrohr indirekt beheizt, oder die Umsetzung kann mit Luftüberschuß betrieben werden, wobei dann eine direkte Beheizung bevorzugt wird. Die Firma Züblin bevorzugt eine Verbrennungstemperatur von 1200 °C, die Ruhrkohle-Umwelttechnik eine von nur 600 °C, so daß bei diesem Verfahren zu erwarten ist, daß der Boden nach der Behandlung noch biologisch aktiv ist.

Alle thermischen Verfahren erfordern eine Nachverbrennung der Rauchgase, wobei in der Regel die thermische Nachverbrennung angestrebt wird (TNV), die bei mindestens 800 °C erfolgen muß. Im Falle der Entsorgung von Böden mit PCB- und PCP-Werten, die über den bei Hausmüll üblichen Spurenwerten liegen, werden eine Nachverbrennungstemperatur von mindestens 1200 °C, unabhängig von der Reaktortemperatur, eine ausreichende Verweilzeit und ein Restsauerstoffgehalt von 6% gefordert. Hierfür sind große Energiemengen erforderlich, die um so höher sind, je größer die Rauchgasmengen sind. Die diesbezüglich günstigsten Werte dürften bei der Pyrolyse gegeben sein, insbesondere, wenn der Reaktor wie in Königsborn indirekt beheizt wird.

Nach der TNV ist, ähnlich wie bei Müllverbrennungsanlagen, noch eine Abgasreinigungsanlage für das Zurückhalten von Chlor- und Fluorwasserstoff sowie Schwermetallen (insbesondere Quecksilber) erforderlich. Die Kosten hierfür sind ebenfalls weitestgehend von der Menge der anfallenden Rauchgase abhängig.

Problematisch ist bei Anlagen zur Bodensanierung im Gegensatz zu Müllverbrennungsanlagen, daß eine Abwärmenutzung nur selten möglich ist.

## Extraktionsverfahren

Die Extraktionsanlagen basieren auf dem Prinzip der Fest-Flüssig-Extraktion. Die Übertragbarkeit solcher erprobten Techniken auf die Bodensanierung ist oft nicht einfach, da die Extraktionsmittel häufig umweltschädigend sind.

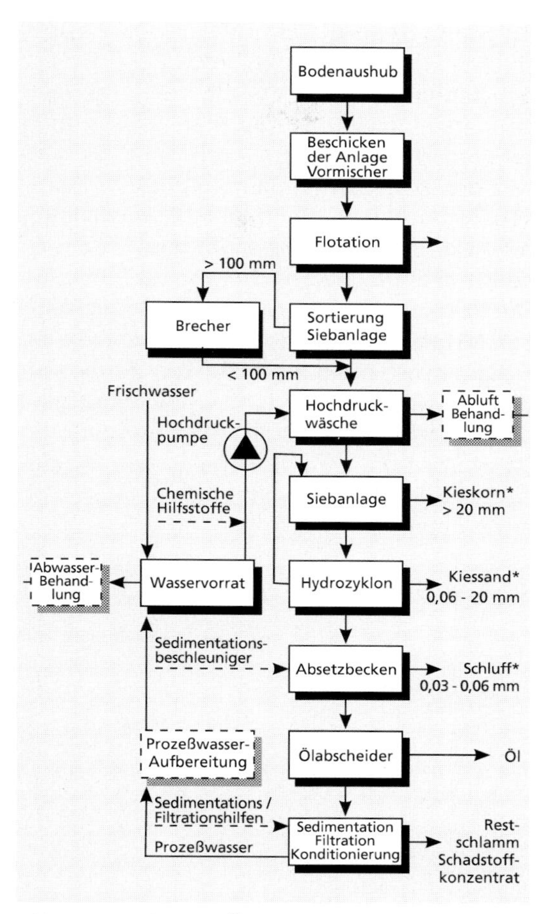


*Abb. 4.27a: Klöckner Öcotec Verfahren*

Das geeignetste Extraktionsmittel für die Bodensanierung ist Wasser, möglicherweise mit Zusatz von Detergentien. Es kommen aber auch Säuren, Laugen oder leicht verdampfbare Lösungsmittel zum Einsatz.

Im Falle der Hochdruckbodenwäsche (Lit. 4.24) wird versucht, mit einem Hochdruckwasserstrahl, Verunreinigungen vom Korn zu lösen. Dies gelingt gut bei grobstückigen und körnigen Materialien, (z. B. Sanden) nicht aber bei feinstkörnigem Boden (z. B. Lehm). Als Grenzkorngröße wird häufig ein Partikeldurchmesser von 40 mm angegeben. Ein Beispiel für eine Hochdruckbodenwäsche ist das Verfahren von Klöckner Ökotec. (Abb. 4.27a und b), bei dem die zentrale Einheit eine mit Reaktoren ausgestattete Hochdruckwäsche ist.

Der schon erwähnte Einsatz von Detergentien, unter Umständen auch die Anwendung erhöhter Temperaturen, ermöglicht den Einsatz des Extraktionsverfahrens auch zu Zwekken der Abscheidung ölartiger Kontaminationen. Der Säureeinsatz erlaubt das Abtrennen von Schwermetallen.

Die Flotation bietet eine weitere Möglichkeit, Schadstoffe aus dem Boden abzutrennen. Ein Flotationsverfahren wird u. a. von der holländischen Firma Heidemij in Arnheim, für eine Durchsatzleistung bis zu 30 t/h angeboten (Lit. 4.23). Es können Öle, organische und chlorierte KWS, auch Schwermetalle und Cyanide entfernt werden.

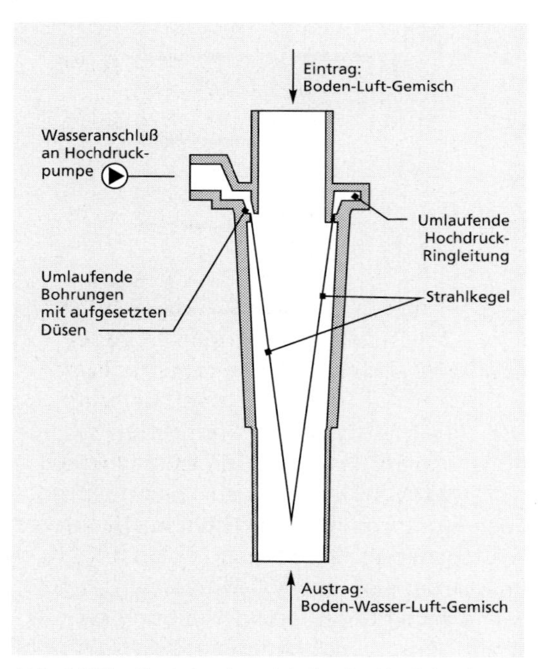


*Abb. 4.27b: Hochdruckstrahlrohr der Hochdruckwäsche*

## Rekapitulieren Sie!

1. Benennen Sie die drei wichtigsten nach Partikelgröße zu unterscheidenden Bodenarten.
2. Wie ist der organische Anteil des Bodens zusammengesetzt?
3. Welchen pH-Wert hat ein gesunder Boden?
4. Welche Bedeutung haben der Boden und sein Bewuchs für den Wasserhaushalt einer Region?
5. Was bedeutet der $k_f$-Wert, geben Sie eine typische Größenordnung für unterschiedliche Böden mit den üblichen Einheiten an.
6. Wodurch wird die Löslichkeit von Metallen begünstigt?
7. Nennen Sie einige Pflanzenschutzmittel und ihre Aufgabe.
8. Durch welche Maßnahmen ist derzeit der größte Landschaftsverbrauch gegeben?
9. Welche Möglichkeiten sind in der Landwirtschaft durchführbar, wenn sie „nachhaltig" (sustainable) betrieben wird?
10. Durch welche anthropogenen Einflüsse wird der Wald in Deutschland heute zumeist geschädigt?
11. Beschreiben Sie passive und aktive Maßnahmen zu Beseitigung von Gefahren, die von kontaminierten Böden ausgehen.

## Literatur


4.1 B.Hölting: Hydrogeologie, Stuttgart, 1992

4.2 E. Jedicke: Boden, Entstehung, Ökologie, Schutz

4.3 Der Fischer Weltalmanach, Zahlen, Daten, Fakten '93

4.4 H. Ullrich: Mechanische Verfahrenstechnik; Berlin 1967

4.5 Boden, Broschüre des Verbandes der Chemischen Industrie, Frankfurt,1987

4.6 K.A. Czurda: Deponien und Altlasten, Berlin 1992

4.7 Planzenschutzgesetz (PflSchG v. 15.9.1986)

4.8 Gefahrstoffverordnung (GefStoffV v. 26.8.1986)

4.9 Römpp Lexikon Umwelt, Stuttgart

4.10 J. Reganold, R. Papendiek, J. Parr: Nachhaltige Landwirtschaft – das Beispiel USA, Spektrum der Wissenschaft 1995

4.11 G. Meister, Ch. Schütze, G. Sperber: Die Lage des Waldes, ein Atlas der Bundesrepublik, Daten, Analysen, Konsequenzen, GEO – Verlag Hamburg

4.12 Wald, Broschüre des Verbandes der Chemischen Industrie, Frankfurt,1988

4.13 R. Bühler: Stand der Technik von Holzvergasungsanlagen in: T. Nussbaumer, Neue Erkenntnisse zur Nutzung von Holz, Bundesamt für Energienutzung, Bern 1994

4.14 Gas aus Holz und Stroh – Technik und Nutzung, 3.Oberhavel Umwelttage, Oranienburg 1994

4.15 H. Stassen: Small – Scale Biomass Gasifier, Monitoring Report, Universität Twente, i.A. der Weltbank 1993

4.16 Prospekt der Fa. Hufgard, Hösbach/Rottenberg

4.17 K. Töpfer, Grußworte anläßlich der Eröffnung des 5. Bochumer Altlasten Seminars, Erkundung und Sanierung von Altlasten

4.18 Hollandliste aus: Leitfaden Bodensanierung, Lieferung 1 1983

4.19 USA – EPA Studie 540 /2 /84–003 a 1984 Review of In-Place Treatment Techniques for Contaminated Solids

4.20 Statusbericht zur Altlastensanierung – Technologien und F+E Aktivitäten BMFT 1988

4.21 Hinweise zur Ermittlung und Sanierung von Altlasten, Ministerium für Umwelt, Raumordnung und Landwirtschaft NRW 1987

4.22 Das Shell-BIOREG-Verfahren zur On Site-Sanierung kontaminierter Böden, Vortrag von K.Gebhardt, Hamburg 1986

4.23 Firmenprospekt der Klöckner Ökotec, Duisburg

4.24 G. Falkenhain: Verfahren zur Sanierung von Altlasten, in: Bergbau 7/90

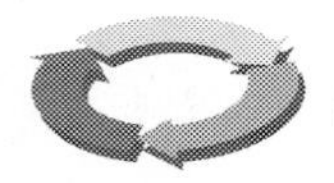

# 5 Abfall

## 5.1 Einführung

### 5.1.1 Der ökologische Hintergrund

Die zunehmende Abfallproblematik ist insbesondere typisch für die Industriestaaten, für die Produktionskonzentration, für die hohe Besiedlungsdichte, sie ist hervorgerufen durch die Wohlstandsgesellschaft, sie ist auch bedingt durch den Wertewandel („Wegwerfgesellschaft"). Deponien benötigen Flächen, gefährden die Luft, gefährden das Grundwasser und den Boden und sind möglicherweise die Altlasten von morgen. Erfolge bei der Luftreinhaltung und der Abwasserreinigung können durch die Maßnahmen zur Bewältigung der Abfälle geschmälert werden. Verursacher sind sowohl die Produzenten als auch die Verbraucher, die Industrie wie das Gewerbe oder die Landwirtschaft.

Der häufig noch anzutreffende Mangel an Problembewußtsein ist sicher die Ursache für die zunehmende Abfallproblematik. Die noch ansteigende Müllflut wies bereits 1985 eine Menge von über einer halben Milliarde t Müll in den alten Bundesländern auf (s. Abb. 5.1). Das gestiegene Umweltbewußtsein, entsprechende gesetzgeberische Maßnahmen und möglicherweise enorme Entsorgungskosten werden zu einer Verringerung des Abfallaufkommens beitragen.

Das Abfallaufkommen gemäß Abb. 5.1 würde einer spezifischen Abfallmenge von ca. 9 t/Einwohner entsprechen.

Nach anderen Angaben fallen in der Bundesrepublik Deutschland jährlich 290 Mio. t Abfall an, die sich zu 120 Mio. t aus Bauschutt, Straßenaufbruch, Bodenaushub etc. zusammensetzen, ferner aus festen Siedlungsabfällen und ähnlichen Abfällen von 44 Mio. t, aus 4 Mio. t Klärschlämmen und Produktionsabfällen von 122 Mio. t, was einer Gesamtmenge

| Abfallart | in Mio. t /a |
|---|---|
| landwirtschaftliche A. | 190 |
| inerte A. | |
| wie Bauschutt, Erdaushub | 126 |
| bergbauliche A. (Berge) | 80 |
| produktionsspezifische A. | 46 |
| Klärschlamm aus Klärwerken | 36 |
| Müll | 30 |
| Industrieschlamm | 11 |
| Klärschlamm aus Hauskläranlagen | 10 |
| Schrott | 1 |
| Altreifen | 0,3 |
| Altöl | 0,3 |
| Summe | 530 |

*Abb. 5.1: Abfallaufkommen in den alten Bundesländern 1985 (Lit. 5.1)*

von 290 Mio. t und einer spezifischen Menge von 3,6 t/a und Einwohner entspricht.

Diese Mengen sind in Abb. 5.2 dargestellt und aufgeteilt in die Bereiche Haushalte/Öffentliche Hand/Produzierendes Gewerbe (Lit. 5.2). An anderer Stelle werden nur 0,3 t/a und Einwohner genannt, wobei sich diese Menge nur auf den Hausmüll und die hausmüllähnlichen Abfälle bezieht.

Konsumverzicht im Sinne von Verzicht auf abfallmehrende Produkte (z.B Verzicht von Cola in der Wegwerfdose) oder die Förderung des Konsums von qualitativ hochwertigen Produkten (z. B. Schuhen, bei denen die Mehrfachreparatur noch sinnvoll ist) oder die Förderung von Produkten, deren Langlebigkeit ein Konstruktions- und Marketingprinzip ist (PKWs mit einer garantierten Laufleistung von 300000 km anstatt von 150000 km) könnten die Probleme eher lösen als verbesserte Entsorgungstechniken und so eine sinnvolle Entwicklungstendenz darstellen.

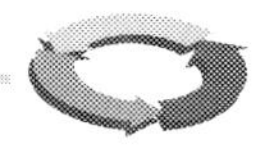

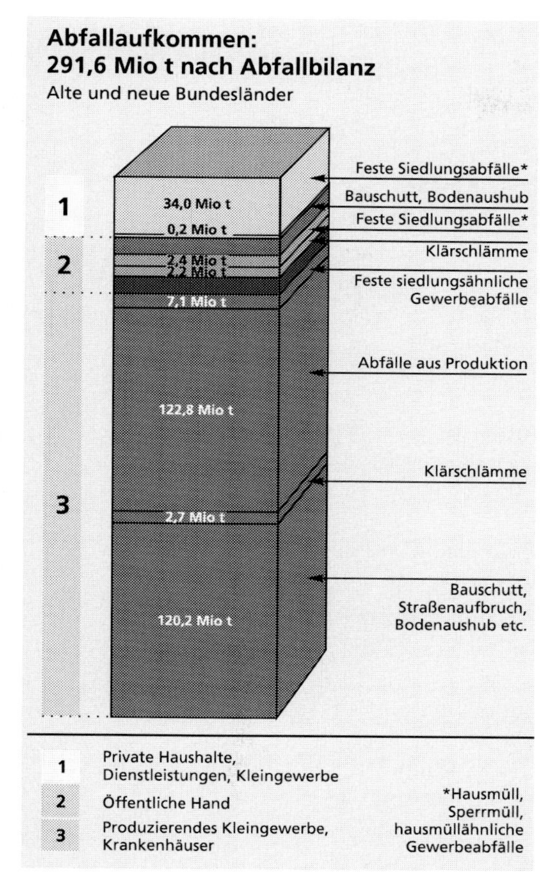


*Abb. 5.2: Abfallaufkommen in der Bundesrepublik 1990 (IZE, Frankfurt)*

Grundsätzlich ist das Vermeiden von Abfällen auch der Tenor des deutschen Abfallgesetzes (AbfG), das dem Vermeiden Vorrang vor dem Verwerten oder Recyceln und vor dem Entsorgen einräumt, wobei Vermeidungsstrategien nicht ausreichend aufgezeigt werden.
Sieht man von den gesetzgeberischen Maßnahmen ab, scheinen die politischen Maßnahmen nicht auszureichen, um das Problem zu lösen:
Es fehlen fiskalische Anreize wie z.B. höhere Abschreibungsmöglichkeiten für abfallmindernde Produktionen, Startförderungen und ähnliche Maßnahmen. Stattdessen werden die Haushalte von den Kommunen gezwungen, an der Müllbeseitigung teilzunehmen. Die Kosten für das Duale System Deutschland (DSD) werden über Kostenaufschläge auf die gekaufte Ware erhoben, unabhängig davon, ob der Kunde die Verpackung weiter nutzt oder sie entsorgt.
Vermeidungsstrategien sind am ehesten in Mangelgesellschaften wie in Asien oder auch in Europa während der großen Krisen wie zuletzt vor, während und nach den 2. Weltkrieg erkennbar. Während die EU den Einsatz von Biomasse fördert, um Beschäftigungsprobleme in der europäischen Landwirtschaft zu lösen, erfolgt der Einsatz von Biomasse in einigen asiatischen Ländern aus Mangel an anderen Brennstoffen.
Konzepte der deutschen chemischen Industrie waren früher so angelegt, Rückstände zu nutzen, da andere Rohstoffe nicht erhältlich waren. So wurde die Hydrierung von Ölrückständen nach dem 2. Weltkrieg nicht durchgeführt, um ein besonders wirksames Entsorgungskonzept zu realisieren, sondern deshalb, weil wegen des akuten Devisenmangels Rohöle nicht in der erforderlichen Menge eingeführt werden konnten. Daß heute Kenntnisse aus dieser Zeit genutzt werden können, zeigt das Vorhaben, Polymere wie PE oder PVC zu hydrieren, mit dem Ziel, sie in ihre nutzbaren Ausgangsstoffe zu zerlegen.
Ein weiters Beispiel war auch die Mangelwirtschaft in der DDR, in der das SERO System dazu beitrug, Abfälle zu vermeiden.
Daneben können aber auch moderne Technologien dazu beitragen, Abfälle zu vermeiden:
- Z.B. kann heute auf Großveranstaltungen dank moderner, mobiler Spülmaschinen anstelle von Einmalgeschirr übliches Porzellan und Besteck genutzt werden.
- Anstelle der früher üblichen naßchemischen analytischen Untersuchungen benötigt die moderne Mikroanalalytik kleinere Proben- und Chemikalienmengen.
- Moderne Aufbereitungsanlagen ermöglichen die Nutzung von Bauschutt, so daß Sand und Kies substituiert werden können und der Bauschutt nicht verkippt werden muß.

## 5.1.2 Rechtliche Aspekte

Erst 1994 verabschiedete der Deutsche Bundestag das neue Gesetz zur Vermeidung, Verwertung und Beseitigung von Abfällen, das sog. *Kreislaufwirtschafts- und Abfallgesetz (Krw-/AbfG)*. Erstmalig sind damit auch die Prinzipien der Kreislaufwirtschaft definiert und festgeschrieben worden (Lit. 5.3). Hiernach sind Abfälle in erster Linie zu vermeiden, z. B. durch eine abfallarme Produktionsgestaltung, die im Sinne dieses Buches zu den primären Maßnahmen zählen würde.
Die Vermeidungsstrategie ist auch Bestandteil früherer Abfallgesetze (AbfG) von 1986 und 1993. Neu hingegen ist die Forderung, daß in zweiter Linie die Abfälle

- stofflich zu verwerten sind oder
- einer energetischen Verwertung im Rahmen der Energiegewinnung zugeführt werden sollen.

An dieser Stelle soll schon darauf hingewiesen werden, daß sich die stoffliche Verwertung in die werkstoffliche und rohstoffliche Verwertung splittet (Lit. 5.4).

*Bei der werkstofflichen Verwertung* wird davon ausgegangen, daß z. B. aus Papier wieder Papier entsteht (Altpapier). Während dieser Weg sich im Falle des Papiers als gangbar erwies, entstehen im Kunststoffbereich bekanntermaßen Probleme.
Wegen der Sortenvielfalt gelingt es kaum, ein hochwertiges Sekundärprodukt zu erzeugen. Häufig wird daher vom „Parkbank- bzw. Blumenkübelsyndrom" gesprochen, um deutlich zu machen, daß die erzielten Produkte kaum eine Bedeutung erlangen und minderwertig sind, was auch mit „Downcycling" bezeichnet wird.

*Die rohstoffliche Verwertung* hat das Ziel, z. B. Kunststoffe in die Bausteine zu zerlegen, aus denen sie entstanden sind. Als Verfahren werden hier die Vergasung und die Hydrierung diskutiert, auf die später noch eingegangen wird.

## Nützliche Adressen und Informationsquellen

AG Müll Recycling Halle
Pfälzerstr. 2
06108 Halle
Tel.: 0345/26530

Arbeitsgemeinschaft für Abfallwirtschaft (AfA)
Lindenallee 13–17
50968 Köln
Tel.: 0221/3771280

Arbeitsgemeinschaft Ver- und Entsorger
Lüneburger Str. 48
29223 Celle

Arbeitskreis Abfall im BBU
Rennerstr. 16
79106 Freiburg
Tel.: 0761/280675

Bundesverband Sonderabfallwirtschaft e.V. (BPS)
Südstr. 133
53175 Bonn
Tel.: 0228/951180

Deutsche Gesellschaft für Abfallwirtschaft
TU-Berlin Institut für technischen Umweltschutz
Straße des 17. Juni 135
10623 Berlin

Landesamt für Wasser und Abfall NRW
Auf dem Draap 25
40221 Düsseldorf
Tel.: 0211/155252

Sonderabfallgesellschaft mbH
Waidmühlenstr. 1
99102 Waltersleben

Staatliches Amt für Wasser- und Abfallwirtschaft Aachen
Franzstr. 49
52064 Aachen
Tel.: 0241/4570

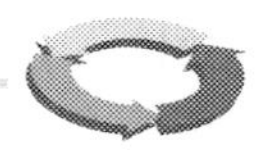

Verband kommunaler Abfallwirtschaft und Stadtreinigung (VKS)
Lindenallee 11–17
50968 Köln

## Wichtige Fachbegriffe auf einen Blick

*Ausbrand:* Umsetzung des Kohlenstoffs in %
*braune Ware:* Unterhaltungselektronik, PC etc.
*Deponiegas:* methanhaltiges Gas, das aus Deponiegasbrunnen gewonnen wird und zur Stromerzeugung genutzt werden kann
*DSD:* Duales System Deutschland
*energetisches Verwerten:* Verbrennen, Vergasen oder Pyrolysieren mit dem Ziel der Energieerzeugung
*entsorgen:* deponieren
*Feuerungswirkungsgrad:* Verhältnis aus der dem Kessel zur Verfügung gestellten Wärme zum Heizwert des Brennstoffs · 100%
*Kreislaufwirtschaftsgesetz:* 1994 in Kraft getretendes Gesetz, das zum Ziel hat, Abfälle zukünftig zu vermeiden
*Kompostierung:* aerobe Oxidation von biogenen Reststoffen zur Erzeugung von Komposten
*primäre Maßnahmen:* Maßnahmen, die ein Recyceln und ein Entsorgen überflüssig machen
*prozeßintegrierter Umweltschutz:* Entwicklung von Verfahren, die weniger Emissionen, Abwässer und Abfälle und Abwärme erzeugen
*Pyrolyse:* Umsetzung des Brennstoffs bei Luftabschluß
*Pyrolyseprodukte:* Koks, Teer und Pyrolysegas
*recyceln:* wiederverwerten
*rohstoffliches Verwerten:* Rückgewinnung von Rohstoffen; so entstehen z. B. aus PVC-Abfällen durch Hydrierung Chemierohstoffe
*Rotte:* Kompostierung
*sekundäre Maßnahmen:* durch Wiederverwerten werden die Abfallmengen vermindert
*Sickerwasser:* mit Schwermetallen belastetes Abwasser von Deponien
*stoffliches Wiederverwerten:*
kann unterschieden werden in
das werkstoffliche und
das rohstoffliche Verwerten
*TA Abfall:* eine entsprechende Vorschrift für Sonderabfälle
*TA Siedlungsabfall:* Verwaltungsvorschrift, die den Umgang mit Hausmüll und hausmüllähnlichen Stoffen regelt
*Verbrennen:* Umsetzung des Brennstoffs bei Luftüberschuß
*Vergärung:* anaerobe Oxidation von biogenen Reststoffen, eine sinnvolle Vorstufe der Kompostierung
*Vergasung:* Umsetzung des Brennstoffs bei Luftunterschuß
*Vergasungsprodukte:* Schwachgas ($CO$,$H_2$-haltig) und Asche
*weiße Ware:* Elektogeräte wie Kühlschränke, Herde etc.
*werkstoffliches Verwerten:* aus PVC-Abfällen entstehen z. B. wieder PVC-Produkte

## 5.2 Primäre Maßnahmen zur Verringerung der Abfallmengen

Bereits einleitend wurde darauf hingewiesen, daß auch der Gesetzgeber die Abfallvermeidung vor die Verwertung stellt.
In vielen Bereichen ist jedoch zu erkennen, daß es kaum Hinweise auf Vermeidungsstrategien gibt. Die technisch-wissenschaftliche Literatur befaßt sich ausschließlich mit Entsorgungstechniken. Typisch ist auch die Einrichtung des Studiengangs „Entsorgungstechnik" der FH-Gelsenkirchen; auch in der Ausbildung sollte als Ziel die Vermeidung und nicht die Entsorgung im Vordergrund stehen.

Daß Vermeidungstechniken nicht das Unternehmensziel der Entsorgungswirtschaft sein können ist verständlich.
Haushalte, das Gewerbe, die öffentliche Hand und die Industrie sollten dagegen längerfristig Konzepte in Richtung „Vermeidung" von Abfällen entwickeln, da dies auch erhebliche Kosten- und Wettbewerbsvorteile mit sich bringen kann.

### 5.2.1 Primäre Maßnahmen zur Verringerung des Abfallaufkommens im privaten Bereich

Der Verzicht auf Güter bedeutet den besten Beitrag zur Verringerung des Abfallaufkommens. Dies hat die kritische Jugend der 60/70er Jahre sehr deutlich ausgesprochen. Aus heutiger Sicht ist der Konsumverzicht differenzierter zu sehen, eher im Sinne der Vermeidung von Schäden, z.B. von Umweltschäden. 1990 betrug das Abfallaufkommen im privaten Bereich 34 Mio. t/a (Abb. 5.2), was 425 kg/a je Einwohner entspricht. Werden die darin enthaltenen Abfallmengen aus dem Dienstleistungs- und Kleingewerbe abgezogen, dürfte sich der unter 5.1.1 benannte Wert von nur 300 kg/a und Einwohner ergeben, entsprechend 24 Mio. t/a.
Aufkommen und Zusammensetzung des Hausmülls ist in Abb. 5.3 dargestellt. Damit wird deutlich, daß die im privaten Bereich anfallende Abfallmenge weniger als 5 % der gesamten Abfallmenge betragen dürfte.
Maßnahmen zur Verminderung des Abfallaufkommens im privaten Bereich dürften somit insgesamt ein geringes Potential bergen. Trotzdem besteht die Notwendigkeit, auch dieses Potential zu nutzen. Im folgenden sollen die Bereiche

- private Mobilität
- Konsumgüter
- sowie der Bereich der privaten Anschaffungen

angesprochen werden.

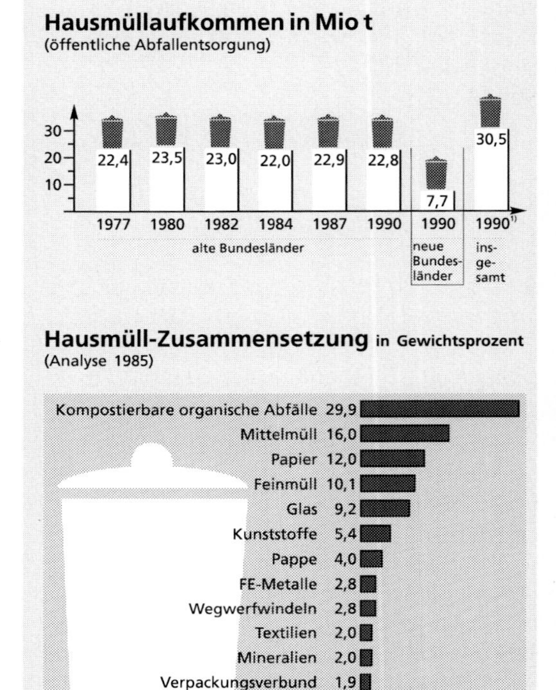


*Abb. 5.3: Hausmüllaufkommen und Zusammensetzung (IZE, Frankfurt)*

#### Die private Mobilität unter dem Blickwinkel der Abfallvermeidung

Die private Mobilität wird längerfristig weltweit noch zunehmen, obwohl in den Industriestaaten eine Sättigung insbesondere bei der Nutzung des PKW bereits erkennbar ist.
Mit heute rund 40 Mio.PKWs in Deutschland bei einer Lebensdauer von 10 Jahren und einem mittleren Fahrzeuggewicht von 1 t dürfte sich ein Schrottmengenaufkommen von 4 Mio.t/a ergeben. Wenn derzeit nur 2 Mio.t/a in diesem Bereich anfallen, so ist dies auch auf die hohe Exportrate von Gebrauchtwagen zurückzuführen. In den Shredderanlagen (siehe Abb. 5.4) fallen ca. 70 % Schrott an, was in etwa den in Abb. 5.1 ausgewiesenen 1 Mio t entspricht (Lit. 5.5)
Trotz der vermeintlich guten Recyclingmöglichkeiten des Schrotts ist dieser wegen seiner

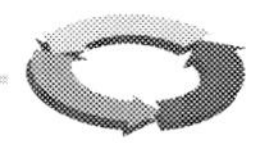

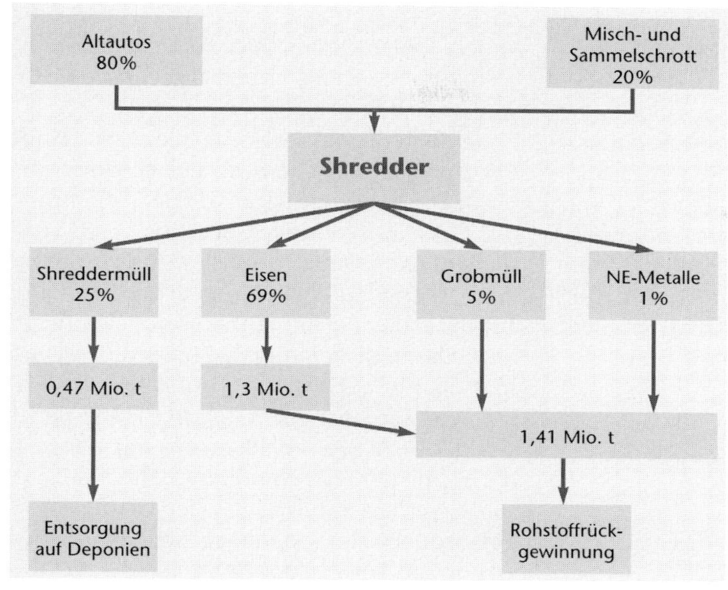


*Abb. 5.4: Materialfluß der Shredderanlagen*

Anteile an Kupfer, Zinn, Zink und Blei problematisch, da durch sie die Stahlqualitäten bzw. die Emissionen bei der Stahlerzeugung ungünstig beeinflußt werden.

Darüberhinaus fallen aber noch 0,5 Mio. t Shredderleichtmüll an, der heute noch als Sonderabfall eingestuft werden muß. Die PKW-Nutzung führt ferner noch zu 300 000 t Altöl und 300 000 t Altreifen wie der Abb. 5.1 zu entnehmen ist.

Überlegungen zur Minderung des Müllaufkommens sind notwendig. Einige Gesichtspunkte seien aufgeführt:

So könnte sich ein typischer Dreifamilienhaushalt z. B. anstelle des Zweitwagens für nur einen PKW entscheiden und im Bedarfsfall die Möglichkeiten des öffentlichen Personennahverkehrs nutzen. Auch wenn das Busticket momentan teurer erscheint als der Treibstoff, so könnte sich bei einer Bilanz aller Kosten (auch der Abschreibung und Zinsen) die gewählte alternative Lösung nicht nur als die abfallärmere sondern auch die kostengünstigere erweisen.

In diesem Zusammenhang sei auf die Lebensdauer von Produkten hingewiesen:

Erst wenn sie abgelaufen ist, tritt das Müllproblem auf. Produkte mit langer Lebensdauer mindern daher das Abfallaufkommen. In bezug auf den PKW sei angemerkt, daß bei üblicher Nutzung eine Fahrleistung von 200 000 km erzielt wird. Wird diese Fahrleistung durch eine angenommene Fahrgeschwindigkeit von 60 km/h, dividiert, so erhält man die Lebensdauer in Betriebsstunden und diese beträgt im vorliegenden Fall 3300 h. Bei einem Taxi ist diese in der Regel dreifach höher, da das Fahrzeug häufiger genutzt wird und sich immer in einem warmen Betriebszustand befindet. Wie das Beispiel zeigt, resultiert aus einer höheren Auslastung nicht nur die bekannte Kosteneinsparung, sondern auch eine höhere Lebensdauer des Produkts.

Ähnliche Überlegungen liegen dem Projekt zugrunde, bei dem sich mehrere Fahrer ein Fahrzeug teilen, dem Carsharing, das in mehreren Großstädten erprobt wird.

Auch das schon ältere System des Carleasings enthält die benannten Vorteile.

Im übrigen sei angemerkt, daß bei anderen technischen Einrichtungen die für einen privat genutzten PKW oben errechneten niedrigen Betriebsstundenzahlen völlig unrentabel wären. Ein Kraftwerk z. B. mit jährlichen Betriebsstunden von 4000 und einer Lebensdauer von 30 Jahren erreicht 120 000 Betriebsstunden, das sind 40 mal mehr als bei einem privat genutzten PKW.

## Die Auswahl der Konsumgüter aus Sicht der Abfallminimierung

Die Abfallminimierung im Bereich der Konsumgüter ist in hohem Maße erforderlich. Jährlich entstehen nach Angaben des Statistischen

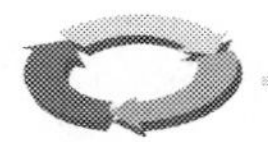



Bundesamtes in Wiesbaden ca. 44 Mio. t Hausmüll, hausmüllähnliche Gewerbeabfälle und Sperrmüll, zusammengefaßt als feste Siedlungsabfälle, davon 34 Mio. t im Bereich der privaten Haushalte, der Dienstleistungen und im Kleingewerbe entspr. ca. 75% (s. Abb. 5.2). In dieser Menge sind allein 12 Mio. t Verpackungsmüll enthalten, dessen Zusammensetzung in Abb. 5.5 wiedergegeben ist. Allein wegen dieser enomen Abfallmengen muß nach Wegen der Müllvermeidung gesucht werden.

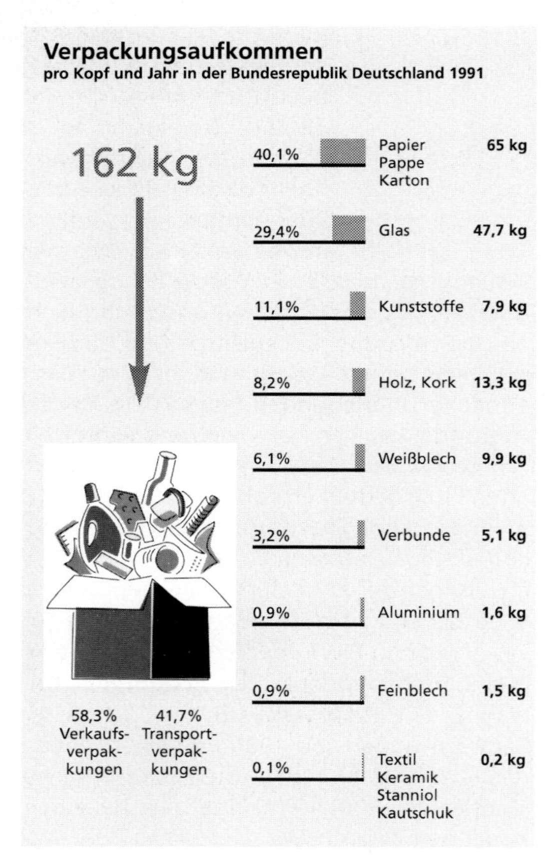


*Abb. 5.5: Verpackungsaufkommen pro Kopf und Jahr in der Bundesrepublik Deutschland 1991 (IZE, Frankfurt)*

Typisch für diesen Bereich ist die Diskussion um Einweg- oder Mehrwegverpackungen. Je nach Interessenlage wird für das eine oder andere System votiert. Aus der Sicht der Abfallvermeidung spricht jedoch alles für die Mehrwegverpackung.

In der Regel favorisieren Wirtschaftsverbände das Einwegsystem, so auch der Billigdiscounter ALDI. Interessant war bei der Einführung der PET-Flasche durch Coca Cola 1985, daß sich auf einmal auch Wirtschaft und Industrie für die Mehrwegflasche aussprachen, allerdings auf Basis des Polyethentherephthalats (PET). Heute bereitet sich nun auch die Mineralwasserindustrie auf die Einführung der PET-Flasche vor. Die noch nicht geklärte Frage dürfte aus der Sicht der Abfallentsorgung sein, wie die nicht mehr verwendbaren Flaschen entsorgt werden können. Bei der Glasflaschenentsorgung sind keinerlei Schwierigkeiten erkennbar. Sowohl die Deponierung des oxidationsbeständigen PETs als auch seine Verbrennung sind dagegen problematisch.

Trotz Befürwortung der Mehrwegflasche inzwischen auch durch Wirtschaft und Industrie steigt die Nachfrage nach der Einwegverpackung und diese wird in zunehmendem Maße aus Kunststoff angeboten. Dieser Trend wird auch dadurch unterstützt, daß in den Nachbarländern die Vorliebe für den Einweg noch stärker ausgeprägt ist als in Deutschland; z. B. Mineralwasser aus Frankreich in der Wegwerfkunststofflasche etwa des Herstellers VITTEL.

Die Probleme im Bereich Mehrweg/Einweg sowie Glas oder Kunststoff treffen in gleicher Weise auch auf andere Lebensmittelbereiche zu, so z. B. bei der Fertigkost und dort insbesondere bei der Gefrierkost aber auch im Fastfood-Bereich, wobei gar nicht einzusehen ist, daß ein Hamburger nicht auch auf einem Porzellanteller schmecken könnte.

## Private Anschaffungen in bezug auf die Reduzierung der Abfälle

Die privaten Anschaffungen sowie die erforderlichen Konsumgüter verursachen oft nur schwer zu entsorgende Abfälle. Weniger steht hier die Verpackung im Vordergrund, da die

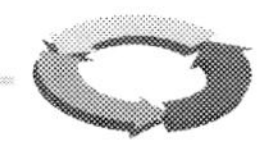

Rücknahmepflicht des Lieferanten hier schon zu Verbesserungen geführt hat. Problematisch ist noch die Entsorgung von Hausgeräten z. B. Kühlschränken aber auch von anderen Hausgeräten, der sogenannten „weißen Ware". Gefordert werden Produkte mit

- längerer Lebensdauer
- austauschbaren Bauelementen
- umweltverträglichen Werkstoffen und Betriebsstoffen
- demontierbaren Konstruktionen, um eine Wiederverwertung zu erleichtern

Abb. 5.6 zeigt ein Wälzlager, wie es häufig in Haushaltsmaschinen zum Einsatz kommt. Dieses Lager ist leicht demontierbar. Das auf die Welle aufgesetzte Lager ist lediglich in das Gehäuse einzudrücken. Dazu trägt die Anphasung des Gehäuses bei, die den Schnappring im äußeren Lagerring zusammendrückt, der dann in die im Gehäuse vorgesehene Nut zurückspringt und das Lager fixiert, so daß eine Demontage unmöglich ist. (Lit. 5.6)

Analoges gilt für die Unterhaltungselektronik, vom Radio bis zum Homecomputer, der sogenannten „braunen Ware". Jährlich fallen in diesem Bereich bis zu einer Mio. t an. Wegen der zahlreichen verwendeten Werkstoffe ist das Recycling von Elektronikschrott schwierig.

Auch hat der Verbraucher kaum Möglichkeiten, sich für ein umweltfreudlicheres Produkt zu entscheiden. Die geplante Elektronikschrottverordnung geht von einer Rücknahmepflicht durch die Erzeuger aus. Erst so ist eine Trendwende denkbar.

Bei Bekleidung und Schuhen ist zu erkennen, daß private Sammeldienste eine Wiederverwertung organisieren. Einrichtungsgegenstände, insbesondere Möbel müssen als sogenannter Sperrmüll entsorgt werden. Da Möbel im wesentlichen seit Jahren aus Preßspanplatten – günstiger werden Tischlerplatten oder Sperrhölzer bewertet – gefertigt werden, für die als Bindemittel verschiedene synthetische Harze genutzt wurden, ist die thermische Verwertung eines derartigen Holzes problematisch, während beim naturbelassenen Holz kaum Schwierigkeiten zu erwarten sind. Das sieht auch der Gesetzgeber so, wenn er bei der Verbrennung von naturbelassenen Holzes dieses als Brennstoff zuläßt (1. Bundesimmisonsschutzverordnung) und bei der Verbrennung von aus dem Hausmüll gewonnenem Shredderholz die Einhaltung der Auflagen der 17. Bundesimmissonsschutzverordnung fordert, die den Anforderungen entsprechen, die Müllverbrennungsanlagen erreichen müssen.

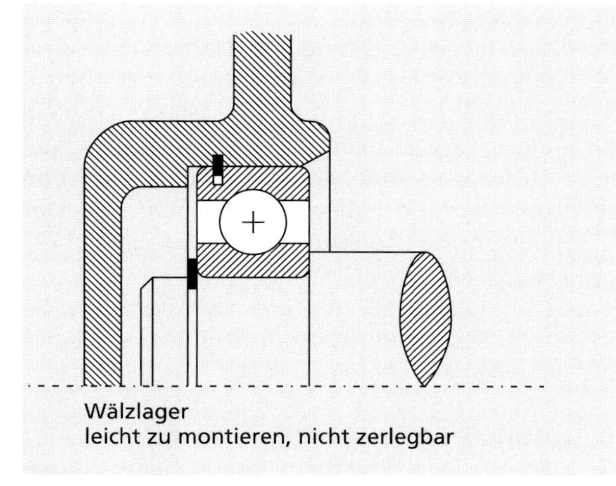


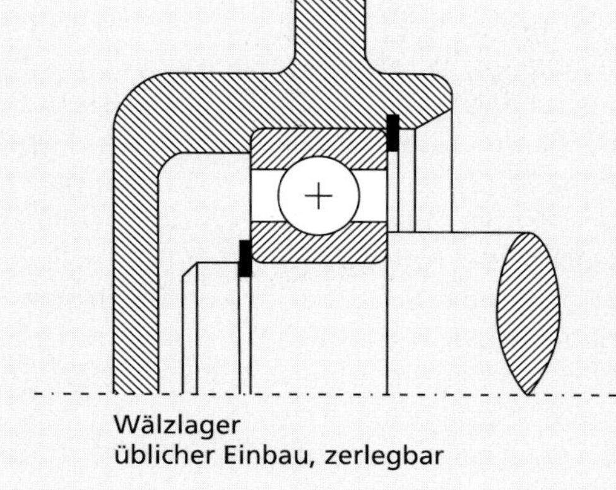


*Abb. 5.6: Wälzlager*

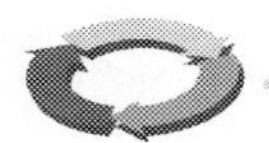



Nicht erst bei der Entsorgung, sondern schon im Rahmen der täglichen Nutzung können die oben erwähnten Harze (Formaldehydharze), und auch die Klebstoffe für die Furniere sowie Lackierungen und Anstriche die Innenraumluft belasten und die Gesundheit gefährden (Lit. 5.7).

Ein anderer in bezug auf die Entsorgung wichtiger Bereich ist der Wohnungs- bzw. Baubereich. Jeder Bürger ist auf Wohnraum angewiesen. Die Bauschäden sind bekannterweise enorm und führen zu erheblichen Mengen an Bauschutt (s. Abb. 5.2). Wegen der langen Lebensdauer der Immobilien treten die Probleme aber häufig erst in einer späteren Generation auf.

Bekannt ist die Nutzung des Asbests als Baustoff. Asbest gefährdet die Bewohner. Aber auch die Asbestsanierung von Gebäuden sowie die Entsorgung sind gesundheitlich sehr problematisch.

Bei der Produktion von Baustoffen werden in zunehmendem Maße Reststoffe als Rohstoffersatz (z. B. Filteraschen) oder als Brennstoff (Altreifen, Altöl) verwandt, ferner werden die Rohstoffe zur besseren Verarbeitung mit Zusätzen z. B. Polymeren, Abbindebeschleunigern vermischt, deren Auswirkungen bis heute nicht bekannt sind.

Im Rahmen der Wasser und Gasinstallation werden seit Jahren in zunehmendem Maße leicht zu verarbeitende Kupferrohre verwandt. Durch Alterung, häufig im Falle schlechter Kupferqualitäten, können Millionenschäden auftreten, so daß Versicherungen hier bereits besonders aufmerksam wurden. Die hohen Kupfergehalte der Abwässer führen dazu, daß die anfallenden Klärschlämme nicht mehr landwirtschaftlich genutzt werden können. Es wird angenommen, daß die Schwermetallkontamination der Schlämme durch die verstärke Verwendung von Kupfer- anstelle von Stahlrohren hervorgerufen wird.

Ein noch nicht abzuschätzendes Problem dürfte auch der zunehmende Einsatz von Kunststoffen insbesondere von PVC im Baubereich sein. Paradoxerweise sehen sich die Bauherren durch ein Umweltgesetz, die Wärmeschutzverordnung, zur Verwendung dieser Materialien, z. B. bei Fenstern und Türen, veranlaßt.

Es bleibt zu hoffen, daß auf umweltschädigende Baustoffe schon deshalb verzichtet wird, weil die Bauherren und Architekten keine gesundheitlichen Risiken eingehen wollen und sich verstärkt für eine umweltverträgliche oder sogar biologische Bauweise entscheiden, was eine typische primäre Maßnahme im Bereich der Umwelttechnik ist (Lit. 5.8).

### 5.2.2 Primäre Maßnahmen im industriellen Bereich

Wie im privaten Bereich so gilt auch im industriellen Bereich, daß primäre Maßnahmen eindeutig günstiger einzustufen sind als sekundäre. Hinzu kommt, daß das Einsparungspotential wegen der hier zum Einsatz kommenden deutlich höheren Mengen viel größer ist. Werden die Daten der Abb. 5.2 mit denen der Abb. 5.1 verglichen, so fällt auf, daß landwirtschaftliche und bergbauliche Abfälle offensichtlich nicht in die Abfalllstatistik eingehen. Gerade deshalb sollen sie kurz angesprochen werden.

#### Abfälle in der Land- und Forstwirtschaft

Bereits im Kap. 4.5 wurde auf die „nachhaltige" Forst- und Landwirtschaft verwiesen.

Bezüglich der nicht zu vermeidenden Rückstände z. B. bei der Ernte von Pflanzen muß in diesem Zusammenhang das Zurückführen der Rückstände in den Boden als Mulch oder Kompost Vorrang haben vor einer anderen Verwertung, von einer Deponierung sollte abgesehen werden.

Die Rücknahme von Monokulturen, sparsamere Anwendung von Kunstdünger und Pestiziden sind dabei nur einige Gesichtspunkte.

#### Abfälle im Bergbau

Bergbauliche Rückstände sind zunächst die hereingewonnenen, nicht verwertbaren Produkte,

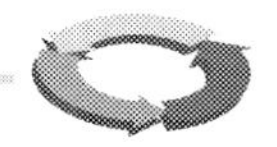

die Berge. Je nach dem Wertstoffgehalt können die Bergemengen erheblich sein, von z.B. 50% des geförderten Materials im Falle der deutschen Steinkohle bis deutlich über 99% bei Metallen. Hauptsächlich werden diese Berge auf Bergehalden deponiert, von denen je nach Bergbauzweig auch große Gefahren ausgehen können. Im Bereich der Kohle neigen solche Bergehalden zu Schwelbränden, die zu stark gefährdenden Emissionen führen. Im Salzbergbau spielt die Wasserlöslichkeit eine große Rolle, im Erzbergbau die Löslichkeit von Metallen, insbesondere Schwermetallen. Der untertägige Bergeversatz ist zumeist aus anderen Gründen als der Vermeidung von Bergehalden durchgeführt worden, wäre aber aus der Sicht der Vermeidung von Gefahren, die sich durch Halden ergeben, zu fordern und langfristig anzustreben.

## Abfälle in der Energiewirtschaft

Die schon einleitend erwähnte Forderung nach dem „blauen Himmel über der Ruhr" bedingte eine Umstellung der Wärmeerzeugung von Kohle/Koks auf Heizöl und später auf Erdgas. Damit wurde ein deutlicher Beitrag zur Reinhaltung der Luft erzielt.

Weniger bekannt aber ist, daß das Abfallaufkommen sich ebenfalls minderte:

In den sechziger Jahren wurden zu Zwecken der Energiegewinnung ca. 60 Mill. t/a Steinkohle bzw. Steinkohleprodukte verfeuert; heute sind es nur noch 2 bis 3 Mill. t/a. Wird ein Aschegehalt von nur 6% unterstellt, so resultiert daraus ein Minderaufkommen von über 3 Mill. t Asche jährlich.

Ein weiterer Schritt war die Forderung, Kraftwerke zu entschwefeln:

Auf die technischen Lösungen wurde bereits in Kapitel zwei eingegangen. Die Techniken zur Entschwefelung können eingeteilt werden, in solche, bei denen der Schwefel in verkaufsfähige Produkte umgewandelt wird oder in solche, bei denen der Schwefel als Sulfat vorliegt, vorrangig als Gips (Abb. 5.7).

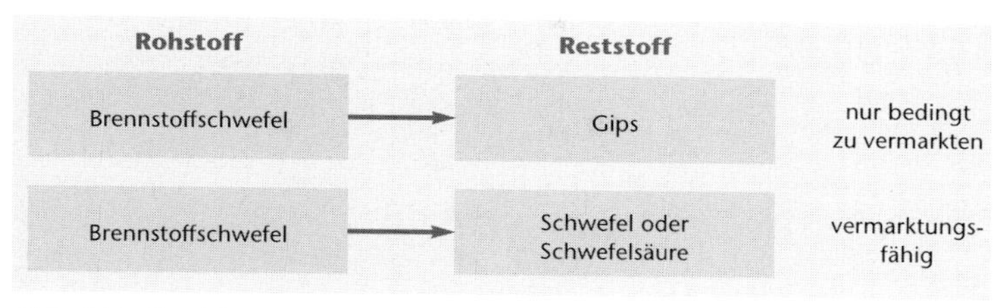


*Abb. 5.7: Zwei Routen zur Nutzung des Brennstoffschwefels*

Beide Lösungen waren in der Entwicklung, wobei die erstere sicherlich als die schwierigere Lösung anzusehen ist. Die Großfeuerungsanlagenverordnung forderte die Entschwefelung aber auch gleichzeitig Umstellungstermine. Die Kraftwerksbetreiber entschieden sich deshalb wegen der Kürze der Zeit für die Gipsroute. Derzeit kann die produzierte Gipsmenge im Markt zwar noch untergebracht werden. Langfristig werden aber die REA-Gipse deponiert werden müssen, ein Beispiel dafür, daß sekundäre Maßnahmen zwar eine kuzfristige Lösung bieten, langfristig jedoch vermieden werden sollten. Heute hat bereits ein Umsteuerungsprozeß begonnen.

Neue Kraftwerkskonzepte zielen u.a. auf die Vermeidung des Gipsanfalls:

Abb. 5.8 zeigt das Schema eines konventionellen Braunkohlenkraftwerks, Abb. 5.9 das KoBra-Konzept, daß auf dem G und D (Gas- und Dampfturbinen)-Prinzip auf der Basis von festen Brennstoffen beruht. Neben Vorteilen im Bereich der Luftreinhaltung und Abwasserminimierung sind Vorteile beim Reststoffanfall zu sehen, da bei dem KoBra-Konzept Gips nicht anfällt. Abb. 5.10 zeigt, daß hier der Brennstoffschwefel in Schwefelwasserstoff umgewandelt wird, der schließlich in einer Clausanlage in Elementarschwefel umgewandelt werden kann. Abb. 5.11 zeigt die Mengenstruktur pro Tag eines entsprechenden Steinkohlenkonzepts.

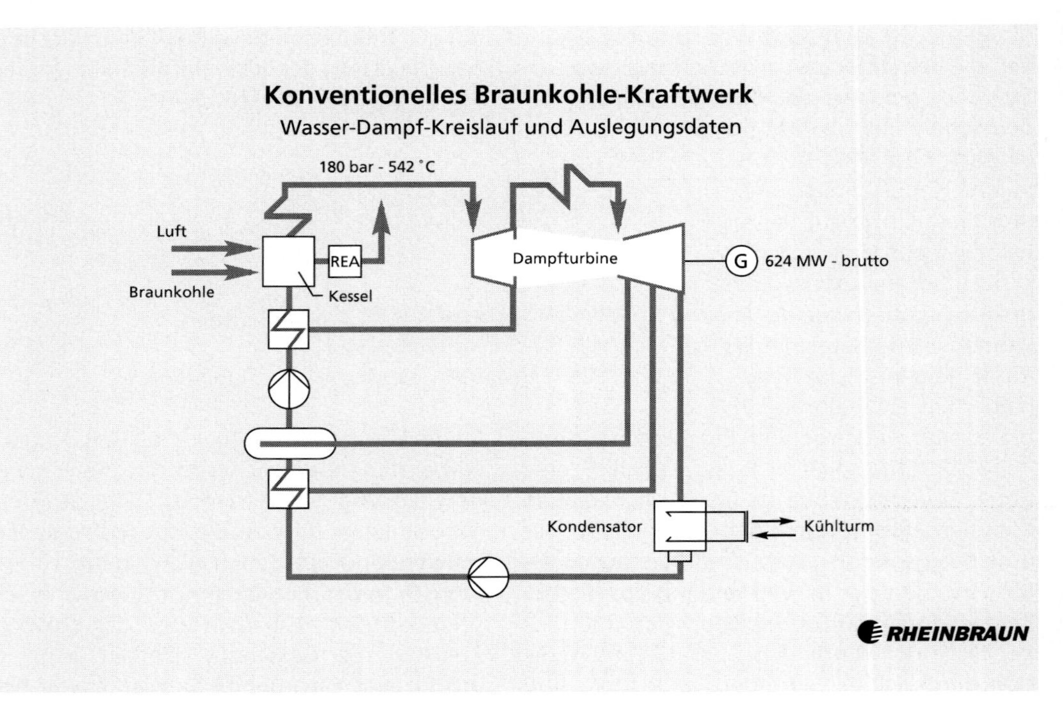


*Abb. 5.8: Konventionelles Braunkohlenkraftwerk*

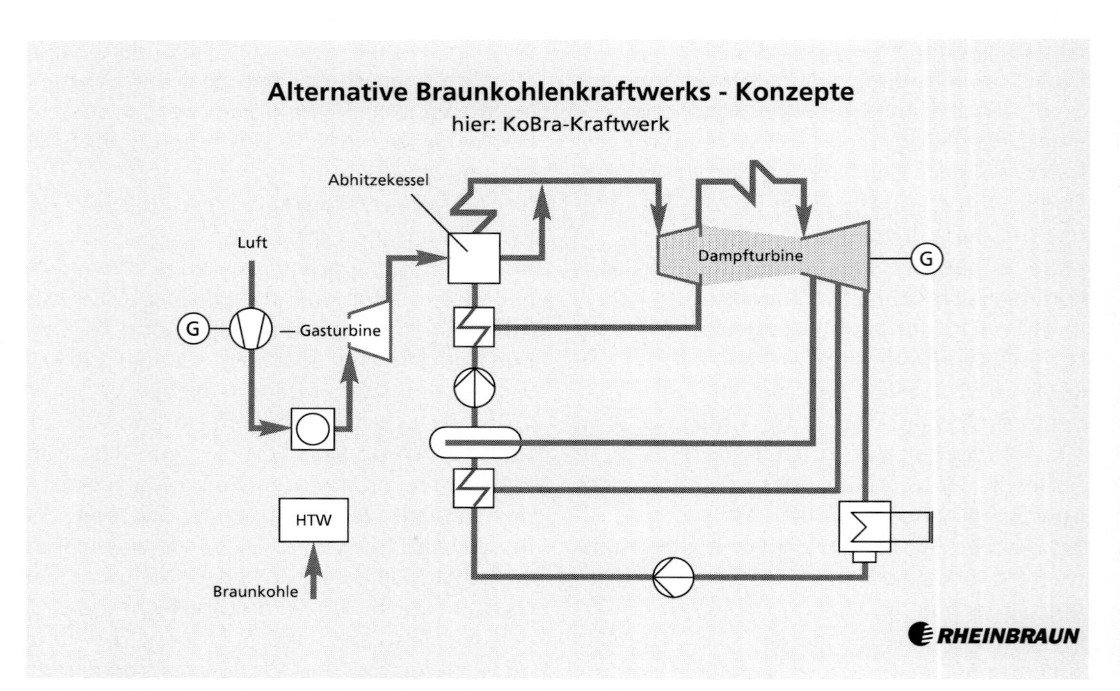


*Abb. 5.9: Alternatives Braunkohlenkraftwerkskonzept (KoBra)*

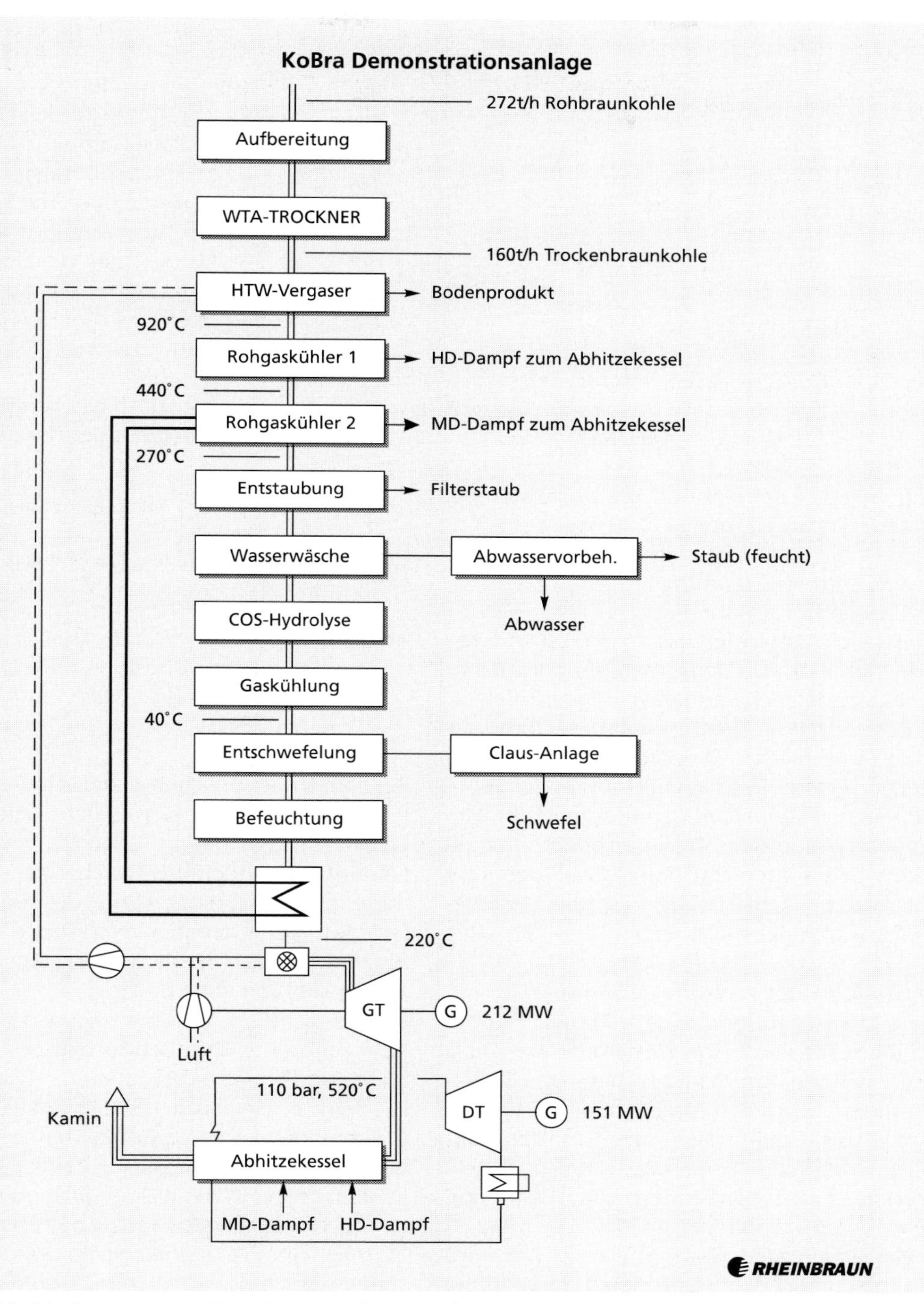


*Abb. 5.10: Die Gaserzeugung, Gasreingung und -verwendung beim KoBra – Konzept unter dem Gesichtspunkt der Erzeugung von Schwefel*

| Tonnen pro Tag | Konventionelles Kraftwerk | GUD-Kraftwerk |
|---|---|---|
| Kohle | 6366 | 5367 |
| Kalk | 217 | |
| Asche | 637 | |
| Flugstaub | | 50 |
| Schlacke | | 488 |
| Gips | 355 | |
| Schwefel | | 63 |
| $SO_2$ | 22,4 | 2,6 |
| $NO_x$ | 11,2 | 6,6 |
| $CO_2$ | 17000 | 14400 |
| Summe Reststoffe | 992 | 538 |

*Abb. 5.11: Die Massenbilanz eines konventionellen und eines alternativen Steinkohlenkraftwerkskonzeptes auf der Basis von 700 MW (Mengenangaben in t/Tag)*

Ein weiteres Beispiel sind die primären Entstickungsmaßnahmen
- keine Luftvorwärmung
- gestufte Verbrennung
- Rauchgasrückführung,

bei denen – im Gegensatz zu den sekundären Maßnahmen – auf den Einsatz von Hilfstoffen, wie z.B. den schwermetallhaltigen Katalysatoren verzichtet werden kann, die ihrerseits dann auch nicht wiederverwertet oder entsorgt werden müssen. Heute angestrebte höhere Wirkungsgrade werden vornehmlich zu Absenkung der $CO_2$-Emissionen durchgeführt, ein höherer Wirkungsgrad bedeutet gleichzeitig auch, daß bei Festbrennstoffeuerungen weniger Asche anfällt.

### Abfälle in der chemischen Industrie

Wie in anderen Industrien fallen auch in der chemischen Industrie Reststoffe an. Dazu zählen Koppelprodukte, Neben- und Folgeprodukte, durch den Prozeß modifizierte Hilfsstoffe sowie nicht umgesetzte Einsatzstoffe.

Ziel der heutigen Verfahrenstechnik ist es, ein Verfahren zu entwickeln, das Luft, Wasser und Boden von vornherein so wenig wie möglich belastet. Auch hier ist das oberste Ziel, dort wo es möglich ist, Reststoffe durch Anwendung primärer Maßnahmen zu vermeiden. C. Christ (Lit. 5.9) nennt als Maßnahmen:

- neue Synthesewege mit dem Ziel der Reststoffvermeidung
- erhöhte Selektivtät der Katalysatoren
- Prozeßoptimierung durch moderne Meß- und Steuerungstechnik

Als Beispiel für den prozeßintegrierten Umweltschutz wird die Polypropylenherstellung (PP) herangezogen:
aus 1000 kg Rohstoffen und Hilfsstoffen entstanden:

| | |
|---|---|
| 1964 | 844 kg PP, 44 kg Abluft, 76 kg Abfall, 36 kg Abwasser |
| 1988 | 978 kg PP, 17 kg Abluft, 5 kg Abfall, |
| 1991 | 987 kg PP, 13 kg Abluft |

*Abb. 5.12: Einsatzstoffe, Produkte, Abluft, Abwasser und Reststoffe bei der Herstellung von Polypropylen auf der Basis von 1000 kg Monomerrohstoff*

Bei dem früher üblichen Verfahren wurde die Polymerisation in einem leicht flüchtigen Lösungsmittel, dem Leichtbenzin oder Naphtha, durchgeführt. Durch eine lösungsmittelfreie Verfahrensvariante, der sogenannten Massepolymerisation, verringerte sich die Abfallmenge von 76 auf 5 kg bei einem Rohstoffeinsatz von von 1000 kg .

Bei den neuesten Verfahren werden selektive Katalysatoren verwendet, so daß der Prozeß abfall- und abwasserfrei ist.

Die BASF gibt an (Lit. 5.10), daß 1981 in ihrem Unternehmen bezogen auf eine Tonne Produkt neben 31,8 kg Deponiegut 13,7 kg Schadstoffe in die Luft und in das Wasser gelangten, 1991 nur noch 5.4 kg in die Luft und das Wasser und 22,8 kg auf die Deponie, wobei diese Schadstoffverringerungen nicht nur auf primäre, sondern auch auf sekundäre Maßnahmen zurückzuführen sein dürften (Abb. 5.13).

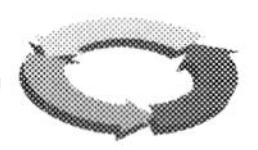

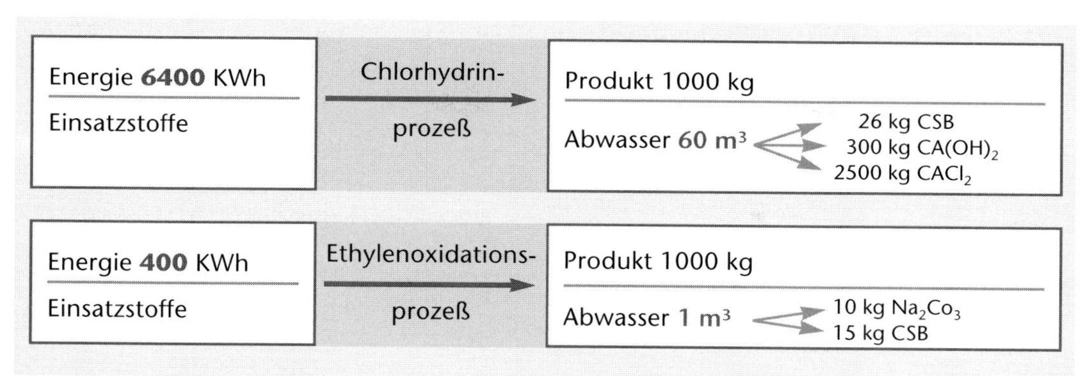


*Abb. 5.13: Produktionsintegrierter Umweltschutz bei der Herstellung von Ethylenoxid*

**Abfälle in der Eisen- und Stahlindustrie**

Durch Verbesserungen des Hochofenprozesses sind die Koksverbräuche in den letzten Jahren von 1000 kg Koks /t Fe auf ca. 400 kg Koks /t Fe gesunken (Abb. 5.14).

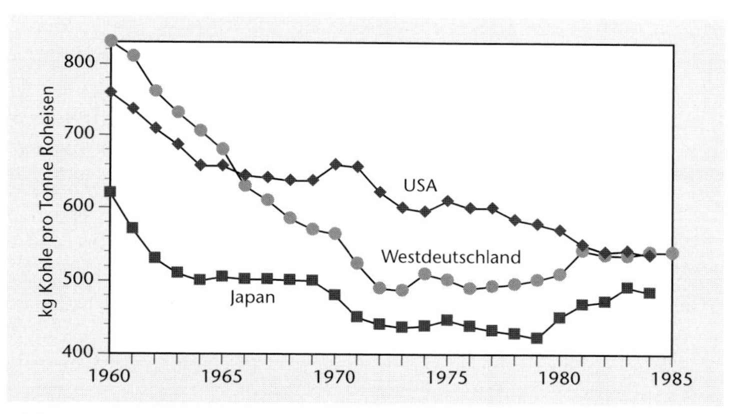


*Abb. 5.14: Spezifischer Koksverbrauch des Hochofenprozesses in den USA, der Bundesrepublik Deutschland und Japan*

Wenn darüberhinaus festgestellt werden kann, daß die Kokserzeugung früher nur mit einer Koksausbringung von 50% betrieben wurde, und heute deutlich mit Werten von ca. 80% erfolgt, so ergibt sich ein doppelter Effekt: Der Verbrauch an Kohle für die Reduktion ist merklich verringert worden, was sich vor allem beim Anfall der Schlacken positiv bemerkbar macht (Abb. 5.15).

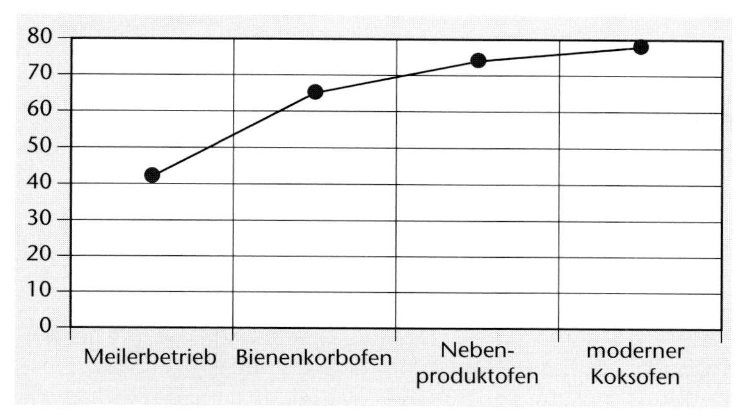


*Abb. 5.15: Koksausbringung bei der Kokserzeugung*

Positiv zu vermerken ist, daß die Stahlindustrie große Schrottmengen seither übernommen hat und daß ein Recycling ohne eine funktionierende Stahlindustrie kaum möglich wäre. Hinzu kommt, daß Stahl auch ein releativ einfach zu verwertender Rohstoff ist, was von anderen Rohstoffen kaum zu behaupten ist.

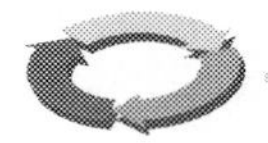

**Abfälle in der metallverarbeitenden Industrie**

Auch für die metallverarbeitende Industrie gibt es die Notwendigkeit
- Abfall verringernde
- Abfall vermeidende

Maßnahmen zu ergreifen.

Nicht nur steigende Entsorgungskosten für Hersteller und auch Verbraucher sowie beabsichtigte Rücknahmepflichten zu Lasten des Herstellers zwingen zur Abfallvermeidung, sondern die Tatsache, daß die Metalle – vor allem die Schwermetalle – im Abfall wegen ihrer umweltschädigenden Eigenschaften sehr problematisch sind, speziell wegen der nicht vorhandenen Abbaubarkeit.

Die Weltproduktionszahlen der wichtigsten Metalle betragen in Mio. t/a:

| | |
|---|---|
| Eisen (Fe) | 900 |
| Bauxit | 71 |
| Chromit | 7 |
| Kupfer (Cu) | 7 |
| Zink (Zn) | 6 |
| Blei (Pb) | 3 |
| Nickel (Ni) | 0,7 |
| Quecksilber (Hg) | 0,01 |

Metallische Rückstände entstehen
- in der Metallurgie
- in der Fertigung
- in der Schrottaufbereitung
- beim Recyceln.

Die recycelten Mengen dürften je nach Metall sehr unterschiedlich sein, im Durchschnitt aber nicht mehr als 50% betragen. Aus diesen Zahlen läßt sich ablesen, welche Mengen jährlich in die Biosphäre eintreten.

Während organische Abfälle im Zeitraum von wenigen Monaten abbaubar sind, Kunststoffe in wenigen Jahren, sind Metalle praktisch nicht abbaubar. Daher ist eine systematische Substitution von Schwermetallen anzustreben.

Für den *Maschinenbau* kann als Beispiel genannt werden:
- anstelle von Kupferrohren Edelstahlrohre,
- anstelle von Gleitlagern aus Blei und Zinn Wälzlager aus Stahl,
- Chromteile könnten durch lackierte Stahl- oder Kunststoffbauteile ersetzt werden;

für die *Elektroindustrie:*
- anstelle von Kupferkabeln Aluminium- oder Glasfaserkabel,
- anstelle von Bauteilen aus Zink und Messing Edelstahlbauteile;

für den *Apparatebau:*
- anstelle von Kupfer- Edelstahlapparate,
- anstelle von kupfergefertigten Wärmetauschern solche aus Edelstahl,
- anstelle von Bleirohren Stahlrohre

und als Beispiel für das *übrige produzierende Gewerbe:*
- anstelle von Tuben aus Zinn solche aus Aluminium oder Kunststoff in der Nahrungsmittelindustrie.

Neben der
- systematischen Substitution von Schwermetallen

muß angestrebt werden
- eine Verminderung des Rohstoffeinsatzes und eine Verringerung oder Vermeidung von Hilfsstoffen

sowie
- eine höhere Produktqualität.

Eine Verringerung des Rohstoffeinsatzes kann beispielsweise schon bei der Konstruktion oder der Verfahrensentwicklung erreicht werden:
- geringere Kräfte oder Drucke
- niedrigere Temperaturen
- geringere Korrosionspotentiale

führen zu geringeren Bauteil- oder Wandstärken.

Bei der *Leichtbauweise* von Schienenfahrzeugen ergibt sich nicht nur eine Rohstoffeinsparung im Bereich der Fahrzeuge, sondern wegen der geringeren Belastung auch bei den Gleiskörpern.

Der *kathodische Korrosionsschutz* bei in der Erde verlegten Stahlleitungen führt zwar zu Materialverbrauch der Anode, verhindert aber den Materialabbau der Rohrleitung.

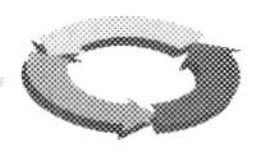

Ein *Hohlprofil* ist nahezu genauso tragfähig wie ein Vollprofil, nur weniger rohstroffzehrend.
Konstruktive Vorgaben können auch die in der Fertigung anfallenden Abfallmengen mindern: Abb. 5.16 zeigt beispielsweise einen Kettenstern. Er kann spanabhebend gefertigt werden mit allen Nachteilen der spanabhebenden Bearbeitung, insbesondere mit dem Nachteil, daß die Späne beseitigt werden müssen. Diesbezüglich ist die Herstellung eines Gußteiles deutlich günstiger, selbst wenn eine spanende Nachbehandlung noch notwendig ist. Die Abbildung 5.16 zeigt eine Schweißkonstruktion mit minimalen Schrottanfall.
Moderne Schweiß- oder Schneidtechniken wie z. B. das *Laserschweißen* erfordern einen geringen Materialeinsatz, da der thermische Einwirkungsradius geringer ist als bei konventionellen Schweißverfahren und die Schweißnaht häufig weniger als 1 mm ausmacht.
Die aufgeführten Beispiele machen deutlich, daß die primären Maßnahmen zur Abfallvermeidung zu einem *minimierten Rohstoffeinsatz*, ferner zu einen *geringeren Einsatz von Hilfsstoffen und Energien* führen.

Bei den Hilfstoffen kann unterschieden werden in:
Hilfsstoffe, die für die Produktion benötigt werden, wie
- Gießereisande,
- Bohremulsionen,
- Schneidöle,
- Sande zum Sandstrahlen,
- Entfettungsmittel,
- Tiefziehöle etc.;

sowie in Hilfstoffe, die für den Betrieb benötigt werden wie
- Kältemittel,
- Schmierstoffe,
- Hydraulikflüssigkeiten,
- Transfomatorenöle,
- Imprägnierstoffe
- Korrosionsschutzmittel wie Farben und Lacke.

Insbesondere am letzten Beispiel soll eine positiv verlaufende Entwicklung verdeutlicht werden. Hierzu zählt, daß Autogrundierungen heute weltweit auf der Basis von wasserverdünnbaren Lacken hergestellt werden (Lit. 5.11).

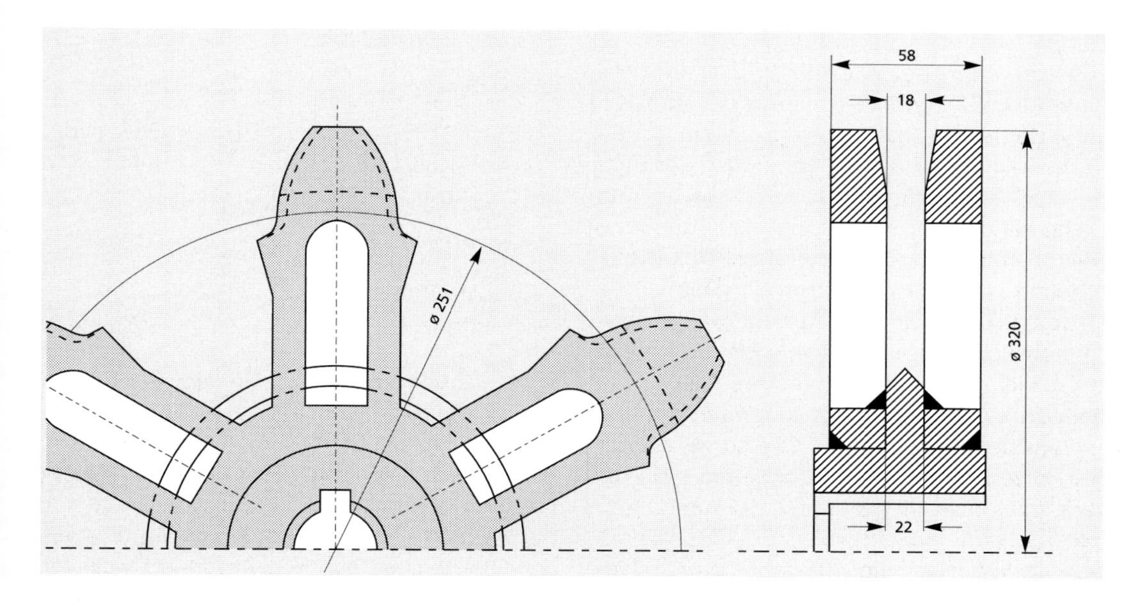


*Abb. 5.16: Kettenstern als Schweißkonstruktion*

Die Autolackierung ist grundsätzlich dreischichtig aufgebaut. Auf die *Grundierung* kommt ein sogenannter *Füller*, der insbesondere für die Steinschlagfestigkeit maßgeblich ist, und darauf der *Decklack*. Bei der Autogrundierung wird ein basischer Harzkörper verwandt, der sich beim Durchgang der Karosse durch das Tauchbad an die als Kathode geschaltete Oberfläche anlagert.
Das Verfahren wird als *kathodische Tauchlackierung* bezeichnet (KTL). Das erst seit 1965 bekannte Verfahren wird heute ausschließlich angewandt. Bei den Füllern werden schon ca. 50% als Wasserfüller verarbeitet. Auch bei den Deckfarben geht die Entwicklung in Richtung Wasserlacke. Der Gesetzgeber fördert diese Entwicklung: Die TA Luft sieht vor, daß pro Quadratmeter lackierter Oberfläche bei Unilacken nicht mehr als 60 g organische Lösungsmittel und bei Metalliclacken nicht mehr als 120 g emittiert werden dürfen. Der höhere Grenzwert bei Metalliclackierungen ergibt sich aus der Notwendigkeit, höhere Lösungsmittelmengen einzusetzen, die den für den Metalliceffekt erforderlichen Aluminiumpartikeln die Zeit zur Parallelausrichtung geben.
Der Einsatz von Wasserlacken trägt somit zur Luftreinhaltung bei. Wie Abb. 5.17 – eine mengenmäßige Zusammenstellung der Sonderabfälle – zeigt, wird dadurch auch ein Abfallproblem gelöst. Es fallen hiernach in der Bundesrepublik jährlich 220.000 t Farb- und Lackschlämme an, ein Verzicht auf organische Lösungsmittel dürfte die Gefährlichkeit dieser Abfallart deutlich entschärfen. Die große Menge macht auch deutlich, daß Oberflächentechnik bestrebt sein muß, neben der Giftigkeit der Abfälle auch ihre Menge zu begrenzen. Die Sonderabfallmengen resultieren aus dem sogenannten Overspray. Mittels der Pulverlackierungen erhofft man sich, die Overspraymengen deutlich zu minimieren (Lit. 5.12).
Bei der Abfallvermeidung geht es vor allem um die Vermeidung der in Abb. 5.17 aufgeführten Sonderabfälle, insbesondere wegen der oft nicht vorhandenen sekundären Maßnahmen im Bereich des Recycelns oder wegen der Probleme beim Deponieren. Am Beispiel der Oberflächentechnik wurden Entwicklungen aufgezeigt, wie zukünftige Vermeidungstechniken aussehen könnten. Diese Maß-

| Abfallart | Menge in Mio. t |
|---|---|
| **Schwefelhaltige Abfälle** | |
| Dünnsäure | 1,35 |
| Gipse | 0,79 |
| Säureteere, Säureharze | 0,03 |
| **Ölhaltige Abfälle** | |
| Ölemulsionen | 0,22 |
| Schlämme | 0,14 |
| Mineralölverarbeitung | 0,06 |
| Sonstige | 0,07 |
| **Verbrennungsrückstände** | |
| Aschen und Schlacken | 0,11 |
| Flugstäube aus MVA | 0,04 |
| Flugstäube aus Feuerungs- und Verbrennungsanlagen | 0,10 |
| **Lack- und Farbschlämme** | 0,22 |
| **Halogenhaltige organische Lösungsmittel** | |
| Lösemittelgemische | 0,15 |
| Destillationsrückstände und Schlämme | 0,08 |
| **Galvanikabfälle** | |
| Galvanikschlämme | 0,14 |
| Cyanidhaltig. Härtesalz | 0,02 |
| **Verunreinigte Böden** | 0,17 |
| **Salzschlacken** | 0,12 |
| **Filtermassen** | 0,11 |
| **Gichtgasschlamm** | 0,11 |
| **Organische Lösungsmittel** | |
| Lösemittel und Gemische | 0,05 |
| Dest. -Rückstände und Schlämme | 0,4 |
| **Gesamtmenge** | 4,48 |

*Abb. 5.17: Mengen nachweispflichtiger Sonderabfälle (Lit. 5.13)*

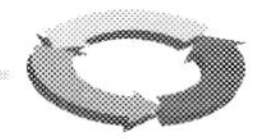

nahmen sind im Bereich aller Sonderabfallarten notwendig.
Die sich ergebenden Schwierigkeiten, wenn Sonderabfälle nicht vermieden werden können, sollen noch einmal am Beispiel der Schwermetalle gezeigt werden:

| | 1 | 2 | 3 |
|---|---|---|---|
| Blei | 100 | 1200 | 304 |
| Cadmium | 3 | 20 | 11 |
| Chrom | 100 | 1200 | 63 |
| Kupfer | 100 | 1200 | 893 |
| Nickel | 50 | 200 | 33 |
| Quecksilber | 2 | 25 | 0,5 |
| Zink | 300 | 3000 | 3550 |

*Abb. 5.18: Schwermetallgehalte in mg/kg gemäß Klärschlammverordnung (AbfKlär)*

In der Abb. 5.18 sind gemäß der Klärschlammverordnung (AbfKlär) die sieben Leitsubstanzen tabelliert, die für die Schwermetallbelastung von Böden von Bedeutung sind.
In der Spalte 1 sind diejenigen Schwermetallgehalte aufgetragen, die ein landwirtschaftlich oder gärtnerisch genutzter Boden maximal aufweisen darf: Wenn ein Wert überschritten ist, darf grundsätzlich kein Klärschlamm ausgebracht werden.
In Spalte 2 sind die maximal zulässigen Schwermetallgehalte von Klärschlamm aufgetragen: Liegen bei einem Boden niedrigere Werte vor als in Spalte 1 und unterschreitet ein Klärschlamm in allen sieben Punkten die Werte der Spalte 2, so kann der Klärschlamm ausgebracht werden.
Spalte 3 schließlich zeigt die Analyse eines kommunalen Klärschlamms, der in einer Kleinstadt ohne Industrie anfiel: Im Falle von Blei und Cadmium weist dieser Schlamm dreimal höhere Werte auf, wie maximal im Boden toleriert werden (Spalte 1), im Falle von Kupfer und Zink rund das 10fache, im Falle von Zink ist sogar der zu unterschreitende Wert gemäß Spalte 2 deutlich überschritten. Es wird deutlich, daß insbesondere Zink und Kupfer den Klärschlamm selbst in ländlichen Regionen belasten, was auf den seit den fünfziger Jahren ständig steigenden Verbrauch dieser Metalle im Hausbau zurückgeführt werden muß. Insbesondere muß angenommen werden, daß durch die Luftschadstoffe eine Versauerung des Regens, d. h. ein Absinken des pH-Wertes, verursacht wird. Mit abnehmendem pH-Wert steigt die Löslichkeit der Metalle (von Regenrinnen und Fallrohren) und führt so zu einer Kontamination des Abwassers.
Als weiteres Beispiel soll die Belastung durch Chrom Erwähnung finden:
Im Boden werden Chromgehalte im Bereich von 2 bis 50 mg/kg i.TS gemessen. Als tolerierbar werden 100 mg/kg (s. Spalte 1 Abb. 5.18) angesehen. Als zulässig für das Ausbringen von Klärschlamm auf landwirtschaftlich genutzte Flächen wird der Wert von 1200 mg/kg genannt (s. Spalte 2). Bezüglich der toxischen Wirkung sind verschiedene Oxidationsstufen des Chroms zu beachten. Am häufigsten, weil am stabilsten, ist das Cr (III). Neben dem Chrom (IV) ist das Chrom (VI) bekannt, das etwa tausendfach toxischer wirkt als das Chrom (III).
Günstig wirkt sich aus, daß das Schwermetall wenig mobil ist, was durch seine geringe Löslichkeit in Wasser hervorgerufen wird. Zudem resorbiert der Körper nur 1% der aufgenommenen unorganischen Schwermetallverbindungen, jedoch ca. 25% der org. Chromverbindungen. Bezüglich der toxischen Wirkung wird deshalb nur eine geringe Toxizität angeben: Sie beträgt bei Ratten deshalb nur $LD_{50}$ = 1800 bis 3200 mg / kg Körpergewicht.
In einer Richtlinie über Bodenrichtwerte für Kinderspielplätze der Senatsverwaltung für Gesundheit des Landes Berlin wird ermittelt, daß ein Kleinkind im Alter von 2 Jahren

- inhalativ über die Außenluft 0,03 µg/d
- oral über das Trinkwasser 0,05 µg/d und
- über die Nahrung 19 µg/d resorbiert.

Diese Werte machen deutlich, daß der Gefährdungspfad nicht die Luft und nicht das Wasser sondern der Boden ist. Der geringe Dampfdruck der Metalle, ihre geringe Wasserlöslichkeit und

ihre geringe Reaktionsfähigkeit führen zu einer Anreicherung in den Böden und gefährden über die Nahrungsaufnahme. Die genannten physikalischen und chemischen Eigenschaften bringen es aber auch mit sich, daß Böden oder Abfälle kaum von den Schwermetallen befreit werden können. Somit ist ein Vermeiden gerade dieser Stoffgruppe unbedingt erforderlich.

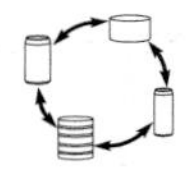

## 5.3 Sekundäre Maßnahmen

Sind primäre Maßnahmen, also Vermeidungsstrategien nicht oder noch nicht möglich, so sind sekundäre Maßnahmen der Abfallbeseitigung durchzuführen.
Im wesentlichen zählen hierzu Recyclingtechniken im Sinne des Kreislaufwirtschaftsgesetzes oder im Sinne der Prioritäten des Abfallgesetzes:

- Vermeiden vor Verwerten
- Verwerten vor Deponieren

Bewußt wird hier der Begriff des *Entsorgens* nicht verwendet, da hiermit nur unscharf zwischen dem *Verwerten* und *Deponieren* unterschieden wird. Im Sinne der hier durchgeführten Gliederung zählt das Deponieren nicht zu den sekundären Maßnahmen, sondern zu den tertiären Maßnahmen der Abfallbewältigung. Gemäß den Auflagen der *TA-Siedlungsabfall* und der *TA-Abfall* sind solche Maßnahmen nur noch in sehr eng begrenztem Maße zu dulden, nämlich nur dann, wenn die Substanzen nahezu vollständig mineralisiert sind. Im Zusammenhang mit dem Kapitel 5.4 soll auf die entsprechenden Anforderungen der TA-Abfall und der TA-Siedlungsabfall noch eingegangen werden.

---

Sekundäre Maßnahmen der Abfallbeseitigung sind somit Verwertungstechniken für Abfälle oder das sogenannte Recycling.

---

Die Techniken sind wegen der Inhomogenität der Abfälle und ihrer unterschiedlichen Zusammensetzung oft nur schwer durchführbar.

Schon seit langem ist bekannt, daß die Heizwerte des Hausmülls sehr stark schwankend sind. Schon vor der Einführung des DSD (Duales System Deutschland) wies der Müll im Winter ungünstigere Heizwerte auf als im Sommer. Durch die teilweise Entnahme von Kunststoffen und Papier dürften sich heute die Heizwerte noch weiter verschlechtert haben.

**Vorsortierung**

Am effektivsten für Reyclingtechniken ist es, wenn die Abfälle getrennt – in einer Vorsortierung – gesammelt werden. Dies ist zwar für den Verursacher mittelfristig aufwendiger, langfristig dürfte sich jedoch ein Vorteil für alle ergeben.
Als Beispiel soll die getrennte Ölentsorgung behandelt werden:
Werden 1000 l Altöl gesammelt und dieses mit nur einem halben Liter PCB-haltigem Öl gemischt, so ist das gesammte Öl als Problemstoff zu behandeln. Unumgängliche Voraussetzung für die Durchführung von sekundären Maßnahmen ist deshalb das getrennte Sammeln in geeigneten Behältnissen, und dabei ist es nicht von Bedeutung, ob ein Hol- oder Bringsystem favorisiert wird. Erfreulicherweise hat sich beim Hausmüll und den hausmüllähnlichen Abfällen, das getrennte Sammeln von

- Schrott
- Altpapier
- Schuhen
- Textilien
- Gartenabfällen
- Bauschutt
- Kunststoff
- Glas
- Batterien
- Arzneimitteln
- Farben und Lösungsmitteln
- Pflanzenschutzmitteln

gut durchgesetzt, von denen nur noch begrenzte Mengen in den Restmüll gelangen. Offensichtlich gibt es in einigen Verwaltungen, im Gewerbe und in Bereichen der Industrie

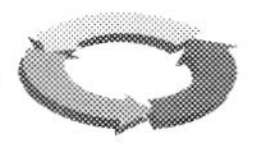

noch Nachholbedarf beim getrennten Sammeln von Müllkomponenten.
Die für die getrennte Sammlung erforderlichen Behältnisse sind sehr unterschiedlich. Es werden Plastiksäcke verwandt wie der gelbe Sack, Haustonnen für Bioabfälle oder für Wertstoffe, unterschiedliche Container, in denen Glas nach der Farbe getrennt gesammelt werden kann, bis hin zu Containern, die bereits eine Funktion wie die des Verdichtens erfüllen, z. B. die Preßcontainer für Pappen und Papier. Spezialfahrzeuge, wie Müllfahrzeuge sind für die sortierte Sammlung umgestellt worden. Fahrzeuge für Hubmulden oder für Rollcontainer wurden gekauft. Speziell ausgerüstete Fahrzeuge für Gefahrstoffe wie Farben, Arzneien, Altöle, Lösungsmittel etc., die sog. „Umweltbrummis" sind in vielen Städten Deutschlands bereits im Einsatz.

### Nachträgliche Müllsortierung

Ein Verzicht auf eine Vorsortierung durch den Verursacher zugunsten einer lediglich nachträglichlichen Müllsortierung hat sich nicht bewährt. Die nachträgliche Müllsortierung ist ohnehin noch notwendig, da z. B. im Rahmen des DSD Blech, Papier, Kunststoff, die sogenannten Wertstoffe, nicht getrennt gesammelt werden.
Sowohl beim DSD wie auch bei der Sperrmüllsammlung und einer nachgeschalteten Grobzerkleinerung hat sich das Leseband, also die manuelle Sortierung etabliert. Die Lesebänder, die ursprünglich auch im Bergbau verwendet wurden, sind im Abfallbereich wieder modern geworden. Sie sind durch hohe Personalkosten verbunden mit hygienischen und arbeitsmedizinischen Problemen gekennzeichnet. Die technischen Verwertungverfahren sind in die Gruppen *Zerkleinerung, Klassierung* und *Sortierung, Entwässerung* und *Kompaktierung* einzuteilen. Für die *Grobzerkleinerung* insbesondere harter Materialien wie z. B. Bauschutt werden Doppelkniehebelbackenbrecher, für harte und spröde Aufgabestoffe Schlagbrecher und für spröde bis plastische Reststoffe Prallbrecher eingesetzt (Abb. 5.19).

Für Elastomere, Fasern und Kabel – also für die *Weichzerkleinerung* – stehen verschiedene Schneidmühlen zur Verfügung (Abb 5.20).
Für die *Feinzerkleinerung* kommen Stiftmühlen, Pralltellermühlen oder Zahnscheibenmühlen zum Einsatz, die mit hohen Umdrehungszahlen betrieben werden und in der Lage sind, Reststoffe bis in den Staubbereich zu zerkleinern (Abb. 5.21).

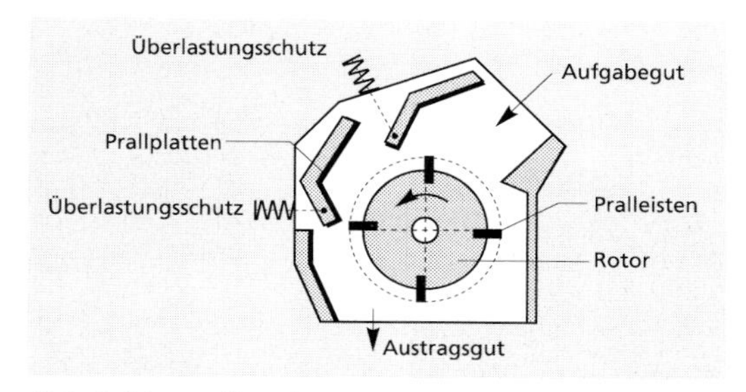


*Abb. 5.19: Prallbrecher (Lit. 5.14)*

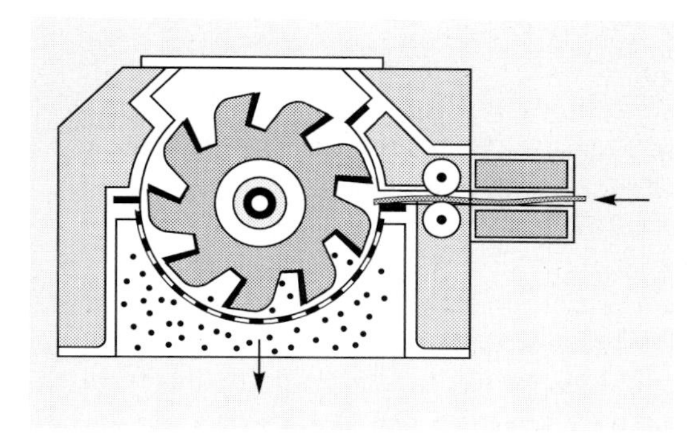

*Abb 5.20: Folienschneidmühle (Lit. 5.14)*

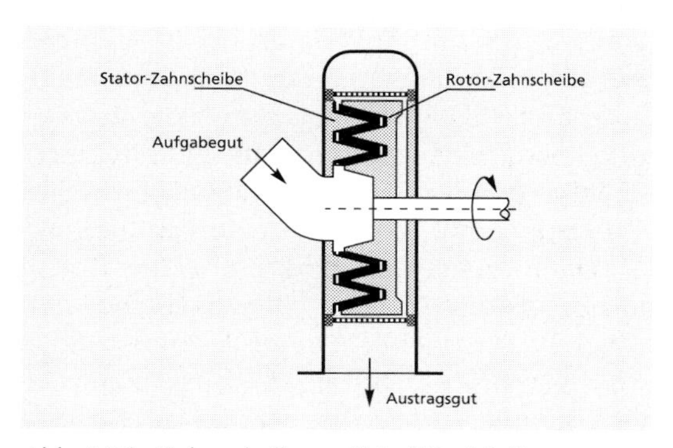


*Abb. 5.21: Zahnscheibenmühle (Lit. 5.14)*

Als Richtwert für den Energieverbrauch müssen Werte von 30 bis 70 kWh/t zugrundegelegt werden.
Für die Klassierung stehen Flachsiebe, Bogensiebe oder z.B.im Hausmüllbereich Siebtrommeln (Abb. 5.22) zu Verfügung. Als Beläge finden Lochbleche, Roste oder auch Gewebe Verwendung (Lit. 5.14).

*Abb. 5.22: Siebtrommelanlage der Firma Lindemann, Düsseldorf*

Sortierverfahren können in der Praxis nur erfolgreich eingesetzt werden, wenn eine einheitliche Partikelgröße vorliegt. Sie trennen nach Parametern wie der Dichte, der Farbe, nach magnetischen oder elektrischen Parametern. Somit ist es erforderlich, gröbere Partikel mittels der Zerkleinerung in kleinere umzuformen. Dies bedingt aber eine Trennung in Partikelfraktionen durch die Klassierung. Wird die Sortierung naß durchgeführt, ist eine Entwässerung erforderlich. Wie im Falle von Papier ist außerdem eine Kompaktierung in Ballenpressen notwendig, um den Transport zu einem Betrieb zu ermöglichen, der Altpapier verarbeitet. Dieser Aufbereitungsprozeß ist eine notwendige Voraussetzung für ein sinnvolles Recycling der Sekundärrohstoffe.

Wie schon einleitend erwähnt, werden im Rahmen des Recyclings das *stoffliche Wiederverwerten*, daß sich in ein werkstoffliches und ein rohstoffliches Recyceln aufteilt, und eine energetische Verwertung unterschieden. Insbesondere beim *werkstofflichen Recyceln* spielt die *Aufbereitung* eine hervorragende Rolle: Beim Einschmelzen von Schrott stören auch geringste Kupferanteile beträchtlich und mindern die Qualität des Stahls, Mischkunststoffe sind häufig nur für die Herstellung von Blumentöpfen geeignet (Downcycling). Dies gilt auch für das *rohstoffliche Recyceln:* Beim Umwandeln der Polymere der Kunststoffe in Monomere oder in Kohlenwasserstoffe stören unorganische Anteile sowie Nichtkunststoffe.
Lediglich beim *energetischen Recyceln* ist der Aufbereitungsaufwand nicht ganz so hoch einzuschätzen, wobei aber auch hier nicht brennbare Anteile – wie oben schon erwähnt – durchaus auch Probleme hervorrufen können.

Beispiele für das Recyceln:

**stoffliches Recyceln**

– *werkstoffliches Recyceln*

| | |
|---|---|
| Altpapier | Recycling – Papier |
| Stahlschrott | Elektrostahl |
| Altglas | Hohlgläser (Flaschen etc.) |

– *rohstoffliches Recyceln*

| | |
|---|---|
| Kunststoffe | Vakuumdestilllat |
| Bauschutt | Kies-, Sandersatzfraktionen |
| Biogene Abfälle | Komposterde |

**energetisches Recyceln**

| | |
|---|---|
| Müllverbrennung | Strom |
| Schlammfaulung | Brenngas |
| Altreifen | Beheizung von Drehrohröfen der Zementindustrie |

### 5.3.1 Werkstoffliches Recyceln

Im Rahmen des werkstofflichen Recycelns unterscheidet man zwei Vorgehensweisen:

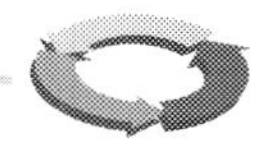

- Die bekannteste Art ist, daß Wertstoffe wie Glas, Papier oder Stahlschrott vorsortiert gesammelt werden.
- Eine sich in zunehmendem Maße durchsetzende neue Vorgehensweise besteht darin, daß Mischfraktionen wie die der Wertstofftonne gesammelt werden, die vor einer möglichen wertstofflichen Nutzung erst aufbereitet werden.

Zunächst soll die Behandlung der getrennt gesammelten Wertstoffe angesprochen werden.

### 5.3.1.1 Vorsortierte Wertstoffe

#### Glasrecycling

Beim Glas werden heute vorrangig zwei Produktlinien unterschieden: das Flachglas als Fensterglas für Gebäude und z. B. Fahrzeuge sowie das Hohlglas oder Behälterglas. Das Behälterglas wird heute in ca. 80.000 Containern nach Farben getrennt gesammelt. Der Bedarf an Glas beträgt ca. 2,5 Mio. t/a in der Bundesrepublik. Die Recyclingquote beträgt heute schon über 50%, was mehr als 1,2 Mio. t/a ausmacht. Angestrebt wird eine Quote von 70%. Von Nachteil wäre, wenn der Trend, die Einwegverpackungen zu fördern, erfolgreich wäre. Da das Recycling von Glas auch technisch einfacher ist als das Kunststoffrecycling, ist der Versuch, die PET-Flasche einzuführen, ebenfalls ökologisch nicht sinnvoll. Der durch ihr geringes Gewicht gegebene Vorteil der PET-Flasche kann bei der Glasflasche durch einen geringeren Materialeinsatz teilweise kompensiert werden: So wiegt eine moderne Weinflasche (0,7 l) heute nur noch 260 g, früher dagegen 460 g.

#### Papierrecycling

Ebenso wie beim Glasrecycling beträgt die Recyclingquote beim Papier ca. 50% mit steigender Tendenz. Pappen werden zu nahezu 100% aus Altpapieren gefertigt. Da das Altpapier nicht als reines Papier vorliegt, sondern häufig Metallanteile und Kunststoffe enthält, fallen in der Maische nicht auflösbare Reststoffe, die sogenannten Spuckstoffe an, deren Entsorgung zum Teil noch problematisch ist. Bedingt durch die Druckschwärze von bedruckten Papieren, Zeitungen und Illustrierten sind zu geringe Weißheitsgrade des daraus entstehenden Recyclinpapiers. In zahlreichen Ländern sind Deinkinganlagen errichtet, die das Problem lösen.

Abb. 5.23 zeigt das Schema einer derartigen Deinkinganlage. Das Altpaier wird in einem

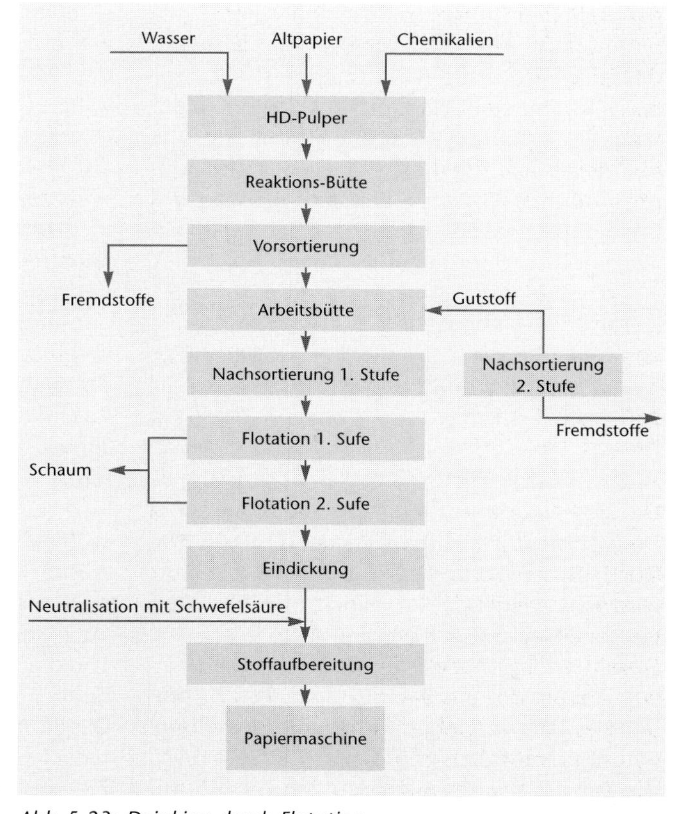


*Abb. 5.23: Deinking durch Flotation*

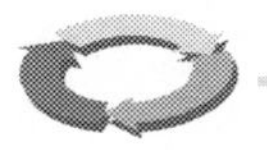


Pulper gelöst und zerfasert, mittels einiger Chemikalien, insbesondere Natronlauge, werden die Druckfarben von den Fasern abgewaschen. Die Maische oder Bütte wird mechanisch vorsortiert, Fremdstoffe werden zumeist mit Dekantern abgeschieden. Mit Hydrozyklonen erfolgt oft mehrstufig die Nachsortierung. Nach der Zugabe von Schäumern und Sammlern, den Flotationsmitteln, wird die hydrophobe Druckerschwärze von den hydrophilen Fasern getrennt und die Schwärze als Schaum ausgeschieden. Die geweißte Bütte wird neutralisiert, eingedickt und der Papiermaschine zur Verfügung gestellt (Lit. 5.15; 16; 17).

### Stahlschrottrecycling

Beim Stahlschrottrecycling liegt die Quote bei ca. 35%. Nur ein geringer Anteil ist dabei Altschrott. Der größere Teil sind Schrottmengen der stahlverarbeitenden Industrie selbst. Probleme beim Altschrott bereitet die Tatsache, daß der Altschrott NE-Metalle enthält: Vor allem Kupfer stellt ein zunehmendes Problem dar. Die sortenreine Sammlung des Schrotts könnte Abhilfe schaffen. Neben der Verringerung der Abfallmenge, der Verringerung des Erzbedarfs ergäbe sich so letztlich auch ein verminderter Energiebedarf (Lit. 5.1):

Gesamtenergiebedarf für die Herstellung von Stahl aus Erz 14 MJ/kg.
Gesamtenergiebedarf für die Herstellung von Stahl aus Schrott 9 MJ/kg.

### Aluminiumrecycling

Die Recyclingquote beim Aluminium beträgt in Deutschland nur 20% entsprechend 130.000t/a. Durch bessere Sortiertechniken beim NE Schrott wird eine steigende Recyclingquote zu erwarten sein. Nach Lit. 5.1 beträgt der
Gesamtenergiebedarf für die Herstellung von Aluminium aus Bauxit 160 MJ/kg.
der Gesamtenergiebedarf für die Herstellung von Aluminium aus Schrott 26 MJ/kg.
Die Zahlen machen auch deutlich, daß Aluminum ein energieintensives Metall ist, und daß der Energieverbrauch durch Verwendung von Recyclingmetall deutlich verringert werden kann.

### NE-Metallrecycling

In begrenztem Umfang werden auch NE-Metalle recycelt: Kupfer, Zink z. B. Dachrinnen, bei Sperrmüllsammlungen anfallendes Messing, ferner Zinn, Blei oder Quecksilber und auch Edelmetalle.

### Kunststoffrecycling

Bei den Kunststoffen beträgt die wertstoffliche Recyclingsquote nach Förstner (Lit. 5.1) derzeit nur 3%.
Die chemische Industrie gibt dagegen andere Quoten an:
Gemäß Abb 5.24 werden 900000 t/a von 2,5 Mio. t recycelt, was einem Anteil von 36% entsprechen würde. Darüberhinaus sollen noch weitere 500.000 t energetisch genutzt werden (Lit. 5.18).
Welche der beiden sich widersprechenden Informationen richtig sind, konnte nicht ermittelt werden. Für die Verfasser hat der niedrigere Wert eine größere Wahrscheinlichkeit.
Richtig ist, daß eine intensivere Verwertung angstrebt werden muß. Die werkstoffliche Wiederverwertung scheitert offensichtlich noch an der mangelnden Sortenreinheit, die auch deshalb nur schwer zu erreichen ist, weil die Zahl der Kunststoffarten insbesondere durch die Produktion der Mischpolymeren stark gewachsen ist und es an geeigneten Trennverfahren fehlt.
Eine nur manuelle Trennung nach der Kunststoffkennzeichnung ist nicht ausreichend, zumal die Kunststoffe mit Farbstoffen und Füllstoffen sowie Aufdrucken versehen sind und auch Verschmutzungen aufweisen.
Für die Produktion normaler Kunststoffprodukte sind aber saubere Rohstoffe erforderlich. Das Blumenkübelsyndrom wurde bereits angesprochen.
Ziel müßte es sein, die genannte niedrige Recyclingquote zu erhöhen, da die Energieein-

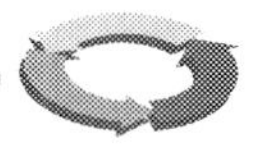

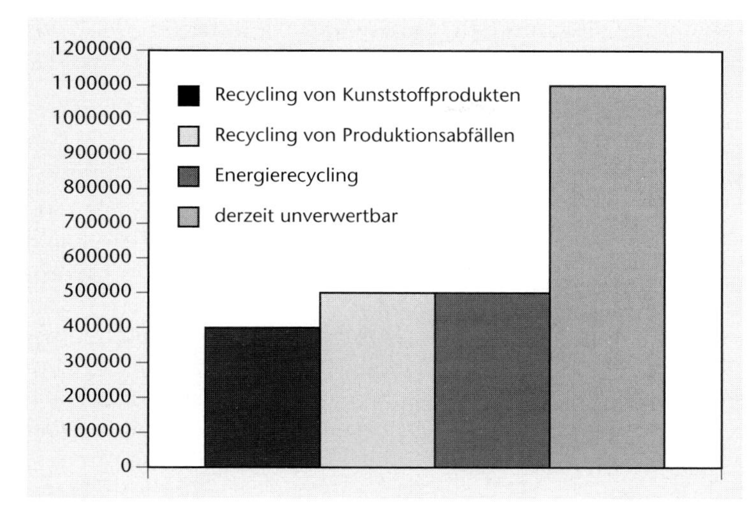


*Abb. 5.24: Wiederverwertung von Kunststoffabfällen in t/a*

Das werkstoffliche Recyceln anderer Wertstoffe ist keinesfalls neu, sondern hat gerade in Deutschland eine große Tradition. Andere Stoffe, die werkstofflich genutzt werden sind Lumpen, Schuhe, Altöle, Korken für Wärmeisolationen etc.

sparung aufgrund der folgenden Anhaltszahlen hoch ist:

Gesamtenergiebedarf für die Herstellung von Kunststoffen aus Rohöl 20 MJ/kg.
Gesamtenergiebedarf für die Herstellung von Kunststoffen aus Altkunststoff 5 MJ/kg.

### Verwertung von Abfällen aus Großküchen, der Gastronomie etc.

Nach heutiger Gesetzeslage ist es in der Regel nicht erlaubt, Küchenabfälle in das Wasser einzuleiten, sie zu deponieren oder zu verbrennen. Auch das Verfüttern ist nicht erlaubt: Das Tierseuchengesetzes sieht nicht vor, Speisereste zu verfüttern, es sei denn, daß es sich um kleine Mengen handelt, wie sie in Privathaushalten anfallen. Ausnahmegenehmigungen werden nur erteilt, wenn die Reste aufgekocht werden. Abb. 5.25 zeigt ein System der

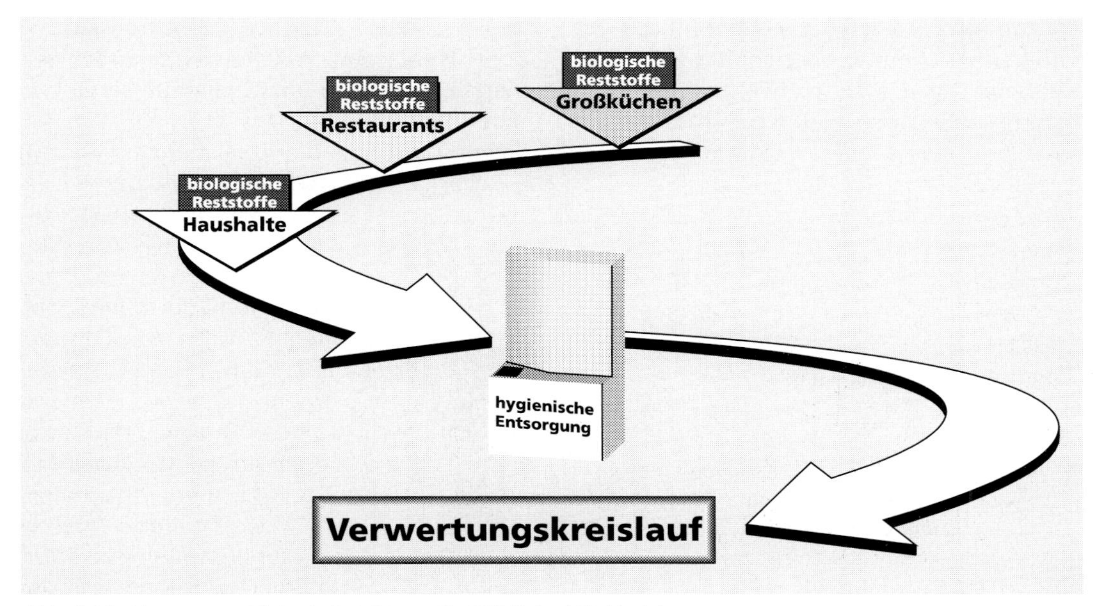


*Abb. 5.25: Verwertung biologischer Reststoffe (GWE GmbH, Hude)*

Firma GWE, Hude, bei dem die Küchenabfälle vor Ort in einer „WIBO mat"-Einheit gesammelt werden. Sie werden hier zerkleinert, vermischt und zu einem Brei homogenisiert, der z. B. wöchentlich in Tanklastzügen abgefahren wird, die das Material bei Tierfuttermittelherstellern abliefern.

### 5.3.1.2 Mischfraktion

Wie schon erwähnt, ist zwischen den getrennt gesammelten Reststoffen und den als Mischfraktion gesammelten Wertstoffen zu unterscheiden, die erst nach einer vorgeschalteten Aufbereitung als Wertstoffe genutzt werden können.
Als Beispiel können die Produkte der gelben Tonne oder des gelben Sackes des DSD oder das Shreddern von Autos genannt werden. Näher soll auf die Behandlung des Elektonikschrotts eingegangen werden:

#### Elektronikschrott

In der Bundesrepublik fallen derzeit ca. 1,2 Mio. t/a Elektronischrott an, mit zunehmender Tendenz. 1998 wird bedingt durch die neuen Informationstechniken bereits mit einer Menge von 1,9 Mio. t. gerechnet (Abb. 5.26).
Großgeräte sind Küchengeräte wie Herd, Kühlschrank oder Waschmaschine, die sogenannte *weiße Ware*. Von den FCKWs bei den Kälte- und Klimaanlagen einmal abgesehen, dürften Demontage und Sortierung der Wertstoffe dieser Produktgruppe noch relativ unproblematisch sein.
Bei den Kleingeräten sind Radio, Telefon, TV-Geräte und Computer zu nennen, ein Markt, der noch große Zunahmen erwartet. Er ist gekennzeichnet durch die Unterhaltungselektronik, die sogenannte *braune Ware*. Sie macht derzeit noch den kleinen Anteil des Elektronikschrotts aus.
Die unter der Rubrik Investitionsgüter aufgeführten Mengen, dürften Industriesteuerungen sein, auch mit Anteilen von brauner Ware.
Die in der vergangenen Zeit als eher unbedenklich eingestufte Elektronik, insbesondere die braune Ware, beinhaltet ein großes Gefährdungspotential. Sie enthält aber auch viele Rohstoffe, die wieder in den Wirtschaftskreislauf zurückgeführt werden könnten.
Das Gefährdungspotential entsteht im wesentlichen durch die Verwendung schwer entflammbarer Bauteile. So werden bromierte Kunststoffe verwendet, Bauteile, die mit Borsalzen getränkt sind, PCB haltige Kondensatoren, Harze anstelle von Thermoplasten, und wenn Thermoplaste dann vorrangig PVC-Kunststoffe wie z. B. bei den Isolierungen.
Bedenklich sind auch die verwendeten Schwermetalle von Kupfer über Cadmium bis Quecksilber.
Sowohl die steigenden Abfallmengen wie auch die Gefährdung durch Elektronikschrott veranlaßte die Bundesregierung eine *Elektronik-Schrott-Verordnung* zu entwerfen, die in ihrer letzten Fassung auf Oktober 1992 datiert ist. Die Zielsetzung ist:

- den Eintrag gefährlicher Stoffe in den Hausmüllpfad zu unterbrechen,
- Hersteller und Vertreiber zur Rücknahme und Verwertung ihrer Erzeugnisse zu verpflichten,

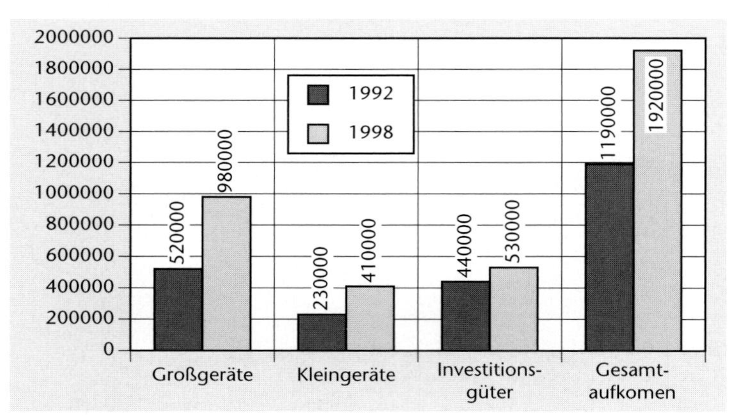


*Abb. 5.26: Aufkommen an Groß-, Kleingeräten und Investitionsgütern in t/a*

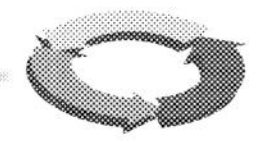

- die Entwicklung von Geräten zu fördern, die umweltverträglich entsorgt werden können,
- auch den Verbraucher nach den Grundsätzen der Verursacherprinzips an den Kosten zu beteiligen.

Die Zusammensetzung des Elektroschrotts ist stark schwankend und hängt sehr von den jeweiligen Geräten ab. Hier soll deshalb als Richtanalyse die folgende Zusammensetzung des Elektroschrotts genannt werden. Die Stoffe sind nach der Dichte sortiert angegeben:

| | | |
|---|---|---|
| Eisen | 45% | ca. 8 t/m³ |
| Kupfer und Zink | 10% | 8 t/m³ |
| Aluminium | 5% | 3 t/m³ |
| Glas | 5% | 3 t/m³ |
| Kunststoff sortenrein | 7% | 1 t/m³ |
| Kunststoff gemischt | 7% | |
| Kunststoff, flammgeschützt | 5% | 1 t/m³ |
| Holz | 5% | 1 t/m³ |
| Sonstige | 11% | |

Der Zusammenstellung kann entnommen werden, daß es drei unterschiedliche Dichtegruppen gibt, so daß die Sortierung nach der Dichte möglich ist. Es zeigt sich jedoch, daß in der Schwerfraktion neben dem Eisen noch die Schwermetalle vorliegen. Mittels der Magnetscheider ist eine Abtrennung der Fe-Fraktion möglich, ohne daß die Schwermetalle getrennt werden.

Glas und Aluminium in einer Mittelfraktion sind ebenso unerwünscht wie Holz und Kunststoff in der Leichtfraktion. Ferner ist anzumerken, daß eine nasse Sortierung wegen der zu erwartenden Abwasserprobleme ebensowenig angestrebt werden sollte, zumal die Produkte später trocken Verwendung finden; anders als beim Altpapier. So ist im Falle des Elektroschrotts keine Naßsortierung, sondern eine Trockensortierung von Vorteil.

Als Grundverfahren für die Elektroschrottsortierung wird die elektrostatische Sortierung gesehen, wie sie in der Kaliindustrie von der Kali und Salz AG, Hannoverentwickelt wurde. Dieses Verfahren ermöglicht auch die Trennung von Nichtmetallen.

Für die Trennung der NE-Metalle bieten sich Wirbelstromscheider an, die nach der elektrischen Leitfähigkeit trennen. Mit einem vorgeschalteten Magnetscheider lassen sich so alle Metallfraktionen gewinnen. Je nach Art des Elektronikschrotts können auch verschiedene Kombinationen von Grundverfahren zum Einsatz gelangen. In Abb. 5.27 ist ein Verfahren skizziert, das den meisten Elektroschrottrohstoffen entspechen könnte. Als Sortierverfahren wurden verwendet: Magnetscheider – Wirbelstromscheider – Luftherde.

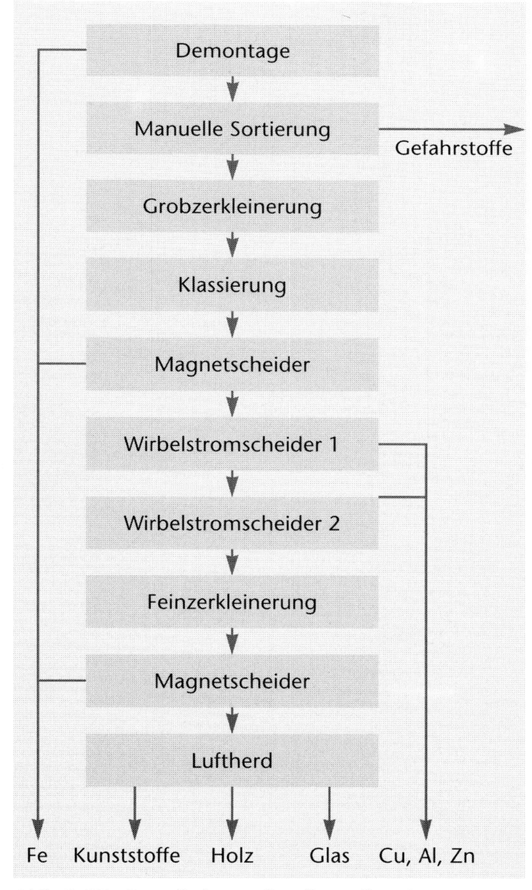


*Abb. 5.27: Grundschema für die Aufbereitung von Elektronikschrott*

Insbesondere die in Abb. 5.28 dargestelten Wirbelstromscheider, bei denen durch ein umlaufendes Magnetfeld im auf dem Band liegenden Metall je nach seiner elektrischen Leitfähigkeit Wirbelströme erzeugt werden, die eine unterschiedliche Abwurfparabel ermöglichen, scheinen eine optimale Trennung der NE – Metalle zu ermöglichen.

**Recycling von Kunststoffenstern**

Einige Firmen in Deutschland haben sich auf die Aufbereitung von Kunststoffenstern eingestellt. Verfahrenstechnisch entspricht das Fensterrecycling weitestgehend dem Recycling von Elektroschrott: Zerkleinern – Klassieren – Sortieren. Neben dem PVC fallen Metall – Fraktionen an, die aus den Beschlägen sowie aus den zwischen den Scheiben befindlichen Distanzleisten stammen.

Inwieweit das PVC wertstofflich genutzt werden kann, konnte nicht in Erfahrung gebracht werden. Wie jedoch bereits oben im Kapitel Kunststoffrecycling vermerkt wurde, beträgt die Wiederverwertungsquote für Kunststoffe nur

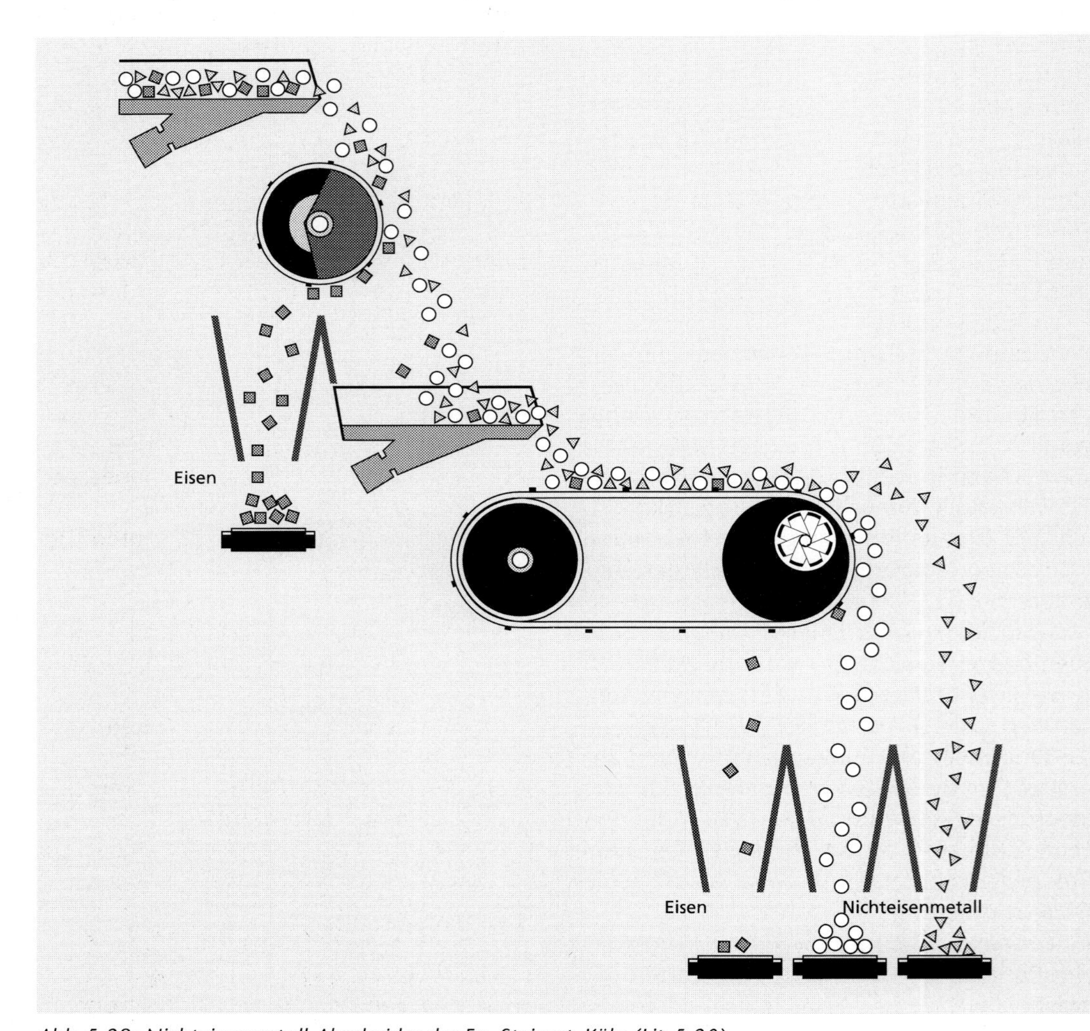


*Abb. 5.28: Nichteisenmetall-Abscheider der Fa. Steinert, Köln (Lit. 5.20)*

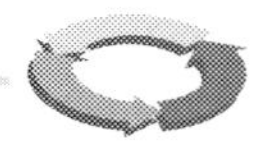

3%, so daß zu vermuten ist, daß das PVC noch nicht ausreichend recycelt wird.

### PKW-Recycling

Derzeit werden die Altwagen zunächst von den Gefahrstoffen wie Altölen, Batterien, Bremsflüssigkeit etc. befreit und anschließend geshreddert. Der anfallende Schrott ist wegen der hohen Fremdanteile nur begrenzt wiederverwendbar. Problematisch ist die Shredderleichtmüllfraktion, die sich aus den vielfältigen Kunststoffbauteilen der Autos ergibt.

### Bauschuttrecycling

Die Bauschuttaufbereitung wurde noch vor 10 Jahren eher als utopisch abgetan, heute stellt sie einen eigenen Industriezweig dar. Nach Strauß (Lit. 5.21) werden in Deutschland jährlich rund 600 Mio. t an Hart- und Werksteinen, Sanden, Kiesen, Tonen, Zement und Kalkstein benötigt. An Bauschutt fallen demgegenüber 15 Mio. t an und weitere 13 Mio. t als Straßenaufbruch, darüberhinaus ca. 100 Mio. t als Bodenaushub. Die gesetzlichen Auflagen, die sinkenden Deponiekapazitäten, aber auch der Vorteil, in den Ballungsgebieten dezentral Baustoffe erzeugen und so auf den Antransport von z. B. Sanden und Schotter verzichten zu können, bieten heute neben dem ökologischen Vorteil auch ökonomische Anreize, zumal bekannt ist, daß die Transportkostenbelastung bei Massenbaustoffen sehr hoch ist.
Notwendige Voraussetzung beim Baustoffrecycling sind der kontrollierte Abbruch und die sortenreine Gewinnung. Die Aufbereitung konzentriert sich auf die Zerkleinerung in Brechern sowie auf die Klassierung. Neben stationären Anlagen, die der Bauschuttaufbereitung in einer Stadt dienen, haben sich im Rahmen größerer industrieller oder öffentlicher Abbruchprojekte seit langem auch mobile Anlagen bewährt.

### Kompostierung von biogenen Reststoffen

Zum werkstofflichen Recyceln soll hier auch die Kompostierung gezählt werde. Sie wird zum einen zur Massenreduzierung zum anderen aber auch zur Herstellung von Bodenverbesserern durchgeführt.
Biogene Reststoffe fallen in großem Maße in der Land- und Forstwirtschaft, auch in den Kommunen als Grünschnitt oder Friedhofsabfall oder im privaten Bereich an, z. B. getrennt gesammelt in der sogenannten braunen Biotonne. Der kommunale Anfall an biogenen Stoffen wird auf 50 kg / E · a geschätzt, der im privaten Bereich auf weitere 50 kg / E · a.
Der Abbau der biogenen Masse erfolgt bakteriell, wobei zwischen *aeroben* und *anaeroben Mikroorganismen* unterschieden werden kann.
Die aerobe Umsetzung – sie wird bei der Kompostierung angestrebt – führt letztlich zu den Endprodukten Kohlendioxid und Wasser und wird als Verrottung bezeichnet.
Die anaerobe Umsetzung ist typisch für die Vergärung, als Endprodukte entstehen u. a. Methan, Ammoniak und Schwefelwasserstoff, der Prozeß wird auch als Faulung bezeichnet.
Um bei der Kompostierung die Faulung zu unterdrücken, die bedingt durch die Freisetzung von Ammoniak und Schwefelwasserstoff zu unerwünschten Geruchsbelästigungen führen kann, besteht die Hauptaufgabe in der Belüftung der Rotte.
Sattler und Emberger (Lit. 5.22) unterscheiden die Kompostierverfahren wie folgt:

- Kompostieren in Mieten mit Breiten von ca. 3 m und maximalen Höhen von 1,5 m:
  Mit Spezialmaschinen wird für eine Belüftung gesorgt.
- Kompostieren in zwangsbelüfteten Großmieten:
  Durch die Zwangsbelüftung wird versucht, die Faulung zu unterbinden.
- Kompostieren in Behältern in Stahl- oder Betonbauweise stehend oder liegend als Trommeln:
  Zum Teil ruhend zum Teil bewegt.

Durch die definierte Begrenzung des Systems können die Frischluft- und Abluftströme gefaßt und kontrolliert werden.

Bei allen Rotteverfahren ist eine Aufbereitung des Rohstoffs erforderlich, ferner eine Absiebung des erzeugten Komposts. Die Abgase sind z. B. in Biofiltern, die als Geruchsfilter wirken, nachzubehandeln.
Als Richtwert für den Umsatz des organischen Materials kann 50% angegeben werden.
Sattler und Emberger geben für die Kompostierung ein optimales C/N (Masse)-verhältnis von 35:1 an. Liegt dieses nicht vor, kann der Stickstoffgehalt durch Zugabe von Klärschlamm, der häufig ein C/N-Verhältnis von 10:1 hat, erhöht werden (Lit. 5.22).
Noch vor einigen Jahren bestand die Bestrebung – noch bevor das getrennte Sammeln von Müll, so wie es heute praktiziert wird, aufkam – den Hausmüll und darüberhinaus hausmüllähnliche Abfälle zu kompostieren. Es wurden zahlreiche Kompostierwerke gebaut, zum Teil auch mit vorgeschalteten Aufbereitungseinheiten. Doch wie sich sehr bald zeigte, waren die Komposte sehr stark mit Schwermetallen kontaminiert.
So werden für verschiedene Hausmüllkompostwerte gemittelte Schwermetallgehalte im folgenden tabelliert angegeben (Abb. 5.29; Lit. 5.23).
Die Tabelle zeigt die deutliche Überschreitung der Bodenrichtwerte, auf die bereits im Kapitel 4 aber auch im Kapitel 5.2.2 (vgl. Abb. 5.18) eingegangen wurde. Problematisch sind wieder Zink und Kupfer aber zusätzlich noch Blei. Diese Überschreitungen verbieten ein Ausbringen des Komposts in der Landwirtschaft, insbesondere wenn eine Bodenschutzverordnung erlassen wird, wie sie im Kap. 4 bereits erörtert wurde. Die Schwermetallgehalte obiger Komposte sind so hoch, daß diese noch nicht einmal für eine Hausmülldeponie als zulässig angesehen werden.
Dieser Sachverhalt zeigt erneut, daß eine nachträgliche Sortierung – hier im Kompostwerk – nicht erfolgreich ist, sondern daß eine Sortierung beim Verursacher als die sinnvollere Lösung angesehen werden muß: So werden bei der Kompostierung von getrennt gesammeltem Grünschnitt, Gras, Laub etc. in der Regel nur wenige Probleme gesehen. Auch die Produkte der Biotonne dürften kompostierbar sein. Es sei allerdings angemerkt, daß bei der Laubkompostierung einer Großstadt auch bereits überhöhte Bleigehalte festgestellt wurden, was auf die Bleiemissionen infolge bleihaltigen Benzins zurückgeführt wird. Hier ist zu hoffen, daß der rückläufige Verbrauch von bleihaltigem Benzin eine Besserung ergeben wird. Die oben angegebene Möglichkeit der Zugabe von Klärschlamm zum zu kompostierenden Rohmaterial dürfte auch dann erfolgversprechend sein, wenn die Schwermetallkonzentrationen des Klärschlamms ausreichend niedrig sind.

| Kompostwerk | Konstanz | Heidenheim | Bischoffsheim | Siggerwiesen | Durchschnitt 9 verschiedener Werke in der Schweiz | Boden-Richtwert |
|---|---|---|---|---|---|---|
| Blei | 563 | 431 | 675 | 673 | 1460 | 100 |
| Zink | 934 | 1330 | 1277 | 974 | 2200 | 300 |
| Kupfer | 248 | 286 | 669 | 263 | 715 | 100 |
| Nickel | 35 | 70 | 130 | 47 | 90 | 50 |
| Chrom | 41 | 93 | 140 | 101 | 170 | 100 |
| Quecksilber | 4 | 3 | n.b. | n.b. | 7 | 2 |
| Cadmium | 6 | 6 | 6 | 5 | 11 | 3 |

*Abb. 5.29: Schwermetallgehalte einiger Kompostwerke, die Kompost auf Hausmüllbasis erzeugen in mg/kg*

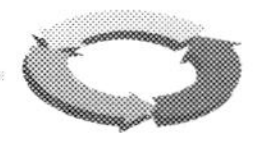

**Die Vergärung von biogenen Reststoffen**
Wie oben aufgezeigt wurde, kann die Kompostierung möglicherweise zu einer unangenehmen Geruchsentwicklung führen. Ferner sind die hygienischen Probleme noch nicht entgültig geklärt.
Diese Probleme sind umso gravierender je feuchter das Rohgut ist. Keine Probleme werden bei Grünschnitt gesehen. Problematischer sind die gesammelten Stoffe der Biotonne oder von Küchenabfällen, wenn sie nicht – wie oben schon beschrieben – wiederverwertet werden können. Hinzu kommen Stoffe aus der Viehzucht wie z. B. Gülle.
Bei diesen Stoffen ist eine Vergärung vor der Kompostierung sinnvoll. Sie ist im Gegensatz zur Kompostierung ein anaerob verlaufender bakterieller Prozeß, auch Faulung oder Fermentation genannt. Er wird entweder in der flüssigen Phase, analog zum Faulturmverfahren der Kläranlagen oder in trockener Form durchgeführt. Dabei entsteht ein Faulgas mit einem für ein BHKW ausreichend hohen Heizwert, so daß die Energie optimal genutzt wrden kann. Die gefaulte Biomasse kann kompostiert werden und ist hygienisch nicht so bedenklich wie die ungefaulte Substanz.

## 5.3.2 Rohstoffliches Recyceln

Beim werkstofflichen Recyceln geht es darum, den Werkstoff zu erhalten:
- Stahl soll als Stahl genutzt werden,
- Polyethylen soll wieder als Polyethylen Verwendung finden.

Im Rahmen des rohstofflichen Recyceln wird der Abfall so modifiziert, daß aus ihm die Grundstoffe, die für seine Herstellung benötigt wurden, erzeugt werden. D.h., man geht mindestens eine Produktionsstufe zurück. Beim Kunststoff z. B. wird versucht, das für seine Herstellung erforderliche Öl durch *Destruktion* zu erzeugen:
*Produktion: Öl > Monomer > Polymer*
*Destruktion: Polymer > Monomer > Öl*
Dies geschieht beispielweise bei der *Hydrierung von Altkunststoffen*, wie sie z.Zt. von der VEBA AG und der RAG im Werk Bottrop durchgeführt wird. Dieses Verfahren, ursprünglich für die Hydrierung von Kohle entwickelt, bietet die Möglichkeit, hochmolekulare Stoffen in niedigmolekulare umzuwandeln. Neben der Destruktion hat die *Raffination* eine hervorragende Bedeutung.
Auch schon früher war es wichtig, die Einsatzstoffe zu raffinieren: Die Gegewart von Wasserstoff mit entsprechend hohem Partialdruck konnte genutzt werden, um heterozyklisch gebundene Atome wie Schwefel oder Stickstoff in einfachere Verbindungen – zumeist Schwefelwasserstoff oder Ammoniak – umzuwandeln.
Insbesondere der zuletzt genannte Effekt dürfte von großem Vorteil beim Recyceln von chlorierten oder fluorierten Kunststoffen sein. Auch die beim Elektroschrott anfallenden flammenresistenten bromierten Kunststoffe könnten hier eingesetzt werden. Die Halogene würden dann in HCl oder HF umgewandelt werden können, die dann ihrerseits wieder als Rohstoff Verwendung finden könnten.
Ein noch weiter gehender Abbau der Grundsubstanz ist bei der *Vergasung* möglich:
Hier wird der Rohstoff praktisch bis zum Wasserstoff und Kohlenmonoxid aufgebrochen.
Chlor und Flourverbindungen werden wie bei der Hydrierung in HCl und HF umgewandelt. Diese vier Grundchemikalien können von der chemischen Industrie wieder als Rohstoff verwendet werden. Das Kohlenmonoxid kann zu Wasserstoff konvertiert werden, so daß als Hauptprodukt bei der Vergasung Wasserstoff anfällt. Da für die Hydrierung größere Mengen an Wasserstoff benötigt werden, könnte dieser durch die Vergasung von Kunststoffen bereit gestellt werden.
Abb. 5.30 versucht, die unterschiedlichen Reaktionsbedingungen bei
- der *Verbrennung*,
- der *Vergasung*,
- der *Pyrolyse* und
- der *Hydrierung*

aufzuzeigen:

Die Verbrennung erfolgt mit Luftüberschuß, also in oxidierender Atmosphäre. Die Vergasung mit Sauerstoffunterschuß, schwach oxidierend, z.T. schon in reduzierender Atmosphäre. Die Pyrolyse erfolgt unter Luftabschluß, also in reduzierendem Mileu. Schließlich wird bei der Hydrierung eine stark reduzierende Atmosphäre angesterebt.
Aufgrund der unterschiedlichen Arbeitsbedingungen ergeben sich auch unterschiedliche Produkte (Abb. 5.30).
Bei der Verbrennung entsteht neben der Asche (trockener Ascheabzug) oder Schlacke nur Wärme, die energetisch genutzt werden kann. Die Verbrennung zählt somit zu den wichtigsten Verfahren im Bereich der energetischen Verwertung.
Bei der Vergasung entsteht ein kohlenmonoxid-, wasserstoffhaltiges Gas. Hierfür gibt es verschiedene Verwendungen. Es kann wie schon oben erwähnt, als Chemierohstoff genutzt werden. Darüberhinaus besteht eine energetische Nutzung.
Bereits im Kapitel 4 wurde darauf verwiesen, daß ein solches Gas auch zur Kraft/Wärmeerzeugung geeignet ist, wenn es in Verbrennungsmotoren eingesetzt wird. Erfolgt der Vergasungsprozeß ungünstig, können teerhaltige Kondensate entstehen. Aus heutiger Sicht kann dies durch eine geeignete Prozeßführung verhindert werden.
In die Diskussion um Entsorgungstechniken wird häufig der Prozeß der Pyrolse eingebracht. Die hier anfallenden Teermengen sind sehr erheblich und können 3 bis 5% bezogen auf den eingesetzen Rohstoff betragen. Vorschläge der Verbrennung dieser Produkte sind ebenso unterbreitet worden. Aus ökologischen Gründen sollten auch wegen der Toxizität der Teere Pyrolyseverfahren nicht favorisiert werden. Eine direkte Verbrennung oder eine direkte Vergasung ist der Pyrolyse wegen der Nebenprodukte Teer und Koks vorzuziehen.
Durch die Hydrierung wird der Koksanfall ebenfalls unterbunden. Die Teere sind bereits gecrackt und teilweise raffiniert, so daß sie wie Mineralölprodukte behandelt werden können. Benötigt wird jedoch Wasserstoff. Dieser könnte über Vergasung von Abfällen erzeugt werden.
Allgemein betrachtet steigt der Wert der Produkte von der Verbrennung über die Vergasung und Pyrolyse bis zur Hydrierung. Gleichzeitig wachsen auch die spez. Anlagekosten. Ferner sind an den Rohstoff zusätzliche Anforderungen zu stellen: Hohe Asche- und Wassergehalte bereiten zusätzliche Schwierigkeiten. Eine rohstoffliche Nutzung erscheint deshalb nur in wenigen Einsatzfeldern möglich, die einerseits durch die Reinheit der Einsatzstoffe und zum anderen durch die kostenmäßige Belastbarkeit gekennzeichnet sind. So

| Verfahren | thermische Umsetzung, Reaktionsbedigungen | Produkte |
|---|---|---|
| Verbrennung | Umsetzung mit Luftüberschuß, oxidierend | Wärme, Asche, Schlacke |
| Vergasung | Umsetzung bei Luftunterschuß, schwach oxidierend | Kohlenmonoxid, wasserstoffhaltiges Gas, Asche |
| Entgasung, Pyrolyse | Umsetzung bei Luftabschluß, reduzierend | Brenngas, Teer, Koks |
| Hydrierung | Umsetzung in Gegenwart von Wasserstoff, stark reduzierend | Öl |

*Abb. 5.30: Reaktionsbedingungen und Produkte der vier Grundverfahren*

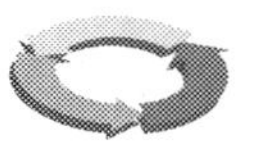

scheint lediglich bei Kunststoffen die Umwandlung in Hydrieranlagen sinnvoll zu sein. Auch biogene oder andere Reststoffe zu hydrieren, erscheint demgegenüber nicht realistisch. Da die Vergasung in Bezug auf Rohstoffqualitäten noch am unempfindlichsten ist, hat sie bei der rohstofflichen Verwertung das größte Potential.

### 5.3.2.1 Die Hydrierung

Bei der gemeinsam von Veba AG und RAG betriebenen Kohleöl-Anlage in Bottrop wird heute statt der Kohle Kunststoff hydriert, der zusammen mit Vakuumrückstand aus den Veba Raffinierien suspendiert und mehrstufig aufgewärmt wird (Abb. 5.31). Komprimierter und ebenfalls vorerhitzter Wasserstoff wird zugemischt. In drei Reaktionskammern, den Sumpfphasereaktoren, erfolgt die Hauptumsetzung. Die im Heißabscheider anfallende Leichtfraktion wird in den Gasphasereaktoren raffiniert und man erhält das Hauptprodukt, das Syncrude. Als Nebenprodukt fällt der Hydrierrückstand an, der z. B. verbrannt werden kann. Das im Kunststoff, im PVC, enthaltene Chlor wird nahezu vollständig zu HCl umgebaut und als wässrige HCl gewonnen. Somit stellt die Hydrierung ein Verfahren dar, mit dem langfristig ein Weg für die sichere PVC-Verwertung gegeben scheint (Lit. 5.24).

### 5.3.2.2 Die Vergasung

Die Vergasungsverfahren können unterschieden werden in solche, die mit Luft oder mit Sauerstoff als Vergasungsmittel arbeiten. Zum Teil sind auch Vergasungsverfahren mit anderen Vergasungsmitteln wie Wasserstoff, Kohlendioxid oder Wasserdampf oder Mischungen aus den genannten Gasen vorgeschlagen worden.

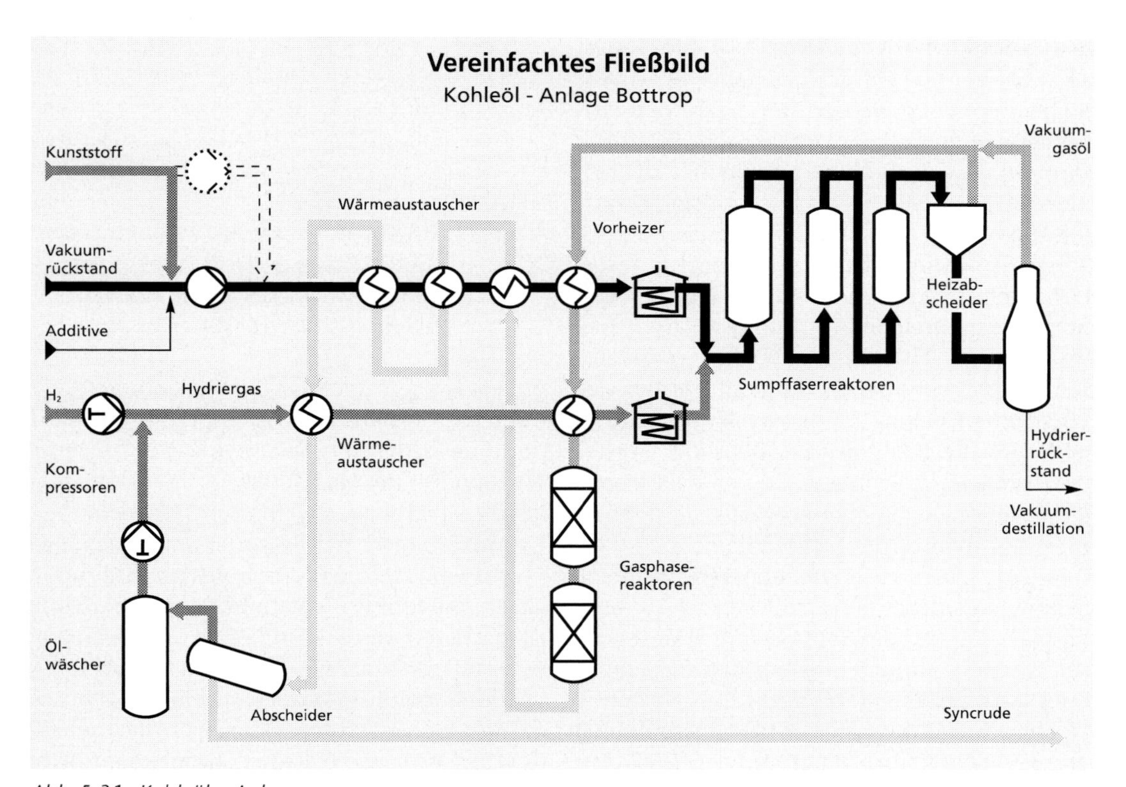


Abb. 5.31: Kohleöl – Anlage

Die Verfahren mit Luft oder Sauerstoff unterscheiden sich wiederum in der Höhe des Vergasungsdruckes. Es ist bekannt, daß versucht wurde, Drucke bis 100 bar anzuwenden.
Als weiteres Unterscheidungsmerkmal ist die Feststoffführung zu nennen. Bekannt ist die Vergasung im Festbett, bei der der zu vergasende Stoff stückig, im Falle von Abfall brikettiert, in einer festen Schüttung vorliegt und vom Vergasungsmittel von unten nach oben umspült wird; eine *Gegenstromvergasung*.
Feinkörniger liegt das Material bei der *Fluidatbettvergasung* vor.
Bei der Staubvergasung hat das Vergasungsmittel auch die Aufgabe des Transportes des Staubes. Sie stellt eine *Gleichstromvergasung* dar.
Am bekanntesten ist heute die *Festbettvergasung* nach dem Prinzip der *Lurgi-Druckvergasung*. In der ehemaligen DDR wurde bis zu ihrem Ende in Lurgi-Druckvergasern Stadtgas aus Braunkohlenbriketts hergestellt. Infolge der Umstrukturierung wurden hier Kapazitäten frei, die heute genutzt werden, um zusammen mit Braunkohlenbriketts Briketts aus der Restfraktion des DSD-Systems zu vergasen. Auch in anderen ehemaligen Comecon-Ländern sind derartige Kapazitäten vorhanden.
Neben Anlagen, die ursprünglich für feste Brennstoffe wie z.B. Braunkohle gebaut wurden, sind zahlreiche Vergasungsanlagen für Abfälle in der Entwicklung. Ziel ist es dabei, den nicht homogenen Rohstoff Abfall zu beherrschen, der im übrigen auch durch hohe Ballastgehalte bestimmt ist. Berühmt wurde das *Thermoselect-Verfahren*. Bei den klassischen Verfahren ist wegen des geringen Ballastes ein guter Abbrand des Kohlenstoffs möglich. Bei Abfällen ist dies zu erreichen, wenn höhere Reaktionstemperaturen erzielt werden. So soll bei Thermoselect die Asche flüssig abgeschieden werden, ähnlich wie bei den Schmelzfeuerungskesseln. Vom Grundprinzip entspricht das Thermoselect VF dem Festbettverfahren, welches den Nachteil aufweist, daß der Brennstoff brikettiert aufgegeben werden muß.

Eine weitere Neuentwicklung ist das *Lurgi Öko-Gas-Verfahren*. Abb. 5.32 zeigt das Anlagenkonzept, bestehend aus einer Aufbereitung der Abfälle, der Gaserzeugung, der Gasreingung und der Gasverwendung.

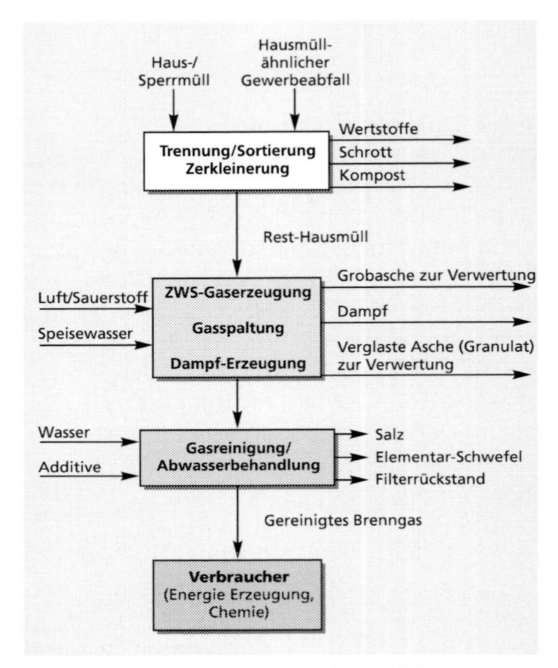


*Abb. 5.32: Konzept der thermischen Abfallentsorgung von Rest-Hausmüll durch Gaserzeugung in der atmosphärischen zirkulierenden Wirbelschicht (ZWS) (Lurgi AG; Lit. 5.25)*

Abb. 5.33 zeigt eine typische Müllaufbereitung mit Leseband, Primärklassierung, Fe-Abscheidung, Zerkleinerung, Sekundärklassierung und Abtrennung der NE-Metalle.
Abb. 5.34 zeigt das Schema der Gaserzeugung. Grundverfahren ist die sogenannte *zirkulierende Wirbelschicht*. Hierbei wird bewußt zugelassen, daß größere Feststoffmengen über Kopf ausgetragen werden. Ein Zyklon scheidet diese Feststoffanteile ab, die dann dem Gaserzeuger wieder zugeführt werden. In einer Nachvergasung werden vom Zyklon nicht festgehaltene Partikel sowie Teere nachgespalten, indem reiner Sauerstoff angeboten wird. Die Spaltung

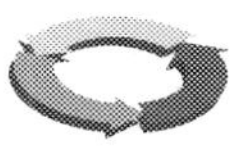

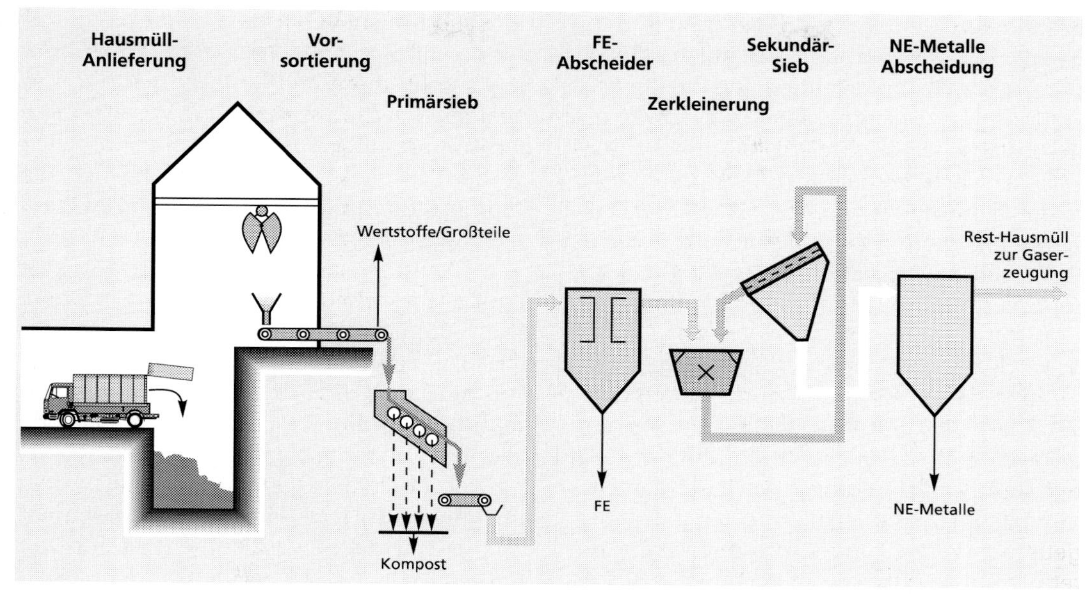


*Abb. 5.33: Typische Aufbereitung von Hausmüll (Lurgi AG, Frankfurt; Lit. 5.25)*

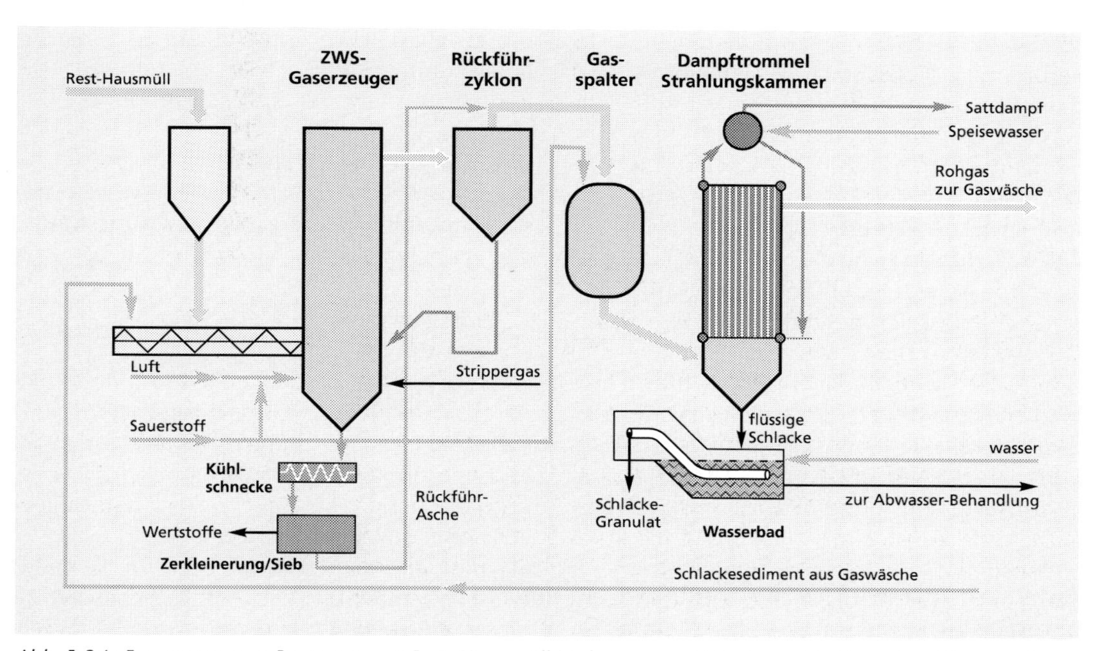


*Abb. 5.34: Erzeugung von Brenngas aus Rest-Hausmüll in der atmosphärischen zirkulierenden Wirbelschicht (Lurgi AG, Frankfurt; Lit. 5.25)*

ist durch eine deutliche Temperaturanhebeung möglich, die zu einer Schlackebildung führt.

Die Wärme des Gases wird zu

gung genutzt.

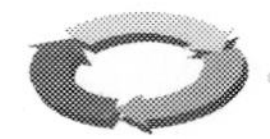



Besonderen Wert wurde auf die Gasreinigung gelegt. Wie aus Abb. 5.35 ersichtlich, schließt sich an den Dampferzeuger eine direkte Gaskühlung als Wasserwäsche an, sowie ein Aerosolabscheider. Schließlich ist ein Venturiwäscher nachgeschaltet, so daß drei Waschstufen kombiniert wurden. Nach der Entschwefelung erfolgt eine Eisenchelat-Wäsche, Quecksilber wird mittels eines Aktivkohleadsorbers zurückgehalten.

### 5.3.3 Energetische Verwertung

Im Rahmen der Vergasung wurde bereits deutlich, daß sie zur rohstofflichen Verwertung grundsätzlich geeignet ist. Werden die erzeugten Gase jedoch lediglich zur Energieerzeugung genutzt, ist auch die Vergasung der energetischen Verwertung zuzuordnen. Es bereitet oft Schwierigkeiten zu erkennen, welchen Sinn es im Vergleich zur direkten Verbrennung macht, wenn zuerst vergast wird, um anschließend den erzeugten Rohstoff doch zu verbrennen. Vielleicht ist dies auch der Grund dafür, warum bei der thermischen Abfallentsorgung die Müllverbrennung noch heute die eindeutige Priorität hat. Gleiches gilt für die Pyrolyse.

#### 5.3.3.1 Die Pyrolyse

Es wurde bereits ausgeführt, daß die Pyrolyse unter Luftabschluß durchgeführt wird. Es entstehen neben dem erzeugten Gas Teer und Koks. Eine stoffliche Verwendung dieser Produkte ist auszuschließen. Als Lösung wird also ihre Verbrennung ins Auge gefaßt, so daß das Verfahren der Siemens/KWU bereits unter dem Begriff Schwel-Brenn-Verfahren eingeordnet wird. Verfahrenstechnisch ist damit die Pyrolyse insgesamt ein Verbrennungverfahren mit vorgeschalteter Pyrolyse, also eine energetische Verwertung.
Ob die Zweistufigkeit des Verfahrens Vorteile bietet, ist kaum erkennbar. Probleme dürften sich allerdings beim Handling der genannten Stoffe ergeben, wobei insbesondere das Handling des Teeres besonderes schwierig sein dürfte. Ziel der neuen Verfahren ist es, die Rückstände auf sehr hohe Temperaturen zu bringen, so daß die Asche gesintert wird und so weniger eluierbar ist. Auf diese Weise könnte den Anforderungen der TA Abfall entsprochen werden. Es bleibt abzuwarten, wie sich die Demonstationsanlagen bewähren. Im Bau sind die Schwel-Brenn-Anlage von Siemens in Fürth, eine Thermoselect-Anlage in Karlsruhe, sowie eine Konversionsanlage von Noell in Northeim.
Abb. 5.35 zeigt ein Schema des Schwel-Brenn-Verfahrens (Lit. 5.26).
Abb. 5.36 zeigt das Schema des PyroMelt-Verfahrens (Lit. 5.26).
Hauptkomponente hier ist ein indirekt beheiztes Drehrohr, in dem die Pyrolyse erfolgt. Dabei entstehen Gas, Teer (hier mit Öl bezeichnet) und Koks. Der Koks wird aufbereitet und von Wertstoffen befreit. Zusammen mit dem selbsterzeugten Gas und dem Teer wird der Koks verbrannt. Dabei werden so hohe Temperaturen erzielt, daß die Asche flüssig als Schlacke anfällt und zu Granulat verarbeitet wird. Die Restwärme dient der Energieerzeugung.

#### 5.3.3.2 Die Verbrennung

Das Grundverfahren der energetischen Entsorgung ist die Verbrennung. Es sind im Markt Verbrennungssysteme eingeführt für:
- Gase,
- Flüssigkeiten,
- Schlämme,
- feste Rückstände sowie für Kombinationen aus verschiedenen Brennstoffarten.

Viele Systeme sind stationär, doch es sind auch Verbrennungsschiffe gebaut worden, die die Aufgabe haben, gefährliche Restchemikalien auf hoher See zu verbrennen.
Die meisten Systeme sind speziell für die energetische Verwertung der Abfälle gebaut worden, wie die *Müllverbrennungsanlagen*. Zum Teil dienen sie aber nur zur Entsorgung, wenn wegen der zu geringen Heizwerte keine Energie erzeugt werden kann, wie z. B. beim Klärschlamm. Hier ist noch Fremdenergie erforderlich. Auch die thermischen Verfahren zur Bodendekontami-

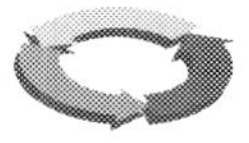

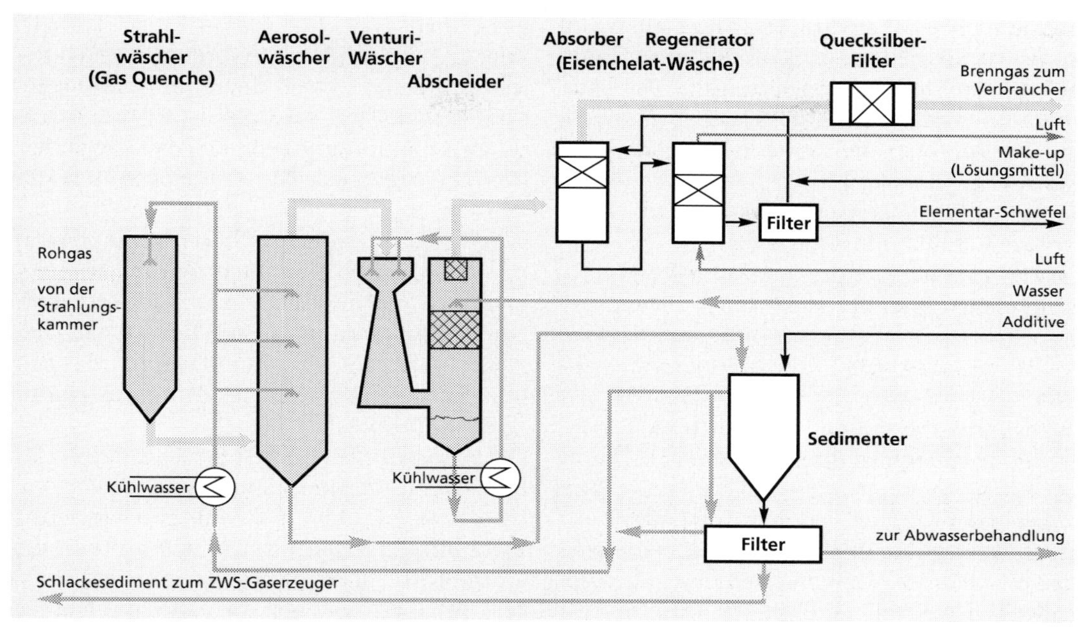


*Abb. 5.35: Gasreinigung der Vergasungsanlage (Lurgi AG, Frankfurt; Lit. 5.25)*

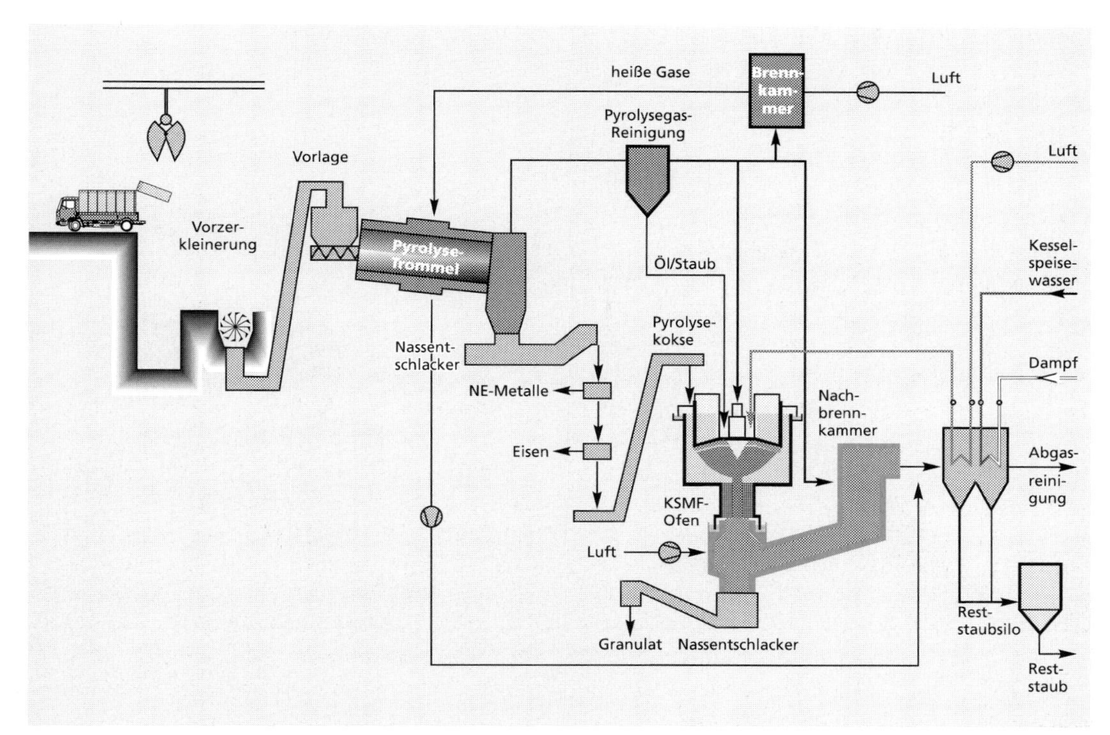


*Abb. 5.36: Schema des PyroMelt-Verfahrens (ML Entsorgungs- und Energieanlagen GmbH, Ratingen; Lit. 5.27)*

nation (s. Kap. 4) sind nicht energieautark. In zunehmendem Maße wird bei der Entsorgung auf die energetische Verwertung in *Produktionsanlagen* gesetzt; wie im Falle der Autoreifen im Drehrohrofen der Zementwerke oder der Kunststoffentsorgung im Hochofen. Für den Einsatz dieser Techniken sind oft nur einige wenige Umbauinvestitionen erforderlich.

Im Zentrum der hier durchgeführten Betrachtung stehen aber vor allem die Müllverbrennungsanlagen für Hausmüll und hausmüllähnliche Abfälle und die Sondermüllverbrennungsanlagen.

In der Bundesrepublik sind derzeit rund 10 Sondermüllverbrennungsanlagen und 50 Hausmüllverbrennunganlagen im Einsatz. Geplant war, die Kapazitäten deutlich zu erhöhen.

Es gibt aber gerade in letzter Zeit auch Hinweise, daß die Müllmengen sich vermindert haben, so daß die vorhandenen Kapazitäten nicht voll ausgelastet werden können. Die vorhandene Kapazität beträgt derzeit rund 10 Mio. t/a entsprechend 25% des anfallenden Hausmülls.

**Feuerung**

Wie auch bei anderen Verbrennungsanlagen muß die Feuerung auf den Brennstoff ausgerichtet sein. Der Hausmüll ist insbesondere durch seine Inhomogenität gekennzeichnet. Hierfür sind spezielle *Rostfeuerungen* entwickelt worden.

Wird ein größerer Aufbereitungsaufwand betrieben, lassen sich auch *Drehrohrfeuerungen* oder *Wirbelschichtfeuerungen* einsetzen.

Die Müllverbrennung soll beispielhaft am „System Düsseldorf" erläutert werden, das sich u. a. durch den Einsatz eines Walzenrostes auszeichnet (Abb. 5.37).

Die Anlagen der Stadtwerke Düsseldorf AG haben eine Verbrennungskapazität von ca. einer halben Million t Müll pro Jahr. Das Verbrennungssystem ist vor allem durch die Walzenroste gekennzeichnet, die sich in ca. 100 Anlagen weltweit bewährt haben. Sie ermöglichen eine gleichmäßige Verbrennung von unsortiertem Hausmüll und hausmüllähnlichen Abfällen.

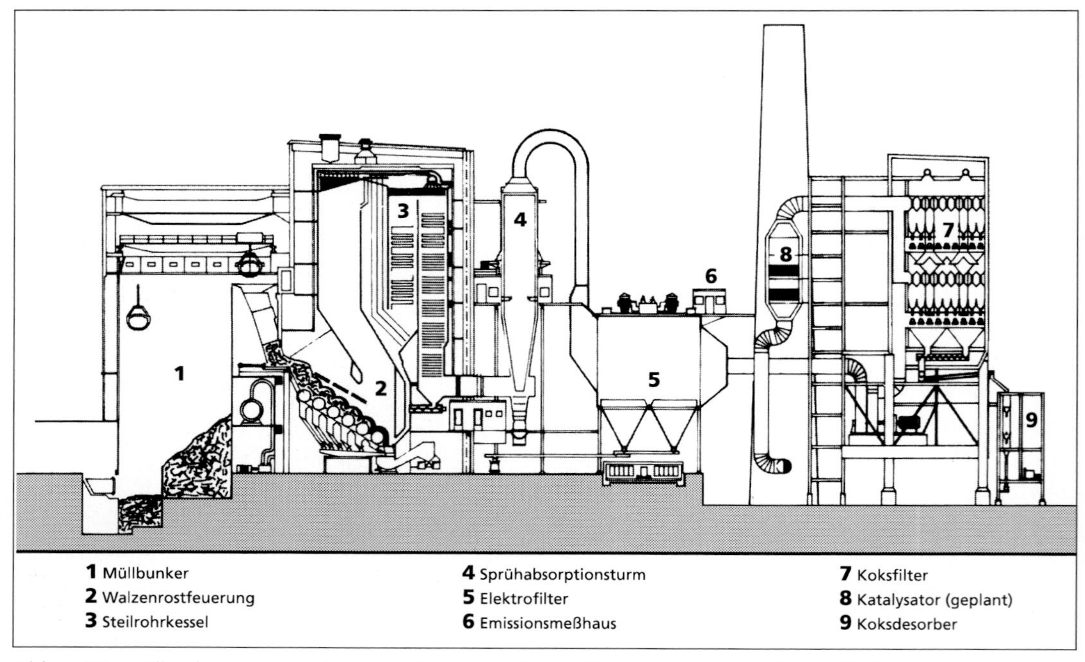


*Abb. 5.37: Müllverbrennungsanlage „System Düsseldorf" (Düsseldorfer Consult GmbH; Lit. 5.28)*

Der Vorteil der Walzenroste ist insbesondere darin zu sehen, daß der Brennstoff mehrfach gewendet wird und so allseitig gezündet werden kann, was insbesondere bei sperrigem Material notwendig ist. Darüberhinaus läßt sich die Rostgeschwindigkeit verändern, so daß Partien mit z. B. schlechtem Reaktionsverhalten länger im Feuerraum gehalten werden können. Der Walzenrost besteht in der Regel aus 6 Walzen mit einem Durchmesser von 1,50 m und einer Breite von 3,50 Metern, die wie eine abwärts führende Treppe angeordnet sind.
Die Verweilzeit des Brennstoffs auf dem Rost beträgt ca. 1 h. Jede der mit 6000 Roststäben ausgerüstete Walze ist separat in der Umfangsgeschwindigkeit variierbar. Die Primärluft wird mengengeregelt über die Walzen dem Glutbett appliziert, die Sekundärluft wird von oben auf das Glutbett gegeben.
Der angegebene Mülldurchsatz wird in sechs Kesseln z. B. mit einer Einzelleistung von ca. 40 t/h bei 100 bar und 500 °C Überhitzertemperatur erzielt. Diese Auslegung zeigt, daß das Müllheizkraftwerk variabel ausgelegt ist und sich so den Schwankungen des Rohstoffs nicht nur aufgrund des Einzelblocks mit seinem regelbaren Walzenrost, sondern auch aufgrund der vorhandenen Einzelkessel mit relativ kleiner Dampfleistung gut anpassen kann. Es sind auch Kessel mit mehr als 100 t/h an Dampfleistung gebaut worden. Die Kessel sind als Vierzugkessel gestaltet. Im Feuerraum werden Verbrennungstemperaturen von bis zu 1200 °C erzielt. Zur Vermeidung von Korrosion und zur Ableitung des Schmelzflusses ist eine gekühlte Auskleidung aus Siliziumcarbid vorgesehen. Der erste und der zweite Zug sind durch Membranwände begrenzt und dienen der Verdampfung und dem Schutz vor Überhitzung, der dritte und vierte Zug ist mit Berührungsheizflächen ausgestattet. Die sehr stark schwankenden Schmelzpunkte des eingesetzen Mülls sowie seine korrosiven Rauchgase machen eine derartig aufwendige Kesselkonstruktion erforderlich. Abb. 5.38 zeigt den Walzenrost der Müllverbrennungsanlage Ludwigshafen und die prinzipielle Ausbildung des Feuerraumes zusammen mit den erforderlichen Zusatzbrennern (Lit. 5.29).
Andere Hersteller bieten konkurrierende Rostkonstruktionen an. Der EVT-Vorschubrost ist

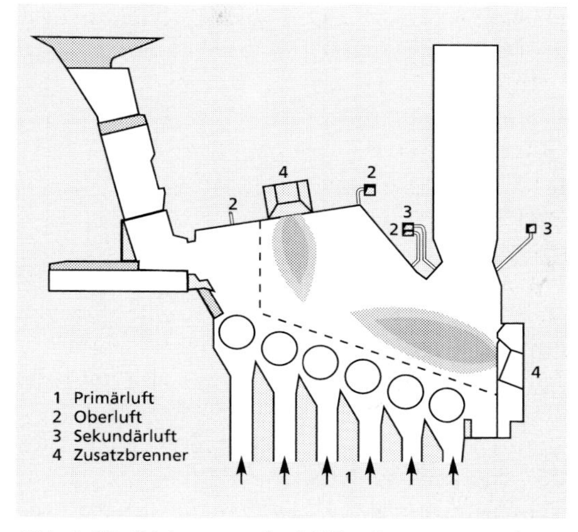


*Abb. 5.38: Walzenrost der Müllverbrennungsanlage Ludwigshafen*

ebenfalls schräg geneigt und weist neben festen auch bewegte Roststäbe auf, um das Feuer schüren zu können (Lit. 5.30).

## Rauchgasbehandlung

Eine Besonderheit bei Müllverbrennungsanlagen ist auch die *Behandlung der Rauchgase.*
Die Rauchgase von Hausmüllverbrennungsanlagen enthalten je nach Einsatzstoff an Emissionen in mg/m³ die Werte gemäß Abb 5.39. Spalte 1 zeigt die Werte im Rauchgas nach dem Kessel ohne Rückhaltetechniken, Spalte 2 im Abgas einer gemessenen Anlage nach Rauchgasreinigung, Spalte 3 die von der 17. BImSchV geforderten Werte (Lit. 5.31).
Bei konventionellen Kohlekraftwerken mit deutlich geringeren Anteilen an Salzsäure und Flußsäure haben sich die *nassen Verfahren* etabliert.
Um nicht aus dem Rauchgasproblem ein Abwasserproblem werden zu lassen, wurde bei

| | 1<br>im Rauchgas | 2<br>gemessen im Abgas | 3<br>nach 17.BImSchV |
|---|---|---|---|
| HCL | 800 – 1300 | 0,1 – 0,4 | 10 |
| HF | 5 – 20 | < 0,1 | 1 |
| $SO_2$ | ca. 400 | 1,2 | 50 |
| $NO_x$ | 200 – 500 | 45 – 65 | 200 |
| SM | | 0,08 – 0,195 | 0,5 |
| Hg | | 0,008 – 0,017 | 0,05 |
| Staub | | < 0,1 | 10 |
| Cd,Tl | | ca.0,001 | 0,05 |
| CO | 10 – 800 | | |
| TOC | 10 – 400 | 2 – 4 | 10 |
| PCDD/F | | 0,0003 – 0,0025 ng | 0,1 ng |

*Abb. 5.39: Emissionswerte von Müllverbrennungsanlagen*

Müllverbrennungsanlagen ein sogenanntes *halbtrockenes, abwasserfreies Rauchgasreinigungssystem* eingeführt, das bereits im Kapitel 2 vorgestellt wurde.

Zur Entfernung der sauren Schadstoffkomponenten Schwefeldioxid ($SO_2$), Salzsäure (HCl) und Flußsäure (HF) wird ein weiterentwickeltes *Sprühabsorptionsverfahren* verwendet.

Sprühabsorptionsverfahren unterscheiden sich von „nassen" Entschwefelungstechniken dardurch, daß die entstehenden Kalkverbindungen in trockenem Zustand aus dem Rauchgas entfernt werden. Daher entfallen Investitionen und beträchtliche Unterhaltungskosten für Korrosionsschutz, Trocknung der Kalkverbindungen und Wasseraufbereitung. Da an keiner Stelle der Taupunkt der Rauchgase erreicht wird, können auch im Fall der Nachrüstung bestehender Anlagen ungeschützte Rauchgaskanäle, Gebläse oder Elektrofilter weiterhin verwendet werden. Der besondere Vorteil ist, daß kein Abwasser anfällt und daher – anders als bei „nassen" Verfahren – weder Salze noch Schwermetalle die Gewässer belasten können oder kostspielig aus dem Wasser entfernt werden müssen.

Eine Besonderheit des „Systems Düsseldorf" ist die ständige Reinigung der Wände der Reaktionstürme. Ablagerungen von Kalkverbindungen an den Wänden werden damit von vornherein unterbunden. Das Wandreinigungssystem besteht aus Blechbahn-Segmenten, die im Reaktionsturm zylinderförmig labil aufgehängt sind. Sie verformen sich bereits in der Gasströmung, so daß kalkhaltige Ablagerungen zuverlässig abgeworfen werden. Dabei kann die Blechoberfläche mit einer temperaturbeständigen thermoplastischen Beschichtung ausgerüstet sein oder die Blechbahnen sind aus Edelstahl gefertigt. Gelöste Wandablagerungen, die nicht mit dem Rauchgasstrom nach oben mitgerissen werden, fallen in den Bodenaustrag des Reaktionsturmes und werden dort ausgetragen. Dieses Produkt wird mit Wasser verflüssigt und wieder in den Reaktionsturm eingedüst.

Das „System Düsseldorf" düst mittels Druckluft eine Kalkhydratsuspension ($Ca[OH]_2 + H_2O$) in einen Reaktionsturm ein (Abb. 5.40). Während der Wasseranteil in dem von 230 °C auf ca. 140 °C abgekühlten Rauchgas verdampft, verbinden sich Schwefeldioxid, Chlorwasserstoff und Fluorwasserstoff mit der Kalksuspension zu Kalziumsulfat, -sulfit, -chlorid und -fluorid. Diese Reaktionsprodukte werden in einem nachgeschalteten Elektrofilter dem Rauchgas entzogen und können beispielsweise zur Verfüllung im Bergbau verwendet werden. Der Flugascheanteil mit einer Zement-Zugabe sichert dabei die Verfestigung.

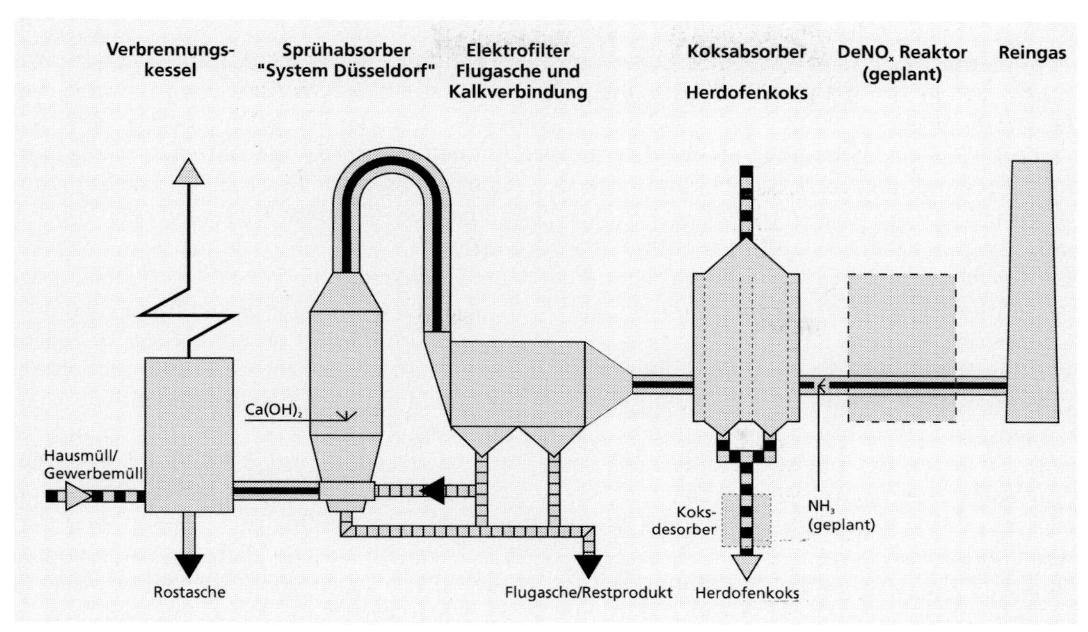


*Abb. 5.40: Vereinfachtes Verfahrensschema der Rauchgasreinigung (Düsseldorfer Consult GmbH; Lit. 5.28)*

In den Düsseldorfer Müllverbrennungsanlagen wird die Rauchgasreinigung durch Sprühabsorption ergänzt durch eine Restreinigung mit Aktivkoksfiltern. Sie sind Voraussetzung für den später vorgesehenen Einsatz von Katalysatoren für die Entstickung ohne Wiederaufheizung der Rauchgase. Mit ihrer weitergehenden Reinigungsleistung bewirken die Aktivkokse in der Müllverbrennungsanlage die erforderliche Reinigung der Rauchgase von dampfförmigen Schwermetallen und chlorierten Kohlenwasserstoffen. Schwefeldioxid, Salzsäure und Quecksilber werden bis unter die Nachweisgrenze abgeschieden. Bei Staub können Reingaswerte von 10 mg/m$^3$ sicher eingehalten werden. Dabei besteht der emittierte Staub nicht mehr aus Flugasche, sondern aus ausgetragenem Koksabrieb. Die Dioxin- und Furankonzentrationen im Reingas betragen weniger als 0,1 ng/m$^3$ (Toxizitätsäquivalent).

Bis auf Stickoxide werden bereits heute die Grenzwerte der 17. BImSchV auch bei Konzentrationsspitzen im Rauchgas sicher eingehalten:

Als technisch erprobte Gasreinigungsanlagen stehen unterschiedliche Bauarten, die nach dem Kreuz- oder Gegenstromverfahren arbeiten, zur Verfügung. Bereits in der ersten dünnen Filterschicht werden Staub, Kohlenwasserstoffe und Quecksilber adsorbiert. Schwefeldioxid und Salzsäure dringen tiefer in das Koksbett ein.

Entsprechend der jeweiligen Filterbauart kann man die mit unterschiedlichen Schadstoffen beladenen Filterschichten getrennt abziehen. Der mit Schwefel und Salzsäure beladene Koks kann in eigenen Kesselfeuerungen verbrannt oder mit dem Koks der vordersten Schicht einer thermischen Behandlung bei 500 °C unterzogen werden. Der Braunkohlekoks weist nach dieser Behandlung – chlorierte Kohlenwasserstoffe werden zerstört und die Schwermetalle mit einem Stickstoffstrom einer Kühlfalle oder einem keramischen Adsorber zugeführt – Schadstoffkonzentrationen auf, die denen der natürlichen Brennstoffe gleichen. Das adsorbierte Quecksilber kann entweder wieder aufgearbeitet werden oder ist, an einer

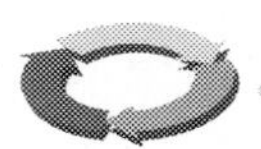



geringen Masse Adsorbermaterial gebunden, deponierbar. Damit ist sowohl das Verwertungs- als auch das Minimierungsgebot für Reststoffe erfüllt.

Neben der beschriebenen halbtrockenen Rauchgasreinigung von Müllverbrennungsanlagen favorisieren andere Müllverbrennungsanlagen das nasse Verfahren, allerdings mit der Notwendigkeit die Abwässer zu reinigen, wobei die mehrstufige Eindampfung zwingend erforderlich ist (Lit. 5.32).

Verständlich ist, daß die niedrigeren Temperaturen (ca. 80 °C) beim nassen Verfahren im Gegensatz zum halbtrockenen Verfahren (ca. 160 °C) wegen des hohen Dampfdrucks des Quecksilbers und seiner Verbindungen zu einer höheren Abscheideleistung bereits beim Waschvorgang führen.

Bezüglich der gasförmigen Emissionen gelten in Deutschland die *Vorschriften der 17. BImSchV*, mögliche wässrige Einleitungen regelt das Wasserhaushaltsgesetz. Kaum eingeschätzt werden können die Folgen des im Kreislaufwirtschaftgesetz neu erhobenen Prinzips, daß nur Abfall mit einem Heizwert von mindestens 11 MJ/kg ohne Zusatz von anderen Komponenten (Vermischungsverbot) verbrannt werden darf, und daß ein Feuerungswirkungsgrad von 75% erreicht werden muß.

Diese Forderung erscheint deshalb nur schwer einzuhalten, weil der Hausmüll in der Regel deutlich niedrigere Heizwerte aufweist (ca. 8 MJ/kg) und verschiedene Anlagen zusätzlich noch die Genehmigung erhalten haben, Klärschlämme mitzuverbrennen, die nicht nur den Heizwert senken, sondern auch dazu führen, daß der geforderte Feuerungswirkungsgrad nicht erreicht wird.

### Deponierung der anfallenden Feststoffe

Besondere Schwierigkeiten aber ergeben sich bei der *Deponierung der anfallenden Feststoffe* der Müllverbrennungsanlagen, vor allem, wenn die Forderungen der TA Abfall oder TA Siedlungsabfall, auf die noch eingegangen wird, erfüllt werden müssen.

Die technischen Maßnahmen bei der Müllverbrennung in den letzten Jahren haben dazu beigetragen, daß die Belastung der Luft und des Wassers deutlich geringer geworden ist. Da nicht erkennbar ist, daß sich die Schadstofffrachten verkleinert haben, ist das Problem in Richtung der festen Rückstände verschoben worden.

Abb. 5.41 a zeigt zunächst die Mengenbilanz der deutschen Hausmüllverbrennunganlagen ausgehend von den schon erwähnten 10 Millionen t Hausmüll, die jährlich verbrannt werden. Die Abbildung zeigt, daß die vorhandene Müllmasse um 2/3 reduziert wird. Der brennbare Anteil wird sogar von 3,3 Mio. t auf 0,04 Mio. t vermindert, was einer Massenreduzierung von ca. 99% entspricht. Trotz dieses enormen Abbaus der organischen Substanz ergeben sich noch 12% TOC in den Rückständen, 10% in der Schlacke, 25% im Flugstaub und 20% in den Rückständen der Rauchgasreinigung.

Demgegenüber sieht die TA Siedlungsabfall nur einen Wert von < 3% (organischer Anteil bestimmt als TOC bei Deponieklasse II) vor. Allein hieraus läßt sich ableiten, daß die Rückstände aus Müllverbrennungsanlagen nicht deponierbar sind (vgl. Abb. 5.42a und b). (Nach Angaben von U. Mühlenweg und H. Vogg; Lit. 5.33; 5.34)

Hinzu kommt, daß Stäube (Filterstaub) und Schlämme nicht den Festigkeitskriterien der TA Abfall und TA Siedlungsabfall genügen. Die hohe Belastung des Mülls mit Schwermetallen – in Abb. 5.41 b wurde nur von einem Wert von 0,2% ausgegangen – führt aus Gründen der Massenreduzierung zu einem extrem hohen Wert bei den festen Rückständen, ermittelt wurde die Konzentration von 6000 mg/kg, Werte, die um der Faktor 3 höher liegen als diejenigen, die in Komposten auf Hausmüllbasis gemessen wurden. Da auch schon die bezeichneten Komposte nicht als deponiefähig eingestuft wurden, dürfte Gleiches auch für die Rückstände aus Müllverbrennungsanlagen gelten.

Als Sonderfall der Schwermetalle kann das flüchtige Quecksilber in Betracht gezogen wer-

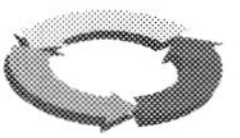

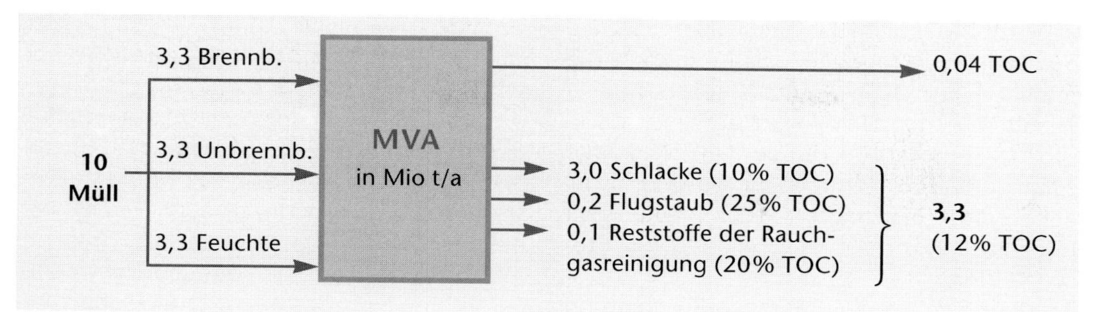


*Abb. 5.41a: Mengenbilanz der Müllverbrennungsanlagen (MVA) in Mio. t/a sowie der Anteil des Unverbrannten in den Produkten als TOC (Total Carbonic Carbon)*

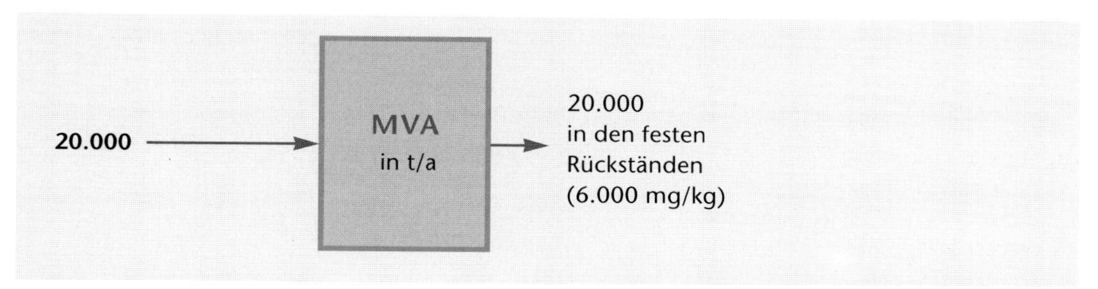


*Abb. 5.41b: Schwermetallbilanz der Müllverbrennungsanlagen in t/a (Basis 0,2% Schwermetall i. roh)*

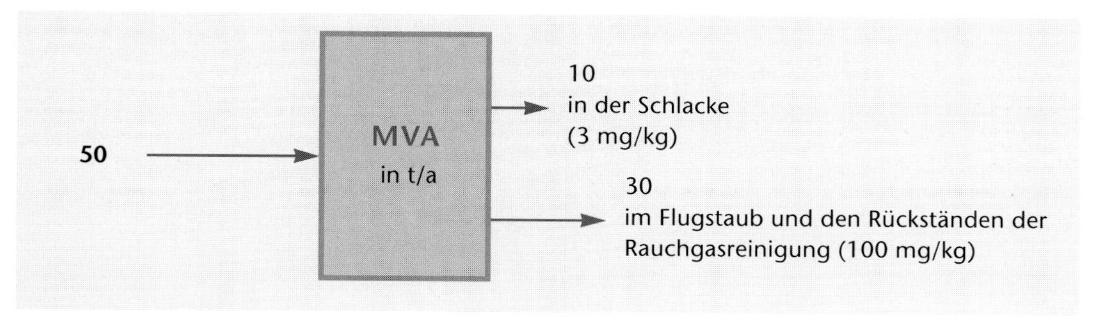


*Abb. 5.41c: Quecksilberbilanz der Müllverbrennungsanlagen in t/a (Basis 5 mg/kg Hg i. roh)*

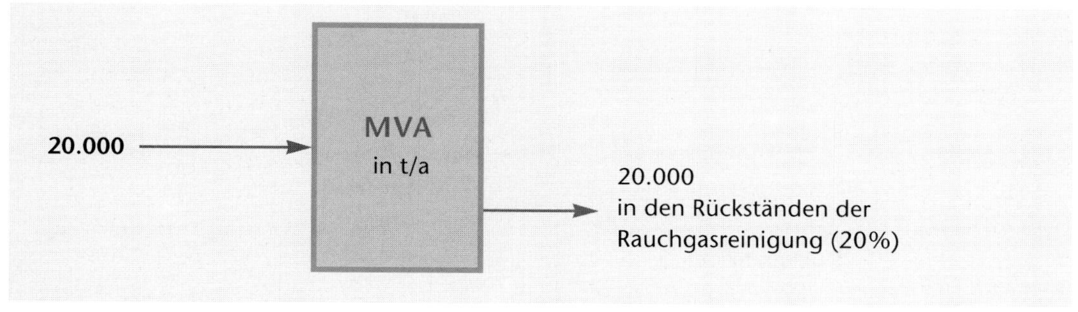


*Abb. 5.41d: Chlorbilanz der Müllverbrennungsanlagen in t/a (Basis 0,2% Cl i. roh)*

den. Abb 5.41c zeigt die Quecksilberbilanz auf der Basis von 5mg/kg im Hausmüll und der Annahme, daß 80% des Quecksilbers zurückgehalten werden. Dann ergibt sich eine Quecksilberfracht von 100 mg/kg; der für Böden zulässige Wert wurde oben mit 5 mg/kg angegeben. Auch hier zeigt sich, daß die Rückhaltetechniken zu einer Verschiebung des Problems führen.

Bei der gewollten vollständigen Rückhaltung des Chlors ergibt sich gemäß Abb 5.41d ein Chlorgehalt in den Rückständen der Rauchgasreinigung von ca. 20%. Da diese Chloride gut wasserlöslich sind, dürften die Grenzwerte auch der TA Abfall (< 10 g/l), die sich auf die Eluatkonzentration beziehen, deutlich überschritten werden (Abb. 5.42a, b).

Um Probleme hinsichtlich der Deponierbarkeit der Rückstände zu lösen, gibt es wiederum zahlreiche Vorschläge, die skizziert werden sollen. Die sinnvollste Lösung wäre auch hier, das Vermeiden von Schwermetallen und Chlor im Müll. Dies kann erfolgen durch die getrennte Sammlung von Batterien, Quecksilberthermometern, Leuchtstoffröhren, Elektronik etc. Ferner ist eine Sortierung des Mülls vor der Verbrennung notwendig. Zur Vermeidung der Chlorfracht scheint ein Verzicht auf PVC drin-

Bei der Zuordnung von Abfällen zur oberirdischen Ablagerung sind folgende Zuordnungswerte einzuhalten:

| Nr. | Parameter | Zuordnungswert |
|---|---|---|
| **D1** | **Festigkeit** | |
| D1.01 | Flügelscherfestigkeit | ≤ 25 kN/m² |
| D1.02 | Axiale Verformung | ≤ 20% |
| D1.03 | Einaxiale Druckfestigkeit (Fließwert) | ≤ 50 kN/m² |
| **D2** | **Glühverlust des Trockenrückstandes der Originalsubstanz** | ≤ 10 (m.-%) |
| **D3** | **Extrahierbare lipophile Stoffe** | ≤ 4 (m.-%) |
| **D4** | **Eluatkriterien** | |
| D4.01 | pH-Wert | 4–13 |
| D4.02 | Leitfähigkeit | ≤ 100000 µS/cm |
| D4.03 | TOC | ≤ 200 mg/l |
| D4.04 | Phenole | ≤ 100 mg/l |
| D4.05 | Arsen | ≤ 1 mg/l |
| D4.06 | Blei | ≤ 2 mg/l |
| D4.07 | Cadmium | ≤ 0,5 mg/l |
| D4.08 | Chrom-VI | ≤ 0,5 mg/l |
| D4.09 | Kupfer | ≤ 10 mg/l |
| D4.10 | Nickel | ≤ 2 mg/l |
| D4.11 | Quecksilber | ≤ 0,1 mg/l |
| D4.12 | Zink | ≤ 10 mg/l |
| D4.13 | Fluorid | ≤ 50 mg/l |
| D4.14 | Ammonium | ≤ 1000 mg/l |
| D4.15 | Chlorid | ≤ 10000 mg/l |
| D4.16 | Cyanide, leicht freisetzbar | ≤ 1 mg/l |
| D4.17 | Sulfat | ≤ 5000 mg/l |
| D4.18 | Nitrit | ≤ 30 mg/l |
| D4.19 | AOX | ≤ 3 mg/l |
| D4.20 | Wasserlöslicher Anteil | ≤ 10 (m.-%) |

*Abb. 5.42a: Zuordnungskriterien laut Anhang D, TA Abfall*

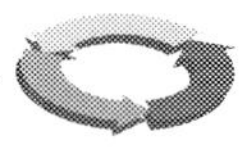

Bei der Zuordnung von Abfällen zu Deponien sind folgende Zuordnungswerte einzuhalten:

| Nr. | Parameter | Zuordnungswert Deponieklasse II | Zuordnungswert Deponieklasse I |
|---|---|---|---|
| **1** | **Festigkeit** | | |
| 1.01 | Flügelscherfestigkeit | ≥ 25 kN/m2 | ≥ 25 kN/m2 |
| 1.02 | Axiale Verformung | ≤ 20% | ≤ 20% |
| 1.03 | Einaxiale Druckfestigkeit | ≤ 50 kN/m² | ≤ 50 kN/m² |
| **2** | **Organischer Anteil des Trockenrückstandes der Originalsubstanz** | | |
| 2.01 | bestimmt als Glühverlust | ≤ 3 m.-% | ≤ 5 (m.-%) |
| 2.02 | bestimmt als TO | ≤ 1 m.-% | ≤ 3 (m.-%) |
| **3** | **Extrahierbare lipophile Stoffe der Originalsubstanz** | ≤ 0,4 (m.-%) | ≤ 0,8 (m.-%) |
| **4** | **Eluatkriterien** | | |
| 4.01 | pH-Wert | 5,5–13,0 | 5,5–13,0 |
| 4.02 | Leitfähigkeit | ≤ 10000 µS/cm | ≤ 50000 µS/cm |
| 4.03 | TOC | ≤ 20 mg/l | ≤ 100 mg/l |
| 4.04 | Phenole | ≤ 0,2 mg/l | ≤ 50 mg/l |
| 4.05 | Arsen | ≤ 0,2 mg/l | ≤ 0,5 mg/l |
| 4.06 | Blei | ≤ 0,2 mg/l | ≤ 1 mg/l |
| 4.07 | Cadmium | ≤ 0,05 mg/l | ≤ 0,1 mg/l |
| 4.08 | Chrom - VI | ≤ 0,05 mg/l | ≤ 0,1 mg/l |
| 4.09 | Kupfer | ≤ 1 mg/l | ≤ 5 mg/l |
| 4.10 | Nickel | ≤ 0,2 mg/l | ≤ 1 mg/l |
| 4.11 | Quecksilber | ≤ 0,005 mg/l | ≤ 0,1 mg/l |
| 4.12 | Zink | ≤ 2 mg/l | ≤ 5 mg/l |
| 4.13 | Fluorid | ≤ 5 mg/l | ≤ 25 mg/l |
| 4.14 | Ammonium-N | ≤ 4 mg/l | ≤ 200 mg/l |
| 4.15 | Cyanide,leicht freisetzbar | ≤ 0,1 mg/l | ≤ 0,5 mg/l |
| 4.16 | AOX | ≤ 0,3 mg/l | ≤ 1,5 mg/l |
| 4.17 | Wasserlöslicher Anteil | ≤ 3 (m.-%) | ≤ 6 (m.-%) |

*Abb. 5.42b: Zuordnungskriterien laut Anhang B, TA Siedlungsabfall*

gend erforderlich, zumal es ausreichend viele alternative Kunststoffe gibt. Tatsächlich soll sich aber die Produktion von PVC noch erhöhen. Für 1995 ist ein Zuwachs von rund 1% auf 5,4 Mio. t in Westeuropa vorhergesagt worden (Abb. 5.43).
In der Bundesrepubik stieg der Verbrauch auf 1,4 Mio. t, entsprechend einem Chloreinsatz von 800.000 t. Davon gelangen derzeit gemäß Abb. 5.41d nur 20.000 t also nur 2,5% in die Müllverbrennungsanlagen. Da ein großer Teil in die Bauwirtschaft geht (über 50% s. Abb. 5.43) und Bauten eine hohe Lebensdauer haben, würde eine Reduzierung der Produktion mittelfristig keinerlei Auswirkungen haben. Der Versuch der chemischen Industrie, Produkte aus Kunststoffabfällen herzustellen, ist in diesem Zusammenhang zu begrüßen (Lit 5.35; siehe auch Lit. 5.33, 5.34).
Um die Deponierfähigkeit der Reststoffe zu ermöglichen, sind zahlreiche Projekte begonnen worden. Bereits oben wurden die Demonstrationsanlagen erwähnt, die mit vorgeschalteter Vergasung bzw. Pyrolyse arbeiten. Eine Weiterentwicklung der konventionellen Müllverbrennung ist ebenso im Gespräch.

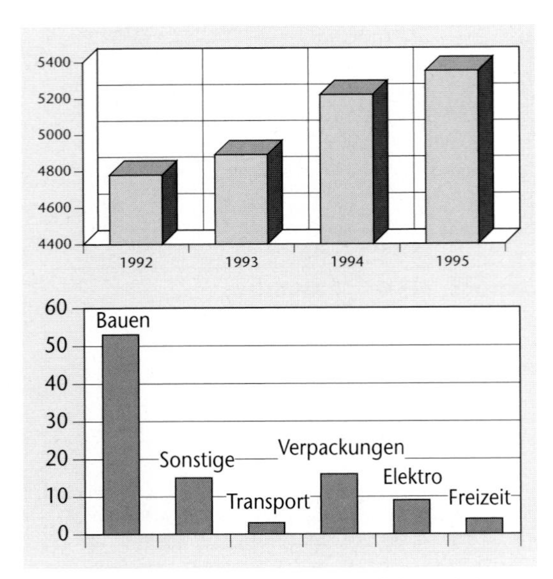


*Abb. 5.43: Entwicklung der PVC-Produktion in Westeuropa in 1000 t/a*

Gedacht wird auch an eine Nachbehandlung der Reststoffe. Hier ist eine Aufbereitung mit Zerkleinerungsstufen, Klassier- und Sortierstufen naheliegend. Abb. 5.44 zeigt ein Verfahren, bei dem in einem ersten Abschnitt eine Trockenaufbereitung und in einem zweiten Abschnitt ein Waschprozeß vorgesehen ist (Lit. 5.36). Um die Reststoffe deponierbar zu machen, wird an das Einschmelzen gedacht. Auch das Immobilisieren in Zement oder anderen Baustoffen wird erprobt. Schließlich setzt man auf die Deponierung in untertägigen Grubengebäuden. Der Einsatz als Baustoff stößt häufig auf Schwierigkeiten, da die Reststoffe nicht den Baustoffnormen entsprechen.

### 5.3.3.3 Die Verbrennung von Sonderabfällen

Sonderabfälle sind nach dem Abfallgesetz (AbfG) Abfälle, die in besonderem Maße umweltgefährdend und gesundheitsschädlich sind. Falls diese verbrannt werden können, sind besondere Maßstäbe an die Verbrennungsanlagen zu stellen. Dies bedeutet auch, daß sie

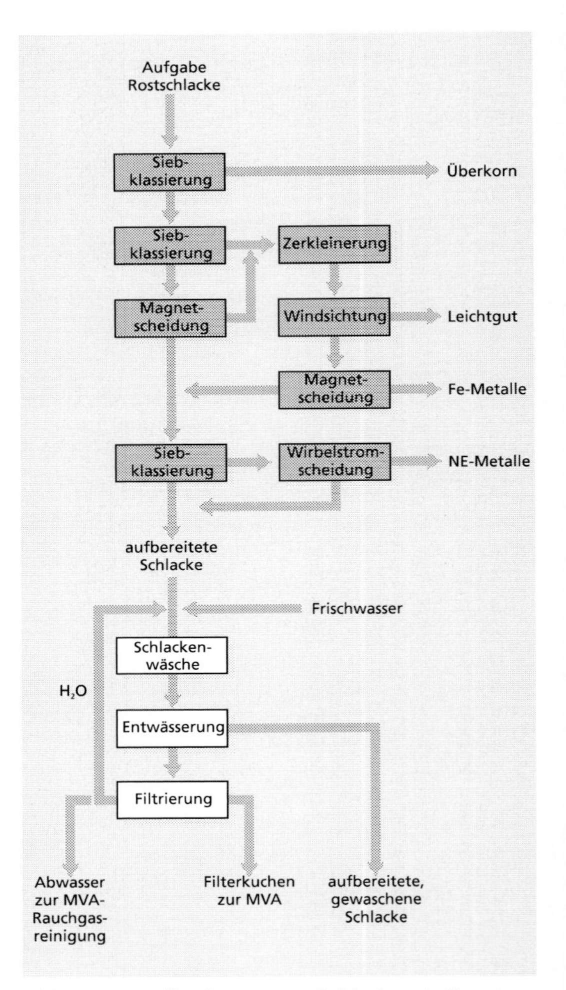


*Abb. 5.44: Müllverbrennungs-Schlacken-Aufbereitung (KHD Humboldt WEDAG AG, Köln)*

nicht zusammen mit Hausmüll verbrannt werden dürfen. Grundsätzlich werden die besonderen Maßstäbe, die an die Verbrennungsanlagen gestellt werden, technisch dadurch realisiert, daß anstelle von Rostfeuerungen Drehrohröfen mit sich anschließender Nachverbrennung realisiert werden.

Thermodynamisch sollen höhere Verbrennungstemperaturen als bei den sonstigen Müllverbrennungsanlagen erreicht werden. Auch ergeben sich Unterschiede bei der Müllaufgabe, da der Sonderabfall nicht nur in fester Form

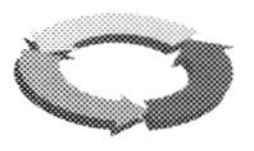

sondern auch pastös oder flüssig eingesetzt wird.
Einsatzstoffe können Farbschlämme, Emulsionen oder Suspensionen oder Krankenhausabfälle sein. Der Erzeuger der Abfälle hat für die Deklaration zu sorgen. Die angelieferten Stoffe werden gemäß ihrer Deklaration überprüft und dann nach Sorten getrennt zwischengelagert. Die Stoffe werden über unterschiedliche Aufgabesysteme am beheizten Ende dem Drehrohr zugeführt. Das Drehrohr sorgt durch seine Rotation für eine gute Vermischung der festen Brennstoffe, durch das leichte Gefälle wird der Ausbrand zum Austrag gefördert. In einem Nachverbrennungsraum werden Temperaturen bis 1200 °C realisiert. Bei der Sondermüllverbrennungsanlage des RZR Herten schließen sich an die Dampferzeuger, das Elektrofilter und die Rauchgasreinigung, wie in Abb. 5.45 dargestellt.

## 5.4 Die Behandlung nicht zu vermeidender Abfälle

Falls die in Kapitel 5.2 erläuterten primären Maßnahmen, die auf das Vermeiden von Abfällen zielen, und die im Kapitel 5.3 genannten Maßnahmen des Verwertens nicht möglich sind, entstehen nicht zu vermeidende Abfälle, die entsorgt, also deponiert werden müssen.

### 5.4.1 Deponien für Siedlungsabfall

Für Siedlungsabfälle regelt die *TA Siedlungsabfall* im Detail die Entsorgung. Ziele der TA Siedlungsabfall sind:
- auch die nicht zu vermeidenden Abfälle soweit wie möglich zu verwerten,
- den Schadstoffgehalt der Abfälle so gering wie möglich zu halten,
- eine umweltfreundliche Behandlung und Ablagerung der nicht verwertbaren Abfälle sicherzustellen.

Dabei wird ausdrücklich als Ziel angegeben, daß Entsorgungsprobleme von heute nicht auf künftige Generationen verlagert werden dürfen.
Da auf die Verwertung schon eingegangen wurde, sollen hier die in der TA Siedlungsabfall ausführlich beschriebenen besonderen Anforderungen an Deponien behandelt werden.

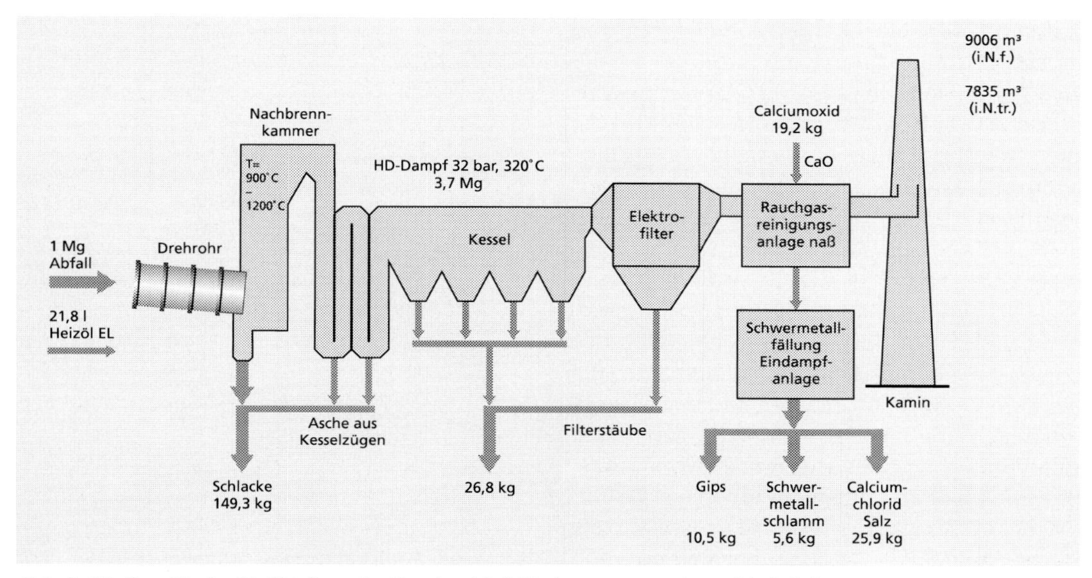


*Abb. 5.45: Spezifische Stoffströme der Sonderabfall-Verbrennungsanlage (Lit. 5.37)*

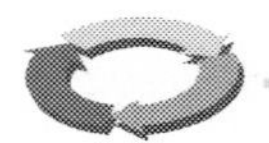



Unter Nummer 10.1 werden als Grundsätze für den Deponiebau genannt:

Deponien sind so zu planen, zu errichten und zu betreiben, daß

- durch geologisch und hydrogeologisch geeignete Standorte,
- durch geeignete Daponieabdichtungssysteme,
- durch geeignete Einbautechnik für die Abfälle
- durch Einhaltung der Zuordnungswerte nach Anhang B (s. Abb. 5.42b)

mehrere weitgehend voneinander unabhängig wirksame Barrieren geschaffen und die Freisetzung und Ausbreitung von Schadstoffen nach dem Stand der Technik verhindert wird.

Durch die Einhaltung der Zuordnungswerte nach Anhang B soll insbesondere erreicht werden, daß sich praktisch kein Deponiegas entwickelt, die organische Sickerwasserbelastung sehr gering ist und nur geringfügige Setzungen als Folge eines biologischen Abbaus von organischen Anteilen in den abgelagerten Abfällen auftreten.

Im Rahmen der Planung, Errichtung und des Betriebes ist anzustreben, den erforderlichen Aufwand für Nachsorgemaßnahmen und deren Kontrollen gering zu halten.

Der Deponiebetrieb soll so vorgenommen werden, daß durch bestmögliche Verdichtung der abgelagerten Abfälle eine maximale Ausnutzung des verfügbaren Deponievolumens erreicht wird.

## Anforderungen an den Standort

Die TA Siedlungsabfall stellt hohe Anforderungen an den Standort, auf dem eine Deponie errichtet werden darf. Sie gibt in Nummer 10.3 mehrere Beispiele an, die den Bau einer Deponie ausschließen. Voraussetzung für den Bau ist eine natürliche *geologische Barriere* von mindestens drei Metern mit einem hohen Schadstoffrückhaltepotential. Das *Deponieplanum*, also die Fläche oberhalb der geologischen Barriere, muß mindestens einen Meter – auch nach durch die Auflast der Deponie bedingten Setzungen – oberhalb des höchsten zu erwartenden Grundwasserspiegels liegen.

## Anforderungen an die Deponieabdichtungssyteme

Auf dem Deponieplanum ist eine *Deponiebasisabdichtung* zu errichten. Hierbei wird deutlich zwischen den beiden möglichen Deponieklassen unterschieden. Abb. 5.46 zeigt, wie sie für die Doponieklasse II erstellt werden soll. Hier werden die gleichen Anforderungen wie an die Basisabdichtung für Sondermülldponien gemäß TA Abfall gestellt. Die dargestellte dreilagige mineralische Dichtungsschicht von mindestens 75 cm soll einen $k_f$-Wert von unter $5 \cdot 10^{-10}$ m/s aufweisen. Auf die Definition des $k_f$-Werts wurde bereits in Kapitel 4 eingegangen. Auf die mineralische Dichtungsschicht ist eine mindestens 2,5 mm dicke *Kunststoffdichtungsbahn* aufzubringen, die ihrerseits mit einer Schutzschicht vor Belastungen zu sichern ist. Die so aufgebaute Kombinationsdichtung ist mit Gefälle zu verlegen.

Auf die Kombinationsdichtung wird eine mindestens 0,3 m starke Entwässerungschicht aufgebracht mit einer Durchlässigkeit von mehr als $1 \cdot 10^{-3}$ m/s. In der Entwässerungsschicht sind Sickerwasserrohre zur Sickerwassererfassung und -ableitung zu verlegen.

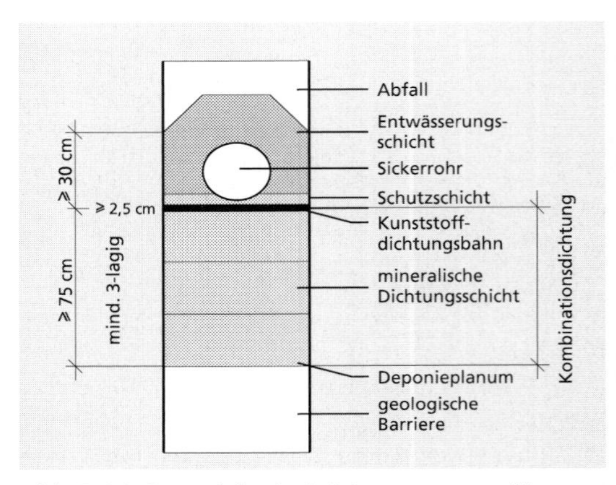


*Abb. 5.46: Deponiebasisabdichtungssystem für Deponieklasse II*

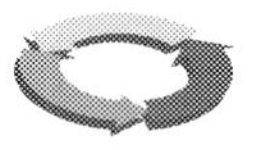

In entsprechender Weise ist bei den *Deponieoberflächenabdichtungen* zu verfahren.
Abb. 5.47 zeigt die Oberflächenabdichtung für Deponieklasse II gemäß TA Siedlungsabfall. Für die mineralische Dichtungschicht ist eine Durchlässigkeit zu wählen, die den Wert von $5 \cdot 10^{-9}$ m/s unterschreitet.

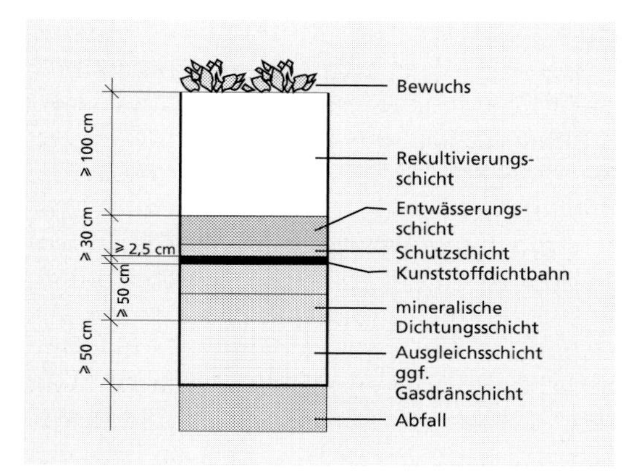


*Abb. 5.47: Deponieoberflächenabdichtung für Deponieklasse II*

## Einbautechniken für die Abfälle

Die TA Siedlungsabfall strebt an, daß die Abfälle unmittelbar abgelagert und verdichtet werden, so daß möglichst schnell die Oberflächenabdichtung eingebaut werden kann. Ziel dabei ist, zu verhindern, daß größere Mengen Niederschlagswasser in den Abfall gelangen. Durch den verdichteten Einbau sollen nachträgliche Setzungen möglichst verhindert werden.
Im Zusammenhang mit den Kriterien gemäß Abb. 5.42b soll somit der Anfall von Sickerwässern und von Deponiegas minimiert werden. Nach Abschluß der Deponie wird von der TA Siedlungsabfall eine Nachsorgephase definiert.
Der Aufbau einer geordneten Deponie ist in Abb. 5.48 dargestellt; die entsprechende Oberflächenabdichtung erfolgt nach Abschluß der Deponie.

## Sickerwasseranfall

Bei Altdeponien ohne Oberflächenabdichtung muß je nach Oberfläche und Wetterlage davon

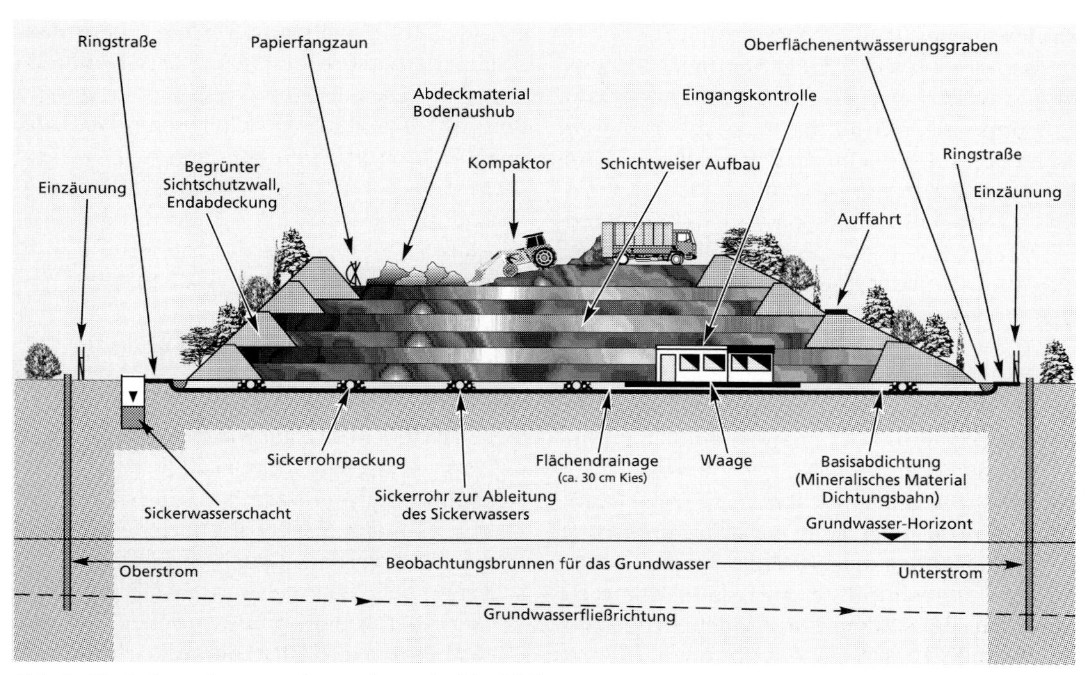


*Abb. 5.48: Aufbau einer geordneten Deponie (Lit. 5.38)*

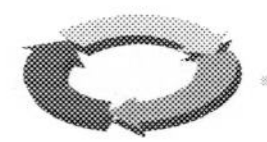



ausgegangen werden, daß 10 bis 50% des Niederschlagswassers durch die Deponie sickern und als verunreinigtes Wasser zu behandeln ist. Durch die Oberflächenabdichtung kann ein Eindringen von Niederschlagswasser nach Abschluß der Deponie nahezu ausgeschlossen werden, so daß sich der Sickerwasseranfall letztlich nur aus der Zersetzung der organischen Substanz ergeben kann. Der Sickerwasseranfall dürfte dann nur noch 10 l /t Müll ausmachen, die sich exponentiell fallend in ca. 20 Jahren ergeben. Wegen der hohen Eluatkriterien der TA Siedlungsabfall (s. Abb. 5.42b) ist kaum zu erwarten, daß das Sickerwasser stark belastet ist.
Über die Forderung der TA Siedlungsabfall hinaus gehen Vorschläge, das Niederschlagswasser bereits in der Einbauphase des Mülls durch temporäre Hallen zurückzuhalten, um Kosten bei der Reinigung des Sickerwassers einsparen zu können.

**Deponiegasanfall**

Im Falle der Altdeponien sind Deponiegasmengen in der Größenordnung von 100 $m^3$ / t Müll ermittelt worden. Eine Nutzung des Deponiegases für kalorische (wärmeerzeugende) Zwecke unterblieb in der Regel, obwohl ihre Nutzung in Blockheizkraftwerken sinnvoll gewesen wäre und auch immer noch ist. Es ist über Deponien berichtet worden, bei denen bis zu 100 Mio. $m^3$ Deponiegas jährlich anfallen. Auf Grund der oben beschriebenen Kriterien ist allerdings zu erwarten, daß zukünftige Deponien nur noch einen Anfall von höchstens 1 $m^3$ / t Müll aufweisen werden. Ob dann eine Gasverwendung noch sinnvoll ist, ist sicher noch zu prüfen.

**Gefahr von Schwelbränden in Deponien**

Deponien, die neu erstellt werden, werden nur geringe Mengen organischer Substanz aufweisen. Schwelbrände sind dann nicht zu erwarten. Bei Altdeponien stellen sie jedoch noch ein Risiko dar. Die Thermografie ist eine erprobte Technik, um Bereiche mit überhöhten Temperaturen rechtzeitig zu erkennen. Die Deponien sind dann mit einem Flugzeug zu unterschiedlichen Tageszeiten zu überfliegen. Mit Infrarotkameras lassen sich diese Bereiche erkennen.

### 5.4.2 Andere Deponien, Deponien für Sonderabfälle

Häufig bereiten auch schon abgeschlossene Deponien Probleme, die dazu führen, daß diese saniert werden müssen. Die in Abb. 5.49a gezeigte abeschlossene Deponie wurde vor nur wenigen Jahren saniert. Dabei wurde der Deponiekörper mit einer Spundwand umschlossen und das Sickerwasser gefaßt. Die Spundwand ist auch in der Schnittzeichnung Abb. 5.49b rechts und links zu erkennen. Die Deponie wurde ferner mit einer Oberflächenabdichtung versehen. Außerdem wurden mehrere Gasentnahmebrunnen getäuft, deren Schnitt in Abb. 5.49c dargestellt ist.
Insbesondere bei Sonderabfällen wie z. B. bei den Abfällen aus Müllverbrennungsanlagen sind höhere Standards für die Deponierung erforderlich. Häufig wird versucht, bergmännisch entstandene Räume für diese Deponien zu nutzen. Dies können Tagebaue sein wie zum Beispiel abgeworfene Steinbrüche, Tiefbaue, entstanden durch den beendeten Abbau von Steinkohle, Erzen oder Salz, oder aber durch den Bohrlochbergbau entstandene Hohlräume wie Kavernen. Deponieabdichtungen z. B. in einem Steinbruch, können mit Betonfertigteilen erstellt werden.
Während abgeworfene Steinkohlenbergwerke und Erzbergwerke in der Regel einer Wasserhaltung bedürfen, sind Salzbergwerke wasserfrei. Dies dürfte der Hauptgrund dafür sein, daß extrem toxischer Sondermüll wie Lackschlämme, Härtereisalze oder PCB-haltige Flüssigkeiten in dem Salzbergwerk Herfa-Neurode eingelagert werden. Grundsätzlich ist auszuschließen, daß die eingelagerten Abfälle mit dem Wasser in Berührung kommen können. Das gleiche Sicherheitskonzept ist bei radioaktiven Stoffen gegeben, so im Falle des Bergwerks Asse,

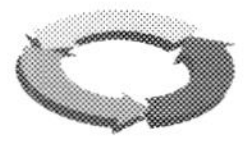

für schwach bis mittelradioaktive Stoffe oder bei dem in Bau befindlichen Endlager Gorleben. Es gibt allerdings auch zahlreiche Beispiele für Wassereinbrüche in Salzbergwerke.

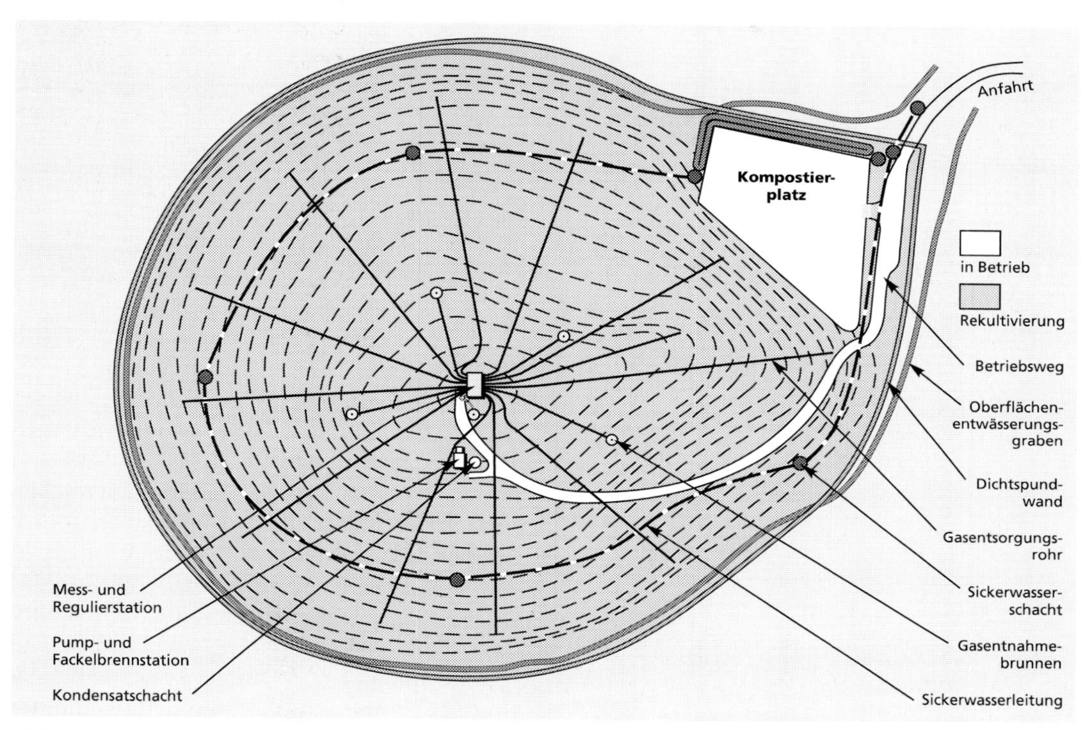


*Abb. 5.49a: Mit Spundwand umschlossene sanierte Deponie (Hoesch Spundwand und Profil GmbH, Dortmund; Lit. 5.39)*

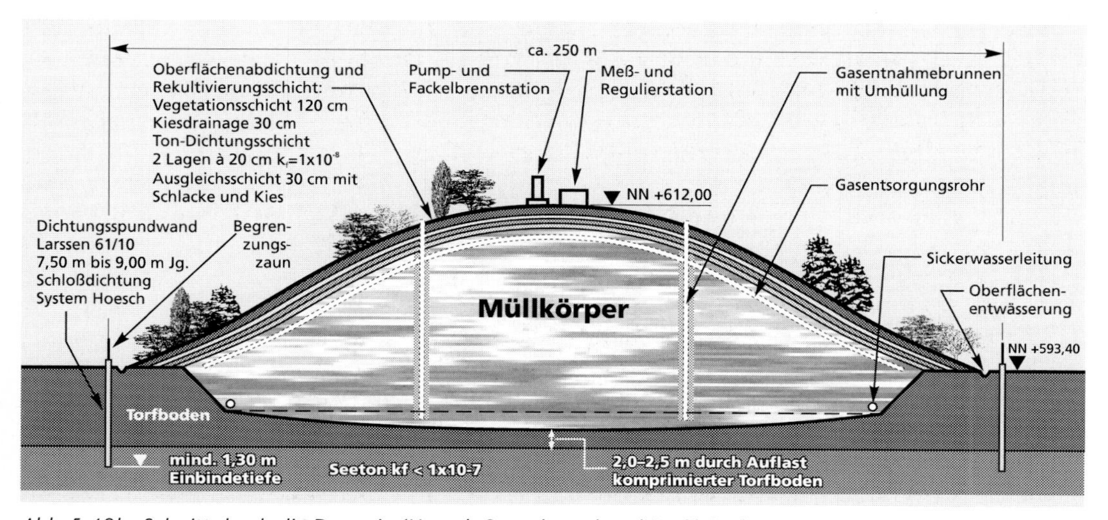


*Abb. 5.49b: Schnitt durch die Deponie (Hoesch Spundwand und Profil GmbH, Dortmund; Lit. 5.39)*

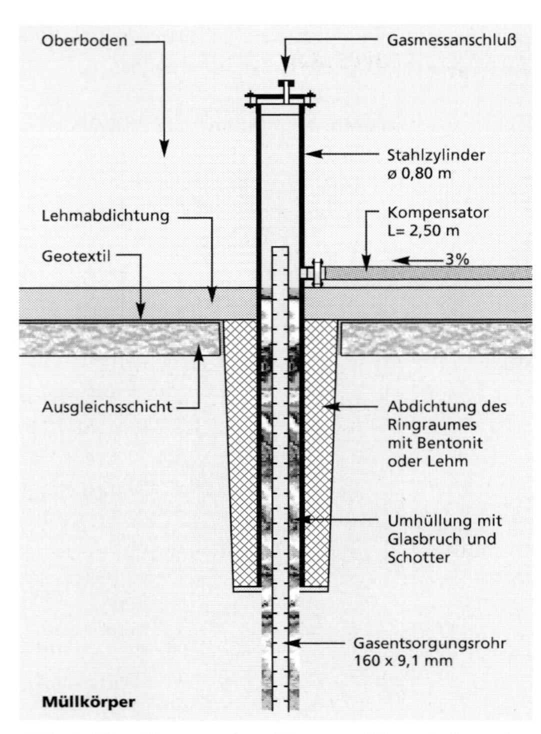


*Abb. 5.49c: Gasentnahmebrunnen (Hoesch Spundwand und Profil GmbH, Dortmund; Lit. 5.39)*

*Abb. 5.51: Sonderabfall in Hartgesteinskavernen eines Erzgebirges eingebracht (Lit. 5.40)*

Bei der untertägigen Einlagerung von Abfällen aus Kraftwerken oder Müllverbrennungsanlagen dienen die Abfälle als Versatzstoffe und sind nach dem Bundesbergrecht keine Abfälle, sondern Reststoffe. Es wird häufig beanstandet, daß so das strenge Abfallrecht umgangen wird und möglicherweise nicht dem Hauptziel der Abfallgesetze entsprochen wird, die heutigen Probleme bei der Entsorgung nicht auf spätere Generationen abzuwälzen. Abb. 5.50 zeigt prinzipiell die Verfüllung untertägiger Hohlräume eines Steinkohlenbergwerks mit Kraftwerksreststoffen. Abb. 5.51 kennzeichnet einen Vorschlag, wie bei einem stillgelegten Erzbergwerk, Sonderabfall in Hartgesteinkavernen hydraulisch verbracht werden kann (Lit. 5.40).

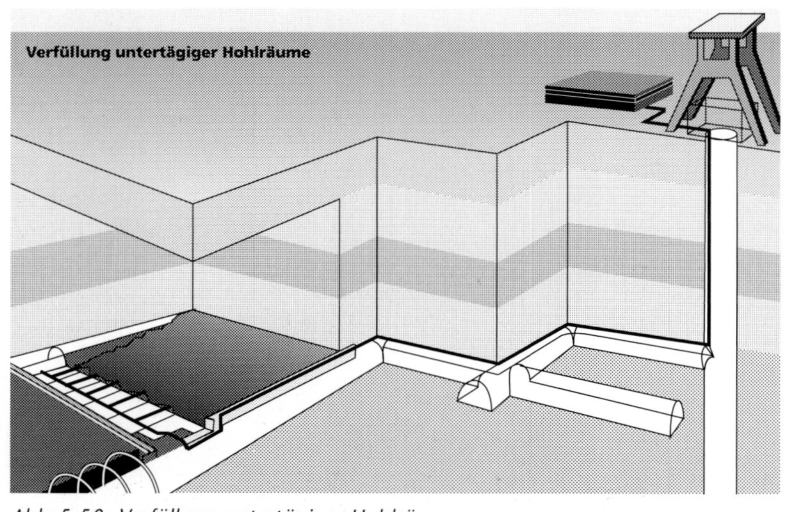


*Abb. 5.50: Verfüllung untertägiger Hohlräume*

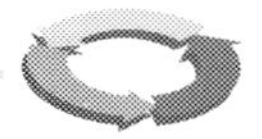

## Rekapitulieren Sie!

1. Nennen Sie Beispiele für primäre Maßnahmen der Abfallvermeidung im privaten und im industriellen Bereich.
2. Welche Eigenschaften müssen Produkte haben, die abfallarm sind?
3. Wodurch zeichnet sich der prozeßintegrierte Umweltschutz aus?
4. Welche Probleme bereitet PVC im Müll?
5. Wie können Schwermetalle im Abfall vermieden werden?
6. Nennen Sie den Hauptnachteil des DSD-Systems.
7. Das getrennte Sammeln ist dem Sortieren eindeutig vorzuziehen! Warum?
8. Was ist der Unterschied zwischen dem Bring- und dem Holsystem?
9. Berechnen Sie den Chlorgehalt im PVC.
10. Aus welchen Dichtefraktionen besteht zerkleinerter Elektroschrott und welche Inhaltsstoffe hat er?
11. Nach welchen Prinzipien lassen sich Buntmetalle trennen?
12. Welche Nachteile können sich beim Kompostieren ergeben?
13. Ein Abfall hat 20% Feuchte, 20% Asche, die organische Substanz habe 50% Kohlenstoff.
    - Welchen Kohlenstoffgehalt hat der Abfall?
    - Welchen Kohlenstoffgehalt hat die Asche, wenn der Ausbrand 95% beträgt?
    - Welchen Kohlenstoffgehalt darf die Asche für die Deponieklasse II haben?
14. Welche Abdichtungssysteme sind nach TA Siedlungsabfall erforderlich?

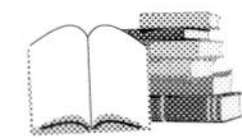

## Literatur


5.1 U. Förstner: Umweltschutztechnik; Berlin 1991

5.2 Folienreihe des IZE Frankfurt

5.3 M. Mache: Umweltrecht; Herne/Berlin 1994

5.4 Forum, Kirchliches Umweltmagazin; Düsseldorf April 1994

5.5 Shredder-Rest zum Sondermüll?; in: Entsorga-Magazin 9, 1989

5.6 Recycling ist eine Aufgabe der Konstrukteure; in: VDI Nachrichten, Nr. 22, 1981

5.7 J. Elkington/J. Hailes: Umweltfreundlich Einkaufen; 1990

5.8 M. Zülsdorff: Biologische Bauweise; Eltville 1994

5.9 C. Christ: Intergrierter Umweltschutz – Strategie der Abfallverminderung und -vermeidung; in: Chem.-Ing.-Tech., Nr. 5, 1992

5.10 VDI Nachrichten Nr. 39, 1992

5.11 D. Rohe: Teufelsaustrieb mit dem Beelzebub; in: Chemische Industrie, Nr. 11, 1989

5.12 D. Rohe: Forscherschweiß vor neuen Märkten; in: Chemische Industrie, Nr 1, 1992

5.13 H. Sutter: Möglichkeiten zur Vermeidung gefährlicher Sonderabfälle; in: Müll und Abfall, Nr. 19, 1987

5.14 M. Stieß: Mechanische Verfahrenstechnik; Teil 1 und 2, Heidelberg 1992

5.15 H. Britz: Flotationsdeinking – Grundlagen und Systemeinbindung; in: Wochenblatt für die Papierfabrikation, Nr. 10, 1993

5.16 Papiermachertaschenbuch; Heidelberg 1989

5.17 Altpapier, Hochkonjunktur weltweit; in: Entsorga-Magazin, Nr. 5, 1988

5.18 G. Wirsig: Wiederverwertung von Kunststoffabfällen; in: Umweltmagazin, Nr. 6, 1990

5.19 Prospekt der GWE GmbH, Hude
5.20 Prospekt der Fa. Steinert, Köln
5.21 H. Strauß: Gute Aussichten für Bauschutt; in: Umweltmagazin, NR. 6, 1990
5.22 K. Sattler/J. Emberger: Behandlung fester Abfälle; Würzburg 1990
5.23 Erfahrungen mit der Kompostierung; in: Entsorga – Magazin, Nr. 5, 1985
5.24 K. Niemann: Hydrierung von Altkunststoffen; Erdöl, Erdgas, Kohle. Nr. 11, 1993
5.25 Prospekt der Lurgi AG, Frankfurt
5.26 H. Volkmann: Die Schwelbrennanlage zur umweltverträglichen Verwertung von Siedlungsabfällen; in: Entsorga – Magazin; Nr. 3, 1988
5.27 Prospekt der ML Entsorgungs- und Energieanlagen GmbH, Ratingen
5.28 Prospekt der Düsseldorfer Consult GMBH, Stadtwerke Düsseldorf AG
5.29 K. Horch/A. Christmann/G. Schetter: Zukunftsorientiertes Feuerungskonzept zur Abfallverwertung; in: Müll und Abfall, Nr. 5, 1990
5.30 Prospekt der GEC ALSTHOM – EVT, Stuttgart
5.31 Müllverbrenner mit neuem Selbstbewußtsein; in: Energie und Management, Nr. 17, 1995
5.32 M. Lehmann: Perspektiven für das Verbrennen von Müll; in: Umwelt, Nr. 20, 1990
5.33 U. Mühlenweg/Th. Brasser: Müll und Abfall 2, 1990
5.34 H. Vogg; in: Chem.-Ing.-Techn., Nr. 60, 1988
5.35 VDI Nachrichten, Nr. 49, 1995
5.36 Müllschlackenaufbereitung, Prospekt der KHD Humboldt Wedag AG, Köln
5.37 H. Möller/P.J. Severin: Die Sonderabfallverbrennungsanlage des RZR Herten; Firmenschrift der (AGR)
5.38 Prospekt der Abfallbeseitigungsgesellschaft Ruhrgebiet (AGR) GmbH, Herten
5.39 Sonderdruck 11 der Krupp Hoesch Stahl AG, Bochum
5.40 Sonderdruck der Preussag AG, Hannover 1989

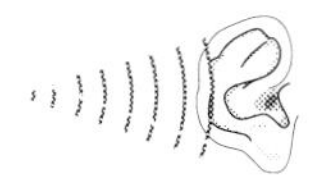

# 6 Schall und Lärm

## 6.1 Einführung

### 6.1.1 Der ökologische Hintergrund

Lärm ist akustische Umweltverschmutzung. Der Mediziner Robert Koch sah schon Ende des 19. Jahrhunderts die Lärmproblematik voraus: „Die Seuche der Zukunft wird der Lärm sein, und die Menschheit wird den Lärm eines Tages ebenso erbittert bekämpfen müssen wie die Pest und die Cholera" (Zitat nach Lit. 6.1).

Drei Millionen Beschäftigte in der Bundesrepublick Deutschland sind an ihrem Arbeitsplatz zu hohem Lärm ausgesetzt. 25.000 Arbeitnehmer sind durch Hörschäden schwer behindert, so sind ca. 40% aller Berufskrankheitsfälle der Lärmschwerhörigkeit zuzurechnen (Angaben der Bundesanstalt für Arbeitsschutz in Dortmund).

Zum Glück haben intensive Aufklärung, individuelle und betriebliche Hörschutz- und Lärmminderungsmaßnahmen dazu geführt, daß die Anzahl der lärmerkrankten und geschädigten Personen rückläufig ist. So werden jedes Jahr nach Angaben der Bundesanstalt für Arbeitsschutz 9000 neue Fälle als Berufskrankheiten neu angezeigt (für das alte Bundesgebiet). Davon werden 3000 Fälle als Berufskrankheit neu anerkannt (Minderung der Erwerbsfähigkeit um mindestens 10%), bei 1000 Menschen von diesen beträgt die Minderung der Erwerbsfähigkeit mindestens 20%, so daß sie entschädigt werden mußten. Zum Vergleich lag die Anzahl der Personen, die im Jahre 1977 wegen der Berufskrankheit Lärmschwerhörigkeit erstmals anerkannt wurden, noch bis 3500.

Das Niveau der Lärmbelastung ist trotz aller Verbesserungen aber noch zu hoch:

Nach Feststellungen der Technischen Überwachungsvereine (TÜV) sind ca. 15% der Bevölkerung kritischen Lärmbelastungen von 65 dB am Tage ausgesetzt. Mediziner warnen vor Gesundheitsschäden; beispielsweise wird auch Bluthochdruck ursächlich auf den Streßfaktor Lärm zurückgeführt, den man zwar häufig nach einer Zeit der Gewöhnung nicht mehr als lästig und belästigend wahrnimmt, der aber weiterhin seine schädigende Wirkung ausübt. Lärm verursacht Kopfschmerzen, Konzentrationsstörungen, Bluthochdruck, führt zu nervösen Herz- und Magenbeschwerden und bewirkt im ungünstigsten Fall Schwerhörigkeit und Taubheit. Die tatsächliche oder auch subjektiv empfundene Beeinträchtigung des Wohlbefindens hängt außer von der Lautheit bzw. der Lautstärke als den physiologischen bzw. den physikalischen Maßen der Lärmintensität wesentlich von der Lärmempfindlichkeit und der subjektiven Einstellung der betroffenen Menschen zum Arbeits-, Verkehrs-, Musiklärm o. ä., der Einwirkungsdauer und der Belastungsart (Dauerbelastung oder Belastung mit kurzen zeitlichen Lärmspitzen) ab.

Beispielsweise ist die subjektive Einstellung eines Diskothekenbesuchers natürlich eher positiv, während jemand diesen Lärm in der Nachbarschaft zu einer Diskothek als störend und belästigend empfinden wird. So fühlen sich 40% der Bundesbürger zeitweise oder dauernd durch Lärm belästigt. Rund 25% der erwachsenen Bevölkerung kann als schwerhörig bezeichnet werden; es ist bekannt, daß das Hörvermögen älterer Mitbürger zu hohen Frequenzen hin abnimmt (altersbedingte Schwerhörigkeit), daß aber auch schon junge Menschen bei häufiger Lärmbelastung ihr Hörvermögen bei hohen Frequenzen (Abb. 6.1) teilweise einbüßen. Bei dieser Umweltproblematik ist es deshalb nicht verwunderlich, daß deutsche Firmen mit Maßnahmen zur Lärmbekämpfung immerhin 4,5 Mrd. DM/a umsetzen (ca. 8% des Gesamtumsatzes im Umweltschutzbereich; Lit. 6.2).

In Abb. 6.1a ist das Hörvermögen des menschlichen Ohrs in Abhängigkeit von der Frequenz (Hz oder Schwingungen/s) der Schallwellen dargestellt (Lit. 6.3).

## 6.1.2 Physikalische Grundlagen

Als physikalisches Maß zur Beurteilung der Lautstärke dienen Schallintensität I und der Schalldruck p, die durch folgende Beziehung miteinander verknüpft sind:

I = $p^2/(\rho \cdot c)$
I = Schallintensität ($W/m^2 = 10^2\ \mu W/cm^2$),
p = Schalldruck ($N/m^2$),
$\rho$ = Dichte des Medium ($kg/m^3$), in dem der Schall sich fortbewegt, (Dichte der Luft etwa 1,2 $kg/m^3$),
c = Ausbreitungsgeschwindigkeit des Schalls (m/s) (c in der Luft etwa 340 m/s).

Das Produkt ($\rho \cdot c$) wird auch als „akustischer Widerstand" oder als „Schallkennimpedanz" bezeichnet, der Wert ist temperatur- und druckabhängig und beträgt für Luft bei 293 K und 1 bar 408 $N \cdot s/m^3$.

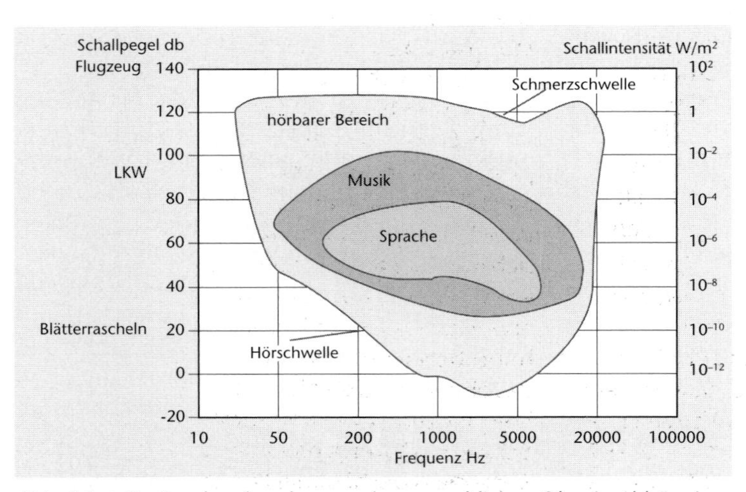


*Abb. 6.1a: Geräuschwahrnehmung des menschlichen Ohrs in Abhängigkeit von der Schallfrequenz*

Nach Abb. 6.1 erfaßt das menschliche Ohr Schall in einem Frequenzbereich von 16 Hz bis 20000 Hz. In Gasen und Flüssigkeiten breitet sich der Schall in Form von Longitudinalwellen aus; diese bewirken Druckschwankungen, die bei einem 1000 Hz-Ton mit $p_0 = 2 \cdot 10^{-5}$ $N/m^2 = 2 \cdot 10^{-7}$ mbar gerade noch wahrgenommen werden („untere Hörgrenze"). Die Schmerzschwelle für diesen Ton liegt bei etwa 50 $N/m^2$ = 0,5 mbar. Bei 1000 Hz schwanken die Schallintensitäten I zwischen $I_0 = 10^{-12}$ $W/m^2$ an der unteren Hörgrenze und 6 $W/m^2$ an der Schmerzgrenze.

Damit ist zu erkennen, daß im hörbaren Bereich die Schalldrücke um 6 Zehnerpotenzen, die Schallintensitäten um 12 Zehnerpotenzen schwanken. Um die Meßergebnisse griffiger und anschaulicher zu machen, werden nach dem amerikanischen Ingenieur Bell die gemessenen Schalldrücke bzw. Schallintensitäten auf die entsprechenden Schalldrücke bzw. Schallintensitäten an der unteren Hörgrenze bei 1000 Hz ($p_0 = 2 \cdot 10^{-5}$ $N/m^2$ bzw. $I_0 = 10^{-12}$ $W/m^2$ – Abb. 6.1) bezogen und damit dimensionslos gemacht und logarithmiert. Dieses Verfahren wird durch den Buchstaben B (nach Bell) bzw. dB (1 dezibel = 0,1 B) gekennzeichnet. Man bezeichnet diese Angaben dann als *Schalldruckpegel* bzw. als *Schallintensitätspegel L.*

$$L = 10 \lg(I/I_0) = 10 \lg(p^2/p_0^2)$$
$$= 20 \lg(p/p_0)$$

In Abb. 6.1 sind auf der linken Ordinate die Schalldruckpegel aufgeführt, die bei 1000 Hz von 0 dB bis 130 dB den hörbaren Bereich charakterisieren. Beispielhaft seien in Abb. 6.1b einige Schallereignisse und die A-bewerteten Schalldruckpegel genannt.

Aus der Definition des Schalldruckpegels folgt: Er steigt um 10 dB, wenn die Schallintensität I um eine Zehnerpotenz zunimmt (vergleiche die linke und die rechte Ordinate in Abb. 6.1a).

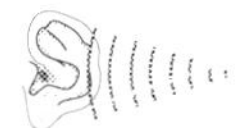

| | |
|---|---|
| 120 dB (A) | Schmerzgrenze |
| 110 | Schmiedehammer, 7 m Abstand |
| 105 | Diskothek |
| 95 | Boeing 737, DC 9 im Landeanflug 2000 m über Grund |
| >90 | Bei Dauerbelastung ist mit Gehörschäden zu rechnen |
| 90 | Lastwagen 50 km/h in 25 m Entfernung |
| 75 – 83 | Rasenmäher in 10 m Entfernung |
| 80 | stark befahrene Autobahn, 25 m vom Straßenrand |
| 70 | mittlere Lautstärke beim Fernsehen |
| 65 | elektrische Schreibmaschine |
| 60 | normale Unterhaltung (innen) |
| 40 – 35 | ruhigste Wohngebiete nachts in einer Großstadt |
| 20 | wird als vollkommene Stille empfunden |
| 0 dB (A) | Hörschwelle bei 1000 Hz |

*Abb. 6.1b: Schallereignisse und H-bewertete Schalldruckpegel*

### 6.1.2.1 Energetische Addition und Subtraktion von Schallpegeln

Da es sich bei dem Schalldruckpegel um eine logarithmische Angabe handelt, dürfen Schalldruckpegel nicht addiert oder subtrahiert werden, wenn eine neue Schallquelle hinzukommt oder wenn eine alte Schallquelle wegfällt. Die Berechnung muß vielmehr über die Addition bzw. Subtraktion der Schallintensitäten (bzw. der Quadrate der Schalldrücke) erfolgen und wird deshalb auch als „energetische Addition" bzw. „energetische Subtraktion" von Schallpegeln bezeichnet.
Das Verfahren läßt sich an den folgenden zwei Beispielen erläutern, aus denen bezüglich von Lärmschutzmaßnahmen wichtige Schlüsse zu ziehen sind:

*a) Zwei Maschinen werden aufgestellt, der Schalldruckpegel jeder einzelnen Maschine sei (im Meßpunkt von jeder Maschine gleichweit entfernt) mit 70 dB bekannt. Wie groß ist der Gesamtschallpegel, wenn beide Maschinen gleichzeitig in Betrieb sind?*

$L_1 = 70\ dB \Rightarrow I_1 = 10^{-5}\ W/m^2 \Rightarrow (p_1/p_0)^2 = 10^7$
$L_2 = 70\ dB \Rightarrow I_2 = 10^{-5}\ W/m^2 \Rightarrow (p_1/p_0)^2 = 10^7$
*damit: Summe* $I_{ges} = 2 \cdot 10^{-5}\ W/m^2$

$L_{ges} = 10\ lg(I_{ges}/I_0) = 10\ lg(2 \cdot 10^{-5}/10^{-12})$
$= 10\ (7 + lg2) = 73\ dB$
*oder*

$L_{ges} = 10\ lg[(p_1/p_0)^2 + (p_2/p_0)^2]$
$= 10\ lg\ (10^{0,1 \cdot L_1} + 10^{0,1 \cdot L_2})$
$= 10\ lg\ (10^7 + 10^7) = 10\ lg\ (2 \cdot 10^7) = 73\ dB$

*Fazit: Zwei Lärmquellen mit gleichhohen Schallintensitäten der Einzelschallquellen ergeben einen um 3 dB höheren Gesamtschalldruckpegel.*

*b) Zwei Maschinen ergeben einen Gesamtschalldruckpegel von 83 dB. An einer Maschine werde durch Lärmschutzmaßnahmen der Einzelschalldruckpegel von vorher 80 dB auf 70 dB reduziert. Wie groß ist der Gesamtschalldruckpegel beider Maschinen nach Abschluß der Lärmschutzmaßnahmen an der einen Maschine?*
*Vorher hatten beide Maschinen einen Lärmpegel von 80 dB, dies ergibt sich aus der Gleichung:*

$L_{ges} = 10\ lg\ (10^{0,1 \cdot L_1} + 10^{0,1 \cdot L_2})$ *mit*
$L_{ges} = 83\ dB$ *und* $L_2 = 80\ dB$,

*umgestellt nach* $L_1$ *ergibt dies für die Maschine, an der nichts unternommen wird*
$L_1 = 80\ dB$.
*Wird die Maschine mit dem Einzelschalldruckpegel* $L_2 = 80\ dB$ *auf* $L_2 = 70\ dB$ *schalltechnisch saniert, dann ergibt sich der neue Gesamtschalldruckpegel:*

$L_{ges.neu} = 10\ lg\ (10^{0,1 \cdot L_1} + 10^{0,1 \cdot L_2})$
$= 80,4\ dB$.

*Fazit: Der Gesamtschalldruckpegel reduziert sich um 2,6 dB, die abgegebene Schallintensität hat sich nach Abschluß der Maßnahmen etwa halbiert. Der Lärmminderungseffekt wäre größer, wenn die technischen Maßnahmen auf beide Maschinen verteilt würden, um z. B. an beiden Maschinen im Betrieb Einzelschalldruckpegel von 75 dB zu erreichen. Damit würde der Gesamtschalldruckpegel in diesem Falle auf* $L_{ges} = 78\ dB$ *sinken.*

### 6.1.2.2 Frequenzbewertung

Weil das Leistungsvermögen des menschlichen Ohrs im Frequenzspektrum nicht konstant ist (Abb. 6.1), werden die ermittelten Schallpegel eines Geräusches frequenzbewertet, d.h. die Schallpegel werden vor allem zu tiefen Frequenzen hin immer weniger stark angezeigt (Tab. 6.1). Mit Frequenzbewertungskurven – üblicherweise für Aufgaben des Lärmschutzes mit der Kurve A – wird die Frequenzabhängigkeit des Gehörs berücksichtigt (Abb. 6.1 und Tab. 6.1), der Schallpegel wird dann als dB (A) angegeben.

| Frequenz Hz | A-Bewertung in dB |
|---|---|
| 31,5 | -39,4 |
| 63 | -26,2 |
| 125 | -16,1 |
| 250 | -8,6 |
| 500 | -3,2 |
| 1000 | 0 |
| 2000 | +1,2 |
| 4000 | +1,0 |
| 8000 | -1,1 |
| 16000 | -6,6 |

*Tab. 6.1: Werte für die Umrechnung von nichtbewerteter Anzeige in A-bewertete Anzeige (Lit. 6.4)*

Mißt man für einen Ton von 500 Hz – ohne Frequenzbewertung, d.h. „linear" – einen Schalldruckpegel von 80 dB, so zeigt das Meßgerät mit der A-Bewertung 76,8 dB (A) an.

### 6.1.2.3 „Zeitbewertung" als Binnendifferenzierung

Neben der Frequenzbewertung wird das Meßsignal ebenfalls einer Zeitbewertung unterzogen, um konstante Geräusche, Einzelgeräusche, die z.B. von vorbeifahrenden Fahrzeugen verursacht werden, und Lärmspitzen bei impulshaltigen Geräuschen unterscheiden und beurteilen zu können (Kap. 6.3).

Die Mittelung verschiedener Schalldruckpegel, die auf einer Hüllfläche um ein Meßobjekt im gleichen oder nahezu gleichem Abstand gemessen werden, muß über die energetische Mittelung der Schallintensität I erfolgen:

$$I_m/I_0 = (1/n \sum_{i=1}^{i=n} I_i)/I_0 = 1/n \sum_{i=1}^{i=n} (p_i/p_0)^2$$

$$L = 10 \lg 1/n \sum_{i=1}^{i=n} 10^{0,1 \cdot L_n}$$

Ein Beispiel zur Mittelwertbildung ist in Kap. 6.3 zu finden.

Wenn Geräusche z.B. am Arbeitsplatz zeitlich häufig schwanken, ist der Mittelungspegel $L_{eq}$ als *energieäquivalenter Dauerschallpegel* zu ermitteln, der diese wechselnde Belastung erfaßt.

Eine andere Methode ist das *„Taktmaximalpegelverfahren"* entsprechend der TA Lärm (Kap. 6.3). Der energieäquivalente Dauerschallpegel $L_{eq}$ wird aus dem arithmetischen Mittel der Schallintensitäten im Zeitraum T ermittelt; der energieäquivalente Dauerschallpegelschallpegel $L_{eq}$ entspricht dem Pegel eines konstanten Gräusches mit gleicher Energie, die auch das schwankende Geräusch im Mittel aufweist. Als Anhaltswerte kann bei Schwankungen bis 5 dB die Mitte des Schwankungsbereichs angenommen werden; bei Schallvorgängen mit Pegelschwankungen von 10 dB liegt der Mittelungspegel etwa 3 dB unterhalb der oberen Grenze des Schwankungsbereichs (in beiden Fällen müssen die Pegelwerte statistisch in etwa gleich verteilt sein). Oberhalb von 10 dB Schwankungsbreite muß aus den Teilzeitpegeln – zeitlich bewertet – über energetische Mittelwertbildung der energieäquivalente Dauerschallpegel berechnet werden (Lit. 6.4).

### 6.1.2.4 Schalleistungspegel

Neben dem frequenzbewerteten Schalldruckpegel $L_A = 10 \lg(I/I_0) = 20 \lg(p/p_0)$ wird noch der frequenzbewertete Schalleistungspegel $L_{PA} = 10 \lg(P_A/P_0)$ dB (A) verwendet (A-Schalleistungspegel).

$P_A$ = die A-bewertete Schalleistung in W
$P_0$ = Bezugsschalleistung = $10^{-12}$ W
Dieser Schalleistungspegel erfaßt die gesamte abgestrahlte Schalleistung einer Quelle und ist unabhängig von der Entfernung des Meßortes zur Lärmquelle und dient damit in erster Linie zur schalltechnischen Beurteilung einer Maschine und Anlage (zur Ermittlung des A-bewerteten Schalleistungspegels $L_{PA}$ siehe Kap. 6.3).
$L_{PA} = 10 \lg(P_A/P_0)$ mit $P_0 = 10^{-12}$ W
Die Schalleistung einer Maschine oder Anlage ergibt sich aus der mittleren Schallintensität $I_A$ auf der „Hüllfläche" S, die um das Meßobjekt gelegt ist:

$$P_A = I_A \cdot S$$
$$P_0 = I_0 \cdot S_0 \text{ mit } I_0 = 10^{-12}\ \text{W/m}^2 \text{ und der „Hüllfläche" } S_0 = 1\ \text{m}^2$$
$$\begin{aligned} L_{PA} &= 10 \lg (P_A/P_0) = 10 \lg((I_A \cdot S)/(I_0 \cdot S_0)) \\ &= 10 \lg(I_A/I_0) + 10 \lg(S/S_0) \\ &= 20 \lg(p_A/p_0) + 10 \lg(S/S_0) \\ &= L_A + 10 \lg(S/S_0) \end{aligned}$$

Der Schalldruckpegel $L_A$, der aus Schalldruckmessungen auf der Hüllfläche ermittelt und mit Frequenzfilter A bewertet wird, erlaubt die Berechnung des Schalleistungspegels $L_{PA}$ unabhängig vom Abstand der Hüllfläche zum Meßobjekt. Im gleichen Maße wie der Abstand und damit die Hüllfläche S wachsen, sinken die Schallintensität und der A-bewertete Schalldruckpegel $L_A$ und umgekehrt. Dieser hier beschriebene Zusammenhang ist in Abb. 6.2 schematisch dargestellt. Der Schalleistungspegel $L_{PA} = L_A + 10 \lg(S/S_0)$ kann auch in Werkhallen berechnet werden; dabei können Reflexionen an den Wänden vernachlässigt werden, wenn V/S > 500 m (V = Volumen der Werkhalle in $m^3$, S = Hüllfläche in $m^2$; Lit. 6.4).
Umgekehrt kann bei Kenntnis des Schalleistungspegels $L_{pA}$ der Schalldruckpegel $L_A$ berechnet werden, wie er zum Beispiel in einem Wohngebiet mit dem Abstand r von einer neuen Anlage oder Maschine zu erwarten ist, wenn diese in Betrieb gegangen ist. Bei einer

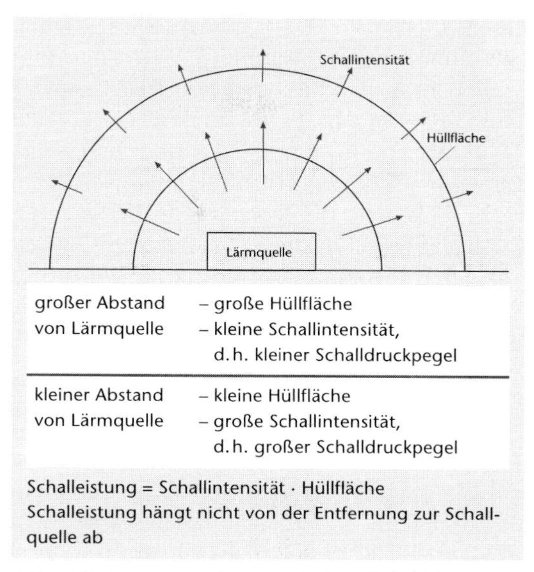


*Abb. 6.2: Zusammenhang zwischen Schalleistung und Schallintensität (Lit. 6.4)*

punktförmigen Schallquelle am Boden verteilt sich die Schallenergie auf die Oberfläche einer Halbkugel $2\pi r^2$ (r = Radius in m = Abstand zum Schallereignis).

$$L_{PA} = L_A + 10 \lg(S/S_0) \text{ mit } S_0 = \text{Hüllfläche von } 1\ \text{m}^2$$
$$L_A = L_{PA} - 20 \lg(r/1\ \text{m}) - 10 \lg 2\pi$$
$$L_A = L_{PA} - 20 \lg(r/1\ \text{m}) - 8$$

Bei einer Linienschallquelle, z. B. bei einer Autobahn oder einem langen Transportband, verteilt sich die Schallenergie auf die halbe Zylinderoberfläche $\pi \cdot r \cdot l$ (r = Abstand der Schallquelle zum Wohngebiet; l = Länge der Schallquelle).
Bei r = l ergibt sich aus:

$$L_{PA} = L_A + 10 \lg(S/S_0) \text{ mit } S_0 = 1\ \text{m}^2$$
$$S = \pi r^2$$
$$\begin{aligned} L_A &= L_{PA} - 10 \lg((\pi r^2)/(1\ \text{m}^2)) \\ L_A &= L_{PA} - 20 \lg(r/(1\ \text{m})) - 10 \lg \pi \\ &= L_{PA} - 20 \lg(r/(1\ \text{m})) - 5 \end{aligned}$$

Da bei einer Halbkugel die Oberfläche ($2\pi r^2$) doppelt so groß ist wie bei einer halben Zylinderoberfläche ($\pi r^2$), ist die Schalldruckpegelabnahme bei einem punktförmigen Einzelereignis am Boden um 3 dB höher als bei einer Linienschallquelle am Boden (jeweils den gleichen Abstand r unterstellt). Eine Schalldruckpegelabnahme von 3 dB bedeutet physikalisch eine Halbierung der Schallintensität. Das subjektive Empfinden des menschlichen Ohrs ist bei den verschiedenen Frequenzen (Abb. 6.1) ganz unterschiedlich, deshalb werden die Schalldruckpegel $L_A$ ja A bewertet angegeben.

#### 6.1.2.5 Physiologische Schallbeurteilung

Der Lautstärkepegel in phon kennzeichnet die subjektive Stärke der Wahrnehmung; bei einem 1000 Hz-Ton entspricht er dem Zahlenwert des Schalldruckpegels. Die Lautheit in sone ist mit dem Lautstärkepegel folgendermaßen verknüpft:
1 sone = 40 phon; 2 sone = 50 phon
4 sone = 60 phon; 8 sone = 70 phon usw.
Ändert sich der Laustärkepegel um 10 phon (oder um 10 dB bei 1000 Hz), wird dieser Pegelunterschied vom Menschen als Verdopplung oder Halbierung der Lautheit empfunden.
Die physikalischen Meßergebnisse und die subjektiven menschlichen Empfindungen zeigen ein widersprüchliches Bild, das an folgendem Beispiel erläutert werden soll: Wenn zwei gleichlaute Schallquellen mit einem Pegel von insgesamt 80 dB (A) vorliegen und eine dieser Schallquellen abgeschaltet wird, reduziert sich der Schallpegel auf etwa 77 dB (A), die Schallintensität I halbiert sich. Will man die subjektiv empfundene Lautheit halbieren – in dem Beispiel von 16 sone = 80 phon auf 8 sone = 70 phon, müßte die Schallintensität auf ein Zehntel der Ausgangsintensität verringert werden.

### 6.1.3 Rechtliche Aspekte

Das Bundesimmissionsschutzgesetz vom 1.4.1974 (BImSchG) ordnet auch das Recht auf dem Gebiet des Lärmschutzes – wie auf dem Gebiet der Luftreinhaltung (Kap. 2) – neu. Mit diesem Gesetz wird der Verwaltungsvorschrift *„Technische Anleitung zum Schutz gegen Lärm"* (kurz „TA Lärm") von 1968 eine neue gesetzliche Basis gegeben, die vor dem Inkrafttreten des Bundesimmissionsschutzgesetzes die Gewerbeordnung geboten hatte.

**TA Lärm**

Die TA Lärm nennt zum Schutz der Bevölkerung Immissionsrichtwerte für unterschiedliche Tageszeiten (Tag- und Nachtzeit) und für unterschiedliche, nach der Schutzbedürftigkeit eingeteilte Gebiete (Tab. 6.2).
Mit diesen Immissionsrichtwerten kann die Bevölkerung in der Nachbarschaft von Indu-

| Gebiet | | Wert |
|---|---|---|
| a) Gebiete, in denen nur gewerbliche und industrielle Anlagen und Wohnungen für Inhaber und Leiter der Betriebe sowie für Aufsichts- und Bereitschaftspersonen untergebracht sind, auf | | 70 dB (A) |
| b) Gebiete, in denen vorwiegend gewerbliche Anlagen untergebracht sind, auf | tagsüber | 65 dB (A) |
| | nachts | 50 dB (A) |
| c) Gebiete mit gewerblichen Anlagen und Wohnungen, in denen weder vorwiegend gewerbliche Anlagen noch vorwiegend Wohnungen untergebracht sind, auf | tagsüber | 60 dB (A) |
| | nachts | 45 dB (A) |
| d) Gebiete, in denen vorwiegend Wohnungen untergebracht sind, auf | tagsüber | 55 dB (A) |
| | nachts | 40 dB (A) |
| e) Gebiete, in denen ausschließlich Wohnungen untergebracht sind, auf | tagsüber | 50 dB (A) |
| | nachts | 35 dB (A) |
| f) Kurgebiete, Krankenhäuser und Pflegeanstalten, auf | tagsüber | 45 dB (A) |
| | nachts | 35 dB (A) |
| g) Wohnungen, die mit der Anlage baulich verbunden sind, auf | tagsüber | 40 dB (A) |
| | nachts | 30 dB (A) |

*Tab. 6.2: Immissionsrichtwerte nach TA Lärm für die Lärmbelastung in unterschiedlich ausgewiesenen Gebieten und für den Tages- bzw. für den Nachtzeitraum (Tageszeitraum 6 bis 22 Uhr; Nachtzeitraum 22 bis 6 Uhr)*

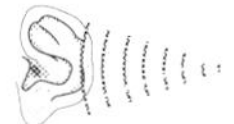

strie- und Gewerbegebieten geschützt werden, indem die Geräuschabstrahlung einer Anlage und einer Maschine im Betrieb ermittelt und indem die Lärmbelastung im Wohngebiet unter Berücksichtigung des Abstands zwischen der Anlage und dem Wohngebiet und der örtlichen Gegebenheiten (Reflexion und Absorption von Schallenergie z.B. an Lagerhallen und am Bewuchs im Gebiet dazwischen) errechnet wird. Liegt der so rechnerisch ermittelte Immissionswert höher als der in Tab. 6.2 genannte Immissionsrichtwert, ist die Anlage so nicht genehmigungsfähig und muß mit zusätzlichen primären (Kap. 6.2.1) und sekundären (Kap. 6.2.2) Schallschutzmaßnahmen versehen und nachgebessert werden.

Die Immissionswerte werden jeweils 0,5 m außen vor dem Fenster eines Aufenthaltsraums oder einer Wohnung gemessen. Dies hat in den 70er Jahren nach Inkrafttreten der TA Lärm starke Kritik vor allem bezüglich des Immissionsrichtwerts von 35 dB (A) hervorgerufen. Der Richtwert von 35 dB (A) ist medizinisch begründet und erlaubt gute Erhohlung im Schlaf, Erreichen der Tiefschlafphase etc. Wenn draußen vor dem Fenster 35 dB (A) einzuhalten sind, wird durch Reflexion und Absorption am Haus ein Teil der auftreffenden Schallenergie nicht in der Wohnung ankommen; damit werden sich in der Wohnung niedrigere Immissionswerte von ca. 32 dB (A) einstellen. Die Forderung der Industrie und ihrer Verbände, den Immissionsrichtwert von 35 dB (A) innerhalb der Wohnung gelten zu lassen oder außen vor der Wohnung 40 dB (A) als Immissionsrichtwert festzuschreiben, hätte als Konsequenz zu reduzierten Investitionen und damit zu Lärmschutzeinrichtungen minderer Qualität geführt.

Um die in Tabelle 6.2 genannten Immissionsrichtwerte einhalten zu können, kann die Genehmigungsbehörde Schallemissionsbegrenzungen für genehmigungsbedürftige Anlagen (§ 4 BImSchG) im Genehmigungsverfahren vorschreiben und ihre Umsetzung verlangen. Da nach § 5 BImSchG genehmigungsbedürftige Anlagen so zu betreiben sind, daß in der Nachbarschaft erhebliche Belästigungen vermieden werden, ist auch eine nachträgliche Anordnung unter Berücksichtigung des „Standes der Technik" möglich. Die TA-Lärm ist strenggenommen nur bei genehmigungsbedürftigen Anlagen anzuwenden, sie dient aber in Auslegung des § 5 BImSchG auch zur Beurteilung von nicht genehmigungsbedürftigen Anlagen (siehe dazu auch Kap. 2.1.2). Die TA Lärm gilt nicht für den Straßenverkehr.

**Lärmverordnungen**

Auf der gesetzlichen Basis des Bundesimmissionsschutzgesetzes (BImSchG) sind die folgenden Rechtsverordnungen (BImSchV) in Kraft getreten:

- 8. BImSchV vom 28.7.1976 (zuletzt geändert 13.7.1992) – sog. „Rasenmäherlärm-Verordnung": Zulässige Schalleistungspegel werden festgesetzt, der Einsatz des Rasenmähers wird zeitlich eingeschränkt.
- 15. BImSchV vom 10.11.1986 (zuletzt geändert 23.2.88) – „Baumaschinen-Verordnung": zulässige Schalleistungspegel werden für Baumaschinen genannt (In Übereinstimmung mit einer EU-Richtlinie).
- 16. BImSchV vom 12.6.1990 – „Verkehrslärmschutzverordnung": Die Verordnung gilt für den Bau und für die wesentliche Änderung von Straßen und Schienenwegen. Die Verordnung nennt die folgenden Immissionsgrenzwerte:

| Grenzwerte in dB(A) | Tag / Nacht |
|---|---|
| Krankenhäuser | 57 / 47 |
| Wohngebiete | 59 / 49 |
| Mischgebiete | 64 / 54 |
| Gewerbegebiete | 69 / 59. |

- 18. BImSchV vom 18.7.1991 – „Sportstättenlärm-Verordnung".

Wichtig ist noch der Hinweis auf § 47a BImSchG: Danach müssen Kommunen oder die nach Landesrecht zuständigen Behörden „Lärmminderungspläne" für Gebiete erstellen, in denen Geräusche oder Erschütterungen schädliche Umwelteinflüsse haben. In diesen

Plänen müssen die schädlichen Geräuschquellen und die Lärmbelästigungen erfaßt werden. Ferner müssen die Maßnahmen aufgezeigt werden, mit denen eine Lärmminderung zu erreichen bzw. mit denen eine weitere Erhöhung der Lärmbelastung zu vermeiden ist.

### Fluglärmgesetz

Zum Schutz der Bevölkerung in der Nähe von Flughäfen vor allem beim Starten und Landen der Flugzeuge gilt seit 30.3.1971 (zuletzt geändert am 25.9.1990) das „Gesetz zum Schutz gegen Fluglärm" („Fluglärmgesetz").
Das Fluglärmgesetz legt fest, daß das Gebiet um Flughäfen in zwei Lärmschutzzonen einzuteilen ist, in denen besondere bauliche Maßnahmen (z.B. Schallschutzfenster, Schallschutzwände) gegen den Lärm finanziell unterstützt werden. Der Lärmschutzbereich umfaßt die Zone 1 mit einem Dauerschallpegel über 75 dB (A) und die Zone 2 mit einem Dauerschallpegel 67 bis 75 dB (A).
Im gesamten Lärmschutzbereich (Zone 1 und Zone 2) dürfen keine Krankenhäuser, Altenheime Erholungsheime, Schulen und Kindergärten gebaut werden. Ein Bauverbot gilt auch für Wohnungen in der Zone 1. Wohnungen in der Zone 2 dürfen nur errichtet werden, wenn sie mit besonderem Schallschutz ausgestattet sind. Die nach Landesrecht zuständige Behörde setzt nach Anhörung des Wohnungseigentümers und des zahlungspflichtigen „Flugplatzhalters" fest, bis zu welcher Höhe die Schallschutzaufwendungen erstattet werden. Zur Entschädigung bei Bauverboten ist der Flugplatzhalter verpflichtet.

### Lärm am Arbeitsplatz

Zum Problembereich der Lärmbelastung am Arbeitsplatz sei auf die *Arbeitsstättenverordnung von 1975* (insbesondere auf § 15), auf die *Unfallverhütungsvorschrift (UVV Lärm)* der Berufsgenossenschaften und auf die *VDI-Richtlinien 2058* (Beurteilung von Arbeitslärm am Arbeitsplatz hinsichtlich Gehörschäden und unter Berücksichtigung verschiedener Tätigkeiten) und *2060* (persönlicher Schallschutz) verwiesen. Die VDI-Richtlinie 2058 stellt bei einer ununterbrochenen jahrelangen Einwirkung von 90 dB (A) während der Arbeitszeit fest, daß ein erheblicher Teil der belasteten Arbeitnehmer von einer dauernden Gehörschädigung betroffen ist. Bei Belastung von 85 dB (A) am Arbeitsplatz soll sich jeder dort tätige Arbeitnehmer Kontrolluntersuchungen unterziehen.
Die Arbeitsstättenverordnung nennt in § 15 maximale Geräuschpegel, die sich nach der jeweilig verlangten Tätigkeit richten:

- bei überwiegend geistigen Tätigkeiten 55 dB (A),
- bei einfachen, überwiegend mechanisierten Bürotätigkeiten 70 dB (A) und
- bei allen sonstigen Tätigkeiten 85 dB (A). (Dieser Wert darf um 5 dB (A) überschritten werden, wenn auch mit betrieblich möglichen Lärmminderungsmaßnahmen 85 dB (A) nicht einzuhalten sind).

In Pausen- und Bereitschaftsräumen darf der Lärmpegel höchstens 55 dB (A) betragen. Nach der Unfallverhütungsvorschrift (UVV Lärm) muß der Arbeitgeber bei einer Lärmbelastung von 85 dB (A) und mehr dem Arbeitnehmer persönliche Schallschutzmittel zur Verfügung stellen, die ab 90 dB (A) in jedem Falle zu tragen sind.

### Nützliche Adressen und Informationsquellen

Arbeitsgemeinschaft für Umweltfragen e.V. (AGU)
Matthias-Grünewald-Straße 1–3
53175 Bonn
Tel.: 0228/375005

Bundesamt für Arbeitsschutz
Postfach 170202
Vogelpothsweg 50–52
44149 Dortmund-Dorstfeld
Tel.: 0231/1763-1

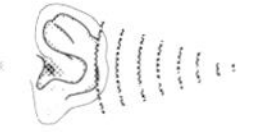

Bundesanstalt für Straßenwesen
Brühler Straße 1
50968 Köln
Tel.: 0221/37021

BUND, Bund für Umwelt und Naturschutz Deutschland e.V.
Postfach
Im Rheingarten 7
53225 Bonn
Tel.: 0228/40097-0

Bundesministerium für Umwelt, Naturschutz und Reaktorsicherheit
Kennedyallee 5
53175 Bonn
Tel.: 0228/305-0

Bundesministerium für Verkehr
Kennedyallee 72
53175 Bonn
Tel.: 0228/3000-1

Öko-Institut
Binzengrün 34a
79114 Freiburg

Umweltbundesamt
Bismarckplatz 1
14191 Berlin
Tel.: 030/8903-0

Verband Deutscher Maschinen- und Anlagenbau (VDMA)
Koordinierungsstelle Umwelttechnik
Lyoner Straße 18
60528 Frankfurt/Main
Tel.: 069/6603–0

Verein Deutscher Ingenieure (VDI)
Koordinierungsstelle Umwelttechnik
Graf-Recke-Straße 84
40002 Düsseldorf
Tel.: 0211/6214243

## Wichtige Fachbegriffe auf einen Blick

*Absorption:* Schwächung von Schall beim Durchgang durch Materie.

*Bundesimmissionsschutzgesetz (BImSchG):* Gesetz zum Schutz vor schädlichen Umwelteinwirkungen u.a. durch Geräusche und Erschütterungen vom 15.3.1974.

*dB:* Dezibel

*energetische Addition:* Verfahren zur Ermittlung eines Gesamtschallpegels.

*Fluglärm:* Lärm, der von Flugzeugen erzeugt wird (besonders bei Starts und Landungen, durch Tiefflüge und Überschallflüge). Maßnahmen gegen den Fluglärm auf der gesetzlichen Basis des Fluglärmgesetzes von 1971.

*Frequenz:* Anzahl der akustischen Schwingungen pro Zeiteinheit (mit der physikalischen Einheit Hertz – 1 Hz = 1/s).

*Frequenzanalyse:* Untersuchung eines Geräuschs in vorgegebenen Frequenzbereichen.

*Geräuschmessung:* Messung des Schalldruckpegels (in dB), neben dem Schalldruck werden auch Frequenzen und Einwirkungsdauer berücksichtigt.

*Hörbereich:* Bereich der wahrnehmbaren Schallschwingungen zwischen Hörbarkeitsschwelle 0 dB und der Schmerzgrenze bei 130 dB (bei Schwingungen von 1000 Hz).

*Hörschäden:* Gesundheitliche Beeinträchtigung des Menschen durch starke Schalleinwirkung; von einer Lärmschwerhörigkeit spricht man bei einem Hörverlust von 40 dB und mehr bei einer Frequenz von 3 kHz.

*Immission:* Einwirkende Geräusche

*Kavitation*: Erscheinung in strömenden Flüssigkeiten, wenn der Druck lokal unter den von der Temperatur abhängigen Dampfdruck absinkt, so daß sich Dampfblasen bilden können. Kavitation kann Materialien schädigen und ist die Ursache für Geräuschemissionen.

*Lärmpegel*: Schalldruckpegel

*Lärmschutzbereich:* Zonen um Flughäfen zum Schutz der Bevölkerung vor Fluglärm auf Basis des Fluglärmgesetzes von 1971

*Lautheit:* Vergleich zweier Schallquellen über die Bezugsgröße „*sone*". Darin kommt zum Ausdruck, daß eine Erhöhung bzw. eine Verminderung des Schalldruckpegels um 10 dB subjektiv als Verdopplung bzw. als Halbierung der Lautheit empfunden wird (1 sone = 40 phon, 2 sone = 50 phon usw.).

*Lautstärke:* die subjektive Schallempfindung in Phon (bei 1000 Hz z. B. 50 phon = 50 dB).

*Schall:* Mechanische Schwingungen und Wellen in gasförmigen, flüssigen oder festen Medien. Bei Luftschall zwischen 16 Hz und 20 kHz wird eine Veränderung des Luftdrucks bewirkt und über das Trommelfell festgestellt.

*Schallabsorption:* Umwandlung von Schallenergie in Wärme beim Durchgang von Schallwellen in Materie.

*Schalldämmung:* Maßnahme, die den Direktschall durch Zwischenschalten einer Dämmwand verringert.

*Schalldämpfung:* Beeinflussung der Schallausbreitung durch Schallabsorption.

*Schalldruckpegel:* Zwanzigfacher Briggscher Logarithmus des Quotienten vom gemessenen Schalldruck zum Bezugsschalldruck mit der Angabe dB (Dezibel; in Erinnerung an den amerikanischen Ingenieur A.G. Bell).

*TA Lärm:* „Technische Anleitung zum Schutz gegen Lärm" vom 16.7.1968, Verwaltungsvorschrift zum BImSchG. TA Lärm enthält Immissionsrichtwerte zum Schutz der Bevölkerung; für Industriebetriebe gelten Emissionsbegrenzungen.

## 6.2 Primäre und sekundäre Schallschutzmaßnahmen

Die „Technische Anleitung zum Schutz gegen Lärm" (kurz „TA Lärm") von 1968 nennt für Wohn-und Kurgebiete einen für den Nachtzeitraum geltenden Immissionsrichtwert von 35 dB (A) (Tab. 6.2, Kap. 6.1.3). Dieser medizinisch begründete Richtwert soll sicherstellen, daß die Menschen nachts Ruhe finden und sich von Berufs- und Schulbelastungen ausreichend lange erholen können.

Auf der anderen Seite bestand bei der Politik und in der Wirtschaft nach Inkrafttreten der TA Lärm in den 70er Jahren die große Sorge, daß es bei diesem niedrigen Immissionsrichtwert von 35 dB (A) in einem dichtbesiedelten Industriestaat wie Deutschland zukünftig unmöglich wäre, für große, kontinuierlich arbeitende Betriebe wie Raffinerien, Kraftwerke etc. geeignete Standorte zu finden und auszuweisen; denn der Abstand der Anlage zu den Wohngebieten müßte mit ca. 2500 m so groß sein, daß eine solche Fläche hier nicht mehr zur Verfügung stünde. Dagegen sieht der „Abstandserlaß" des Ministers für Arbeit, Gesundheit und Soziales des Landes Nordrhei-Westfalen aus dem Jahre 1977 vor, bei dem Neubau von Raffinerien einen Abstand von 600 m bis zur Werksgrenze und von der Werksgrenze bis zu dem angrenzenden Wohngebiet einen weiteren Abstand von 1200 m einzuhalten.

Mit diesem Erlaß von 1977 reduziert der Minister den Lärmschutzgürtel um Produktionsanlagen wie um eine Raffinerie (die aus Sicherheitsgründen als Freianlagen zu errichten sind, so daß sich der Schall ungehindert ausbreiten kann) um 1/3 von ca. 2500 m Abstand der Produktionsstätte zum Wohngebiet auf insgesamt 1800 m (600 m bis zur Werksgrenze und 1200 m außerhalb des Werks bis zu den Wohngebieten).

Damit wird eine Studie der Firma Lurgi-Mineralöltechnik umgesetzt, die eine Raffinerie mit einem Rohöldurchsatz 5 Mill. t/a in lärmarmer Ausführung, also unter konsequentem Einsatz von primären oder integrierten Schallminderungs- und Schallschutzmaßnahmen, teilweise aber auch mit sekundären Maßnahmen (dann aber direkt an der Quelle), geplant hat.

Die Studie wies zwei wichtige Ergebnisse aus (Lit. 6.5):

- Der Lärmschutz der Bevölkerung in den Wohngebieten ist gewährleistet, d.h. der Immissionsrichtwert von 35 dB (A) im Wohngebiet wird eingehalten, wenn primäre Schallschutzmaßnahmen konsequent (sogar bei doppelt so großem Jahresdurchsatz von 10 Mill. t Rohöl/a) ergriffen werden. Der gesamte Lärmschutzgürtel kann um 1/3 verringert werden.
- Lärmarme Produktionsanlagen schützen aber auch das Betriebspersonal. Bei nicht lärmgeminderten Anlagen wird häufig ein Beurteilungspegel von 88 bis 95 dB (A) erreicht, der damit deutlich den in der Arbeitsstättenverordnung genannten Maximalwert von 85 dB (A) übersteigt (Kap. 6.1.3). In lärmarm konzipierten Produktionsanlagen hingegen wird mit einem Beurteilungspegel von 79 bis 85 dB (A) dieser zulässige Maximalwert deutlich unterschritten (Kap. 6.2.2).

Beispiele für primäre Schallschutzmaßnahmen werden in Kap. 6.2.1 genannt und beschrieben. Häufig reicht primärer Schallschutz aber nicht aus, so daß auch sekundäre Maßnahmen notwendig werden, um die Bevölkerung vor einer starken Lärmbelastung zu schützen (Kap. 6.2.2); erst eine Kombination von primären und sekundären Maßnahmen führt zu einem optimalen Lärmschutz (Kap. 6.2.2).

## 6.2.1 Primäre Schallschutzmaßnahmen

An Konstruktionen und Detaillösungen bzw. an einzelnen Maschinen und Apparaten und für den Verkehrssektor sollen exemplarisch primäre Schallschutzmaßnahmen beschrieben und erläutert werden. In diesem Zusammenhang sei ausdrücklich auf die Literatur 6.4, 6.5 und 6.6 verwiesen, wo weitere Beispiele zu finden sind. Dabei wird in einer umfangreichen Studie im Auftrag des Bundesministers für Arbeit und Sozialordnung (Lit. 6.6) schon 1975 eine Bestandsaufnahme schon bekannter lärmarmer Konstruktionen vorgelegt.

### 6.2.1.1 Lärmarme Konstruktionen

Für lärmarme Konstruktionen und Detaillösungen, Maschinen und Apparate seien im folgenden 10 Beispiele vorgestellt, dies sind:

- Kanalumlenkungen und -erweiterungen (Abb. 6.3 und 6.4; Lit. 6.4 und 6.5)
- Ventilatoren (Abb. 6.5; Lit. 6.4)
- Kreiselpumpen (Abb. 6.6; Lit. 6.5 und 6.6)
- Blechcontainer (Abb. 6.7; Lit. 6.1)
- Trommelmühlen (Lit. 6.6)
- Förderrinnen (Abb. 6.8; Lit. 6.6)
- Naßkühltürme (Lit. 6.8)
- Regelventile (Lit. 6.5 und 6.6)
- Fackelanlagen in einer Raffinerie (Lit. 6.5)
- Werkzeugmaschinen (Abb. 6.9; Lit. 6.9)

Bei lufttechnischen Anlagen (z.B. Klimaanlagen, Zu- und Abluftanlagen von Trocken- und Kühlzonen) treten häufig Strömungsgeräusche auf, wenn Kanäle, Luftgitter und Düsen strömungsungünstig gebaut und angeordnet sind. Die Ursache für die Strömungsgeräusche sind Strömungswirbel an den Hindernissen. Abb. 6.3

| Form | Druckverlust und Lärmemission |
|---|---|
| | hoch |
| | mittel |
| | niedrig |
| | hoch |
| | mittel |
| | niedrig |

*Abb. 6.3: Kanalumlenkungen und -erweiterungen (Lit. 6.4)*

gibt Beispiele für strömungsgünstige bzw. -ungünstige *Kanalumlenkungen* und -erweiterungen (Lit. 6.4).
Dieser Gesichtspunkt, Leitungen strömungstechnisch günstig einzubinden und damit lärmmindernd zu wirken, ist auch aus Abb. 6.4 mit je zwei schlechten bzw. guten Anordnungen zu erkennen.
In Abb. 6.4 wird der Gesamtstrom aufgeteilt in einen kleinen Teilstrom und in einen Hauptstrom (der im linken Bild scharf umgelenkt wird, während im rechten Bild der Hauptstrom weitgehend ungestört bleibt und nur der kleinere Teilstrom scharf umgelenkt wird). Im unteren Bild wird eine kleine Rohrleitung in eine größere Rohrleitung strömungsgünstig eingebunden.

Der Geräuschpegel von *Ventilatoren* kann erheblich beeinflußt werden:

- durch Drehzahlsenkungen (große Ventilatoren mit kleiner Drehzahl – statt 1450 U/min etwa 950 U/min; Schallpegelsenkung um 3 bis 4 dB),
- durch Betrieb des Ventilators im Bereich des höchsten Wikungsgrads; bei zu kleinem oder zu großem Volumensstrom ergeben sich Pegelerhöhungen bis 10 dB und
- durch günstige Konstruktion (Abstand d Zunge zum Laufrad mit Radius R: d ca. 0,25 · R und Zungenradius r ca. 0,2 · R) (Lit. 6.4).

Abb. 6.5 zeigt einen geräuscharmen Ventilator (Lit. 6.4).

Abb. 6.6 nennt wesentliche Parameter für lärmarme *Kreiselpumpen* wie Drehzahl, Wellenleistung, Umfangsgeschwindigkeit des Laufrads, Laufraddurchmesser (Lit. 6.5). Mit einer ausreichend großen Zulaufhöhe ist Kavitation in der Pumpe zu vermeiden. Die Laufradumfangsgeschwindigkeit sollte unter 55 m/s liegen, der Laufraddurchmesser des eingebauten Laufrades sollte maximal 90% des möglichen Durchmessers betragen (Lit. 6.5).

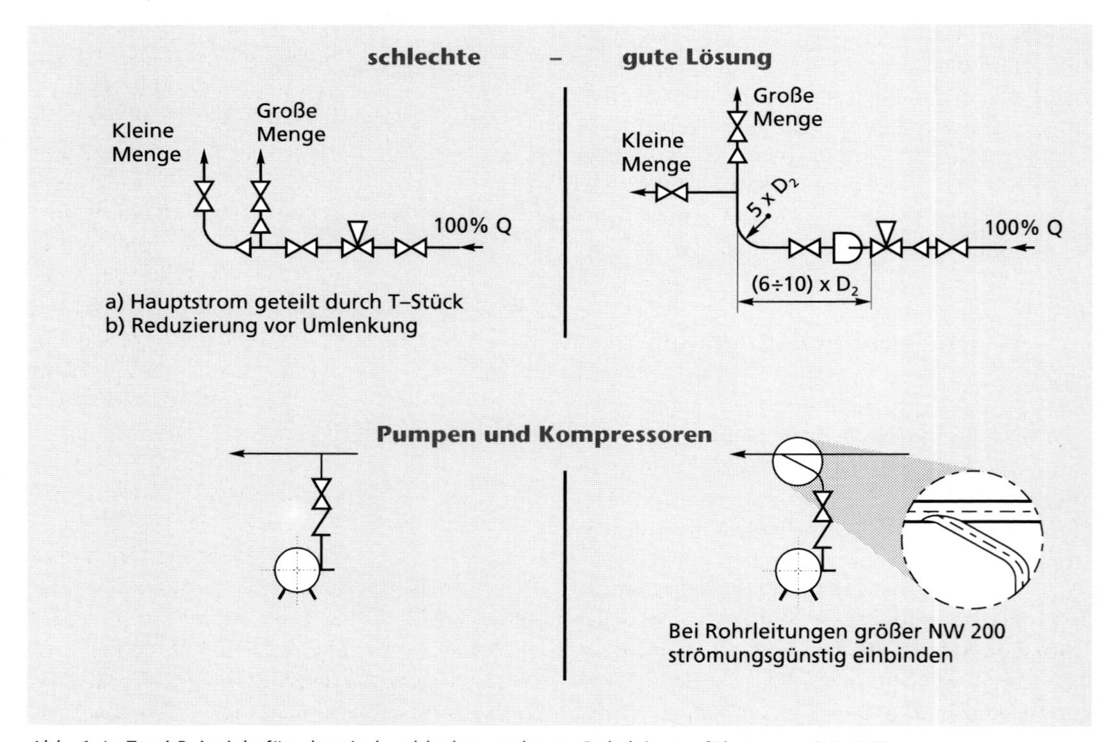


*Abb. 6.4: Zwei Beispiele für akustisch schlechte und gute Rohrleitungsführungen (Lit. 6.5)*

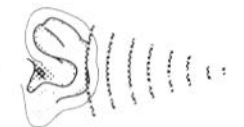

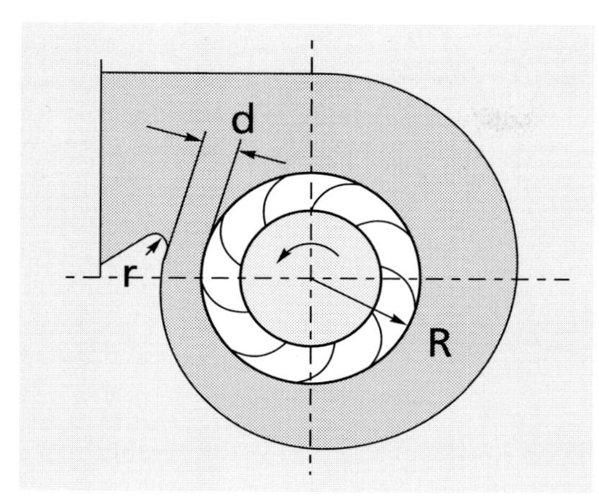


Abb. 6.5: Geräuscharmer Ventilator (Lit. 6.4)

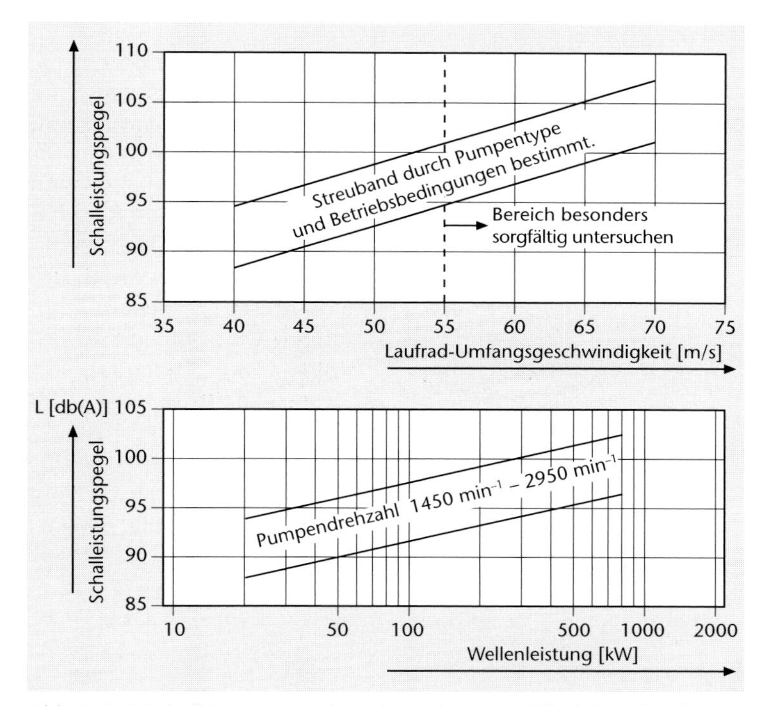


Abb. 6.6: A-Schalleistungspegel von Kreiselpumpen (Lit. 6.5 und 6.6)

Die Werkstoffwahl kann entscheidend für den entstehenden Lärmpegel sein. So wird beim Befüllen eines *Blechcontainers* mit kleinen Metallrohlingen, wie sie in einem Autozubehörwerk anfallen, ein maximaler Schallpegel von 117 dB (A) abgestrahlt.

Konstruktive Änderungen des Blechcontainers – Ausspritzen des Behälters mit Kunststoff und Einbau von Kunststoffplatten als „Aufprallhilfe" – vermindern den Schalldruckpegel auf 111 dB (A). Stellt man den Container aus engmaschigen Drahtmatten her, dann reduziert man den Schallpegel sogar auf 103 dB (A), weil das neue Ausgangsmaterial – die Drahtmatte – eine erheblich kleinere Fläche für die Abstrahlung der Schallwellen aufweist. Abb. 6.7 beweist die Wirksamkeit der konstruktiven Änderungen anhand der Schalldruckpegel-Terzspektren und der A-Schallpegel. Vorteilhaft schlägt vor allem ins Gewicht, daß im Frequenzbereich über 1000 Hz eine erhebliche Reduzierung des Lärmpegels zu erreichen ist, da dort das menschliche Ohr eben am empfindlichsten reagiert (Lit. 6.1).

Verwendet man zur Herstellung einer *Trommelmühle* „Verbundbleche" mit einer stark dämpfenden Zwischenschicht, ist eine Pegelminderung um 12 bis 18 dB(A) zu erreichen. Auch hier werden die Pegel vor allem bei hohen Frequenzen reduziert (Lit. 6.6). Die hier eingesetzten Bleche entsprechen in ihrem Aufbau einer „Sandwichplatte", die aus zwei außenliegenden Stahlblechen und dazwischen aus einer Kernschicht in einem Kunststoff-Hartschaum besteht.

Eine deutliche Verminderung der Schallabstrahlung läßt sich auch bei *Förderrinnen* erreichen, wenn statt eines normalen Blechs das oben beschriebene Verbundblech verwendet wird. Abb. 6.8 beweist anschaulich das Resultat, da die Körperschalldämpfung im Verbundblech sich in einer Reduzierung der Körperschall- und Luftschallpegel auswirkt (Lit. 6.6).

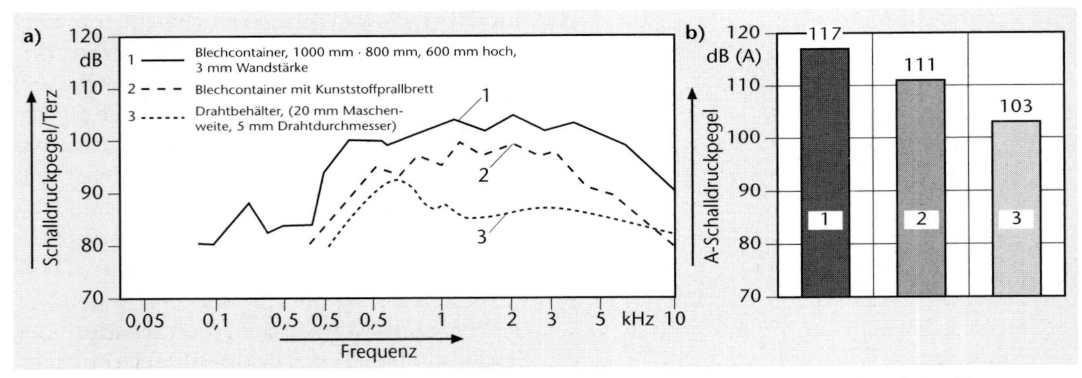


*Abb. 6.7: Schalldruckpegel – Terzspektren (a) und Schalldruckpegel (b) von Fallgeräuschen beim Einsatz unterschiedlich konstruierter Container.*
*Meßort: 1 m Entfernung vom Aufprall; Meßobjekt: fallende Schraube M 22 mit einer Masse von 0,54 kg aus 1 m Höhe (Lit. 6.1)*
*(Anmerkung: Zur Frequenzanalyse siehe Kap. 6.3)*

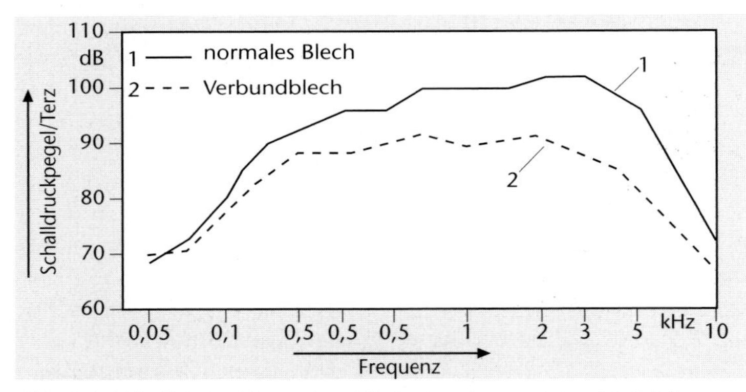


*Abb. 6.8: Schallabstrahlung einer Förderrinne, angeregt mit 12 Teilen von je 1,5 kg Masse*

Auch bei *Kühlanlagen* – bei Naßkühltürmen und bei Luftkühlanlagen kann primärer Schallschutz praktiziert werden, der erheblich lärmmindernd wirkt:
Kunststoffprallplatten werden über der Wasseroberfläche in Naßkühltürme eingebaut, um die Geräuschentwicklung durch das aus einigen Metern herabfallende Kühlwasser abzuschwächen. Belegt man die gesamte Grundfläche mit Aufprallplatten, ist eine Pegelminderung um 7 bis 8 dB(A) zu erreichen; bedeckt man nur die Hälfte der Wasseroberfläche, wird eine Pegelminderung immerhin noch mit 5 bis 7 dB(A) angegeben. Auch dünnmaschige Gitter und Füllkörper über der Wasseroberfläche schwächen den Aufprall der Wassertropfen ab und mindern den Schallpegel teilweise sogar um 10 dB(A). Vergleicht man die Kosten für diese primären Lärmschutzmaßnahmen mit notwendigen Kosten für sekundären Schutz (Erdwall oder Schallschutzwand), ergibt sich auch ein betriebswirtschaftlicher Vorteil für den Einbau der Prallplatten, der dünnmaschigen Gitter oder der Füllkörper (Lit. 6.9).
Bei Luftkühlern kann mit primären Maßnahmen die emittierte Schalleistung um 15 dB(A) gesenkt werden (Lit. 6.5), solche Maßnahmen sind:

- Anzahl der Flügel 8–10 statt in Normalausführung 4 bis 6 Flügel,
- Umfangsgeschwindigkeit 25 bis 30 m/s statt 45 bis 60 m/s bei normalen Lüftern und
- parabolische Einlaufdüse, strömungsgünstige Nabenverkleidung, optimaler Abstand der Flügel vom Schutzgitter.

Mit solchen konstruktiven Maßnahmen am Lüfter selbst und dazu noch mit entsprechenden Detailverbesserungen am Antriebsmotor (beispielsweise ist der Motor körperschallisoliert zu befestigen) wird der A-Schalleistungspegel von 115 dB(A) auf 95 dB(A) bei einer Leistung von 100 kW gesenkt (Lit. 6.5).

Zwei wesentliche Einflußfaktoren führen zu geräuscharmen *Regelventilen:*
Der Flüssigkeits- oder Gasstrom wird z. B. durch Lochbleche aufgeteilt. Verteilt man den Durchflußmengenstrom auf zwei gleichgroße Durchlaßöffnungen, sinkt der Schallpegel um 3 dB (A), und dies bedeutet eine Halbierung der Schallintensität (Kap. 6.1.1).
Diesen Effekt nutzt man beispielsweise auch bei Gasbrennern in Haushalten und in der Industrie, wo man die Geräusche bis zu 7 dB (A) verringern kann, wenn man Einloch- durch Siebenlochdüsen ersetzt. Bei Gebläselampen in der Glasindustrie läßt sich der Pegel sogar um 20 dB (A) senken, wenn man statt Einlochdüsen Vierziglochdüsen verwendet (Lit. 6.6).
Die Aufteilung von Stoffströmen ist auch verfahrens- und regelungstechnisch interessant, wenn Regelventile in ein Rohr mit Nennweiten ab 200 mm eingebaut werden und große Mengen-Regelbereiche abdecken sollen. Dann ist es verfahrenstechnisch, aber auch akustisch günstiger, mit 2 Regelventilen in Parallelschaltung zu arbeiten.
Anstatt den Vordruck in einer einzigen Stufe abzubauen, kann man dies auf mehrere kleine Reduzierungen aufteilen. Sollen Flüssigkeiten entspannt werden, läßt sich auf diesem Wege Kavitation vermeiden und damit neben der Lärmminderung auch eine Materialschonung erreichen.

*Fackelanlagen* sind für den sicheren Betrieb einer Raffinerie unverzichtbar. Zur Lärmreduzierung kann das Abfackeln von Gasvolumenströmen, die in geringen Mengen aus Leckagen oder bei Betriebsumstellungen anfallen bzw. beim An – und Abfahren kontrolliert entstehen und zu beseitigen sind, in Bodenfackeln erfolgen (Aufteilung der anstehenden Gasvolumina auf viele Brenner). Dabei wird ein Lärmpegel von ca. 110 dB (A) gemessen. Für den äußersten Notfall – Anfall sehr großer Gasvolumina – muß in jedem Fall eine Hochfackel einsatzbereit gehalten werden, die dann beim Notabfahren eine Schalleistung von 130 dB (A) aufweist (Lit. 6.5).

Der größte Anteil am Lärmniveau in Fertigungsbetrieben wird den spanenden *Werkzeugmaschinen* zugeschrieben. Bis zu 6% des Maschinenpreises muß man aufwenden, um den Schalldruckpegel unter 80 dB (A) zu senken. Abb. 6.9 zeigt den Einfluß der Drehzahl und die Abhängigkeit von der Antriebsleistung (Lit. 6.9)

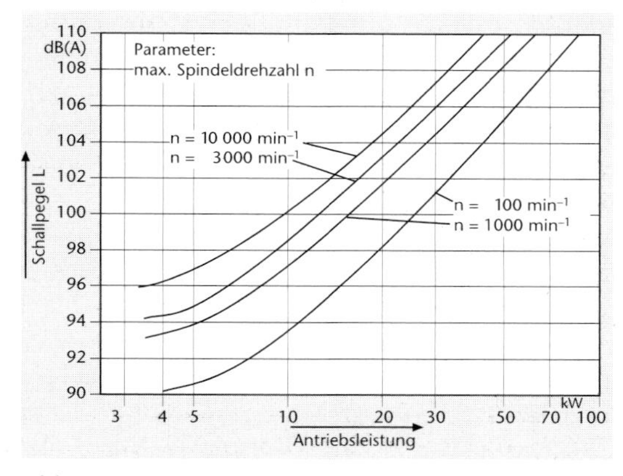


*Abb. 6.9: Geräuschemissionen von Drehmaschinen*

Das Handschleifen von Blechen kann erheblich leiser vorgenommen werden (Lit. 6.9), wenn auf der Werkstückseite magnetisch haftende Kunststoffmatten (Pegelminderung bis zu 15 dB (A)) angebracht werden, wenn die Lüfterdrehzahl reduziert wird und man Schleifscheiben mit stark dämpfenden Zwischenschichten einsetzt (Pegelminderung allein durch diese Änderung des Arbeitsmittels etwa 10 dB (A)).
Für Lärmminderungsmaßnahmen beim Sägen stehen eine Reihe von Möglichkeiten zur Verfügung (Lit. 6.9), u. a.
- große Zähnezahl am Kreissägeblatt
- Sägeblatt in Verbundbauweise.

Bei kleinen Stückzahlen – Produktion in hochmodernen Blechbearbeitungszentren dann nicht lohnend – sollten in einer Stanz- und Nibbelmaschine neukonstruierte Stempel eingesetzt werden, die bei schrägen Schnittflächen einen flachen und zeitlich gedehnten Schnittkraftverlauf aufweisen und mit denen sich als Folge der Schalldruckpegel bis zu 15 dB – von 101 dB (A) auf 87 dB (A) – senken läßt.

### 6.2.1.2 Lärmminderung im Verkehrssektor

Wegen der Vielzahl der Geräuschquellen im Verkehrssektor ist es besondes wichtig, dort das Potential von primären Lärmschutzmaßnahmen – auf 15 dB (A) geschätzt – voll auszuschöpfen. Dazu müssen alle Systemkomponenten – das Fahrzeug selbst, die Geschwindigkeit, die Verkehrsführung und der Straßenbelag – in die Betrachtung einbezogen werden. Allerdings wird aus den Beispielen deutlich, daß auch im Verkehrssektor auf primäre und sekundäre Lärmschutzmaßnahmen gemeinsam zurückgegriffen werden muß (siehe dazu also auch Kap. 6.2.2).

Bei Straßenverkehrslärm bestimmen zwei Quellen, nämlich der Antrieb und das Abrollen, den Lärmpegel entscheidend: Bei einer Geschwindigkeit von 50 km/h emittiert ein ungekapselter Motor einen Lärmpegel von 74 dB, der bei Kapselung auf 68 dB sinkt (Kapselung in Kap. 6.2.2). Allerdings kann der Fahrer selbst durch rechtzeitiges Hochschalten in den 3. Gang bei ungekapseltem Motor 70 dB erreichen (Abb. 6.10). Weiter ist aus Abb. 6.10 der Einfluß der Geschwindigkeit auf den Schalldruckpegel zu erkennen.

Die Einflüsse der Geschwindigkeit und der Drehzahl auf eine Schallpegelminderung $\Delta L$ können formelmäßig wie folgt beschrieben werden:

– Für die Geschwindigkeit
  $\Delta L = 10 \lg(V_2/V_1)^4$
  Beispielsweise beträgt die Geschwindigkeit $V_1 = 100$ km/h statt vorher $V_2 = 130$ km/h, ergibt sich durch diese Geschwindigkeitssenkung eine Schallpegelabnahme von $\Delta L = 4{,}5$ dB.

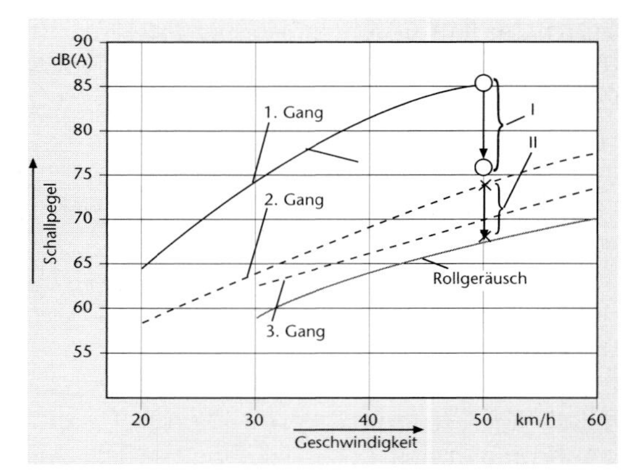


*Abb. 6.10: Schallpegel von normalen bzw. von zusätzlich gekapselten Personenkraftwagen in Abhängigkeit von der Geschwindigkeit (Lit. 6.10)*
*I = Minderung des Schallpegels bei Motorkapselung (1. Gang)*
*II = Minderung des Schallpegels bei Motorkapselung (2. Gang) – Geschwindigkeit jeweils 50 km/h*

– Für die Drehzahl
  $\Delta L = 10 \lg(n_2/n_1)^5$ bei Ottomotoren und
  $\Delta L = 10 \lg(n_2/n_1)^4$ bei Dieselmotoren
  Beispielsweise bewirkt eine Drehzahlreduzierung von $n_2 = 4000$ auf $n_1 = 2000$ U/min bei Dieselmotoren eine Schallpegelabnahme von 12 dB; dieser Effekt führt bei Otto-Motoren sogar zu einer Schallpegelabnahme von 15 dB, wenn hier die Drehzahl von $n_2 = 6000$ auf $n_1 = 3000$ U/min halbiert wird (Lit. 6.1).

Unter Beibehaltung der Nennleistung eines Viertakt-Otto-Motors führen Hubraumvergrößerungen z. B. von 0,85 l auf 1,1 l (Einfluß auf die Schallpegelsenkung durch eine Hubraumvergrößerung mit der 4. Potenz der Hubraumveränderung analog zur Geschwindigkeitsformel bei Geschwindigkeitssenkung) und gleichzeitig eine Drehzahlverminderung von 5000 auf 4000 U/min zu einer Schallpegelabnahme von 9,5 dB.

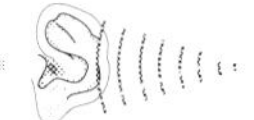

Auf das Rollgeräusch sollen neu entwickelte Straßenbeläge – Lärmminderung bis zu 10 dB (A) – Einfluß nehmen. Als Beispiel ist hier „Flüsterasphalt" zu nennen, der bei einem Splittanteil bis zu 20% als hohlraumreicher Asphaltbeton mit Primärbitumen und dauerelastischen Faserstoffen hergestellt wird.

Eisenbahnen verursachen erheblich weniger Lärm als in früheren Jahren, weil die Stoßlücken in den Schienen beseitigt sind – Pegelminderung um 10 dB (A) – und moderne Reisezugwagen mit Scheibenbremsen ausgerüstet sind.

Neben dem geringeren Energieverbrauch (Kap. 2.2.1) verursacht die Eisenbahn auch weniger Lärm als der Individualverkehr, wenn die gleiche Anzahl von Personen bzw. Güter befördert werden wie von Personen- und Lastkraftwagen.

Auch dies spricht für moderne Verkehrskonzepte wie Park and Ride, attraktive und schnelle öffentliche Nahverkehrssysteme in den Ballungszentren, Entlastung der Autobahnen durch Containertransporte mit der Bahn über große Entfernungen etc.

Der Fluglärm wird mit organisatorischen und technischen Mitteln bekämpft. Zu den organisatorischen Maßnahmen sind Nachtflugverbote, Flugrouten über weniger dicht besiedelten Gebieten und Mindestflughöhen zu nennen. Konstruktive Änderungen bei Strahltriebwerken haben in den letzten 20 Jahren den Schalleistungspegel um 20 dB (A) bei gleichen Antriebsleistungen sinken lassen. Solche technischen Maßnahmen sind:

- Der Austrittsstrahl, der früher mit hoher Geschwindigkeit auf kalte, nahezu ruhende Luft traf, wird nun von einem am Triebwerk vorbeigeführten Luftstrom umhüllt und damit mit der Umgebungsluft gleichmäßig vermischt. Die Gebläse, die den umhüllenden Luftstrom erzeugen, werden schalltechnisch optimiert.
- Die Triebwerksteile werden mit schallabsorbierenden Materialien belegt (Kap. 6.2.2).

### 6.2.2 Sekundäre Schallschutzmaßnahmen

Der sekundäre Schallschutz kann in drei Bereiche unterteilt werden, die sich durch unterschiedliche Vorgehensweisen charakterisieren lassen:

- durch die Kapselung des Schallerregers,
- durch Hindernisse zwischen Schallerreger und -empfänger und
- durch Maßnahmen beim Empfänger.

#### 6.2.2.1 Sekundärer Schallschutz beim Erreger

Die *Kapselung des Schallerregers* wird häufig im industriellen Sektor – also bei stationären Maschinen und Anlagen – aber zunehmend auch bei Fahrzeugen angewendet. Durch die Kapselung sind Pegelverminderungen von 20 dB und mehr erreichbar; diese werden entscheidend bestimmt durch die Schalldämmung der Kapselwände, durch die Absorption von Schallenergie an den Innenwänden und von der Gestaltung für notwendige Öffnungen für die Frischluft und Abluft bzw. für Werkstücke. Die Wirksamkeit der Kapselung wird durch das Schalldämmaß R gekennzeichnet:

$R = 10 \lg(P_1/P_2)$ dB (Lit. 6.4)

Mit P sind die Schalleistungen gemeint, die auf die Innenwand auftreffende Leistung mit Index 1 und die von der Rückseite der Wand abgestrahlte Leistung mit dem Index 2. Die Schalldämmung verbessert sich, d. h. der Wert R steigt mit der Zunahme des Flächengewichts der Wand an; weitere Einflüsse auf das Schalldämmaß haben die Dichte des Plattenmaterials, die Plattendicke und der Elastizitätsmodul. In Abb. 6.11 ist der Einfluß der Plattendicke zu erkennen: nur noch geringe Unterschiede im Schalldämmaß bei 3,5 mm und 8 mm dicken Stahlblechen, allerdings hat sich das Minimum der Kurven mit zunehmender Plattendicke in den unangenehmen Frequenzbereich hin verschoben.

Tab. 6.3 nennt Schalldämmaße R für einige Materialien in Abhängigkeit von der Wand-

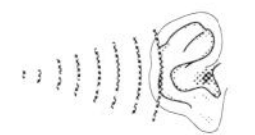

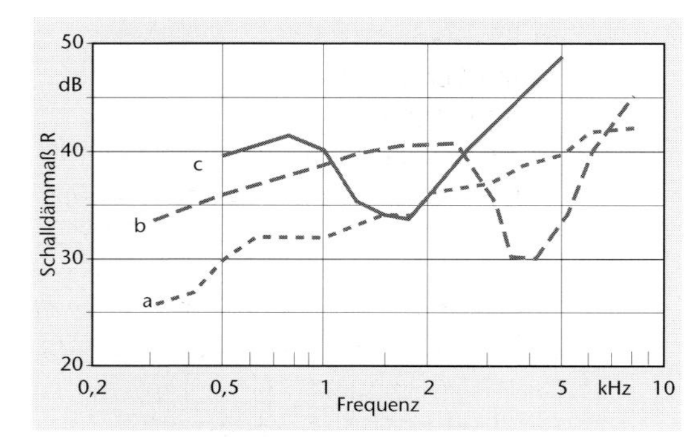


*Abb. 6.11: Schalldämmaß R von Stahlblechen mit der Dicke a) 1 mm, b) 3,5 mm und c) 8 mm (Lit. 6.4).*

dicke und der auf die Fläche bezogenen Masse. In Tab. 6.3 ist ebenfalls die Frequenzabhängigkeit von R zu erkennen.
In Abb. 6.12 ist eine Konstruktion für den Aufbau einer Wand dargestellt, mit der sich der Schallpegel um 20 dB (A) absenken läßt.
Da an Stahl- oder Aluminiumblechen die Schallenergie nur reflektiert wird, muß durch Mineralwolle oder Schaumstoff – 50 mm dick, bei tieffrequenten Geräuschen bis 100 mm dick – die Schallenergie absorbiert und in Wärmeenergie umgewandelt werden (Lit. 6.4).
Unvermeidbare Öffnungen sind auf ein Mindestmaß zu beschränken und durch schallabsorbierend ausgekleidete Kanäle und Schallschleusen „akustisch abzudichten". Fehlt dies, geht auch bei sehr gut schallgedämmten Wänden die Wirkung verloren; d.h. bei „akustisch nicht abgedichteten" Öffnungen von z.B. 10 % der Kapseloberfläche beträgt die Schallminderung der Kapselung nur 10 dB, bei Öffnungen von 1 % der Kapseloberfläche max. 20 dB, bei 0,1 % der Kapseloberfläche max. 30 dB (Lit. 6.4).

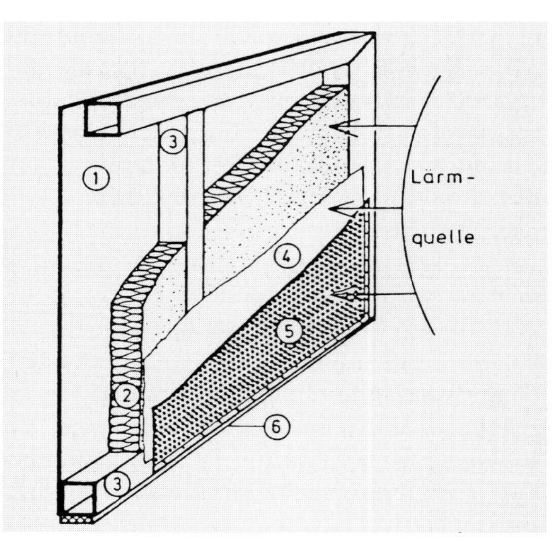


*Abb. 6.12: Kapselwandaufbau mit einer Pegelminderung um 20 dB (A) (Lit. 6.4)*
*1 Stahlblech (1,5 – 2 mm dick)*
*2 Mineralwolleauskleidung (50 mm dick)*
*3 Versteifung (Stahlrohr 50 · 50 · 2 mm)*
*4 Schutzfolie (20 µm dick)*
*5 Lochblech (Lochanteil mind. 30%)*
*6 Bodenspaltdichtung und Körperschallisolierung (Zellkautschuk 40 · 10 mm)*

Das Schalldämmaß R dient auch zur schalltechnischen Beurteilung von Fenstern, die nach VDI-Richtlinie 2719 in 7 Schallschutzklassen einsortiert werden. Dabei weisen undichte Fenster mit Einfach- oder Isolierverglasung – Klasse 0 – ein A-bewertetes Schalldämmaß von $R \leq 24$ dB (A) auf. Dies

| Material | Materialeigenschaften Dicke in cm | Flächenbezogene Masse in kg/m² | Schalldämm-Maß in dB bei 125 Hz | 250 Hz | 500 Hz | 1000 Hz | 2000 Hz |
|---|---|---|---|---|---|---|---|
| Vollziegel | 24 | 480 | 40 | 46 | 51 | 54 | 59 |
| Dickglas | 0,6 | 14 | 22 | 27 | 32 | 35 | 29 |
| Holzspanplatte | 3,6 | 20 | 22 | 24 | 27 | 24 | 29 |
| PVC-Platte | 0,25 | 3 | 7 | 11 | 18 | 21 | 22 |
| Stahlblech | 0,7 | 55 | 33 | 38 | 39 | 40 | 30 |

*Tab. 6.3: Schalldämmaß ausgewählter Materialien (Lit. 6.4)*

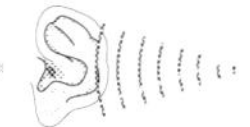

steigert sich in Klasse 6 auf ein A-bewertetes Schalldämmaß von R = 50 dB (A). Die Fenster sind dann als Kastenfenster mit getrenntem Blendrahmen, mit einer besonderen Dichtung, mit großem Scheibenabstand der Doppelglasflächen (bis zu 80 mm) und damit einer Verglasung aus Dickglas (bis zu 25 mm), mit schallgedämpften Zu- und Abluftschleusen ausgestattet. Vor allem in der Nähe von Flughäfen und an dichtbefahrenen Autostraßen werden Lärmschutzfenster mit einem Schalldämmaß ab 40 dB (A) – Klasse 4 bis 6 – verwendet (siehe dazu auch Kap. 6.1.2). Selbstverständlich schützen Lärmschutzfenster nur die Menschen in ihren Wohnungen, während sie Flug- und Straßenlärm dann außerhalb ihrer Wohnungen ungeschützt ausgesetzt sind und damit auch eine begrenzte Lebensqualität z. B. bei der Nutzung ihrer Gärten in Kauf nehmen müssen.

*Schalldämpfer* verhindern die Schallausbreitung in Kanälen und den Schalldurchgang durch Öffnungen ins Freie. Drei Typen von Schalldämpfern werden unterschieden:

- Absorptions-Schalldämpfer,
- Reflektions-Schalldämpfer und
- Drossel-Schalldämpfer.

Beim *Absorptionsschalldämpfer* wird die Schallenergie an schallabsorbierenden Materialien letztendlich in Wärme umgewandelt (siehe z. B. Hinweise zur Kapselung und zu Schallschutzfenstern). Als schallabsorbierende Materialien dienen poröse Materialien wie Glas- oder Mineralwolle und Kunststoffschäume. Abb. 6.13 zeigt ein Beispiel für einen Absorptionsschalldämpfer (Lit. 6.4).

Bei *Reflektionsschalldämpfern* wird die Schallenergie zur Quelle hin reflektiert. Bei genügend großer Reibung der Abgasströmung an den Kanalwänden wird der Schallpegel reduziert, diese Methode eignet sich vor allem bei heißen Abgasströmen.

Beim *Drosselschalldämpfer* wird eine poröse Schicht durchströmt, dessen Wirkung umso besser ausfällt, je höher der Druckverlust ist (Abb. 6.14). Drosselschalldämpfer werden häufig zur Reduzierung von Austrittsgeräuschen eingesetzt.

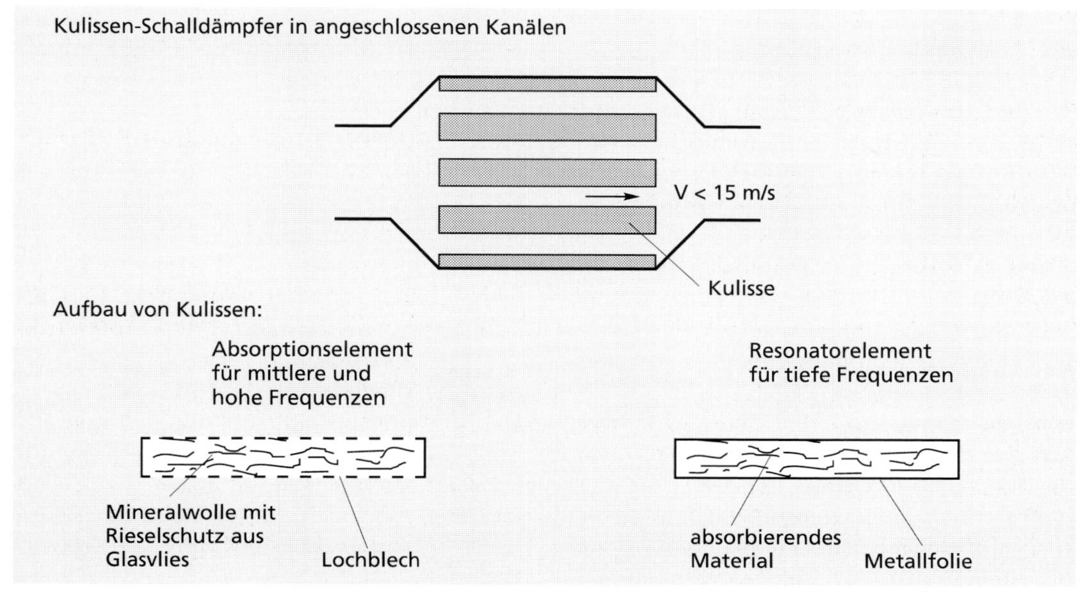


*Abb. 6.13: Absorptionsschalldämpfer (Kulissen-Schalldämpfer) in Kanälen (die Strömungsgeschwindigkeit zwischen den Kanälen max. 15 m/s) (Lit. 6.4)*

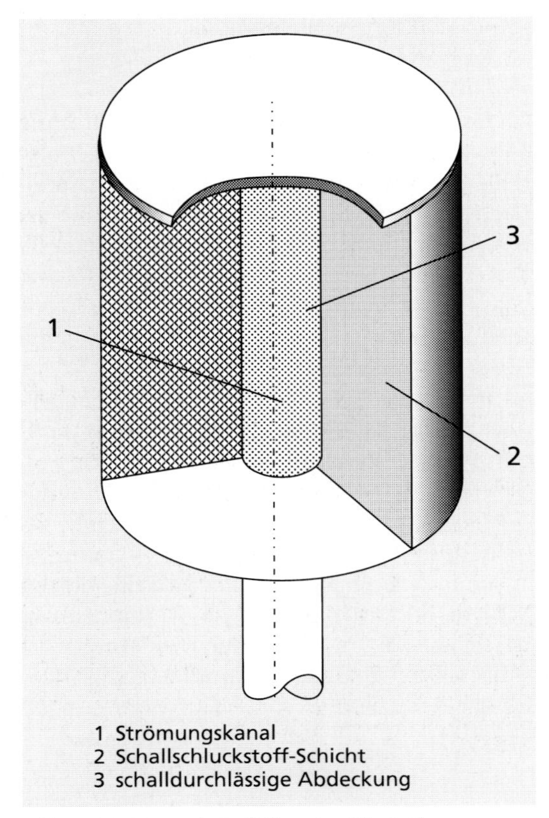


*Abb. 6.14: Drosselschalldämpfer (Lit. 6.4)*

Auf die Lärmminderung durch „Entdröhnugsbeläge" – z. B. durch Verbundbleche – ist in Abb. 6.8 exemplarisch hingewiesen worden (Kap. 6.2.1.1). In Abb. 6.10 ist die Lärmreduzierung durch Motorkapselung und durch den Einsatz von Absorptionsmaterialien beim Auto erwähnt. Beim VW Golf wird durch Schnellverschlüsse eine Unterschale aus Blech angebracht, die an der Innenseite mit Absorptionsmaterialien belegt ist (Kap. 6.2.1.1).

Mit der Kapselung von Maschinen, durch Schalldämpfer und durch Verbundbleche wird die Schallemission direkt bei der Schallquelle reduziert. Schallschutzfenster sind dagegen Beispiele für den Lärmschutz direkt beim Empfänger, stellen also eine Immissionsschutzmaßnahme dar. Diese Funktion hat auch eine schallabsorbierende Auskleidung von Werkhallen.

#### 6.2.2.2 Akustische Hindernisse zwischen Schallerreger und -empfänger

Häufig ist es erforderlich, die sich ausbreitenden Schallwellen auf dem Weg vom Erreger zum Schallimmittenten zu bekämpfen; dies ist durch zwei sich prinzipiell zu unterscheidende Maßnahmen möglich:

- durch ausreichend großen Abstand z. B. zwischen Industrieanlage und Wohngebiet und
- durch „Hindernisse" auf dem Schallausbreitungsweg.

Auf das Problem, einen ausreichend großen Abstand zwischen Erreger (z. B. einer Industrieanlage) und den Empfängern von Schallenergie (z. B. in einer Siedlung) zu schaffen oder auch zu erhalten, ist schon hingewiesen worden.

Eine entfernt liegende Industrieanlage kann als punktförmige Schallquelle angenommen werden, d. h., die Schallenergie verteilt sich auf Halbkugelflächen (siehe Kap. 6.1.2). Der Schalldruckpegel $L_{A1}$ im Abstand $r_1 = 1000$ m unterscheidet sich vom Schalldruckpegel $L_{A2}$ im Abstand $r_2 = 1500$ m um die Schallminderung $\Delta L$ (Schalleistungspegel $L_{PA}$ = konst.; unabhängig von der Entfernung):

$L_{PA} = L_A + 20 \lg(r/1\text{ m}) + 8$ (Kap. 6.1.2);
$L_{A1} + 20 \lg(r_1/1\text{ m}) + 8 = L_{A2} + 20 \lg(r_2/1\text{ m}) + 8$;
$L_{A2} = L_{A1} + 20 \lg (r_1/r_2)$;
$\Delta L = L_{A2} - L_{A1} = 20 \lg (r_1/r_2)$.

Der Schalldruckpegel vermindert sich um 3,5 dB, wenn der Abstand von $r_1 = 1000$ m auf $r_2 = 1500$ m vergrößert wird (bei punktförmiger Schallquelle am Boden).

Die Methode, „Hinderisse" für den sich ausbreitenden Schall zwischen Schallerreger und Schallempfänger vorzusehen, wird vor allem im Verkehrsbereich angewendet, der sich ja durch besonders zahlreiche Lärmquellen kennzeichnet.

Beispiele für mögliche sekundäre Schallschutzmaßnahmen im Verkehrssektor sind mit

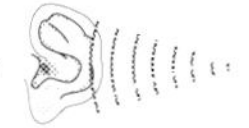

dem jeweiligen Lärmminderungseffekt in Tab. 6.4 aufgeführt.

| Maßnahme | Lärmminderungseffekt dB (A) |
|---|---|
| dichter, belaubter Bewuchs (10 m tief) | 1,5 |
| Schallschutzwände mit einer flächenbezogenen Masse > 5 kg/m² oder Schallwälle | 10 bis 15 |
| Troglage der Straße | 20 |
| Troglage und Überdeckung, schallabsorbierende Wände | 25 |
| Tunnelführung der Straße | 30 |

*Tab. 6.4: Sekundäre Lärmschutzmaßnahmen bei Straßen und Bahnstrecken*

In Abb. 6.15 ist die Lärmpegelminderung bei einer punktförmigen Schallquelle (z. B. bei einem stationären Motor) und bei einer Linienschallquelle (z. B. bei einer dichtbefahrenen Autostraße) in Abhängigkeit vom „Schirmwert" Z dargestellt. Unter dem Schirmwert Z ist die Summe des Schallweges über den Schallschirm hinweg abzüglich der direkten Distanz zwischen Schallerreger und -empfänger zu verstehen (Lit. 6.11).

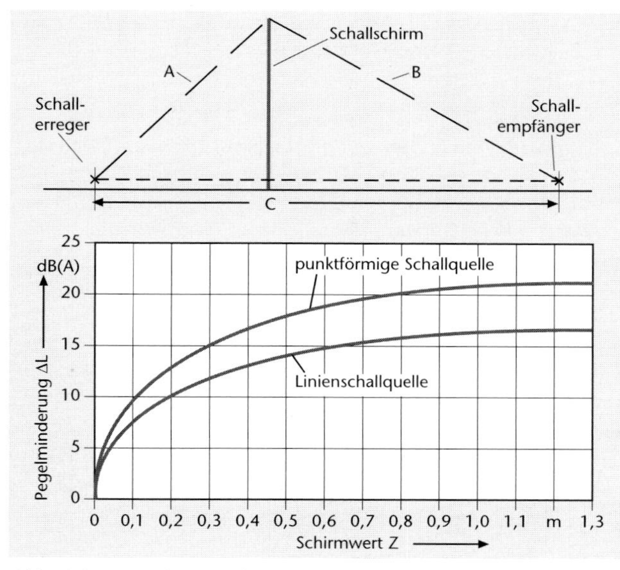


*Abb. 6.15: Minderung des Schalldruckpegels in Abhängigkeit vom Schirmwert Z (Z = A + B – C)*

### 6.2.3 Beispiele für Lärmbekämpfung in Großanlagen

Mit primärer und sekundärer Schallschutztechnik lassen sich industrielle Lärmquellen in ihrer Schalleistung wirkungsvoll reduzieren, so daß damit dem Arbeitsschutz der dort tätigen Beschäftigten und dem Immissionsschutz der Anwohner Rechnung getragen wird.

Tab. 6.5 nennt die Schallpegel, die im Abstand von einem Lichtbogenofen mit einem Schallleistungspegel von 133 dB (A) – im Abstand von 5 m Schalldruckpegel von 108 dB (A) – zu erwarten sind, wenn zusätzlicher Aufwand für den Schallschutz getrieben wird (Lit. 6.12).

Bei vollständiger Kapselung des Lichtbogenofens ist in einem Abstand von 500 m sogar eine erhebliche Schallpegelverminderung auf einen Immissionsschallpegel von dann 22 dB (A) möglich, der sich aber wegen Überlagerung von Geräuschen aus Nachbaranlagen und von Verkehrswegen nicht einstellt (Lit. 6.12). Wird das gesamte Elektrostahlwerk einschließlich der notwendigen Nebenanlagen wie Schrottplatz, Entstaubungsanlage, Ventilatoren, Rohrleitungen etc. nach schalltechnischen Gesichtspunkten optimiert, reduzieren sich die Schalldruckpegel von 64 dB (A) auf 39 dB (A) in 500 m Abstand und von 58 dB (A) auf 32 dB (A) in 1000 m Abstand. Die Daten beziehen sich auf ein Elektrostahlwerk nach Fall 2 bzw. nach Fall 4 einschließlich aller Nebenanlagen (Tab. 6.5; Lit. 6.12).

Eine lärmarme Raffinerie entwirft die Firma Lurgi Mineralöltechnik (Lit. 6.5) im Auftrag des Landes Nordrhein-Westfalen, um einen besseren Arbeitsschutz in der Raffinerie selbst und den vorgeschriebenen Immissionsschutz von 35 dB (A) in Wohngebieten (Kap. 6.1.3) auch bei verringertem Abstand zu garantieren.

Tab. 6.6 weist die Schalleistung einer Reformer- und Benzinentschwefelungsanlage in normaler und in

| Immissions-Schallpegel in dB (A) Abstand von der Lärmquelle | ohne Halle – Fall 1 – | normale Ofenhalle ohne zusätzlichen Lärmschutz – Fall 2 – | Ofenhalle mit maximaler Schalldämmung – Fall 3 – | Ofenhalle wie 3 mit zusätzlicher Trennwand Ofen-/Gießhalle – Fall 4 – |
|---|---|---|---|---|
| 500 m | 71 | 56 | 42 | 37 |
| 1000 m | 64 | 49 | 35 | 30 |
| 1500 m | 59 | 45 | 31 | 26 |

*Tab. 6.5: Immissionsschallpegel in Abhängigkeit von der Entfernung zu einem freistehenden bzw. durch eine Halle geschützten Lichtbogenofen (Lit. 6.12).*

| **Komponenten** | **Schalleistung in dB (A)** normale Ausführung | lärmgeminderte Ausführung | wesentlicher Grund für Lärmminderung |
|---|---|---|---|
| Prozeßöfen | 125,5 | 105 | a |
| Luftkühler | 114 | 98 | b |
| Elektro-Motoren | 111,6 | 102,5 | c |
| Pumpen | 108 | 102,4 | d |
| Turbinen | 114,3 | 103 | |
| Turboverdichter | 104,2 | 99,5 | |
| Kolbenverdichter | 107 | 101 | |
| Regelventile | 110 | 102 | |
| Zwischensumme | 126 | 111 | |
| Abzug für Sreuung | – 3 | – 3 | |
| Ergebnis | 123 | 108 | |
| Rohrleitungen, Behälter | 116 | 108 | e |
| Gesamtschalleistung | 124 | 111 | |
| spezifische Schallleistung, bezogen auf Fläche, dB (A)/m² | 90 | 75 | |

*Tab. 6.6: Reformer- und Benzinentschwefelungsanlage in normaler bzw. in lärmarmer Ausführung (Lit. 6.5)*

*Anmerkung:*

*a) Bodenbrenner statt Seitenwandbrenner, druckluftbetriebene Brenner oder selbstansaugende Brenner mit Schallschutz. Bei Reformeröfen werden Brenner mit kurzer Flammenlänge eingesetzt.*

*b) Geräuscharmer Lüfter mit 8 bis 10 Flügeln (statt 4 bis 6), Umfangsgeschwindigkeit an den Flügelspitzen nur 25 bis 30 m/s (statt 40 bis 60 m/s), parabolische Einlaufdüse, strömungsgünstige Nabenverkleidung.*

*c) Vergrößerter Abstand zwischen Schutzgitter und Kühllüfter, Verwendung von ruhigen Lagern (geringes Laufspiel), Auskleidung der Lüfterhauben mit schallabsorbierenden Materialien, Ansaugschalldämpfer für die Kühlluft, Schallhaube über Motoraggregat.*

*d) Keine Kavitation, Laufrad-Umfangsgeschwindigkeit $< 55$ m/s.*

*e) In den Rohrleitungen dürfen beispielsweise folgende Geschwindigkeiten nicht überschritten werden; bei einem Flüssigkeitsstrom in Pumpensaugleitung 2 m/s und in Pumpendruckleitung 9 m/s, bei Satt- und Naßdampfstrom 15 m/s, bei Heißdampfstrom 50 m/s.*

zusätzlich lärmgeminderter Ausführung aus (das Reforming-Verfahren ist ein Veredelungsprozeß, bei dem aus nicht als Kraftstoff verwendbarem Schwerbenzin nach vorheriger

Entschwefelung durch katalytisches Cracken hochklopffestes Benzin mit der Oktanzahl 90 bis 100 gewonnen wird). Außerdem sind in Tab. 6.6 die technischen Maßnahmen entsprechend Kap. 6.2.1 und 6.2.2 – also primäre und sekundäre Maßnahmen in Kombination – genannt, mit denen eine drastische Absenkung des Schalleistungspegels von 124 dB (A) auf 111 dB (A) zu erreichen ist (Lit. 6.5 und 6.12).

Auch im Kraftwerkssektor sind wirkungsvolle Lärmminderungsmaßnahmen möglich. Im Innern eines Kraftwerks werden Schallpegel von 80 dB (A) bis 90 dB (A) gemessen. Kann sich die Schallenergie durch große Lüftungsöffnungen ungestört in die Umgebung ausbreiten, wird in 1000 m etwa ein Schalldruckpegel von 55 dB (A) gemessen. Wird hingegen die nach außen dringende Luft mehrmals umgelenkt, werden Jalousien eingebaut, die die Schallwellen reflektieren, und werden die Kanäle mit schallabsorbierenden Materialien belegt, ist der Schalldruckpegel im Innern um 20 dB zu senken. Außerdem kann der für Wohngebiete geltende nächtliche Immissionsgrenzwert von 35 dB (A) in 1000 m Abstand eingehalten werden.
Aus diesen Beispielen ist die Forderung abzuleiten, daß die Grundlagen des primären und des sekundären Schallschutzes neben den Werkstoff- und Festigkeitsfragen etc. bei Planungen, Entwicklungen und Konstruktionen mit einzubeziehen sind und daß diese Aspekte auch verstärkt in der Aus- und Weiterbildung z. B. von Fertigungs-, Konstruktions- und Verfahrensingenieuren zu vermitteln sind.

## 6.3 Meßtechnik

### Schallpegelmeßgerät

Zur Bestimmung des Schalldruckpegels im Bereich von 20 bis 150 dB werden Präzisionsschallpegelmesser eingesetzt, die im Frequenzbereich von 20 Hz bis 20 kHz gleichbleibende Empfindlichkeit zeigen. Ein Präzisionsschallpegelmesser besteht aus einem Mikrophon, einem elektrischen Verstärker, den Frequezbewertungsfiltern, der Zeitbewertungseinheit und dem Anzeigeinstrument.
Das Mikrophon, ein elektroakustischer Wandler, setzt Schallsignale, geringe Luftdruckschwankungen (Abb. 6.1), in analoge elektrische Signale um. Als Mikrophone in den Präzisionsschallpegelmessern dienen Kondensator-Mikrophone. Das Schallsignal trifft in der Mikrophonkapsel eines Kondensator-Mikrophons auf eine sehr dünne Empfangsmembran, die zusammen mit der massiven Gegenelektrode einen Kondensator bildet, der durch eine konstante Polarisationsspannung elektrisch aufgeladen wird. Treffen Schalldruckwellen auf die Empfangsmembran, ändert sich der Elektrodenabstand je nach Stärke der Luftdruckschwankungen mehr oder weniger. Die Veränderung der Kondensatorkapazität und die Verschiebung der Ladung zwischen den Kondensatorelektroden werden als eine schalldruckproportionale Wechselspannungsgröße abgegriffen und durch mehrere Verstärkerstufen auf einen für die Anzeige ausreichenden Spannungswert verstärkt.
In neu entwickelten Mikrophonen wird die Polarisationsspannung zwischen den Kondensatorelektroden durch eine Elektretschicht erzeugt. (Elektrete sind Stoffe mit bleibender dielektrischer Polarisation wie bestimmte Harze, die nach Ausrichtung ihrer Moleküle im starken elektrischen Feld erstarrt sind).

### Frequenzbewertung

Die in Abb. 6.1 dargestellte frequenzabhängige Empfindlichkeit des menschlichen Ohrs ist der Grund für die Frequenzbewertung durch Filter A (Kap. 6.1.2) gegenüber der unbewerteten linearen Pegeldarstellung. Wegen der in den einschlägigen Richtlinien und in der TA-Lärm vorgeschriebenen A-Bewertung (Kap. 6.1.3) sind alle Meßgeräte mit einem Frequenzfilter A ausgestattet. Meist kann das Meßgerät auf die Frequenzbewertung B, C und D

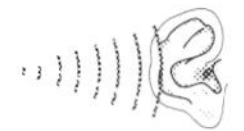


umgestellt werden; die Frequenzbewertung mit Filter C hat Bedeutung beim Arbeitsschutz speziell bei Lärmpegeln ab 130 dB (A), die Frequenzbewertung mit Filter D ist besonders für Fluglärmmessungen entwickelt worden.
Anstelle der eingebauten Filter besteht bei vielen Meßgeräten die Möglichkeit, externe Oktav- oder Terzfilter anzuschließen. Aus der Bestimmung der vorherrschenden Frequenzanteile lassen sich genaue Hinweise auf die Lärmquellen und auf notwendige, darauf ausgerichtete Lärmminderungsmaßnahmen gewinnen. Über Tonbandaufzeichnungen können solche Analysen ebenfalls – auch nachträglich – durchgeführt werden.
Bei hochwertigen Schallpegelmeßgeräten – einfache Geräte erlauben nur das Ablesen des augenblicklichen Schalldruckpegels – kann ein Pegelschreiber angeschlossen werden, mit dem der zeitlich sich ändernde Schalldruckpegel auf einem Papiersteifen mit dB-Einteilung aufgezeichnet wird. Das aufgezeichnete Geräusch wird bei schnellem Papiervorschub dann nachträglich noch mit einem Zeitraster von 5 s nach dem Takt-Maximalwertverfahren ausgewertet, das nach der TA-Lärm vorgesehen ist.

### Taktmaximalpegelverfahren

Auch über Tonbandaufzeichnungen lassen sich stark dynamische Geräusche auswerten.
Mit Zusatzgeräten, die die während der Messung auf das Meßmikrophon auftreffende Schallenergie integrieren, lassen sich energieäquivalente Dauerschallpegel $L_{eq}$ (Kap. 6.1.2) und der Pegel nach dem Takt-Maximalpegelverfahren ermitteln und sofort nach dem Ende des Meßverfahrens angeben.
Zur Ermittlung des Schalldruckpegels wird in der Praxis vor allem das „Takt-Maximalpegelverfahren" angewendet. Dieses Meßverfahren dient zur Schallpegelermittlung verschiedener Geräuschereignisse und bezieht dabei das physiologische Empfinden von kurzen Lärmspitzen stärker als der energieäquivalente Dauerschallpegel mit ein. (Beim energieäquivalenten Dauerschallpegel $L_{eq}$ werden auftretende Lärmspitzen zu stark nivelliert). Die Mittelung von Schallpegeln ist in Kap. 6.1.2 beschrieben.
Beim Takt-Maximalpegelverfahren, eingeführt in der TA-Lärm und in den einschlägigen Richtlinien, wird am Meßgerät der Maximalpegel in einem Zeitintervall von in der Regel 5 s abgelesen. Taktweise wird der Pegelverlauf verfolgt und der dabei – eben alle 5 s – notierte maximale Schallpegel wird jeweils bestimmten Schallpegelklassen mit Breiten von 2,5 oder 5 dB (A) zugeordnet. Daraus wird der Mittelwert – auch Wirkpegel genannt – analog zur Bildung des energieäquivalenten Mittelwerts $L_{eq}$ (Kap. 6.1.2) ermittelt.

### Zeitbewertung

Mit der „Anzeigendynamik", die in 3 verschiedenen Stufen am Präzisionsschallpegelmesser eingestellt wird, kann ein Schallsignal einer „Zeitbewertung" unterzogen werden.
Die Stufen sind:
- Langsam (Slow); gedacht für quasistationäre Geräusche
- Schnell (Fast); gedacht für Einzelvorgänge ab 200 ms, z. B. für ein vorbeifahrendes Fahrzeug
- Impuls; gedacht für impulshaltige Geräusche mit Einzelvorgängen bis zur Dauer von 200 ms (wie z. B. für das Hämmern).

Bei der Anzeigeart „Fast" werden im Gegensatz zu „Slow" auch kurzdauernde Pegelschwankungen in die Pegelmittelung einbezogen; allerdings erlaubt es erst die Anzeigeart „Impuls" auch Lärmspitzen zu erfassen. Bei der Impulsanzeige beträgt die Anstiegszeitkonstante 35 ms und die Rücklaufzeitkonstante 3 ms.
Die gewählte Frequenzbewertung und die gewählte Anzeigeart sind als Index anzugeben; so bedeuten:
$L_{AS}$ der A-bewertete Schalldruckpegel in Anzeigeart Langsam (Slow),
$L_{AF}$ der A-bewertete Schalldruckpegel in Anzeigeart Schnell (Fast) und
$L_{AI}$ der A-bewertete Schalldruckpegel in Anzeigeart Impuls.

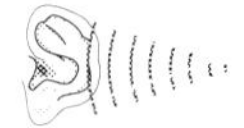

**Frequenzanalyse**

Häufig ist es notwendig, Geräusche einer Frequenzanalyse zu unterziehen. Die Frequenzanalyse (Zerlegen eines Geräusches in Frequenzkomponenten) arbeitet mit Bandpaßfiltern, die in Terz- oder Oktavbreite das auftreffende Schallsignal aufteilen. Beim Oktavband ist die obere Frequenzgrenze immer doppelt so groß wie die untere, beginnend bei 22 Hz: also 22, 44, 88, 177, 355, 710 Hz etc.
Die Mittenfrequenzen beim Oktavband, auf die das Meßgerät bei der Frequenzanalyse jeweils eingestellt wird, betragen:
31,5 Hz (für die Oktavbandbreite 22 bis 44 Hz), 63, 125, 250, 500, 1000, 2000, 4000, 8000 und 16000 Hz.
Das Oktavband umfaßt jeweils drei Terzbänder, deren Mittelfrequenzen sich jeweils durch Multiplikation mit $\sqrt[3]{2}$ ergeben, also: 31,5; 40; 50; 63; 80; 100; 125; 158; 200; 250; 315; 400; 500; 630; 795; 1000; 1260; 1600; usw.
Mittels Tab. 6.1 können die Ergebnisse der Frequenzanalyse auch einer A-Bewertung unterzogen werden. Abb. 6.16 zeigt das Oktavpegelspektrum der Geräusche in einer Spritzkabine bei Betrieb von Ventilatoren. Dabei beträgt der unbewertete Schalldruckpegel L (in Stellung „Linear" gemessen) 90,6 dB (energetische Addition der Meßpunkte der durchgezogenen Kurve in Abb. 6.16). Bei der A-bewerteten Kurve in Abb. 6.16 ist deutlich zu erkennen, daß sich das Geräuschmaximum zu den höheren Frequenzen hin verschoben hat (ebenfalls energetisch addiert:
$L_A$ = 84,6 dB (A)).

**Schalldruck- und Schalleistungspegel**

Mit dem folgendem Rechenbeispiel wird der in Kap. 6.1.2 hergeleitete Zusammenhang zwischen dem meßtechnisch zugänglichen, A-bewerteten mittleren Schalldruckpegel $L_A$ auf der Hüllfläche S und dem A-bewerteten, daraus berechneten Schalleistungspegel $L_{PA}$ verdeutlicht und exemplarisch gezeigt.
Auf der Hüllfläche um einen Motor werden die Schalldruckpegel 88 dB (A), 85 dB (A), 83 dB (A), 90 dB (A), 87 dB (A) und 91 dB (A) gemessen. Die Hüllfläche S beträgt 10 m². Reflexionen an den Wänden der Werkhalle mit einem Volumen von 6000 m³ können vernachlässigt werden.
Wie groß ist der Schalleistungspegel des Motors?
Der mittlere Schalldruckpegel $L_A$ der 6 Meßpunkte ergibt:

$L_A = 10 \lg((1/6) \cdot (10^{8,8} + 10^{8,5} + 10^{8,3} + 10^{9,0} + 10^{8,7} + 10^{9,1}))$
$= 88,1$ dB (A)

Der Schalleistungspegel $L_{PA}$ beträgt dann nach Kap. 6.1.2 (Hüllfläche S = 10 m²; Hüllfläche $S_0$ = 1 m²):

$L_{PA} = L_A + 10 \lg(S/S_0)$
$L_{PA} = 88,1 + 10 \lg(10/1)$
$= 98,1$ dB (A).

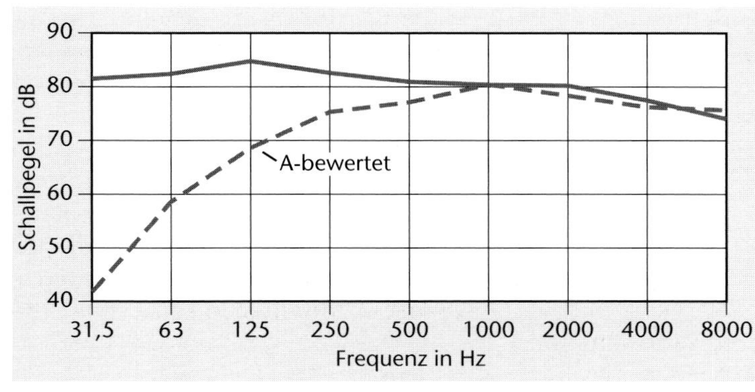


*Abb. 6.16: Oktavpegelspektrum in einer Spritzkabine beim Betrieb von Zu- und Abluftventilatoren (Lit. 6.4)*

Der Schalleistungspegel ist unabhängig vom Abstand der Meßpunkte zum Objekt und dient damit als Maschinenkennzahl zur schalltechnischen Beurteilung einer Maschine und zum schalltechnischen Maschinenvergleich untereinander.

## Rekapitulieren Sie!

1. Wie ist eine Schalldruckpegelzunahme um 10 dB physikalisch, wie ist sie vom Empfinden subjektiv zu beurteilen?
2. Fassen Sie zwei Einzelschalldruckpegel $L_1$, $L_2$ zum Gesamtschalldruckpegel zusammen
   a: $L_1 = 50$ dB, $L_2 = 63$ dB
   b: $L_1 = 50$ dB, $L_2 = 52$ dB
3. Was versteht man unter dem Begriff „Schalldruckpegel"? Erläutern Sie die Angabe 80 dB (A)!
4. Unterscheiden Sie die Begriffe „Dämmen" und „Dämpfen"!
5. Warum ist Lärmschutz medizinisch notwendig?
6. Nennen Sie je drei Möglichkeiten für primären und sekundären Lärmschutz im Straßenverkehrsbereich!
7. Nennen Sie drei Beispiele für primären Schallschutz im industriellen Bereich und erläutern Sie die physikalischen Hintergründe!
8. Warum sind die Begriffe „Schalldruckpegel" und „Schalleistungspegel" sorgfältig zu unterscheiden?
9. Warum kann es sehr wichtig sein, ein Geräusch mit einem Schallpegelmesser – Anzeigeart „Impuls" – zu messen?
10. Können Sie die Kritik eines Unternehmers an vorgeschriebenen Lärmschutzmaßnahmen für seinen Betrieb verstehen und physikalisch begründen, wenn zwischen Betriebsgelände und einem Wohngebiet eine Durchgangsstraße verläuft?

## Literatur


6.1 H. Strasser/K.-P. Schmid: Lärm am Arbeitsplatz und Möglichkeiten des technischen Schallschutzes; in: Refa-Nachrichten, 36. Jg., Nr 4, 1983

6.2 Umwelttechnik – Markt mit Zukunft; in: Energie und Management, Nr. 1, 1995

6.3 Wie funktioniert das? Die Umwelt des Menschen; Mannheim/Wien/Zürich 1975

6.4 N. Kiesewetter: Lärmschutz im industriellen Anlagenbau; Berlin 1992

6.5 Lurgi-Mineraltechnik GmbH, Frankfurt/Main / Minister für Arbeit, Gesundheit und Soziales des Landes NRW (Hrsg.): Lärmschutz bei Erdölraffinerien, Planungshinweise; Düsseldorf 1977

6.6 M. Heckel: Lärmarm konstruieren – Bestandsaufnahme bekannter Maßnahmen; Forschungsbericht Nr. 135 im Auftrag des Bundesministers für Arbeit und Sozialordnung, herausgegeben von der Bundesanstalt für Arbeitsschutz und Unfallforschung, Dortmund 1975

6.7 D. Florjanic/W. Schöffler/H. Zogg: Primäre Geräuschminderung an Kreiselpumpen; in: Chemie-Technik. 9. Jg., Nr. 2, 1980

6.8 H.-J. Pflaumbaum: Neuere Versuchsergebnisse zur Lärmbekämpfung bei Naßkühltürmen unter Anwendung von Primärmaßnahmen; in: VGB Kraftwerkstechnik, 60. Jg., Nr. 4, 1980

6.9 M. Hanschen/W. Hobein/R. Westphal: Auf der Suche nach Lärmminderung; in: VDI-Nachrichten, 33. Jg., Nr. 25, 1979

6.10 H. Hartwig/B. Staudinger: Bodenschale dämmt den Lärm; in: VDI-Nachrichten, 35. Jg., Nr. 20, 1981

6.11 S.Ullrich: Immissionen des Straßenverkehrslärms und aktive Schallschutzmaßnahmen; in: Handbuch des Umweltschutzes, München 1977

6.12 W. Fleischhauer: Neue Technologien zum Schutz der Umwelt, Einführung in primäre Umwelttechniken, Essen 1984

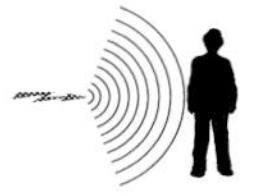

# 7 Strahlung

## 7.1 Einführung

### 7.1.1 Der ökologische Hintergrund

Die elektromagnetische Stahlung reicht von der Strahlung technischer Wechselströme (50 Hz) über die Strahlung von Hochfrequenzgeräten ($10^{10}$ Hz) bis zur Wärmestrahlung ($10^{13}$ Hz) und dem sichtbaren Licht ($5 \cdot 10^{14}$ Hz); darüber hinausgehend ist die UV-Strahlung ($10^{16}$ Hz), die Röntgenstrahlung ($10^{20}$ Hz), die $\gamma$-Strahlung und schließlich die kosmische Strahlung ($10^{24}$ Hz).

Die Umwelt und der Mensch sind seit jeher einer natürlichen Strahlung ausgesetzt und der Mensch weiß seit langem, daß auch die natürliche Strahlung schaden kann; so haben sich Menschen in sonnenreichen Ländern schon immer vor dem Sonnenbrand geschützt.

Neben die natürliche Strahlung ist in zunehmenden Maße die technische Strahlung getreten und es ist somit nicht nur zwingend, die Umwelt vor Schwermetallen oder toxischen organischen Verbindungen zu schützen, sondern auch vor den verschiedenen Arten der Strahlung. In die Diskussion garaten ist der Elektrosmog, hier die starke Verbreitung der Personalcomputer, insbesondere der Bildschirm, die Mikrowelle oder das Handy. Strittig ist auch die UV – Strahlung im Solarium, die zwar den Sonnenbrand ausschließt aber doch die Haut schädigen soll.

Insbesondere die medizinische Anwendung der ionisierenden Stahlen aber auch die friedliche Nutzung der Kernenergie können erhebliche Schäden verursachen. Die Schäden sind somatischer – hier steht die Erkrankung an Krebs oder Leukemie im Vordergrund – oder genetischer Art, die Auswirkungen dieser Schäden können aus heutiger Sicht kaum abgeschätzt werden können. Eine deutliche Herabsetzung der Strahlendosen ist im Laufe der Jahre erfolgt. Erforderlich ist eine ausreichende Überprüfung der gesetzten Normen.

### 7.1.2 Rechtliche Aspekte

Die wichtigste rechtliche Grundlage ist die *Strahlenschutzverordnung (StrlSchV)*, vor allem in ihrer zuletzt durch Gesetz vom 2.8.1994 geänderten Fassung. Ferner die *Röntgenverordnung (RöV)* ebenfalls in ihrer Fassung vom 2.8.1994, darüber hinaus das *Strahlenschutzvorsorgegesetz (StrVG)* und das *Atomgesetz (AtG)*.

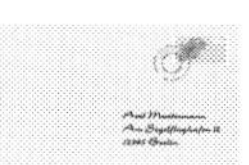

**Nützliche Adressen und Informationsquellen**

Aktiv gegen Strahlung e.V.
Kurfürstenstr. 14
10785 Berlin
Tel.: 030/2616252

Bundesamt für Zivilschutz
Deutschherrenstr. 93
Postfach 200351
53177 Bonn
Tel.: 0228/9400

Bundesforschungsanstalt für Ernährung
Engesserstr. 20
76131 Karlsruhe
Tel.: 0721/6625–0

Deutscher Wetterdienst – Zentralamt –
Frankfurter Str. 135
63067 Offenbach
Tel.: 069/8062–0

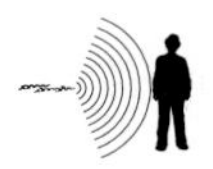



Gesellschaft für Strahlen- und Umweltforschung mbH
Ingolstädter Landstr. 1
85764 Oberschleißheim
Tel.: 089/38741

Kernforschungsanlage Jülich GmbH
Postfach 1913
52428 Jülich
Tel.: 02461/61–0

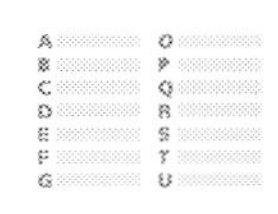

## Wichtige Fachbegriffe auf einen Blick

*Aktivität:* Größe, die die Zahl zerfallender Atomkerne pro Zeiteinheit angibt, Einheit 1 Becquerel (Bq)

*α-Strahlung:* Korpuskularstrahlung, Abgabe positiv geladener Heliumkerne

*β-Strahlung:* Korpuskularstrahlung, Abgabe von Elektronen

*Energiedosis:* Absorbierte Strahlendosis pro Masseneinheit, Einheit 1 Gray (Gy)

*genetische Schäden:* Schäden, die die Nachkommen treffen, da die Erbanlagen verändert werden

*Ingestion:* Nahrungsaufnahme z. B. von radioaktiven Stoffen der Nahrung, des Trinkwassers

*Inhalation:* Luftaufnahme z. B. von radioaktiven Stoffen der Luft

*Inkorporation:* Aufnahme im Körper z. B. von radioaktiven Stoffen der Luft, der Nahrung, des Wassers

*Ionendosis:* Größe, die angibt, welche Zahl von Ionenpaaren pro Masseneinheit gebildet werden

*ionisierende Strahlung:* elektromagnetische oder Korpuskularstrahlung, die die Bildung von Ionen bewirkt

*IRPA:* International Radiation Protection Agency (Internationale Strahlenschutzbehörde)

*Kontamination:* Verunreingang z. B. mit radioaktiven Stoffen

*kosmische Strahlung:* sehr energiereiche Strahlung aus dem Weltraum

*Leukämie:* Kaum heilbare Blutkrankheit (Blutkrebs)

*Röntgenäquivalenzdosis:* Eine Dosis, die die gleiche biologische Wirkung hat, wie die Röntgenstrahlung, Einheit 1 Sievert (Sv)

*Röntgenstrahlung:* Korpuskularstrahlung, Abgabe von Elektronen

*somatische Schäden:* körperliche Schäden des der Umweltbelastung (z. B. Strahlung) ausgesetzten Menschen

*terrestrische Strahlung:* Strahlung der Erde

*UV-Strahlung:* Korpuskularstrahlung, Abgabe von Elektronen

*γ-Strahlung:* energiereiche Strahlung

## 7.2 Die Strahlung elektrotechnischer Einrichtungen (Elektrosmog)

Die Strahlung technischer Ströme wird unterschieden in die elektrische Strahlung und die magnetische Strahlung. Die Intensität der elektrischen Strahlung wird gemessen in V/m, die der magnetischen in A/m. Für die magnetische Intensität wird auch statt der Feldstärke (gemessen in A/m) die Induktion in T (Tesla) angegeben, wobei in Luft 1 A/m 1,3 μT (Mikrotesla) entspricht.
Es gibt neben der technischen Strahlung auch eine natürliche: Es werden hierfür die folgenden Werte angegeben:

| | |
|---|---|
| natürl. elektrische Strahlung: | 100 – 500 V/m |
| bei Gewitter: | bis 10000 V/m |
| natürl. magnetische Strahlung: | 30 A/m |

Die Strahlung, die von technischen Feldern im Bereich der Energieversorgung ausgeht, ist in Abb. 7.1 dargestellt. Auch sind hier Sicherheitsgrenzwerte nach DIN und Vorsorgegrenzwerte der Strahlenschutzkommission aufgeführt. Die Sicherheitsgrenzwerte gelten für Felder im Bereich von 0 Hz – 3 · $10^4$ Hz und damit nicht für die Hochfrequenztechnik. Im Vergleich ergeben sich die folgenden Werte:

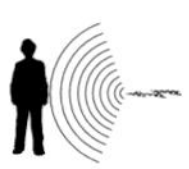

**Feldstärken bei Freileitungen, Kabeln und elektrischen Geräten im Haushalt, Höchstwerte**

| | elektrische Felder | magnetische Felder |
|---|---|---|
| **380-kV-Leitung** | 6000 V/m | 30 A/m* |
| **110-kV-Leitung** | 2000 V/m | 15 A/m* |
| jeweils am Ort des größten Durchhangs, gemessen in 1 m Höhe über dem Boden | | |
| **Kabel (10 bis 380 kV)** | annähernd null | 80 A/m* |
| verlegt in 1 m Tiefe, gemessen direkt darüber am Erdboden | | |
| **körpernahe Geräte** | | |
| Trockenhaube, Fön | 100 V/m | 2.000 A/m |
| Rasierapparat | 120 V/m | 1.000 A/m |
| Heizdecke | 500 V/m | 4 A/m |
| **Elektro-Haushaltsgeräte** | 100 V/m | 20 A/m |
| Herd, Kühlschrank, Fernseher, Wäschetrockner, Heizkörper, Tischlampe Abstand 30 cm | | |
| **Elektroinstallation(400V)** | 5 V/m | 5 A/m |
| **Sicherheitsgrenzwerte** (DIN VDE 0848 Teil 4) | | |
| Daueraufenthalt | 20.000 V/m | 4.000 A/m |
| **Vorsorgegrenzwerte** (Deutsche und Internationale Strahlenschutzkommission) | | |
| einige Stunden pro Tag | 10.000 V/m | 800 A/m |
| Daueraufenthalt | 5.000 V/m | 80 A/m |

*) bei 1.000 A Stromstärke in jedem Leiter

*Abb. 7.1: Grenzwerte für elektrische und magnetische Felder (IZE Frankfurt, Lit. 7.1)*

Werte nach DIN gemäß Abb. 7.1:
20.000 V/m    4000 A/m = ca. 5000 μT
Werte der International Radiation Protection Agency (IRPA) (Lit. 7.2):
5000 V/m    100 μT

Werte für Computerbildschirme in Schweden:
25 V/m    0,25 μT
Die Werte der IPRA entsprechen allerdings den Werten der Abb. 7.1 in ihrer letzten Zeile.

| | Deutsche Grenzwerte | Schwedische Grenzwerte |
|---|---|---|
| elektrostatisches Feld des Bildschirms | 20 kV | 500 V |
| elektrischer Entladungswiderstand der Tastatur | keine | 10–500 MOhm |
| elektrische Wechselfeldstärke | | |
| 5 – 2000 Hz | 1500 V/m | 25 V/m |
| 2 – 400 kHz | 50 V/m | 2,5V/m |
| magnetische Wechselfeldstärke | | |
| 5 – 2000 Hz | 400 μT | 0,25 μT |
| 2 – 400 KHz | 10 μT | 0,025 μT |
| Röntgenstrahlung | < 1μ Sv/h | < 0,1μSv/h |

*Abb. 7.2: Deutsche und schwedische Grenzwerte für Bildschirmarbeitsplätze (Lit. 7.3)*

Bemerkenswert sind die in Schweden für Monitore geforderten extrem niedrigen Werte. Im einzelnen sind die schwedischen Grenzwerte für Bildschirmarbeitsplätze festgelegt in der MPR 2 (Statens Mät och Provstrelse), der TCO und der Nutek. Die Nutek geht davon aus, daß die Strahlenexposition insbesondere bei nicht benutztem Bildschirmarbeitsplatz verringert wird, wobei durch den Stand By Modus die Leistung der Anlage bei Nichtbenutzung nach 5 min auf einen Wert von kleiner 30 Watt und nach 70 min auf kleiner 8 Watt vermindert wird. Ferner ergeben sich im Vergleich zu deutschen Werten die in Abb. 7.2 (vorseitig) aufgeführten Begrenzungen.

## 7.3 Die UV-Strahlung

Bereits im Kapitel über die Techniken zu Reinhaltung der Luft und insbesondere der Betrachtung der Folgen durch die Zerstörung der Ozonschichten wurde auf die Gefahren durch die zunehmende UV-Strahlung eingegangen. Die technisch erzeugte UV-Strahlung wird unterschieden in die Bereiche:

UV-A-Strahlung 315 – 400 nm
UV-B-Strahlung 280 – 315 nm
UV-C-Strahlung 100 – 280 nm

Die UV-A-Strahlung wirkt bräunend und wird in den Solarien angewandt. Obwohl bei UV-A-Strahlung der Sonnenbrand ausgeschlossen wird, warnen Mediziner auch vor zu intensiver UA-A-Strahlung, da Erkrankungen der Haut mehrfach nachgewiesen wurden.

## 7.4 Die ionisierende Strahlung

Schon 1896 entdeckte Becquerel die ionisierende Strahlung. Die Strahlung radioaktiver Stoffe wird ganz allgemein unterschieden in:

$\alpha$-Strahlen (positiv geladene Heliumkerne),
$\beta$-Strrahlen (negativ geladen, Elektronen),
$\gamma$-Strahlen (ungeladen).

### 7.4.1 Maßeinheiten zur Kennzeichnung der Strahlungintensität

Die Wirkung der Strahlen auf die Umwelt hängt von der Strahlendosis ab. Zur Kennzeichnung der Dosis sind verschiedene Dosisbegriffe eingeführt:
Die *Energiedosis* wird durch die Größe Rad beschrieben. Die Einheit 1 Rad (auch mit rad abgekürzt) liegt vor, wenn von einem bestrahlten Stoff die Energie 100 erg/g absorbiert wird:

1 rad = 100 erg/g
100 rad = 1 Gy

(Heute wird die SI-Einheit Gray (Gy) verwendet)
Da verschiedene Stoffe unterschiedlich stark Energie absorbieren, muß der bestrahlte Stoff immer mit angegeben werden.
Ein anderer Dosisbegriff ist das „Röntgen", ein Maß für die *Ionendosis*. Die Einheit 1 r (r = Röntgen) liegt vor, wenn eine Röntgen- oder $\gamma$-Strahlung in bestrahlter Luft die Masse von 1,293 Mg eine elektrische Ladungseinheit ionisiert hat, entsprechend $2{,}08 \cdot 10^9$ negativ geladene Ionen. Der Zusammenhang zwischen der Energiedosis und der Ionendosis in Luft ist:

1 r = 0,88 rad

in Wasser und Zellgewebe in etwa:

1 r = 1 rad = 0,01 Gy

Trotz gleicher Energiedosis reagiert das Zellgewebe abweichend, was auf die unterschiedlichen Strahlungsarten zurückgeführt wird.
Aus diesem Grunde wurde die *Röntgenäquivalenzdosis „Rem"* definiert, welche die äquivalente Wirkung auf ein Gewebe wie die Röntgenstrahlung der Dosis 1 rad bezeichnet:

$1 \text{ rem} = \eta \cdot 1 \text{ rad}$

Der Faktor $\eta$ ist im Falle von Röntgen, $\gamma$-Strahlen und Elektronenstrahlen: $\eta = 1$
für Neutronenstrahlen: $\eta = 10$
für $\alpha$-Strahlen: $\eta = 20$
Als SI-Einheit wird die Dosiseinheit Sievert (Sv) benutzt: 1 Sv = 100 rem

Während bei der Dosis der bestrahlte Stoff im Vordergrund steht, kann auch die radioaktive strahlende Substanz durch ihre *Aktivität* quantifiziert werden. Die Einheit der Aktivität ist das Curie (c).
1 c liegt vor, wenn $3{,}7 \cdot 10^{10}$ Zerfallsereignisse pro Sekunde stattfinden:
1 mc = $10^{-3}$ c
1 µc = $10^{-6}$ c
1 kc = $10^{3}$ c
1 Mc = $10^{6}$ c
1 Gc = $10^{9}$ c
Die Einheit 1 Becquerel (1Bq) liegt vor, wenn sich nur 1 Zerfall/Sekunde ereignet:
1 Bq = $2{,}7 \cdot 10^{11}$ c
1 c = $3{,}7 \cdot 10^{10}$ Bq
In Abb. 7.3 wird eine Zusammenstellung der gebräuchlichsten Einheiten für die Aktivität und die Dosis erstellt.

| Einheiten der Strahlendosis | |
|---|---|
| **Energiedosis** | |
| **alt** | **neu** |
| 1 rad = 100 erg/g (Rad) | 1 Gy = 100 rad (Gray) |
| **Ionendosis** | |
| 1 r ~ 1 rad ~ 0,01 Gray (Röntgen) | |
| **Röntgenäquivalenzdosis** | |
| 1 rem ~ 1rad ~ 0,01 Gy (Rem) 1 Sv = 100 Rem (Sievert) | |
| **Aktivität** | |
| 1 c = $3{,}7 \cdot 10^{10}$ Bq (Curie) (Becquerel) | 1 Bq (Ein Zerfall/s) |

*Abb. 7.3: Zusammenstellung der gräuchlichsten Einheiten für Stahlendosen und -aktivitäten*

## 7.4.2 Die Wirkung der ionisierenden Strahlung auf den Menschen

Die Schäden durch die Radioaktivität werden unterschieden in *somatische* Schäden und *genetische* Schäden. Bei somatischen Schäden wird das Individuum geschädigt, ohne daß die Nachkommen davon betroffen sind.

Zur Begrenzung von somatischen Schäden werden Höchstwerte definiert, auf die noch eingegangen werden soll. Die genetischen Schäden gehen zurück auf die Schädigung der Erbanlagen durch Mutation.
Dabei ist es wichtig, daß die Zahl der durch ionisierende Strahlen ausgelösten Mutationen der Strahlendosis direkt proportional ist. Das bedeutet, daß es für die Vermeidung von genetischen Schäden keine Grenzwerte gibt.

### Schutz vor somatischen Schäden

Zum Schutz vor somatischen Schäden werden Höchstwerte für die Strahlendosis festgelegt. Abb. 7.4 zeigt die Entwicklung der Grenzwerte von der Jahrhundertwende bis 1960.
Die Empfehlung der Internationalen Kommission für Strahlenschutz von 1956 sah vor, daß die Strahlenbelastung 0,3 r pro Woche und 5 r pro Jahr (50 mSv) nicht übersteigen sollte. Bis zum 30. Lebensjahr sollte die Dosis auf 50 r begrenzt sein. In den folgenden 30 Jahren soll die Gesamtdosis 150 r nicht übersteigen, wobei hier 50 r in jeweils 10 Jahren als Maximalwert angesehen wurde. Damit ergibt sich also für einen Sechzigjährigen eine Höchstdosis von 200 r (= 2 Sv).

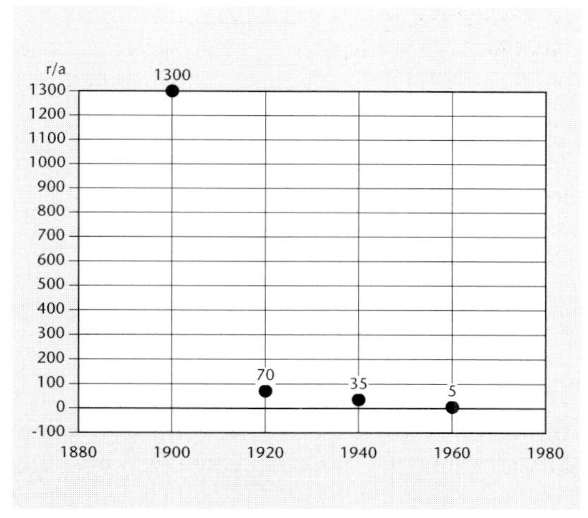


*Abb. 7.4: Entwicklung der Grenzwerte für Strahlenhöchstdosen von der Jahrhundertwende bis 1960*

## 7.5 Die natürliche Strahlung

Bei der Festlegung von Höchstwerten wird häufig von der Belastung des Menschen durch die natürliche Strahlung ausgegangen. Sie setzt sich zusammen aus der *kosmischen* und der *terrestrischen Strahlung* (Erdstrahlung) und wirkt durch Aufnahme von radioaktiven Stoffen über die Nahrung und die Luft auf den Körper. Die kosmische Strahlungsdosis wird bereits durch Flugreisen deutlich erhöht. Es wird angegeben:
Eine Dosis von 8 µSv für einen Flug von Frankfurt nach Mallorca und eine Dosis von 60 µSv für einen Flug von Frankfurt nach Los Angeles und zurück (Lit. 7.4).
Die terrestrische Strahlung ist abhängig vom Gehalt des Bodens an radioaktiven Elementen. Die Strahlungsaktivität kann bis zu 1 Bq/g betragen. Auch Baustoffe die oberflächennah gewonnen wurden, haben häufig hohe Strahlungsaktivitäten. Hinzu kommt die Strahlung über die Aufnahme der Nahrung.
Abb. 7.5 zeigt die Belastung der Milch mit rund 1 Bq /l= 1 mBq /g bezogen auf Cs 137 und eine Zunahme bis auf 8 Bq/l durch den Reaktorunfall von Tschernobyl (1986).

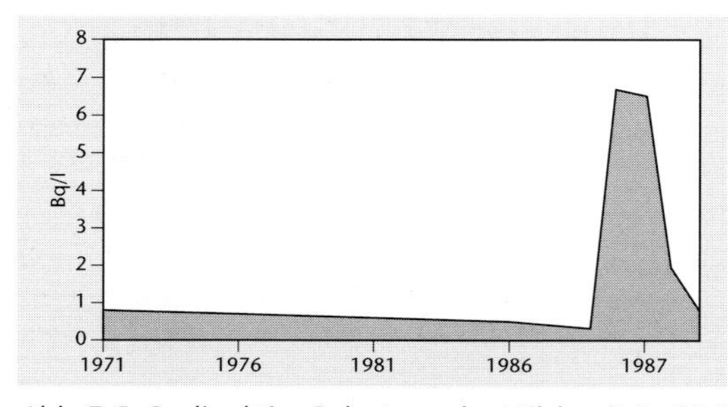


*Abb. 7.5: Radioaktive Belastung der Milch mit Cs-137*

Bei der Aufnahme von radioaktiven Stoffen aus der Luft ist auch das Radon (radioaktives Gas) zu nennen, das vom Erdboden abgegeben wird und in erhöhten Konzentrationen in nicht gelüfteten Kellerräumen anzutreffen ist. Die Normalwerte der Luft sollen 10 Bq/m³ und 10 Bq/kg betragen. Diese Werte können in Tiefkellern deutlich höher sein und erreichen z. B. in den Heilstollen von Badgastein Werte von 70.000 Bq/m³.
Insgesamt ergibt sich daraus für die Belastung der Bevölkerung folgendes:
Die mittlere natürliche Dosis in Deutschland wird angegeben mit bis zu 4 mSv/a, so daß ein 60-jähriger Bürger bereits eine Dosis von 240 mSv absorbiert hat, also ca. 1/10 der oben angegebenen Höchstdosis von 2 Sv. Vermutlich wegen der neuen Erkenntnisse über die Höhe allein der natürlichen Strahlung sind die Höchstdosen in der heute gültigen Strahlenschutzverordnung im Vergleich zu den Werten von 1956 mit 5 r/a = 50 mg Sv/a noch einmal deutlich verringert worden auf 1,8 mSv:

| | | |
|---|---|---|
| 1. | Effektive Dosis, Teilkörperdosis für Keimdrüsen, Gebärmutter, rotes Knochenmark | 0,3 mSv |
| 2. | Teilkörperdosis für alle Organe und Gewebe außer unter 1,3 | 0,9 mSv |
| 3. | Teilkörperdosis für Knochenoberfläche, Haut | 1,8 mSv |

*Abb. 7.6: Höchstwerte für Strahlendosen pro Jahr für Bereiche, die gemäß Strahlenschutzverordnung von 1994 keine Strahlenschutzbereiche sind*

Diese niedrigen Werte gelten aber nur für beruflich nicht strahlenexponierte Menschen. Wie aus Abb. 7.7 ersichtlich, ist der Wert für beruflich exponierte Menschen die Dosis von 50 mSv geblieben.
Lediglich für Jugendliche unter 18 Jahren gilt 1/10 des Wertes der Kategorie A = 5 mSv.

### Die Strahlenbelastung durch medizinische Anwendungen

Die medizinische Anwendung der ionisierenden Strahlung liegt im Bereich der Diagnostik und der Therapie z. B. durch Röntgenstrahlung oder Anwendung radioaktiver Isotope wie dem radioaktiven Jod.

| | Kat.A | Kat.B | 1/10 Kat.A |
|---|---|---|---|
| 1. Effektive Dosis, Teilkörperdosis für Keimdrüsen, Gebärmutter, rotes Knochenmark | 50 | 15 | 5 |
| 2. Teilkörperdosis für alle alle Organe und Gewebe außer unter 1, 3 und 4 | 150 | 45 | 15 |
| 3. Teilkörperdosis für Knochenoberfläche, Haut, soweit nicht unter 4 genannt | 300 | 90 | 30 |
| 4. Hände, Unterarme, Füße, Unterschenkel, Knöchel | 500 | 150 | 50 |

*Abb. 7.7: Höchstdosen pro Jahr für beruflich exponierte Personen in mSv/a gemäß StrlSchV v.94*

Es wird angenommen, daß der Bürger in Deutschland im Mittel mit einer Dosis von 0,5 mSv/a beaufschlagt wird. Derartige Mittelwerte aber haben kaum Bedeutung, da die verschiedenen Patienten sehr unterschiedlich belastet werden. Auch wird vermutet, daß zur Ausnutzung der kapitalintensiven Geräte z. B. die Röntgenuntersuchung viel zu häufig verschrieben wird. Über die Anwendung von Überdosen wird immer wieder in den Medien berichtet. Da die irreversible Beschädigung der Haut durch Röntgenstrahlung erst bei einer Dosis von 6000 mSv einsetzt (Lit. 7.5), kann gefolgert werden, daß in manchen Fällen, bei denen über Verbrennungen in den Medien berichtet wurde, eine um mehr als 1000% überhöhte Dosis verabreicht wurde. Tatsächlich beträgt die Hautoberflächendosis bei der Röntgenuntersuchung eines Organs wie Niere, Darm oder Magen ca. 200 mSv, bei der Untersuchung eines Knochens 40 und der Lunge 1 mSv . Bei zwei Röntgenuntersuchungen pro Jahr können sich so sehr leicht 200 – 300 mSv/a an Belastung ergeben. Im deutschen Röntgenausweis wird zwar der untersuchte Körperteil und die Art der angewendeten Strahlung angegeben, eine Information über die Dosis ist aber nicht vorgesehen, so daß der Patient keinerlei Informationen über die verabreichte Dosis bekommt.

**Strahlenbelastung durch die Nutzung der Kernenergie sowie durch andere technische Anwendungen ionisierender Strahlen**

Zur Belastung des Menschen durch natürliche Strahlung und durch die Strahlenbelastung durch die medizinische Anwendung hinzuzurechnen ist die Belastung durch die technische Nutzung radioaktiver Substanzen in Laboren, in der Meßtechnik, durch die Nutzung der Kernenergie.

Obwohl durch den Normalbetrieb eines Kernreaktors nur 10 μS/a an Belastung ausgehen, haben sich in Deutschland durch den Tschernobyl-Gau Belastungen von bis zu 1 mSv/a ergeben. Möglicherweise ist die Kernenergie in der Bevölkerung deshalb so umstritten, weil angenommen wird, daß der Reaktor zwar im Normalbetrieb nur wenig gefährdend ist, aber Störfälle nicht immer völlig beherrscht werden können.

Für die Bewertung der Kernenergie (bezüglich der Strahlenbelastung) ist der gesamte Brennstoffkreislauf von Bedeutung:

- Urangewinnung
- Urananreicherung
- Herstellung der Brennelemente
- Reaktorbetrieb
- Transport abgebrannter Brennelemente
- Zwischenlager

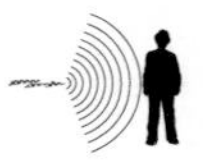

- Wiederaufbereitung
- Endlager

Der Reaktor selbst stellt nur einen der erforderlichen Schritte zur Energieerzeugung dar. Wenn angenommen wird, daß der Reaktor sicher ist, bestehen dennoch Bedenken über die Sicherheit der anderen erforderlichen Schritte des Brennstoffkreislaufs. Hier ist ja bekannt, daß gerade bei der Rohstoffgewinnung im letzten Jahrhundert der „Schneeberger Krebs" erstmalig aufgetreten ist. Auch bei der Urangewinnung heute gibt es erhebliche Belastungen der Bergleute.
Auch wird zurecht befürchtet, daß die freigesetzten Spaltprodukte sich wegen ihrer langen Halbwertzeiten immer weiter anreichern.
Über die Probleme der Endlagerung bestehen unterschiedliche Ansichten: Während vielfach verbreitet wird, daß z. B. die Einlagerung abgebrannter Brennelemente in Salzformationen ein extrem hohes Sicherheitspotential bietet, zeigen andere auf, daß gerade Salzstöcke u. a. durch Erdbeben und nachfolgende Wassereinbrüche besonders gefährdet sind.
Erst in den letzten Jahren wird deutlich, welche Probleme der Uranerzbergbau der Wismut AG in Thüringen und Sachsen hinterlassen hat. So wird gemeldet, daß die als Spitzkegelhalden aufgebauten Bergehalden, Dosisleistungen von über 8mSv/a aufweisen, wodurch die Bevölkerung mit einer Dosis beaufschlagt ist, die mehr als das vierfache des Erlaubten ausmacht. Für die Sanierung dieser Hinterlassenschaften sind bisher schon 13 Mrd. DM vorgesehen.
So sicher offensichtlich die durch natürliche Strahlung zu erwartenden Strahlendosen abzuschätzen sind, so unsicher ist bereits die Dosisabschätzung bei der sinnvollen Nutzung der Radioaktivität in der Medizin und noch unsicherer sind die Prognosen bei der friedlichen Nutzung der Kernenergie zur Energieerzeugung.

## Rekapitulieren Sie!

1. Schätzen Sie Ihre persönliche Strahlungsbelastung ein (nach Lit. 7.6):

| | | |
|---|---|---|
| *1 kosmische Strahlung* | | |
| *0 m über N.N.* | | *0,30 mSv* |
| *Höhe des Wohnorts* | | |
| *1000 m über N.N.* | *0,10 mSv* | |
| *2000 m über N.N.* | *0,30 mSv* | |
| | | *+ ...... mSv* |
| *2 Baustoff Ihres Wohnhauses* | | |
| *Beton* | *0,85 mSv* | |
| *Steinbau* | *0,75 mSv* | |
| *Holz* | *0,40 mSv* | |
| | | *+ ...... mSv* |
| *3 terrestrische Strahlung* | | *+ 0,10 mSv* |
| *4 Aufnahme über Nahrung, Wasser und Luft* | | *+ 0,20 mSv* |
| *5 Kernwaffentests* | | *+ 0,05 mSv* |
| *6 Medizinische Strahlenbelastung* | | |
| *Röntgenuntersuchung* | | |
| *a der Brust* | *0,10 mSv* | |
| *· Untersuchungen pro Jahr* | | *+ ...... mSv* |
| *b der inneren Organe* | *2,00 mSv* | |
| *· Untersuchungen pro Jahr* | | *+ ...... mSv* |
| *c der Zähne* | *0,10 mSv* | |
| *· Untersuchungen pro Jahr* | | *+ ...... mSv* |
| *7 Strahlenbelastung durch Flüge* | | |
| *(5 Stunden in 9000 m)* | *0,03 mSv* | |
| *· Flüge pro Jahr* | | *+ ...... mSv* |
| *8 Wohnung in der Nähe eines Atomkraftwerks* | *0,01 mSv* | *+ ...... mSv* |
| | *Summe* | *...... mSv* |

*Belastung bezogen auf die zulässige jährliche Belastung in Prozent:*

$$\frac{\sum \text{ in mSv}}{1{,}8 \text{ mSv}} \cdot 100\,\% \quad = \quad ......\,\%$$

*mit den Umrechnungen für Einheiten:*
*1 mSv ≅ 100 m Rem ≅ 100 m rad ≅ 1 m Gray*

2. Nennen Sie die wichtigsten Strahlungsarten geordnet nach ihrer Frequenz oder ihrer Wellenlänge.
3. Was können Sie in Ihrem Umfeld tun, um dem Elektrosmog etwas weniger ausgesetzt zu sein?
4. Nennen Sie heute übliche Einrichtungen, die wegen Ihrer emittierten Strahlung besonders kritisch sind.
5. Nennen Sie Möglichkeiten, um bei Bildschirmarbeitsplätzen oder bei einem PC möglichst wenig Strahlung zu absorbieren.
6. Welche UV-Strahlungsart verursacht zwar keinen Sonnenbrand, ist aber möglicherweise deswegen nicht ungefährlich für die Haut?
7. Bei welchen technischen Arbeiten entsteht ebenfalls UV-Strahlung?
8. Wodurch ist die ionisierende Strahlung gekennzeichnet?
9. Erläutern Sie den Unterschied zwischen genetischen und somatischen Strahlenschäden.
10. In welcher Weise ist der Mensch der natürlichen Strahlung ausgesetzt?
11. Welche Maßnahmen wären erforderlich, um durch die medizinische Anwendung ionisierender Strahlen nicht gefährdet zu werden?
12. In welchen technischen Bereichen werden neben der medizinischen Anwendung ebenfalls ionisierende Strahlen freigesetzt?
13. Warum bestehen berechtigterweise auch Befürchtungen wegen der Niedrigenergiestrahlung?

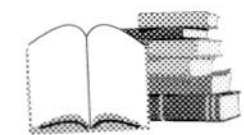

## Literatur


7.1 Elektrische und magnetische Felder; Information der IZE, Frankfurt, (1993)

7.2 H.Strohm: Friedlich in die Katastrophe; Frankfurt 1986

7.3 H.Brandauer: Bildschirmstrahlung, die schwedische Empfehlung

7.4 U.Förstner: Umweltschutztechnik; Berlin 1991

7.5 Pschyrembel, Klinisches Wörterbuch; Berlin 1990

7.6 WM. C. Brown: Chemistry in context; Communications Inc.; Dubuque (USA) 1994